LIVING ARCHAEOLOGY

sidestonepress

LIVING ARCHAEOLOGY

Unveiling the Past through Experimental Archaeology

Proceedings of the 6th International Congress of Experimental Archaeology

C. **MATHIAS**, L. **BOURGUIGNON**, J. **IVORRA**, C. **VIALLET** (EDS)

Published by Sidestone Press, Leiden
www.sidestone.com
E-mail: info @ sidestone.nl
Phone: (+31)(0)71-7370131

Lay-out & cover design: Sidestone Press
Photograph cover: P. Bacoup; N. Cadalen; J. Diloli-Fons; D. Hérisson;
V. Fernandez-Navarro; F. Guadlole; J. Guibert--Cardin; A. Lackinger; S. Mercier

ISBN 978-94-6426-435-7 (softcover)
ISBN 978-94-6426-436-4 (hardcover)
ISBN 978-94-6426-437-1 (PDF e-book)

DOI: 10.59641/u3x9r0s1t2

Contents

Preface

Javier Baena Preysler

Experiments across time

The Experimental Conferences organized by the Experimenta association and other institutions have become a key reference for experimental archaeology in Western Europe. Over the years, this event has gained recognition for its focus on experimental studies, particularly regarding research applications. The conference began in Santander (Cantabria) in 2005 and has since been held in various locations: Ronda (Granada) in 2008, Banyoles (Girona) in 2011, Burgos in 2014, and Tarragona in 2017. After a significant delay due to the pandemic, the 6th International Congress of Experimental Archaeology was celebrated in Pézenas (France) from October 25 to 28, 2022, supported by the Experimenta association, EXARC, and institutions such as INRAP, Paléotime, and GREPAM, among others. The ongoing nature of these conferences makes them a vital platform for sharing methodological examples of experimental archaeology among both young and senior researchers from Europe. The 7th conference took place in Liège in 2025, organized by the Traceolab laboratory of Liège University. The next one will be held in 2028 in Barcelona, organized by both LATPE and LAEX. Throughout this time, the conferences have brought together researchers from the technological and traceological fields, as well as various institutions and working groups engaged in disseminating experimental applications related to heritage.

One notable aspect of these conferences is the autonomy granted to the organizers, allowing them to focus on specific aspects of experimental archaeology. For instance, the conference in Pézenas primarily emphasized organic and lithic archaeological examples, reflecting the strong lithic technological tradition of French schools. These conferences address the reality that experimental archaeology has become a fundamental field for the research and communication of archaeological knowledge in recent decades.

However, its application in creating simulated archaeological models remains underrepresented and lacks adequate theoretical and epistemological definitions. The vast potential within this field of interpreting the archaeological record is closely linked to simulation and reproduction, as they attempt to recreate historical objects, processes, and systems in an actualist manner to gain deeper insights into past human behavior. This reproduction of objects and processes must be approached in two main ways: First, it aims to replicate conditions as closely as possible to those of the past, requiring a comprehensive understanding of the archaeological record's significance. Experimentation based on partial excavation can limit interpretative possibilities. Conversely, complete excavations accompanied by detailed analytical registration allow for a profound understanding of the behaviors underlying the artifacts and their organization. The successful integration of experimental applications in archaeological studies results from multiple factors, including the reproducibility of findings and the ability to engage with other research

in: Mathias, C., Bourguignon, L., Ivorra, J. and Viallet, C. (eds) 2026. *Living Archaeology. Unveiling the Past through Experimental Archaeology*. Leiden: Sidestone Press, 9-10.

fields through a method that minimizes speculation and enhances scientific rigor.

Moreover, reproducing ancient processes serves as an effective tool for public engagement, particularly in countering the common perception of past human abilities. This awareness helps in clarifying that many explanations of past actions and objects have sometimes been misattributed to foreign cultures. Modern reproductions highlight the skills of the past and the existence of complex technological processes within ancient cultures. Numerous institutions and archaeological organizations leverage the scientific results derived from experimental archaeology as a means of fostering dialogue between the archaeological record and present-day society (Paardekooper, 2008).

However, this engagement does introduce certain risks. One significant challenge arises from individuals who rely on outdated clichés about the past, often lacking the necessary historical, anthropological, or geo-cultural context. This misrepresentation can lead to a skewed understanding of different periods in Prehistory. True experimental archaeology plays a vital role in studying a holistic approach to Prehistory, Anthropology, and History. To effectively counter the influence of these misguided ideas, we must utilize the same tools and resources. It is essential to communicate engaging and entertaining narratives, grounded in the realities that science provides. Unfortunately, many initiatives struggle with a disconnect between scientific communities and the methods of dissemination. Considering the emergence of companies and centers that propagate Prehistory based on unscientific and simplistic preconceptions, Experimental Archaeology must position itself as a credible reference for fostering greater appreciation of Archaeological Heritage.

Knowledge and science are not solely the domain of the academy. Like a living organism defending itself against external threats, academia often rejects ideas that originate outside its own walls. This tendency has impacted the traditional perception of the value of the experiences and knowledge held by specialists and artisans, who are frequently treated as mere subjects of study (Baena *et al.* 2019). However, research fields are slowly beginning to change their foundational views and are starting to recognize that the wisdom of everyday citizens can – and should – be integrated into the research process.

In any case, Experimental Archaeology still needs to define its foundations and future expectations in research and dissemination. Conferences like the one successfully organized at Pézenas will be fundamental for that.

References

Baena, J., Torres, C. and Palomo, A. 2019. ¿Seguimos jugando cuando hablamos de Arqueología Experimental? *Boletin de Arqueología Experimental* 13, 1-8. DOI:10.15366/baexuam2018-19.13.001

Paardekooper, R. 2008. Experimental archaeology, in: Pearsall, D. M. (ed.). *Encyclopedia of Archaeology*. Oxford: Elsevier Academic Press, 1345-1358. DOI:10.1016/B978-012373962-9.00107-2

Introduction

Cyrielle Mathias, Laurence Bourguignon,
Jérôme Ivorra, Cyril Viallet

The International CONgress of EXPerimental Archaeology (CONEXP)

After some disruption and a postponement due to the COVID crisis, the sixth International Congress of Experimental Archaeology was finally held in Pézenas from 25 to 28 October 2022. We would like to thank the previous board of the EXPERIMENTA association for entrusting us with the organisation of this important congress, held outside Spain for the first time, in this historical city of Southern France.

The 6th CONEXP brought together more than a hundred researchers in the beautiful theatre of Pézenas, classified as a historical monument. A large part of the experimental archaeology community gathered for the event, featuring guest speakers, papers, posters and practical demonstrations. Some activities were open to the public (demonstrations, public conference on leather processing by Sylvie Beyries), in order to pursue the knowledge sharing that is so important to the discipline.

Experimental Archaeology

> "Experimental archaeology is a scientific research method that aims to reconstruct techniques and tools based on the close observation of archaeological documents, coupled with a process of experimentation to test, criticise, abandon or modify working hypotheses. The results must be verifiable when they are compared with the original archaeological documents." Pierre Pétrequin (2008)[1]

Experimental archaeology, where the results can be used at a later stage, is to be distinguished from demonstrations for the general public or for teaching students (*i.e.*, experimental versus experiential (Outram 2008)). Despite certain variations and misapplications, experimental archaeology is now becoming a research field in its own right (Mathieu 2002; Dvořáková 2024). However, the road was long, considering that the field of study of experimental archaeology was created more than 150 years ago (Coles 1979; Reeves Flores and Paardekooper 2014). Surprisingly, Napoleon III was one of the pioneers in this field. He commissioned Jean-Baptiste Auguste Verchère de Reffye in

1 Original quote: « *L'archéologie expérimentale est une méthode de recherche scientifique qui vise à reconstituer des techniques et des outillages à partir de l'observation fine des documents archéologiques, doublée d'un processus d'expérimentation pour tester des hypothèses de travail, les critiquer, les abandonner ou les modifier. Les résultats doivent être contrôlables lors des indispensables confrontations avec les documents archéologiques de départ* » (Pétrequin 2008).

in: Mathias, C., Bourguignon, L., Ivorra, J. and Viallet, C. (eds) 2026. *Living Archaeology. Unveiling the Past through Experimental Archaeology*. Leiden: Sidestone Press, 11-18.

the early 1860s to build and test Roman war machines such as *pila*, javelins or even fortification systems (Chew 2001; Cuzel and Jouys Barbelin 2017; Olivier 2023). Napoleon III's interest in Roman history also marked the beginning of experimental naval archaeology. In 1861, he commissioned the reconstruction of a Roman trireme by Henri Dupuy de Lôme and Augustin Jal (Pomey and Rieth 2001; Pomey 2014). However, the experiment met with limited success and the next reconstruction attempts in France did not occur until the 1980s.

The example of lithic technology

Lithic technology is one of the disciplines that has contributed to the development of experimental archaeology, mainly due to the absence of a technical memory (Boëda 2005; Bonilauri 2010). Stone-knapping experiments began in the 19th century, when the question of human antiquity arose. Experimental knapping has long been used to distinguish anthropic tools from natural stones, and to identify precise manufacturing techniques. Among the pioneers were Sir John Evans, Augustus Lane Fox Pitt-Rivers, Charles Conrad Abbott or William Henry Holmes (Evans 1872; Abbott 1881; Holmes 1891; Holmes 1894; Johnson 1978; Bowden 1991; Dillian 2019). After these exploratory tests, numerous knapping experiments were carried out during the first part of the 20th century in order to better understand techniques and methods. Léon Coutier is known for his work on different knapping techniques and his famous demonstrations in London (Coutier 1929; Cabrol and Coutier 1932; Coutier 1932; Texier and Meignen 2011). Surprisingly, the first experiments in taphonomy were also carried out at the same time. In 1929, Edmond Hue published a long-term experiment (2 years) on the formation of patina (Hue 1929).

The expertise of modern knappers developed considerably during the next phase, which led to major advances, notably under the impulse of François Bordes, Jacques Tixier and Donald E. Crabtree (Crabtree 1966; Bordes *et al.* 1969; Bordes and Crabtree 1969; Crabtree 1972; Potin *et al.* 2019). At the same time, Sergeï A. Semenov's innovative studies led to the emergence of traceology or micro-wear studies (Semenov 1953; Semenov 1964; Longo and Skakun 2005).

After the 1970s, different approaches developed in order to gain a more in-depth understanding of the principles of fracture mechanics (Fonseca *et al.* 1971; Cotterell and Kamminga 1987; Pelcin 1997). In experimental works, the different variables became increasingly controlled (Speth 1972; Speth 1974; Speth 1975). Over the last few decades, diverse approaches have emerged, aiming to understand the variability of lithic production (Boëda 1986) and the use of lithic objects (Tringham *et al.* 1974; Beyries and Boëda 1983; Plisson 1985; Mansur-Franchomme 1986, Bourguignon *et al.* 2001). The work of Harold L. Dibble and his collaborators has made a major contribution to the field of lithic mechanics (Dibble and Whittaker 1981; Dibble 1985). Work in this field is still ongoing and an overview of these experiments has been published recently (Li *et al.* 2023).

Over the last thirty years, experiments have focused on case studies, in order to gain a better understanding of the variability associated with different knapped raw materials and worked materials (Donnart *et al.* 2009; Eren *et al.* 2014; Claud *et al.* 2015; Pedergnana and Ollé 2017; Claud *et al.* 2019; Viallet *et al.* 2018; Viallet 2021; Assaf and Preysler 2022). In particular, experimental knapping has enhanced our understanding of techno-economic management (Brenet *et al.* 2009; Bourguignon *et al.* 2011, 2013), know-how (Roussel *et al.* 2009, Eren *et al.* 2011; Pargeter *et al.* 2019) and post-depositional processes (Selami *in* Bourguignon *et al.* 2001, Eren *et al.* 2010; Thiébaut *et al.* 2010; Bertran *et al.* 2017; Schoville 2019).

Parameters and variables now tend to be increasingly controlled, through the use of standardised materials and machines (Dogandžić *et al.* 2020; Marreiros *et al.* 2020; Paixão *et al.* 2021; Li *et al.* 2023). Experimental archaeology is thus clearly moving towards increased replicability and mechanisation. However, this shift is always accompanied by a more "human" experimental archaeology, taking into account the fundamental consideration of flexibility in past hominin behaviours (Amick *et al.* 1989; Busuttil 2013). In our view, the combination of these two aspects (control and flexibility) is highlighted in this volume.

In this volume

The 33 articles in the proceedings cover a wide chronological range, from ancient Prehistory to historical periods. They concern the working and use of stone, bone, wood and ceramics, as well as more general phenomena (alterations). One of the hallmarks of the CONEXP proceedings, from the outset, has been to provide everyone with the opportunity to express themselves as fully as possible, while limiting language barriers. The papers in this volume are therefore written in English, French or Spanish. It is in the spirit of open science that we have chosen to publish with Sidestone press, as well as publishing additional data via the Nakala website, in accordance with the FAIR principles (Huma-Num; https://www.nakala.fr/). These can be found as doi links directly at the end of the articles.

This volume is divided into five chapters. The first chapter addresses experiments in the specific field of taphonomy. The four papers focus on post-depositional processes (Rué *et al.*; Lebreton), as well as thermic alterations (Alonso-Alcalde *et al.*; Fernández-Ruiz and Maroto).

Figure 1: Conferences and demonstrations during the 6th CONEXP congress (photos: F. Guadiole, CAHM and J. Ivorra, GREPAM).

The second chapter is dedicated to human actions on diverse raw materials using different technologies and techniques. Two papers focus on bone breakage and bone use (Justiniany *et al.*; De la Fuente Ruez *et al.*). A wide range of questions associated with shaping or retouching stone tools are addressed (Vanuxem *et al.*; Vincent-Pennec *et al.*; Cormarèche and Ricci; García Natale and Baena Preysler), as well as bipolar debitage on anvils (Schmid *et al.*). One paper focuses on tools used for engraving stelae (Araque *et al.*). The other themes relate to the tools, materials and production techniques used in metallurgy (Lackinger *et al.*; Mercir and Caron; Téreygeol and Maqueda). Finally, two papers deal with the manufacture of boats in two different periods (Bacoup *et al.*; Bérenguel).

The third chapter centres on how experimental archaeology can shed light on past humanities through the investigation of cultural behaviours. Three papers explore past graphic behaviour, rituals and specific symbols from prehistoric times to Pompeii (Fernández Navarro *et al.*; Fouriaux and Malignas; Genera i Monnells *et al.*). Four other papers tackle less frequently addressed issues, such as past food and drink conservation and production (Dominguez *et al.*; Batigne and Garnier; Frère; Diloli Fons *et al.*).

The fourth chapter addresses the question of ancient tool utilisation, by setting up reference collections and comparing them with archaeological material. The first paper discusses raw material efficiency (Viallet *et al.*). Three papers focus on manuports, the use of pebbles/cobbles or specific types of hammer stones (Burcet; Mathias *et al.*; Terradillos-Bernal *et al.*). Three other papers explore the use of knapped stone tools, sometimes in relation with ethnoarchaeological data (Guibert Cardin *et al.*; Cadalen *et al.*; Vidal Matutano *et al.*). The last chapter is dedicated to scientific dissemination, with a paper about birch tar production (Robbe).

The publication of the conference proceedings is the culmination of a collective effort and would not have been possible without the help of many individuals and organisations. We would like to thank the institutions that funded both the congress and the publication: UMR 7194 – HNHP, UMR 7141 ArScAn (AnTET team), GREPAM, INRAP, Paléotime, EXARC, IRN TaphEN, SPN-P. We also benefited from support from several national and regional authorities: Mairie de Pézenas, Communauté d'Agglomération Hérault Méditerranée, Communauté de Communes Vallée de l'Hérault, Montpellier Capitale européenne de la Culture, Région Occitanie and DRAC Occitanie. We thank all the people who provided logistical support: David Hérisson, Marie-Hélène Ivorra, Silvane Ivorra, Marie Cristiani, Amélie Diaz, Céline Gomez, Christian Perrenoud. We are also grateful to all those involved in the demonstrations: Ralph Araque, Cécile Batigne, Vincent Bernard and the KORUC association, Cyrille Calvet and the Museum of Tautavel, Felipe Cuartero, Louis De Weyer, Dominique Frère, Martín Julio García Natale, Javi Llamazares González, Jocelyn Robbe and Agnès Testu.

After the 7th congress held in October 2025 in Liège (Belgium) by TracéoLab, we look forward to meeting up again with the members of the vibrant experimental archaeology community in 2028 at Barcelona.

The organisers: Cyrielle Mathias, Jérôme Ivorra, Laurence Bourguignon and Cyril Viallet

References

Abbott, C.C. 1881. Primitive Industry, or, Illustrations of the Handiwork in Stone, Bone, and Clay of the Native Races of the Northern Atlantic Seaboard of America. Salem: George A. Bates. https://www.nature.com/articles/025027a0

Amick, D. Mauldin, R. and Binford, L.R. 1989. The potential of experiments in lithic technology, in: Amick, D. and Mauldin, R. (eds.). *Experiments in Lithic Technology*. Oxford: BAR International series 528, 1-14.

Assaf, E. and Preysler, J.B. 2022. Raw material selectivity in Lower Paleolithic shaped stone ball production: experimental research. *Archaeological and Anthropological Sciences* 14/1, 24 p. http://www.doi.org/10.1007/s12520-021-01477-z

Bertran, P., Bordes, J.-G., Todisco, D. and Vallin, L. 2017. Géoarchéologie et taphonomie des vestiges archéologiques : impacts des processus naturels sur les assemblages et méthodes d'analyse, in: Brugal, J.-P. (ed.). *TaphonomieS*. Paris: Editions des archives contemporaines, 125-166. https://www.eac.ac/articles/3752

Beyries, S. and Boëda, E. 1983. Étude technologique et traces d'utilisation des « éclats débordants » de Corbehem (Pas-de-Calais). *Bulletin de la Société Préhistorique Française* 80/9, 275-279. http://www.doi.org/10.3406/bspf.1983.5455

Boëda, É. 1986. *Approche technologique du concept Levallois et évaluation de son champ d'application : étude de trois gisement saaliens et weichseliens de la France septentrionale*. Ph.D. Thesis, Nanterre: Université Paris 10.

Boëda, É. 2005. Paléo-technologie ou anthropologie des Techniques. *Arob@se* 1, 46-64.

Bonilauri, S. 2010. *Les outils du Paléolithique moyen, une mémoire technique oubliée ? Approche techno-fonctionnelle appliquée à un assemblage lithique de conception Levallois provenant du site d'Umm el Tlel (Syrie centrale)*. Ph.D. Thesis, Nanterre: Université Paris 10.

Bordes, F. and Crabtree, D. 1969. The Corbiac blade technique and other experiments. *Tebiwa* 12/2, 1-21.

Bordes, F., Kelley, J. and Cinq-Mars, J. 1969. Reflections on Typology and Techniques in the Palaeolithic. *Arctic Anthropology* 6/1, 1-29.

Bourguignon, L., Ortega, I. and Frère-Sautot, M.-C. 2001. *Préhistoire et approche expérimentale*. Montagnac: Editions Mergoil.
Bourguignon, L., Brenet, M., Folgado, M. and Ortega, M.-I. 2011. Aproximación tecno-económica del debitage Discoide de puntas pseudo-Levallois: El aporte de la experimentación, in: Morgado, A., Baena, J. and Garcia Gonzalez, D. (eds.). *La inverstigacion experimental aplicada a la arqueologia*. 2nd Congreso Internacional de arqueologia experimental. Granada: Universidad de Granada, 53-59.
Bourguignon, L., Turq, A. and Fauquignon J. 2013. Lascas de puesta en funcionamiento, de reacondicionamiento y de reciclado de las raederas Quina: Estimación e interpretación tecno-económica, in: Palomo, A., Piqué, R. and Terradas X. (eds.). *Experimentación en arqueología. Estudio y difusión del pasado*. Girona: Sèrie Monográfica del MAC-Girona 25/1, 229-235.
Bowden, M. 1991. *Pitt Rivers: The Life and Archaeological Work of Lieutenant-General Augustus Henry Lane Fox Pitt Rivers*. Cambridge: Cambridge University Press.
Brenet, M., Bourguignon, L., Folgado, M. and Ortega, I. 2009. Élaboration d'un protocole d'expérimentation lithique pour la compréhension des comportements techniques et techno-économiques au Paléolithique moyen. *Les Nouvelles de l'Archéologie* 118, 60-64. http://www.doi.org/10.4000/nda.941
Busuttil, C. 2013. Experimental Archaeology. *Malta Archaeological Review* 2008-2009, 60-66.
Cabrol, A. and Coutier, L. 1932. Contribution à l'étude de la Taille de l'Obsidienne au Mexique. *Bulletin de la Société préhistorique française* 29/12, 579-582. http://www.doi.org/10.3406/bspf.1932.5671
Chew, H. 2001. Napoléon III et l'archéologie expérimentale, in: Société historique de Compiègne (eds.). *Napoléon III et l'archéologie. Actes du colloque de Compiègne, octobre 2000*. Compiègne: Bulletin de la Société Historique de Compiègne, 211-238.
Claud, É., Thiébaut, C., Coudenneau, A., Deschamps, M., Mourre, V., Brenet, M., Chacón Navarro, M.G., Colonge, D., Lemorini, C., Maury, S., Servelle, C. and Venditti, F. 2019. Stone tool reference collection. *Palethnologie* 10. https://journals.openedition.org/palethnologie/4070
Claud, É., Deschamps, M., Colonge, D., Mourre, V. and Thiébaut, C. 2015. Experimental and functional analysis of Late Middle Paleolithic flake cleavers from southwesterns Europe (France and Spain). *Journal of Archaeological Science* 62, 105-127.
Coles, J.M. 1979. *Experimental archaeology*. London: Academic Press.
Cotterell, B. and Kamminga, J. 1987. The Formation of Flakes. *American Antiquity* 52/4, 675-708. http://www.doi.org/10.2307/281378
Coutier, L. 1929. Expériences de taille pour rechercher les anciennes techniques paléolithiques. *Bulletin de la Société préhistorique de France* 3, 172-174.
Coutier, L. 1932. Expériences de taille pour rechercher les anciennes techniques paléolithiques. *Bulletin de la Société préhistorique de France* 12, 579-582.
Crabtree, D.E. 1966. A stoneworkers' approach to analyzing and replicating the Lindenmeier Folsom. *Tebiwa* 9, 3-39.
Crabtree, D.E. 1972. *An introduction to flintworking*. Pocatello: Idaho State University Museum.
Cuzel, P. and Jouys Barbelin, C. 2017. Une archéologie nationale dans le cadre de la Commission de Topographie des Gaules : des approches traditionnelles et une institution structurante pour des objectifs inédits. *Organon* 49, 183-220.
Dibble, H.L. 1985. Technological Aspects of Flake Variation: A comparison of experimental and prehistoric flake production. *American Archeology* 5, 236-240.
Dibble, H.L. and Whittaker, J.C. 1981. New experimental evidence on the relation between percussion flaking and flake variation. *Journal of Archaeological Science* 8/3, 283-296. http://www.doi.org/10.1016/0305-4403(81)90004-2
Dillian, C. 2019. Early Efforts in Experimental Archaeology: Examples from Evans, Pitt-Rivers, and Abbott. *EXARC Journal* 1. https://exarc.net/issue-2019-1/ea/early-efforts-experimental-archaeology-examples-evans-pitt-rivers-and-abbott
Dogandžić, T., Abdolazadeh, A., Leader, G., Li, L., McPherron, S.P., Tennie, C. and Dibble, H.L. 2020. The results of lithic experiments performed on glass cores are applicable to other raw materials. *Archaeological and Anthropological Sciences* 12/2, 44 p. http://www.doi.org/10.1007/s12520-019-00963-9
Donnart, K., Naudinot, N. and Le Cléziot, L. 2009. Approche expérimentale du débitage bipolaire sur enclume : caractérisation des produits et analyse des outils de production. *Bulletin de la Société Préhistorique Française* 106/3, 517-533.
Dvořáková, J.K. 2024. Experimental Archaeology, in: Nikita, E. and Rehren, T. (eds.). *Encyclopedia of Archaeology (Second Edition)*. Oxford: Academic Press, 284-292.
Eren, M.I., Durant, A., Neudorf, C., Haslam, M., Shipton, C., Bora, J., Korisettar, R. and Petraglia, M. 2010. Experimental examination of animal trampling effects on artifact movement in dry and water saturated substrates: a test case from South India. *Journal of Archaeological Science* 37/12, 3010-3021. http://www.doi.org/10.1016/j.jas.2010.06.024
Eren, M.I., Lycett, S.J., Roos, C.I. and Sampson, C.G. 2011. Toolstone constraints on knapping skill: Levallois

reduction with two different raw materials. *Journal of Archaeological Science* 38/10, 2731-2739. DOI: 10.1016/j.jas.2011.06.011

Eren, M.I., Roos, C.I., Story, B.A., von Cramon-Taubadel, N. and Lycett, S.J. 2014. The role of raw material differences in stone tool shape variation: an experimental assessment. *Journal of Archaeological Science* 49, 472-487. http://www.doi.org/10.1016/j.jas.2014.05.034

Evans, J. 1872. *The Ancient Stone Implements, Weapons and Ornaments of Great Britain*. London: Longmans, Green, and Company.

Fonseca, J.G., Eshelby, J.D. and Atkinson, C. 1971. The fracture mechanics of flint-knapping and allied processes. *International Journal of Fracture Mechanics* 7/4, 421-433. http://www.doi.org/10.1007/BF00189112

Holmes, W.H. 1891. Manufacture of stone arrowpoints. *American Anthropologist* 4, 50-51.

Holmes, W.H. 1894. Natural history of flaked stone implements, in: Staniland Wake, G. (ed.). *Memoirs of the International Congress of Anthropology*. Chicago: The Schulte Publishing Company, 120-139.

Hue, E. 1929. Recherches sur la patine des Silex. *Bulletin de la Société Préhistorique Française* 26/9, 461-468. http://www.doi.org/10.3406/bspf.1929.12098

Johnson, L.L. 1978. A History of Flint-Knapping Experimentation, 1838-1976. *Current Anthropology* 19/2, 337-372.

Li, L., Lin, S.C., McPherron, S.P., Abdolahzadeh, A., Chan, A., Dogandžić, T., Iovita, R., Leader, G.M., Magnani, M., Rezek, Z., Dibble, H.L. 2023. A Synthesis of the Dibble *et al.* Controlled Experiments into the Mechanics of Lithic Production. *Journal of Archaeological Method and Theory* 30/4, 1284-1325. http://www.doi.org/10.1007/s10816-022-09586-2

Longo, L. and Skakun, N. 2005 (eds.). *The roots of use-wear analysis: selected papers of S.A. Semenov*. Memorie del Museo Civico di Storia Naturale di Verona. Verona, Italy.

Mansur-Franchomme, M.E. 1986. *Microscopie du matériel lithique préhistorique : Traces d'utilisation, altérations naturelles, accidentelles et technologiques. Exemples de Patagonie*. Paris: Editions du C.N.R.S., Cahiers du Quaternaire, 9.

Marreiros, J., Pereira, T. and Iovita, R. 2020. Controlled experiments in lithic technology and function. *Archaeological and Anthropological Sciences* 12/6, 110 p. http://www.doi.orrg/10.1007/s12520-020-01059-5

Mathieu, J.R. 2002. *Experimental archaeology: replicating past objects, behaviors, and processes*. Oxford: Archaeopress Publishing Ltd.

Olivier, L. 2023. Photographier et documenter les Antiquités nationales. *Les nouvelles de l'archéologie* 170, 41-46. http://www.doi.org/10.4000/nda.14404

Outram, A.K. 2008. Introduction to experimental archaeology. *World Archaeology* 40/1, 1-6. http://www.doi.org/10.1080/00438240801889456

Paixão, E., Pedergnana, A., Marreiros, J., Dubreuil, L., Prévost, M., Zaidner, Y., Carver, G. and Gneisinger, W. 2021. Using mechanical experiments to study ground stone tool use: Exploring the formation of percussive and grinding wear traces on limestone tools. *Journal of Archaeological Science: Reports* 37, 102971. http://www.doi.org/10.1016/j.jasrep.2021.102971

Pargeter, J., Khreisheh, N. and Stout, D. 2019. Understanding stone tool-making skill acquisition: Experimental methods and evolutionary implications. *Journal of Human Evolution* 133, 146-166. http://www.doi.org/10.1016/j.jhevol.2019.05.010

Pedergnana, A. and Ollé, A. 2017. Monitoring and interpreting the use-wear formation processes on quartzite flakes through sequential experiments. *Quaternary International* 427, 35-65. http://www.doi.org/10.1016/j.quaint.2016.01.053

Pelcin, A. 1997. The Effect of Indentor Type on Flake Attributes: Evidence from a Controlled Experiment. *Journal of Archaeological Science* 24/7, 613-621. http://www.doi.orrg/10.1006/jasc.1996.0145

Pétrequin, P. 2008. Archéologie expérimentale et grand public. *MARQ Aqueologia y Museos* 03, 33-61.

Plisson, H. 1985. *Etude fonctionnelle d'outillages lithiques préhistoriques par l'analyse des micro-usures : recherche méthodologique et archéologique*. Ph.D. Thesis, Paris: Université Paris I Panthéon-Sorbonne.

Pomey, P. 2014. Le projet « prôtis ». Construction de la réplique navigante d'un bateau grec du VIe siècle av. J.-C. *Comptes rendus des séances de l'Académie des Inscriptions et Belles-Lettres* 158/3, 1333-1357. http://www.doi.org/10.3406/crai.2014.94992

Pomey, P. and Rieth, E. 2001. La trirème antique de Napoléon III : un éssai d'archéologie expérimentale sous le Second Empire, in: Société historique de Compiègne (eds.). *Napoléon III et l'archéologie. Actes du colloque de Compiègne, octobre 2000*. Compiègne: Bulletin de la Société Historique de Compiègne, 239-266.

Potin, Y., Le Brun-Ricalens, F. and Bordes, J.-G. 2019. In Memoriam Jacques Tixier (1925-2018). *Bulletin de la Société Préhistorique Française* 116/1, 168-175.

Roussel M., Bourguignon L. and Soressi M. 2009. La percussion à la pierre tendre au Paléolithique moyen : intentionnalité ou opportunisme. Expérimentation et analyse du matériel de « Chez-Pinaud »,

Jonzac (Charente-Maritime). *Bulletin de la Société Préhistorique Française* 106/2, 219-238.

Reeves Flores, J. and Paardekooper, R. 2014. *Experiments Past. Histories of Experimental Archaeology*. Leiden: Sidestone press. https://www.sidestone.com/books/experiments-past

Schoville, B.J. 2019. Experimental lithic tool displacement due to long-term animal disturbance. *Archaeological and Anthropological Sciences* 11/11, 5879-5891. http://www.doi.org/10.1007/s12520-018-0645-3

Semenov, S.A. 1953. *Lithic retouchers of the late Paleolithic*. Materialy i issledovania po arkheologii SSSR. 39.

Semenov, S.A. 1964. *Prehistoric Technology: An Experimental Study of the oldest Tools and Artefacts from traces of Manufacture and Wear*. New impression edition. London: Adams & Dart.

Speth, J.D. 1972. Mechanical Basis of Percussion Flaking. *American Antiquity* 37/1, 34-60. http://www.doi.org/10.2307/278884

Speth, J.D. 1974. Experimental investigations of hard-hammer percussion flaking. *Tebiwa* 17, 7-36.

Speth, J.D. 1975. Miscellaneous Studies in Hard-Hammer Percussion Flaking: The Effects of Oblique Impact. *American Antiquity* 40/2/Part1, 203-207. http://www.doi.org/10.2307/279616

Texier, P.-J. and Meignen, L. 2011. Soixante années de technologie lithique : étapes marquantes, apports et écueils, in: Delpech, F. and Jaubert, J. (eds.). *François Bordes et la préhistoire*. Paris: Editions du Comité des Travaux Historiques et Scientifiques, Documents Préhistoriques, 133-139.

Thiébaut, C., Costamagno, S., Coumont, M.-P., Mourre, V., Provenzano, N. and Théry-Parisot, I. 2010. Approche expérimentale des conséquences du piétinement des grands herbivores sur les vestiges archéologiques et osseux. *Paléo* supplément 3, 109-129.

Tringham, R., Cooper, G., Odell, G., Voytek, B. and Whitman, A. 1974. Experimentation in the Formation of Edge Damage: A New Approach to Lithic Analysis. *Journal of Field Archaeology* 1/1-2), 171-196. http://www.doi.org/10.1179/jfa.1974.1.1-2.171

Viallet C., Bourguignon L., Mathias C., Magniez P., Ivorra J. and Brugal J-P. 2018. Identify the launched percussion use of Lower Palaeolithic tools: the case of shaped pieces in limestone and basalt. *Butlletí Arqueològic* V/40, 49-55.

Viallet, C. 2021. Flint vs. Limestone – A comparative analysis on the development of macro-wear traces: Implications for the analysis of ancient lithic toolkits. *Journal of Lithic Studies* 8/2, 23 p. http://www.doi.orrg/10.2218/jls.4487

Note on organisers

Cyrielle Mathias
UPVD, UMR 7194 – HNHP, France
CRFJ, Israel
cyrielle.mathias@gmail.com

Laurence Bourguignon
INRAP, France
UMR 7041 – ArScAn, AnTET team, France
laurence.bourguignon@inrap.fr

Jérôme Ivorra
GREPAM, France
jerome.ivorra@orange.fr

Cyril Viallet
Paléotime, France
UMR 7194 – HNHN, France
cyril.viallet@paleotime.fr

This book is dedicated to the memory of Dr. Iluminada Ortega-Cordellat.
As a major specialist in the field of lithic technology from the early Upper Palaeolithic, particularly in south-western Europe, Iluminada should have been one of 6th CONEXP's key members.
We would like to honour her memory here.

PART 1: TAPHONOMY

Déplacement et enfouissement des vestiges lithiques en contexte tempéré de plein air

Premiers résultats après 5 ans d'expérimentation à Villard-de-Lans (massif du Vercors)

Displacement and burying of lithic vestiges in open air and temperate context

First results after 5 years of the experimentation in Villard-de-Lans (Vercors massif, France)

Mathieu Rué, Lorène Chesnaux,
Paul Fernandes, Bernard Kaufmann,
Roger Marciau, Jocelyn Robbe, Alexis Taylor

Résumé

L'étude des processus géologiques de formation des sites préhistoriques fait régulièrement l'objet d'approches expérimentales en milieu naturel. Les modalités de déplacement des vestiges soumis à la reptation (ruissellement, alternances de gel/dégel, etc.) sont particulièrement bien documentées. Le rôle conjoint de la couverture herbacée et de la pédofaune (vers, fourmis, etc.), comme facteur limitant le déplacement des objets, reste toutefois encore peu documenté. Afin de mieux étudier la part respective de ces différents processus, une expérimentation a été mise en place en avril 2018 à Villard-de-Lans (massif du Vercors, altitude 960 m). Des objets en silex et quartzites taillés, pour certains utilisés, ont été disposés sur deux surfaces inclinées d'environ 18°, l'une végétalisée, l'autre dénudée (sol piétiné). Plusieurs paramètres sont depuis enregistrés en continu (pluviométrie, température) ou font l'objet de relevés ponctuels (position des pièces, orientation et pendage des éléments allongés). L'expérience permet également

in: Mathias, C., Bourguignon, L., Ivorra, J. and Viallet, C. (eds) 2026. *Living Archaeology. Unveiling the Past through Experimental Archaeology*. Leiden: Sidestone Press, 21-36.

de suivre l'évolution des états de surface et des stigmates d'utilisation au cours du temps (sciage et raclage du bois). Malgré la pente élevée, les premières modifications spatiales sont limitées en raison de la couverture végétale et de l'activité de la faune du sol. La vitesse de déplacement des pièces semble se stabiliser entre 5 et 10 mm/an en moyenne après 2 ans.

Abstract

The study of the geological processes involved in the formation of prehistoric sites is regularly the subject of experiments in natural environments. The movement of artifacts by creep (runoff, freeze/thaw cycles, etc.) is particularly well documented. However, the joint role of the herbaceous cover and soil fauna (worms, ants, etc.) as a factor limiting the movement of objects has not yet been tested. To better study the respective role of the various processes, an experiment was set up in April 2018 in Villard-de-Lans (Vercors massif, France, altitude 960 m). Flint and quartzite artifacts, some of which have been used, were placed on two surfaces inclined at about 18°, one vegetated, the other barren (trampled ground). Several parameters have since been recorded continuously (rainfall, temperature) or are the subject of specific measurements (position of the objects, orientation and inclination of elongated elements). The experiment also makes it possible to record the evolution of surface conditions and use-wear features over time (sawing and scraping of wood). Despite the steep slope, the first spatial modifications are limited due to plant cover and soil fauna activity. The speed of displacement seems to stabilize between 5 and 10 mm per year on average after 2 years.

Mots clés : Processus de formation des sites ; expérimentation archéologique ; taphonomie lithique ; reptation ; bioturbation

Keywords: Site formation processes; experimental archaeology; lithic taphonomy; soil creep; bioturbation

1. Introduction

L'étude des processus de formation des sites préhistoriques fait régulièrement l'objet d'approches expérimentales en milieu naturel afin de mieux apprécier le rôle des agents taphonomiques et alimenter les référentiels expérimentaux, bien que ces derniers soient encore relativement rares (Bertran *et al.* 2009). En contexte de versant, les modalités de déplacement des vestiges par la reptation après leur abandon en surface du sol et avant leur enfouissement sont bien documentées, en particulier en milieu périglaciaire (Texier *et al.* 1998 ; Hilton 2003 ; Lenoble *et al.* 2008a ; Bertran *et al.* 2015). La reptation peut être définie comme le mouvement lent et imperceptible des particules du sol sous l'effet de la gravité (Bertran 2004 ; Pawlik et Šamonil 2018). Ce mécanisme, induit par des processus variés comme les variations de volume du sol par les alternances de gel-dégel ou d'humectation-dessication, l'impact des gouttes de pluie (effet *splash*) ou la bioturbation, intervient dans la formation de nombreux sites. La reptation contribue ainsi au déplacement progressif des artefacts le long de la pente. Toutefois, le rôle conjoint de la couverture herbacée et de la pédofaune (vers, insectes, faune endogée, etc.) comme facteur limitant ce déplacement après le dépôt des objets en surface du sol reste encore peu expérimenté (Ozán 2017), malgré de nombreuses études sur le rôle de la bioturbation dans l'enfouissement des vestiges (*e.g.* Balek 2002 ; Johnson 2002).

Afin d'étudier la part respective des processus impliqués dans la dispersion des vestiges par les processus de versant en contexte tempéré, une expérimentation a été mise en place en avril 2018 à Villard-de-Lans (Isère). Des objets en silex et quartzites taillés, pour certains utilisés, ont été disposés sur un sol de pelouse en pente, dont une partie a été préalablement dénudée et piétinée. Les objectifs de l'expérimentation consistent à 1) suivre le déplacement des objets sur la pente en fonction du type de surface initiale (dénudée ou non) et 2) déterminer le temps nécessaire à leur enfouissement, pour préciser à partir de quel moment ces objets seront protégés des agents taphonomiques de surface. Plusieurs paramètres sont depuis enregistrés en continu (pluviométrie et température) ou font l'objet de relevés ponctuels (comme la position des pièces). L'expérience permet également de suivre l'évolution des états de surface des pièces lithiques et des stigmates d'utilisation au cours du temps. Cet article vise à présenter l'expérimentation en cours et les premiers résultats obtenus sur le déplacement des pièces en 5 ans.

2. Présentation du site

Le choix du site a été motivé par 1) des conditions météorologiques propices au déplacement des objets sur une pente (précipitations élevées et nombreux cycles de gel-dégel) mais également favorables à l'activité biologique, 2) un emplacement protégé afin d'empêcher le passage de la grande faune ou les perturbations humaines et 3) une localisation facilitant un suivi régulier des observations.

L'expérience se déroule à l'extrémité méridionale du Val de Lans, un val jurassien situé sur la bordure nord-est du massif préalpin du Vercors. Le site est localisé à 961 m d'altitude, au pied du versant sur lequel est implanté le bourg de Villard-de-Lans, à proximité de la rive droite du ruisseau de Corrençon (sous-affluent de l'Isère, fig. 1, a). A cette altitude, les forêts naturelles correspondent à des hêtraies et hêtraies sapinières montagnardes calcaires (Villaret *et al.* 2019). Le site domine d'environ 3 m le fond de vallée. Le substrat correspond à des apports fluvioglaciaires du Dernier Glaciaire surmontant des dépôts molassiques miocènes.

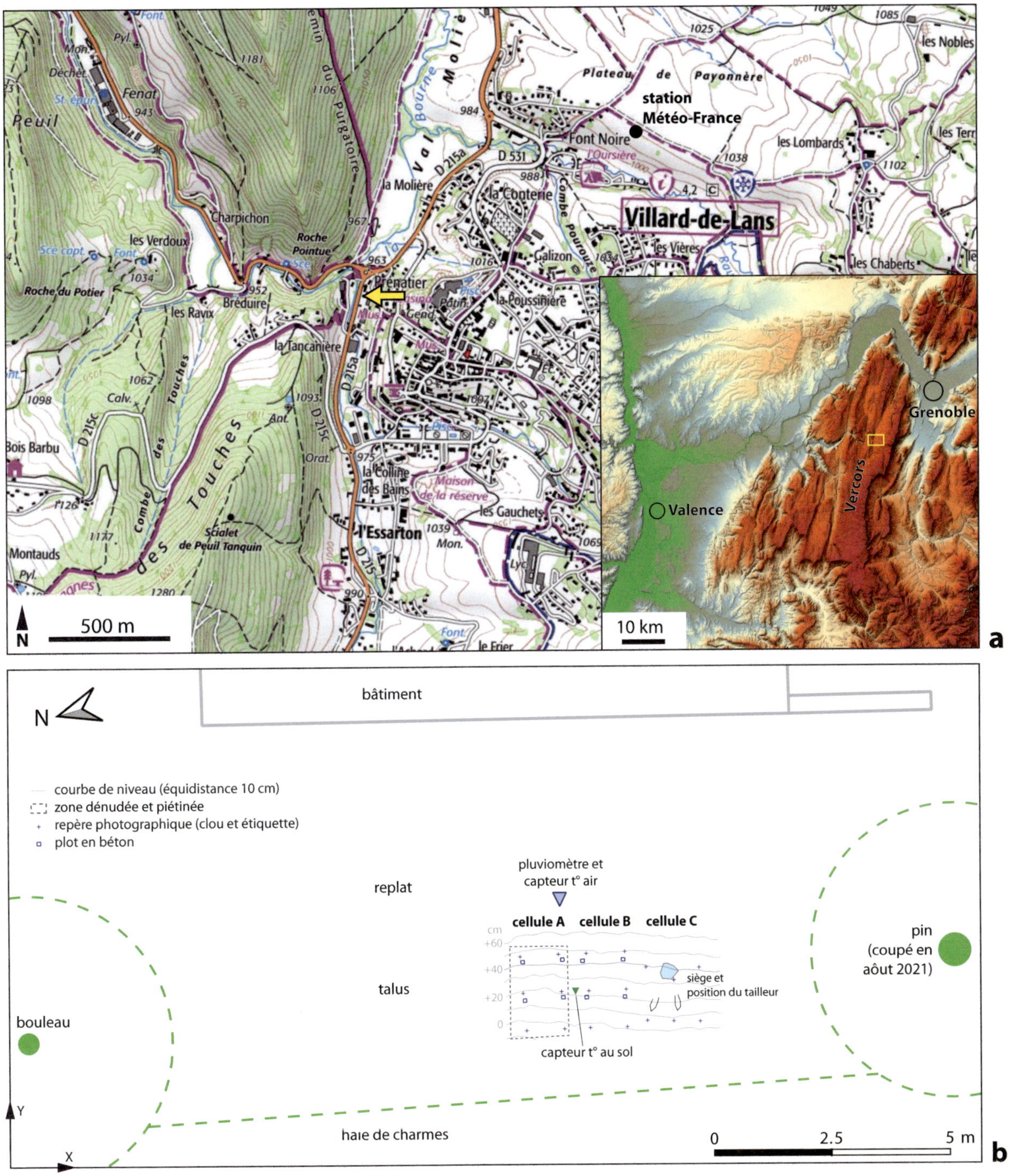

Figure 1 : Implantation des cellules expérimentales a. Localisation du site dans le massif du Vercors (fonds IGN). Latitude 45° 4'22.06"N, longitude 5°32'47.92"E. b. Plan de localisation des cellules A, B et C. Caractéristiques de la pente d'après le relevé initial (maille d'environ 20 cm) : moyenne 18.36°, écart-type 2.97, médiane 18.32°, minimum 8.58°, maximum 30.20° (M. Rué).

Les cellules expérimentales ont été mises en place sur un talus artificiel stabilisé, créé au début des années 1970 et sur lequel s'est développée une végétation herbacée régulièrement entretenue (pelouse). Le talus est bordé à l'ouest par une haie de charmes haute d'environ 2 m et, à l'est, par le pignon d'un des bâtiments de l'entreprise Paléotime. Un pin dont le houppier mesure environ 6 m de diamètre est situé au sud, il a été coupé après 3.3 ans d'expérience (fig. 1, b). La pente du talus est régulière, d'environ 18° vers l'ouest (fig. 1, b). L'humus, peu épais, repose sur un matériau sablo-limoneux brun sombre à structure grumeleuse. Le profil pédologique est de type A/C.

Villard-de-Lans se caractérise par un climat tempéré continental à été doux et hiver froid (Dclo de la classification de Trewartha) ou un climat montagnard avec des altérations de type semi-continental à océanique dégradé (Joly *et al.* 2010). D'après la station Météo-France implantée à 1027 m d'altitude et à 1.3 km au nord-est du site, la température moyenne annuelle est de 8°C (période de référence 1991-2020). Les précipitations sont relativement bien réparties sur toute l'année avec un cumul annuel de 1270 mm. La variabilité interannuelle de l'enneigement est forte, avec en moyenne une quarantaine de jours de neige par an et des hauteurs maximales dépassant rarement 50 cm.

3. Matériel et méthode

3.1 Préparation et suivi des cellules

Trois cellules expérimentales ont été implantées sur le talus, couvrant chacune une superficie d'environ 1,8 m² et séparées par un espace permettant de circuler lors des relevés ou observations (fig. 1, b) :

- cellule A : surface du sol initialement dénudée et piétinée
- cellules B et C : surface du sol enherbée

L'expérience a débuté le 23/04/2018 par la taille de deux blocs de silex sur la cellule C et s'est poursuivie le lendemain par le positionnement et le relevé des pièces des cellules A et B. La pelouse avait été tondue pour la dernière fois 10 mois auparavant. La surface dénudée de la cellule A a été préparée en recouvrant le sol d'une bâche opaque pendant sept mois puis en raclant la végétation et l'humus 14 jours avant le début de l'expérience. Elle a ensuite été piétinée pendant environ 30 minutes par une personne. Au moment du dépôt des pièces, la surface du sol était sèche, les dernières pluies remontant à 13 jours. Les trois cellules ont été entourées par un grillage de balisage renforcé en matière plastique orange (hauteur 1 m).

Les relevés topographiques sont réalisés au moyen d'un théodolite électronique mis en station libre sur des repères fixes et d'une canne munie d'un niveau à bulle et d'un prisme d'une hauteur de 40 cm. Dix-huit repères ont permis de géoréférencer et redresser les photographies en début d'expérience. Six relevés topographiques ont été effectués après le positionnement initial des pièces. Seules les pièces lithiques peu ou pas recouvertes par la végétation ont été topographiées afin de ne pas perturber l'expérience. Les pièces allongées ont fait l'objet de mesures de fabriques à l'aide d'une boussole-clinomètre de précision 2° au début de l'expérience et après 4 mois. Les mesures à 4 mois se sont avérées insuffisantes pour pouvoir être exploitées.

Les hauteurs de précipitation ont été mesurées à l'aide d'un pluviomètre à lecture directe puis par une station Bresser. La température est enregistrée chaque demi-heure à 1 m du sol (à l'abri sous le pluviomètre) et à la surface du sol au moyen d'un capteur iButton. Le capteur au sol est positionné à plat entre les cellules A et B. Il reposait sur l'humus en début d'expérience. Comme pour les objets déposés, il s'enfonce très progressivement au cours du temps, permettant de suivre l'évolution de la température subie par les pièces. Il permet également d'estimer la durée du recouvrement neigeux (température à 0°C constante). Afin de le protéger de l'humidité, il est recouvert par un revêtement élastomère (peinture Plasti Dip rouge). Cette protection n'affecte pas significativement les mesures lorsque le capteur est situé à l'ombre (Roznik et Alford 2012). La station météorologique des Bruyères à Lans-en-Vercors, située à 3.5 km au nord-est et à une altitude de 990 m, permet de compléter les mesures enregistrées. Gérée par un membre de l'association Infoclimat, les données sont disponibles en temps réel et librement.[1]

Un inventaire botanique des cellules a été effectué 4.2 ans après le raclage de la cellule A (tab. 1). Le cortège floristique est relativement classique pour le milieu considéré, mise à part la Reine des Prés (*Filipendula ulmaria*), espèce des prairies humides, et l'orchidée *Epipactis helleborine*, plutôt présente en lisière forestière, deux milieux néanmoins très présents autour de Villard-de-Lans.

3.2 Matériaux déposés

Les cellules A et B contiennent chacune :

1. Trente-trois éclats de débitage numérotés (21 en silex, 8 en quartz et 4 en quartzite) disposés selon trois lignes parallèles en haut de la pente (distantes d'environ 8 cm) et reposant sur leur face inférieure (fig. 2, a). L'axe d'allongement des pièces est orienté dans le sens de la pente. Leur masse varie de 1.4 à 86.1 g (moyenne 18.3 g) et leur largeur granulométrique de 11 à 55 mm (moyenne 28.0 mm), avec des différences faibles entre les deux cellules (tab. 2). Vingt-sept pièces ont préalablement été utilisées pour du raclage ou sciage de tiges de noisetier. Plusieurs témoins de ces matériaux sont conservés à l'abri de la lumière et des écarts de température. Les relevés ont consisté à prendre le point central de la pièce, des photographies et, dans la mesure du possible, l'orientation et l'inclinaison des pièces allongées.
2. Trois amas d'éclats de débitage en silex classés selon leur largeur (5-10 mm, 10-20 mm et > 20 mm) et contenant chacun le même nombre d'éléments (total de 372 pièces par cellule, fig. 2, a). Contrairement

1 https://www.infoclimat.fr/stations/metadonnees.php?id=000T0

Nom	A	B	C
Achillea millefolium L. [1753]	1	1	1
Agrostis tenuis Sibth. [1794]		p	p
Anthoxanthum odoratum L. [1753]	p	1	
Betula pendula Roth [1788]	p	p	
Brachypodium sp.			p
Briza media L. [1753]	p	p	1
Cerastium glutinosum Fr (1817)			p
Crataegus sp.	p		
Daucus carota L. [1753]	1	1	1
Dianthus armeria L. [1753]	p		
Epipactis helleborine (L.) Cranz (1769)			p
Festuca à feuilles fines	1	1	1
Festuca arundinacea Schreb. [1771]	1	1	1
Filipendula ulmaria (L.) Maxim. [1879]			p
Fragaria vesca L. [1753]	p		
Fraxinus excelsior L. [1753]	p	p	p
Galium verum L. [1753]	3	2	
Geranium sp.		p	p
Heracleum sphondylium L. [1753]			p
Hypericum perforatum L. [1753]	p		
Hypochaeris radicata L. [1753]	p		
Jacobaea erucifolia (L.) G.Gaertn., B.Mey. & Scherb. [1801]	p	1	1
Knautia arvensis (L.) Coult. [1828]	3	1	p
Lapsana sp.		p	p
Lathyrus pratensis L. [1753]	2	2	p
Leontodon hispidus L. [1753]		1	1
Leucanthemum vulgare Lam. [1779]	p		
Lonicera sp.			p
Lotus corniculatus L. [1753]			p
Picea abies (L.) H.Karst. [1881]			p
Picris hieracioides L. [1753]	1	2	2
Pilosella sp.			p
Plantago lanceolata L. [1753]	p	p	p
Plantago major L. [1753]		p	p
Plantago media L. [1753]			p
Poa pratensis L. [1753]	p	p	
Poa trivialis L. [1753]		p	
Ranunculus sp.			p
Stellaria graminea L. [1753]	2		
Taraxacum sp.			p
Thymus serpyllum L. [1753]	1		
Trifolium pratense L. [1753]	1	1	1
Veronica chamaedrys L. [1753]		p	p
Viola sp.		1	
Nombre total d'espèces	**24**	**24**	**30**

Codes utilisés (valeurs Braun-Blanquet mais sans utilisation de quadrats)	
Individus recouvrant plus de 75 % de la surface	5
Individus recouvrant de 50 à 75 % de la surface	4
Individus recouvrant de 25 à 50 % de la surface	3
Individus recouvrant de 5 à 25 % de la surface	2
Individus recouvrant moins de 5 % de la surface	1
Individus peu abondants limités à un ou deux pieds	p

Tableau 1 : Inventaire botanique des cellules en juillet 2022 (R. Marciau).

cellule	référence	matériau type	matériau provenance	utilisation	longueur (mm)	largeur (mm)	épaisseur (mm)	masse (g)
A	QT01	quartzite	Garlin (64)		81	40	17	49,33
A	QT03	quartzite	Garlin (64)		47	20	6	4,77
A	QT07	quartzite	Garlin (64)		56	20	13	9,65
A	QT08	quartzite	Garlin (64)		47	16	9	5,22
A	QZ01	quartz	Roquesérière (31)	raclage bois	47	26	10	11,11
A	QZ03	quartz	Roquesérière (31)	raclage bois	78	47	21	50,16
A	QZ05	quartz	Roquesérière (31)	raclage bois	88	51	13	50,31
A	QZ08A	quartz	Roquesérière (31)	sciage bois	90	52	20	86,06
A	QZ10	quartz	Roquesérière (31)	raclage bois	78	44	17	44,62
A	QZ17	quartz	Roquesérière (31)		49	21	11	6,75
A	QZ19	quartz	Roquesérière (31)		55	45	11	26,55
A	QZ23	quartz	Roquesérière (31)		68	36	17	32,79
A	SI01	s i lex	Mesnil-Saint-Loup (10)	raclage bois	62	24	5	6,98
A	SI03	s i lex	Mesnil-Saint-Loup (10)	raclage bois	47	21	3	4,07
A	SI05	s i lex	Mesnil-Saint-Loup (10)	sciage bois	56	28	7	6,04
A	SI07	s i lex	Mesnil-Saint-Loup (10)		85	34	11	29,98
A	SI09	s i lex	Mesnil-Saint-Loup (10)		64	22	3	5,01
A	SI11	s i lex	Mesnil-Saint-Loup (10)		70	32	7	13,83
A	SI13	s i lex	Mesnil-Saint-Loup (10)		58	15	3	2,25
A	SI15	s i lex	Mesnil-Saint-Loup (10)		65	27	7	12,06
A	SI17	s i lex	Mesnil-Saint-Loup (10)		74	20	6	6,68
A	SI19	s i lex	Mesnil-Saint-Loup (10)		92	26	6	17,96
A	SI21	s i lex	Vassieux-en-Vercors (26)	raclage bois	48	22	5	5,34
A	SI23	s i lex	Vassieux-en-Vercors (26)	raclage bois	39	15	5	2,49
A	SI25	s i lex	Vassieux-en-Vercors (26)	sciage bois	45	15	7	4,42
A	SI27	s i lex	Vassieux-en-Vercors (26)		39	16	5	3,6
A	SI29	s i lex	Vassieux-en-Vercors (26)		90	37	17	49,51
A	SI31	s i lex	Vassieux-en-Vercors (26)	raclage bois	43	20	5	4,14
A	SI33	s i lex	Vassieux-en-Vercors (26)	raclage bois	47	24	10	6,68
A	SI35	s i lex	Vassieux-en-Vercors (26)	sciage bois	46	27	10	11,83
A	SI37	s i lex	Vassieux-en-Vercors (26)		42	11	3	1,41
A	SI39	s i lex	Vassieux-en-Vercors (26)		43	20	9	5,55
A	SI42	s i lex	Mesnil-Saint-Loup (10)		73	35	6	19,56

cellule	référence	matériau type	matériau provenance	utilisation	longueur (mm)	largeur (mm)	épaisseur (mm)	masse (g)
B	QT02	quartzite	Garlin (64)		81	35	14	37,36
B	QT04	quartzite	Garlin (64)		41	20	6	5,31
B	QT09	quartzite	Garlin (64)		45	35	9	15,12
B	QT10	quartzite	Garlin (64)		58	41	21	45,94
B	QZ02	quartz	Roquesérière (31)	raclage bois	104	55	19	81,65
B	QZ04	quartz	Roquesérière (31)	raclage bois	87	50	12	46,71
B	QZ06	quartz	Roquesérière (31)	raclage bois	67	51	19	51,44
B	QZ11	quartz	Roquesérière (31)	raclage bois	78	52	14	58,97
B	QZ12	quartz	Roquesérière (31)		72	31	8	17,68
B	QZ18	quartz	Roquesérière (31)		47	23	9	7,63
B	QZ20	quartz	Roquesérière (31)		47	27	7	12,3
B	QZ24	quartz	Roquesérière (31)		62	37	18	39,18
B	SI02	s i lex	Mesnil-Saint-Loup (10)	raclage bois	59	29	8	9,25
B	SI04	s i lex	Mesnil-Saint-Loup (10)	raclage bois	59	21	4	4,11
B	SI06	s i lex	Mesnil-Saint-Loup (10)	sciage bois	63	26	6	8,46
B	SI08	s i lex	Mesnil-Saint-Loup (10)		84	36	8	19,19
B	SI10	s i lex	Mesnil-Saint-Loup (10)		65	17	5	6,39
B	SI12	s i lex	Mesnil-Saint-Loup (10)		76	25	4	9,37
B	SI14	s i lex	Mesnil-Saint-Loup (10)		46	17	4	3,59
B	SI16	s i lex	Mesnil-Saint-Loup (10)		65	30	11	17,4
B	SI18	s i lex	Mesnil-Saint-Loup (10)		60	23	6	5,71
B	SI20	s i lex	Mesnil-Saint-Loup (10)		85	30	6	14,6
B	SI22	s i lex	Vassieux-en-Vercors (26)	raclage bois	56	29	9	11,26
B	SI24	s i lex	Vassieux-en-Vercors (26)	raclage bois	39	16	4	2,78
B	SI26	s i lex	Vassieux-en-Vercors (26)	sciage bois	47	17	6	3,61
B	SI28	s i lex	Vassieux-en-Vercors (26)		41	16	9	4,69
B	SI30	s i lex	Vassieux-en-Vercors (26)		77	28	14	26
B	SI32	s i lex	Vassieux-en-Vercors (26)	raclage bois	41	18	4	3,43
B	SI34	s i lex	Vassieux-en-Vercors (26)	raclage bois	47	15	7	5,35
B	SI36	s i lex	Vassieux-en-Vercors (26)	sciage bois	72	30	9	14,88
B	SI38	s i lex	Vassieux-en-Vercors (26)		36	19	7	4,28
B	SI40	s i lex	Vassieux-en-Vercors (26)		51	18	9	9,21
B	SI43	s i lex	Mesnil-Saint-Loup (10)		53	23	5	9,16
moyenne cellule A					60,97	27,55	9,24	18,08
moyenne cellule B					60,94	28,48	9,12	18,55
moyenne cellules A et B					60,95	28,02	9,18	18,31

Tableau 2 : Principales caractéristiques des pièces lithiques alignées dans les cellules A et B (M. Rué).

aux pièces alignées en haut de pente, ces éléments ne sont pas isolés mais entassés les uns contre les autres, afin d'étudier l'effet « amas » (Lenoble *et al.* 2008b) contraignant le déplacement des objets le long de la pente. Ces pièces n'ont pas été topographiées au cours des relevés. La déformation des amas sera étudiée en fin d'expérience, lors de la fouille des cellules. Le silex provient de l'encaissant des puits d'extraction néolithiques du site des Vieilles Vignes à Mesnil-Saint-Loup (Hauzeur *et al.* 2010).

3. Quatre plots en béton de dimensions identiques (10 × 10 × 4 cm), posés à plat et à la surface desquels quatre points repères ont été indiqués (fig. 2, a).

La cellule C correspond à un amas de débitage réalisé sur place par un tailleur droitier expérimenté (fig. 2, b et c). Le silex employé provient de la carrière du Busa à Noyers-sur-Cher (Lethrosne *et al.* 2020). Le siège a été laissé sur place, il est formé par deux dalles de silex superposées sur une hauteur totale d'environ 24 cm. Quatre points topographiques situés à son sommet permettent de suivre son déplacement. L'objectif du débitage consistait à obtenir un maximum d'éléments allongés pour la mesure des fabriques.

4. Résultats 2018-2023

4.1 Evolution de la température et des précipitations

La moyenne des températures et des précipitations mensuelles sur la période considérée est proche de la normale pour la station de Villard-de-Lans (période 1991-2020). Les cinq premiers mois de l'expérience se caractérisent par une période légèrement plus chaude et plus sèche. La température moyenne annuelle au sol, calculée entre mai et avril, varie de 8.4°C (2018) à 10.4°C (2022), avec des extrêmes journaliers de -3.5°C (01/2019) et 44°C (06/2020). Les pics de températures élevées correspondent à l'exposition du capteur aux rayons solaires. Ils diminuent à partir de l'été 2021 en raison du développement du couvert herbacé et de l'enfoncement progressif du capteur (environ 6 mm en avril 2021, fig. 3). Cet enfoncement explique également la diminution du nombre de cycles de gel-dégel chaque hiver. Ils ont été au maximum au cours des deux premiers hivers (environ 215 et 146 cycles, passant ensuite à une cinquantaine de cycles).

4.2 Modifications observées à la surface du sol

Précipitations

La première pluie est survenue 5 jours après le début de l'expérience (13 mm, dont 10 mm en 2 h lors d'un orage). Trois éclats se sont alors dégagés de l'amas 5-10 mm dans la cellule A, le plus éloigné s'étant déplacé de 10 cm dans le sens de la pente. Les précipitations des premiers mois ont ensuite provoqué le déplacement de différentes pièces de la cellule A, sans toutefois complètement désorganiser l'état initial. Les enregistrements image par image réalisés au cours d'un orage ont permis de constater que ces déplacements sont induits à la fois par l'impact des gouttes d'eau sur les pièces et le ruissellement diffus. Ils ont principalement concerné des éclats des amas 5-10 et 10-20 mm mais également quelques pièces isolées de la cellule A n'adhérant que faiblement à la surface du sol ou non bloquées par la végétation. Le ruissellement diffus a été suffisamment important pour révéler la fraction graveleuse de la surface dénudée (début de formation d'un pavage résiduel). Aucune rigole n'est apparue. Un orage de grêle est survenu durant l'été 2019, marqué par une chute brutale de la température au sol (fig. 3). La couverture végétale a limité l'impact de cet évènement sur la disposition des pièces malgré la chute de grêlons atteignant 2 cm de diamètre. L'accumulation de neige, sur une hauteur maximale d'environ 50 cm en février 2019, a provoqué chaque hiver le tassement de la végétation et le maintien d'une température à 0°C sur des périodes variables (une quinzaine de jours au maximum).

Gel-dégel

Aucune fente ni aiguille de glace (*pipkrake*) n'a été observée lors du gel superficiel du sol. L'éclat de silex SI03 est apparu fracturé en deux lors du relevé de mai 2020, sans déplacement des fragments. Les alternances de gel-dégel pourrait en être la raison.

Humectation-dessication

Au printemps, l'engorgement du terrain lors des périodes pluvieuses, bien souvent associé à la reprise de l'activité biologique, a eu pour effet de soulever légèrement la partie superficielle du sol. Lors de la saison sèche (ou lors du tassement par la neige en hiver), un léger déplacement du sol se produit alors vers l'aval (reptation hydrique). Les épisodes de sécheresse estivale ont provoqué l'apparition de quelques fissures millimétriques en surface du sol mais n'ont pas amoindri le couvert végétal.

Développement de la végétation

Les plantes terrestres et bryophytes ont progressivement envahi la cellule A à partir de mai 2018 jusqu'à complètement recouvrir la surface initialement dénudée et piétinée au bout d'environ 2 ans, sans modification importante du cortège floristique local (tab. 1). La reprise de la végétation dans les cellules B et C n'a pas permis de suivre aussi précisément le déplacement des pièces durant les premières semaines que dans la cellule A. Les tiges tassées par la neige et les aiguilles de pin forment un maillage plus ou moins dense protégeant la surface du sol. La pousse des tiges a provoqué des mouvements relativement limités des pièces lithiques.

Figure 2 : Aperçu photographique des cellules entre 2018 et 2020 a. Vue oblique de la cellule A au début de l'expérience (24/04/2018). b. Vue générale pendant la taille des silex de la cellule C (23/04/2018). c. Détail de l'amas de débitage obtenu. Eclats en silex de largeur > 20 mm dans la cellule A : d. Etat initial. e. Colmatage des espaces inter-éclats par des agrégats millimétriques remontés par les fourmis après 35 jours. f. Tassement des agrégats après le premier hiver. g. Vue des cellules A et B après 1 mois. h. Pièce QT01 après son déplacement brusque (par un petit mammifère ou un oiseau ?). L'emplacement initial de la pièce est marqué par l'absence d'organismes pionniers en surface du sol (29/05/2018). i. Vue des cellules A et B après 2 ans. Seuls quelques silex de l'amas > 20 mm de la cellule B ne sont pas recouverts par la végétation : détail (j) et état initial (k). La teinte du silex s'est brunifiée (photos : M. Rué).

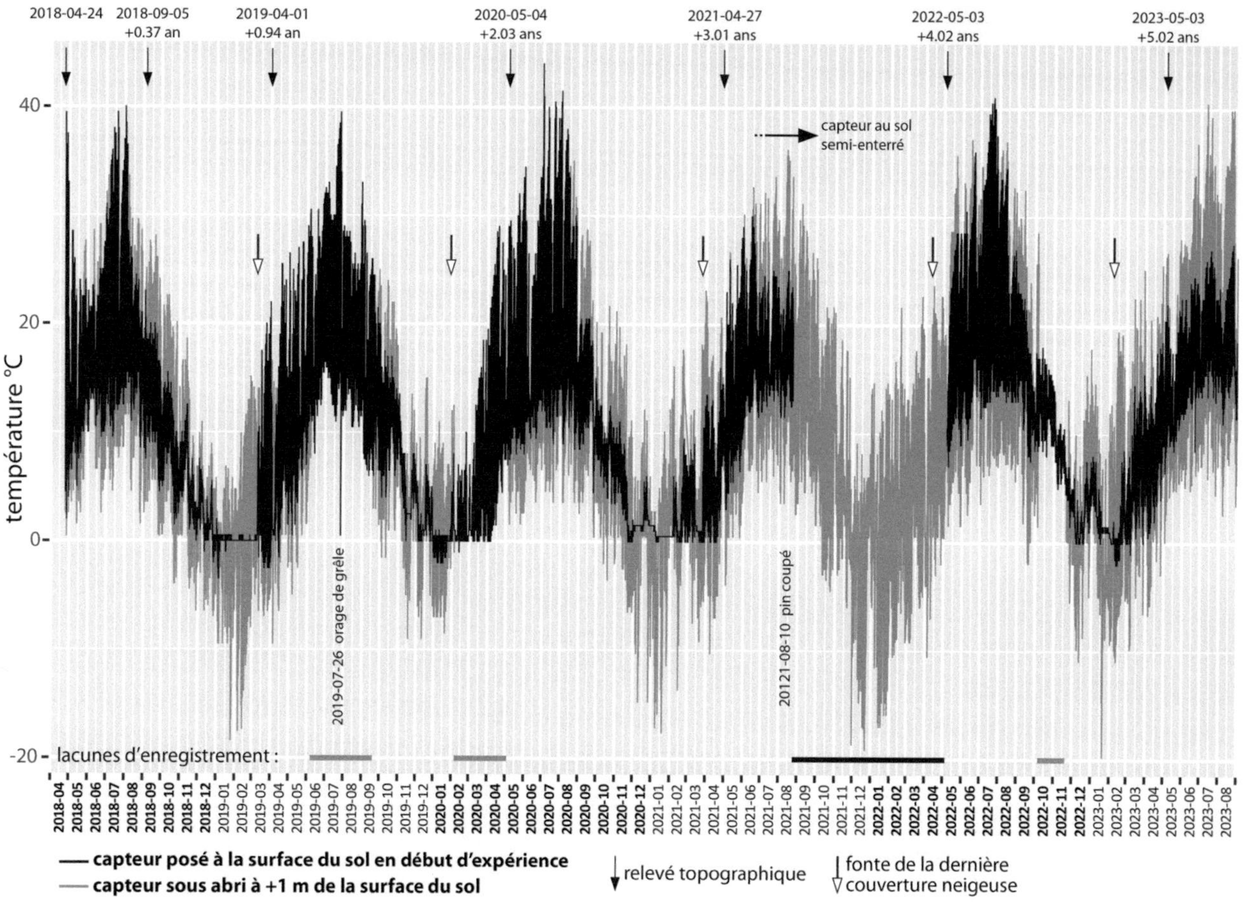

Figure 3 : Evolution des températures à la surface du sol et à 1 m pendant 5 ans et principaux évènements climatiques enregistrés (M. Rué).

Activité de la pédofaune

Les fourmis (principalement *Lasius niger* et *Lasius flavus*) ont été les premiers organismes visibles impactant significativement la surface en construisant plusieurs fourmilières en dôme, principalement sur la cellule A (fig. 4). Les espaces entre les éclats de l'amas > 20 mm de la cellule A et entre les entames du poste de débitage ont rapidement été colmatés par des micro-agrégats de sol qui se sont tassés lors du premier hiver, colmatant ainsi les vides interstitiels des amas (fig. 2, d à f). La plupart des dômes se sont ancrés sur des tiges de plantes, atteignant au maximum 18 cm de hauteur, mais également sur certaines pièces lithiques isolées et sur des plots. Les turricules de vers anéciques ont régulièrement ponctué la surface des cellules, dans des proportions toutefois relativement faibles. Aucune taupinière n'a été observée. Plusieurs galeries d'un ou de plusieurs mammifères fouisseurs ont été décelées en surface du sol lors de la fonte de la neige au printemps, sans que cela n'affecte de manière importante la disposition des témoins. Seul le plot D a été soulevé puis déplacé selon la pente sur environ 4.8 cm lors de l'effondrement d'une galerie. Deux pièces alignées de la cellule A se sont déplacées et retournées lors du premier mois, en dehors d'un évènement pluvieux (SI23 et QT01, fig. 2, h et h), également lors du second printemps (QT01 et QZ19), probablement en raison de l'activité d'un petit animal ou d'un oiseau.

4.3 Distances et vitesses de déplacement le long de la pente

Trois-cent-quatre-vingt-onze positions ont été relevées lors des six relevés topographiques soit 50.5 % du nombre total de mesures qu'il aurait été possible de réaliser si toutes les pièces lithiques numérotées avaient été repérées en les dégageant de l'humus. Seules les positions des plots et du siège ont pu être topographiées à chaque relevé. Les axes de déplacement sont logiquement orientés préférentiellement dans le sens de la pente (fig. 4). Après environ 1 an, et malgré la pente relativement élevée, 18 des 23 éclats repérés dans la cellule A n'ont pas bougé de plus de 1 cm (soit 78.3 %) contre 6 des 11 éclats repérés dans la cellule B (soit 54.5 %). En 5 ans, le maximum de distance parcourue selon la pente est de 191 mm pour la pièce QT01 (cellule A) et 74 mm pour la pièce SI08 (cellule B).

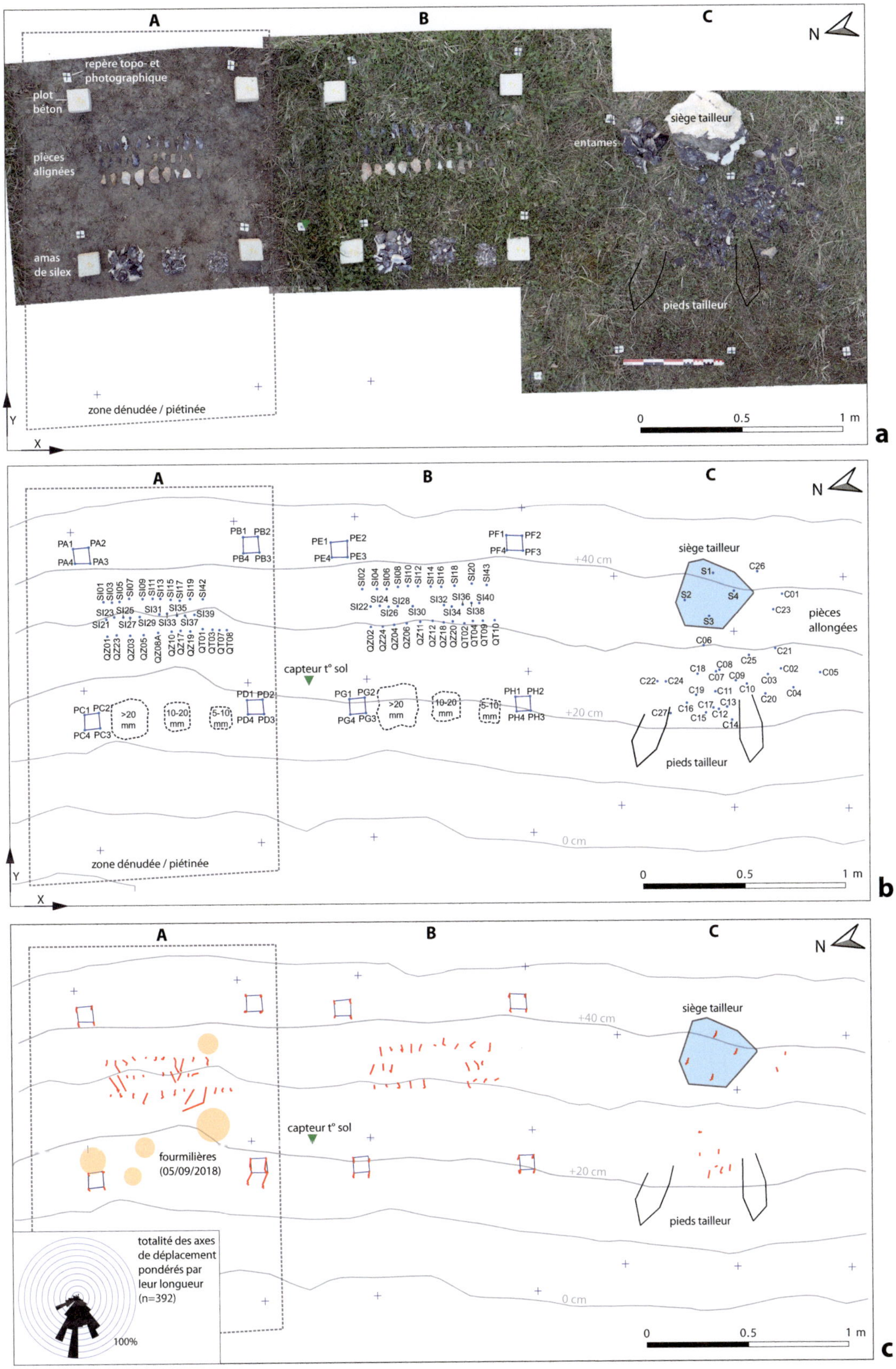

Figure 4 : Plan des cellules A, B et C (M. Rué, G. Navennec). a et b, état initial (24/04/2018) ; c, Localisation et distribution des axes de déplacement des objets repérés à chaque relevé (traits rouges).

Le calcul des vitesses de déplacement le long de la pente entre chaque relevé montre les résultats suivants (fig. 5) :

- La vitesse moyenne est de 16.9 mm/an en 5 ans pour l'ensemble des matériaux et des cellules et de 22.7 mm/an pour les pièces lithiques.
- Les vitesses les plus importantes sont obtenues lors du premier relevé après 4.4 mois (maximum de 241 mm/an dans la cellule A, pièce SI23). Elles décroissent progressivement jusqu'à atteindre en moyenne 5.5 mm/an lors de la cinquième année.
- La différence entre les cellules A et B n'apparaît pas importante. Les pièces lithiques de la surface dénudée et piétinée (n=104 mesures) se sont en effet déplacées en moyenne de 25.7 mm/an contre 19.4 mm/an pour la cellule enherbée (n=58 mesures). Les vitesses extrêmes sont toutefois plus importantes dans la cellule A.
- La vitesse de déplacement du siège et des plots, dont la masse dépasse de loin celle des pièces lithiques, est du même ordre de grandeur que ces dernières à partir de 1 an.

5. Discussion

En dehors de toute perturbation anthropique et en contexte tempéré, l'intensité de la dispersion des objets sur la surface du sol dépend de nombreux facteurs biotiques (type de couvert végétal, activité de la faune, etc.) et abiotiques (contexte géomorphologique, conditions climatiques, type d'objets, etc.) et donc de processus complexes et souvent aléatoires (Richards, Humphreys 2010). Les nombreux travaux traitant de la progression des particules sédimentaires sur les versants ont toutefois montré que, le plus souvent, la distance de déplacement est d'autant plus élevée que ces particules sont petites et que la pente est importante. Cela a pu être vérifié ou nuancé pour les artefacts, en particulier en raison de leur forme singulière ou de leur densité élevée par rapport aux éléments présents naturellement dans le sol (Rick 1976 ; Fanning et Holdaway 2001). A l'issue des cinq premières années d'expérimentation, en raison d'un nombre de mesures limité lié à la reprise de la végétation, il est prématuré de discuter du rôle possible de la forme ou de la masse des pièces dans leur progression sur la pente. La part des différents paramètres activant ou limitant le déplacement est en revanche mieux définie. L'expérience a également mis en évidence des biais méthodologiques conditionnant en partie nos résultats.

5.1 Facteurs activant le déplacement

Les processus les plus visibles sont l'effet *splash* et le ruissellement diffus qui ont contribué au déplacement des pièces de la cellule A initialement dénudée et piétinée, en particulier lors des plus fortes précipitations. Malgré la pente élevée (18°) et les pluies orageuses survenues avant la végétalisation complète de la cellule (+1.5 ans), l'impact de ces processus est toutefois resté relativement limité. La comparaison avec d'autres résultats expérimentaux est difficile à réaliser en raison de la variété des conditions initiales ou des méthodes employées pour suivre l'impact du ruissellement sur la dispersion des vestiges. L'expérience n°5 menée dans la carrière du Tiple à Fumel (Lot-et-Garonne) entre 1998 et 2001, sur une pente deux fois moins élevée et en contexte de ruissellement diffus pur (sans végétation), sur substrat sablo-limoneux, a permis d'obtenir une vitesse moyenne de déplacement de 56 mm/an pour des éclats en silex de largeur 5-20 mm (Lenoble 2005). Nous obtenons un résultat similaire pour les pièces de la même classe granulométrique lors du premier relevé après 4.4 mois dans la cellule A mais cette vitesse diminue fortement dans les mois qui suivent.

L'activité de petits animaux ou d'oiseaux est probablement responsable du mouvement rapide avec retournement de quelques pièces de la cellule A. Des processus plus lents, et donc plus difficilement observables, générés par les cycles de gel-dégel ou d'humectation-dessication, affectent l'ensemble des objets et expliquent sans doute les vitesses plus homogènes obtenues à partir de 2 ans, de l'ordre de 10 mm/an. Ce résultat apparaît cohérent avec les ordres de grandeur de vitesses de la reptation connu en contexte tempéré (Fleming et Johnson 1975 ; Bertran 2004), exception faite des activités culturales et du piétinement. Les pièces en silex de la cellule 3-sud implantée dans le massif du Mont-Perdu (Pyrénées) à environ 2800 m d'altitude, sur une pente de 22° non végétalisée, se sont en moyenne déplacées de 217 mm sur 3 ans (72,3 mm/an) (Bertran *et al.* 2015), soit 2.5 fois plus vite que les pièces de la cellule A.

Les déplacements sont donc pour le moment provoqués à la fois par des processus rapides (peu nombreux mais à forte activité morphogénique) et par des processus lents qui affectent l'ensemble des pièces, comme la reptation par gonflement et tassement du sol ou la solifluxion sous pelouse. L'enfouissement des pièces devrait progressivement limiter l'impact des processus rapides et donc la distribution aléatoire des objets.

5.2 Facteurs limitant le déplacement

Le développement de la couverture herbacée a fortement contraint la migration des pièces lithiques, par blocage au niveau des tiges, réduisant ainsi l'impact du ruissellement. Les feuilles ont également limité l'effet *splash*. A l'automne, les grandes tiges se sont affaissées sur le sol, préférentiellement orientées dans le sens de pente. Associées aux aiguilles de pin, elles ont occasionné la constitution d'une litière formant un réseau retenant et protégeant les pièces, un phénomène comparable au lacis racinaire limitant la reptation des horizons superficiels du sol (Bertran 2004). Les fourmilières et les irrégularités

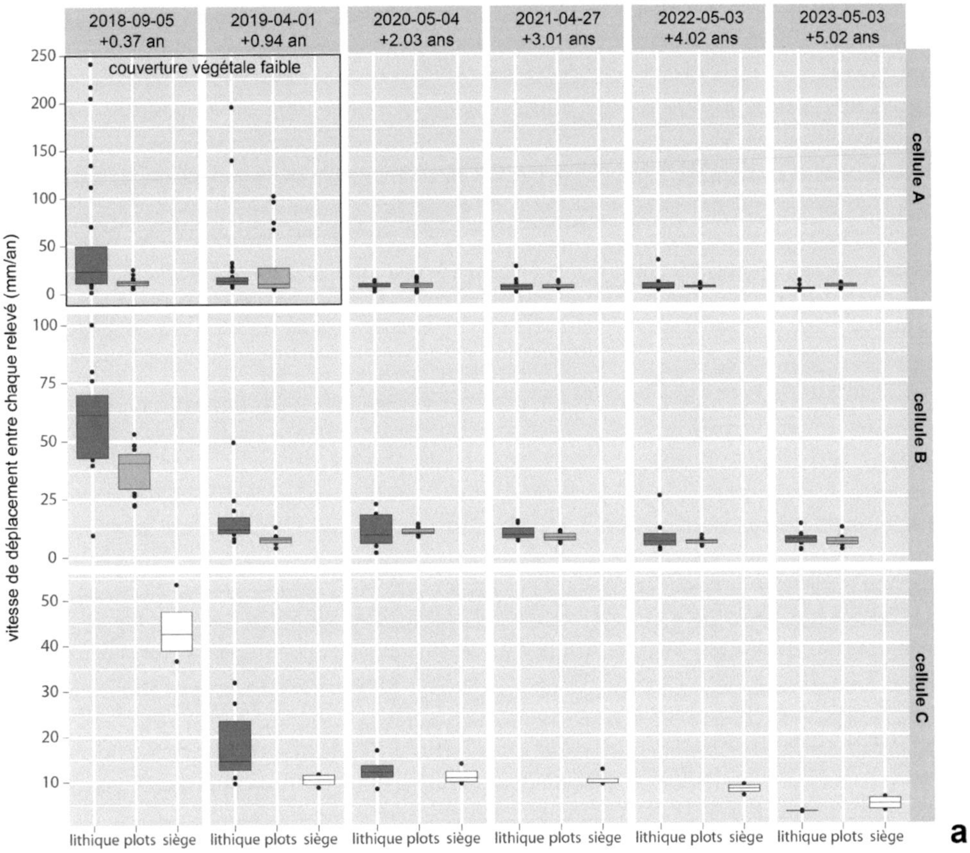

Nombre de mesures

cellule	objets	2018-09-05	2019-04-01	2020-05-04	2021-04-27	2022-05-03	2023-05-03	total général
A	lithique	33	23	14	17	8	9	104
	plots	16	16	16	16	16	16	96
total A		49	39	30	33	24	25	200
B	lithique	11	11	7	8	7	14	58
	plots	16	16	16	16	16	16	96
total B		27	27	23	24	23	30	154
C	lithique		7	4			2	13
	siège	4	4	4	4	4	4	24
total C		4	11	8	4	4	6	37
total général		80	77	61	61	51	61	391

Vitesse moyenne (mm/an)

cellule	objets	2018-09-05	2019-04-01	2020-05-04	2021-04-27	2022-05-03	2023-05-03	total général
A	lithique	51,5	27,3	8,2	6,9	9,0	4,1	25,7
	plots	11,9	27,3	8,2	6,6	5,9	5,9	11,0
total A		38,6	27,3	8,2	6,7	6,9	5,2	18,6
B	lithique	57,2	16,2	11,5	10,0	8,7	6,8	19,4
	plots	38,1	7,3	10,7	8,1	5,9	5,7	12,6
total B		45,8	11,0	10,9	8,8	6,8	6,2	15,2
C	lithique		18,3	12,3			3,2	14,1
	siège	43,8	10,3	11,2	10,2	8,1	4,9	14,8
total C		43,8	15,4	11,8	10,2	8,1	4,3	14,5
total général		41,3	19,9	9,7	7,8	6,9	5,6	16,9
total lithique		52,9	22,8	9,8	7,9	8,9	5,5	22,7

Distance maximale selon la pente (mm)

cellule	objets	2018-09-05	2019-04-01	2020-05-04	2021-04-27	2022-05-03	2023-05-03	total général
A	lithique	88,4	111,3	15,9	27,2	34,3	11,8	111,3
	plots	9,3	58,0	18,6	12,3	9,7	9,2	58,0
B	lithique	36,8	46,2	45,9	45,1	26,1	43,9	46,2
	plots	19,5	7,2	15,3	10,7	8,8	11,9	19,5
C	lithique		29,8	34,1			12,6	34,1
	siège	19,6	6,6	15,1	12,3	9,3	6,4	19,6
total général		88,4	111,3	45,9	45,1	34,3	43,9	111,3

b

Figure 5 : Déplacement des objets repérés entre chaque relevé a. Distribution des vitesses de déplacement par type d'objet et date de relevé pour les trois cellules. Les boîtes situent le premier et troisième quartile et la médiane. b. Résultats chiffrés (M. Rué).

de la surface provoquées par le passage des mammifères fouisseurs ont également bloqué la progression de certains objets sur la pente.

Les fourmis jouent un rôle géomorphologique important, avec des taux médians de bioturbation estimés à 1.5 tonnes de sédiment par an et par hectare (Viles *et al.* 2021). Leur impact est apparu majeur dans l'ensevelissement précoce des objets, en colmatant dès le début de l'expérience la structure ouverte de certains amas et en construisant plusieurs dômes, armés par les tiges végétales. Cet impact est toutefois limité spatialement. Le nombre plus important de fourmilières dans la cellule A s'explique peut-être par la présence initiale d'un nid et/ou de l'intérêt des fourmis pour la surface dénudée comme substrat facilitant la construction des nids (Seifert 2018). Les deux espèces de fourmis identifiées sont communes dans toute l'Europe. *Lasius flavus* construit des dômes résistants qui peuvent perdurer plus d'un siècle (King 1981). Le rôle des turricules de vers de terre dans l'enfouissement des objets apparaît plus limité, surtout pour les pièces plus volumineuses.

Dans la cellule A, les éclats dont la face inférieure épousait la surface du sol piétinée ont rapidement adhéré au substrat, ce qui a limité leur progression. L'origine de cette adhésion mériterait plus d'investigation (rôle des particules argileuses, de l'humidité et/ou du tapis microbien à la surface du sol ?).

5.3 Biais expérimentaux

L'occultation des pièces par la végétation et la litière constitue un frein au suivi du déplacement des pièces. Après 5 ans, le nombre de pièces déjà ensevelies dans l'horizon A du sol, sous la litière, est donc inconnu. L'utilisation d'un désherbant permettrait de faciliter le relevé complet des objets avant la fin de l'expérience, comme cela a été réalisé lors de l'expérimentation sur lœss menée pendant 5 ans à Villeneuve d'Ascq (Caspar *et al.* 2009), mais il introduirait une modification des conditions de l'expérience et limiterait de fait son intérêt pour rendre compte d'une évolution naturelle. Seule la fouille des cellules permettra de connaître précisément la profondeur d'enfouissement des objets dans le sol, qu'il est à ce jour difficile de quantifier. Dans la courte expérience menée à l'Archéodrome au sud de Beaune (Côte-d'Or), entre juillet 1998 et octobre 1999, où trois amas de taille ont été produits (dont un sur une surface préalablement décapée à 15 cm de profondeur), la bioturbation a provoqué l'enfouissement de nombreuses pièces (Sellami *et al.* 2001), sans que l'on en connaisse exactement l'intensité ni les auteurs. L'expérience actuelle d'enfouissement de blocs bruts de silex de diamètre avoisinant 5 ou 12 cm, sur une surface enherbée et plate au nord de Londres, reproduisant une des expérimentations de Charles Darwin sur le rôle des vers de terre (Darwin 1881), a donné un taux d'incorporation des silex lors des six premières années compris entre 21 et 96 mm/an (Butt *et al.* 2016).

Le faible impact du ruissellement sur la disposition des pièces lithiques et l'absence de rigole induite par les écoulements concentrés peuvent s'expliquer par la faible surface dénudée, en particulier en amont des objets. Les résultats du début de l'expérience auraient sans doute été différents si son démarrage avait été lancé juste avant ou pendant la période hivernale, ralentissant la reprise de la végétation. Le choix de la position initiale des pièces alignées, dans le sens de la pente, conditionne de même les résultats de l'expérience. Seul le poste de débitage de la cellule C imite une situation comparable au domaine archéologique. La mise en place d'autres cellules permettrait de limiter ces différents biais.

6. Conclusion et perspectives

Contrairement au milieu périglaciaire, la taphonomie des assemblages lithiques n'a pas suscité de nombreuses expérimentations en contexte tempéré afin de déterminer les modalités de déplacement et d'enfouissement des objets et l'évolution de leurs états de surface. La mise en place de trois cellules expérimentales à Villard-de-Lans vise à combler cette lacune, tout en considérant que l'expérience a débuté sur un terrain artificiel en pelouse. Elle permettra de déterminer le temps nécessaire pour que les pièces se stabilisent dans le sol, et donc soient protégées des processus de surface, sachant que cette immobilisation n'est que relative puisque la reptation affecte également les horizons plus profonds du sol.

Les premiers résultats du suivi réalisé sur 5 ans ont permis d'inventorier les principaux processus impliqués dans la mobilisation ou non de pièces lithiques sur une pente d'environ 18°. Malgré cette pente élevée, les premières modifications restent limitées. La disposition originelle est conservée après 5 ans, même sur la surface initialement dénudée et piétinée. Si l'on retient les dernières vitesses moyennes obtenues après 2 ans, une fois la végétalisation complète de la pente étudiée, soit entre 5 et 10 mm/an, l'assemblage initial pourrait toutefois être complètement désorganisé en quelques siècles, d'autant plus que la progression des pièces sera inégale et d'autant moins que l'enfouissement sera rapide. Les premiers résultats obtenus indiquent néanmoins que les modifications sont sensiblement plus lentes qu'en milieu périglaciaire et suggère donc que l'état de préservation des sites préhistoriques pourrait être largement dépendante du contexte environnemental au moment de l'occupation.

Ces premiers résultats doivent être confirmés par un temps d'expérience plus important, jusqu'à l'enfouissement complet des pièces. D'autres données seront recueillies d'ici-là, comme les caractéristiques physico-chimiques et micromorphologiques du sol et la liste des principales espèces actives dans la bioturbation. Un diagnostic des états de surface d'une sélection de pièces lithiques est également programmé.

Remerciements

Sébastien Bernard-Guelle, Sophie Chamberlan et Alexandre Morin (Paléotime) pour avoir soutenu financièrement le projet expérimental. Loïc Bouffard, Elodie Burgat, Jean-Baptiste Caverne, Elise Cormarèche, Gabriel Navennec et Pascal Tallet pour les différents relevés. Pascal Bertran et Arnaud Lenoble pour leur relecture constructive.

Références

Balek, C. L. 2002. Buried artifacts in stable upland sites and the role of bioturbation: a review. *Geoarchaeology* 17/1, 4151.

Bertran, P., Clément, B., Courbouleix, S., Coussot, P., Coutard, J.-P., Jomelli, V., Hétu, B., Fabre, R., Francou, B., Le Bissonnais, Y., Meunier, M. and Texier, J.-P. 2004. *Dépôts de pente continentaux. Dynamique et faciès*. Paris: Association Française pour l'Etude du Quaternaire.

Bertran, P., Beauval, C., Boulogne, S., Brenet, M., Chrzavzez, J., Claud, É., Costamagno, S., Laroulandie, V., Lenoble, A., Malaurent, P., Masson, B., Mallye, J.-B., Sin, P., Thiébaut, C. and Vallin, L. 2009. Dynamique sédimentaire et taphonomie des abris-sous-roche et des porches de grotte en milieu périglaciaire : Le programme Gavarnie. *Les Nouvelles de l'Archéologie* 118, 1116.

Bertran, P., Beauval, C., Boulogne, S., Brenet, M., Costamagno, S., Feuillet, T., Laroulandie, V., Lenoble, A., Malaurent, P. and Mallye, J.-B., 2015. Experimental archaeology in a mid-latitude periglacial context: insight into site formation and taphonomic processes. *Journal of Archaeological Science* 57, 283301.

Butt, K.R., Callaham, M. A., Loudermilk, E.L. and Blaik, R. 2016. Action of earthworms on flint burial – A return to Darwin's estate. *Applied Soil Ecology* 104, 157162.

Caspar, J.-P., Masson, B. and Vallin, L. 2009. Taphonomie des ensembles lithiques du Paléolithique moyen en contexte loessique: l'approche expérimentale. *Les Nouvelles de l'Archéologie* 118, 2126.

Darwin, C. 1881. *The Formation of Vegetable Mould Through the Action of Worms with Some Observations on Their Habits*. London: John Murray.

Fanning, P. and Holdaway, S. 2001. Stone artifact scatters in western NSW, Australia: Geomorphic controls on artifact size and distribution. *Geoarchaeology* 16/6, 667686.

Fleming, R.W. and Johnson, A.M. 1975. Rates of seasonal creep of silty clay soil. *Quarterly Journal of Engineering Geology and Hydrogeology* 8/1, 129.

Hauzeur, A., Collin, J.-P., Naton, H.-G., Bernard-Guelle, S. and Fernandes, P. 2010. Un site d'exploitation néolithique dans le complexe minier du Pays d'Othe : fouille préventive à Mesnil-Saint-Loup – « Les Vieilles Vignes » (Aube, France). *Notae Praehistoricae* 30, 5771.

Hilton, M.R. 2003. Quantifying postdepositional redistribution of the archaeological record produced by freeze – thaw and other mechanisms: an experimental approach. *Journal of Archaeological Method and Theory* 10/3, 165202.

Johnson, D.L. 2002. Darwin would be proud: bioturbation, dynamic denudation, and the power of theory in science. *Geoarchaeology* 17/1, 740.

Joly, D., Brossard, T., Cardot, H., Cavailhes, J., Hilal, M. and Wavresky, P. 2010. Les types de climats en France, une construction spatiale. *Cybergeo: European Journal of Geography* 501.

King, T.J. 1981. Ant-Hills and Grassland History. *Journal of Biogeography* 8/4, 329-334.

Lenoble, A. 2005. *Ruissellement et formation des sites préhistoriques : référentiel actualiste et exemples d'application au fossile*. Oxford: Archaeopress, British Archaeological Report International Series.

Lenoble, A., Bertran, P., Beauval, C., Laroulandie, V., Boulogne, S., Costamagno, S., Lacrampe-Cuyaubère, F., Mourre, V., Onézime, O., Thiébaut, C. and Texier, J.-P. 2008a. Études de taphonomie archéologique en milieu périglaciaire actuel : le Projet Gavarnie. *ArchéoSciences* 32, 713.

Lenoble, A., Bertran, P. and Lacrampe, F. 2008b. Solifluction-induced modifications of archaeological levels: simulation based on experimental data from a modern periglacial slope and application to French Palaeolithic sites. *Journal of Archaeological Science* 35/1, 99110.

Lethrosne, H., Ajas, A., Battentier, J., Delvigne, V., Deparnay, X., Hauzeur, A., Recq, C. and Rué, M. 2020. *Occupations et atelier de taille néolithiques dans la plaine alluviale du Cher, Noyers-sur-Cher « le Busa » (Loir-et-Cher)*. Rapport de fouille préventive. Paléotime, SRA Centre Val-de-Loire.

Ozán, I.L. 2017. Gravity and the formation of the archaeological record: Main concepts and methodological tools. *Geoarchaeology* 32/6, 646661.

Pawlik, Ł. and Šamonil, P. 2018. Soil creep: The driving factors, evidence and significance for biogeomorphic and pedogenic domains and systems – A critical literature review. *Earth-Science Reviews* 178, 257278.

Richards, P.J. and Humphreys, G.S. 2010. Burial and turbulent transport by bioturbation: a 27-year experiment in southeast Australia. *Earth Surface Processes and Landforms* 35, 856-862.

Rick, J.W. 1976. Downslope Movement and Archaeological Intrasite Spatial Analysis. *American Antiquity* 41/2, 133144.

Roznik, E.A. and Alford, R.A. 2012. Does waterproofing Thermochron iButton dataloggers influence temperature readings? *Journal of Thermal Biology* 37/4, 260264.

Seifert, B. 2018. *The Ants of Central and North Europe*. Taueur: Lutra Verlag.

Sellami, F., Teyssandier, N. and Taha, M. 2001. Dynamique du sol et fossilisation des ensembles archéologiques sur les sites de plein air. Données expérimentales sur l'organisation des micro-artefacts et des traits pédo-sédimentaires, in: Bourguignon, L., Ortega, I. and Frère-Sautot, M.-C. (eds). *Préhistoire et approche expérimentale*. Préhistoires. Montagnac: Editions Monique Mergoil, 313324.

Texier, J.-P., Bertran, P., Coutard, J.-P., Francou, B., Gabert, P., Guadelli, J.L., Ozouf, J.-C., Plisson, H., Raynal, J.-P. and Vivent, D. 1998. TRANSIT, an experimental archaeological program in periglacial environment: Problem, methodology, first results. *Geoarchaeology* 13/5, 433473.

Villaret, J.-C, Van Es, J., Sanz, T., Pache, G., Legland, T., Mikolajczak, A., Abdulhak, S., Garraud, L. and Lambey, B. 2019. *Guide des habitats naturels et semi-naturels des Alpes*. Turriers: Conservatoire botanique national alpin, Naturalia Publications.

Viles, H.A., Goudie, A.S. and Goudie, A.M. 2021. Ants as geomorphological agents: A global assessment. *Earth-Science Reviews* 213, 103469.

Note sur les contributeurs :

Mathieu Rué
Paléotime / UMR 5140 – ASM
75, avenue JS Achard-Picard, 38250, Villard-de-Lans, France
mathieu.rue@paleotime.fr

Lorène Chesnaux
UMR 5608 TRACES
Université Toulouse Jean Jaurès, Maison de la Recherche
5, allées Antonio Machado, 31058, Toulouse, France
Chesnauxlorene@yahoo.fr

Paul Fernandes
Paléotime / UMR 8068 – TEMPS
75, avenue JS Achard-Picard, 38250, Villard-de-Lans, France
paul.fernandes@paleotime.fr

Bernard Kaufmann
UMR 5023 – LEHNA
Université Lyon 1
3, rue Raphaël Dubois – Bât. Darwin C, 69622, Villeurbanne, France
Bernard.Kaufmann@univ-lyon1.fr

Roger Marciau
Gentiana, Société Botanique Dauphinoise Dominique Villars,
MNEI, 5 place Bir Hakeim, 38000, Grenoble, France

Jocelyn Robbe
Paléotime / UMR 5608 – TRACES
75 avenue JS Achard-Picard, 38250, Villard-de-Lans, France
jocelyn.robbe@paleotime.fr

Alexis Taylor
Paléotime / UMR 7141 – ArScAn
75 avenue JS Achard-Picard, 38250, Villard-de-Lans, France
alexis.taylor@paleotime.fr

Trampling experimentation

Impact on the breakage of small mammals' skeletal elements

Loïc Lebreton

Abstract

Small vertebrates are good markers for the local environment. Their origin on archaeological sites comes from coprocenoses of one or several predators. The different taphonomic analyses developed on small vertebrates allow to highlight a main accumulating agent but also to improve the understanding of the deposition context. Part of these analyses consist in comparing the skeletal representation of a fossil assemblage with present-day predator references. However, this type of comparison only highlights the preservation of the most solid/dense elements. This representation pattern is due to various post-depositional processes (trampling, sediment compaction, roots, block falls). We are interested in the impact of trampling because this factor is present on human occupation sites and is the easiest to implement in an experiment. The objective of this experiment is to test the impact of trampling on a bone assemblage of small mammals with parameters close to those of an archaeological site. The focus is on breakage modalities and the rate of isolation of the teeth. Three small mammal taxa are considered: Murinae, Arvicolinae and Soricidae. Breakage of skulls and mandibles was observed to be taxon-dependent. The mandibles of Arvicolinae have a higher breakage rate. The same is true for the incisor isolation rate, which is more taxon-dependent than breakage-dependent. For the postcranial, median breaks can be observed on some bones (humeri, ulnae, tibiae). The simple epiphysis/diaphysis delineation reaches its limits when post-depositional phenomena increasing breakage are present. More precise bone fragment division lines are required for the taphonomic study of archaeological sites.

Keywords: Experimental taphonomy; Small vertebrate; Trampling

1. Introduction

Small mammals are reliable on-site proxy to follow climatic change during the Quaternary (Denys, 2011; Puzachenko and Markova, 2023). Their origin on archaeological sites is mainly from coprocenoses of one or several predators, and their deposition modalities have been widely studied (Denys 1985; Andrews 1990; Fernández-Jalvo and Andrews 1992; Fernández-Jalvo *et al.* 1998; Fernández-Jalvo *et al.* 2016; Stoetzel *et al.* 2018; Fernández and Pardiñas 2018; Lebreton and Soriano 2018; Linchamps *et al.* 2023). The main goals of these analyses are to highlight the role of a main accumulating agent (often a nocturnal raptor) and to understand the deposition context. To reach this goal different variables

in: Mathias, C., Bourguignon, L., Ivorra, J. and Viallet, C. (eds) 2026. *Living Archaeology. Unveiling the Past through Experimental Archaeology*. Leiden: Sidestone Press, 37-46.

are used such as surface alteration, taxonomic composition, skeletal representation and breakage. However, post-depositional phenomena will interfere with the predator's signal. For instance, comparison of the skeletal representation between a fossil assemblage and current predator referential generally shows only the preservation of the most solid/dense elements (Hanquet 2011; Lebreton *et al.* 2016). In the same way, current referential of main accumulating agent (category 1 and 2 predators) have a very low breakage rate (≤15%) (Andrews 1990), whereas that of fossil assemblages is generally around 100%, due to the various post-depositional processes (trampling, sediment compaction, roots, boulder falls) (Stoetzel 2009; Denys 2011; Hanquet 2011). The creation of referential on post-depositional phenomena is therefore necessary for a better understanding of post depositional alteration.

The impact of trampling has been extensively tested on the remains of large mammals, but with the aim of observing superficial changes (Behrensmeyer *et al.* 1986; Olsen and Shipman, 1988; Blasco *et al.* 2008; Dominguez-Rodrigo *et al.* 2009). For small mammals, there are to our knowledge only two studies. The first one was a quick experimentation by Andrews (1990) with human trampling but this one was made in non-standardized conditions and far from the conditions found on an archaeological site. The second one was done in strict standardized condition by Fernández-Jalvo *et al.* (2022) with a uniaxial compression machine. This study highlights that trampling involves distinct pattern of bone breakage and presence of edentulous jaws (tooth loss). However, this experiment was only carried out on murid remains and it is not possible to determine the impact of the morphological diversity of small mammals on their breakage modalities. To complete the knowledge of the impact of trampling on small mammal bones we propose here an experiment considering several taxa (Arvicolinae, Murinae and Soricidae). The aim of this experiment is therefore to test the impact of trampling on small mammal bone assemblage using parameters close to those of an archaeological site. The focus is on breakage pattern of the skull and mandible and the rate of isolation of teeth. We also include post-cranial element, determined as rodents but this was not possible for certain elements such as the ribs and vertebrae. We therefore do not have a separation by taxa (Arvicolinae, Murinae and Soricidae) for these elements.

2. Materials and methods

The material comes from Barn owl (*Tyto alba*) pellets, and the selected bones show no superficial alterations. Only the skulls are sub-complete, the posterior part of the skull cap is missing, this part is generally missing after ingestion by birds of prey. The material consists of 10 skulls and 20 hemi-mandibles of Murinae, 10 skulls and 20 hemi-mandibles of Arvicolinae and 10 skulls and 20 mandibles of Soricidae. 60 isolated teeth (20 incisors, 20 molars of Arvicolinae and 20 molars of Murinae), were painted in black to distinguish them from the teeth that will be isolated during the experiment. 20 elements for each of these rodent bones: femora, humeri, ulnae, radii, tibiae, ribs, vertebrae, scapulae, pelves were used in this experiment.

To obtain conditions similar to those of an archaeological site, four macro-elements were added, three lithic flakes (dimensions: 47*29*9 mm, 42*26*8 mm and 49*36*12mm) and a fragment of deer skull (dimension: 74*57*29 mm).

The experiment was conducted in a trough with a wooden structure measuring 70x70x24 cm (fig. 1). This structure was semi-buried and separated from the soil by a plastic sheet. A first layer of sediment (dry) of 25 +/-5 mm was deposited. The sediment comes from reworked parts of Ensemble II of the Middle Pleistocene Arago cave site (Tautavel, France) it was chosen because its composition is known and it corresponds to sediment deposited in caves. This sediment is composed of a clayey sandy silt (Lumley *et al.* 1984) and it was sifted before use to limit the presence of fragments of wall or small stones which could have led to an increase in fracturing during the sieving phase. On top of this layer, a 'level' of objects was deposited, made up of the various skeletal elements of small mammals, as well as four macro-elements. The objects making up this level were deposited at least 10 cm from the edges of the tray in order to avoid any wall effect. The material was spread over a 50 cm² square. Another layer of sediment (dry) of 25 +/-5 mm was added to cover the objects. Trampling was carried out by a barefoot operator weighing 67.5 kg and feet size 42 (FR). As we had no experience of the breakage rate, we decided to carry out several trampling phases of increasing duration. Between each phase, the material was sieved, dried, sorted (1.2mm and 0.6 mm mesh) and photographed. The same skeletal remains were used for each pass (after sieving and sorting). In the end, 4 passes were made, the first lasting 40 seconds (about 20 steps), the second 13 minutes (400 steps), the third 2h40 (4800 steps) and the last 3h20 (6000 steps).

3. Results

Appendix I gives the detailed results of the trampling after each pass.

Several passes were required to achieve almost complete breakage of the skulls using this protocol. The postcranial remains showed varying degrees of breakage, with the long bones generally showing relatively low breakage rates (tab. 1). The first two pass had relatively little impact on the cranial remains, with the exception of the skulls of Murinae (70% breakage) and Arvicolinae (30%). For postcranial remains, only ribs (15%), vertebrae (5%) and pelves (15%) were affected.

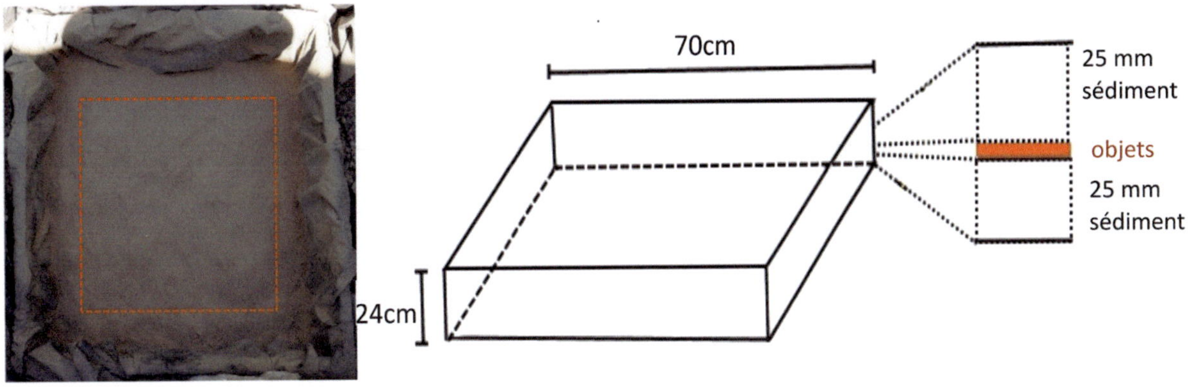

Figure 1: Diagram of the structure used during the experiment, with the orange dotted square representing the zone of deposition of the material.

	1st pass		2nd pass		3rd pass		4th pass	
	N	%	N	%	N	%	N	%
Murinae skull (n=10)	2	20	7	70	10	100	10	100
Arvicolinae skull (n=10)	0	0	3	30	8	80	10	100
Soricidae skull (n=10)	0	0	0	0	6	60	8	80
Murinae hemi-mandibles (n=20)	0	0	0	0	4	20	6	60
Arvicolinae hemi-mandibles (n=20)	0	0	0	0	5	25	20	100
Soricidae hemi-mandibles (n=20)	0	0	0	0	1	5	5	25
Isolated incisor (n=20)	0	0	0	0	1	5	4	20
Arvicolinae isolated molars (n=20)	0	0	0	0	0	0	1	5
Murinae isolated molars (n=20)	0	0	0	0	0	0	0	0
Femora (n=20)	0	0	0	0	0	0	2	10
Humeri (n=20)	0	0	0	0	2	10	2	10
Ulnae (n=20)	0	0	0	0	2	10	4	20
Radii (n=20)	0	0	0	0	0	0	1	5
Tibiae (n=20)	0	0	0	0	0	0	3	15
Ribs (n=20)	3	15	5	25	7	35	12	60
Vertebrae (n=20)	1	5	1	5	4	20	8	40
Scapulae (n=20)	0	0	0	0	3	15	13	65
Pelves (n=20)	0	0	3	15	10	50	17	85

Table 1: Synthesis of breakage after the different pass. N: number of broken elements; %: percentage of broken elements.

After the third pass, all skulls were highly affected, with a breakage rate of 100% for Murinae, 80% for Arvicolinae and 60% for Soricidae. The hemi-mandibles were fragmented at a rate of 20% for Murinae, 25% for Arvicolinae and 5% for Soricidae. Only one single incisor was fragmented. Among the postcranial elements, the pelves (50%), the ribs (35%) and the vertebrae (20%) are the most fragmented. This was followed by breakage of the scapulae (15%), ulnae (10%) and humeri (10%).

At the end of the 4th pass, all the skulls of Murinae and Arvicolinae were fragmented and 80% of those of Soricidae. The hemi-mandibles of Murinae were 60% fragmented, those of Arvicolinae 100% fragmented and those of Soricidae only 25% fragmented. Single teeth were only slightly fragmented (20% for incisors and 5% for molars of Arvicolinae). No molars of Murinae were fragmented. Among the postcranials, the pelves (85%), scapulae (65%) and ribs (60%) had the highest breakage rate. Despite the fact that vertebrae are among the first elements to be fragmented, their breakage rate is only 40%. For long bones, breakage rates remain low, ranging from 5% to 20% (tab. 1).

3.1 Skulls

For the Murinae, the sequence of breakage types starts with: sub-entire skull (fig. 2, a) – hemi-cranium (fig. 2, b-c) – pre-maxilla + hemi-maxilla (fig. 2, d-g) – breakage of the hemi-maxilla (preferentially at the M1-M2 boundary) (fig. 2, h-j). For the Arvicolinae, the different sequences of breakage are as follows: sub-entire skull (fig. 2, k)-maxilla (with or without a zygomatic) + premaxilla (fig. 2, l-o) – palatine (fig. 2, p). For Soricidae, the different sequences of breakage are less systematic. First of all, there may be a loss of premaxillae or molars (fig. 2, q-s). The various recurrent elements are as follows: hemi-maxilla (fig. 2, t) – hemi-maxilla without premaxilla (fig. 2, u) – isolated premaxilla + fragmented maxilla (fig. 2, v-w).

The greater breakage in Murinae skulls can be explained by the weak fusion between the left and right maxillae and between the left and right premaxillae, leading to early separation. There is also preferential break at the suture line, causing separation between the premaxilla and maxilla.

In Arvicolinae, on the other hand, the left and right premaxillae can remain fused, and if they break, the separation does not occur at the suture line between the two premaxillae (fig. 2, l). Another difference is that the maxillae of Arvicolinae can not only separate into hemi-maxillae. They can also be represented only by the palatine (fig. 2, p). The fact that only one zygomatic bone is preserved could be explained by the method of deposition. The skulls are not very stable and tend to lie on their sides. The zygomatic bone then acts as a crutch. When trampled, the pressure exerted on the zygomatic separates it from the rest of the skull. In the case of Soricidae skulls, breakage is less rapid than in other taxa. This is difficult to explain by density/solidity factors. The skull is very thin and appears less robust than that of other taxa. This could be explained by their smaller size making them less sensitive to trampling and/or their morphology making them more mobile in loose sediment (which was the case during the experiment). This may also be due to the relatively small sample size.

There are more isolated teeth in the Arvicolinae, followed by the Murinae and Soricidae. This is logical and is due to the fact that the Arvicolinae have no roots. However, for all taxa it can be seen that the isolation of teeth occurs very quickly, even before the skulls are broken (tab. 2).

3.2 Mandibles

Between the Arvicolinae and the other two taxa the breakage of the mandibles is very different. For Arvicolinae, all mandibles are broken after the 4th pass (tab. 1). For the Murinae, however, six are broken and only five for the Soricidae. This can be explained by the large size of the dental alveoli of Arvicolinae, linked to a strong loosening of the teeth which induces a large hollow space in the mandible, making it more fragile to trampling. The Murinae show breaks preferentially on the ascending branch (fig. 3, a-b). Then the mandibles of the Murinae will break preferentially between the insertion of M1 and M2 (fig. 3, c-d). In the case of Arvicolinae mandibles, breaks may occur on the ascending branch and between M1 and M2 (fig. 3, e-g), but also more generally on the tooth insertions (fig. 2, h). The fragmentation may even lead to the retention of a single fragment of the diastema. In Soricidae, the first stage of breakage is observed on the incisor insertion (fig. 3, i-j). Breakage is then observed between the insertion of M1 and M2 or between the insertion of M1 and M2 (fig. 3, k-l). In contrast to the other taxa, the ascending branch is not broken.

As with the skulls, the number of isolated teeth is highest in the Arvicolinae, then in the Murinae, followed by the Soricidae. However, there are fifteen isolated Murinae incisors (from six broken mandibles) compared to twelve isolated Arvicolinae incisors (from twenty broken mandibles). This may be related to their insertion, which is different from that of the Arvicolinae. Thus, the isolation of the lower incisors depends more on the taxon (Murinae or Arvicolinae) than on the breakage of the mandibles.

	1st pass		2nd pass		3rd pass		4th pass	
	I	M	I	M	I	M	I	M
Murinae skull	0	1	3	2	7	5	12	15
Arvicolinae skull	0	14	2	22	10	42	16	50
Soricidae skull	0	0	0	0	3	2	6	3
Murinae hemi-mandibles	1	6	5	11	10	19	15	20
Arvicolinae hemi-mandibles	0	17	1	38	4	52	12	56
Soricidae hemi-mandibles	0	0	0	2	1	2	5	6

Table 2: Number of teeth isolated after each pass for the different taxa studied. I: Incisors, M: Molars.

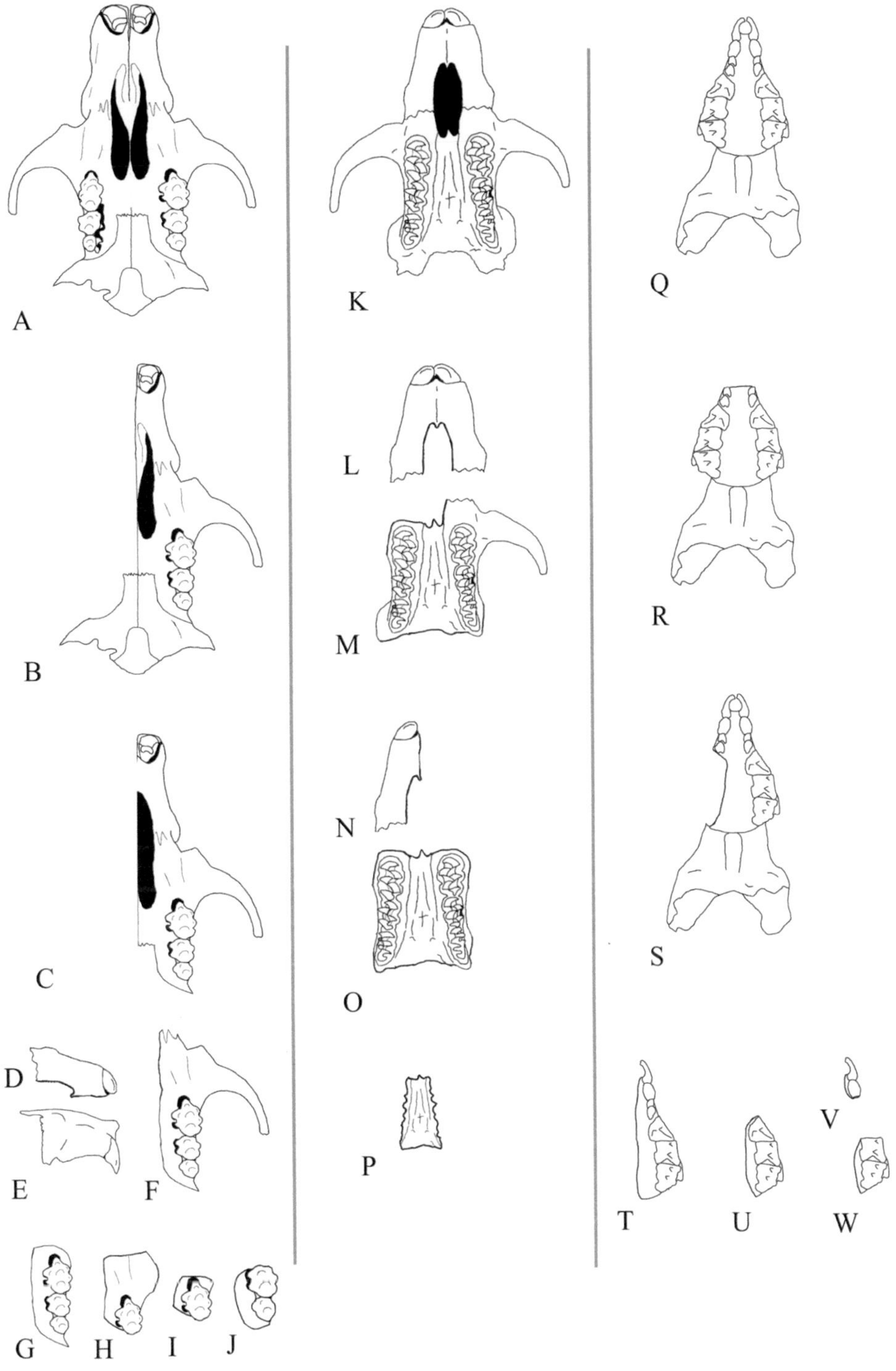

Figure 2: Schema representing breakage pattern of skull for three taxa, Murinae (A-J), Arvicolinae (K-P) and Soricidae (Q-W). A: Sub-complete Murinae skull (initial state, unaffected); B: Skull with an absence of the maxilla and the right pre-maxilla; C: Hemi-cranium (pre-maxillary and maxillary); D-E: Pre-maxilla: F: Hemi-maxilla; G: Hemi-maxilla without zygomatic; H: Maxillary fragments with M1 and zygomatic insertion base. I: Fragments of maxilla with M1 and without zygomatic. J: Fragments of maxilla. K: Sub-complete Arvicolinae skull (initial state, unaffected). L: pre-maxilla (left end right); M: Skull with an absence of the pre-maxillaries and nasal; N: single pre-maxilla; O: Maxilla; P: maxilla with only the palatine bone; Q) Sub-complete Soricidae skull (initial state, unaffected); R: Skull with the premaxilla removed; S: Skull with broken right maxilla; T: hemi-maxilla with pre-maxilla; U: Hemi-maxilla without pre-maxilla; V: fragments of pre-maxilla with incisor in place; W: Fragment of maxilla with M1 and M2 in place.

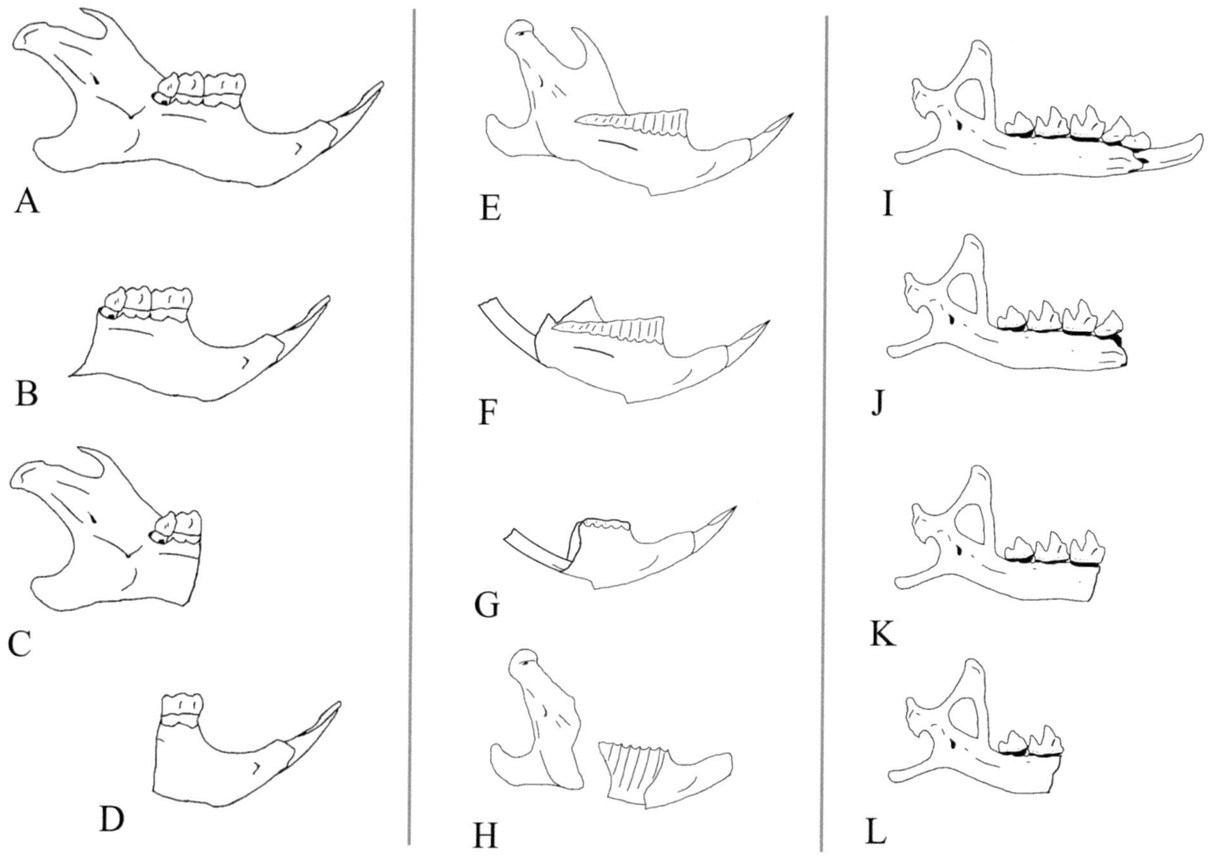

Figure 3: Schema representing breakaged mandibles for three taxa Murinae (A-D), Arvicolinae (E-H) and Soricidae (I-L). A: Complete Murinae mandible; B: Mandible broken at the level of the ascending branch; C-D: Broken mandible at the M1 insertion; E: Complete Arvicolinae mandible. F) Mandible with a break of the ascending branch. G) mandible with a break behind the M1 insertion. H) Mandible consisting of two fragments, the ascending branch and the anterior part up to the insertion of M2; I: Complete Soricidae mandible; J: Mandible broken at the level of the insertion of the incisor; K: Mandible with a break at the M1 level; L: Mandible with a break at the M2 level.

3.3 Isolated teeth

The incisors are more fragmented than the molars. Three types of breaks were observed: a longitudinal break in the lower incisors, a median break in the upper incisors, and a break located anterior to the occlusal surface in the lower and upper incisors. Only one molar was broken. All broken teeth were isolated, either isolated at the start of the experiment or teeth that had become loose during the experiment.

3.4 Post-cranial

The two femora were broken between the diaphysis and the distal epiphysis (fig. 4, a-b). Two humeri were broken: one on the medial side and the other between the diaphysis and the proximal epiphysis, as well as medio-distally (fig. 4, c-d). Four ulnae were broken medially (fig. 4, e). One radius had a medio-proximal break (fig. 4, f). On the tibiae there were thirteen fibular breaks, three proximal breaks (fig. 4, g), one medio-proximal break (fig. 4, h) and one medio-distal break (fig. 4, i).

Breaks of the pelves occurred mainly at the ischium and pubis (twenty-eight), which are situated in the thinnest area of the bone. Five were on the acetabulum, three between the acetabulum and the ilium and three on the tip of the ilium (fig. 5). The scapula breaks are all proximal, the rib and vertebrae breaks are random.

4. Discussion

Our results on the breakage of Murinae skulls are comparable to those of Fernandez-Jalvo *et al.* (2021) on Murinae (Mus sp.) skulls. Indeed, we find hemimaxillae with only M1 and incisors in their sockets at the most advanced stages of breakage. In Arvicolinae and Soricidae, however, the modalities are different and do not follow the same pattern. In the Arvicolinae, the maxilla and premaxilla separate less between the right and left sides, and in the most advanced stages only the palatine of the maxilla remains. This part is frequently found in archaeological sites (Lebreton and Soriano, 2018; Lebreton *et al.* 2021). In the Soricidae, we observe an isolation of the hemi-maxillae. However, we do not observe any other characteristic modality.

As for the Murinae skulls, the breakage patterns of the Murinae mandibles are similar to those found by Fernandez-Jalvo *et al.* (2021), with breaks posterior to the insertion of M1 and with the diastema preserved. Breakage patterns of Murinae skulls and mandibles are similar to the one described in natural accumulation like at Monte di tuba a Holocene accumulation made by raptor (Sanchez *et al.* 1997). Indeed, the most recovered fragments are mandible broken at the level of the ascending branch and hemi-maxilla with zygomatic for the skull. Unfortunately, this accumulation does not have any remains of Arvicolinae so we can't make comparison between rodents' taxa. In our experimentation, the situation is different even between rodents' taxa. In the Arvicolinae, the diastema is also isolated, but the M1 is not preserved, and in the Soricidae it is mainly at the incisor insertion. The breakage of the mandible is taxon dependent, even between Murinae and Arvicolinae. This difference must be considered when using the categories defined by Andrews (1990), which do not take taxon into account.

The rate of isolation of teeth is very taxon dependent (very high for Arvicolinae molars). For the lower incisors, it is even more important than the breakage rate, since the Muridae have a higher isolation rate than the Arvicolinae with lower breakage.

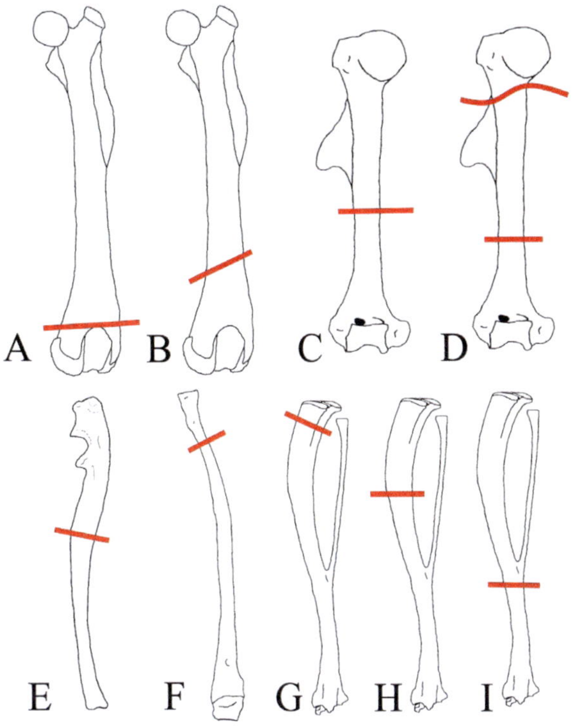

Figure 4: Broken post-cranial material following 4th pass. A-B: Femora, C-D: Humeri. E: Ulnae; F: Radii (G-H-I) Tibiae. Red lines represent the fractures.

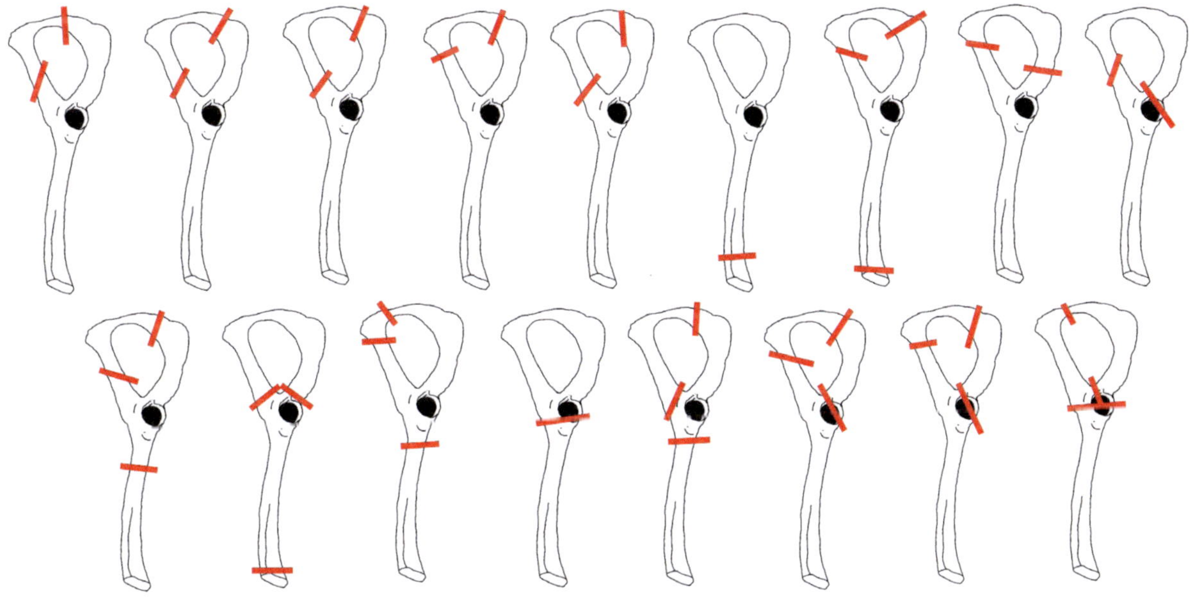

Figure 5: Broken pelves following the 4th pass. Red lines represent the fractures.

In the postcranial region, the breaks of the two femora (fig. 4, c-d), one humerus (fig. 4, d) and one tibia are similar to the categories used by Andrews and Nesbit-Evans (1983), Andrews (1990) and the Fernandez-Jalvo *et al.* (2022) experiment. Breaks are found between the diaphyses and epiphyses. However, differences were observed for one humerus (fig 4, d), four ulnae (fig. 4, e) and two tibiae (fig. 4g and i) whose breaks were located in the medial part of the diaphysis. This demonstrates a more varied breakage pattern than previously described. However, as the number of fragmented remains is small, it is not possible for us to assess whether this variability is significant.

The advantage of this protocol is that it allows a fairly faithful reconstruction of what is observed at an archaeological site, with controlled parameters. However, it is very time consuming. The amount of sediment available is limited because it comes from reworked parts of the Arago Cave (Ensemble II) and has to be collected, dried and deflocculated before it can be used again. Another limitation is that the sediment is quite loose. This means that after a certain number of passes, the remains are very mobile and the sediment is concentrated in the corners of the square. If such an experiment were to be repeated, it would be advisable to compact or humify the sediment beforehand to make it less loose or use a larger surface area.

5. Conclusion

As previously observed (Andrews and Nesbit-Evans 1983; Andrews 1990; Fernandez-Jalvo *et al.* 2022), trampling affects cranial remains more than post-cranial remains. In the case of postcranial remains, there are differences from those reported by Andrews (1990), particularly in the case of median breaks of certain bones (humeri, ulnae, tibiae). However, the small number of remains does not allow us to identify specific breakage patterns.

For the cranial remains, the differences in taxa morphology will imply different responses to trampling, whether in terms of breakage patterns or the rate of isolation of teeth. Certain differences can be observed, in particular the preservation of the palatine in the Arvicolinae, which is not found in the Murinae. The mandibles of the Arvicolinae have a higher breakage rate due to larger tooth sockets and earlier isolation of the molars. Conversely, Murinae incisors have a higher isolation rate.

The differences between taxa need to be considered in future experiments or in the creation of neotaphonomic reference systems. This is particularly true in Europe, where Arvicolinae represent the majority of fossil assemblages.

Acknowledgments

L.L is currently benefiting from funding from the European Union's Horizon 2020 research and innovation programme under the Marie Skłodowska-Curie grant agreement No 101034349 and the State Research Agency of the Spanish Ministry of Science and Innovation through the Program Maria de Maeztu Unit of Excellence (CEX2019-000945-M). The Institut Català de Paleoecologia Humana i Evolució Social (IPHES-CERCA) has received financial support from the Spanish Ministry of Science and Innovation through the "María de Maeztu" program for Units of Excellence (CEX2019-000945-M).

We want to thanks Florentin Cailleux and Daniela d'Amore for their help as operator on this experimentation. We thank Christian Perrenoud for allowing us to use the sediment of the Arago Cave.

Supplementary Data

S1: DOI: 10.34847/nkl.beca1w54

References

Andrews P. 1990. *Owls, caves and fossils*. London: Natural History Museum Publications.

Andrews, P. and Evans, E. N. 1983. Small mammal bone accumulations produced by mammalian carnivores. *Paleobiology* 9/3, 289-307.

Behrensmeyer, A. K., Gordon, K. D. and Yanagi, G. T. 1986. Trampling as a cause of bone surface damage and pseudo-cutmarks. *Nature* 319/6056, 768-771.

Blasco, R., Rosell, J., Peris, J. F., Cáceres, I. and Vergès, J. M. 2008. A new element of trampling: an experimental application on the Level XII faunal record of Bolomor Cave (Valencia, Spain). *Journal of Archaeological Science* 35/6, 1605-1618.

Denys, C. 1985. Nouveaux critères de reconnaissance des concentrations de microvertébrés d'après l'étude des pelotes de chouettes du Botswana (Afrique australe). *Bulletin du Muséum National d'Histoire Naturelle* 7/4, 879-933.

Denys, C. 2011. Des référentiels en taphonomie des petits vertébrés : Bilan et perspectives, in: Laroulandie, V., Mallye, J.-B. and Denys, C. (eds.). *Taphonomie des Petits Vertébrés : Référentiels et Transferts Aux Fossiles*. Oxford: Archaeopress, British Archaeological Reports S2269, 7-22.

Domínguez-Rodrigo, M., De Juana, S., Galán, A. B. and Rodríguez, M. 2009. A new protocol to differentiate trampling marks from butchery cut marks. *Journal of Archaeological Science* 36/12, 2643-2654.

Fernández, F. J. and Pardiñas, U. F. 2018. Small mammals taphonomy and environmental evolution during Late Pleistocene-Holocene in Monte Desert: The evidence of Gruta del Indio (central west Argentina). *Journal of South American Earth Sciences* 84, 266-275.

Fernández-Jalvo, Y. and Andrews, P. 1992. Small Mammal Taphonomy of Gran Dolina, Atapuerca (Burgos), Spain. *Journal of Archaeological Science* 19/4, 407-428.

Fernández-Jalvo, Y, Denys, C, Andrews, P, WIlliams, T. W., Dauphin, Y. and Humphrey, L. 1998. Taphonomy and palaeoecology of Olduvai Bed-I (Pleistocene, Tanzania). *Journal of Human Evolution* 34/2, 137-172.

Fernández-Jalvo, Y., Andrews, P., Denys, C., Sese, C., Stoetzel, E., Marin Monfort, D. and Pequero, D. 2016. Taphonomy for taxonomists, implications in small mammal studies. *Quaternary Science Review* 139, 138-157.

Fernández-Jalvo, Y., Rueda, L., Fernández, F. J., García-Morato, S., Marin-Monfort, M. D., Montalvo, C. I. and Andrews, P. 2022. Understanding the Impact of Trampling on Rodent Bones. *Quaternary* 5/1, 11.

Hanquet, C. 2011. *Evolution des paléoenvironnements et des paléoclimats au Pléistocène moyen, en Europe méridionale, d'après les faunes de micromammifères.* Ph.D. Thesis, Montpellier: Université de Montpellier 3.

Lebreton, L., Desclaux, E., Hanquet, C., Moigne, A. M. and Perrenoud, C. 2016. Environmental context of the Caune de l'Arago Acheulean occupations (Tautavel, France), new insights from microvertebrates in Q-R levels. *Quaternary International* 411, 182-192.

Lebreton, L. and Soriano, S. 2018. Taphonomie des micromammifères et reconstitution paléoenvironnementale d'un site du Pléistocène supérieur : l'étude de cas de Roc-en-Pail (France). *Quaternaire* 29/1, 69-74

Lebreton, L., Morin, E., Gravina, B., Michel, A., Bachellerie, F., Beauval, C. and Crevecoeur, I. 2021. The Potential of Micromammals for the Stratigraphy and the Timing of Human Occupations at La Roche-à-Pierrot (Saint-Césaire, France). *Quaternary* 4/4, 33.

Linchamps, P., Stoetzel, E., Cornette, R., Denys, C., Hanon, R., Maringa, N. and Steininger, C. 2023. Fossil micromammals and the palaeoenvironments of the Paranthropus robustus site of Cooper's Cave. *Historical Biology*, 1-16.

Lumley, H. de, Fournier, A., Park, Y.C., Yokoyama, Y. and Demouy, A. 1984. Stratigraphie du remplissage Pléistocène moyen de la Caune de l'Arago à Tautavel. Etude de huit carottages effectués de 1981 à 1983. *L'Anthropologie* 88/1, 5-18.

Olsen, S. L. and Shipman, P. 1988. Surface modification on bone: trampling versus butchery. *Journal of Archaeological Science* 15/5, 535-553.

Puzachenko, A. Y. and Markova, A. K. 2023. The Scandinavian ice sheet against the Atlantic Ocean: How the scandinavian ice sheet affected European small mammal assemblage during the Greenland stadial GS-2.1. *Quaternary Science Reviews 305*, 108013.

Sanchez, V., Denys, C. and Fernandez-Jalvo, Y. 1997. Origine et formation des accumulations de microvertébrés de la couche 1a du site du Monté di Tuda (Corse, Holocène). Contribution à l'étude taphonomique des micromammifères. *Geodiversitas* 19/1, 129-157.

Stoetzel, E., 2009. *Les microvertébrés du site d'occupation humaine d'El Harhoura 2 (Pléistocène supérieur – Holocène, Maroc) : Systématique, évolution, taphonomie et paléoécologie.* Ph.D. Thesis, Paris: Muséum National d'Histoire Naturelle.

Stoetzel, E., Sime, W. B., Pleurdeau, D., Asrat, A., Assefa, Z., Desclaux, E. and Denys, C. 2018. Preliminary study of the rodent assemblages of Goda Buticha: New insights on Late Quaternary environmental and cultural changes in southeastern Ethiopia. *Quaternary International* 471, 21-34.

Note on contributor

Loïc Lebreton

Institut Català de Paleoecologia Humana i Evolució Social (IPHES-CERCA) / Universitat Rovira i Virgili / UMR 7194 – HNHP

Zona Educacional 4, Campus Sescelades URV, Edifici W3, 43007 Tarragona, Spain

loicleb@gmail.com

Sílex y fuego en cueva Prado Vargas

Programa experimental para determinar las alteraciones macroscópicas y cambios de coloración

Rodrigo Alonso-Alcalde, Cristina González Sacristán, Marta Navazo Ruiz, Alfonso Benito-Calvo

Resumen

Este trabajo presenta un estudio experimental que pretende determinar que alteraciones macroscópicas genera el fuego al entrar en contacto con un conjunto de lascas de sílex. Los resultados obtenidos se comparan con el material arqueológico del nivel 4 del yacimiento de Prado Vargas (46.4 ka.). En primer lugar, se fabricó una colección de treinta y dos lascas experimentales en el mismo sílex que usaron los neandertales de Prado Vargas. Este conjunto fue analizado y descrito a nivel macroscópico haciendo hincapié en el estudio del color de dichas lascas y en el peso de estas. En segundo lugar, se recreó un hogar situando algunas lascas en contacto directo con las llamas, otras semienterradas y otras enterradas totalmente. Esto permitió, posteriormente, analizar las diferentes alteraciones macroscópicas que generó el fuego entre las lascas según su exposición directa con las llamas. El hogar estuvo alimentándose durante dos horas y alcanzó una temperatura media de unos 400°. En tercer lugar, se dejó enfriar el hogar y se excavó a los cinco días lo que permitió analizar el desplazamiento producido por cada una de las piezas. En cuarto lugar, se analizó el conjunto lítico teniendo en cuenta las siguientes alteraciones macroscópicas: cambio de coloración, lustre térmico, escamaciones y cúpulas térmicas, fisuras, fracturas y desintegraciones. El estudio de los cambios de coloración pre y postquema se realizó a través de un nuevo protocolo basado en la descomposición del color en parámetros RGB. A continuación, se pesaron las lascas para ver si habían sufrido pérdida de masa al estar en contacto con el fuego. Entre los principales resultados de esta experimentación cabe destacar que el 100% de las lascas sufrieron cambios en su coloración, un 37% se fracturaron y un 65% adquirieron lustre térmico (brillo). Finalmente, se compararon las lascas experimentales con piezas arqueológicas con posibles alteraciones térmicas provenientes del nivel 4 de Prado Vargas.

Palabras claves: fuego; alteraciones macroscópicas; sílex; neandertal; Prado Vargas

in: Mathias, C., Bourguignon, L., Ivorra, J. and Viallet, C. (eds) 2026. *Living Archaeology. Unveiling the Past through Experimental Archaeology*. Leiden: Sidestone Press, 47-60.

1. Introducción

El yacimiento de la cueva de Prado Vargas se localiza al sur de la Cordillera Cantábrica en el norte de la provincia de Burgos (España). Esta cueva pertenece a la localidad de Cornejo dentro del ayuntamiento de la Merindad de Sotoscueva. Prado Vargas forma parte del BIC, Monumento Natural y LIC de Ojo Guareña, uno de los complejos kársticos más espectaculares de Europa que cuenta con más de 100 km de galerías (Karampaglidis *et al.* 2022). Prado Vargas funcionó como una antigua surgencia de aguas hacia el río Trema y preserva un relleno con más de nueve metros de depósito, que contiene diferentes ocupaciones del Paleolítico medio. La primera excavación se llevó a cabo en 1986 (Torres *et al.* 1993) y desde 2016 se está trabajando sistemáticamente y de manera ininterrumpida el nivel 4 de este yacimiento que tiene una datación de 46.4 ka. (Navazo *et al.* 2021). La excavación en extensión de este nivel ha permitido recuperar una importante colección de herramientas de piedra, así como restos de talla que presentan indicios de haber estado en contacto con fuego (Navazo *et al.* 2005; Navazo y Díez 2008; Navazo *et al.* 2022; Santamaría *et al.* 2021). Esta realidad de piezas quemadas es la que nos planteó la necesidad de diseñar un programa experimental que nos permitiera conocer qué alteraciones produjo el fuego en las piezas de sílex descubiertas en este yacimiento, con el objetivo de aprender a discernir, con la simple observación macroscópica de las mismas, si estas piezas han estado o no en contacto con el fuego.

2. Programa experimental "silex y fuego"

El estudio de las alteraciones producidas por el fuego en el material lítico comenzó a principios del siglo XX con trabajos que describían a nivel macroscópicos cambios en la coloración y la aparición de agrietamientos en las piezas (Bellesme, 1908). Estos trabajos han continuada hasta la actualidad donde el desarrollo metodológico y tecnológico han permitido analizar estas alteraciones de una forma más analítica contemplando otras variables y parámetros (Bachellerie y Schmidt 2023; Friers *et al.* 2021; Halbrucker *et al.* 2021).

El objetivo principal de este programa es conocer qué alteraciones macroscópicas sufrió el sílex que los neandertales tallaron en Prado Vargas al estar en contacto con el fuego. La alteración térmica hace referencia a las modificaciones que son provocadas en los sílex debido a su exposición a una fuente de calor de manera intencionada o involuntaria. Un concepto diferente es el tratamiento térmico, este conlleva una modificación intencional de las rocas para mejorar sus características para una posterior talla (Catanneo *et al.* 1997-1998; Soler 2003). No es el objetivo de este trabajo analizar la intencionalidad que los neandertales pudieron tener en alterar térmicamente este tipo de rocas, sino limitarnos a diseñar un programa experimental que nos ayude a comprender qué modificaciones de carácter macroscópico produce el fuego sobre este tipo concreto de sílex. Para ello se ha diseñado un experimento que se ha articulado mediante las siguientes variables:

El cambio de coloración o rubefacción: es la modificación del color original de las piezas hacia otro color tras estar expuestas al fuego. A priori, la variación de color no tiene por qué producirse de forma homogénea en todas las piezas. El cambio de color se produce por una exposición térmica prolongada, que hace que los componentes internos de la pieza se modifiquen. Por ejemplo, hay piezas que tienen en su composición elementos férricos y al estar en contacto con el fuego estos elementos ganan en oxidación, esto provoca un cambio de coloración hacia tonos más rojizos. Otros cambios de coloración hacia tonos más grisáceos o blanquecinos suelen aparecer cuando las piezas están expuestas a altas temperaturas, durante un tiempo prolongado (Terradas y Gibaja 2001). Para describir los cambios de coloración tradicionalmente se ha utilizado la tabla Munsell y posteriormente los colorímetros. En este trabajo se presenta una nueva forma de medir estas alteraciones basada en la fotografía y en la descomposición del color predominante en sus parámetros RGB.

Lustre térmico: es un brillo que recubre las piezas de sílex al alcanzar temperaturas entre los 200° y 300° (Terradas y Gibaja 2001). Este brillo de textura jabonosa, que en ocasiones recuerda a determinados ópalos, contrasta con el aspecto mate que de forma generalizada suelen presentar la mayoría de los sílex (Clemente 1995). La aparición del brillo está relacionada con el tamaño de las partículas cristalinas que lo componen (Terradas y Gibaja 2001). En ocasiones el lustre térmico puede ser confundido con otras alteraciones químicas o mecánicas como el pulido eólico (Calbet 2012).

Cúpulas térmicas: es una de las características más comunes en las piezas alteradas térmicamente. Son los negativos de los levantamientos con forma oval o semiesférica, y por lo general son poco profundos y planos. Pueden tener diferentes tamaños y presentan una superficie rugosa y brillante. Estos levantamientos se dan en la cara apoyada en la tierra (Clemente 1995).

Escamaciones: se dan en la superficie de la pieza producto de un desprendimiento incompleto. De dimensiones y morfologías diversas predominan las escamaciones en forma de líneas curvas. Cuando las escamaciones son más marcadas pueden llegar a desprenderse total o parcialmente dando origen de esta manera a una cúpula térmica (Clemente 1995). En resumen, las escamaciones son el paso previo para que se produzca una cúpula térmica y por este motivo en nuestro análisis van a ser consideradas junto a estas.

Fisuras: son pequeños agrietamientos irregulares observables en la superficie de los sílex quemados. Estos pueden ser internos o superficiales y pueden encontrarse de forma aislada o de manera múltiple. En este último caso darían lugar a un reticulado (Clemente 1995).

Fracturas: son otro elemento común que aparece en las piezas termoalteradas. Se reconocen como daños térmicos no intencionales y se originan por un cambio brusco de temperatura que la pieza no puede soportar (Clemente 1995). Las fracturas son mayores a medida que la temperatura aumenta, pudiendo producirse una rotura total de la pieza cuando las temperaturas superan los 500°. La fractura se produce porque las soluciones acuosas retenidas en el entramado estructural de la roca se vaporizan, esto produce que aumente la presión interna y hace que el sílex estalle (Calbet 2012).

Desintegración: es una fractura que afecta a toda la pieza dejándola en pequeños bloques o fragmentos (Cattaneo 1997-1998).

Antes de continuar, se debe tener en cuenta que algunas alteraciones como las fisuras, fracturas o generación de cúpulas pueden ser producidas por procesos como la crioclastia. Mientras que en ocasiones los procesos de la acción del viento pueden generar un pulido eólico que puede confundirse con el lustre térmico y los procesos de enterramiento de las piezas pueden generar alteraciones físico químicas que modifiquen el color del sílex. No es el objetivo de este trabajo determinar el carácter tafonómico de estas variables, sino partir de la premisa que las variables a analizar fueron producidas por la acción del fuego. Todas estas variables son observables a nivel macroscópico, si bien es cierto que dicha observación puede mejorarse si utilizamos tanto lupas binoculares como otros instrumentos de microscopía, sin embargo, el programa experimental desarrollado se ha limitado a la observación macroscópica de las mismas, dejando la utilización de estos instrumentos para futuras experimentaciones.

Para analizar todas estas variables se ha llevado a cabo un programa experimental que se ha articulado en tres fases. Una primera fase cuyo objetivo fue crear la colección de lascas de referencias y analizar sus características cromáticas naturales según parámetros RGB. Una segunda fase consistió en replicar un hogar e introducir las lascas experimentales para que sufran los efectos del fuego. En la tercera fase se volvió analizar la colección de lascas según parámetros RGB para ver las alteraciones producidas en el color de las piezas y se documentaron y cuantificaron otras alteraciones macroscópicas que han quedado sobre las lascas al estar dentro del hogar. Finalmente, se compararon las principales alteraciones producidas en las lascas experimentales con el material arqueológico del nivel 4 de la cueva de Prado Vargas. Para ello se seleccionó una muestra de seis piezas de sílex que presentaban las alteraciones térmicas que se analizan en este trabajo.

El primer paso consistió en fabricar una colección de referencia de 32 lascas simples de sílex. Para la producción de esta colección se recolectó cuatro nódulos del mismo afloramiento explotado por los neandertales que ocuparon esta cueva hace 46.4 ka, así como dos percutores de arenisca, del cercano río Trema, similares a los documentados en el nivel 4 de este yacimiento (Navazo *et al.* 2021). El afloramiento de sílex de Ojo Guareña, de donde se extrajeron los nódulos, se encuentra a 2,5 km al Oeste del yacimiento y pertenece al Cretácico superior, en concreto a su piso Coniaciense medio-superior (Vallejo *et al.* 2017). El afloramiento del sílex es en caja caliza pero los nódulos recolectados para este experimento se encontraban desprendidos de ella por lo que su recolección fue sencilla. Las medidas de los tres nódulos de sílex oscilaron entre los 10 y 15 cm. A partir de estos nódulos se obtuvo, mediante percusión directa con percutor duro, la colección experimental de lascas para la realización del experimento (fig.1).

Una vez se obtuvo la colección de lascas se procedió a medirlas y pesarlas. Se decidió tomar el peso de cada una de ellas antes y después de estar sometidas al fuego para poder analizar si la alteración térmica podía desencadenar pérdida de peso en las mismas. Para estudiar los posibles cambios de coloración se diseñó un nuevo protocolo que consistía en fotografiar cada una de las piezas antes y después de estar expuestas al fuego siguiendo los siguientes parámetros.

Las fotografías fueron tomadas en una sala oscura para fotografía de la Universidad de Burgos, con una cámara Canon EOS 1100D, con un objetivo EFS 18-55 mm sobre un soporte Raiser RTX. El soporte se montó a 30 cm de la bandeja donde se colocaron las piezas y el objetivo de la cámara se dispuso a 23cm de la bandeja. Se empleó una iluminación lateral de dos focos OSRAM DULUX L 36W/954 a una altura de 5 cm respecto a la bandeja de fotografía. Se utilizó una ISO de 200. La sensibilidad ISO es la cantidad de luz que capta el sensor del objetivo en una fotografía, es traducido a un parámetro que indica al sensor que luz debe de recoger en la toma de la fotografía. A mayor ISO mayor grano presentan las fotos al ampliarlas. La apertura de diafragma se encarga de controlar la cantidad de luz que pasa al sensor, así como la profundidad de campo. A través de unas pestañas permite que entre más luz o menos y esto se traslada a una numeración, cuanto menor sea el número mayor luz deja pasar, en nuestro caso fue la de F.4.5. La velocidad de obturación mide el tiempo que deja pasar la luz al sensor, cuanto más rato este abierto el obturador más luz entra. Los tiempos van desde los 20 o 30 segundos a los más mínimos de 1/8000, cuanto más rápida sea la velocidad de obturación mayor captación o congelación del instante tomará. En nuestro caso utilizamos una velocidad de obturación de 1/80.

Estos mismos parámetros se mantuvieron para fotografiar de nuevo las lascas una vez se sometieron al fuego, así como la muestra de piezas arqueológicas del nivel 4 de Prado Vargas.

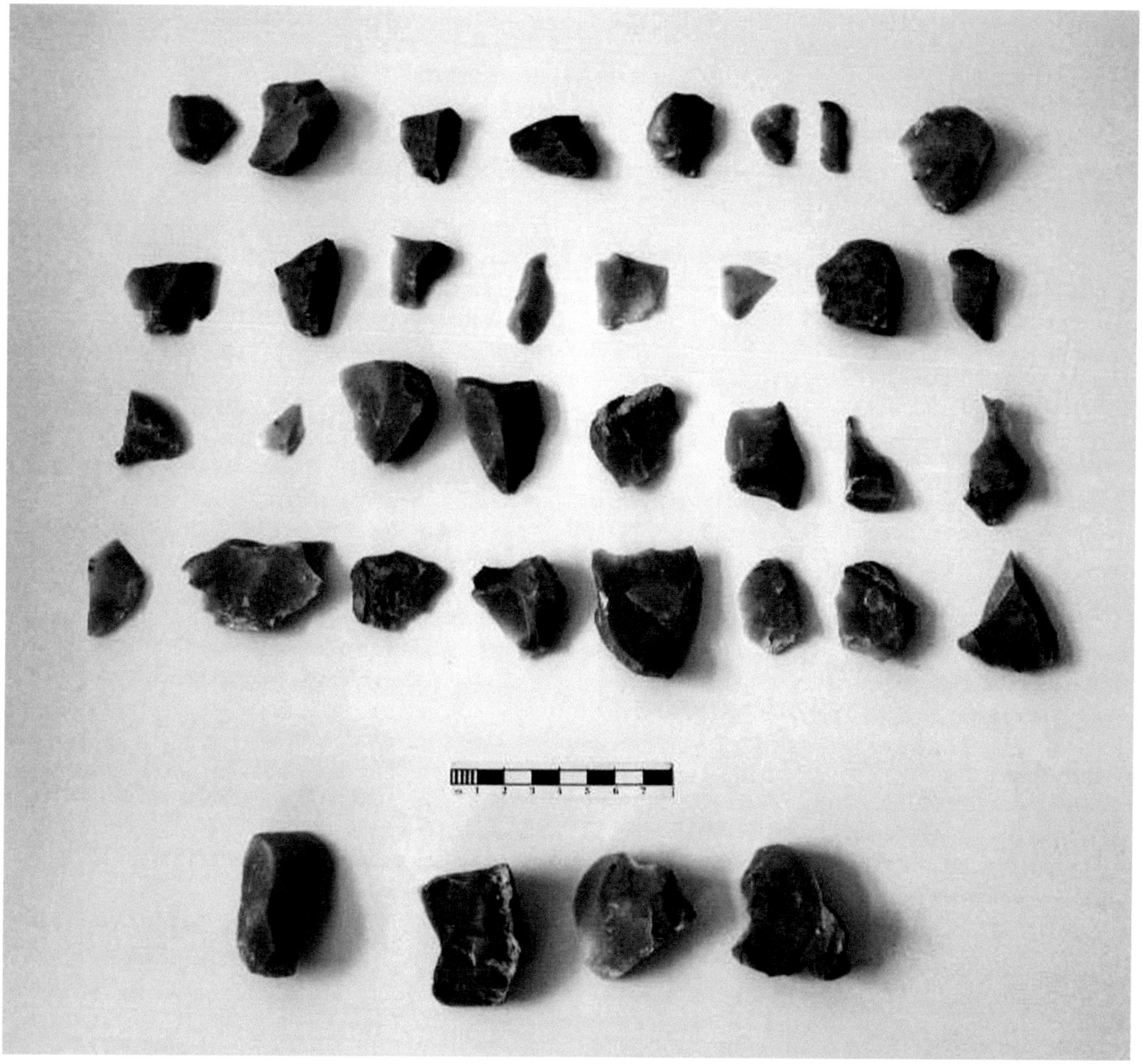

Figura 1: Colección experimental de 32 lascas simples de sílex del Cretácico superior.

Una vez la colección experimental estuvo fotografiada, mediante el programa Photoshop, se seleccionó un punto en la cara ventral y otro en la cara dorsal de cada lasca con el objetivo de descomponer su color en ese punto en sus valores RGB. Esta medición, en ese mismo punto, se repitió una vez las lascas se sometieron al fuego. De esta manera se puede calcular numéricamente que coloración adquiere el sílex una vez está sometido al contacto con el fuego.

El RGB es la composición del color en términos de la intensidad de los colores primarios de la luz. El modo de color RGB está basado en la suma de los colores lumínicos primarios. A esto se le conoce como síntesis aditiva, donde los colores deben sumarse para conseguir uno nuevo. Esos colores son el Rojo (Red), el Verde (Green) y el Azul (Blue). La máxima numeración que pueden dar es de 255, si los tres colores dan esa numeración estaríamos ante un blanco puro si dieran 0 equivaldría al negro. Si los valores de los tres componentes son idénticos se obtiene un gris neutro. En resumen, RGB es un sistema de coordenadas tridimensional que presenta subespacios en que cada color queda representado numéricamente por un único punto o pixel (fig. 2).

Los colores que hemos recogido con el modo de color RGB asignan un valor de intensidad a cada pixel. Sus siglas en inglés red, green y blue son los tres colores primarios que forman todos los colores al unirse en diferentes cantidades. Las imágenes RGB utilizan tres colores o canales para reproducir los colores en la pantalla. El modelo RGB lo utilizan los monitores de los ordenadores para mostrar los colores, por ello si se trabajan con modelos diferentes al RGB, Photoshop convierte la imagen a RGB para que se visualice en la pantalla. RGB es un modelo de

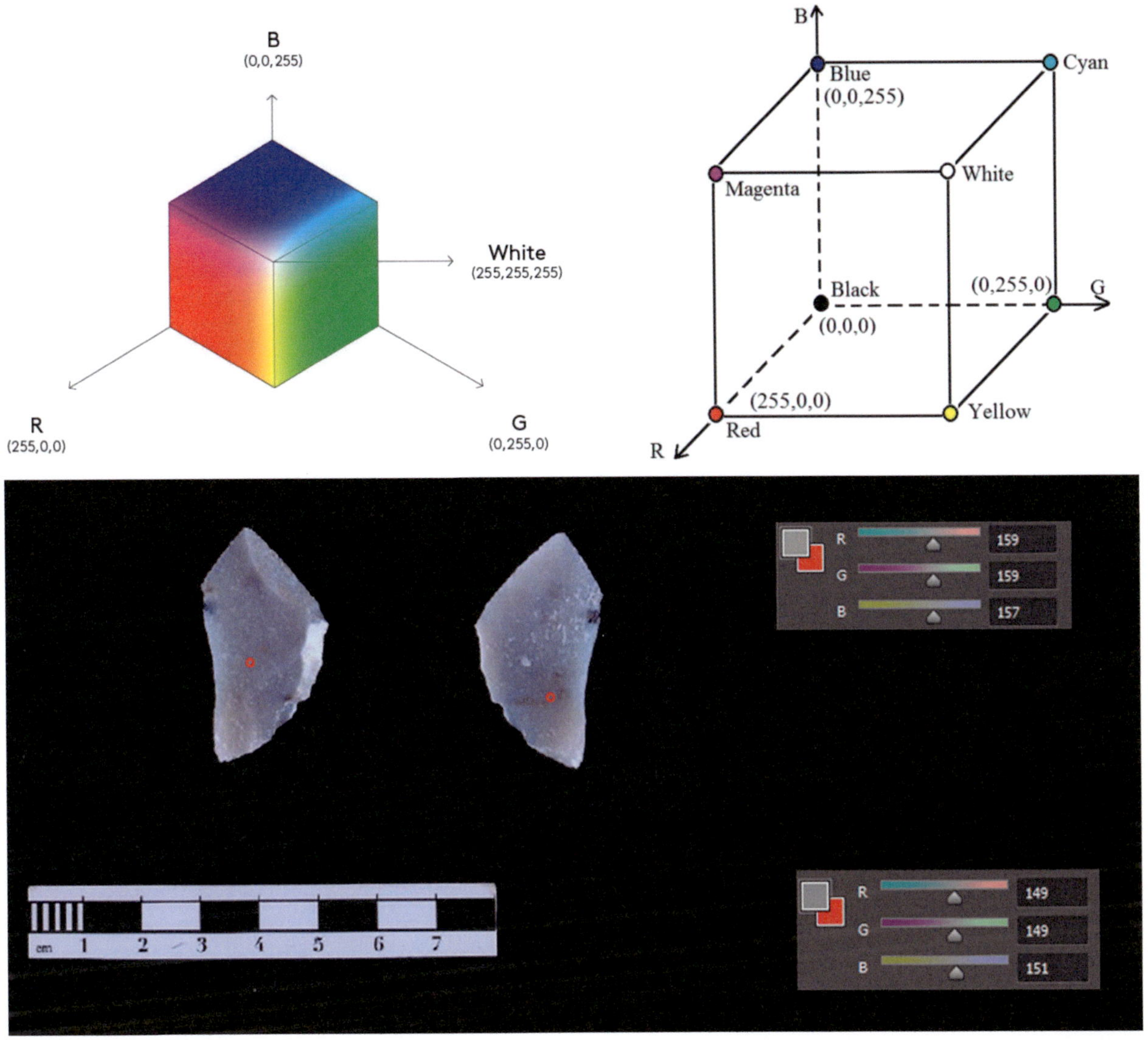

Figura 2: Esquema normalizado del funcionamiento del modelo de color RGB y su aplicación sobre la cara dorsal y ventral de una de las lascas experimentales.

color estándar, pero puede alternar en el rango exacto de colores representados según la aplicación o el dispositivo con el que se visualice. Al finalizar esta primera parte del experimento ya tendemos los colores de la cara dorsal y cara ventral de cada lasca en sus valores RGB.

La segunda fase del experimento se desarrolló en marzo de 2018 en el Centro de Arqueología Experimental de Atapuerca (CAREX) situado a 20 km de la ciudad de Burgos (Alonso-Alcalde y Terradillos Bernal 2020). Esta fase consistió en realizar un fuego donde se introdujo la colección de lascas experimentales. El hogar de 1 m^2 se construyó sobre un sustrato de 40 kg de arenas y arcillas provenientes del nivel 4 de Prado Vargas. La superficie del hogar se dividió en cuatro cuadrantes y en cada cuadrante se introdujeron ocho lascas, de las cuales se tomaron sus coordenadas x-y. Todas las lascas fueron colocadas con la cara dorsal hacia arriba. Cuatro lascas se dispusieron directamente sobre la superficie, dos se semienterraron a 0,5 cm de profundidad y las otras dos se enterraron a 1,5 cm. En cada uno de los cuadrantes se colocaron dos termopares tipo K, que sirven para medir temperaturas de hasta 1.000º. Cuatro de los termopares fueron colocados directamente en superficie por lo que estuvieron en contacto directo con las llamas, y los otros cuatros fueron enterrados dos centímetros. De esta manera se pudo controlar si el calor del fuego penetró en el sedimento. Junto a estos ocho termopares fijos se utilizaron dos termopares móviles que sirvieron para medir la temperatura de la llama y de la brasa directamente.

El fuego se inició a las 11:00 y se alimentó con 48 kg de leña de encina (*Quercus ilex*) y roble (*Quercus robur*) hasta las 13:00. Durante todo este tiempo cada 15 minutos

Figura 3: Desarrollo del experimento. A, documentación fotográfica de cada lasca. B, colocación de las lascas en los diferentes cuadrantes. C, encendido del hogar. D, medición de las temperaturas mediante sistema de termopares. E, proceso de enfriamiento del hogar. F, excavación del hogar.

se estuvieron tomando las medidas de temperatura con los termopares. Estas mediciones se alargaron hasta las 14:30 con el objetivo de conocer que temperatura podía aguantar el hogar una vez dejó de alimentarse. Durante todo este tiempo, las temperaturas de los cuatro cuadrantes oscilaron entre los 685° recogidos por el termopar de superficie del cuadrante 2 y los 100° del termopar enterrado del cuadrante 4. Por su parte la temperatura máxima alcanzada por el termopar móvil en la llama fue de 801°, mientras que la de la brasa fue de 902°. Cabe mencionar que durante todo el experimento la temperatura ambiente osciló entre los 6° y 7°, hubo una humedad del 82% y un viento predominante NW de 39 km/h. Una vez se paró de alimentar el fuego se dejó enfriar y se excavó a los cinco días (fig. 3). Durante el proceso de excavación ya se pudo documentar que las lascas habían sufrido cambio en su coloración y que muchas de ellas se habían fracturado.

La tercera fase del experimento consistió en volver a fotografiar las lascas de la misma forma y con los mismos parámetros que se habían llevado a cabo antes de ser quemadas. Una vez fotografiadas se obtuvieron de nuevo sus valores RGB y se compararon con los valores prequema. A continuación, se analizaron macroscópicamente todas las lascas y se identificó si habían adquirido lustre térmico, desarrollado escamaciones y cúpulas térmicas, o si al estar en contacto con el fuego las lascas se había fisurado, fracturado o desintegrado. Finalmente, se compararon las alteraciones producidas en las lascas experimentales con la muestra seleccionada de piezas arqueológicas.

3. Resultados

El programa experimental desarrollado nos ha permitido analizar ocho características relacionadas con las alteraciones que el fuego produce sobre las lascas de sílex. De estas ocho, seis son de alteraciones de carácter macroscópico y las otras dos están relacionadas con la pérdida de peso y el desplazamiento que sufrieron las lascas dentro del hogar. Todos estos estos datos se han recogido en dos tablas donde, por un lado, se pueden ver los resultados de las 32 piezas experimentales y, por otro, las seis piezas arqueológicas que se tomaron como referencia para contextualizar los resultados experimentales. A continuación, se muestran los resultados de forma individualizada según la característica analizada.

3.1 Cambio de coloración

Tanto en este experimento como en otras experimentaciones anteriores se ha podido documentar que una de las principales alteraciones que sufre el sílex al estar en contacto con el fuego es el cambio de color (Carrancho *et al.* 2013; Carrancho *et al.* 2014). En estos experimentos se ha comprobado que cuando el cambio de color se produce, este afecta de manera homogénea a ambas caras de la pieza independientemente de cómo se encuentre en el hogar. Por este motivo, el análisis del color de las lascas experimentales, tanto antes como después de haber estado en contacto con el fuego, nos va a permitir conocer que gamas de colores adquiere el sílex Cretácico de Ojo Guareña al entrar en contacto con el fuego.

Para analizar el cambio de coloración que sufrieron las 32 lascas experimentales al introducirlas en el hogar, se desarrolló un modelo de análisis basado en la fotografía que permitía comparar los valores RGB de cada cara de la lasca antes y después de haber sido quemada. El experimento ha dado como resultado que todas las lascas han sufrido cambio de coloración al estar en contacto con el fuego (tabla 1).

El color natural predominante de lascas experimentales, antes de ser introducidas en el hogar, es un azul con tendencia verdosa para la cara dorsal y un azul con un matiz morado para su cara dorsal. Estos colores se han podido cuantificar según sus parámetros RGB y han dado las siguientes medidas:

- Cara dorsal: R = 120, G = 137 y B = 168.
- Cara ventral: R = 113, G = 124 y B = 157

Por su parte, el color predominante de las lascas experimentales, tras estar dentro de un hogar durante más de tres horas a una temperatura entre los 100° y los 680°, es un gris ceniza tanto para su cara dorsal como para su cara ventral. Al igual que para los valores prequema estos colores se han cuantificado según sus parámetros RGB y han dado los siguientes resultados:

- Cara dorsal: R = 166, G = 165 y B = 164
- Cara ventral: R = 168, G = 169 y B 168

En resumen, vemos como el color natural azul característico de este tipo de sílex adquiere una coloración grisácea al estar sometidas al contacto del fuego (fig. 4). Esta transformación cromática afecto de forma idéntica a todas las lascas, independientemente de que hubieran estado en contacto directo con las llamas, semienterradas medio centímetro o enterradas centímetro y medio.

Otro aspecto documentado es que el cambio de coloración afecta a las dos caras de las lascas. Mientras los valores prequema entra la cara dorsal y ventral son más diferentes, vemos como los valores postquema de ambas caras tienden a parecerse. Por este motivo podemos plantear la hipótesis que el fuego funciona como un elemento homogeneizador de color entre ambas caras.

Finalmente, se obtuvo la media de los colores RGB de la muestra de seis piezas arqueológicas del nivel 4 que presentaban evidencias macroscópicas de haber estado en contacto con el fuego (tabla 1). Para las piezas arqueológicas se obtuvieron las siguientes medidas:

Nº	CARA	PREQUEMA			POSTQUEMA			CARA	PREQUEMA			POSTQUEMA		
		R	G	B	R	G	B		R	G	B	R	G	B
1	dorsal	168	179	211	146	146	146	ventral	99	114	147	122	124	123
2	dorsal	122	142	179	157	157	158	ventral	113	137	175	150	156	156
3	dorsal	135	158	189	164	169	165	ventral	96	116	151	156	171	174
4	dorsal	37	43	59	153	157	158	ventral	63	63	75	131	135	138
5	dorsal	106	117	147	124	132	135	ventral	89	111	150	120	124	123
6	dorsal	110	128	164	193	190	181	ventral	105	124	164	206	205	200
7	dorsal	139	146	174	172	178	178	ventral	142	158	191	171	173	170
8	dorsal	113	121	157	148	138	128	ventral	112	132	169	152	143	136
9	dorsal	147	173	210	140	145	148	ventral	98	113	154	149	155	155
10	dorsal	147	165	203	123	134	138	ventral	137	155	191	150	151	145
11	dorsal	133	140	169	135	135	133	ventral	124	124	160	200	200	200
12	dorsal	158	172	201	184	184	184	ventral	149	158	187	166	166	166
13	dorsal	111	135	169	235	235	235	ventral	131	150	183	227	228	230
14	dorsal	132	151	181	245	245	245	ventral	146	169	201	224	228	229
15	dorsal	116	141	182	164	153	149	ventral	42	50	69	147	151	152
16	dorsal	128	148	183	194	203	234	ventral	105	120	159	122	125	132
17	dorsal	132	144	168	116	119	124	ventral	113	115	138	135	136	131
18	dorsal	164	176	200	189	193	192	ventral	152	156	183	179	175	166
19	dorsal	114	137	178	145	149	148	ventral	137	163	198	174	180	176
20	dorsal	131	155	191	141	145	146	ventral	74	89	122	135	135	133
21	dorsal	134	133	139	228	175	141	ventral	107	123	157	203	205	202
22	dorsal	110	138	177	223	223	223	ventral	89	117	154	209	210	205
23	dorsal	91	92	110	117	113	104	ventral	99	104	133	172	171	167
24	dorsal	105	125	152	101	100	106	ventral	125	141	167	155	155	153
25	dorsal	132	127	159	159	159	157	ventral	126	131	163	149	149	151
26	dorsal	107	114	142	143	137	137	ventral	110	129	162	163	162	157
27	dorsal	101	111	138	147	147	147	ventral	111	122	152	115	114	112
28	dorsal	103	128	168	124	124	124	ventral	101	116	149	136	126	117
29	dorsal	120	146	181	196	191	188	ventral	112	131	164	225	226	228
30	dorsal	107	129	166	219	219	217	ventral	93	118	158	213	212	210
31	dorsal	86	109	153	213	211	212	ventral	90	106	140	226	226	226
32	dorsal	144	158	193	168	176	178	ventral	113	132	165	203	202	207
	MEDIA	**120**	**137**	**168**	**166**	**165**	**164**	**MEDIA**	**113**	**124**	**157**	**168**	**169**	**168**
PV17G29-171	dorsal				166	165	171	ventral				167	164	175
PV16G31-19	dorsal				205	206	234	ventral				208	217	232
PV16G30-119	dorsal				188	190	203	ventral				161	162	180
PV16F30-2	dorsal				143	167	203	ventral				146	162	195
PV16G32-36	dorsal				176	179	198	ventral				206	204	215
PV16F31-34	dorsal				158	166	167	ventral				184	199	230
	MEDIA				**172**	**178**	**196**	**MEDIA**				**179**	**184**	**204**

Tabla 1: valores RGB de los cambios de coloración de las lascas tras ser sometidas al fuego.

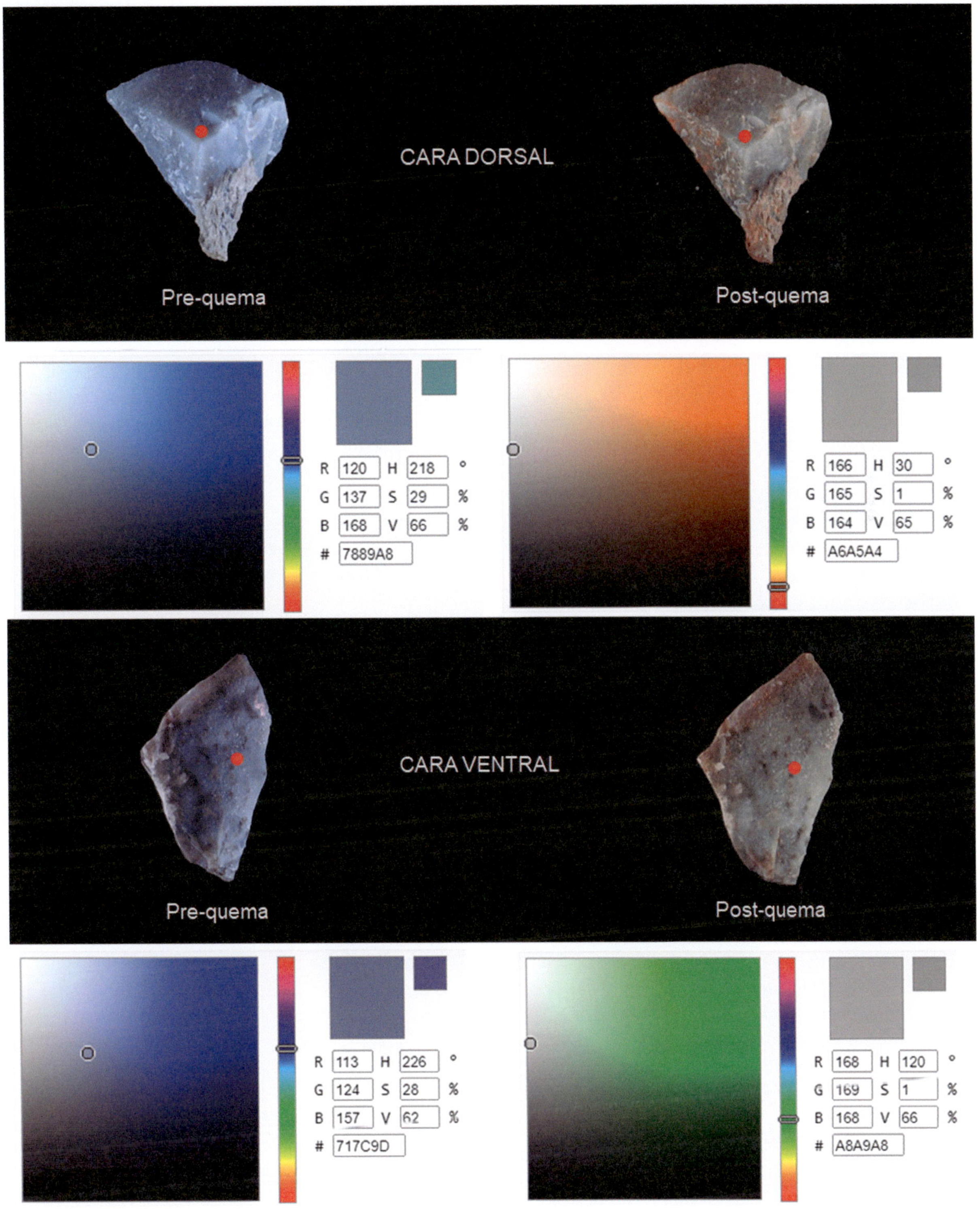

Figura 4: Modelo del análisis de los cambios de coloración de las lascas experimentales según parámetros RGB.

- Cara dorsal: R = 172, G = 178 y B = 196
- Cara ventral: R = 179, G = 184 y B 204

A pesar de las diferencias, vemos como los valores de las lascas arqueológicas se aproximan mucho más a los resultados que dan las lascas una vez han estado sometidas al contacto con el fuego. Además, desde un punto de vista macroscópico, los colores que presentan estas lascas arqueológicas están más próximos de la gama de grises de las lascas experimentales una vez han sido quemadas, que del color azul original de las mismas.

3.2 Adquisición de lustre térmico

Como hemos visto en este trabajo, una de las principales características macroscópicas para determinar si una lasca de sílex ha estado en contacto con el fuego, es la adquisición de esta de un lustre térmico en su superficie que da la sensación de brillo jabonoso. En este experimento se ha podido comprobar que un 65,60% de las lascas experimentales ha adquirido este tipo de lustre al estar dentro del hogar durante más de tres horas. El tipo de brillo es idéntico al que presentan cuatro de la muestra de seis piezas arqueológicas con las cuales se ha comparado (tabla 2).

3.3 Escamaciones y cúpulas térmicas

Por lo que respecta a la aparición de escamaciones o cúpulas térmicas están solo se han podido documentar en cinco lascas experimentales que supone un alcance de este tipo de alteración de un 15,60% (tabla 2). Durante el experimento realizado con la lasca nº 8 se ha podido recuperar el fragmento de lasca que saltó al producirse la cúpula térmica de esta pieza. Las cúpulas térmicas generadas durante el experimento son similares a la pieza arqueológica PV17G29-171 que se tomó como referencia.

3.4 Fisuras

Como hemos visto en este trabajo las fisuras por acción del fuego suelen aparecer como un paso previo al desarrollo de una fractura. En este experimento se ha documentado la presencia de fisuras en siete lascas experimentales que representan un alcance de 21,80% sobre la muestra total (tabla 2). El tipo de fisuras documentado es similar a la pieza arqueológica PV16G31-19.

3.5 Fracturas

Esta alteración térmica es la tercera más documentada en este experimento, tras el cambio de coloración y la adquisición de lustre térmico. En total se ha documentado la presencia de fracturas térmicas en 12 de las lascas experimentales, lo que supone un 37,5% (tabla 2). Todas las fracturas analizadas guardan gran parecido morfológico con las documentadas en el yacimiento y que forman parte de la muestra arqueológica analizada (PV16G30-119, PV16G32-36).

3.6 Desintegración

De las 32 lascas que han formado parte del experimento solamente una (lasca nº15) se ha desintegrado en numerosos fragmentos que imposibilitan su remontaje total (tabla 2).

3.7 Pérdida de peso

La medida de los valores de peso de las lascas experimentales, tanto antes como después de estar en contacto con el fuego, pone de manifiesto que la pérdida de peso no es una alteración que sufra este tipo de sílex tras ser sometido a un contacto con el fuego de más de tres horas (tabla 2). De toda la colección experimental, en ocho piezas no se han podido tomar los valores finales de peso tras la quema. En estos casos concretos el fuego ha provocado en las lascas numerosas fracturas, que han generado fragmentos que no se han podido recuperar en la excavación del hogar y por tanto han imposibilitado tomar el peso postquema de las mismas (tabla 2).

3.8 Desplazamiento

Durante el experimento se tomaron las coordenadas relativas de cada una de las piezas antes y después de desarrollar el fuego. Con estos datos de posición se ha podido analizar si las piezas se han desplazado con motivo de la realización del hogar. La mayoría de las piezas no se movieron de su cuadrante y su desplazamiento fue inferior a las 10 cm. Solamente en dos casos (lascas nº 5 y nº 30) sufrieron un desplazamiento significativo al pasar de un cuadrante a otro (tabla 2). A pesar de este desplazamiento no se produjo un volteo de las mismas y las dos se mantuvieron con su cara dorsal hacia arriba.

4. Conclusiones

Esta experimentación ha podido comprobar que el sílex de Ojo Guareña (Cretácico superior: Cenomaniense medio-superior), al entrar en contacto con el fuego sufre toda una serie de alteraciones que son observables macroscópicamente. La principal alteración que se ha documentado es el cambio de coloración, la cual afectó al 100% de la colección de treinta y dos lascas que formaron parte del experimento. El cambio de coloración afectó de forma homogénea a ambas caras de las lascas, independientemente de la posición que estas tuvieron dentro del hogar. Para estudiar el cambio de coloración se ha diseñado un protocolo de análisis del color mediante parámetros RGB. Esta nueva metodología nos permite

Tabla 2: resultados de las alteraciones macroscópicas, cambio de peso y desplazamiento de las lascas que han formado parte del experimento y de la muestra de piezas de arqueológicas seleccionadas para el estudio.

Nº EXPERIMENTAL	Medidas mm	Peso prequema gr	Peso postquema gr	Posición cuadrante prequema	Posición cuadrante postquema	Cambio color	Lustre térmico	Escamaciones y Cúpulas térmicas	Fisuras	Fracturas	Desintegración
1	28 × 27 × 4	8,076	8,076	1	1	Si					
2	41 × 46 × 16	23,777	23,777	1	1	Si					
3	31 × 24 × 9	8,645	8,644	1	1	Si	Si				
4	37 × 26x 7	12,146	12,153	1	1	Si	Si				
5	33 × 25 × 1	15,92	15,943	1	4	Si					
6	22 × 18 × 1	2,351	2,349	1	1	Si					
7	33 × 9 x 2	1,969	1,969	1	1	Si	Si				
8	45 × 36 × 13	26,904		1	1	Si		Si		Si	
9	30 × 33 × 7	10,16	10,164	2	2	Si	Si				
10	38 × 23 x11	11,92	10,165	2	2	Si	Si				
11	29 × 24 × 7	5,107	5,104	2	2	Si					
12	40 × 12 × 3	3,411	3,411	2	2	Si	Si				
13	37 × 26 × 3	4,931		2	2	Si	Si	Si		Si	
14	23 × 19 × 1	1,352	1,348	2	2	Si	Si			Si	
15	46 × 32 × 21	27,931		2	2	Si	Si		Si	Si	Si
16	35 × 23 × 6	6,739		2	2	Si	Si	Si		Si	
17	24 × 32 × 9	5,964	5,957	3	3	Si	Si				
18	17 × 16 × 1	0,972	0,971	3	3	Si					
19	42 × 32 × 13	23,563	23,557	3	3	Si					
20	48 × 29 × 9	17,779	17,779	3	3	Si	Si				
21	32 × 44 × 12	15,969		3	3	Si	Si		Si	Si	
22	40 × 28 × 7	11,856		3	3	Si	Si	Si	Si	Si	
23	37 × 15 × 6	4,592	4,537	3	3	Si	Si			Si	
24	47 × 21 × 8	8,6	8,589	3	3	Si	Si			Si	
25	36 × 19 × 1	3,361	3,212	4	4	Si	Si				
26	37 × 33 × 11	23,652	23,664	4	4	Si					
27	35 × 28 × 5	8,415	8,388	4	4	Si	Si		Si		
28	24 × 35 × 7	10,821	10,636	4	4	Si			Si		
29	43 × 43 × 12	33,251		4	4	Si			Si	Si	
30	34 × 20 × 3	4,595	4,567	4	3	Si	Si				
31	32 × 30 × 6	10,872	10,704	4	4	Si	Si		Si	Si	
32	35 × 44 × 10	13,878		4	4	Si	Si	Si		Si	
Número de lascas con alteraciones sobre el total						**32/32**	**21/32**	**5/32**	**7/32**	**12/32**	**1/32**
Porcentaje de lascas con alteraciones sobre el total						**100%**	**65,60%**	**15,60%**	**21,80%**	**37,5**	**3,10%**
Nº ARQUEOLÓGICAS	**Medidas mm**		**Peso postquema gr**				**Lustre térmico**	**Escamaciones y Cúpulas térmicas**	**Fisuras**	**Fracturas**	
PV17G29-171	33 × 30 × 28		35,46					Si			
PV16G31-19	19 × 21 × 9		2,38				Si		Si		
PV16G30-119	31 × 15 × 3		15,97							Si	
PV16F30-2	29 × 38 × 1		11,78				Si				
PV16G32-36	28 × 36 × 11		8,51				Si			Si	
PV16F31-34	30 × 28 × 1		9,57				Si				

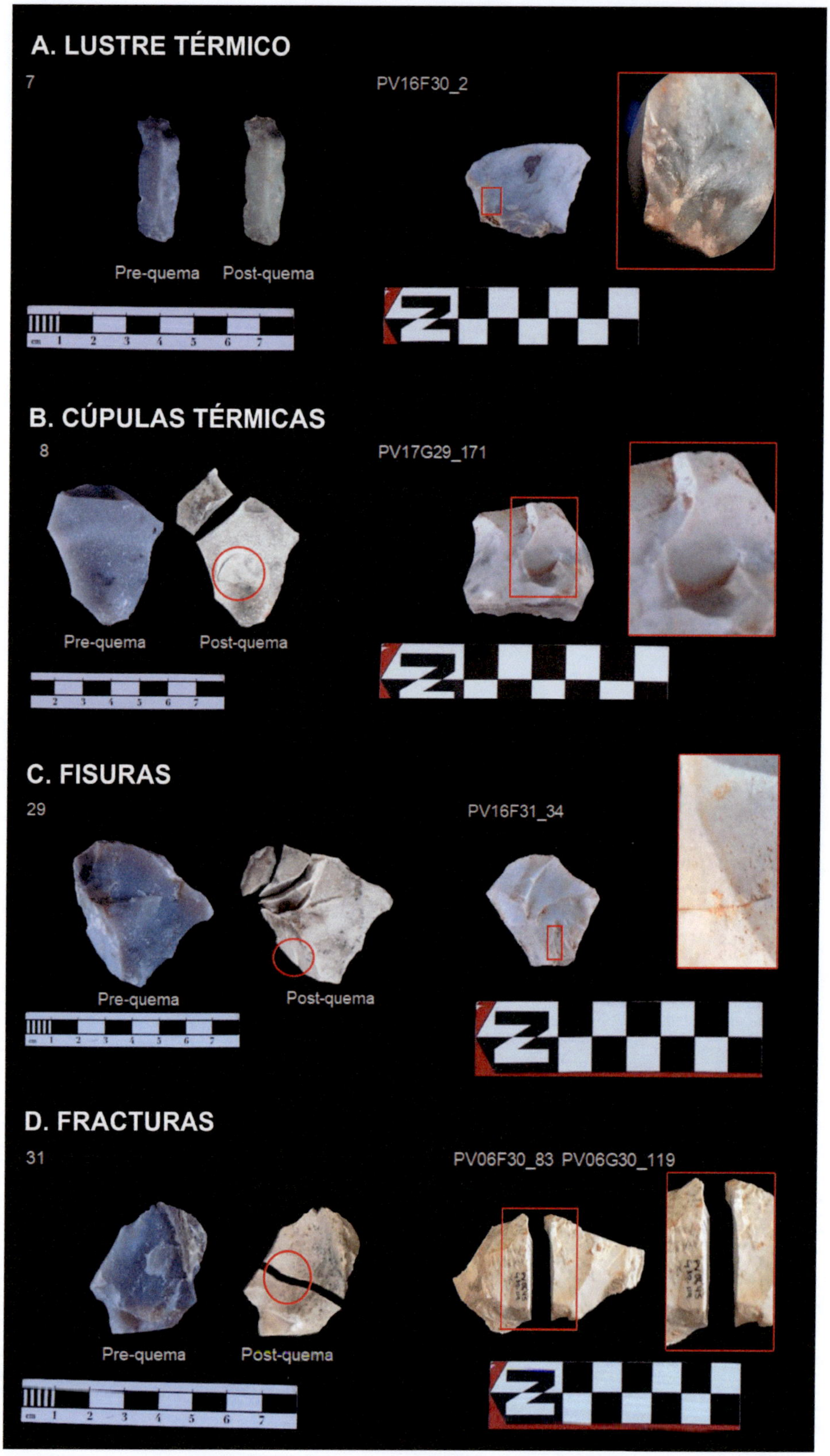

Figura 5: Principales alteraciones macroscópicas producidas en los sílex tras estar en contacto con el fuego durante un tiempo prolongado. A la izquierda lascas experimentales y a la derecha piezas arqueológicas provenientes del nivel 4 de Cueva Prado Vargas.

generar modelos predictivos que nos ayuden a identificar hacia qué colores cambia este tipo de sílex cuando está en contacto con el fuego durante más de tres horas y a una temperatura media de 400º.

La segunda alteración macroscópica más documentada durante la experimentación fue la adquisición de lustre térmico la cual afectó al 65,60% de la colección experimental. Por su parte las fracturas y fisuras fueron documentadas en un 37,5% y un 21,80%, respectivamente. Mientras que las escamaciones o cúpulas térmicas se dieron en un 15,60% de las piezas. Finalmente, solamente hubo una lasca que se desintegró en numerosos fragmentos, que representa el 3,10% de la muestra.

Un análisis general de la colección ha constatado que en el 76,80% de las piezas se ha documentado más de una alteración producida por el fuego. Predomina con un 65,60% la combinación de cambio de coloración con adquisición de lustre térmico. Después se sitúan las lascas cuyo color se ha modificado y además presentan fracturas o fisuras con un 43,75%. A continuación encontramos un conjunto de cuatro piezas, que representa el 12,50% de la muestra, donde se ha documentado modificación del color, adquisición de lustre y presencia de cúpulas térmicas. Por otra parte, este experimento ha servido para ver que la pérdida de peso no es una característica que el fuego provoque en este tipo de sílex. De estos datos podemos concluir, que cuando el fuego entra en contacto con las piezas de sílex durante un tiempo prolongado es habitual que se generen varias alteraciones diferentes.

Finalmente, la comparación de la colección experimental con la muestra arqueológica del nivel 4 de Prado Vargas ha constatado la presencia en la lítica de Prado Vargas de fracturas, cúpulas térmicas y colores postquema similares a las alteraciones documentadas en las lascas experimentales (fig. 5). Por este motivo, podemos plantearnos la premisa que el material lítico del nivel 4 de Prado Vargas pudo resultar alterado como consecuencia de su contacto con el fuego. Esta conclusión abre la posibilidad para construir nuevos programas experimentales, que ahonden en la comparación de las alteraciones de origen tafonómico que sufren las lascas de sílex con las producidas por estar en contacto con el fuego.

Agradecimientos

Las excavaciones e investigaciones en Cueva Prado Vargas, cuentan con el apoyo económico y material de la Consejería de Cultura, Turismo y Deportes de la Junta de Castilla y León, la Diputación Provincial de Burgos, el Ayuntamiento de la Merindad de Sotoscueva, la Fundación Palarq, las localidades de Cornejo y Quisicedo, la Casa del Parque del Monumento Natural de Ojo Guareña, las asociaciones locales La Escuela de Cornejo y Naboqui de Quisicedo y de todos los vecinos de la zona que muestran un especial interés por conocer y divulgar el patrimonio arqueológico de su territorio.

Supplementary Data

S1: DOI: 10.34847/nkl.66a0181h

Bibliografía

Alonso-Alcalde, R. and Terradillos-Bernal, M. 2020. Atapuerca y los orígenes de la arqueología experimental. Investigación, educación y divulgación de nuestro pasado. *Boletín de Arqueología Experimental* 14, 4-18. DOI:10.15366/baexuam2020.14.001

Bachellerie J. and Schmidt P. 2023. Reconnaissance et quantification du traitement thermique du silex: les analyses de surface comme nouvel outil analytique, *XXIVe colloque du GMPCA: Archéométrie 2023, Apr 2023, Nice, France*. https://www.hal.science/hal-04079005

Calbet, J. 2012. El tratamiento térmico en rocas silíceas, un procedimiento para El tratamiento térmico en rocas silíceas, un procedimiento para la talla. *Trabajos de Prehistoria* 69/1, 30-50. DOI:10.3989/tp.2012.12078

Carrancho, A., Alonso, R. and Terradillos, M., 2013. Estudio experimental de la variación en las propiedades magnéticas de artefactos líticos alterados por procesos de calentamiento, in: Palomo, A., Piqué, R. and Terradas, X. (eds.). *Experimentación en arqueología. Estudio y difusión del pasado*. Girona: Sèrie Monogràfica del MAC, 191-200.

Carrancho, A., Morales, J., Goguichaichvili, A., Alonso, R. and Terradillos, M., 2014. Thermomagnetic monitoring of lithic clasts burned under controlled temperature and field conditions. Implications for archaeomagnetism, *Geofísica Internacional* 53, 473-490. DOI:10.1016/S0016-7169(14)70079-0

Catanneo, R., Pupio, A., Valente, M. and Barna, A. 1997-1998. Alteración térmica en dos tipos de rocas silíceas: resultados experimentales y aporte de datos para el análisis ar-datos para el análisis arqueológico. *Relaciones de la Sociedad Argentina de Antropología* 12-13, 343-359.

Clemente, J. 1995. Sílex y lustre térmico en el Paleolítico medio. ¿Alteración o técnica de talla? El ejemplo de Mediona I (Alt Penedés, Barcelona). *Trabalhos de Antropologia e Etnologia (1º Congresso de Arqueologia Peninsular)* 35/3, 37-43. http://www.hdl.handle.net/10261/47869

De Bellesme J. 1908. De l'action du feu sur les silex, *Bulletin de la Société préhistorique française*, 5/ 6, 282-296. DOI:10.3406/bspf.1908.11637

Fiers, G., Halbrucker E., De Kock, T., Vandendriessche, H., Crombé P. and Cnudde, V. 2021. Thermal Alteration of Flint: An Experimental Approach to Investigate the Effect on Material Properties. *Lithic Technology* 46/1, 27-44. DOI:10.1080/01977261.2020.1805215

Halbrucker, E., Fiers, G., Vandendriessche, H., De Kock, T., Cnudde, V. and Crombé, P. 2021. Burning flint: An experimental approach to study the effect of fire on flint tools. *Journal of Archaeological Science: Reports* 36, 102854. DOI:10.1016/j.jasrep.2021.102854

Karampaglidis, T., Benito-Calvo, A., Ortega-Martínez, A.I., Martín-Merino, M.Á. and Sánchez-Romero, L., 2022. Landscape evolution and the karst development in the Ojo Guareña multilevel cave system (Merindad de Sotoscueva, Burgos, Spain). *Journal of Maps* 19/1. DOI:10.1080/17445647.2022.2128907

Navazo Ruiz, M., Benito-Calvo, A., Alonso-Alcalde, R., Alonso, P., Fuente, H. de la, Santamaría, M., Santamaría, C., Álvarez-Vena, A., Arnold, L.J., Iriarte-Chiapusso, M.J., Demuro, M., Lozano, M., Ortiz, J.E. and Torres, T. 2021. Late Neanderthal subsistence strategies and cultural traditions in the northern Iberia Peninsula: Insights from Prado Vargas, Burgos, Spain. *Quaternary Science Reviews* 254, 106795. DOI:10.1016/j.quascirev.2021.106795

Navazo M., Díez J. C., Torres T., Colina A. and Ortiz J. E. 2005. La Cueva de Prado Vargas. Un yacimiento del paleolítico Medio en el sur de la Cordillera Cantábrica, in: Montes Barquín, R. and Lasheras Corruchaga, J.A. (eds.). *Neandertales cantábricos. Estado de la cuestión.* Serie monografías, 20. Madrid: Ministerio de Cultura, Subdirección General de Publicaciones, Información y Documentación, 151-166.

Navazo, M. and Díez, J.C. 2008. Prado Vargas y la variabilidad tecnológica a finales del Paleolítico medio. *Treballs d'Arqueología,* 14, 121-139. https://www.raco.cat/index.php/TreballsArqueologia/article/download/148737/200629

Navazo, M., Santamaría, C. and Santamaría, M. 2022. Using Cores as Tools: Use-wear Analysis of Neanderthal Recycling Processes in Level 4 at Prado Vargas (Cornejo, Merindad de Sotoscueva, Burgos, Spain). *Lithic Technology* 48/2, 149-167, DOI:10.1080/01977261.2022.2108276

Santamaría Carbonero, C., Navazo Ruiz, M. and Benito-Calvo, A. 2021. Functional analysis of Middle Palaeolithic flint tools through experimental use wear analysis: the case of Prado Vargas (Cornejo) and Fuente Mudarra (Atapuerca), northern Spain. *Munibe. Antropologia-Arkeologia* 72, 5-17. DOI:10.21630/maa.2021.72.05

Soler, B. (2003). *Estudio de las estructuras de combustión prehistóricas una propuesta experimental: Cova Negra (Xàtiva, Valencia), Ratlla del Bubo (Crevillent, Alicante) y Marolles-sur-Seine (Bassin Parisien, Francia).* Serie de trabajos varios, 102. Valencia: Diputación Provincial de Valencia, Diputació de València, Museu de Prehistòria de València.

Terradas, X. and Gibaja, J.F. 2001. Tratamiento térmico en la producción de lítica. Un ejemplo del neolítico medio catalán. *Cypsela* 13, 29-56. http://www.hdl.handle.net/10261/42788

Torres, T., Rodríguez, B. and González, A. 1993. Excavación de la cueva de Prado Vargas, Cornejo (Burgos-España), in: *El Cuaternario en España y Portugal.* Vol. 1, Madrid: Ministerio de Ciencia y Tecnología, Instituto Tecnológico Geominero, 281-289. https://www.oa.upm.es/3984/

Vallejo, S., Urtiaga, K. and Navazo, M. 2017. Characterization and supply of raw materials in the Neanderthal groups of Prado Vargas Cave (Cornejo, Burgos, Spain). *Quaternary International* 435, 35-48. http://www.dx.doi.org/10.1016/j.quaint.2015.09.054

Notas sobre los autores

Rodrigo Alonso-Alcalde
Museo de la Evolución Humana (Junta de Castilla y León) / Grupo de Investigación Prehistoria y Patrimonio Arqueológico (PREPARQ)
Paseo Sierra de Atapuerca 2, 09002 Burgos, España
ralonso@museoevolucionhumana.com

Cristina González Sacristán
Grupo de Investigación Prehistoria y Patrimonio Arqueológico (PREPARQ).
Área de Prehistoria. Universidad de Burgos. Facultad de Humanidades y Comunicación. Paseo de Comendadores, s/n, 09001 Burgos, España
isx1010@alu.ubu.es

Marta Navazo Ruiz
Grupo de Investigación Prehistoria y Patrimonio Arqueológico (PREPARQ).
Área de Prehistoria. Universidad de Burgos. Facultad de Humanidades y Comunicación. Paseo de Comendadores, s/n, 09001 Burgos, España
mnavazo@ubu.es

Alfonso Benito-Calvo
Centro Nacional de Investigación en Evolución Humana (CENIEH)
Paseo Sierra de Atapuerca 3, 09002, Burgos, España
alfonso.benito@cenieh.es

Análisis térmico experimental de las rocas que fueron utilizadas para la combustión en la Prehistoria de las cuevas del Reclau (Serinyà, Girona)

Joaquim Fernández-Ruiz, Julià Maroto

Resumen

Las cuevas del Reclau (Girona) presentan una importante cronoestratigrafía del Pleistoceno medio y superior con evidencias de combustión. Los niveles del Paleolítico superior, principalmente, pero también los del Paleolítico medio, contienen, además de abundantes materiales faunísticos y líticos, la presencia de materiales pétreos, sobre todo rocas de arenisca y travertino, que han sufrido una combustión. Mediante la réplica experimental de estructuras de combustión y el análisis térmico de las rocas (travertino de cascada, caliza lacustre, caliza marina y arenisca) se pretende entender su posible funcionalidad en los fuegos prehistóricos. La identificación de las rocas calentadas en el contexto arqueológico depende en gran medida de observaciones macroscópicas utilizando criterios considerados diagnósticos de alteración térmica.

Abstract

The Reclau Caves (Girona) present an important chronostratigraphy of the Middle and Upper Pleistocene with evidence of combustion. The levels of the Upper Palaeolithic mainly, but also of the Middle Palaeolithic, contain, also abundant faunal and lithic materials, together with the presence of stony materials, mainly sandstone and travertine rocks that have undergone combustion. Through the experimental replica of combustion structures and the thermal analysis of the rocks (waterfall travertine, lacustrine limestone, marine limestone and sandstone) it is intended to understand their possible functionality in prehistoric fires. The identification of heated rocks in the archaeological context depends to a great extent on macroscopic observations using criteria considered diagnostic of thermal alteration.

Palabras claves: Termoalteración; arenisca; Reclau; experimentación; gradiente térmico

in: Mathias, C., Bourguignon, L., Ivorra, J. and Viallet, C. (eds) 2026. *Living Archaeology. Unveiling the Past through Experimental Archaeology*. Leiden: Sidestone Press, 61-74.

1. Introducción

El interés de nuestro programa de investigación está orientado a la comprensión del proceso de control de la energía térmica, a través de un proyecto experimental, de las rocas quemadas procedentes de los niveles del Paleolítico medio y del Paleolítico superior de los yacimientos clásicos de la cuevas del Reclau (Serinyà, Pla de l'Estany, Girona), ubicados en el nordeste de Cataluña y de la Península Ibérica, en un borde de la Depresión del Empordà y cerca de la vertiente sur de los Pirineos (fig. 1).

La metodología se ha basado en la experimentación con rocas y el posterior análisis de los impactos térmicos sobre las cuatro litologías utilizadas: travertino de cascada, caliza marina, caliza lacustre y arenisca. Algunos de los aspectos sobre la manera en que las rocas se ven afectadas por el calor, son su conductividad térmica (relacionada con el contenido mineral, tamaño de grano, porosidad, humedad y anisotropía), velocidad de calentamiento, temperatura, tiempo de exposición y modo de enfriamiento (Pop *et al.* 2021). Esto significa que diferentes tipos de roca expuestas a las mismas condiciones de calentamiento y enfriamiento muestran diferentes características que se pueden concretar experimentalmente.

La presencia de diversas rocas quemadas -plaquetas de arenisca, cantos rodados de caliza marina y cantos angulosos de travertino y caliza lacustre- en los diferentes niveles del Paleolítico superior y del Paleolítico medio del yacimiento de la cueva de la Arbreda, y específicamente en dos hogares auriñacienses, favoreció el inicio de estudios previos (Maroto and Terradas 1986; Soler and Maroto 1987; Maroto 1994), con el objetivo de dar una explicación a su utilidad por parte de los grupos humanos. En el nivel G (Auriñaciense evolucionado) se documentó un hogar plano, bien delimitado con cenizas y carbones, donde las plaquetas de arenisca se presentaban en su interior agrupadas en forma de enlosado y en diferentes pisos. Un segundo hogar, adyacente al anterior y en forma de cubeta, también estaba delimitado por plaquetas de arenisca y fragmentos de travertino (Soler and Maroto 1987). La arenisca es una roca alóctona al yacimiento, si bien de procedencia cercana. La presencia de estructuras de combustión organizadas específicamente y fabricadas con rocas alóctonas no se

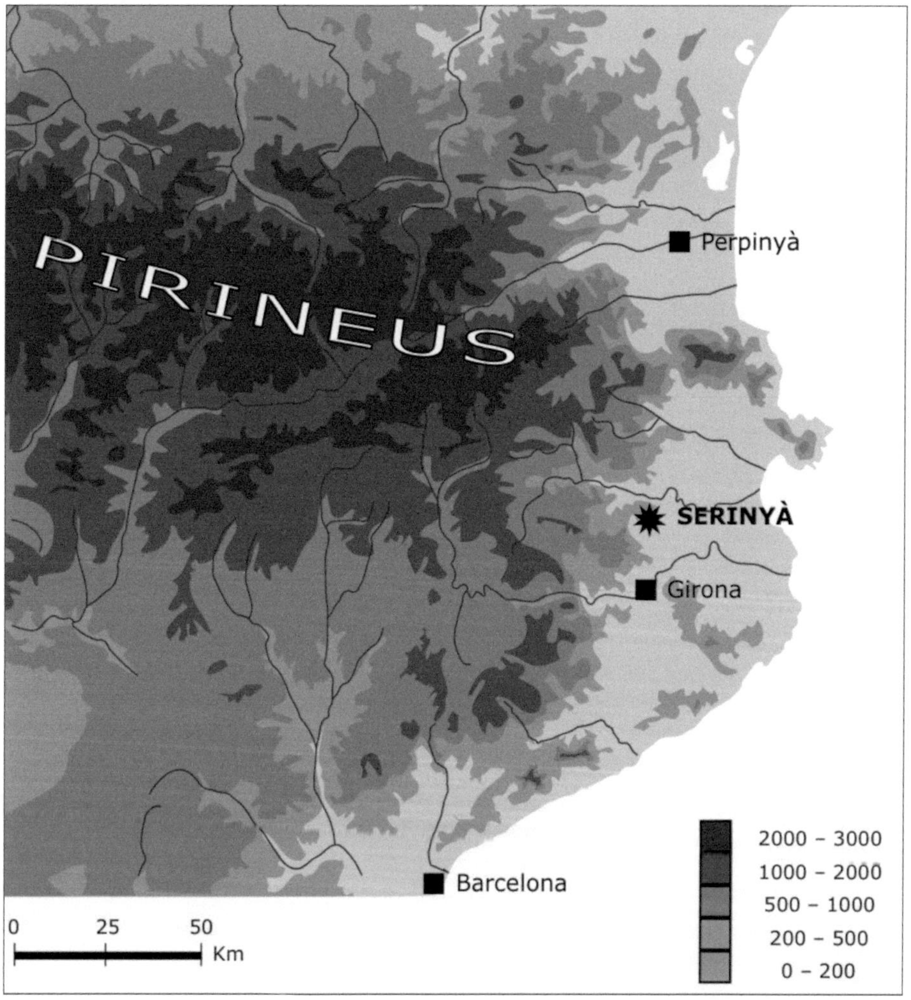

Figura 1: Localización de los yacimientos del Reclau (Serinyà, Girona).

ha documentado hasta el momento en otros yacimientos de la Península Ibérica y por tanto es excepcional para su estudio.

Arqueológicamente, la roca quemada presenta una serie de atributos como rubefacciones, cambios en la composición mineral o cambios en las propiedades físicas, como la presencia de fisuras o de degradación térmica (Fernández-Ruiz 2016; March 2023, Pop *et al.* 2021). Por tanto, la identificación de estos atributos nos puede ayudar a establecer patrones de reconocimiento relacionados con los procesos de combustión en los yacimientos del Reclau. Así, el estudio de las rocas alteradas térmicamente intenta conocer su posible utilidad para dar una explicación a su uso.

2. Metodología

Se ha desarrollado una metodología experimental aplicada a las cuatro rocas presentes en el registro arqueológico: travertino de cascada, caliza lacustre, caliza marina y arenisca, con el fin de conocer las transformaciones térmicas que sufren por efecto del fuego. El estudio de los impactos térmicos sobre las rocas ha tenido en cuenta distintos trabajos experimentales aplicados a la Prehistoria (House *et al.* 1975; Thiébault 1981; Gascó 1985; Wünch and Guillamon 1987; Beeching and Gascó 1989; Wünch 1991; Sabatier 1995; March 1996; Wattez 1996; Cordier 2003; Fernández Peris *et al.* 2005; Muller-Pelletier 2006; Lejay 2011; Bentsen 2013; Graesch *et al.* 2014; Fernández *et al.* 2016; Neubauer 2018, 2019). Además, interesan especialmente las propuestas experimentales sobre los cambios en la estructura de las rocas y la aparición de las rubefacciones a diferentes temperaturas (Dron *et al.* 2003; Soler 2003). Del mismo modo, también el análisis de las propiedades de las rocas como el gradiente térmico y las propiedades específicas que pueden tener por efecto de la temperatura. El interés de todo el proyecto experimental es aportar datos comparativos entre las rocas que se documentan en los yacimientos de Serinyà a nivel arqueológico. Las cuatro rocas utilizadas en la experimentación, se han identificado en el registro arqueológico, de manera recurrente y abundante, con señales de combustión.

El travertino (o toba) de cascada es la roca local, con la que se han formado los abrigos o cuevas, entre el Pleistoceno medio y el Pleistoceno superior. Su porosidad es muy alta y los cantos se presentan angulosos y de morfología irregular, si bien la porosidad y el aspecto pueden ser variables en función del tipo de facies. Con la combustión adquiere un típico color grisáceo (fig. 2).

Figura 2: Muestras de las rocas (travertino de cascada, caliza lacustre, caliza marina, arenisca).

La caliza lacustre, llamada caliza de Usall, es una roca semilocal, ya que aflora a pocos metros al este del travertino. Es de edad pliocuaternaria, y la porosidad es alta, si bien su aspecto es masivo. Los cantos son angulosos o subangulosos (fig. 2).

La caliza marina, o caliza eocénica, es una roca alóctona; su área fuente más cercana se encuentra aproximadamente a un 1 km al norte, en aluviones pliocuaternarios. Su área fuente original son diversas formaciones del Eoceno del Sudpirineo. Es de aspecto masivo, porosidad moderada y se presenta en forma de canto rodado (fig. 2).

La arenisca es una roca alóctona de procedencia cercana. Se encuentra entre 150 m y 200 m al oeste de los yacimientos, en forma de capas intercaladas dentro de las formaciones de margas marinas que constituyen los relieves situados en frente de las cuevas. Es también del Eoceno. Su porosidad es baja y se presenta en forma de plaquetas (fig. 2). Las plaquetas de arenisca son los elementos, muy mayoritarios, que constituyen los hogares documentados.

Se ha planteado un protocolo experimental, con observaciones descriptivas y técnicas analíticas mediante la realización de experimentos con fuegos (Tabla 1). Las temperaturas fueron controladas con sondas térmicas (tipo K 45) y un pirómetro digital PCC 889 B.

Se ha iniciado el análisis de las alteraciones macro y micromorfológicas de las rocas para establecer patrones de reconocimiento de las alteraciones producidas por combustión, aunque hay que indicar que las experimentaciones no han finalizado.

Así, se han realizado hogares y se han anotado una serie de variables experimentales, como el tipo de combustible, el tipo de combustión, la disposición de las rocas dentro del hogar, el tiempo de combustión y las temperaturas. Asimismo, la extracción de las rocas de las experimentaciones se realizó con el objetivo de comprobar a posteriori diferencias en los impactos térmicos y en el gradiente térmico.

Finalmente, en este trabajo experimental se han documentado los siguientes atributos de reconocimiento térmico:

- Rubefacciones, mediante las coloraciones, utilizando la tabla Munsell;
- fracturas y fisuras;
- consistencia de la roca resistencia;
- otras alteraciones térmicas (manchas, cambios en la estructura mineralógica, etc.);
- las propiedades refractarias de las rocas.

Se han tenido en cuenta las características petrológicas de las cuatro rocas citadas y el objetivo final será el de aplicar los resultados experimentales a las muestras arqueológicas de los yacimientos de Serinyà.

3. Resultados

3.1. Desarrollo del programa experimental

Experiencia 1. Se utilizaron rocas de travertino y caliza lacustre. La combustión alcanzó temperaturas por encima de los 600 °C y las sondas registraron diversas temperaturas en función de su colocación en la estructura de combustión. La temperatura máxima se alcanzó a los 60' del inicio, con un valor de 766 °C. Las temperaturas se mantuvieron por encima de 400 °C aproximadamente durante 2 horas y 30 minutos; a partir de aquel momento comenzaron a descender. La sonda situada en la superficie registró un aumento de temperatura progresivo por el impacto térmico del fuego hasta los 153 °C. A lo largo de la combustión se realizaron 5 extracciones de rocas de travertino, una cada 30 minutos, y se registraron las temperaturas de las rocas en el momento de su extracción, tanto de la sonda inferior, por debajo de las rocas, como de la superior. Las calizas lacustres se volvieron a introducir en el fuego 2.

Experiencia 2. En el segundo fuego experimental se alcanzaron temperaturas similares al primero, aunque la combustión fue más corta (2 h y 20 minutos). Las temperaturas se situaron entre 600 °C y 700 °C en las dos sondas superiores (2 y 4), situadas por encima de las rocas, mientras que en las dos sondas inferiores (3 y 5), situadas por debajo de las rocas, se registraron entre 400 °C y 200 °C. La temperatura del sedimento fue aumentando progresivamente hasta los 140 °C (sonda 2). A los 40 minutos se alcanzaron las máximas temperaturas (736 °C). Las rocas de calizas lacustres y calizas marinas se extrajeron cada 30 minutos y se registraron las temperaturas de las sondas inferiores y superiores.

Experiencia 3. El fuego estaba vinculado a las rocas de arenisca y se realizó en un espacio interior. La experimentación se alargó 4 h y 30 minutos. Las temperaturas que se alcanzaron fueron mucho más altas, entorno a los 600 °C y 900 °C, con una máxima de 926 °C a las dos horas de combustión. Las sondas colocadas en superficie (1 y 2) registraron igualmente temperaturas altas, entre 200 °C y 300 °C. Se siguió el mismo procedimiento que en las anteriores combustiones, salvo que el tiempo de combustión se alargó sobre todo por el interés de las rocas analizadas. Aparte de controlar las temperaturas del hogar, se controló la temperatura que mantenían las rocas una vez extraídas del mismo. Se procedió de la misma manera al extraer las rocas, registrando la temperatura alcanzada en la parte superior, como la de las sondas inferiores, en un total de 12 extracciones de areniscas. A a partir de la extracción (4), aproximadamente a las dos horas de combustión, se procedió a registrar el gradiente térmico de las rocas de arenisca cada 20 minutos (fig. 3). Se puede observar que una vez extraídas las muestras de arenisca, las temperaturas bajan rápidamente y se

EXPERIMENTACIÓN	TIEMPO	ROCAS	MADERA	LOCALIZACIÓN	TEMPERATURA MÀXIMA
Exp. fuego 1	2 H: 30´	Travertino y caliza lacustre	38 kg. Pino y encina	Aire libre	766°
Exp. fuego 2	2 H: 20´	Caliza lacustre y caliza marina	46 Kg. Pino y encina	Aire libre	736°
Exp. fuego 3	4 H: 30´	Arenisca	42 Kg. Pino y encina	Interior	926°
Exp. Fuego 4	5 H	Travertino, caliza lacustre, caliza marina, arenisca.	35 Kg. Aprox. Pino y encina	Interior	669°

Tabla 1: Variables experimentales generales.

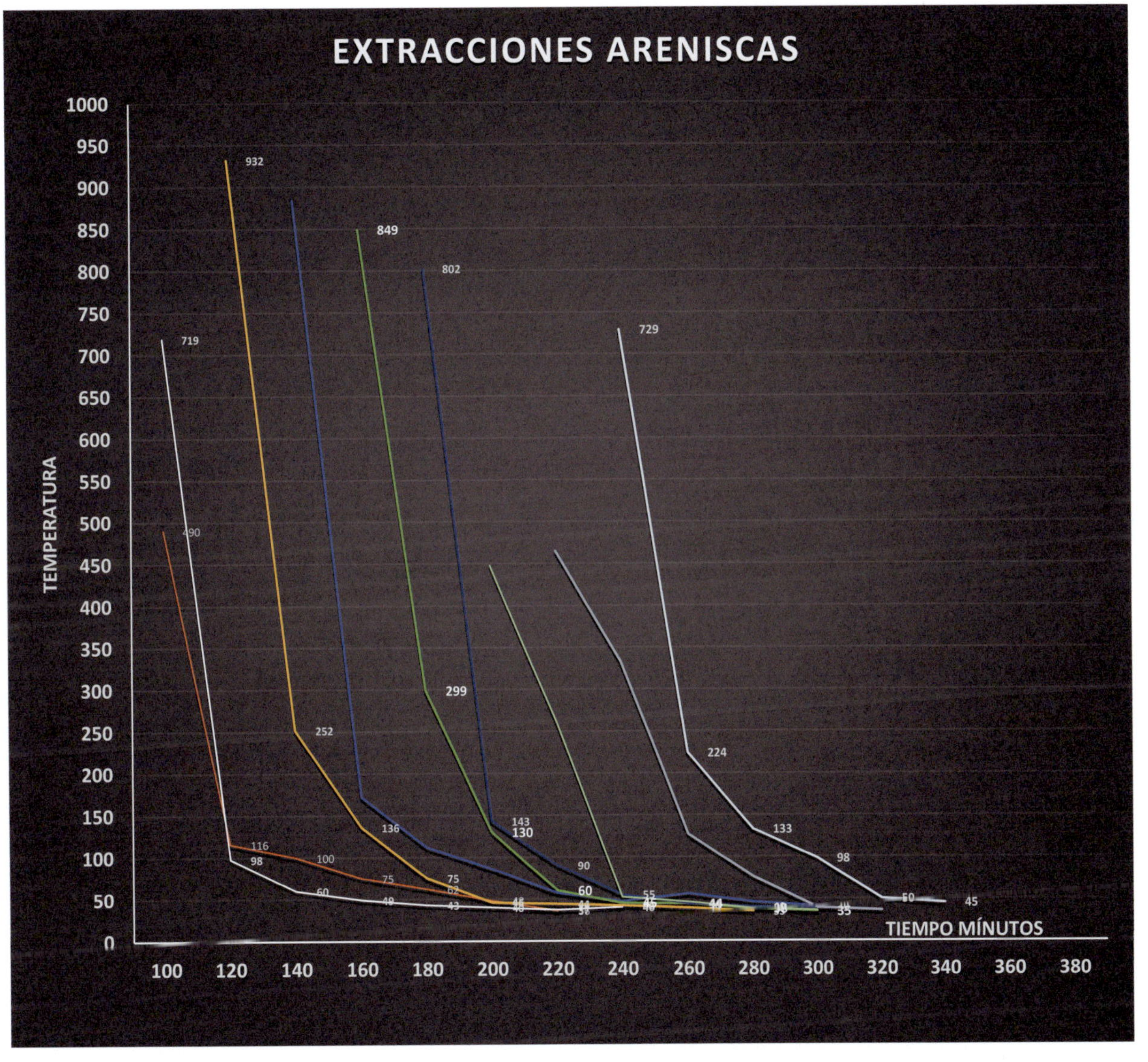

Figura 3: Gradación térmica de las muestras de arenisca una vez extraídas del hogar.

estabilizan entorno a los 50 °C más de dos horas. Estos datos son especialmente significativos al señalar que son rocas resistentes a altas temperaturas y que tienen propiedades refractarias, al mantener la temperatura una vez dejan de estar expuestas a una fuente de calor.

Experiencia 4. Se ha realizado una experimentación con fuego, en un espacio interior, durante 5 horas, con el objetivo principal de estudiar el gradiente térmico de los cuatro tipos de rocas (fig. 3). La temperatura del fuego directo se controló con sondas térmicas (tipo K45) en la base del hogar en superficie. Durante el proceso de combustión, se realizaron 6 extracciones de muestras, del fuego. Se comenzó a las 13 horas y a partir de las 14 horas, en intervalos de 30 minutos, se extrajeron del fuego, muestras en grupos formados por los cuatro tipos de rocas. Posteriormente, con el pirómetro de infrarrojos (PCE-889B), que detecta un rango de temperatura entre 50 °C y 1000 °C, con una resolución de 0,1 °C, se obtuvieron los datos a partir de la medición de la radiación del espectro infrarrojo de los objetos en un punto determinado. El fuego alcanzó temperaturas máximas en un rango comprendido entre 300 °C y 500 °C.

3.2. Alteraciones de color y rubefacciones

Otro de los elementos de estudio se relaciona con los impactos térmicos o rubefacciones sobre las muestras de rocas de travertino, caliza lacustre, caliza marina y arenisca. Estos análisis son de especial interés dado que nos permiten obtener datos relacionados con patrones de reconocimiento térmico (rubefacciones). En este sentido, se pueden observar datos de patrones diferenciales en las extracciones realizadas con las muestras estudiadas. En primer lugar, para realizar dicho análisis macroscópico hay que indicar que se utilizó una tabla Munsell como herramienta de aproximación. Cada roca expuesta al calor fue referenciada con un tipo de color Munsell: las primeras extracciones en las muestras de travertinos y calizas lacustres presentan tonalidades mayoritariamente grisáceas y oscuras, que en el caso de los travertinos tienden a ser más claras en las extracciones finales, con colores más blanquecinos en términos generales por el mayor impacto térmico (extracción 4). En el caso de las calizas lacustres hay una cierta tendencia al oscurecimiento, aunque en las extracciones finales se tiende al color claro y blanquecino y en alguna muestra aparece la tonalidad anaranjada. En el caso de la caliza marina, se observa un patrón diferencial con tonalidades de carácter anaranjado, indicando ciertas propiedades refractarias y la presencia de tonalidades grisáceas y oscuras intensas. En términos generales, se observa una tendencia de un color mayoritariamente grisáceo y oscuro en las muestras de estos tres tipos de rocas, con la presencia de tonalidades anaranjadas y rosáceas en las rocas de caliza marina (fig. 4).

En el estudio realizado en las rocas areniscas se observa un patrón diferencial en relación a las rubefacciones de las rocas descritas anteriormente. Se observa claramente una tendencia donde domina el color anaranjado, rojizo o rosa claro en buena parte de las rocas de areniscas. Las primeras extracciones muestran tonalidades más oscuras que tienden a ser más claras a partir de la muestra 9, donde el color rosado se hace más evidente. A partir de la muestra 12 se vuelven a tener rubefacciones oscuras y colores más intensos. Se puede observar claramente como dominan los colores anaranjados y rosáceos en buena parte de las muestras, asimismo las tonalidades oscuras las encontramos principalmente en las primeras muestras y en las últimas extracciones, si bien este fenómeno necesita una mayor comprensión experimental (fig. 4).

3.3. Impactos térmicos en las rocas

A continuación, se describen los resultados de los impactos térmicos de las muestras extraídas a lo largo del proceso de combustión y en diferentes momentos en los cuatro tipos de rocas a nivel macroscópico de las muestras (Tabla 2).

Travertino de cascada

Hay que destacar que se produce una pérdida, mayoritaria, de la consistencia de la roca tras 2 horas y 30 minutos de combustión. Se observan fracturas, fisuras y tonalidades de color grisáceo y blanquecino. La roca resulta afectada por una fuente de calor que altera su estructura interna y externa superficial. Las tonalidades por efecto del fuego son grisáceas y en algún caso oscuras. Este apartado

IMPACTOS TÉRMICOS (190´)	FISURAS	FRACTURAS	RUBEFACCIÓN	CONSISTENCIA ROCA	OTRAS ALTERACIONES	GRADIENTE TÉRMICO
TRAVERTINO	SI	SI	GRISÁCEA OSCURA Y CLARA	PERDIDA	PRESENCIA CALCITA	
CALIZA LACUSTRE	SI	SI	GRISÁCEAS, OSCURA Y ANARANJADA	PERDIDA	PRESENCIA CALCITA	
CALIZA MARINA	SI	SI	OSCURA, GRISACEA Y ANARANJADA	NO PERDIDA	PRESENCIA CALCITA	SI
ARENISCA	SI	SI	ANARANJADA, ROSÁCEA Y OSCURAS	NO PERDIDA	VITRIFICACIÓN DEGRADACIÓN SUPERFICIAL	SI

Tabla 2: Impactos térmicos en travertino de cascada, caliza lacustre, caliza marina y arenisca.

Calizas lacustres	MUNSELL	Color
Extracción 1	GLEY 1N/7	
	GLEY 1 5/N	
	GLEY 1 7/N	
Extracción 2	GLEY 1 8/N	
	GLEY 1 7/N	
	GLEY 1 3/N	
	GLEY 10R 4/1	
Extracción 3	GLEY 1 5/N	
	GLEY 1 7/N	
	10R 6/6	
	GLEY 1 4/N	
Extracción 4	GLEY 2 7/5PB	
	GLEY 2 5/5PB	
	GLEY 2 6/5PB	
Extracción 5	GLEY 1 8/N	
	GLEY 1 N4/N	

Travertino	MUNSELL	Color
Extracción 1	GLEY 1 7/N	
	GLEY 1 5/N	
Extracción 2	GLEY 1 6/N	
	GLEY 2 4/10B	
	GLEY 1 4/N	
	GLEY 1 6/N	
	GLEY 1 3/N	
Extracción 3	GLEY 1 3/N	
	GLEY 1 6/N	
	GLEY 1 8/N	
	GLEY 1 5/N	
	GLEY 1 6/N	
Extracción 4	GLEY 1 7/10Y	
	GLEY 1 6/N	
	GLEY 10YR 8/1	
	GLEY 10YR 5/1	
Extracción 5	GLEY 1 4/N	
	GLEY 1 5/N	

Calizas marinas	MUNSELL	Color
Extracción 1	GLEY 2 8/10B	
	GLEY 2 3/10B	
	GLEY 2 8/5B	
Extracción 2	GLEY 2 2,5/5PB	
	GLEY 2 8/5PB	
	GLEY 10R 6/4	
Extracción 3	GLEY 10R 7/3	
	GLEY 2 2,5 /10B	
	GLEY 2 5 /10B	
	Gley 2 7/10B	
	Gley 2 8/5B	
Extracción 4	GLEY 2 2,5/10B	
	GLEY 5YR 2,5/1	
	GLEY 2 8/10B	
	Gley 2 7/10B	
	GLEY 10R 7/4	
Extracción 5	GLEY 2 7/5PB	
	GLEY 2 3/10B	
	GLEY 10R 6/6	

Areniscas	MUNSELL	Color	Rubefacciones
Extracción 1	10R 3/4		
	5YR 4/6		
	5YR 2,5/1		
	7,5 YR 3/1		
	5YR 4/2		
	5YR 2,5/1		
	7,5YR 4/2		
	10YR 2/1		
Extracción 2	10 R 5/4 INT		
	10R 4/4 INT		
	10R 6/3 INT		
	GLEY1 2,5/N EXT		
	2,5YR 4/2 EXT		
	2,5YR 4/8 EXT		
Extracción 3	2,5YR 6/4		
	2,5YR 6/3		
	2,5YR 4/6		
	2,5YR 5/2		
	2,5YR 3/1		
	10R 2,5/2		
Extracción 4	10R 7/6		
	10R 6/1		
	GLEY 1 2,5/N		
	10R 5/2		
	2,5YR 6/6		
	2,5YR 7/3		
	2,5YR 6/1		
Extracción 5	10R 6/4		
	10R 5/1		
	10R 4/1		
	2,5YR 6/6		
	GLEY 2 5PB		
	GLEY 1 2,5/N		
Extracción 6	10R 6/6		
	10R 5/1		
	2,5YR 6/6		
	2,5YR 6/8		
	10R 2,5/1		
	10R 6/1		
Extracción 7	2,5YR 6/6		
	2,5YR 5/6		
	10R 5/2		
	10R 3/1		
	GLEY1 3/N		
	10R 6/8		

Areniscas	MUNSELL	Color	Rubefacciones
Extracción 8	10R 8/1		
	10R 3/1		
	10R 4/4		
	GLEY1 8/N		
	10R 6/2		
Extracción 9	10R 6/2		
	10R 7/2		
	10R 5/2		
	10R 8/1		
	10R 4/1		
Extracción 10	2,5YR 7/4		
	2,5YR 7/1		
	2,5YR 7/3		
	5YR 7/4		
	10R 6/6		
	10R 7/1		
	10R 5/1		
Extracción 11	10R 6/6		
	10R 7/1		
	GLEY1 7N		
	10R 7/6		
	GLEY 2 7/10B		
	2,5YR 6/2		
Extracción 12	10R 6/4		
	10R 7/1		
	10R 3/1		
	10R 6/6		
	GLEY2 3/10B		
Extracción 13	10R 6/3		
	10R 4/2		
	10R 5/2		
	10R 4/4		
	10YR 7/1		
	10YR 4/1		
	GLEY2 7/5PB		
	GLEY2 7/10PB		
Extracción 14	GLEY 2 2.5/5PB		
	10R 6/4		
	5YR 6/1		
	7.5YR 6/3		
	5YR 6/4		
	5YR 5/1		
	5YR 6/1		

Figura 4: Alteraciones colorimétricas en las muestras de travertino, caliza lacustre y caliza marinas tras la extracción del fuego 1 y 2. Alteraciones colorimétricas en las muestras de arenisca tras su extracción del fuego experimental.

necesita un análisis colorimétrico de mayor capacidad de aproximación. Se observa la presencia de calcita superficial.

Caliza lacustre

En el caso de las muestras de caliza lacustre, hay un patrón similar a los travertinos, con una cierta pérdida de consistencia de la roca al final de la combustión, la presencia de tonalidades grisáceas, oscuras y en algún caso anaranjada. Si bien las calizas lacustres no presentan tantas fisuras y fracturas como los travertinos. Podemos observar una tendencia de tonalidades oscuras a más claras a lo largo del proceso de combustión. Se observa la presencia de calcita superficial.

Caliza marina

Se observa una mayor consistencia de la roca, con cierta tendencia a la aparición de fracturas y fisuras. Asimismo, que las tonalidades están vinculadas a colores oscuros y grises, junto con la aparición de colores anaranjados y rosáceos. Esto indicaría cierta propiedad refractaria de este tipo de rocas. Los colores pasan de las tonalidades oscuras a grisáceas blanquecinas, y hay cierta pérdida de consistencia de la roca en las ultima extracciones.

Arenisca

Se analizaron 14 muestras de arenisca, en las siete primeras extracciones, y tras un período de tiempo de 2 horas, las rocas mantienen la consistencia a altas temperaturas, aunque se observa una degradación superficial y vitrificación, junto con la aparición de fracturas y fisuras. Hay que señalar las altas temperaturas que alcanzaron las muestras durante las tres primeras horas: entorno a los 800 °C y 900 °C. La temperatura máxima fue de 926 °C. Hay que señalar también, como las primeras muestras (7) presentan colores oscuros, tonos anaranjados y marronosos intensos. A partir de la extracción 8, las tonalidades son más suaves y no tan intensas, anaranjadas, grisáceas, rojizas. Hay una tendencia a colores intensos oscuros y rojizos en las primeras muestras, que progresivamente van cambiando a colores más claros anaranjados y rosáceos. La tendencia es la aparición de colores anaranjados y rojizos en la totalidad del conjunto que se combinan con otras tonalidades de carácter oscuro. Las últimas extracciones presentan cierta pérdida de consistencia y degradación superficial. Se puede decir que en las coloraciones de las muestras hay una tendencia a colores intensos oscuros y rojizos en las primeras muestras, que progresivamente van cambiando a colores más moderados y débiles anaranjados y rosáceos. La tendencia es la aparición de colores anaranjados y rojizos en la totalidad del conjunto que se combinan con otras tonalidades. A partir de la extracción 12, tras 2 horas y 40 minutos de exposición a la fuente de calor, se vuelven a observar las rubefacciones oscuras.

3.4. Conservación del calor

Experiencia 4. En la primera extracción (grupo 1 de las muestras), a una temperatura de 470 °C en la base del hogar y tras una hora del inicio de la combustión, se extrajeron los cuatro tipos de rocas. Se observa como las rocas presentan diferentes temperaturas desde el inicio del registro térmico, que van descendiendo rápidamente aproximadamente a los 30 minutos de forma parecida, aunque las calizas marinas parecen mantener un gradiente térmico más alto que las otras tres rocas, al menos una hora después de su extracción. Por otro lado, se observa que las calizas lacustres y las areniscas mantienen el gradiente térmico aproximadamente durante una hora, aunque por debajo de las calizas marinas después de la media hora de su extracción. A partir de una hora en temperatura ambiente (el suelo a 26 °C), las rocas se estabilizan progresivamente. La caliza lacustre era la roca con una mayor temperatura en su extracción, pero se observa como ésta descendió rápidamente.

En la segunda extracción (grupo 2 de las muestras) realizada tras 1 h y 30 minutos de encendido del fuego, a 531°C en este grupo de rocas vemos de nuevo como la caliza marina mantiene más tiempo la temperatura, al menos durante 1 hora y 30 minutos. Asimismo, la caliza lacustre y la arenisca mantienen cierto gradiente térmico, aunque por debajo de las calizas marinas. Mientras que el travertino de cascada es la roca con menor gradiente térmico. A destacar que la bajada de temperatura se produce de forma más progresiva y no tan rápida como en el grupo anterior. La caliza lacustre alcanzó una mayor temperatura y descendió de forma progresiva.

En la tercera extracción (grupo 3 de las muestras) la temperatura alcanzada en el fuego y registrada en la superficie fue de 322° C. Se puede observar como de nuevo la caliza marina y la arenisca obtienen un mayor gradiente térmico; tenían una temperatura más alta una vez extraídas del fuego, tras dos horas de combustión, y reducen más lentamente la temperatura. Se observa de nuevo que, de forma general, las temperaturas descienden rápidamente la primera media hora. A partir de ese momento lo hacen de forma diferenciada: la arenisca y la caliza marina mantienen de nuevo la temperatura una hora por encima de los 50 °C, momento en que las temperaturas se estabilizan de forma general en las cuatro rocas por encima de la temperatura ambiente (tras dos horas).

Siguiendo con la cuarta extracción (grupo 4 de las muestras), tras dos horas directas de combustión, 484°C, se observa un cierto cambio de patrón, ya que se produce una bajada de temperatura progresiva de aproximadamente 1 hora y 30 minutos, para estabilizarse a temperatura ambiente, y además se realiza de forma más lenta, principalmente para la caliza lacustre, la caliza marina e incluso el travertino de cascada. Por otro lado, la arenisca, siguiendo un patrón descendente similar, lo realiza más rápido, estabilizándose a los 36 °C. Las muestras

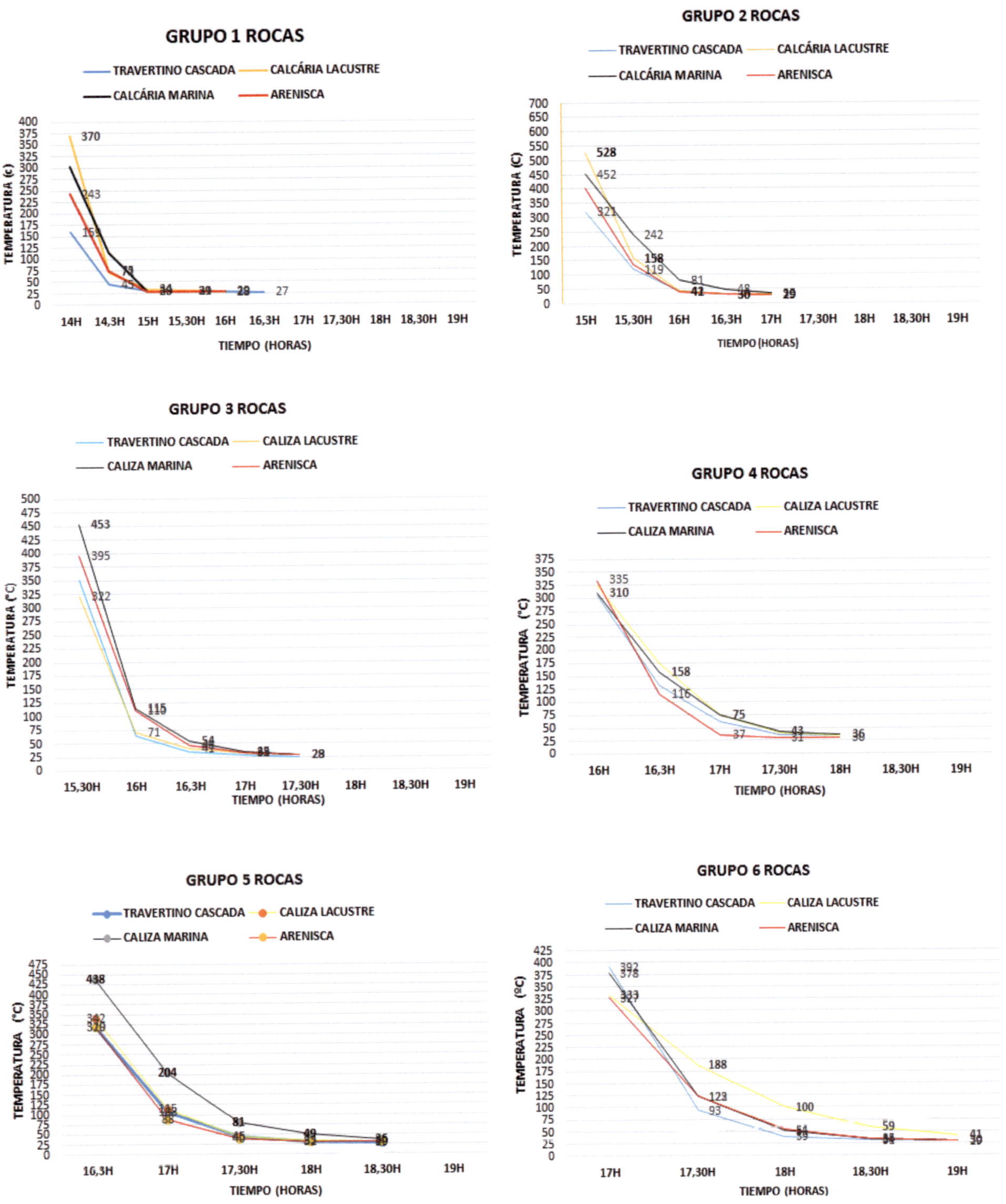

Figura 5: Gradiente térmico de las muestras de rocas (travertino, caliza lacustre, caliza marina, arenisca).

de arenisca obtuvieron una temperatura más alta (335°C) en sus extracciones y descendieron más rápidamente en la primera media hora, estabilizándose a partir de ese momento. Se observa un mayor gradiente tanto en la caliza lacustre como en la caliza marina.

En el siguiente gráfico (quinta extracción, grupo 5) destaca principalmente el gradiente térmico de las calizas marinas, ya que lo mantienen durante más de dos horas y alcanzan la temperatura más alta (438 °C). Su temperatura desciende progresivamente hasta situarse en temperatura ambiente, después de las dos horas de la extracción. Hay que indicar que este grupo de muestras había estado expuesto al fuego dos horas y media. Por otro lado, el travertino, la caliza lacustre y la arenisca mantienen un patrón similar de descenso de temperatura hasta situarse en temperatura ambiente tras dos horas.

Para finalizar, la sexta extracción (grupo 6) tuvo lugar tras 3 h y 30 minutos. La temperatura más alta en el momento de la extracción correspondió al travertino de cascada (398°C). Esta roca descendió rápidamente, tras media hora, a temperatura ambiente; es la que tiene menor gradiente térmico, pero más impacto térmico. Por otro lado, hay que destacar que la caliza lacustre mantuvo un mayor gradiente térmico, cómo se puede observar en la gráfica correspondiente (fig. 5), manteniendo temperaturas altas por encima de los 100 °C tras una hora al aire libre. En el caso de la arenisca y la caliza marina, se observa un patrón similar de comportamiento térmico, manteniendo temperaturas por encima de los 50 °C tras una hora y media. Para la caliza marina se observa una temperatura más alta en el momento de la extracción (378 °C), que desciende de forma acentuada, mientras que la arenisca lo hace de forma más progresiva hasta mantener el mismo patrón que la caliza marina, tras media hora de la extracción. Aunque como se ha indicado anteriormente, la caliza lacustre mantiene una temperatura más alta durante más tiempo, teniendo en cuenta que la temperatura era inferior tras sacarse del fuego y que se sitúa a temperatura ambiente más tarde que las otras rocas.

4. Discusión

Los resultados de la experimentación arqueológica han aportado datos de reconocimiento arqueológico que permiten señalar la existencia de patrones térmicos diferenciales en las rocas analizadas. En primer lugar, las temperaturas alcanzadas y el tiempo en los hogares para el travertino, la caliza marina y la caliza lacustre fueron similares en términos generales (600 °C y 700 °C). Ello creó condiciones térmicas que produjeron alteraciones relacionadas con la capacidad física y química de la roca para mantener su estructura o consistencia a la acción de un fuego. Los travertinos, dadas sus propiedades químicas, su estructura interna y su alta porosidad, se ven altamente afectados por la temperatura, con tendencia a tener fisuras y fracturas por efecto del calor. Las rubefacciones se vinculan a las tonalidades grisáceas oscuras y claras a medida que se ven afectadas por la temperatura. De momento, se desconoce su gradiente térmico o capacidad de retención de la temperatura. Las calizas marinas y lacustres a nivel de colorimetrías presentan rubefacciones similares en su conjunto, de tendencia grisácea y oscura, aunque se observa la aparición de rubefacciones anaranjadas y rojizas, especialmente en las calizas marinas. Por otra parte, la consistencia de ambas rocas también se ve afectada con la aparición de fracturas y fisuras, especialmente en las calizas marinas. Las calizas lacustres mantienen un patrón similar a los travertinos en cuanto al color de las rubefacciones y la perdida de consistencia de la roca. Se observa que las calizas marinas tienen un gradiente térmico que permite mantener la temperatura un buen tiempo fuera de un foco de calor, aunque de momento no se pude establecer este criterio dado que las experimentaciones están en curso. Destaca la presencia de calcita blanca a nivel superficial en los tres tipos de rocas.

Las muestras de arenisca estuvieron expuestas a una temperatura más alta durante más tiempo, un poco más de 4 horas de combustión, debido a los condicionantes experimentales que se dieron, alcanzando temperaturas entre 600 °C y 900 °C. Se ha podido comprobar la capacidad térmica de esta roca, al presentar una mayor consistencia y resistencia a altas temperaturas durante un mayor tiempo, así como un gradiente térmico (50 °C) a temperatura ambiente y la capacidad de mantener la temperatura, una vez extraída de la combustión, durante más de una hora. Si bien la consistencia de la roca comienza a verse afectada hacia las dos horas de exposición al fuego. Estos valores indicarían el valor térmico de la arenisca, dado que el hogar podía mantenerse caliente, una vez apagado, durante más tiempo, y posibilitar la reducción del consumo de leña por parte de los humanos.

Por otro lado, los datos experimentales indican que las areniscas sufren una alta fragmentación y vitrificación externa. En cuanto a las características colorimétricas, presentan en términos generales colores anaranjados, rosáceos, rojizos y tonalidades grisáceas oscuras. Las coloraciones presentan una gradación del gris al rojo que concuerda con la gradación de menor a mayor propiedad refractaria de las rocas. Se puede decir que la arenisca es más resistente a la combustión y presenta una propiedad refractaria mayor. Por ello las plaquetas de arenisca fueron elegidas por los neandertales y los humanos modernos para la construcción de hogares.

La presencia de rocas de carácter alóctono alteradas térmicamente nos ha proporcionado información sobre las prácticas humanas relacionadas con el fuego. La posibilidad del uso de cantos y plaquetas como retenedores de calor o para estructurar hogares es relevante para el estudio de los recursos humanos.

Por otro lado, los datos proporcionados por la experimentación del fuego 4 indican que las calizas marinas presentan un mayor gradiente térmico que el resto de rocas analizadas. Y las experimentaciones 3 y 4 indican que la arenisca presenta una capacidad importante de retención de calor y que su gradiente térmico responde en función de la temperatura alcanzada; una alta temperatura del fuego, por ejemplo de 900 °C, le proporciona un gradiente durante más tiempo una vez ha sido extraída (fig. 4). A menor temperatura, en torno a 400 °C, disminuye su gradiente térmico. Parece que tanto la caliza marina como la arenisca pueden mantener la temperatura por encima de los 50 °C durante aproximadamente dos horas.

Destaca también la capacidad de retención de calor de la caliza lacustre en términos generales, que responde de forma similar a la arenisca. Mientras que el travertino es el que presenta una menor capacidad de retención de calor o gradiente térmico.

El gradiente térmico de las rocas analizadas en la experiencia 4 señala diversos comportamientos en relación al mantenimiento de la temperatura una vez han sido extraídas del fuego. En primer lugar, se ha comprobado que, en función del tiempo de exposición a una fuente de calor, las rocas presentan ciertas propiedades de mantenimiento de la temperatura. Esto se observa más claramente en las rocas de caliza marina que en términos generales mantiene un mayor gradiente térmico en una exposición corta y larga a una fuente de calor. En la primera extracción (grupo de rocas 1) se observa claramente que las rocas bajan rápidamente de temperatura tras una hora y media expuestas al fuego. Bajan por debajo de los 100 °C a la media de su extracción. Un impacto corto a una fuente de calor determina una bajada rápida de temperatura y una tendencia en ciertas rocas (caliza lacustre, caliza marina y arenisca) a mantener el calor más tiempo, mientras que las rocas de travertino a una baja exposición a una fuente de calor son las que menos la mantienen y presentan un menor gradiente térmico. A medida que las rocas se ven sometidas a una fuente de calor más tiempo, el patrón térmico se va modificando en el sentido que las mismas rocas señaladas anteriormente aumentan su capacidad de mantener el calor, especialmente las rocas de caliza marina, que aumentan su gradiente térmico por encima de los 100 °C durante más tiempo (grupo 2 de las muestras). El resto de rocas también aumenta su gradiente térmico, aunque por debajo de la caliza marina, aproximadamente durante una hora. Hay un aumento de temperatura en las rocas y una mayor retención térmica. En las siguientes extracciones, tras una hora y 30 minutos (grupo 3 de las muestras), la caliza marina y la arenisca son las rocas en las que se observa una mayor retención o gradiente térmico, manteniendo la temperatura más allá de una hora por encima de los 50 °C.

En las siguientes extracciones (4 y 5) se continua viendo como la caliza marina presentan un mayor gradiente térmico y como hay ciertos cambios producidos, especialmente en la caliza lacustre, que tras un mayor tiempo de exposición al fuego aumenta su gradiente térmico. Se observa como las calizas marinas y lacustres mantienen la temperatura por encima de los 50 °C tras dos horas a temperatura ambiente (grupo 4 de las muestras). Por otro lado, se observa que el travertino sufre un aumento de su capacidad térmica de retención de calor. En la extracción 5, se puede comprobar que la roca que presenta un mayor gradiente térmico corresponde a la caliza marina y que tras dos horas mantiene las temperaturas por encima de los 50 °C. Se trata de una roca que sufre un mayor impacto térmico. En cambio, los otros tipos (calizas lacustres, travertinos y areniscas) mantienen un patrón similar de bajada de temperatura y mantenimiento de la temperatura un poco más de una hora por encima de 50 °C.

En la extracción 6 (grupo 6 de las muestras) se ve que el travertino y la caliza marina tienen una temperatura más alta, desde el momento de su control térmico, mientras que la arenisca y la caliza lacustre tienen una temperatura inferior. El travertino sufre una bajada rápida, mientras que las otras rocas mantienen la temperatura más tiempo, especialmente la caliza lacustre, que significativamente se mantiene por encima de los 50 °C durante una hora y media.

5. Conclusiones

Las experimentaciones realizadas han permitido obtener datos para poder interpretar la presencia de cantos y plaquetas quemados en las cuevas del Reclau. La presencia de rocas de carácter alóctono alteradas térmicamente ha proporcionado información sobre prácticas humanas relacionadas con el fuego. La posibilidad del uso de cantos y plaquetas como retenedores de calor y para estructurar hogares son relevantes para el estudio de los recursos durante el Paleolítico medio y superior Los resultados experimentales indican ciertas propiedades térmicas de la arenisca y las calizas marinas que podían ser utilizadas en los procesos de combustión, dado que el hogar podía mantener, una vez apagado, una temperatura alta durante más tiempo, y la posibilidad de reducir el consumo de leña. También el aumento de la capacidad calorífica del hogar y la mejora de su funcionamiento térmico. Los patrones de reconocimiento obtenidos hasta ahora, que todavía no han finalizado, ayudarán a establecer nuevas consideraciones en el futuro.

En las rocas analizadas, el impacto calorífico determina el grado de gradiente térmico. Pero se observa como en general la caliza marina lo presenta mayor. Esta capacidad de retención de calor se deduce también en la arenisca y la caliza lacustre, aunque en menor grado. Se observa que el travertino y la caliza lacustre presentan una bajada más rápida de la temperatura una vez han sido extraídas del fuego directo, mientras que en las calizas marinas y las areniscas se produce más lentamente. En función de una temperatura alcanzada en un mayor tiempo de exposición al fuego, las calizas marina y lacustre y la arenisca presentan la capacidad de mantener temperaturas por encima de los 50 °C más de dos horas. Tanto en la caliza marina como en la arenisca, una temperatura mayor de impacto les proporciona una mayor capacidad de retención de calor o gradiente térmico.

Supplementary Data

S1: DOI: 10.34847/nkl.ae2edg1a
S2: DOI: 10.34847/nkl.46ab49hu

Bibliografía

Beeching, A. and Gascó, J. 1987. Les foyers de la Préhistoire récente du Sud de la France, Descriptions, analyses, et essais d'interprétation, in: Olive, M. and Taborin, Y. (eds.). *Nature et fonction des foyers Préhistoriques, Actes du Colloque international de Nemours 1987*. Nemours: Edition APRAIF, 275-292.

Bentsen, S.E. 2013. Controlling the heat: An experimental approach to Middle Stone Age pyrotechnology. *South African Archaeol. Bull.* 68, 137-145.

Cordier, F. 2003. Approche méthodologique des structures à galets : le site du Gournier (Drôme, France), in: Frère-Sautot, M.-C. (ed.). *Le feu domestique et ses structures au Néolithique et aux Âges des métaux. Actes du colloque de Bourg-en-Bresse et Beaune, 7-8 octobre 2000*. Montagnac: Editions Monique Mergoil, 267-276.

Dron, J.L., Ghesquiére, E. and Marcigny, C. 2003. Les structures de combustion du Néolithique moyen en Basse-Normandie (France): proposition de classement typologique et fonctionnel, in: Frère-Sautot, M.-C. (ed.). *Le feu domestique et ses structures au Néolithique et aux Âges des métaux. Actes du colloque de Bourg-en-Bresse et Beaune, 7-8 octobre 2000*. Montagnac: éditions Monique Mergoil, 375-386.

Fernández Peris, J., Soler Mayor, B., Sanchís Serra, A., Verdasco Cebrián, C. and Blasco López, R. 2007. Proyecto experimental para el estudio de los restos de combustión de la cova del Bolomor (La Valldigna, Valencia), in: Ramos, M. L., González, J. E. and Baena, J. (eds.). *Arqueología experimental en la Península Ibérica, Investigación, Didáctica y Patrimonio*. Santander: Asociación Española de Arqueología Experimental 183-201.

Fernández Ruiz, J. 2016. *Las estructuras de combustión en la Prehistoria Reciente del Nordeste de la Península Ibérica*. Ph.D. Thesis, Barcelona: Universitat Autònoma de Barcelona, Departament de Prehistòria, 700 p.

Gascó, J., 1985. *Les installations du quotidien, structures domestiques en Languedoc du Mésolithique à l'Âge du Bronze d'après l'étude des abris de Font-Juvénal et du Roc de Dourgne*. Paris: Editions de la Maison des sciences de l'Homme, Documents d'Archéologie française, 1, 140 p.

Graesch, A.P., DiMare, T., Schachner, G., Schaepe, D.M. and Dallen, J. 2014. Thermally Modified Rock: The Experimental Study of 'Fire-Cracked' By-products of Hot Rock Cooking. *North American Archaeologist* 35/2, 167-200.

House, J. H. and Smith, J. W. 1975. Experiments in the replication of fire-cracked rock, in: Shiffer, M. B. and House, J. H. (eds.). *The Cache River Archaeological Project*. Fayetteville: Arkansas Archaeological Survey Research Series, vol. 8, 75-80.

March, R.J. 1996. L'étude des structures de combustion préhistoriques: une approche interdisciplinaire, in Bar-Yosef, O., Cavalli-Sforza, L.L., March, R.J. and Piperno, M. (eds.), Colloquium IX: The study of human behaviour relation to fire in archeology: new data and methodologies for understanding prehistoric fire structures, XIIIe Congrès International de l'UISPP. Forli: A.B.A.C.O. Editions, 251-275.

March, R. J. 2023. Reconstruction of control and application of thermal energy process and its technical, social, symbolic and palaeoenvironmental consequences. *Journal of Archaeological Science: Reports*, 48, 103828.

Maroto, J. 1994. *El pas del paleolític mitjà al paleolític superior a Catalunya i la seva interpretació dins del context geogràfic franco-ibèric*. Ph.D. Thesis, Girona: Universitat de Girona.

Maroto, J. and Terradas, X. 1986. La utilització dels códols en el Solutrià de la cova de l'Arbreda (Serinyà). *Quaderns del Centre d'Estudis Comarcals de Banyoles*, 1985, vol. 1, Banyoles, 111-124.

Thiébault, S., 1981. Étude des aires de combustion paléolithiques en France. *Cahier du Centre de recherches préhistoriques* 8, 10-32.

Lejay, M. 2011. *Les structures de combustion néolithiques dans l'ouest de la France*. Master Thesis, Rennes: Université de Rennes 2, 133 p.

Muller-Pelletier, C. 2006. Les structures de combustion chasséennes de l'ensemble C2c de la doline de Roucadour: micro-histoires, fonctionnements et analyse spatiale, in: Gascó, J., Leyge, Fr. and Gruat, Ph. (eds.). *Hommes et passé des Causses : hommage à Georges Costantini, Actes du colloque de Millau, 16-18 juin 2005*. Toulouse: Archives d'écologie préhistorique, 223-252.

Neubauer, F. 2018. Use-alteration analysis of fire-cracked rocks. *American Antiquity* 83/4, 681-700.

Neubauer, F. 2019. Fire-cracked rock experiments: A comparison of use-alteration and fracture patterns between stone boiling/wet cooling and hearth/dry cooling. *The Wisconsin Archeologist* 100/1-2, 35-47.

Pop, E., Reldsma, F. H., Reimann, T., Sier, M. J., Arps, C. E. S., Gaudzinski-Windheuser, S. and Roebroeks, W. 2021. Identifying Heated Rocks Through Feldspar Luminescence Analysis (pIRIR (290) and a Critical Evaluation of Macroscopic Assessment. *Journal of Paleolithic Archaeology* 4, 13.

Sabatier, P. 1995. La grotte du Gardon (Ain). Méthodologie de l'approche vertical, in: Verouz, J-L. (ed.). *Chronologies néolithiques. De 6000 à 2000 avant notre ère dans le Sud-Est de la France. Actes du colloque d'Ambérieu-en-Bugey, 19-20 septembre, 1992.* Genève: Documents du Département d'Anthropologie de l'Université 20 et Ambérieu-en-Bugey, 113-122.

Soler, M. and Maroto, J. 1987. Els nivells d'ocupació del Paleolític Superior a la cova de l'Arbreda (Serinyà, Girona). *Cypsela VI,* 221- 238.

Soler Mayor, B. 2003. Estudio de las estructuras de combustión prehistóricas: una propuesta experimental. Servicio de Investigación Prehistórica. *Serie de Trabajos, varios* 102.

Thiébault, S. 1981. Étude des aires de combustion paléolithiques en France. *Cahier du Centre de Recherches préhistoriques* 8, 10-32.

Wattez, J. 1996. Modes de formation des structures de combustion: approche méthodologique et implications archéologiques, in: Bar-Yosef, O., Cavalli-Sforza, L., March, R.J. and Piperno, M. (eds.), *The colloquia of the XII International Congress of Prehistoric and protohistoric Sciences, Section 5, Colloquium IX.* Forlì: A.B.A.C.O. Editions, 29-34.

Notas sobre los autores

Joaquim Fernández-Ruiz
Laboratori d'Arqueologia, Història Antiga i Prehistòria, Universitat de Girona.
Pl. Ferrater Mora, 1, 17004, Girona, España
joaquinfernandez@inspineda.com

Julià Maroto
Laboratori d'Arqueologia, Història Antiga i Prehistòria, Universitat de Girona.
Pl. Ferrater Mora, 1, 17004, Girona, España
julia.maroto@udg.edu

PART 2: TECHNIQUES

Savez-vous casser des os ?

Approche de l'efficacité de la fracturation en fonction des percuteurs et de l'expérience des opérateurs

Lisa Justiniany, Pierre Magniez, Cyril Viallet, Delphine Vettese, Cyrielle Mathias, Louis De Weyer, Laurence Bourguignon, Jérôme Ivorra, Anne-Marie Moigne, Jean-Phillip Brugal

Résumé

La fracturation osseuse pour extraire et consommer la moelle est une pratique récurrente dans la plupart des gisements archéologiques paléolithiques. Son analyse constitue un moyen majeur de documenter l'acquisition de ressources carnées par les homininés et d'appréhender leurs capacités cognitives, biomécaniques, et leurs comportements. De nombreuses expérimentations se sont intéressées à cette pratique, s'interrogeant sur la morphologie des fractures et des marques, des méthodes de fracturation, ou encore sur l'expertise des expérimentateurs. Ce travail expérimental vise à évaluer- au-delà du paramètre idiosyncratique – l'influence de la morphologie de la zone active de percussion de l'outil employé. Deux galets bruts et deux galets aménagés (en quartzite et en basalte) ont été utilisés par quatre expérimentateurs pour fracturer 80 os longs (humérus, radio-ulna, fémurs et tibias) de bovidés. Les résultats ne mettent pas en évidence de variations majeures en fonction du genre de l'expérimentateur ou de son niveau d'expertise, contrairement au type d'outils percutants. Dans cette optique, nous discutons de ces résultats sur la base de l'identification de certaines variables à tester ultérieurement, et du nombre limité d'os fracturés. Nos conclusions permettent de faire des propositions pour améliorer le protocole expérimental et en développer de nouveaux.

Abstract

Bone breakage for marrow extraction and consumption is a common strategy among Palaeolithic. Analyzing this practice is a major means to document the subsistence strategies by hominins and to understand their cognitive and biomechanics abilities, as well as their behavior. Numerous experiments on this topic have investigated its practices, questioning the morphological variability of marks and fractures, bone breakage pattern methods and the expertise of experimenters for example. This experimental study aims to evaluate – beyond the idiosyncratic parameter – the influence of morphology of the percussion active area of the tool used. Two blunt hammerstones and two shaped cobble tools (quartzite and basalt) were used by four experimenters to fracture 80 bovid long

in: Mathias, C., Bourguignon, L., Ivorra, J. and Viallet, C. (eds) 2026. *Living Archaeology. Unveiling the Past through Experimental Archaeology*. Leiden: Sidestone Press, 77-90.

bones (humerus, radius-ulna, femur, tibia). The results don't show major variations regarding the experimenter's gender or his level of expertise, unlike the type of striking tool used. In perspective, we discuss the identification of some variables to be tested in other experiments and the limited number of fractured bones. Our conclusions propose improvements to the experimental protocol and constitute a basis to develop new ones.

Mots-clés : Taphonomie ; Archéologie Expérimentale ; Fracturation osseuse ; Zones de percussion.

Keywords: Taphonomy; Experimental Archaeology; Bone breakage; Percussion areas

1. Introduction

L'extraction de la moelle par percussion des os longs d'ongulés est documentée dans la majeure partie des sites paléolithiques (*e.g.*, Magniez 2009 ; Niven *et al.* 2012 ; Vettese *et al.* 2022). Elle est une ressource nutritive essentielle pour nombre de sociétés de chasseurs-collecteurs, en particulier dans des environnements froids, qui peuvent potentiellement la consommer de manière différée (Binford 1978 ; Abe 2005 ; Costamagno and David 2009 ; Blasco *et al.* 2019). Plusieurs études ont souligné que l'analyse des traces de percussion sur les os était essentielle pour identifier et caractériser des occupations anthropiques (*e.g.*, Outram 2001 ; Pickering and Egeland 2006 ; Vettese *et al.* 2020) et les stratégies de subsistance des groupes humains au Paléolithique (Gaudzinski 1995 ; Patou-Mathis 2000). La compréhension des techniques de fracturation osseuse repose sur les observations ethnographiques et la constitution de référentiels expérimentaux. Il s'agit d'identifier les modalités de fracturation les plus efficaces, en analysant l'influence de différents paramètres : utilisation d'une enclume, positionnement de l'os sur l'enclume, savoir-faire des expérimentateurs et morphologie des éléments osseux (Blasco *et al.* 2014 ; Vettese *et al.* 2021).

Si l'utilisation d'un galet brut avec une masse minimale (approximativement 2 kilogrammes) permet la fracturation des os longs et parait être la solution la plus accessible techniquement, ne demandant pas un travail préliminaire d'aménagement d'un tranchant, l'emploi d'autres types de percuteurs n'est pas à exclure. D'ailleurs, les registres archéologiques du Pléistocène inférieur et moyen livrent des galets aménagés avec des traces d'utilisation en percussion lancée sur des matériaux durs, pouvant correspondre à des traces de fracturation osseuse (Keeley 1980 ; Toth 1987 ; Venditti *et al.* 2021 ; Viallet *et al.* 2021). L'influence des propriétés physiques et morphologiques du percuteur sur l'efficacité de l'activité de fracturation osseuse n'a jamais été évaluée. Elle pourrait pourtant conditionner en partie les choix des homininés et nous permettre d'améliorer notre compréhension de leurs capacités cognitives et biomécaniques.

Pour proposer une première approche de l'interaction percutant/percuté, une expérimentation spécifique a été mise en place (Viallet *et al.* 2018). Elle a été réalisée dans le cadre du *Working Group « Bone breakage »* de l'IRN 0871 TaphEN (dir. J.-Ph. Brugal), sous la direction de C. Viallet et P. Magniez.

2. Matériel

Afin de disposer d'une base de données expérimentale quantitativement importante et de pouvoir comparer statistiquement la variabilité intra et inter-osseuse, le corpus se compose de 80 os longs (20 humérus, 20 radio-ulnas, 20 fémurs et 20 tibias) de bœuf domestique (*Bos taurus*) âgé entre 2 et 3 ans. Trois radio-ulnas n'ont pas pu être étudiés en raison de la perte de leur référence (numéro d'os). Les os ont été positionnés sur une enclume en basalte quadrangulaire (fig. 1, A-D).

Quatre expérimentateurs (deux hommes et deux femmes, dont une plus expérimentée que les autres) ont fracturé chacun cinq os par élément. Leur force de préhension a été mesurée grâce à un dynamomètre, démontrant une force comparable chez les femmes et un homme (25,8, 31,5 et 33,3 Newtons), alors que le dernier homme possède une force sensiblement supérieure (59,1 Newtons).

Les outils utilisés représentent deux variables : pétrographique et morphologique. L'objectif est d'expérimenter avec des matières premières fréquemment utilisées dans les sites archéologiques du Pléistocène : quartzite et basalte. Le quartzite provient des bassins versants de la chaîne nord-pyrénéenne. Il présente une texture granoblastique à nombreux petits quartz xénomorphes à extinction roulante, avec traces de matériel phylliteux et altération aux joints de grains (présence d'oxydes de fer). D'une manière générale les quartz sont hétérométriques (quelques centaines de microns), fissurés et semblent avoir subi des contraintes importantes, menant à une chute de la porosité. Le basalte provient de la province volcanique des Causses et du Bas-Languedoc, en l'occurrence de la colonnade de la coulée de Lézignan-la-Cèbe. Il s'agit d'un basalte à olivine à texture microlithique : la pâte est en grande partie formée de microlites de clinopyroxènes et de plagioclases et les phénocristaux d'olivine y sont petits et rares. Les outils, pour les deux matériaux, sont un percuteur brut (galet et « boule » de basalte) dont la zone active est convexe (contondante) et un galet façonné unifacial présentant une zone active linéaire (tranchante). Chaque participant a utilisé le même outil pour l'ensemble des processus de fracturation. Les deux individus masculins ont utilisé les galets façonnés (en quartzite : 1978 g ; en basalte : 2180 g) et les opératrices les deux percuteurs bruts (en quartzite : 2100 g ; en basalte : 2247 g).

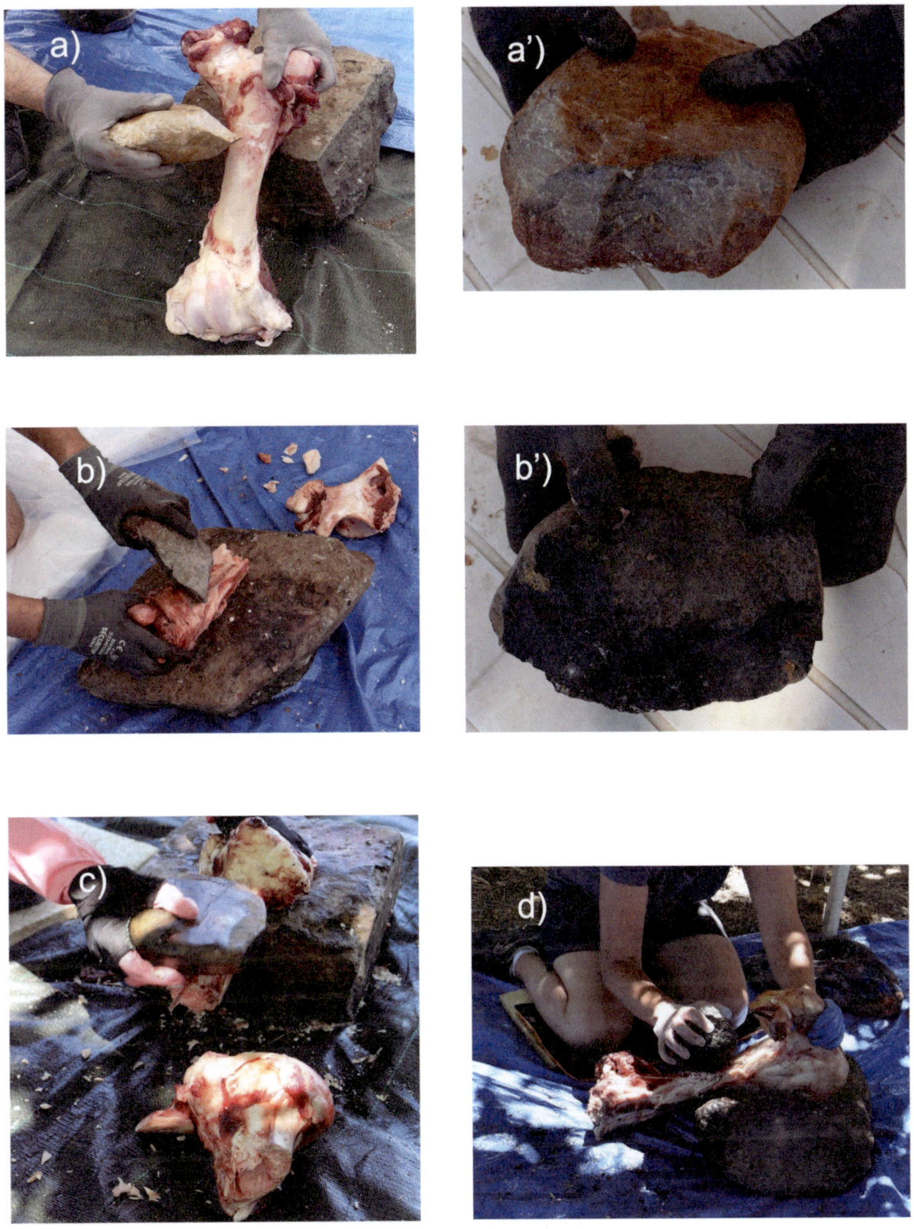

Figure 1 : a) fémur fracturé avec un galet façonné en quartzite, a') partie active du galet façonné en quartzite, b) radio-ulna fracturé avec un galet façonné en basalte, b') partie active du galet aménagé en basalte, c) humérus fracturé avec un galet brut en quartzite, d) tibia fracturé avec un percuteur brut en basalte (« boule » de basalte).

3. Méthodes

Durant l'expérimentation, un observateur extérieur a enregistré le nombre de coups donnés jusqu'à l'obtention d'une première fracture (NCPF) et le nombre de coups au total (NCT) qui comprend l'ensemble des coups donnés pour l'extraction totale de la moelle. Les sessions de fracture étant filmées, ce nombre de coups a pu être vérifié, permettant de compléter les données manquantes ou les erreurs d'enregistrement. En complément, plusieurs prises de vue photographiques et le référencement de différentes variables sur des fiches manuscrites ont permis l'enregistrement supplémentaire de l'ensemble des informations. Après fracturation, chaque ossement a été placé dans un filet de lavage et le lot enterré, puis récupéré pour étude, au bout de huit mois.

Chaque élément osseux ainsi individualisé a été systématiquement remonté, chaque reste déterminé numéroté. Le nombre de restes déterminés (NRD), le nombre de restes indéterminés (NRI), ainsi que les nombres de restes minimum (NRmin) et maximum (NRmax), ont été enregistrés. La somme des NRD et NRI permet d'obtenir le nombre de restes total (NRT).

Une nomenclature a été instaurée dans le cadre de la sectorisation de chaque zone de l'os long. En prenant en compte à la fois la portion et la face (antérieure, postérieure, latérale et médiale) sont obtenues les différentes zones de la diaphyse : P2A, P2P, P2L et P2M ; P3A, P3P, P3L et P3M ; P4A, P4P, P4L et P4M (Vettese, 2019).

3.1 Étude morphométrique des fragments_

Chaque fragment a été mesuré à l'aide d'un pied à coulisse, puis les fragments ont été regroupés par classe de taille (en mm) : 1- < 30 ; 2- entre 30-60 ; 3- entre 60-90 ; 4- entre 90-120 ; 5- entre 120-150 et 6- > 150 (modifié d'après Bunn 1982, Villa and Mahieu 1991). Les fragments diaphysaires ont été classés selon leur circonférence en cinq catégories (Bunn 1982 ; Villa and Mahieu 1991 ; Valensi 1994) : entre 1/8 et 1/4 ; environ 1/3 ; environ 1/2 ; environ 3/4 de la circonférence ; et la totalité de la circonférence.

3.2 Étude qualitative et tracéologique

La morphologie des bords de fracture (profil, texture, et angle) et les marques de percussion associées ont été enregistrées pour une meilleure analyse des processus de fracturation (Patou-Mathis 1985 ; Villa and Mahieu 1991 ; Lyman. 1994 ; Vettese *et al.* 2020).

Les marques de percussion ont été référencées selon leurs conformations sur l'os (Binford 1981 ; Capaldo and Blumenschine 1994 ; Galán *et al.* 2009 ; Masset *et al.* 2016 ; Vettese *et al.* 2020) :

- les zones d'enfoncement ou « *crushing areas* » correspondant à une surface d'écrasement de la matière résultant d'un point de frappe avec esquillement prolongé ou de multiples éclats adhérents ;
- les zones de fissuration ou « *cracking areas* », souvent associées à une marque de percussion (à la localisation du point d'impact) ;
- les cupules ou rainures superficielles ou « *percussion pits and grooves* », correspondant à la présence de coup n'ayant pas abouti à une fracturation de l'os ;
- les contrecoups, plus ou moins marqués, formant des marques inverses résultant du contact entre la matière osseuse et l'enclume.

La morphologie des points d'impact a fait l'objet d'une étude spécifique (conformation de l'aire de la zone de percussion, présence ou non d'éclats adhérents, type de marques) présenté partiellement dans cette étude.

La fracturation osseuse durant cette expérimentation ayant pour but l'extraction de la moelle, un indice qualitatif de consommabilité de la moelle est défini selon les critères suivants (modifié d'après Vettese *et al.* 2021) :

- mauvais à très mauvais : caractérisé par la présence de zones d'enfoncement ou de multiples éclats adhérents produisant une grande quantité de petits éclats osseux et altérant la moelle ;
- 2 : moyen ;
- 3 : bon à très bon : caractérisé par une fracturation nette sans production de petits éclats, la moelle est optimale en vue d'une consommation.

À noter que la moelle extraite n'a fait l'objet d'aucune quantification.

4. Résultats

De manière synthétique, grâce à la mise en relation des différentes données quantitatives (nombres de restes produits, nombres de coups donnés, dimensions des esquilles) et qualitatives (type de fracture, morphologie des esquilles, qualité de consommabilité de la moelle), nous avons pu dans cette étude mettre en évidence des modèles de fracturation en fonction des quatre os longs et compléter les résultats déjà obtenus dans d'autres études sur le sujet (Blasco *et al.* 2014 ; Vettese 2019).

4.1 Le nombre de coups

La somme totale du nombre de coups, par type d'élément, jusqu'à l'obtention d'une première fracture sur chaque os est plus importante sur le radio-ulna (NCPF = 379) contrairement au fémur (NCPF = 69) soit 5,5 fois moins. En considérant chaque os, la médiane est trois à sept fois plus importante pour le radio-ulna que pour les autres éléments. Le fémur a donc les valeurs les plus basses. Pour le fracturer, il faut compter entre 1 et 15 coups maximum, alors que ce chiffre est compris entre 8 et 76 sur le radio-ulna. Cette valeur maximale est presque quatre fois supérieure à celle du tibia et cinq fois supérieure à celle de l'humérus (tab. 1).

Des résultats similaires sont obtenus en regardant le nombre de coups au total jusqu'à extraction de la moelle : le fémur a les valeurs les plus basses et le radio-ulna les plus hautes. En moyenne le nombre de coups est quatre fois plus important sur le radio-ulna que sur le fémur et deux fois plus que sur le tibia (tab. 1).

4.2 Les nombres de restes

Les nombres de restes déterminés, indéterminés et totaux sont plus nombreux pour le tibia. Pour les restes déterminés, fémur et radio-ulna présentent des valeurs voisines. En revanche, le fémur montre le nombre de restes indéterminés le plus faible alors que le radio-ulna a une valeur médiane quatre fois supérieure, et l'humérus une valeur médiane deux fois supérieure à celle du fémur (tab. 1).

4.3 Modèle de fracturation

Sur l'humérus, les points d'impact peuvent être assez marqués (fig. 2, A).

La moelle reste malgré tout peu polluée par les éclats osseux (485 NRI). Les zones préférentielles de fracturation de l'humérus sont intimement liées à l'anatomie de l'os, sinueux au niveau de la diaphyse et possédant une tete articulaire très développée, impactant sa stabilité. Ainsi, les coups portés se concentrent particulièrement en P3L et P3/4M, c'est-à-dire les parties médianes de la face latérale

		Humérus	Radio-ulna	Fémur	Tibia
	NRD	94	130	118	135
	NRD med	4	6	5	6
	NRD moy	4,7	6,3	5,4	6,8
	écart-type	1,90	2,4	1,8	2,4
	NRD min	2	2	3	3
	NRD max	11	12	8	13
	NRI	485	637	297	991
	NRI med	13	23	6	41,5
	NRI moy	20,7	24,6	12,6	24,4
	écart-type	25,9	34,1	19	30,2
	NRI min	0	4	0	12
	NRI max	91	127	82	118
	Moy % NRD/NRI	18	18	41	14
	NRT	579	706	367	1126
	NRT med	19	30	13	49
	NRT moy	29	41,5	18,4	56,3
	écart-type	25,3	34,6	18,9	31
	NRT min	4	8	3	18
	NRT max	94	133	86	124
	NCPF	136	379	69	147
	NCPF med	8	25	3,5	6
	NCPF moy	9,1	29,2	4,3	7,4
	écart-type	5,1	18,2	3,6	3,1
	NCPF min	1	8	1	3
	NCPF max	20	76	15	15
	NCT	205	576	175	326
	NCT med	11	27	9,5	13
	NCT moy	10,8	36	8,8	16,3
	écart-type	5,6	24,6	4,2	9,6
	NCT min	4	9	2	6
	NCT max	22	101	16	36
NRT percuteur aménagé quartzite (H)	NRT	124	280	71	177
NRT percuteur aménagé basalte (H)	NRT	205	231	113	440
NRT percuteur brut quartzite (F)	NRT	163	124	115	181
NRT percuteur brut basalte (F)	NRT	87	109	68	328
NCT percuteur aménagé quartzite (H)	NCT	64	275	51	83
NCT percuteur aménagé basalte (H)	NCT	42	84	49	84
NCT percuteur brut quartzite (F)	NCT	74	124	21	112
NCT percuteur brut basalte (F)	NCT	25	93	31	47
Hommes (percuteur aménagé)	NRT	329	511	184	617
	NCT	106	359	100	167
Femmes (percuteur brut)	NRT	250	195	183	509

Tableau 1 : Données quantitatives obtenues pour les quatre os longs.

		Humérus	Radio-ulna	Fémur	Tibia
	NCT	99	217	75	159
Quartzite	NRT	287	366	186	358
	NCT	138	399	95	195
Basalte	NRT	292	340	181	768
	NCT	67	177	80	131

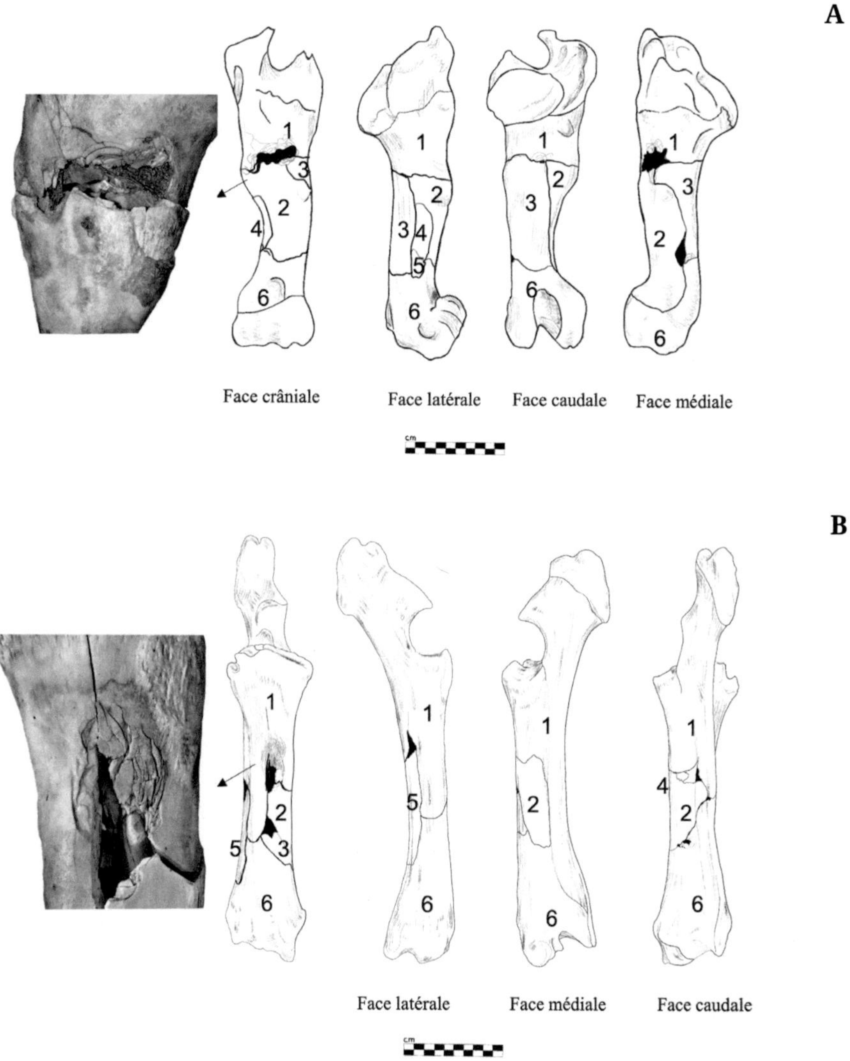

Figure 2 : A, planche de dessins avec photographie détaillée de la fracturation de l'humérus 12, (L. Justiniany) (chaque reste déterminé a été numéroté). B : planche de dessins avec photographie détaillée de la fracturation du radio-ulna 13 (L. Justiniany – chaque reste déterminé a été numéroté).

de la diaphyse d'une part, et les régions médiane et distale de la diaphyse d'autre part (tab. 2).

La fracturation du radio-ulna est la plus difficile. En raison d'un nombre de coups total plus important pour avoir accès à une quantité de moelle relativement limitée, qui plus est très altérée par la production de nombreux éclats la contaminant, comme nous l'avons démontré à la suite du décompte du NRI (valeur médiane de 637 restes). Pour la quasi-totalité du corpus de radio-ulna, les points d'impact sont très marqués, associés à des enfoncements de la matière corticale dus à la nature plus poreuse de cet os long, avec une proportion plus importante de trabéculaire (fig. 2, B).

De par les difficultés à le fracturer convenablement, le radio-ulna présente une multiplication de coups sur différentes zones diaphysaires, avec un léger tropisme pour les aires P3/4A et P2/3P, c'est-à-dire respectivement les régions médiane et distale de la face crâniale et les régions proximale et médiane de la face caudale (tab. 2).

	Indice	Humérus	Radio-ulna	Fémur	Tibia
classe de taille des restes déterminables	1	10%	12%	8%	0%
	2	32%	30%	23%	26%
	3	32%	28%	17%	24%
	4	11%	19%	13%	17%
	5	9%	4%	19%	17%
	6	6%	7%	20%	17%
degré de circonférence de la diaphyse des restes déterminables	1	54%	68%	42%	69%
	2	31%	8%	23%	21%
	3	8%	14%	24%	60%
	4	8%	5%	6%	2%
	5	2%	5%	5%	2%
morphologie des fragments diaphysaires		fragments losangiques/ trapézoïdaux	présence de quelques éclats avec plateforme	fragments de dimension importante	fragments de grande dimention, de forme allongée, morphologie récurrente
type de fractures		fractures en spirale majoritaires et fractures transverses pour certaines extrémités	fractures en spirale majoritaires	fractures en spirale-longitudinales et transverses pour certaines extrémités	fractures en spirale et longitudinales
morphologie et zone des points d'impact		points d'impact parfois très marqués en partie proximale et zone P3L et P3/4M	enfoncements très marqués (zones P2A, P4A et P3P)	fracturation nette ou zones très marquées type "crushing" et "cracking areas" (zone P2A et P4A en moindre mesure)	points d'impact marqués (zone P3/4P, P4A en moindre mesure)
degré de consommabilité de la moelle après fracturation	1	32%	47%	10%	10%
	2	32%	41%	35%	50%
	3	21%	12%	55%	40%

Tableau 2 : données qualitatives obtenues pour les quatre os longs.

Le fémur apparait comme l'os qui se fracture le plus facilement, nous proposons deux modèles de fracturation :

Le premier schéma de fracturation du fémur présente une fracturation de l'os nette, le nombre de coups donné est très réduit, tout comme le NRT produit à la fin de la fracturation. La qualité de consommabilité de la moelle n'est pas altérée avec l'absence de point d'impact sur la surface corticale de l'os n'impliquant que peu d'éclats indéterminés. Dans certains cas l'os fracturé peut être remonté dans son entièreté sans aucune marque de percussion identifiée (ou dans une proportion limitée).

Le second schéma de fracturation regroupe des exemples plus visuels et didactiques en raison de la présence de points d'impact clairement individualisés et accentués, de conformation ovalaire. Neuf fémurs fracturés sur vingt montrent des zones d'enfoncement (*crushing areas*) et de fissurations (*cracking areas*) associées à plusieurs esquilles adhérentes (fig. 3, A).

La production de restes indéterminés est également plus importante que sur le premier modèle. Le nombre de coups donnés est plus important dans cette configuration. Dans ce cas, la moelle obtenue est un peu plus altérée tout en restant aisément consommable. Les portions P2A et/ou P4A sont les plus touchées, c'est-à-dire respectivement les parties proximale et distale de la face crâniale de la diaphyse (tab. 2). Ainsi, la face antérieure, plus ergonomique, semble déterminer le choix de l'expérimentateur. L'anatomie de l'extrémité distale du fémur, avec la présence des condyles se développant face caudale, posée sur une enclume paraît idéale pour optimiser la stabilité de l'os en vue de la fracturation. En revanche, le positionnement inverse (face crâniale contre l'enclume) s'avère nettement plus instable.

Le tibia se fracture relativement bien. L'esquillement pouvant envahir la moelle est finalement réduit, permettant à 90 % des tibias de présenter un bon degré de consommabilité potentielle (tab. 2). Les portions P3/4P et, dans une moindre mesure P4A, sont les plus fréquemment touchées. L'essentiel des coups sont portés sur la face caudale, au niveau médian et distal de la diaphyse. Il est possible que les os du tarse, en connexion anatomique,

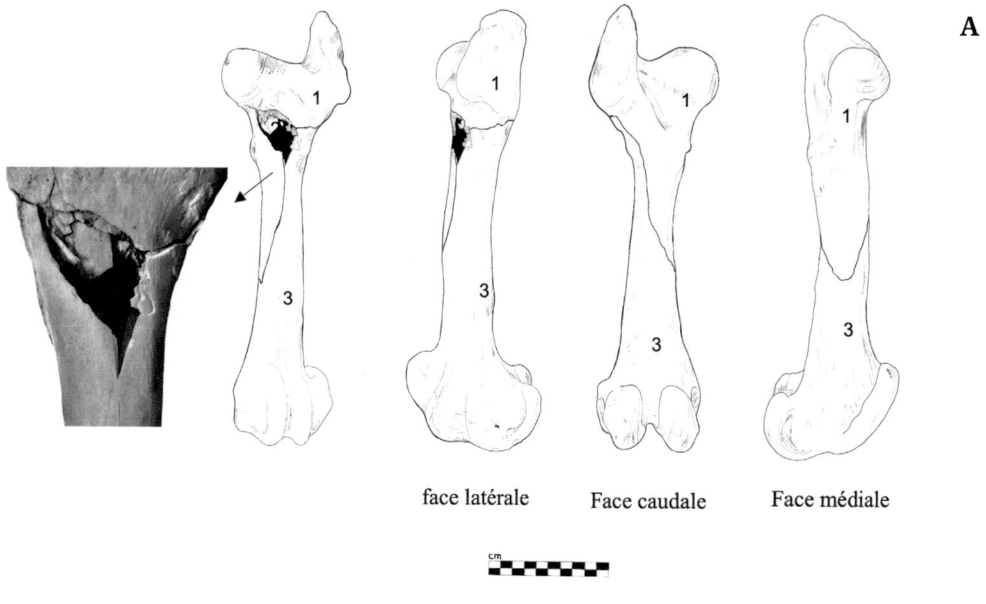

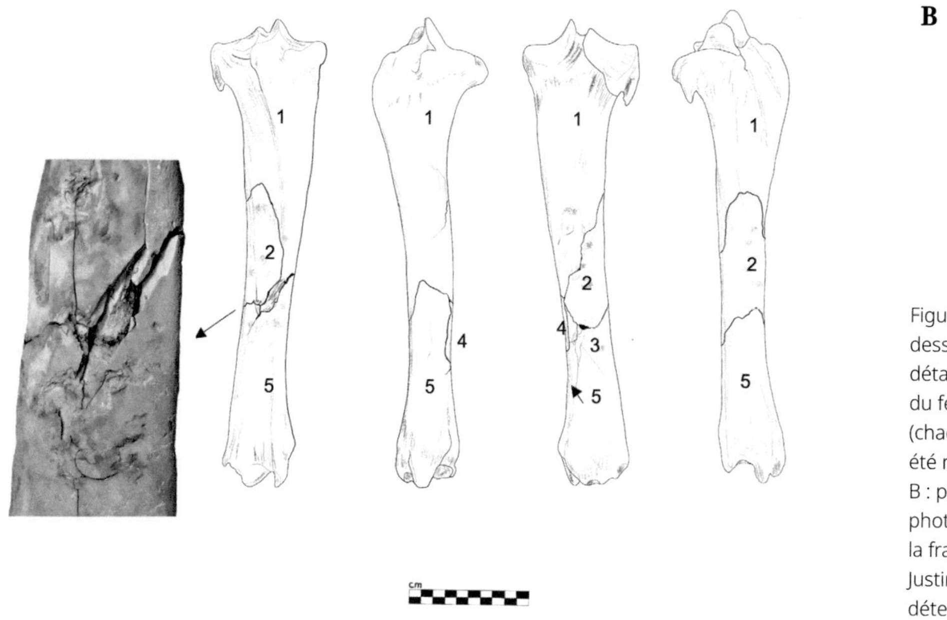

Figure 3 : A, planche de dessins avec photographie détaillée de la fracturation du fémur 9, (L. Justiniany) (chaque reste déterminé a été numéroté).
B : planche de dessins avec photographie détaillée de la fracturation du tibia 2 (L. Justiniany) (chaque reste déterminé a été numéroté).

aient pu jouer un rôle pour cibler en priorité ces zones de concentration. L'expérimentateur trouvant alors plus d'ergonomie et de stabilité.

4.4 Morphométrie et type de fracture des fragments

La majorité des fragments produits à l'issue de la fracturation présente des fractures de type hélicoïdal, caractéristiques d'une fracturation sur os frais. L'humérus produit généralement des fragments (NR = 46) trapézoïdaux ou losangiques, (fig. 4, A).

La fracturation du radio-ulna produit au moins deux éclats spécifiques (de morphologie concave présentant une plateforme et un bulbe, fig. 4, B.). Ce type d'éclats retrouvés dans les sites archéologiques pourrait constituer un indice fiable lié à une fracturation intentionnelle anthropique. Toutefois, de récents travaux s'appuyant sur l'expérimentation démontrent une production similaire dans le cadre de modifications liées aux carnivores, comme l'hyène. Ces éclats, produits par pression, partagent de nombreuses caractéristiques morphologiques avec ceux engendrés par percussion, mais pourraient en différer par l'emplacement des plateformes et la symétrie des cônes

A

B

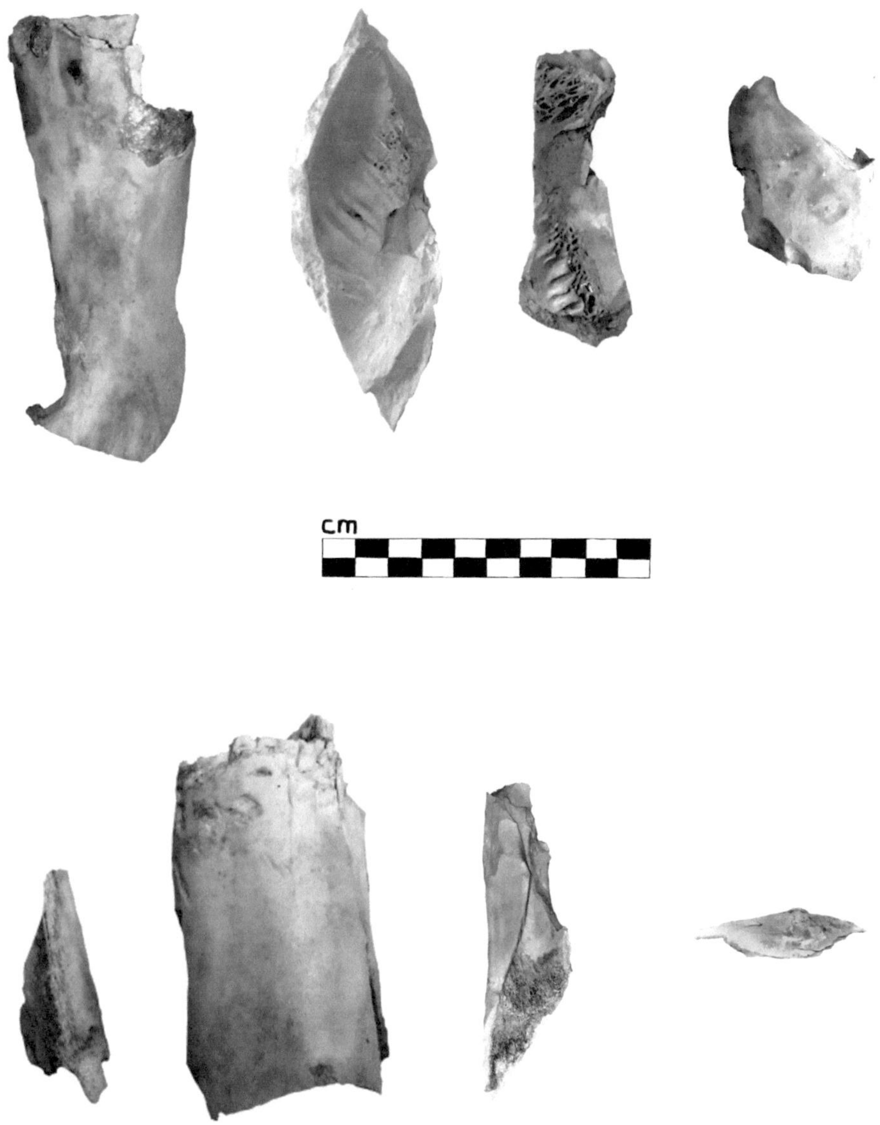

Figure 4 : A, fragments diaphysaires d'humérus. B : fragments diaphysaires de radio-ulna.

(Coil *et al.* 2020). De plus, sur au moins un radio-ulna, un fragment diaphysaire présente une forme cylindrique caractéristique des morphologies produites par l'action des carnivores pour accéder à la moelle (Villa and Mahieu 1991 ; Fourvel, 2012).

Les longueurs de fragments sont différentes entre les membres antérieurs et postérieurs. Les restes d'humérus et de radio-ulna se répartissent principalement dans les classes 2 et 3, comprenant respectivement 64 % et 58 % des esquilles (tab. 2).

Les longueurs des restes déterminés des fémurs et des tibias sont plus longues avec les classes 4, 5 et 6 nettement mieux représentées (respectivement 13%, 19% et 20% des esquilles pour le fémur ; 17 %, 17 % et 16 % pour le tibia) (tab. 2). Une explication possible à cette tendance est la dimension des humérus et des radio-ulnas, qui sont en moyenne plus petits que les fémurs et les tibias, mais d'autres facteurs tels que la morphologie générale des os et leurs propriétés structurelles devraient être considérés.

Sur le tibia, nous avons relevé la présence d'une certaine normalisation dans la morphométrie des fragments diaphysaires produits qui sont plutôt allongés et de grande dimension. De plus, des traces correspondant à des contre-coups ou à des coups qui n'ont pas abouti à une fracturation ont été identifiées (fig. 3, B et 5, B).

L'étude des dimensions et de la circonférence des fragments diaphysaires met en évidence deux tendances claires en fonction du type d'élément. Si, pour chaque ossement, la circonférence des modules est majoritairement de classe 1, entre 1/8ème et ¼ de la circonférence totale

A

B

Figure 5 : A, fragments diaphysaires de fémur. B : fragments diaphysaires de tibia.

(humérus : 54 % ; radio-ulna : 68 % ; fémur : 42 % ; tibia : 69 %) (tab. 2), les longueurs de fragments diffèrent entre membres antérieurs et postérieurs. Les restes d'humérus et de radio-ulna se répartissent principalement dans les classes 2 et 3, comprenant respectivement 64 % et 58 % des esquilles. Celles des fémurs et des tibias sont plus longues avec les classes 4, 5 et 6 nettement mieux représentées (respectivement 13 %, 19 % et 20 % des esquilles pour le fémur ; 17 %, 17 % et 16 % pour le tibia).

4.5 Les percuteurs bruts ou façonnés et le genre des expérimentateurs

Lors de la fracture avec le galet façonné, sont produits en moyenne 49,2 restes contre 29,2 NRT avec le percuteur brut, soit 1,7 fois moins. Le percuteur brut produit un NRT réduit pour le fémur et le radio-ulna. Pour tous les os, le galet façonné produit plus de restes. (tab. 1). La fracturation des tibias a produit le plus grand NRT, que ce soit en utilisant un galet façonné (n = 617) ou non (n = 509) et la fracturation des fémurs en a produit le moins (n =184 et n = 183, respectivement). Le NRT des radio-ulnas avec un percuteur brut (n =195) est 2,6 fois moins important qu'avec un galet façonné (n = 511), il est donc beaucoup plus efficace (production d'un nombre de restes plus faible avec le percuteur brut pour extraire la moelle).

En moyenne, 1,3 fois plus de coups ont été donnés avec le galet façonné par rapport au percuteur brut. Les radio-ulnas ont reçu un plus grand NCT que ce soit avec un percuteur façonné (n = 359) ou brut (n = 217), soit 1,6 fois plus de coups avec un outil ayant un tranchant aménagé. Pour les tibias, 167 coups ont été portés le percuteur façonné contre 159 coups avec le brut. Quel que soit le type d'outil, le nombre de coups est plus faible pour les fémurs (galet façonné, n = 100 ; brut : n =75) et les humérus (galet façonné, n = 106 ; brut: n = 99). Ainsi, la différence observée est relativement réduite entre les deux types d'outils pour l'ensemble des éléments à l'exception des radio-ulnas (tab. 1).

Ces résultats suggèrent que pour le radio-ulna, considérant les NCT et les NRT, l'utilisation d'un percuteur brut semble plus efficace. Pour l'ensemble des autres éléments, l'outil brut produit moins de restes et demande moins de coups mais les différences sont moins marquées.

En prenant en compte les valeurs des hommes et des femmes la tendance est identique à celle du type de percuteurs. Cependant, l'expérimentatrice utilisant un percuteur brut en basalte montre les valeurs les plus faibles pour les NRT et les NCT, à l'exception du NRT des tibias avec une valeur de 328 coups (tab. 1).

4.6 Les matières premières

Lors de la fracture avec les percuteurs en basalte, le NRT produit est plus important (n = 1581) que pour les galets en quartzite (n = 1197) avec en moyenne 1,3 fois plus de restes produits par les premiers. On retrouve une grande similitude entre les NRT des éléments fracturés à l'aide d'un percuteur brut en basalte ou aen quartzite, à l'exception des tibias : 358 éclats avec le quartzite contre 768 éclats avec le basalte. Dans ce cas, la « boule » en basalte a produit 2,1 fois plus de NRT qu'avec un galet en quartzite, indépendamment de la morphologie (galet façonné en basalte : n = 440 restes pour les quatre os longs ; percuteur brut en basalte : n = 328) (tab. 1).

Les NCT sont plus nombreux lors de l'utilisation des percuteurs en quartzite (n = 827) qu'avec ceux en basalte (n = 455). Pour l'ensemble des éléments, la fracture avec un galet en quartzite produit un NCT moindre qu'avec un percuteur en basalte. Les os longs du membre antérieur montrent un NCT environ 2 fois plus important qu'avec un galet en quartzite. Cette différence s'amenuise pour les os longs du membre postérieur (tab. 1).

En associant les résultats des deux variables (type de percuteur et matière première), il ressort que le percuteur aménagé en basalte produit le plus de NRT, contrairement au percuteur brut qui en produit moins quelle que soit sa matière première. Le percuteur en basalte produit un NCT plus réduit pour les tous les os longs et un NRT inférieur aux autres à l'exception des tibias.

5. Synthèse

Quelques variations inter-matière et inter-type de percuteurs ont pu être déterminées mais ces premiers résultats sont à nuancer suivant la représentativité réduite de seulement cinq éléments par type d'os longs fracturés avec un même percuteur et une même matière première. Néanmoins, à partir du NRT et du NCT, il ressort que le percuteur brut semble le plus efficace pour fracturer le fémur et le radio-ulna (tab. 1). L'utilisation du quartzite produit le moins de restes mais le basalte demande un nombre de coups réduit. Pour l'humérus, le percuteur brut en basalte est le plus efficace au contraire du tibia qui a été plus aisément fracturé à l'aide de l'outil aménagé en quartzite (tab. 1).

L'étude croisée des différents paramètres ne montre pas de variation inter-intervenant. Le premier point concerne la localisation des coups. Les expérimentateurs ont standardisé leurs gestes et les zones d'impact. L'analyse de la localisation des coups portés montre par conséquent certaines zones préférentielles impactées qui diffèrent en fonction de l'os. Les zones touchées par des coups sont globalement similaires entre les expérimentateurs pour un même os long.

Par conséquent, l'expérimentation n'a pas permis de faire ressortir de tendance claire concernant l'efficacité dans la fracturation malgré des variations de genre, de niveau d'expérimentation, de savoir-faire et pour un expérimentateur avec une valeur supérieure de la force musculaire de préhension. Finalement, cette expérimentation met en lumière plusieurs limites et paramètres de variations insuffisamment contrôlés, pour lesquels d'autres protocoles, plus stricts et contrôlés, doivent être mis en place pour poursuivre nos recherches sur les procédés de fracturation osseuse au Paléolithique (expertise, geste et type d'outils).

Nous faisons l'hypothèse que la force appliquée et le genre de l'expérimentateur ne sont pas des variables qui ont un rôle dans la fracturation mais que c'est davantage le type de percuteur et sa matière qui sembleraient influencer sur l'efficacité. L'expérimentateur montrant une plus grande force ne démontre pas des valeurs moins importantes regardant les NCT et les NRT. L'expérimentatrice ayant le moins de force présente des valeurs plus faibles, démontrant une capacité à produire moins de coups et moins de restes (à l'exception des tibias).

Pour identifier des possibles variations entre les expérimentateurs (influence du genre de l'individu et de sa force), il serait envisageable de réaliser une expérimentation de plus grande ampleur où hommes et femmes fractureraient les mêmes os avec des percuteurs similaires afin d'identifier (ou non) des variations. Au lieu de quatre expérimentateurs, il y en aurait au minimum huit, bien qu'il serait idéalement optimal d'avoir un effectif encore plus conséquent pour mettre en lumière l'influence des différents facteurs.

La difficulté de mesure de la force appliquée par l'expérimentateur sur la matière osseuse au travers du percuteur apparait comme un facteur limitant. Pour outrepasser ce problème, il serait intéressant de développer des expérimentations de fracturation osseuse en chute libre (bien que plus limitée et moins puissante que celle en percussion lancée), afin d'éliminer l'influence des paramètres individuels. D'autres méthodes d'estimation et de calibrage des forces peuvent être envisagées comme l'emploi de plateformes de force ou d'automatisation de la percussion par un système robotique (Calandra *et al.* 2020).

Les propriétés mécaniques de la matière osseuse en elle-même, et notamment les variations inter- et intra type d'os, ont nécessairement un impact sur le processus de fracturation. Ainsi, différentes mesures non destructives ont été réalisées (acoustique et micro-tomographie à rayon X), permettant de quantifier la masse volumique, la résistance, la compressibilité et la porosité. Il est possible de relier ces données à certains phénomènes d'écrasement de la matière, indépendamment de l'outil employé pour la fracturation et de l'opérateur. Cette étude préliminaire interdisciplinaire a été réalisée en partenariat avec le Laboratoire de Mécanique et d'Acoustique (LMA) d'Aix-Marseille Université (action interdisciplinaire de l'Institut Arkaia, P. Lasaygues, P. Magniez, J.-P. Brugal dir.) et s'inspire de différents travaux (Pithioux *et al.* 2002 ; Rittemard 2019). Les résultats seront développés dans une publication ultérieure.

Enfin, la présence de restes de viande et de tissus graisseux sur le matériel osseux utilisé lors de l'expérimentation peut engendrer une multiplication des coups. Or, différents exemples montrent que pour optimiser la fracturation, les groupes humains préhistoriques pouvaient décharner et dégraisser les ossements (Patou-Mathis 1996). Il serait intéressant de proposer à l'avenir une expérimentation mêlant deux lots d'ossements, un premier brut et un autre nettoyée de manière standardisée (Outram 2001). Pour limiter de potentielles variations intrinsèques, il serait possible d'utiliser les deux latéralités, droite et gauche, des mêmes individus répartis entre les deux lots.

6. Conclusions

Parmi les résultats mis en évidence dans notre expérimentation de fracturation d'os longs, il apparait clairement que le fémur est l'os qui se fracture le mieux et qui donne une quantité de moelle la plus importante et avec une meilleure consommabilité. Au contraire, le radio-ulna se fracture le plus difficilement en produisant des zones d'enfoncement de la matière très importantes et ne permet pas l'accès à une grande quantité de moelle dans un bon état de consommabilité.

Plusieurs perspectives et pistes de développement peuvent être envisagées comme la mise en pratique de nouvelles expérimentations de fracturation osseuse aux problématiques circonscrites avec des protocoles optimisés incluant plus de contrôle des paramètres variants. L'expérimentation demeure un outil essentiel pour comprendre les activités de traitement des carcasses au Paléolithique et donc une part des interactions complexes nouées entre les groupes humains et les populations animales exploitées. Enfin, le développement de projets de recherches interdisciplinaires, comprenant des quantifications de propriétés mécaniques des matériaux (osseux et lithique), permettraient d'apporter des éléments interprétatifs complémentaires aux analyses archéologiques classiques.

Remerciements

Les auteurs remercient l'IRN Taphonomy European Network (TaphEN, 0871) pour le soutien à cette expérimentation ainsi que les responsables de la fouille programmée du site de Bois-de-Riquet pour la mise à disposition de la « villa Gallego ». Les auteurs remercient les abattoirs Guasch (Perpignan) pour le don du matériel osseux. L. Justiniany remercie le projet de France 2030 TIGER (Transformation de la formation par la recherche) de l'A*MIDEX (Aix-Marseille Université) et l'Institut d'Archéologie Méditerranéenne ARKAIA pour le soutien financier accordé dans le cadre d'un stage. Nous remercions les relecteurs pour leurs commentaires constructifs ayant participé à l'amélioration du manuscrit.

Supplementary Data

S1: DOI: 10.34847/nkl.e176t53w
S2: DOI: 10.34847/nkl.cccbbhs0
S3: DOI: 10.34847/nkl.4cb0z4az
S4: DOI: 10.34847/nkl.c4aa76r7
S5: DOI: 10.34847/nkl.9f0c8af5

Bibliographie

Abe, Y. 2005. *Hunting and butchery patterns of the Evenki in Northern Transbaikalia, Russia.* Ph.D. Thesis, Stony Brook: Stony Brook University.

Binford, L.R. 1978. *Numamiut Ethnoarchaeology*. New York: Academic Press.

Binford, L.R. 1981. *Bones. Ancient Man and Modern Myths.* New York: Academic Press.

Blasco, R., Domínguez-Rodrigo, M., Arilla, M., Camarós, E. and Rosell, J. 2014. Breaking bones to obtain marrow: a comparative study between percussion by batting bone on an anvil and hammerstone percussion. *Archaeometry* 56/6, 1085-1104: DOI:10.1111/12084

Blasco, R., Rosell, J., Arilla, M., Margalida, A., Villalba, D., Gopher, A. and Barkai, R. 2019. Bone marrow storage and delayed consumption at Middle Pleistocene Qesem Cave, Israel (420 to 200 ka). *Science Advances* 5, eaav9822.

Bunn, T.H. 1982. *Meat-eating and human evolution: studies on the diet and subsistence patterns of Plio-Pleistocene hominids in East Africa.* Ph.D. Thesis, Berkeley: University of California.

Calandra, I., Gneisinger, W. and Marreiros, J. 2020. A versatile mechanized setup for controlled experiments in archeology. *STAR: Science & Technology of Archaeological Research* 6/1, 30-40.

Capaldo, S.D. and Blumenschine, R.J. 1994. A quantitative diagnosis of notches made by hammerstone percussion and carnivore gnawing in bovid long bones. *American Antiquity* 59, 724-748.

Coil, R., Yezzi-Woodley, K. and Tappen, M. 2020. Comparisons of impact flakes derived from hyena and hammerstone long bone breakage. *Journal of Archaeological Science* 120, 105167.

Costamagno, S. and David, F. 2009. Comparaison des pratiques bouchères et culinaires de différents groupes sibériens vivant de la renniculture. *Archeofauna* 18, 9-25.

Fourvel, J.-B. 2012. *Hyénidés modernes et fossiles d'Europe et d'Afrique : taphonomie comparée de leurs assemblages osseux*. Ph.D. Thesis, Toulouse: Université de Toulouse le Mirail.

Galán, B., Rodriguez, M., De Juana, S. and Domínguez-Rodrigo, M. 2009. A new experimental study on percussion marks and notches and their bearing on the interpretation of hammerstone-broken faunal assemblages. *Journal of Archaeological Science* 36, 776-784.

Gaudzinski, S. 1995. Wallertheim revisited: a re-analysis of the fauna from the Middle Palaeolithic site of Wallertheim (Rheinhessen/Germany). *Journal of Archaeological Science* 22, 51-66.

Keeley, L.-H. 1980. *The experimental determination of stone tool uses: a microwear analysis*. Chicago: University of Chicago Press.

Lyman, R.L. 1994. *Vertebrate taphonomy*. Cambridge: Cambridge University Press.

Magniez, P. 2009. Taphonomic study of the Middle and Upper Palaeolithic large mammal assemblage from Tournal Cave (Bize-Minervois, France). *Journal of Taphonomy* 7/2-3, 203-233.

Masset, C., Cochard, D., Costamagno, S. and Laroulandie, V. 2016. La fracturation osseuse : du fait technique à l'essai d'interprétation sociétale. L'exemple de l'antilope saïga du gisement magdalénien de Saint-Germain-la-Rivière (Gironde). *Bulletin de la Société Préhistorique Française* 113/4, 691-712.

Niven, L., Steele, T.E., Rendu, W., Mallye, J.-B., McPherron, S.P., Soressi, M., Jaubert, J. and Hublin, J.-J. 2012. Neandertal mobility and large-game hunting: The exploitation of reindeer during the Quina Mousterian at Chez-Pinaud Jonzac (Charente-Maritime, France). *Journal of Human Evolution* 63/4, 624-635.

Outram, A. 2001. A new approach to identifying bone marrow and grease exploitation: Why the « indeterminate » fragments should not be ignored. *Journal of Archaeological Science* 28/4, 401-410.

Patou-Mathis, M. 1985. La fracturation des os longs de mammifères : élaboration d'un lexique et d'une fiche type. *Artefacts* 1, 11-22.

Patou-Mathis, M. 1996. Technique d'acquisition et de traitement des grands mammifères par les néandertaliens européens : exemple de « chaînes opératoires ». *Quaternaria Nova* 6, 187-203.

Patou-Mathis, M. 2000. Neanderthal subsistence behaviours in Europe. *International Journal of Osteoarchaeology* 10/5, 379-395.

Pickering, T.R. and Egeland, P.C. 2006. Experimental patterns of hammerstone percussion damage on bones: implications for inferences of carcass processions by humans. *Journal of Archaeological Science* 33, 459-469.

Pithioux, M., Lasaygues, P. and Chabrand, P. 2002. An alternative ultrasonic method for measuring the elastic properties of cortical bone. *Journal of Biomechanics* 35, 961-968.

Rittemard, C. 2019. *Identification d'espèce par micro-CT et reconstruction tridimensionnelle : méthodologie et applications aux sciences archéologiques, historiques et forensiques*. Ph.D. Thesis, Paris and Bordeaux: EPHE, Université Paris Sciences et Lettres and Université de Bordeaux.

Toth, N. 1987. Behavioral inferences from Early Stone artifact assemblages: an experimental model. *Journal of Human Evolution* 7-8, 763-787.

Valensi, P. 1994. *Les grands mammifères de la grotte du Lazaret, Nice. Etude paléontologique et biostratigraphique des carnivores. Archéozoologie des grandes faunes*. Ph.D. Thesis, Paris: Muséum National d'histoire naturelle.

Venditti, F., Agam, A., Tirillo, J., Nunziante-Cesaro, S. and Barkai, R. 2021. An integrated study discloses chopping tools use from Late Acheulean Revadim (Israel). *PLoS ONE* 16/1, 37 p.

Vettese, D. 2019. *Approche techno-culturelle de la fracturation des os longs chez les Néandertaliens (Sud-Ouest de l'Europe, MIS 5-3) : une systématisation des gestes ?* Ph.D. Thesis, Paris: Muséum National d'Histoire Naturelle.

Vettese, D., Blasco, R., Caceres, I., Gaudzinski-Windheuser, S., Moncel, M.-H., Thun Hohenstein, U. and Daujeard, C. 2020. Towards an understanding of hominin marrow extraction strategies: a proposal for a percussion mark terminology. *Archaeological and Anthropological Sciences* 12/48. DOI:10.1007/s12520-019-00972-8

Vettese, D., Stravrov, A.T., Borel, A., Moncel, M.-H., Arzarello, M. and Daujeard, C. 2021. A way to break bones? The weight of intuitiveness. *PLoS ONE* 16/10, e0259136.

Vettese, D., Borel, A., Blasco, R., Chevillard, L., Stavrova T., Thun Hohenstein, U., Arzarello, M., Moncel, M.-H. and Daujeard, C. 2022. New evidence of Neandertal butchery traditions through the marrow extraction in southwestern Europe (MIS 5-3). *PLoS ONE* 17/8, e0271816.
Viallet, C., Bourguignon, L., Mathias, C., Magniez, P., Ivorra, J. and Brugal, J.-Ph. 2018. Identify the launched percussion use of Lower Palaeolithic tools: The case of shaped pieces in limestone and basalt. *Butlleti Arqueològic* 40, 49-55.
Viallet, C., Bourguignon, L., Lemorini, C. and Ortega, I. 2021. (eds.). The thrusting percussion during Palaeolithic: indentifying its use, related tools, timespan. *Comptes Rendus Palevol* 20/21.
Villa, P. and Mahieu, E. 1991. Breakage Patterns of Human Long Bones. *Journal of Human Evolution* 2/1, 27-48.

Notes sur les contributeurs

Lisa Justiniany
Aix Marseille Université / UMR 7269 – LAMPEA
5, rue du Château de l'Horloge, 13097, Aix-en-Provence, France
lisa.justiniany@etu.univ-amu.fr

Pierre Magniez
Aix Marseille Université / UMR 7269 – LAMPEA
5, rue du Château de l'Horloge, 13097, Aix-en-Provence, France
pierre.MAGNIEZ@univ-amu.fr

Cyril Viallet
Paléotime / UMR 7194 – HNHP
75, rue J.-S. Achard-Picard, 38250, Villard-de-Lans, France
cyril.viallet@paleotime.fr

Delphine Vettese
Université de Perpignan Via Domitia / UMR 7194 – HNHP
52, avenue Paul Alduy, 66860, Perpignan, France
delphine.vettese@univ-perp.fr

Cyrielle Mathias
Tel Aviv University / UMR 7194 – HNHP / CRFJ
Institute of Archaeology, Gilman building
Levanon 30, Ramat Aviv, 6997801, Tel Aviv, Israel
cyrielle.mathias@gmail.com

Louis De Weyer
UMR 7141 – ArScAn, AnTET
Maison René Ginouvès
21, allée de l'université, 92023, Nanterre, France
louis.deweyer@gmail.com

Laurence Bourguignon,
INRAP / UMR 7041 – ArScAn, AnTET
Rue de l'Acropole, 34420, Villeneuve-lès-Béziers, France
laurence.bourguignon@inrap.fr

Jérôme Ivorra
GREPAM
Chemin du plateau d'Arnet, 34120, Pézenas, France
jerome.ivorra@orange.fr

Anne-Marie Moigne
Muséum National d'Histoire Naturelle / UMR 7194 – HNHP
EPCC CERPT, Avenue Léon Jean Grégory, 66720, Tautavel, France
anne-marie.moigne@mnhn.fr

Jean-Phillip Brugal
CNRS / UMR 7269 – LAMPEA
5, rue du Château de l'Horloge, 13097, Aix-en-Provence, France
jean-philippe.brugal@univ-amu.fr

Realization of a reference system dedicated to bifacial manufacture with tangential percussion on Senonian flint (Upper Cretaceous)

Laura Vanuxem, Florent Le Mené, Agnès Lamotte

Abstract

In northern France, during the Lower Palaeolithic, Senonian flint (Coniacian A, B and C stages) is widely used for manufacture of a wide range of flint tools including handaxes of varying shapes and technological characteristics. In the archaeological collections, the presence and use of hard and soft organic hammers (antlers) is widely accepted. Based on the archaeological evidence, use of hard stone and soft (antler) organic percussors is widely recognised. Bone retouchers have also been attested to a lesser extent, but percussors of plant origin (wood) and soft mineral (sandstone, limestone) are as yet undocumented. In the absence of a basic reference framework for impact characteristics of different percussors on Senonian flint we decided to create one, based on the nature and morphology of the percussor, as well as knowledge of the knapper. We detail four experiments in bifacial handaxe manufacture using a different type and shape of percussor for each experiment: hard mineral (flint pebble with worn cortex), soft mineral (sandstone), soft unaltered (deer antler) and worn-out (deer antler). An analysis grid and a study protocol controlled for impact characteristics intrinsic to the material and the knapper (position, gestural technique, holding of the piece being worked). During the experiments, we standardized the knapping gesture (tangential or knapping throughout the process), and always used raw material (Senonian flint) to allow comparison with data from other work where criteria vary between gestures and the percussor material. At Cagny-l'Epinette (MIS 9), five percussors are present in the 300m^2 excavated over almost 30 years. In the long term, and as part of a PhD thesis currently in progress, we will later examine the archaeological collection at Cagny-l'Epinette in light of this newly-established reference framework, to investigate percussion technology at this site.

Keywords: Senonian flint; experiments; percussors; handaxe; basic reference framework

in: Mathias, C., Bourguignon, L., Ivorra, J. and Viallet, C. (eds) 2026. *Living Archaeology. Unveiling the Past through Experimental Archaeology*. Leiden: Sidestone Press, 91-104.

1. Introduction

Numerous reference systems have been produced for different raw materials, highlighting impacted raw materials and the percussor nature (Soriano *et al.* 2004, Clément 2019, Roussel *et al.* 2009, Biard and Prost 2015, Soriano and Villa 2017, Pelegrin 2000) (see more in suppl. data 01 & 02). In northern France, this work has never been done, and the Senonian flint of the Somme basin (Upper Cretaceous Coniacian A, B and C) has never benefited from it. Because of their internal constitution, flints have different resistivities, which leave different marks depending on whether the percussion is reentrant or tangential. The main aim of our research is to observe and study how Coniacian C flint responds to the different types of percussor used, and what are the resulting stigmata. One of the aims of our experiment is to test this flint with four different percussors (hard percussor, sandstone percussor, worn-out percussor (antler), unaltered percussor (antler). A second aim is to produce a reference system dedicated to bifacial shaping. We opted on the tangential gesture because, among the Lower Palaeolithic sites in the Hauts-de-France region, the bifacial shaping process clearly outweighs the debitage process. A final aim was to produce handaxes on local flint whose morphotypes would be the closest to those of Cagny-l'Epinette (MIS 9/10) (fig. 4, a-g) which, as a reminder, has the four main types of percussor in its collections (fig. 1, n°1 to 3). Among these reproductions and experiments, the volumes were integrated into our approach and the shaping methods respected. The manufacturing has been realized from a flint nodule, not from flake and the copy of handaxes were cortical handaxes, back-handaxes, fully shaped handaxes (see more in suppl. data 3).

2. Experiment protocol criteria

2.1 Choice of raw materials

The material impacted was local regional flint of the Coniacian C type from the Upper Cretaceous (Senonian). This flint has a high degree of internal variability within long distance facies and also within nodules for the largest which are over 40 cm long (Lamotte and Fabre 2007, Lamotte 2012). In terms of quality, it is given a gradient of good to poor depending on the load of centimetric to pluricentimetric biotic and abiotic structures and the quantity of intern fracture observed (Lamotte *et al.* 2005, Auguste *et al.* 2005). The flint has a homogeneous black to beige matrix. The morphology of the nodules is highly variable, ranging from thin quadrangular slabs to regular or irregular nodules with protuberances or horns. In terms of quantity, it is widespread in the Somme basin sediments.

2.2 Choice of percussor nature

We tested 4 different types and morphologies of percussor, including sandstone, unaltered antler, worn-out deer antler and a pebble without residual cortex. The percussor data can influence the way the percussor comes into contact with the material to be shaped (Faivre *et al.* 2010), which in turn has also an impact on the stigmata we observe. In our study, we refer to a « worn-out » percussor as a deer antler that shows large worn-out surfaces on the antler burr. The abraded burr is the result of repeated blows that progressively remove the bone. The outer-burr/coronet has completely disappeared. During the manufacture, the knapper who senses the gradual arrival of the spongy part of the inside of the antler may also consider abandoning it and replacing it. In contrast, we call a « unaltered » percussor an antler with an intact outer-burr without evidence of active zones. Knapping blow or stigmata are present but have not yet fully affected the burr. Outer-burr/Coronet may or may not have been removed beforehand. The cortical area of compact bone (outer part of the antler) is present.

About the knapper and manufacturing constraints, see S1-04 (doi link at the end of the paper).

2.3 Choice of percussion technique

The gesture was that of tangential percussion, as the experiment focused on four handaxes manufacturing (fig. 2, n°1). With the exception of 2 flakes cut by reentrant percussion to remove a protuberance flake and open a striking platform (these two flakes were subsequently removed from the study), all the experiments were carried out using tangential percussion.

For metric, weight and flake morphology data, S1-05.

2.4 Profile study and distal ending

The flake profile (dependent on the Khi-2 test) is curved, straight or broken (fig. 2, n° 2 A to C). The distal ending (dependent on the Khi-2 test) is described as hinged, straight, thin or broken (fig. 2, n° 3 D to F).

2.5 Data from the dorsal surface

The cortex on the dorsal surface (dependent on the Khi-2 test) was recorded in the categories 'without cortex', 'semi-cortical', 'highly-cortical' and 'entirely cortical'. The number of scars (dependent on the Khi-2 test) is between 0 and 17 and their direction (dependent on the Khi-2 test) is indicated as unidirectional, left lateral, right lateral, bidirectional opposite, bidirectional, bilateral, tridirectional, multidirectional and inverse (to the flake main axis).

Cagny-l'Epinette (Somme, Fr) percussors from the lowest unit
1 : hard percussor ; 2 : sandstone percussor : 3 : deer antler (1, 2 pictures after A. Lamotte ; 3 (square 18E 17- J) : after L. Vanuxem).

Selection of handaxes from Cagny-l'Epinette - Lowest unit (pictures after A. Lamotte).
4a = 22i3361 ; 4b = 26O5596 ; 4c = 24H3384 ; 4d = 25i2886 ; 4e = 21M50 ; 4f = 24Y4235 ; 4g = 23Q867

5 - Ventral face of a flake obtained with a hard percussor experiment :
percussion cone with right and left marks of the percussion (pictures after A. Lamotte)

6 and 7 - ventral face of a flake showing a "half-cone" :
half part of the cone records marks of the percussion, the other half-part do not contain them.
all techniques reveal them but especially the sandstone one (pictures after A. Lamotte).

Figure 1: 1 to 3, presentation of the percussors found at Cagny-l'Epinette (after A. Lamotte and V. Vanuxem); 4a to 4g, main handaxes of the site; 5, picture of a ventral flake and its criteria's; 6 and 7, pictures from the « half-cone » highly recognized with the sandstone percussor (pictures 1, 2, 4a to 7: after A. Lamotte).

2.6 Butt data

For morphology, nature, butt's width, line of the fracture initiation (see suppl. data 06). Thicknesses (dependent on the Khi-2 test) (mm) are divided into 3 categories ranging from 1 to 9 mm, 10 to 19 mm and greater than 20 mm. The extent of cortex on the butt (dependent on the Khi-2 test) is given according to a gradient of « without cortex » to entirely cortical. The posterior line of the butt (Inizan *et al.* 2009) or «posterior delineation» (dependent on the Khi-2 test) represents a semi-circular, semi-ovoid, irregular or linear (fig. 2, n° 4 g-j). An incipient cone is not systematically associated with this overflow. The impact point on the butt (depending on the Khi-2 test) are indicated according to whether they are present or absent. The lip (dependent on the Khi-2 test) is recorded in our study as present or absent.

2.7 Bulb area

The shattered scars (dependent on the Khi-2 test) are considered to be a knapping accident (Pelegrin, 2000) or 'parasitic' flake (Inizan *et al.* 2009) (fig. 2, n° 6r). It is recorded according to its presence or absence, its axis in relation to the flake axis (on axis, converging, diverging) and also according to its invasiveness (very small, small, medium, large and very invasive). The bulb (dependent on the Khi-2 test) is characterised according to its prominence (fig. 2, n° 7 s-u). It can be absent, flat, softly marked, marked or well-marked. The percussion cone (depending on the Khi-2 test) varies according to percussion techniques (fig. 1, n° 5, fig. 2, t). It has been extensively described in size experiments (Barnes and Kidder 1936, Bordes 1947, 1948, 1961, Muller 1903, Ohnuma and Bergman 1982). It may be present or absent. We have named a category known as «half-cone» in the following way (fig. 1, n° 6-7): one of the lateral ends of the percussion cone bears the tear-off lancets (numerous and sometimes of great length). The other side of the cone has no demarcation line; it merges with the convexity of the bulb right up to the lateral edge of the flake. This criterion does not yet appear to have been observed or described in the literature. The riddles (dependent on the Khi-2 test) are recorded according to whether they are present or absent. This accident, suggestive of soft stone percussion (Pelegrin 2000), is characterised by fine, tight riddles on the first few centimetres of the ventral surface or on the entire surface (fig. 2, n° 8).

For bulbar scars, line of the fracture initiation (fig. 2, n° 5 O to P) and other criteria, see S1-07. Tab. 1

2.8 The flint knapping corpus

The flint nodules have almost all the same weight (tab. 2) between 1424 and 1567 gr. Following the example of previous works (Newcomer *et al.* 1971; Bordes, 1947, 1961; Boëda 1991; Texier 1989; Brenet 2013), we refer to phase 1 as the handaxe roughing-out phase and phase 2 as the handaxe shaping/thinning and regularisation phase (fig. 3, a-d). In our study, we isolated and studied the characteristics of the flakes from phase 1 and phase 2; we detail the shaping products and compare these 2 phases. Phase 3 (final edge shaping) has not been taken into account because it produced a very large quantity of flakes smaller than 10 mm and 5 mm (several hundred), often broken or among which the discriminating parameters for our study disappeared. In handaxe shaping experiments, we know that nearly 1000 flakes (all phases combined) are produced during the complete manufacture of the tool (Brenet 2013; Lamotte *et al.* 2017, Clément 2019). The flakes resulting from the roughing-out of the handaxes (phase 1) number between 29 and 52, while those resulting from the shaping and regularisation step number between 15 and 58. The dimensions of the resulting handaxes are fairly homogeneous: length between 120.3 and 147.3 mm, widths: between 69 and 88 mm, thickness between 22 and 45 mm (tab. 2).

2.9 Individual stigmas of the four experiments and types of percussor

As a reminder, in the results presented by percussor, the data commented on are those from the criteria that the Khi-2 test classified as dependent on the percussion techniques (tab. 3). All the other criteria independent of the techniques are listed as 'supplementary data' (flake metric data, morphologies, nature and morphology of the butts).

2.10 Experimentation with the hard percussor (flint pebble without cortex)

According to the data on criteria that the Khi-2 test (S1 tab. 3) classified as dependent on percussion techniques 1 to 18, those independent (S1 tab. 64 to tab.72 and S1-08).

The study of flake thickness shows very different results depending on the stage of manufacture of the handaxe (phase 1 and 2) (tab.4), with phase 2 producing flakes with a thickness of less than 10 mm in 80% of cases. Flake profiles are not identical between the two phases (S1 tab. 5). In phase 1, they are straights (55%) and curved (41%) (fig. 4, n° a3, a5), whereas in phase 2, they are straights in 80% of cases, then curved in 20%. The distal endings are generally the same (S1 tab. 6). In phase 1, they are thin (55%), hinged (31%) and then straight (13%). In phase 2, the distal ending is thin in 46% of cases, hinged (20%) and broken in 33% of cases. The fracturing rate of the distal ending is one of the highest of all the techniques. In terms of the width of the butts (S1 tab. 7), wide butts (> 41 mm) characterise phase 1 (roughing-out) of the shaping process (fig. 4, a6), a rate that falls as early as phase 2 (fig. 4, a4). The results are more homogeneous in terms of butt thickness (S1 tab. 8). The line of the fracture initiation of the butts is visible in 44% of cases in phase 1 compared with 22% in phase 2 (S1 tab. 9). There was no line of the fracture initiation (78%) in phase 2.

Posterior delineations were dominated by semi-circular types (S1 tab. 10). The lines of the fracture initiations are very different depending on the stage, varied in phase 1 (S1 tab. 11), and more uniform in phase 2. There are few lips in phase 1 (S1 tab. 12), they are much more present in phase 2 (26%). Information on the bulb zone gives the following results: in terms of bulb expression, the results are very different between the 2 phases. In phase 1, there were well-marked (31%) to marked (31%) bulbs, but also flat (17%) to absent (13%) bulbs, which disappeared in phase 2 in favour of flat and absent bulbs (S1 tab.13). The percussion cone was present in both phases around 73% of cases (tab. 14) (fig. 4, a3-4). Present in phase 1 (21%), the data is reversed in favour of the half-cone in phase 2 (20%). Riddles were absent in 97% of cases in phase 1 and 86% in phase 2 (S1 tab. 15). A study of bulbar scars and shattered scars shows that in 51% (phase 1) to 67% (phase 2) there are none (S1 tab. 16). However, in phase 1, bulbar scars can be numerous (37%), while shattered scars are rare (7%). In phase 2, bulbar scars account for 13%, as do shattered scars. The study of the number of scars present on the dorsal face shows constant results, between 1 and 4 flakes (S1 tab. 17). Unidirectional flake production is the most common (44% in phase 1, 68% in phase 2), followed by bi-directional perpendicular (18 to 23%) (S1 tab. 18).

2.11 Experimentation with the sandstone percussor

According to the data on criteria that the Khi-2 test (tab. 3) classified as dependent on the percussion techniques (S1 tab. 19 to tab. 33), those independent (S1 tab. 73 to 82 and S1-09).

Phase 1 (roughing-out) produces thick flakes, while phase 2 produces mostly thin flakes (76% between a few millimetres and 5 mm) (S1 tab. 19). The curved profile dominates in phase 1, while the straight profile dominates in phase 2 (S1 tab. 20). The distal terminations are identical overall: they are varied in phase 1, with a bevelled termination in phase 2 (tab. 21). The width and thickness of the flake butts vary between phases 1 (over 41 mm) and 2 (not very wide (fig. 4, b3-6) (S1 tab. 22). The butts can be thick in phase 1 and already very thin in phase 2 (100% between 1 and 10 mm) (S1 tab. 23).

The lip is present in phase 1 in 54 % of the case and only 20% in phase 2 (S1 tab. 24). Semi-ovoid delineation is predominant in phase 1 (48%) and then irregular (S1 tab. 25), whereas it is predominantly linear (57%) in phase 2. The line of the fracture initiation is present in between 15 and 28% of cases (tab. 26); however, it remains the technique presenting the greatest number of cases (with the hard percussor). The types of line of the fracture initiation are very varied (S1 tab. 27). Information from the bulbar zone is more homogeneous. The bulbs are marked (34 to 43%) (fig. 4, b6), softly marked (25 to 30%) (fig. 4, b4) and flat (17 to 25%) (fig. 4, b5) (tab. 28). In phase 1, the cone is present at 23%, absent at 60%, and shows "half-cones" (*cf.* fig. 1) at 15% (the highest rate of the techniques) (fig. 4, B6 right picture). In phase 2, cones were present in only 5% of cases, absent in 72%, and in half-cones in 22% (S1 tab. 29), where we also had the highest rates of all the techniques. Riddles were present at 26% in phase 1 compared with 10% in phase 2 (S1 tab. 30). Bulbar scars and shattered scars behave very differently depending on the phase. Between 32% and 46% of flakes had none, while between 1% and 9% had both phenomena on the bulb at the same time (tab. 31). Bulbar scars were numerous (43%) in phase 1, while shattered scars were more numerous (36%) in phase 2. Up to 14 flake negatives can be counted on the dorsal surface, resulting from phase 2 (preparation, start-up) (S1 tab. 32), and up to 8 in phase 1. The latter are obtained by a unidirectional (51 to 62% depending on the phase), bidirectional (25 to 31%) and tridirectional (5 to 13%) preferred modality (tab. 33).

2.12 Experimentation with the antler percussor using unaltered antler

According to the data on criteria that the Khi-2 test (S1 tab. 3) classified as dependent on the percussion techniques (S1 tab. 34 to tab. 48), those independent (tab. 93 to 102) and suppl. data 10.

A study of the thicknesses of the flakes shows that in phase 1 (roughing-out), the flakes are not very thick (56% are less than 5 mm thick) and even more so in phase 2, with 80% of the flakes being less than 5 mm thick (S1 tab. 34). The flake profiles were identical in two phases, mainly curved, then straights, but phase 2 increased the proportion of curved flakes (67%) (S1 tab. 35). The distal ending of the flakes was virtually identical, 83% being thin in phase 1 and 88% in phase 2 (S1 tab. 36). The results concerning lips are very surprising: while phases 1 and 2 give lips at 44 or 48% (fig. 5, c4-6), almost as many give none (between 52 and 55%; S1 tab. 37). A study of the widths of the butts shows different results depending on the phase (S1 tab. 38).

In phase 1, all the size categories from 1 to over 41 mm were present, while in phase 2 there were no butts over 30 mm. Butt thicknesses were almost identical (S1 tab. 39): 93% of flakes had a butt thickness of between 1 and 9 mm, compared with 100% in phase 2. In phase 1, posterior delineation was very homogeneous: 3 categories (irregular, linear and semi-ovoid) accounted for 31 to 34% (S1 tab. 40). In phase 2, the results diverge because 45% of the delineations are respectively linear and semi-circular. The line of the fracture initiation is almost never perceptible with this percussion technique (S1 tab. 41); it is present in 10% (phase 1) to 12% (phase 2) (S1 tab. 42). The study of bulbar scars and shattered scars shows identical results between the two phases (S1 tab. 43). 52% of the flakes had neither bulbar nor shattered scars; 3% had both; 17-20% had bulbar scars and 25% had shattered scars (fig. 5, c5). The

General information	**Flake morphology**	**Dorsal face**	**platform/butt**	**Bulb area**
Year	triangular	**Cortex of the dorsal face**	**Butt morphology**	**bulb scar and scattered scar**
	quadrangular	without cortex	rhomboïd	bulb scar
Percussor's type	circular	semi-cortical	trapezoïdal	shattered scar
Hard percussor	oval	highly cortical	rectangular	both
unaltered antler	rhomboïd	entirely cortical	linear	none
Worn-out antler	rectangular		winged	
sandstone	trapezoïdal	**cortex location**	circular	**Location**
	incomplete	right lateral	triangular	on the bulb
Reference		left lateral	semi-ovoïd	left bulb
1 to 104	**left edge morphology**	mesial	quadrangular	right bulb
	straight	distal	oval	mesial part
Metrics data	convex	proximal		distal part
Lenght (mm)	concave		**Butt nature**	
1-10	convex-concave	**number of removals**	punctiform	**surface**
11-20	convex-straight	0 to 17	dihedral	very small
21-30	concave-straight		facetted	small
31-40	broken	**removal direction**	cortical	medium
> 41 mm		unidirectional	mixted (dihed.cortical)	large
	right edge morphology	left lateral	plain	invasive
Width (mm)	straight	right lateral	away	
1-10	convex	two opposite directional		**direction**
11-20	concave	two perpendicular	**Lip**	on the axis
21-30	convex-concave	bilateral	yes	convergent
31-40	convex-straight	tridirectional	no	divergent
> 41 mm	concave-straight	multidirectional		perpendicular
	broken	reverse	**Cortex on the butt**	inverse
Weight data			without cortex	
Weight (gr)	**Flake profile**		semi-cortical	**Bulb zone expression**
1-9	cuved		highly cortical	away
10-19	straight		entirely cortical	flat
20-29	broken			softy marked
30-39			**Width (mm)**	marked
40-49	**Distal ending**		1-10	strongly marked
> 50 fr	Hinged		11-20	
	straight		21-30	**Percussion cone**
	thin		31-40	yes
	hinged/straight		> 41 mm	half-cone
	broken			none
			Thickness (mm)	
			1-9	**Riddles**
			10-19	yes
			> 20 mm	no

General information	Flake morphology	Dorsal face	platform/butt	Bulb area
				unspecified
			Posterior delineation	
			irregular	
			linear	
			semi-oval	
			semi-circular	
			line of the fracture initiation	
			present 1/4	
			present 2/4	
			present 3/4	
			present 4/4	
			present oblique	
			absent	

Table 1: Protocol of the artifact study (after Clément 2019, modified). In grey: Khi-2 test with criteria dependent of the percussion technique.

Hard percussor experiment	Unaltered antler experiment	Worn-out antler experiment	Sandtone experiment
Number of flake Roughing-out (step 1) = 29 Shaping (step 2) = 15 Total = 44	Number of flake Roughing-out (step 1)= 52 Shaping (step 2) = 34 Total = 86	Number of flake Roughing-out (step 1)= 38 Shaping (step 2) = 36 Total = 74	Number of flake Roughing-out (step 1)= 46 Shaping (step 2) = 58 Total = 104
Handaxe size Lenght = 147.3 Width = 73.1 Thickness = 45 Handaxe weight After roughing-out = 736 g (rapport : 1,93) After regularization = 523 g (rapport : 2,72) Nodule weight = 1426 g Flakes weight : 903 g	Handaxe size Lenght = 120.8 Width = 69.3 Thickness = 22.1 Handaxe weight After roughing-out = 801 (rapport : 1,95) After regularization = 202 g (rapport : 7,75) Nodule weight = 1567 g Flakes weight : 1365 g	Handaxe size Lenght = 141.1 Width = 88.3 Thickness = 26.5 Handaxe weight After roughing-out = 898 g (rapport : 1,58) After regularization = 340 g (rapport : 4,18) Nodule weight = 1424 g Flakes weight : 1084 g	Handaxe size Lenght = 120.3 Width = 74.7 Thickness = 29 Handaxe weight After roughing-out = 845 g (rapport : 1,69) After regularization = 283g (rapport : 5,05) Nodule weight = 1430 g Flakes weight : 1147 g

Table 2: Four handaxes manufacturing experiments and their features.

bulbar zone was virtually identical between the 2 phases (S1 tab. 44), with flat bulbs being the dominant category (32 to 58%), especially in phase 2 (fig. 5, c3-4). Percussion cones were absent in 88% (phase 1) and 94% (phase 2) (S1 tab. 45). This technique does not allow identification of the riddles which extend over the first few millimetres of the cone; they are absent in 97% of cases (S1 tab. 46). A study of the number of negative scars on the dorsal surface shows that the technique produces a large number of negatives (S1 tab. 47), between 3 and 17; 3 to 6 scars are the norm (fig. 5, c3-6). The direction of these scars is comparable between the two phases (S1 tab. 48). The majority of them were generated by a unidirectional modality (36 to 38%), then tridirectional (20 to 22%), then by the opposite bipolar or bidirectional modalities (12 to 21%).

2.13 Experimentation with worn-out deer antler percussor

According to the data on criteria that the Khi-2 test classified as dependent on the percussion techniques (S1 tab. 34 to tab. 48, those independent (S1 tab. 83 to 92, S1-11).

While phase 1 (roughing-out) produces the thickest flakes (> 21 mm), phase 2 (thinning/shaping) already produces the thinnest flakes (tab. 49). The profile of the flake s is virtually identical: it is predominantly straight (phase 1: 60; phase 2: 70%), then curved (between 30 and 39%) (tab. 50) (fig. 5, d3-5). The distal endings of the flakes differ (S1 tab. 51): phase 1 has 61% thin endings compared with 91% in phase 2, 31% straight endings in phase 1 and none in phase 2. Only the rate of distal ending is identical. Phase 1 produces wide butts (S1 tab. 52) unlike phase 2.

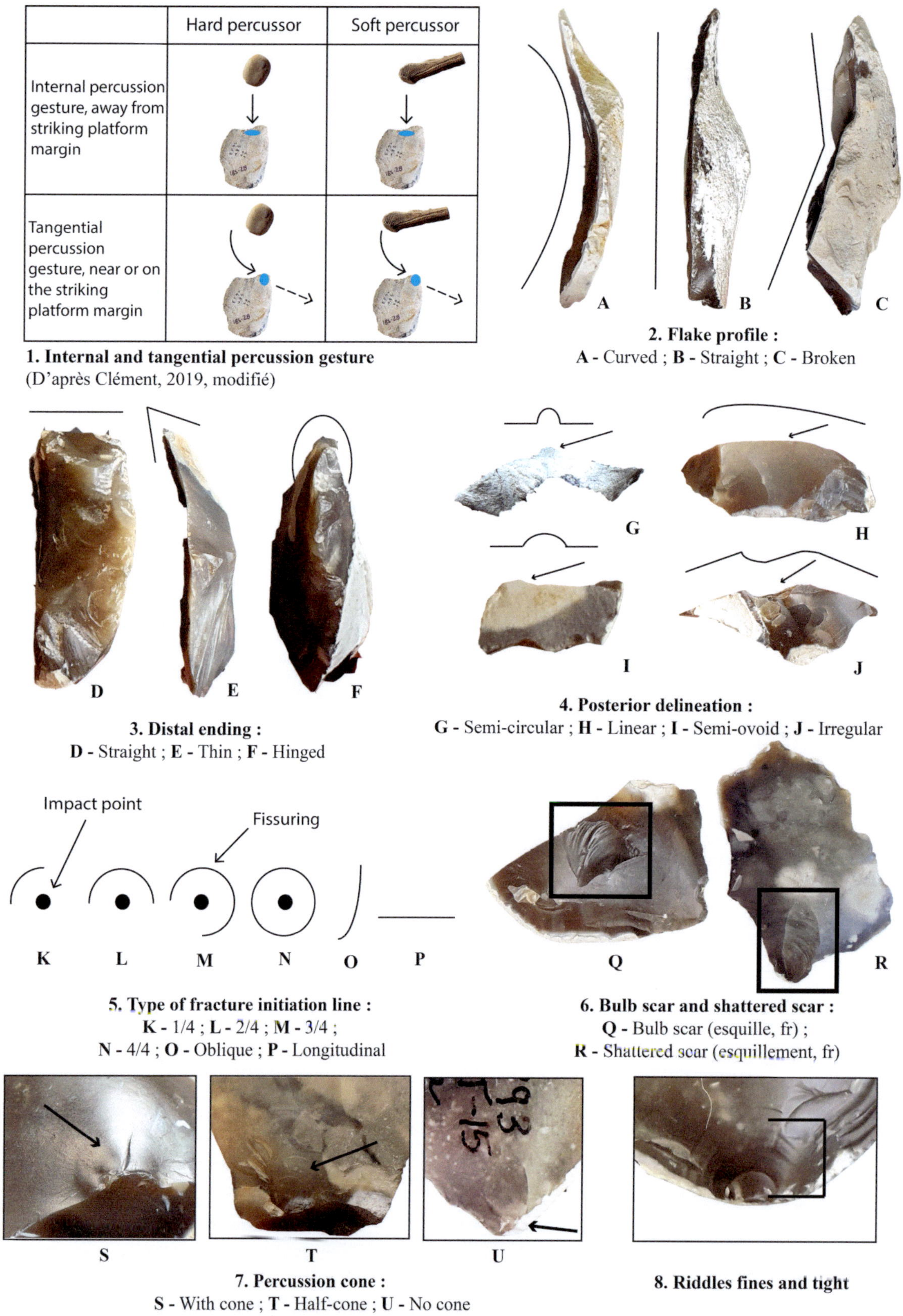

Figure 2: Methodology and flakes detailed criteria (photographs: L. Vanuxem, A. Lamotte).

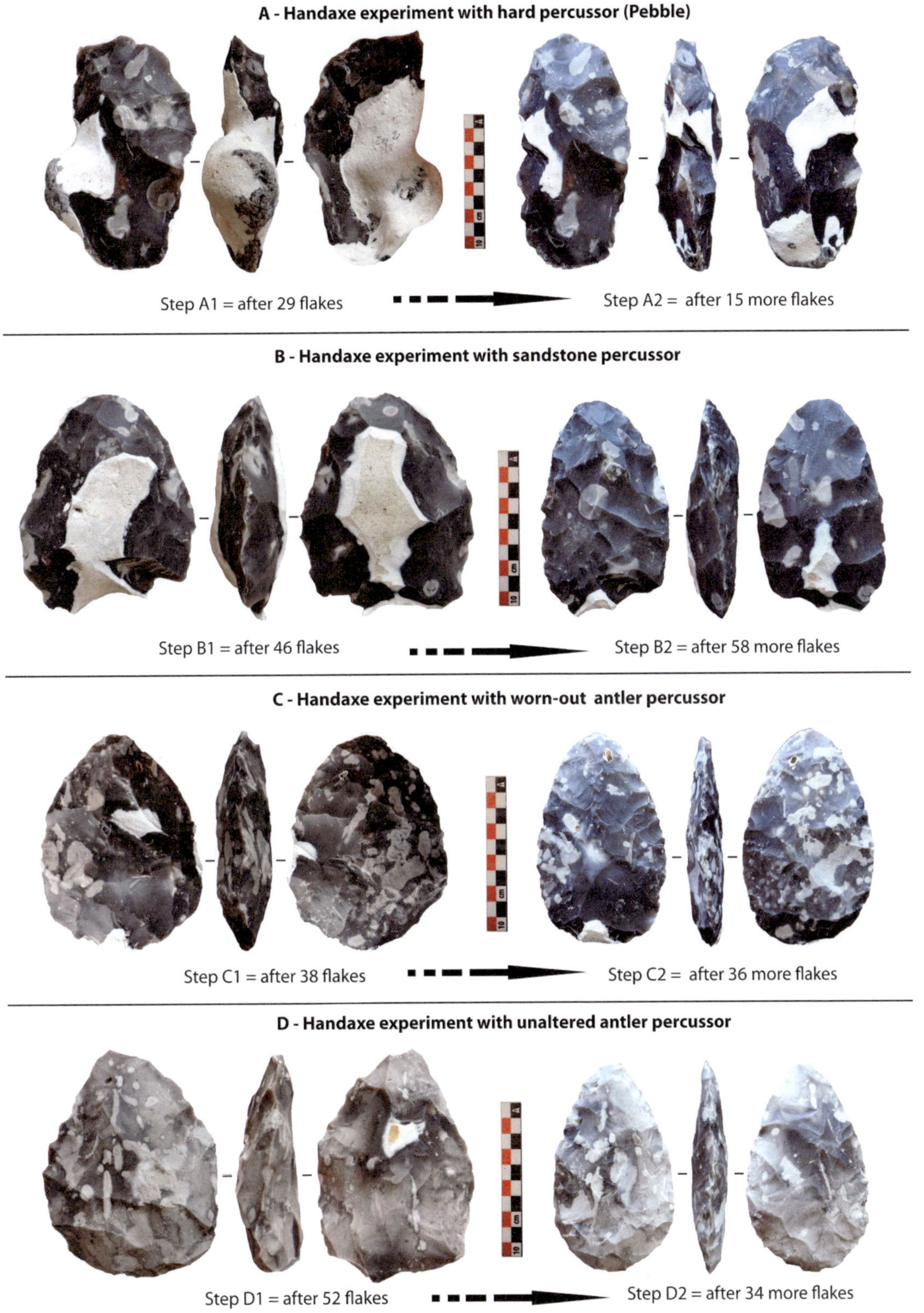

Figure 3: Four experiments of handaxe shaping whith four different percussors on the Senonian flint. A: Experiment with hard percussor, B: Experiment with sandstone, C: Experiment with worn-out antler percussor; D: Experiment with unaltered deer antler percussor. Step 1 = first step of handaxe shaping (roughout); Step 2 = the handaxe after much more manufacturing = shaping/thinning, (read left to right for each experiment) (handaxes experiment after F. Le Mené; pictures & CAD after A. Lamotte).

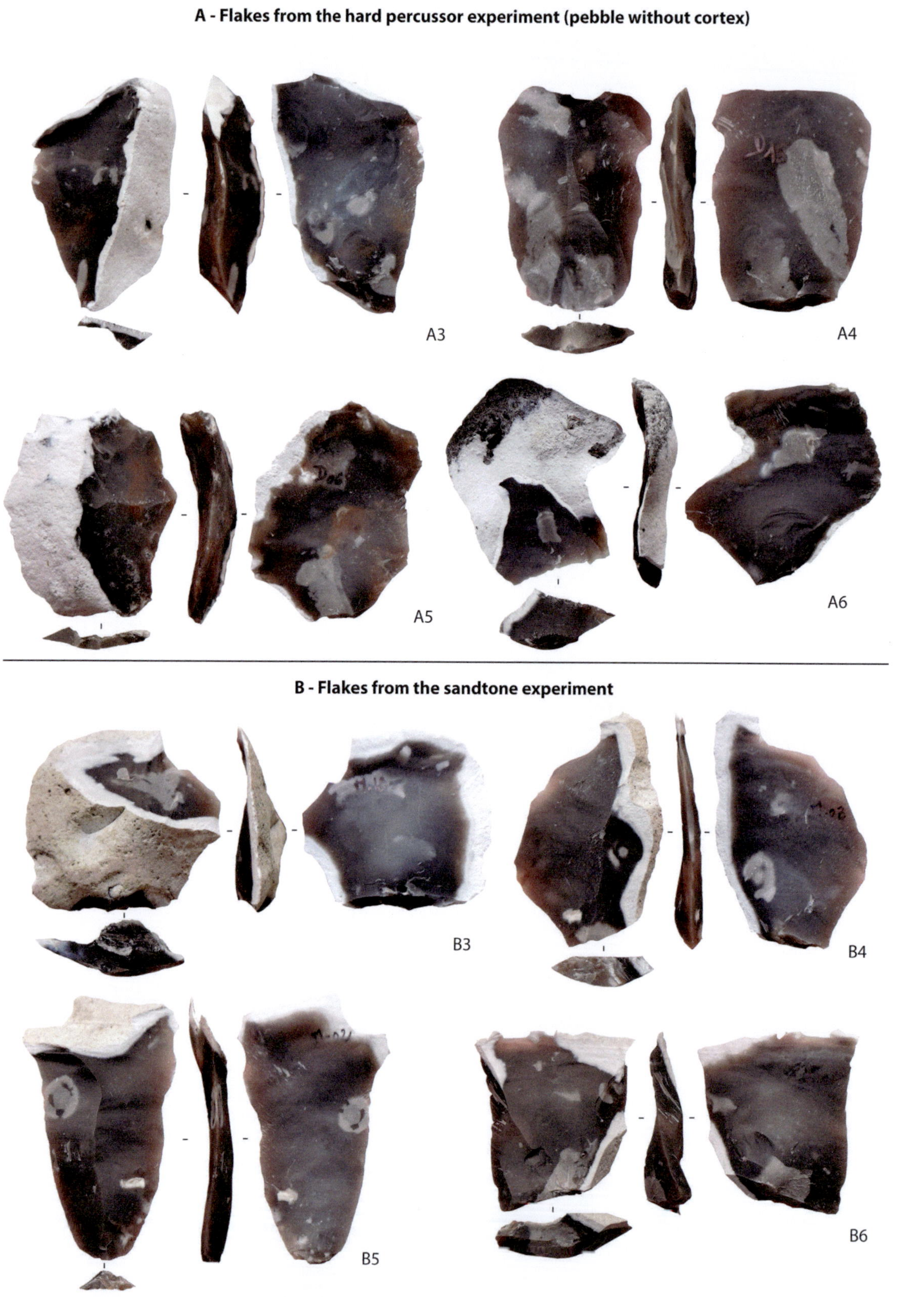

Figure 4: Flakes from the experiment. A: Flakes from the hard hammer experiment (Pebble without cortex); B: flakes from the sandstone experiment (pictures and CAD: A. Lamotte).

C- Flakes from the unaltered antler experiment

D- Flakes from the worn-out antler experiment

Figure 5: A, B, Flakes from antler percussor experiment; C, flakes from unaltered antler; D, Flakes from worn-out antler (pictures & CAD: A. Lamotte).

Butt thickness is very homogeneous, with 2 categories (1-9 mm) representing 84 to 95% of butts depending on the phase (S1 tab. 53). The presence of lips is quite contradictory: phase 1 (roughing-out) has 60% of them, while phase 2 (regularisation of the handaxe) has only 21% (S1 tab. 54). Posterior linear (40 to 69%) and semi-ovoid (32 and 30%) delineation is common (S1 tab. 55). Some lines of the fracture initiations were observed in phase 1 (28%) and then totally absent in phase 2 (S1 tab. 56). They were never complete (circular) or oblique (S1 tab. 57). The study of the bulbar zone shows fairly variable results between phase 1 and 2. In phase 1, marked (37%) and flat (26%) bulbs dominate the other types (S1 tab. 58), while in phase 2, flat bulbs dominate (59%) (fig. 5, d4). The absence or rarity of the percussion cone goes hand in hand with the technique: in phase 1, 8% of flakes have a percussion cone, 11% a half-cone and 82% have none. In phase 2, none of the flakes had a percussion cone (S1 tab. 59). It was possible to detect riddles in 8% of cases in phase 1 and none were visible and recorded in phase 2 (S1 tab. 60). Bulbar scars and shattered scars show the same results. Phase 1 had much more bulbar scars than phase 2 (47% compared with 16%) (S1 tab. 61). It should also be noted that in phase 1, 63% of bulbs have neither bulbar scars nor shattered scars compared with 34% in phase 2 (fig. 5, d3-6). The number of negatives on the dorsal surface varied: up to 17 were removed in phase 1 compared with 10 in phase 2 (S1 tab. 62). The methods used to obtain the flakes were common (S1 tab. 63), unidirectional (30 to 39%), bidirectional (30 to 18%), tridirectional (22 and 18%) and two opposite bidirectional (around 15%).

3. Results

The four experiments with four different percussors produced three types of results: some were innovative, others were in line with those discovered by other researchers' experiments, and others were innovative or in line with other results but still needed to be shaded. For the four experiments (as a reminder, same gesture, same flint and same bifacial production), the results are often very similar during phase 1 (roughing-out of the handaxe) and their results then often differ during phase 2 (shaping/thinning processing).

3.1 Innovative results

1 – Whatever the technique, the percussion cone is absent in 80 to 90% of cases. It remains a criterion for recognition of hard percussion (16%) and sandstone (13%). In our study, we emphasise that the half-cone is considered to be a stigma or discriminating criterion for soft mineral percussor (sandstone). Despite this, it is identified in all techniques (5-9%) compared with almost 20% in sandstone. This stigma of shaping or manufacturing is visible on all the flakes (shaping, processing and thinning) of the soft mineral technique (up to 20% of the flakes). The tangential gesture also produces two adjacent cones, a great occurrence with the sandstone percussor than with other techniques 2 – unaltered percussor shares and the worn-out percussor are very hard to separate. They get in common the flake width, the flake profile, the distal ending, the butt width, bulbar scars and shattered scars, the rareness of riddles, percussion cone. The greatest differences between both are the fact that there is much more semi-circular posterior delineation with unaltered antler percussor and much more lips with the worn-out antler. 3 – Tangential percussion produces more butts with a lip than reentrant percussion, but it is not a dominant situation. Of the four percussors, worn-out percussor delivers the most, hard percussor the least; sandstone percussor and unaltered antler percussor deliver the same proportion of flakes with or without lips. 4 – In the bulbar area, all 4 techniques show neither bulbar scars nor shattered scars (between 40 and 56% depending on the technique). In a very clear minority, all the techniques can present both (bulbar scar and shattered scars) (for 3 to 4% of the flakes). The worn-out percussor technique has the most bulbar scars in the bulbar area (33%). The unaltered percussor and sandstone techniques have the most shattered scars.

The common results with other researchers who published their experiments are 1 – Different distal ending are present in all the techniques. Despite this, the unaltered percussor and worn-out percussor have a high percentage of thin distal ending (75 to 88 %), while hard percussion and sandstone have the highest rates of hinged distal ending (25 to 27 % of flakes). 2 – The line of the fracture initiation is not common in hard percussion (37%), in that case the dominant morphology is 2/4 (fig. 2, n°5). This line can be recognized with unaltered percussor (11%) and worn-out percussor (14%) and also with the sandstone percussor (23%). Unlike what has been observed on other percussors, particularly in quartzite or other raw materials (Barnes and Kidder 1936; Bordes 1947; Pelegrin 2000; Roussel *et al.* 2009), we have impact points, but they are rare. 3 – Posterior delineation is present and varied in all techniques. Semi-circular and linear posterior delineation dominate in hard percussion, linear delineation dominates in unaltered percussor (38%) and worn-out percussor (54%), and semi-ovoid delineation dominates in sandstone percussion (44%). 4 – Experimentation with hard percussor results in very marked (28%) to marked (28%) bulbs, total 56% of the flakes. Experiments with worn-out or fresh percussor share the same data on flat bulbs (41 to 43% of cases). In between, the sandstone technique illustrates all types of bulbs (marked (37%), softly marked (28%) and flat (22%)). 5 – The study of riddles at the base of the percussion cone is non-existent in all techniques (between 80 and 95% of flakes). However, in 17% of cases, the riddle is attested with sandstone, compared with 2% (fresh organic), 4% (worn-out percussor) and 7% for the hard percussor.

The results need to be shaded: 1 – Whatever the technique, the thickest flakes are produced by the hard percussor and the thinnest by the other percussors. However, phase 2 (shaping/thinning) with the hard percussor already produces thin flakes. 2 – The hard percussor technique produces the thickest butts compared with the other 3 techniques (between 82% and 96% have butt thicknesses of less than 10 mm). The unaltered percussor antler delivers the thinnest butts of all the techniques during the 2 phases. 3 – All techniques deliver curved and straight profiles. The hard percussor and worn-out percussor produce more straight profiles, unlike the unaltered percussor antler (more curved). Between the two, sandstone produces curved flakes in phase 1 and straight flakes in phase 2.

3.2 Opening

The results from the 4 experiments are numerous. Differentiating the data from stage 1 (roughing) from stage 2 (shaping/thinning and regularisation of the handaxe) compromises certain results already published by other researchers. It is therefore worth being cautious and carrying on with the experiments. We need to better characterise the innovative results of the techniques and the tangential gesture. Future data could also include data from phase 3 (final morphology and functionnal cutting aspects of the tool), for comparison with archaeological collections.

Acknowledgements

We would like to thank the study and research center (CCE Maison de l'Archéologie) in Dainville (Pas-de-Calais) for providing access to the collections. We also express our sincere thanks to the two reviewers for their kind comments on the article's structure, its problematic, the methodology and the results to be highlighted. We would also like to thank Claude Monnet, IR UMR 8198, for his invaluable help in carrying out and checking the statistical processing of the data. We would also like to thank Sh. McPherron (Univ. Tüebingen), F. Wenban-Smith (univ. Southampton), S. Soriano (Cnrs, univ Nanterre), for their clarification of translation terminology.

Supplementay Data

S1: DOI: 10.34847/nkl.d38d57zm

References

Barnes A.-S. and Kidder, H.-J. 1936. Différentes techniques de débitage à la Ferrassie. *Bulletin de la Société préhistorique française* t. XXXIII, n°4, 272-288.

Biard, M. and Prost, D. 2015. Le débitage à la pierre tendre Exemple de deux postes de taille de l'extrême fin du Paléolithique en Haute-Normandie. *Bulletin de La Société Préhistorique Française* 112/1, 59-73.

Boëda, E. 1991. Approche de la variabilité des systèmes de production lithique des industries du Paléolithique inférieur et moyen : chronique d'une variabilité attendue. *Techniques et Culture* 17/18, 37-79 p.

Bordes, F. 1947. Etude comparative des différentes techniques de taille du silex et des roches dures. *L'Anthropologie* 51/1-2, 1-29.

Bordes, F. 1961. Considérations sur la typologie et les techniques dans le Paléolithique, *Quatar* 18, 25-55.

Brenet, M. 2013. *Variabilité et signification des productions lithiques au Paléolithique moyen ancien : l'exemple de trois gisements de plein-air du Bergeracois (Dordogne, France).* Oxford: BAR International Series 2548, 352 p.

Clément, S. 2019. *Les techniques de percussion : Un reflet des changements techniques durant l'Acheuléen ?* Ph.D. Thesis, Nanterre: Paris Ouest Nanterre La Défense, 379 p.

Faivre, J.-P., Geneste, J.-M. and Turq, A. 2010. La fracturation en split, une technique de production dans l'industrie lithique des Tares (Sourzac, Dordogne). *Paléo* numéro spécial, 133-142.

Lamotte, A. 2012. *Le Paléolithique inférieur et le Paléolithique moyen des bassins-versants de la Somme et de la Saône : aspects cognitifs de l'environnement pétrographique et considérations techno-typologiques.* HDR Thesis (Habilitation à diriger les recherches), Lille: Université des Sciences et Technologies de Lille, 3 volumes.

Lamotte, A., Auguste, P. Locht, J.-L. and Tuffreau, A. 2005. L'acquisition de la matière première minérale et animale des gisements du Paléolithique inférieur et moyen dans le Nord de la France replacées dans leur cadre écologique : état des données récentes, in: Molines, N., Monchel, M.-H., Monnier, J.-L. (eds.). *Données récentes sur les modalités de peuplement et sur le cadre chronostratigraphique, géologique et paléogéographique des industries au Paléolithique inférieur et moyen. Actes du colloque de Rennes.* Oxford: British Archaeological Reports Series 1364, 545-554.

Lamotte, A. and Fabre, J. 2007. Approvisionnement et circulation du silex des sites du Paléolithique inférieur de Cagny-la-Garenne, Cagny-l'Epinette et de la Ferme de l'Epinette (Bassin de l'Avre, Somme, France), in: Moncel, M.-H., Moigne, A.-M., Arzarello, M. and Peretto, C. (eds.). *Aires d'approvisionnement en matières premières et aires d'approvisionnement en ressources alimentaires. Approches intégrées des comportements, Actes du Colloque international de l'UISPP, Lisbonne, 2006, Workshop 23.* Oxford: BAR British Archaeological Reports 1364/5, 47-59.

Lamotte, A., Le Mené, F. and Bidault, L. 2017. Experiments in Manufacturing handaxes: spatial analysis and flexibility of the knapper under constraints. *Notae prehistoricae* 37, 83-104.

Newcomer M.-H. 1971. Some quantitative experiments in handaxe manufacture. *World archaeology* 3, 138-153

Pelegrin, J. 2000. Les techniques de débitage laminaire au Tardiglaciaire : critères de diagnose et quelques réflexions, in: Valentin, B., Bodu, P. and Christensen, M. (eds.). *L'Europe centrale et septentrionale au tardiglaciaire, actes de la table-ronde internationale de Nemours, 14-15-16 mai 1997*. Nemours: Éditions APRAIF, 73-86.

Roussel, M., Bourguignon, L. and Soressi, M. 2009. Identification par l'expérimentation de la percussion au percuteur de calcaire au Paléolithique moyen : Le cas du façonnage des racloirs bifaciaux Quina de Chez Pinaud. *Bulletin de la Société préhistorique française* 6/2, 219-238.

Soriano, S. and Villa, P. 2017. Early Levallois and the beginning of the Middle Paleolithic in central Italy. *PLoS ONE* 12/10, 28 p.

Soriano, S., Robert, A. and Huysecom, E. 2004. Percussion bipolaire sur enclume : choix ou contrainte ? l'exemple du Paléolithique d'Oujougou (Pays dogon, Mali), in: Mourre, V. and Jarry, M. (eds.). *Entre le marteau et l'enclume, la percussion directe au percuteur dur et la diversité de ses modalités d'application*. Les Eyzies-de-Tayac: SAMRA, Paléo, numéro spécial, 123-132.

Soriano, S., Villa, P., and Wadley, L. 2007. Blade technology and tool forms in the Middle Stone Age of South Africa: The Howiesons Poort and post-Howiesons Poort at Rose Cottage Cave. *Journal of Archaeological Science* 34/5, 681-703. DOI:10.1016/j.jas.2006.06.017

Texier, P.-J. 1989. Approche expérimentale qualitative des principales chaînes opératoires d'un nouveau site acheuléen d'Afrique orientale. La vie aux temps préhistoriques, *Préactes du 23e Congrès Préhistorique de France*, 32-33.

Tixier, 1967. Procédés d'analyse et questions de terminologie concernant l'étude des ensembles industriels du Paléolithique récent et de l'épipaléolithique dans l'Afrique du Nord-Ouest, in: Bishop, W.W. and Clard, J.-D. (eds.). *Background to Evolution in Africa*. Burg Wartenstein symposium, Austria, 1965. Chicago: University of Chicago Press, 771-820.

Tixier, J., Inizan, M.-L., Roche, H. and Dauvois, M. 1980. *Préhistoire de la pierre taillée*. (Cercle de recherches et d'études préhistoriques, Éd.) (Vol. Tome 1). Meudon: Cercle de recherches et d'études préhistoriques, 120 p.

Tuffreau, A., Antoine, P., Chase, P.G., Dibble, H.L., Ellwood, B.B, Kolfschoten Van T., Lamotte, A., McPherron, S., Moigne, A.M. and Munaut, A.-V. 1995. Le gisement acheuléen de Cagny-l'Epinette (Somme). *Bulletin de la Société préhistorique française* 92/2, 169-191. DOI:10.3406/bspf.1995.10004

Notes on contributors

Laura Vanuxem
UMR 8164 – HALMA / UMR 8198 – EEP
Université de Lille, Campus Pont-de-bois
Rue du Barreau, 59653, Villeneuve d'Ascq, France
laura.vanuxem.etu@univ-lille.fr

Florent Le Mené
UMR 8068 – TEMPS
MSH Mondes, Bâtiment René Ginouvès
21, allée de l'Université, 92023 Nanterre, France
lmflo@yahoo.fr

Agnès Lamotte
Université de Lille / UMR 8164 – HALMA
Université de Lille, Campus Pont-de-bois
Rue du Barreau, 59653, Villeneuve d'Ascq, France
agnes.lamotte@univ-lille.fr

Traces et morphologies

Que reste-t-il d'un cycle de réaffûtage sur un racloir Quina ?

Audrey Vincent-Pennec, Laurence Bourguignon, Marine Massoulié, Sylvain Soriano

Résumé

C'est souvent à partir de l'organisation des retouches et de la superposition de leurs rangs que nous tentons d'évaluer le degré de réaffûtage d'un racloir ou la fréquence de cette pratique au sein d'un assemblage. C'est notamment le cas des racloirs Quina dont on considère qu'ils ont fait l'objet de longs cycles de réaffûtage. Mais de quoi ces stigmates sont-ils la trace exactement ? Que peuvent-ils nous apprendre concrètement de la succession de différentes opérations sur un même outil ? Quelles incidences la lecture de ces stigmates a sur l'interprétation du matériel archéologique ?

L'expérimentation que nous avons conduite a consisté à matérialiser et à enregistrer les superpositions entre les phases d'affûtage de racloirs Quina dans l'objectif de suivre leur évolution et de déterminer dans quelle mesure l'état d'abandon d'un racloir archéologique pouvait témoigner de l'intensité et du nombre de ses réaffûtages. Nous avons ainsi pu déterminer que les stigmates d'une phase d'affûtage recouvrent souvent l'entièreté des stigmates de la phase précédente. Il n'est donc pas possible d'évaluer le « degré » d'affûtage sur la base de l'aspect des négatifs de la retouche écailleuse scalariforme. L'expérimentation a également permis d'interroger les traces portées par les retouchoirs utilisés pour confectionner et réaffûter les racloirs Quina. La confrontation du matériel expérimental avec le matériel archéologique montre une forte disparité dans l'intensité et la profondeur des impacts, ce qui permet de poser la question de la fréquence d'utilisation des retouchoirs au cours des différentes séquences de confection des racloirs de type Quina. Intégrer des ruptures spatio-temporelles, communément observées en contexte techno-économique Quina, permettrait probablement de réduire cet écart.

Abstract

It is often on the basis of the organization of retouching and the overlapping of rows that we try to assess the degree of resharpening of a scraper, or the frequency of this practice within an archaeological assemblage. This is particularly the case of Quina scrapers, which are considered to have undergone long cycles of resharpening. But what exactly are these features evidencing? What can they tell us about the succession of different resharpening stages on the same tool? And what impact do these features have on the interpretation of archaeological material?

in: Mathias, C., Bourguignon, L., Ivorra, J. and Viallet, C. (eds) 2026. *Living Archaeology. Unveiling the Past through Experimental Archaeology*. Leiden: Sidestone Press, 105-116.

Our experiment consisted in materializing and recording the overlapping between the sharpening phases of Quina scrapers, with the aim of tracking their evolution and determining to what extent the discarding stage of an archaeological scraper could testify to the intensity and number of resharpening. We were thus able to determine that the features of one sharpening phase often erase those of the preceding phase. It is therefore not possible to assess the "degree" of resharpening on the basis of the morphology of the scalariform retouch negatives. The experiment also enabled us to examine the damages left by the retouchers used to manufacture and resharpen Quina scrapers. Comparison of the experimental sample with archaeological ones shows a strong discrepancy in the intensity and depth of impacts, which raises the question of the frequency of use of retouchers during the different sequences of manufacture of Quina scrapers. Integrating spatio-temporal breaks, usually observed in the Quina techno-economic context, would probably enable this discrepancy to be reduced.

Mots-clés : Quina, racloirs, affûtage, retouchoirs en os

Keywords: Quina, scrapers, sharpening, bone retouchers

1. Introduction

Le Moustérien de type Quina est circonscrit à la fin du Paléolithique moyen (MIS 4 et 3), dans les contextes froids du Pléniglaciaire, principalement dans le Bassin aquitain. Son industrie est particulièrement connue à travers les racloirs « de type Quina » reconnaissables à leur retouche écailleuse scalariforme, tels que définis par F. Bordes (1961). L'autre particularité réside dans la production de supports épais et asymétriques qui sont considérés comme favorisant des réaffûtages fréquents (entre autres : Bordes 1981; Dibble 1987; Meignen 1988; Turq 1989; Bourguignon 1996; 1997).

Ces supports sont conçus et gérés comme des matrices mixtes, productionnelles et fonctionnelles. Le réaffûtage est constitutif des matrices fonctionnelles que sont les racloirs Quina. Après un ou plusieurs cycles d'affûtage/réaffûtage, ces racloirs peuvent être exploités comme des matrices productionnelles (Bourguignon *et al.* 2004; Bourguignon *et al.* 2006; Mathias et Bourguignon 2020).

Si les éclats de réaffûtage et de dénaturation ont pu être documentés (Bourguignon 1997, 2001, 2013), la question de la quantification des cycles de réaffutage sur un même support et du degré d'exhaustion de ce support a également été explorée. On pense notamment aux travaux de Dibble (1987), Kuhn (1992), Yvorra (2000), Hiscock et Clarkson (2015), ou aux interprétations plus ponctuelles comme celle de Verjux et Rousseau, qui estiment que « *le caractère écailleux scalariforme correspond à une seule phase d'aménagement du racloir* » (1986, p. 406), sans qu'il ne se dégage de réponse entièrement satisfaisante de ces propositions. De plus, ces modèles restent souvent théoriques, sans support expérimental ou bien s'appliquent de façon indifférente à tout type de racloir (Quina et autres).

De longue date, les « retouchoirs » sont associés au Moustérien Quina (Henri-Martin 1906; 1907a; 1907b). La caractérisation des stigmates portés par les retouchoirs a progressé, notamment grâce aux expérimentations (Mallye *et al.* 2012; Mozota 2018), mais les relations entre l'intensité des réaffûtages des racloirs et celle des stigmates des retouchoirs en contexte Quina restent insuffisamment explorées (Costamagno *et al.* 2018). Par ailleurs, si l'identification des racloirs Quina ne pose guère de problème, identifier indirectement leur passage sur un site archéologique et les quantifier à partir de leurs seuls sous-produits apparaît plus délicat. Nous évoquerons ici ces deux points à titre exploratoire.

2. Objectifs de l'expérimentation

L'expérimentation visait à reproduire le processus écailleux scalariforme (racloirs Quina et demi-Quina) et à réaffûter les racloirs dans le même objectif, à savoir la création d'un tranchant infra millimétrique coupant sur toute la délinéation, laquelle évoluait librement au fur et à mesure de l'avancement des phases (rectiligne, convexe et plus ou moins arquée, fig. 2, n°2).

Certains ont été dénaturés (recyclés) par encochage clactonien. Le tout dans l'objectif de mieux caractériser les différentes phases de réaffûtage et de recyclage sur ces racloirs.

Il s'agissait donc, par phases de réaffûtage successives, d'évaluer la consommation des supports, et de documenter le degré de superposition des stigmates de façon à estimer le nombre de phases de réaffûtage qu'un racloir pouvait supporter.

En parallèle, nous avons examiné les sous-produits de confection, collectés pour chacune des phases, afin de déterminer dans quelles proportions ces sous-produits pouvaient être spécifiquement identifiés comme diagnostiques d'un affûtage/réaffûtage Quina *s.l.*

Enfin, nous avons également documenté les stigmates laissés sur les diaphyses osseuses par leur utilisation pour la confection de la retouche Quina, et leur évolution au fil des phases d'affûtage/réaffûtage, afin de comparer nos résultats avec les retouchoirs archéologiques documentés dans des contextes Quina.

3. Protocoles expérimentaux

3.1 Production des éclats diaphysaires

La production des éclats diaphysaires à partir de trois fémurs de bœuf, destinés à être utilisés comme retouchoirs, a suivi le protocole suivant :

Séparation des épiphyses des diaphyses par une fracturation raisonnée pour obtenir des portions de

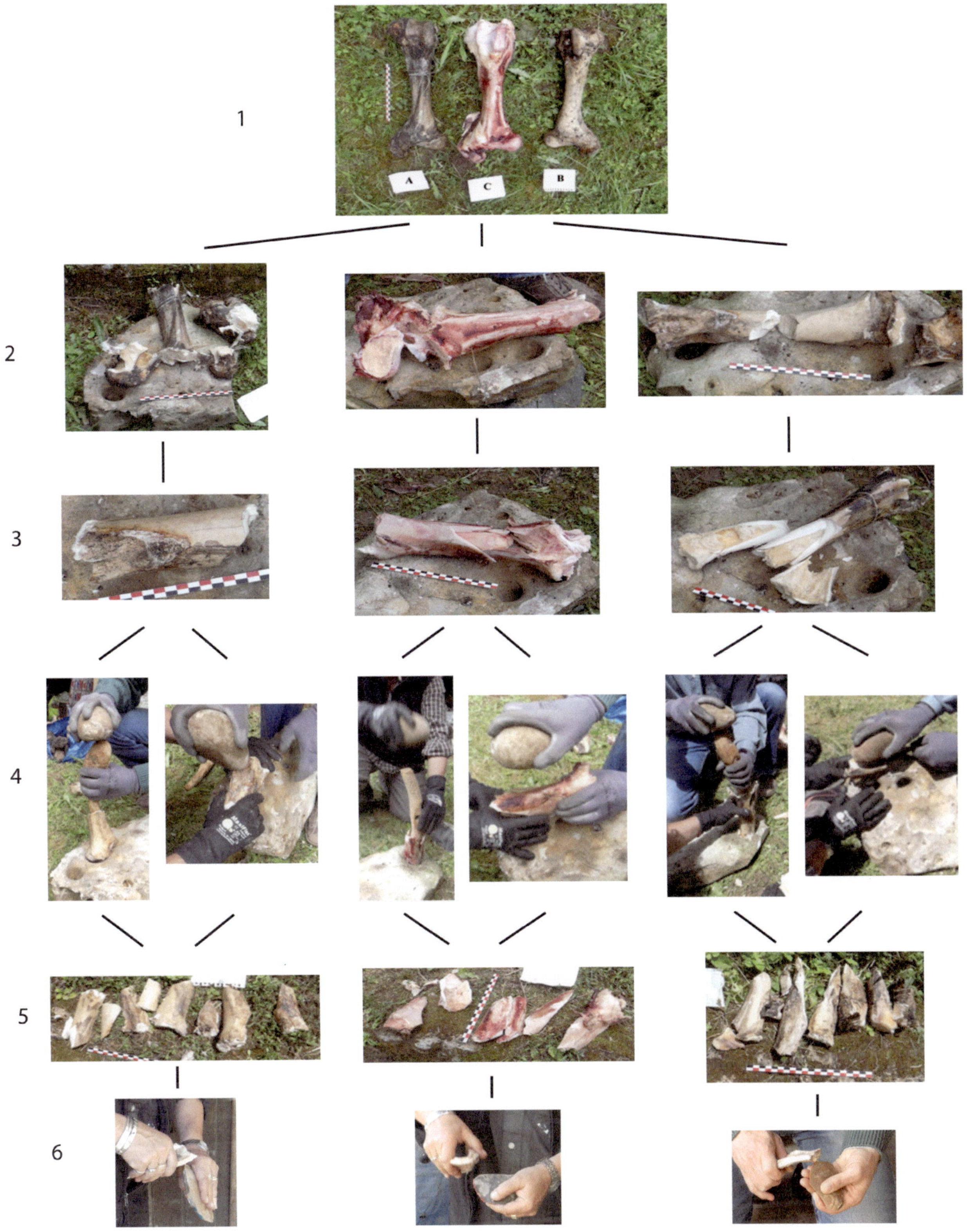

Figure 1 : Illustration des variables impliquées dans l'obtention des éclats diaphysaires depuis leur récupération selon des états de fraîcheurs différents (1) jusqu'à leur utilisation (6) en passant par la séparation des épiphyses (2 et 3) et leur fracturation en vue de l'obtention de grandes esquilles (4 et 5).

diaphyses les plus longues possibles (fig.1, n°2-3 et S1 fig. 2 à 4 – lien doi à la fin de l'article).

Récupération de la moelle par évidage à l'aide d'un bâton.

Obtention d'éclats diaphysaires de grande dimension (> 8 cm et jusqu'à 15 cm) à partir des portions de diaphyse par percussion et fendage (fig. 1, n°4-5 et S1 fig. 2 à 4).

Les os entiers présentaient trois états de fraîcheur : séchés à l'air libre pendus dans un arbre pendant un an, enterrés pendant un an, et frais (fig. 1, n°1 et S1 fig. 2 à 4). Différents outils percutants ont été utilisés pour extraire les éclats diaphysaires (minéral dur, bois végétal, os), des outils dormants et intermédiaires ont été utilisés (enclumes aux bords anguleux et morceaux de buis) (S1 tab.3) Enfin, les gestes de percussion ont également varié. Le nombre d'étapes nécessaires à l'obtention des esquilles dépendait de l'état de fraîcheur de l'os (S1 fig. 2 à 4).

3.2 Processus de retouche Quina

Les supports ont été produits selon les modalités du débitage Quina (selon Bourguignon 1996, 1997 et Faivre 2008), afin d'obtenir des supports asymétriques épais à partir de trois blocs de différents silex : Sénonien, Bajocien et Turonien inférieur. Parmi la totalité des produits obtenus (N = 23), 13 ont été sélectionnés (S1 tab. 1), sur lesquels les racloirs ont été confectionnés et ont subi différentes phases de réaffûtage (50 phases cumulées) selon le processus défini par Bourguignon (Bourguignon 1997, 2001; Bourguignon *et al.* 2013). Après chaque phase de réaffûtage, les négatifs laissés sur les racloirs ont été colorés au vernis à ongles, en changeant de couleur à chaque phase, afin de les visualiser et de les différencier tout au long du cycle de réaffûtage. Les sous-produits de confection ont été récupérés par phase de réaffûtage. Entre chaque phase, les tranchants retouchés ont été rapidement utilisés (raclage de bois dur ou d'os) pour simuler l'étape d'utilisation et en émousser le fil avant l'affûtage suivant. Parfois un léger égrisage du fil au percuteur en pierre s'est substitué à l'utilisation.

Les dimensions des supports lithiques obtenus puis sélectionnés variaient de 75 à 121 mm de long, sur 46 mm à 112 mm de large, et de 23 à 69 mm d'épaisseur (S1 tab. 1). L'état de fraîcheur et les dimensions des éclats diaphysaires sélectionnés ont également varié (entre 102 mm et 181 mm de long, sur 32 à 82 mm de large, et 12 mm à 52 mm d'épaisseur, pour un poids compris entre 65 et 193 grammes, S1 tab. 2).

En plus des retouchoirs en os, d'autres outils percutants (S1 tab. 3) en pierre dure ou tendre (P5 et P8 à P11) et organiques autres que l'os (P12 à P14), ont été utilisés pour la retouche alors que la dénaturation l'a seulement été avec des percuteurs en pierre dure (P1 à P4).

Le nombre de phases de réaffûtage a également varié (S1 tab. 4). Pour tous les racloirs, le cycle de réaffûtage a été interrompu volontairement alors qu'il aurait été possible de le poursuivre. Huit des treize racloirs ont alors été dénaturés, après qu'ils ont subi d'une à sept phases d'affûtage/réaffûtage.

Enfin, les gestes de percussion ont varié, directe tangentielle ou lancée-arrachée pour le processus de retouche Quina, et percussion directe rentrante pour la dénaturation. Les tailleurs étaient au nombre de deux, un homme et une femme, tous deux expérimentés dans le processus de retouche Quina.

4. Résultats

4.1 Les racloirs

Parmi les treize racloirs confectionnés, les huit dénaturés ont tous produit des supports exploitables (18 au total, fig.2, n°4), soit pour une utilisation directe de leurs tranchants bruts, soit en les retouchant, soit en les convertissant en matrice de production.

En moyenne, chaque racloir a reçu 3,7 phases de réaffûtage. Au total, 50 phases ont été menées sur treize racloirs. Deux n'ont pas dépassé le *primo* affûtage (phase I), tandis qu'un seul a atteint sept phases d'affûtage/réaffûtage (phase VII, fig. 2, n°5 et S1 tab. 4) et un seul a été retouché sur ses deux bords (fig. 3, n°1).

Nous n'avons pas noté de corrélation entre le volume du support et le nombre de phases de réaffûtage effectué, à savoir un nombre *minimum* de phases possibles. Le nombre de phases possibles semble en lien avec les caractères techno-morphologiques, en particulier l'épaisseur. Sans être la règle, les supports plus épais que 35 mm semblent être ceux ayant subi le plus long cycle d'affûtage/réaffûtage (de 3 à 7). Mais comme ce cycle a été interrompu volontairement avant exhaustion et dénaturation, aucune corrélation ne peut être démontrée sur ce point à partir de notre corpus.

De même, il n'y a pas de réelle corrélation entre la réduction des dimensions du racloir et le nombre de phases de réaffûtage. Ainsi, une troisième phase de réaffûtage sur un racloir peut occasionner une perte plus importante qu'une cinquième phase sur un autre racloir (fig. 3, n°5). En moyenne, chaque phase a consommé 11% du support (mesuré en poids, fig. 2, n°7). Néanmoins, cette consommation des phases n'est pas équivalente en fonction de l'avancée du cycle de réaffûtage. De manière générale, de la phase II à la phase V, les racloirs perdent en moyenne 23 mm en longueur, 18 mm en largeur et 2 mm en épaisseur (S1 tab. 5). Ce n'est qu'à partir de la phase VI que les dimensions initiales sont fortement réduites (réductions > à 60 mm). On notera que sur un des racloirs, la migration de l'axe morphologique l'a fait passer d'un racloir simple latéral à un racloir oblique, induisant une augmentation de la longueur de tranchant et de la largeur de ce racloir avec l'obliquité croissante du tranchant retouché (fig. 2, n°5).

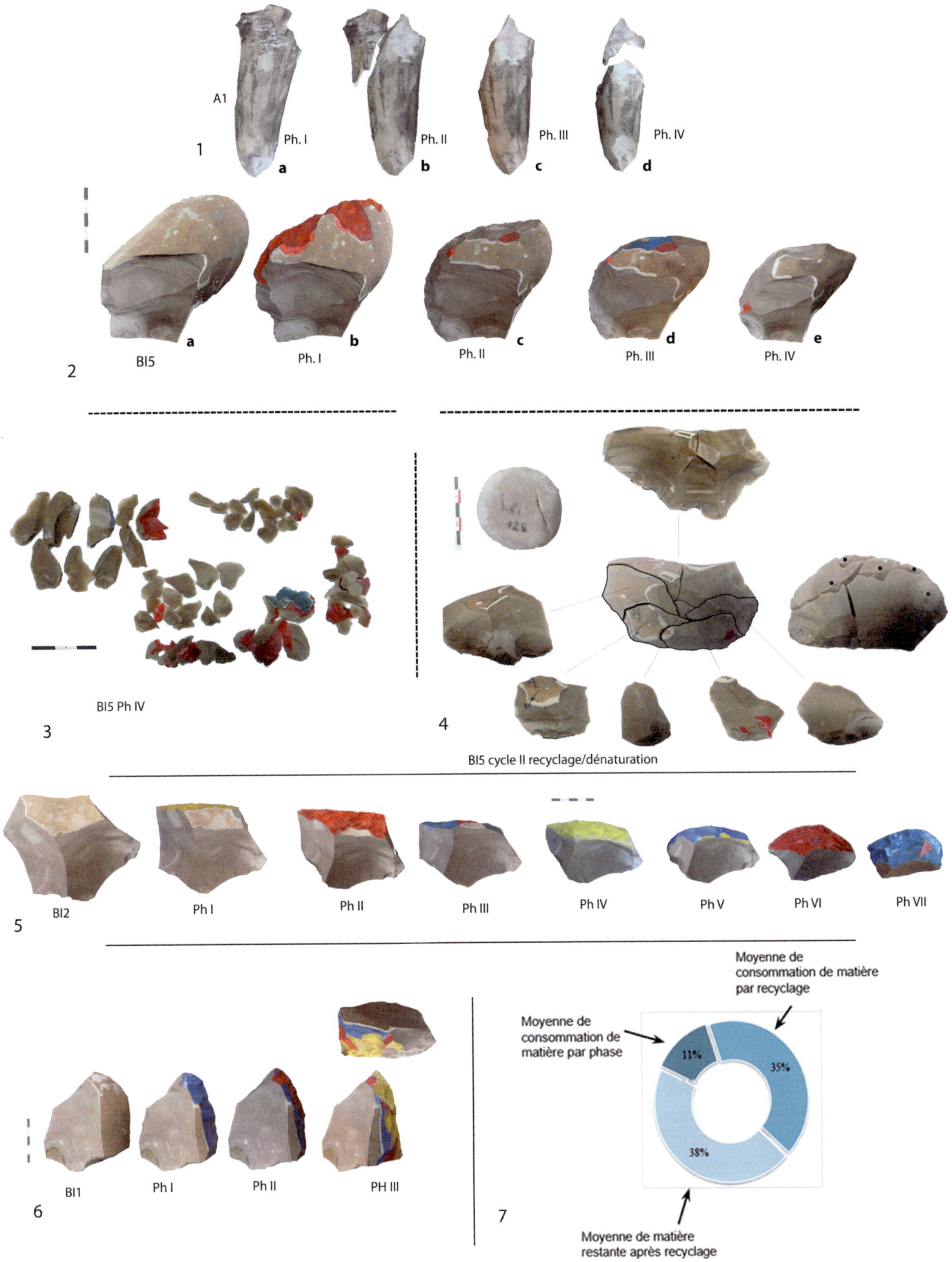

Figure 2 : Évolution du retouchoir en os (1) et du racloir BI5 au cours des quatre phases de réaffûtage (2), éclats de réaffutage de la phase IV, maille de 4mm (3), dénaturation postérieurement à la phase IV (4); racloir BI2 au cours des sept phases de réaffûtage (5); racloir BI1 au fil des trois phases (6); proportion moyenne du poids du support consommé par la retouche, le recyclage et résiduelle (7).

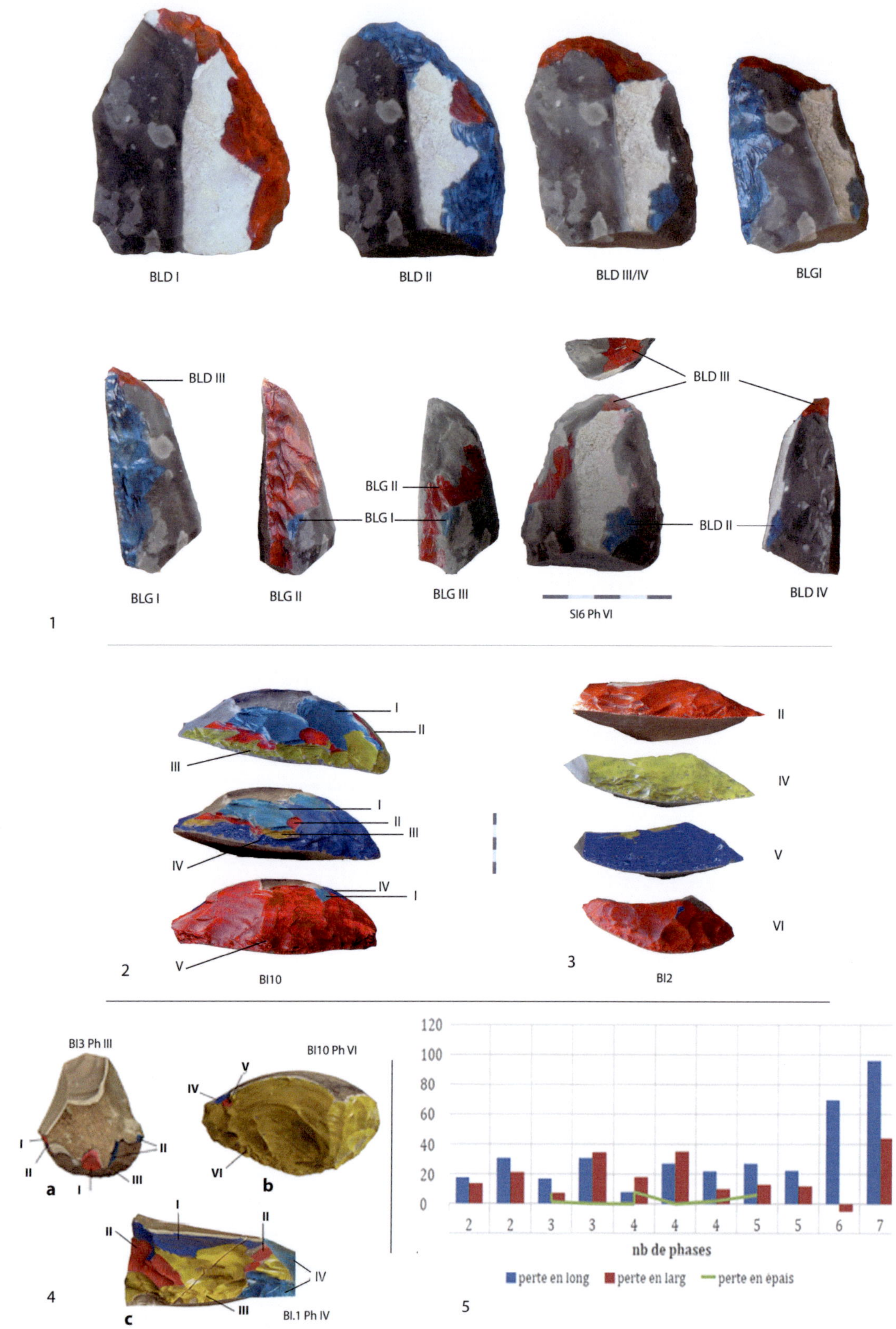

Figure 3 : Évolution de l'enregistrement et de l'effacement des différentes phases sur six racloirs au cours de leur cycle de réaffûtage (1 à 4); graphique de la réduction du support en longueur, largeur et épaisseur (5) selon le nombre de phases (en millimètres).

4.2 Les étapes de réaffûtage

La superposition des rangs de retouche est une des caractéristiques majeures du processus écailleux scalariforme étant à l'origine de la différenciation entre retouche Quina et demi-Quina. Dans l'objectif de tester l'hypothèse d'une accentuation de cette superposition au fil des réaffûtages, le marquage de chaque phase au vernis permettait facilement de visualiser et d'estimer l'accentuation de cette superposition ou, au contraire, son oblitération.

Force est de constater que la superposition des rangs reflète rarement l'accumulation de phases successives d'affûtage (S1 tab. 6). Elles sont parfois partiellement conservées (fig. 2 et 3) voire totalement effacées par le nouvel affûtage sans que le racloir soit à exhaustion. Ainsi, huit racloirs sur treize montrent un recouvrement total dès la phase II, (fig. 3, tab. 1). Ce phénomène d'effacement des phases antérieures semble s'accentuer plus le cycle est long (tous les racloirs dès la phase VI). Dans d'autres cas, au contraire, cette superposition a conservé plusieurs phases (fig. 2, n°6 et 3, n°4c). Dans ce cas, il s'agit de racloirs ayant un subi un cycle plus court (phase IV) mais ils sont toujours minoritaires (3/13 dès la phase II). À l'état final, alors que les cycles ont pu être longs (V à VII), seuls cinq montrent encore une succession de plus de trois phases. Cet effacement est également visible sur les éclats de réaffûtage qui enregistrent au mieux une phase et au plus deux phases (fig. 2, n°3).

Il est donc impossible sur la seule base de la succession des rangs de retouches d'un racloir Quina d'estimer son degré de réaffûtage.

4.3 Les sous-produits de confection (affûtage/réaffûtage)

La totalité des sous-produits de confection des racloirs a été tamisée, puis décomptée par maille de tamis de 2 mm, 4 mm et 10 mm, par racloir et par phase de réaffûtage.

Les résultats obtenus confortent ceux publiés : plus de 70 % des éléments ne sont pas caractéristiques d'une retouche Quina *s.l.* (Bourguignon *et al.* 2013), car 65,5 % d'entre eux ont des dimensions comprises entre 2 et 4 mm où ne figure aucun éclat diagnostic du processus Quina. Ce n'est que dans les mailles dimensionnelles comprises entre 4 et 10 mm (30 % des éléments) et celles au-delà de 10 mm (4,4%) que les différents types d'éclats diagnostics sont déterminables. Plus de 36 % des éclats compris entre 4 et 10 mm et 85,6 % des éclats supérieurs à 10 mm sont caractéristiques de ce processus de retouche (éclats de type 0 à III ; Bourguignon 1997; 2001).

Cette faiblesse diagnostique de la maille comprise entre 2 et 4 mm, ainsi que les conditions taphonomiques de résidualisation qui touchent plus particulièrement la fraction fine, nous amènent à ne raisonner que sur les mailles supérieures (entre 4 et 10 mm et supérieure à 10 mm) pour évaluer la succession des phases de réaffûtage d'un racloir.

Les décomptes par phases de réaffûtage réalisées montrent de façon globale que plus le cycle de ravivage est long (jusqu'à 5 phases), plus la proportion d'éclats diagnostics augmente (S1 tab. 7 et 8).

Le ratio des éclats diagnostics par racloir est de 89 sur 781 sous-produits de confection (contre 87, dans Bourguignon *et al.* 2013). Mais en moyenne 18 éclats diagnostics, de type 0 à III, suffiraient à dire qu'un racloir Quina a subi un cycle d'au moins 5 phases de confection/réaffûtage (soit 3 à 5 éclats diagnostics en moyenne par phase, tab. 2).

La comparaison de ces résultats avec les données archéologiques où une telle différenciation des éclats de retouche a été réalisée donne des écarts frappants. Aucune industrie ne traduit des ratios équivalents à ceux obtenus en expérimentation (18). Même pour les sites où la fraction fine issue du tamisage a été décomptée, tels ceux de Fumane Br4/5 (Peresani *et al.* 2023) et les Pradelles, faciès 4 (Bourguignon *et al.* 2013), les valeurs sont très variables mais moins élevées, (6,5 éclats pour un racloir à Fumane et 2,5 aux Pradelles) sauf à Roc en Pail (fouilles Soriano) où le ratio pour un racloir est plus important (27,1; S1 tab. 10).

Même dans le cas où seule la fraction supérieure à 10 mm est prise en compte (soit un ratio de 12,5 au lieu de 18; S1 tab. 9), afin d'avoir plus de comparaisons avec les industries archéologiques (sans tamisage), les chiffres restent largement inférieurs avec, là encore, une exception : la couche 24 de Jonzac (16,75, S1 tab. 9). Ces ratios seraient

	Recouvrement de la phase I par la phase II	Recouvrement de la phase II par la phase III	Recouvrement de la phase III par la phase IV	Recouvrement de la phase IV par la phase V	Recouvrement de la phase V par la phase VI	Recouvrement de la phase VI par la phase VII	Total
Total (+ de 80 %)	8	4	3	3	2	1	21
Médian + de 50 %)	2	4	2	1			9
Partiel (- de 50 %)	3	2	2				7
Total racloirs par phase	13	10	7	4	2	1	

Tableau 1 : Effectif des racloirs présentant différentes proportions de recouvrement (total, médian, partiel) entre les différentes phases (de I à VII).

Ratio d'éclats diagnostics par racloir	Phase I	Phase II	Phase III	Phase IV	Phase V	Total	Moyenne par type et par racloir
Type 0	5	9	6	12	3	**34**	**7**
Type I	3	2	3	3	4	**14**	**3**
Type II	3	7	5	2	0	**17**	**3**
Type III	6	4	5	5	3	**24**	**5**
Total	**17**	**21**	**19**	**21**	**10**	**89**	**18**
Moyenne par phase et par racloir	**4**	**5**	**5**	**5**	**3**		

Tableau 2 : Ratio d'éclats diagnostics d'un processus Quina par phase et par racloir confectionné (fraction supérieure à 2mm).

donc de bons indicateurs techno-économiques, du degré d'export (ratio plus élevé que pour l'expérimentation) et d'import des racloirs (ratio moins élevé), qu'il faudrait croiser avec les matières premières.

4.4 Les retouchoirs en os

Sur les 20 éclats diaphysaires obtenus, 12 ont été utilisés en retouchoir. Leur intensité d'usage lors du processus va de faiblement utilisé (pour 1 phase de confection; N= 4) à fortement utilisé (4 à 6 phases de confection; N= 5), en passant par deux retouchoirs moyennement utilisés (2 et 3 phases) (fig. 4, n°1). Sept d'entre eux se sont fracturés à l'utilisation sans corrélation directe avec les dimensions ni l'état de fraîcheur (S1 tab. 2). Le nombre de fragments (supérieurs à 2 mm) varie de façon importante, de 2 à 37, tout comme, le nombre d'éléments fragmentés portant des traces de percussion visibles à l'œil nu, de 1 à 5 (S1 tab.2).

Six des sept retouchoirs fracturés en cours d'utilisation et ayant participé à plusieurs phases de réaffûtage ont été réorientés en cours d'utilisation, y compris après fracturation (soit 18 Zones Actives de Percussion [ZAPs] pour 12 retouchoirs, fig. 4, n°1d). L'ancienne ZAP est alors comprise dans le nouveau contact de maintien du retouchoir. Trois d'entre eux ont été partiellement aménagés (abattage du tranchant osseux par raclage et/ou percussion) pour faciliter la préhension.

Par ailleurs, nous observons que les ZAPs légèrement planes étaient très marquées dès la première phase du cycle d'affûtage/réaffûtage et que les retouchoirs étaient sujets à fracturation dès la phase II. Ces ZAPs, le plus souvent d'aspect hachuré, portent des impressions linéaires concentrées (toutes), souvent superposées (12/18), avec une orientation transversale (15/18) ou oblique (3/18) à l'axe de l'os (fig. 4, n°1). Elles forment une aire assez large ovale (10/18) ou ronde (8/18) avec parfois des enlèvements de matière corticale (fig. 4, n°1a). Leur étendue semble plus être liée au degré d'utilisation qu'à l'état de fraîcheur (nombre d'impacts équivalents) bien que ce dernier puisse jouer sur le nombre d'impressions linéaires (24 impressions en moyenne sur os frais, contre 13 sur os secs) (Dumond 2023). Ces retouchoirs correspondent à la fois à ceux obtenus en expérimentation pour la confection de racloirs Quina (Boëda et Vincent 1990; Vincent 1993; Mozota 2012; 2013) mais aussi à ceux décrits en contextes archéologiques de ce moustérien (Henri-Martin 1906; 1907b ; Vincent 1993 ; Malerba et Giacobini 2002; Beauval 2004 ; Mozota 2009 ; Verna et d'Errico 2011; Costamagno *et al.* 2018; Daujeard *et al.* 2018). Ils correspondent aux retouchoirs du groupe 1 des Pradelles (sous-groupes de A à C, fig. 4, n°2; Costamagno *et al.* 2018) et qui représentent seulement 19,7% des retouchoirs. C'est en particulier avec ceux de type A qu'ils partagent les plus grandes ressemblances : longueur moyenne supérieure à 7 cm, ZAP en partie apicale, concentration et superposition des impacts (fig. 4.2). Dans une moindre mesure, ils sont aussi comparables à ceux du type D portant néanmoins une ZAP moins marquée (Costamagno *et al.* 2018). Or, ces types de retouchoirs ne sont pas, dans la majorité des contextes, ceux qui sont les plus représentés.

Aux Pradelles, ils totalisent seulement 1,6 et 5,6% des retouchoirs. Ceci avait amené les auteurs, via une corrélation retouchoirs/types d'outils lithiques réalisés, à proposer des scénarios d'import-export différents selon leurs types (racloirs Quina, demi-Quina, racloirs autres) et les matériaux dans lesquels ils étaient réalisés (local/exogène) en inférant sur leur état d'importation ou d'exportation (Costamagno *et al.* 2018). Nos nouvelles expérimentations confirmeraient que le cycle d'affûtage, utilisation, réaffûtage d'un racloir Quina s'effectue avec plusieurs retouchoirs et non, ou rarement, le même tout au long du cycle. L'expérimentation ne faisant pas intervenir les notions d'espace/temps présents en archéologie, il en résulte un biais. En effet, n'ayant ni temps d'arrêts entre les étapes (confection/utilisation/réaffûtage), ni changement de lieu (intra, extra-occupation) les enchaînements expérimentaux sont artificialisés.

Par ailleurs, les contextes archéologiques, souvent liés à des activités de boucherie, offrent plus de possibilités de sélection de diaphyses, ces dernières étant beaucoup plus nombreuses et plus diversifiées que les 20 que nous avons produites à partir des trois fémurs. Aux Pradelles, ce sont 497 retouchoirs qui ont été identifiés (Costamagno *et al.* 2018). Le seul contexte archéologique Quina qui semble présenter des proportions plus élevées de retouchoirs

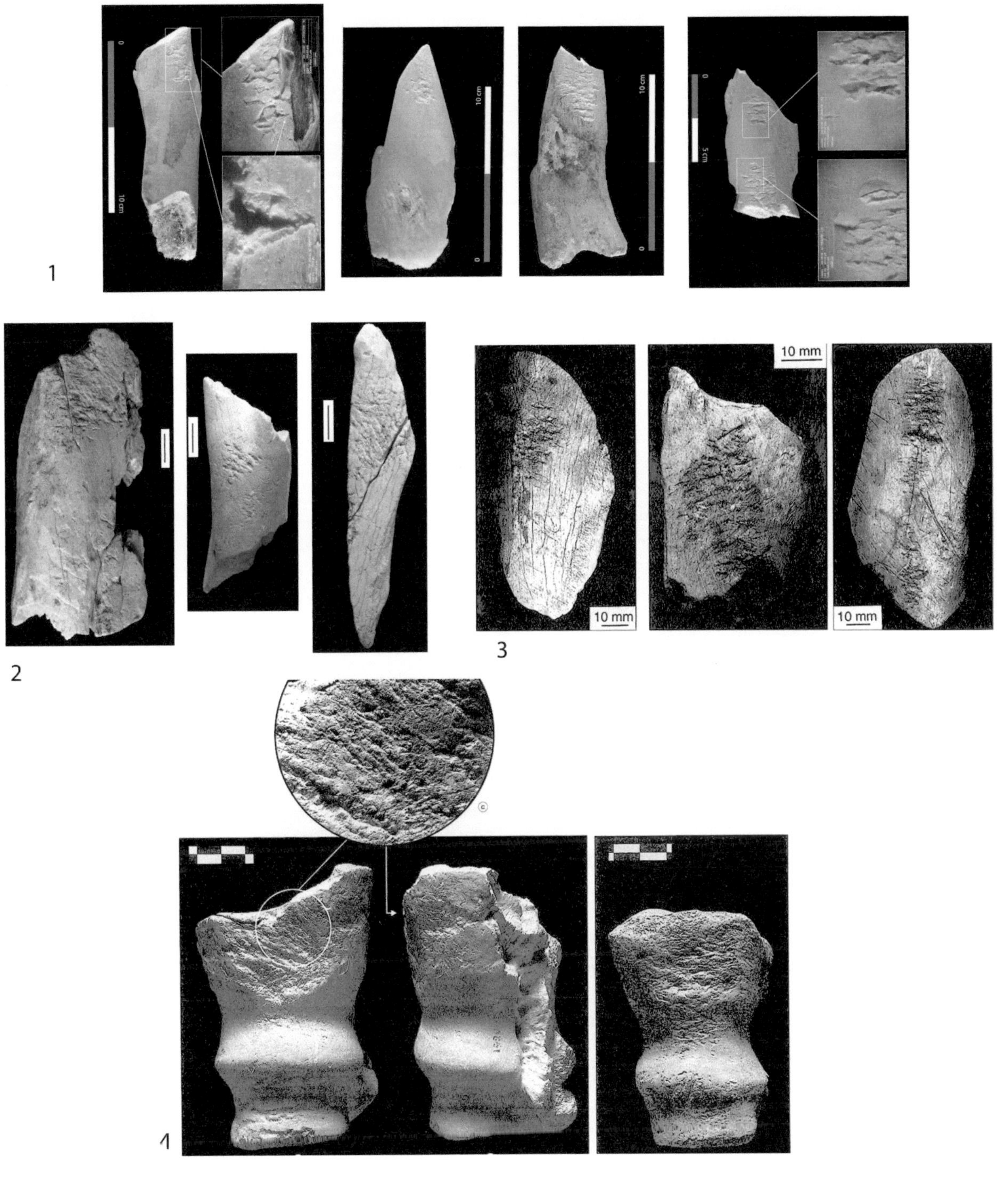

Figure 4 : Retouchoirs expérimentaux (1. d'après Dumont 2023), et archéologiques du groupe 1 (type A à C) du faciès 4 des Pradelles (2. d'après Costamagno *et al.* 2018) et de la Quina (3. d'après Malerba et Giacobini 2002, 4. d'après Valensi 2002).

fortement marqués de plusieurs types (éclats diaphysaires, extrémités distales d'humérus, phalanges, fig. 4, n°3 et 4), où parfois les ZAPs deviennent totalement concaves, est celui de La Quina. Toutefois, l'ampleur des biais liés aux conditions de récolte et de conservation de ce matériel reste indéterminable à ce jour.

5. Discussion

La perception du degré de réaffûtage, que ce soit sur les traces présentes sur les racloirs ou sur les éclats de réaffûtage, a jusqu'à présent été appréhendée à partir d'une vision du cycle comme un processus linéaire cumulatif. L'idée qui voudrait que les traces de réaffûtages successifs s'étagent et se cumulent à mesure que les phases se succèdent ne transparaît pas dans notre étude. Au contraire, l'expérimentation a montré une grande disparité du degré de visibilité, non seulement d'un racloir à l'autre pour une même phase, mais également entre les différentes phases d'un même racloir, peu importe leur place au sein du cycle de réaffûtage.

Cela pose la question de notre perception du degré de réaffûtage des racloirs archéologiques, d'autant plus que les éclats diagnostics de réaffûtage y sont, nous l'avons vu, sous-représentés, en particulier du fait des biais de collecte dans les fouilles anciennes, mais aussi pour des raisons techno-économiques (import/export des racloirs à différents stades d'affûtage/réaffûtage). Cette potentielle déformation techno-économique peut en corollaire expliquer un moindre degré d'utilisation des retouchoirs archéologiques par rapport à l'intensité des stigmates observés sur nos retouchoirs expérimentaux, utilisés pour des cycles, à la fois complets et longs. Ceci ouvre sur différentes hypothèses que de nécessaires études et expérimentations ultérieures devraient éclairer. D'un point de vue techno-économique, se pose donc la question de savoir si la majorité des racloirs sont introduits sur les sites déjà confectionnés, et si seules quelques étapes du cycle de réaffûtage sont réalisées *in situ*. La seconde interrogation est celle d'un possible changement de retouchoir entre chaque phase induite par une césure spatio-temporelle ou bien d'une segmentation plus importante des phases dans le temps, les deux étant contraintes par l'utilisation des racloirs eux-mêmes.

Si nous avons pu nous interroger sur nos gestes et savoir s'ils correspondaient bien à ceux employés archéologiquement (compte tenu de la différence anatomique néandertalienne), il nous semble que la raison principale de l'écart entre retouchoirs expérimentaux et archéologiques soit à chercher dans l'absence d'utilisation en condition réelle des outils. Ainsi, la récurrence à outrance, poussée par les besoins des objectifs de l'expérimentation, et le manque de césure spatio-temporelle expliqueraient, au moins en partie, cette distorsion.

6. Conclusion

L'expérimentation a montré que les phases de réaffûtage ne sont pas ou peu différenciables sur les tranchants des racloirs Quina, et que les réductions dimensionnelles du support et des racloirs sont sans proportionnalité avec leur nombre. Par ailleurs, les éclats d'aménagement et de réaffûtage diagnostiques sont peu représentés dans les déchets, mais restent très fréquemment largement supérieurs aux proportions observées en contexte archéologique. Enfin, les retouchoirs utilisés pour la confection des tranchants et les cycles de réaffûtage ont été fortement marqués et donc présentent, eux aussi, de fortes disparités avec les exemples archéologiques.

Cette étude a pu également montrer l'importance du temps long, alors que cette dimension n'est pas prise en compte dans nos expérimentations. En effet, les écarts entre nos résultats et les observations effectuées en contextes archéologiques peuvent s'expliquer par ce biais. Ainsi, les cycles de réaffûtages ont pu être trop longs par rapport à ce qu'ils auraient été en réalité, et sans césure spatio-temporelle ou nécessité dictées par les besoins des tâches quotidiennes. De fait, le mode de fonctionnement des outils est totalement absent de notre étude.

Se pose donc la question du besoin d'expérimentations plus systémiques en "conditions réelles" : depuis la boucherie, la sélection des éclats diaphysaires au sein d'abondants restes osseux, la confection de racloirs, leur utilisation dans le travail de la peau et du bois (travaux parmi les plus représentés par les analyses fonctionnelles des racloirs Quina et demi-Quina; Bourguignon *et al. en préparation*), leur réaffûtage, leur nouvelle utilisation etc. jusqu'à leur dénaturation, avec la possibilité de démarrer de nouveaux cycles aux dépens des nouveaux supports obtenus.

Même en maitrisant toutes les conditions énumérées ci-dessus, nos résultats expérimentaux ne pourront jamais être comparés terme à terme avec les assemblages archéologiques du fait des biais techno-économiques, propres aux sites archéologiques et particulièrement exacerbés dans les sites Quina.

Remerciements

Les auteurs remercient les organisateurs du congrès pour l'opportunité offerte de publier les résultats de nos expérimentations exploratoires. Cette publication est une contribution au projet *Quina World*, lequel a reçu un financement de l'European Research Council (ERC) dans le cadre du programme recherche et innovation Horizon 2020 de l'Union européenne (ERC Grant agreement No. 851793).

Les auteurs sont reconnaissants à la famille Massoulié pour la mise à disposition d'un lieu propice à l'expérimentation et à l'équipe AnTET/UMR ArScAn pour son support logistique.

Supplementary Data

S1: DOI: 10.34847/nkl.8c5ffsxz
S2: DOI: 10.34847/nkl.88cd0l1p

Bibliographie

Beauval, C. 2004. La faune des niveaux moustériens de « Chez-Pinaud » (Jonzac, Charente-Maritime, France). Première analyse, in: Airvaux, J. (ed.). *Le site paléolithique de Chez-Pinaud à Jonzac, Charente-Maritime : premiers résultats : études sur la coupe gauche*. Préhistoire du Sud-Ouest, Supplément. Cressensac: Association Préhistoire du sud-ouest, 125-156.

Boëda, E. et Vincent, A. 1990. Rôle plausible de l'os dans la chaîne de production lithique à La Quina : données expérimentales, in: *Résumés des communications.* Brive: se, 51-52.

Bordes, F. 1961. *Typologie du paléolithique ancien et moyen.* Paris: CNRS Editions.

Bordes, F. 1981. Vingt-cinq ans après : le complexe moustérien revisité. *Bulletin de la Société préhistorique française* 78/3, 77-87.

Bourguignon, L. 1996. La conception de débitage Quina. *Quaternaria Nova* 6, 149-166.

Bourguignon, L. 1997. *Le Moustérien de type Quina : nouvelle définition d'une entité technique.* Ph.D. Thesis, Nanterre: Université Paris X-Nanterre.

Bourguignon, L. 2001. Apports de l'expérimentation et de l'analyse techno-morpho-fonctionnelle à la reconnaissance du processus d'aménagement de la retouche Quina, in: Bourguignon, L., Ortega, I. and Frère-Sautot, M.-C. (eds). *Préhistoire et approche expérimentale.* Préhistoires. Montagnac: Editions Monique Mergoil, 35-66.

Bourguignon, L., Faivre, J.-P. and Turq, A. 2004. Ramification des chaînes opératoires : une spécificité du Moustérien. *Paléo* 16, 37-48.

Bourguignon, L., Delagnes, A. and Meignen, L. 2006. Systèmes de production lithique, gestion des outillages et territoires au Paléolithique moyen : où se trouve la complexité ?, in: Astruc, L., Bon, F., Léa, V., Milcent, P.-Y. and Philibert, S. (eds.). *Normes techniques et pratiques sociales : de la simplicité des outillages pré-et protohistoriques.* Antibes: APDCA, 75-86.

Bourguignon, L., Turq, A. and Fauquignon, J. 2013. Lascas de puesta en funcionamiento, de reacondicionamiento y de recivlado de las raederas Quina: estimación e interpretación tecno-económica, in: Palomo, A., Piqué, R. and Terradas, X. (eds.). *Experimentación en arqueología: estudio y difusión del pasado.* Gerona: Sèrie monogràfica, 25/1, Museu d'Arqueologia de Catalunya, 229-235.

Bourguignon L., Zupancich A., Soriano S. and Guérin G. *en préparation.* Modes de fonctionnement de l'outillage Quina *: bilan croisé des analyses fonctionnelles et techno-morpho-fonctionnelles.*

Costamagno, S., Bourguignon, L., Soulier, M.-C., Meignen, L., Beauval, C., Rendu, W., Mussini, C., Mann, A. and Maureille, B. 2018. Bone retouchers and site function in the Quina Mousterian: The case of Les Pradelles (Marillac-le-Franc, France), in: García-Moreno, A., Turner, E., Villaluenga, A. and Gaudzinski-Windheuser, S. (eds.). *The Origins of Bone Tool Technologies: Retouching the Palaeolithic.* Heidelberg: Propylaeum, 2018, RGZM – Tagungen, Band 35, 165-195.

Daujeard, C., Valensi, P., Fiore, I., Moigne, A.-M., Tagliacozzo, A., Moncel, M.-H., Santagata, C., Cauche, D. and Raynal, J.-P. 2018. A reappraisal of Lower to Middle Palaeolithic bone retouchers from south-eastern France. (MIS 11 to 3), in: García-Moreno, A., Turner, E., Villaluenga, A. and Gaudzinski-Windheuser, S. (eds.). *The Origins of Bone Tool Technologies: Retouching the Palaeolithic.* Heidelberg: Propylaeum, 2018, RGZM – Tagungen, Band 35, 93-132.

Dibble, H.L. 1987. The interpretation of Middle Paleolithic scraper morphology. *American Antiquity* 52/1, 109-117.

Dumont L., 2023 : *Les retouchoirs en os de Cervidé et Équidés de la Caune de l'Arago (Tautavel, Pyrénées-Orientales) : comparaisons avec un référentiel de type Quina.* Master Thesis, Aix-en-Provence : Aix-Marseille Université, 242 p.

Faivre, J.-P. 2008. *Organisation techno-économique des systèmes de production dans le Paléolithique moyen récent du Nord-est Aquitain : Combe-Grenal et les Fieux.* Ph.D. Thesis, Bordeaux : Université de Bordeaux 1.

Henri-Martin, L. 1906. Maillets ou enclumes en os provenant de la couche moustérienne de la Quina (Charente). *Bulletin de la Société préhistorique française* 3/4, 155-162.

Henri-Martin, L. 1907a. Présentation d'ossements utilisés de l'époque moustérienne. *Bulletin de la Société préhistorique française* 4/5, 269-277.

Henri-Martin, L. 1907b. *Recherches sur l'évolution du Moustérien dans le gisement de La Quina, Charente. Premier volume. Industrie osseuse.* Paris: Schleicher Ed.

Hiscock P. and Clarkson C. 2015. Retouch intensity on Quina scrapers at Combe Grenal: A test of the reduction model, in: Behie, A.M. and Oxenham, M.F. (eds.). *Taxonomic tapestries: the threads of evolutionary, behavioural and conservation research.* Canberra: ANU Press, 103128.

Kuhn, S.L. 1992. Blank form and reduction as determinants of Mousterian scraper morphology. *American Antiquity* 57/1, 115-128.

Malerba, G. and Giacobini, G. 2002. Fiche éclats diaphysaires avec marques transversales d'utilisation, in: Patou-Mathis, M. (ed.). *Retouchoirs, compresseurs, percuteurs. Os à impressions et éraillures.* Fiches de la commission de nomenclature sur l'industrie de l'os préhistorique. Paris: Édition Société Préhistorique Française, 29-38.

Mallye, J.-B., Thiébaut, C., Mourre, V., Costamagno, S., Claud, É. and Weisbecker, P. 2012. The Mousterian bone retouchers of Noisetier Cave: experimentation and identification of marks. *Journal of Archaeological Science* 39/4, 1131-1142.

Mathias, C. and Bourguignon, L. 2020. Cores-on-flakes and ramification during the middle palaeolithic in

Southern France: A gradual process from the early to late middle palaeolithic? *Journal of Archaeological Science: Reports* 31, 102336.

Meignen, L. 1988. Un exemple de comportement technologique différentiel selon les matières premières : Marillac C9 et 10, in: Otte, M. (ed.). *L'Homme de Néandertal. Volume 4 : La Technique. Actes du colloque international de Liège, 4-7 décembre 1986.* Liège: ERAUL, Université de Liège, 71-79.

Mozota, M. 2009. El utillaje óseo musteriense del nivel "D" de Axlor (Dima, Vizcaya): análisis de la cadena operativa. *Trab. Prehist.* 66, 27-46.

Mozota, M. 2012. *El hueso como materia prima: El utillaje óseo del final del Musteriense en el sector central del norte de la Península Ibérica.* Ph.D. Thesis, Santander: Universidad de Cantabria.

Mozota, M. 2013. An Experimental Programme for the Collection and Use of Retouching Tools Made on Diaphyseal Bone Splinters. *EXARC Journal*, 2013/2.

Mozota, M. 2018. Experimental programmes with retouchers: where do we stand and where do we go now? in: García-Moreno, A., Turner, E., Villaluenga, A. and Gaudzinski-Windheuser, S. (eds.). *The origins of bone tool technologies: « Retouching the Palaeolithic: Becoming Human and the Origins of Bone Tool Technology*. Mainz: RGZM-Tagungen. Verlag des Römisch-Germanischen Zentralmuseums.

Peresani, M., Bourguignon, L., Delpiano, D. and Lemorini, C. 2023. Quina on the edge. Insights from a Middle Palaeolithic lithic assemblage of Grotta di Fumane, Italy. *Journal of Archaeological Science: Reports* 49, 103998.

Turq, A. 1989. Approche technologique et économique du faciès Moustérien de type Quina : étude préliminaire. *Bulletin de la Société préhistorique française* 86/8, 244-256.

Valensi, P. 2002. *Fiche extrémités distales d'humérus de grands ongulés,* in: Patou-Mathis, M. (ed.). *Retouchoirs, compresseurs, percuteurs. Os à impressions et éraillures, Fiches de la commission de nomenclature sur l'industrie de l'os préhistorique.* Paris : Édition Société Préhistorique Française, Cahier X, 7585.

Verjux, C. and Rousseau, D.-D. 1986. La retouche Quina : une mise au point. *Bulletin de la Société préhistorique française* 83/11, 404-415.

Verna, C. and d'Errico, F. 2011. The earliest evidence for the use of human bone as a tool. *Journal of Human Evolution* 60/2, 145-157.

Vincent, A. 1993. *L'outillage osseux au Paléolithique moyen : une nouvelle approche.* Ph.D. Thesis, Nanterre: Université de Paris X-Nanterre.

Yvorra, P. 2000. Approche analytique des types de retouche de deux ensembles Quina de la vallée du Rhône. *Paléo* 12, 353-373.

Note sur les auteurs

Audrey Vincent-Pennec
Université Paris Nanterre / Paléotime / UMR 7041 – ArScAn, AnTET
75, avenue J.-S. Achard-Picard, 38250, Villard-de-Lans, France
audrey.vincent@paleotime.fr

Laurence Bourguignon
INRAP / UMR 7041 – ArScAn, AnTET
Rue de l'Acropole, 34420, Villeneuve-lès-Béziers, France
laurence.bourguignon@inrap.fr

Marine Massoulié
UMR 7041 – ArScAn, AnTET
Maison René Ginouvès, 21 allée de l'université, 92023, Nanterre, France
marine3d@googlemail.com

Sylvain Soriano
CNRS / UMR 7041 – ArScAn, AnTET
Maison René Ginouvès, 21 allée de l'université, 92023, Nanterre, France
sylvain.soriano@cnrs.fr

¿Intencionalidad o accidente?

Aproximación experimental a la producción de retocadores óseos en el nivel 4 de Prado Vargas (Burgos, España)

Héctor de la Fuente Juez,
Pedro Alonso-García, Marta Navazo Ruiz

Resumen

Los homínidos en el desarrollo de las actividades de procesado en las que explotan los recursos internos y externos de las carcasas animales generan una serie de desechos. Durante el proceso de fracturación se producen una serie de restos o fragmentos óseos que pueden ser rechazados o que pueden ser nuevamente aprovechados, empleándose como materia prima para iniciar cadenas operativas de producción o configuración, siendo este último el caso de los retocadores óseos.

El experimento se basaen la fracturación mediante percusión directa de un total de 22 huesos correspondientes a extremidades anteriores y posteriores de ciervo y corzo que han sido previamente procesadas, buscando acceder a la médula y una serie de restos que puedan ser empleados potencialmente como retocadores. A lo largo de este experimento se han tenido en cuenta tanto las variables que afectan a la fracturación (selección del punto de impacto, el número de impactos, el taxón, el elemento anatómico o las características del percutor) como a los elementos diagnósticos resultados de ésta.

Mediante este experimento se pretende realizar una aproximación a las estrategias de subsistencia de los penúltimos neandertales, estableciendo un marco comparativo entre los soportes experimentales y los soportes arqueológicos recuperados en el nivel 4 de Prado Vargas. Se ha observado en el experimento que cuanto mayor es la fuerza aplicada menor es la probabilidad de obtener soportes y que si la percusión inicial se realiza en la epífisis proximal y después en la diáfisis se logra el acceso a una médula completa y la producción de soportes. En los retocadores arqueológicos se evidencia una fracturación en estado fresco, que puede estar relacionada con un acceso primario a las carcasas, pero no se observa una selección anatómica, es decir, no se evidencia una fracturación con un fin más allá de acceder a la médula.

Palabras claves: arqueologia experimental, huesos fracturación; retocadores; Homo neanderthalensis, Prado Vargas

in: Mathias, C., Bourguignon, L., Ivorra, J. and Viallet, C. (eds) 2026. *Living Archaeology. Unveiling the Past through Experimental Archaeology*. Leiden: Sidestone Press, 117-128.

1. Introducción

Los retocadores óseos son, dentro de la gran variedad de herramientas realizadas en hueso, una de las más representadas en el *tool-kit* de los grupos humanos (Pérez *et al.* 2020). Aunque el estudio de estos restos comienza a principios de siglo XX con estudios como el de Siret (1925), no es hasta los primeros años del siglo siguiente cuando empiezan a proliferar los estudios sobre retocadores óseos (*e.g.* Patou-Mathis 2002; Blasco *et al.* 2013; Rosell *et al.* 2015; Moigne *et al.* 2016a; Pérez *et al.* 2019; Alonso-García *et al.* 2020). Estos restos son definidos como fragmentos óseos alargados y dientes con marcas características derivadas de su uso en el retoque de herramientas líticas (Chase 1990; Tartar 2009; Daujeard *et al.* 2014).

La presencia de retocadores en hueso se documenta en el Paleolítico inferior (Lamotte y Tuffreau 2001; Auguste 2002; Rosell *et al.* 2011; Moncel *et al.* 2012; Blasco *et al.* 2013; Rosell *et al.* 2015; Moigne *et al.* 2016). Sin embargo, es en el Paleolítico medio cuando su presencia en contextos arqueológicos crece significativamente (Henri-Martin 1906, 1907, 1907-1910; Vincent 1993; Patou-Mathis 2002; Mozota 2012; Daujeard *et al.* 2014; Costamagno *et al.* 2018; Pérez *et al.* 2019; Alonso-García *et al.* 2020), prolongándose su uso hasta el Neolítico (Semenov 1956, 1981; Tartar 2009, 2012a, 2012b; Vitezović 2018).

En el registro europeo se han encontrado desde el este en Vindija (Ahern *et al.* 2004) hasta posiciones más al suroeste en la Cueva del Ángel (Moigne *et al.* 2016), llegando hasta el norte en yacimientos como Boxgrove and Swanscombe (Smith 2013) o Scladina (Abrams *et al.* 2014). Destaca la presencia de retocadores en particular en Francia (Patou-Mathis 2002; Castel 2003; Castel *et al.* 2003, 2006; Castel y Madelaine 2003, 2006; Daujeard *et al.* 2014, 2018; Moigne *et al.* 2016; Costamagno *et al.* 2018) y en el norte de España (Martínez Moreno 2005; Garrido-Pimentel y Mozota 2013; Mozota 2014, 2015; Alonso-García 2020).

A nivel tanto taxonómico como anatómico los retocadores óseos han sido fragmentos de diáfisis de huesos largos de herbívoros de tallas medias y grandes, como por ejemplo grandes bóvidos, caballo o ciervo. De forma esporádica también se han encontrado retocadores en falanges, costillas, dientes hipsodontos, caninos de grandes carnívoros y colmillos de grandes mamíferos (Gaudzinski 1999; Leroy-Prost 2002; Valensi 2002; Castel *et al.* 2003; Neruda y Lázničková-Galetová 2018;).

La adquisición de estos restos ha sido fruto de controversia. En primer lugar, se consideró que estos restos de diáfisis fruto de la fracturación habían sido empleados tras el acceso a la médula de forma esporádica, aprovechándose de forma no premeditada (Chase 1990; Patou-Mathis 1999). Sin embargo, posteriormente autores como Mallye *et al.* (2012) y Mozota (2015) sugieren que estos restos fueron elegidos y configurados conscientemente. La selección intencional de estos restos durante las actividades de fracturación ha sido propuesta más recientemente también en Prado Vargas (Alonso-García 2020), El Salt (Pérez *et al.* 2019) o Les Pradelles (Costamagno *et al.* 2018).

Debido a esta controversia se nos presenta interesante realizar un marco experimental que nos permita establecer un marco comparativo entre una muestra obtenida de dicho proceso experimental y los retocadores óseos recuperados en el nivel 4 de la cueva de Prado Vargas, con el fin de aproximarnos a las estrategias de fracturación y de obtención de soportes llevadas a cabo por los neandertales que ocuparon este importante yacimiento de la cornisa cantábrica.

2. La cueva de Prado Vargas

La cueva de Prado Vargas está situada en el complejo kárstico de Ojo Guareña (Burgos, España) (fig. 1). Prado Vargas es una galería subhorizontal de 120 m de longitud interpretada como una paleo surgencia kárstica situada en el sexto nivel del complejo, que desemboca en el valle del río Trema. La cueva se abre en la margen derecha del valle, situándose actualmente a unos 20 m por encima del cauce del río Trema (Navazo *et al.* 2021).

La secuencia estratigráfica está compuesta fundamentalmente por arenas, gravas y arcillas divididas en 9 unidades (fig. 1). Hasta la fecha solo se han documentado restos arqueológicos en los niveles 4 y 8. El nivel 4 es el único que ha sido estudiado hasta el momento (Navazo *et al.* 2005; Cabornero *et al.* 2016; Alonso-García *et al.* 2020; de la Fuente Juez *et al.* 2020; Navazo *et al.* 2021), y es en el que se centra este trabajo. Este nivel se ha datado mediante OSL, radiocarbono, y datación AAR, arrojando fechas entre 54,7 y 39,8 ka BP (Navazo *et al.* 2021).

Los estudios de polen reflejan un clima frío con un cierto grado de humedad, caracterizado por paisajes de grandes espacios arbóreos y algunos pinares (*Pinus*), abedulares (*Betula*) y sabinares (*Juniperus*). Así lo confirma la fauna de macro y micromamíferos (Navazo *et al.* 2021). Con respecto a la fauna, estudios previos han documentado la presencia de diferentes taxones, destacando la presencia de ciervos (*Cervus elaphus*) (%NISP=59,52%) y caprinos (*Capra pyrenaica* y *Rupicapra pyrenaica*) (%NISP=15,04; %NISP=4,52), entre otras especies. Estos animales eran transportados a la cueva, donde los cadáveres eran intensamente procesados, desde la carne hasta el tuétano (de la Fuente Juez *et al.* 2020; 2023). Pero su uso no terminaba ahí, ya que ciertos fragmentos óseos pasaban a formar parte del ámbito tecnológico y eran utilizados como retocadores, destacando el uso de restos de *Cervus elaphus* (Alonso-García *et al.* 2020).

En cuanto a la industria lítica, la mayoría está realizada sobre sílex de carácter local, aunque existen otros materiales alóctonos. Todas las categorías estructurales están representadas, es decir, está presente toda la secuencia de reducción. La explotación está orientada a

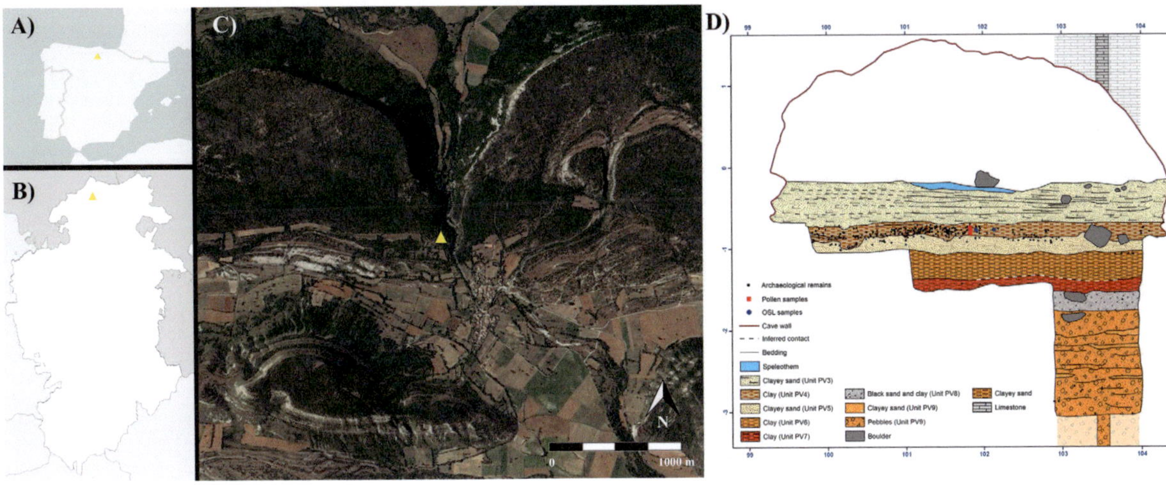

Figura 1 : Situación geográfica de Prado Vargas: A) en la Península ibérica dentro de España; B) la provincia de Burgos; C) el complejo kárstico de Ojo Guareña. D) Estratigrafía de la cueva de Prado Vargas.

un aprovechamiento intensivo del material, siendo los sistemas más representados el Levallois y el Discoide. Aunque existen núcleos, fragmentos o percutores, las lascas son el elemento más representado. Dentro de los retocados, las raederas son las más representadas, seguidas por denticulados, muescas y puntas (Navazo *et al.* 2021). El estudio traceológico ha revelado el uso de la industria para el trabajo de la piel, el procesado de carne y de madera (Cabornero *et al.* 2016; Navazo *et al.* 2022; Santamaría Cabornero *et al.* 2021).

Cabe reseñar la presencia de una corona dental de un individuo de 9-10 años de *Homo neanderthalensis*, que presenta evidencias de reabsorción, sugiriendo que el diente fue perdido en vida debido al reemplazo dental (Navazo *et al.* 2021).

3. Metodología

Para la realización del proceso experimental se han empleado un total de 22 huesos en estado fresco, correspondientes a las extremidades delanteras y traseras de individuos adultos de ciervo (*Cervus elaphus*) y corzo (*Capreolus capreolus*). El utillaje lítico está compuesto por 7 percutores y 1 yunque de cuarcita recogidos en las inmediaciones del yacimiento. Asimismo el procesado previo a la fracturación se ha realizado con lascas de sílex provenientes también de zonas cercanas a Prado Vargas.

La primera parte del proceso experimental ha sido el despellejado, descarnado y descuartizado de los cuartos traseros de los animales. También se ha raspado el periostio para facilitar la fracturación. Se han seguido tres estrategias a la hora de fracturar los huesos, siendo todas ellas de percusión directa: A) golpeo recurrente en la diáfisis, buscando acceder a la diáfisis y de forma secundaria aprovechar restos de forma oportunista como retocadores; B) golpeo en la diáfisis controlado para obtener tanto un buen acceso a la médula como soportes; C) golpeo en las metáfisis para generar soportes y obtener médula poco deteriorada (fig. 2). Todo el experimento ha sido realizado por personas con experiencia en fracturación.

Una vez obtenidos los restos se han seleccionado aquellos que consideremos que sean aptos para las labores de retoque. Todos estos soportes seleccionados han sido analizados siguiendo los criterios establecidos por Villa y Mahieu (1991) referentes a los bordes de fractura. Se ha tenido en cuenta también la longitud de los restos y porción de sección diafisaria que se conserva. Para evaluar el grado de sección recuperada se han creado tres estadios, 0-40%, 40-60% y 60-100%. Asimismo se han estudiado todos aquellos elementos diagnósticos de fracturación intencional recogidos por la bibliografía, tales como muescas, estigmas, contragolpes o conos de percusión (Capaldo and Blumenschine 1994; Pickering y Egeland 2006; Coil *et al.* 2020; Vettese *et al.* 2020) con una lupa binocular MOTIC SMZ-140 Series.

4. Resultados

Todos los percutores líticos fueron empleados, sin embargo, el número 5 y 7 fueron los más empleados, ambos con morfología ovalada. Los percutores con esta forma fueron los más empleados, utilizándose en 21 de los experimentos. En cuanto al peso de los percutores, se usaron más aquellos que pesaban menos de 800 g. que aquellos que superan este peso, empleándose en 12 y 10 experimentos respectivamente. En cuanto a los elementos esqueléticos, 18 de los huesos fueron de *Capreolus capreolus* ante los 4 de *Cervus elaphus*. A nivel anatómico los restos más fracturados fueron los metacarpos (n=6), seguidos por los metatarsos (n=4), húmeros (n=4) y radios (n=4), fémures (n=2) y tibias (n=2).

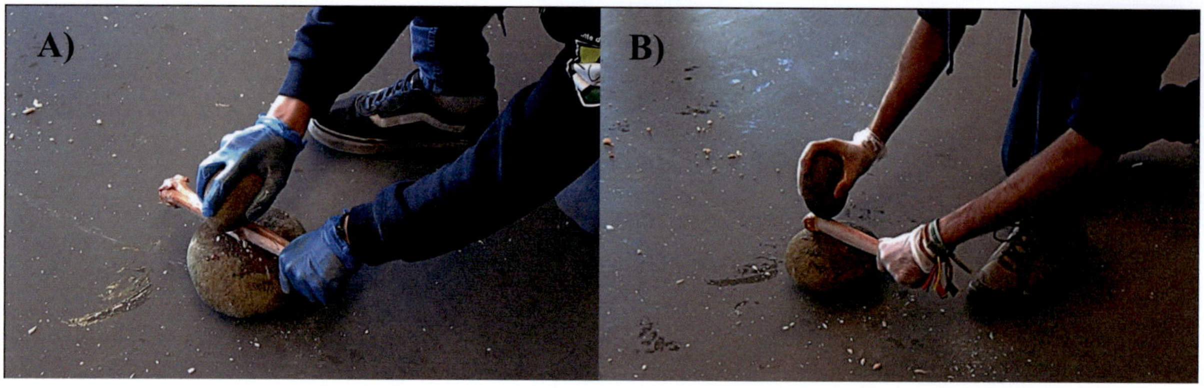

Figura 2: Estrategias de fracturación empleadas en el proceso experimental: A) estrategia de percusión "B"; B) estrategias de percusión "C".

		Epífisis distal	Epífisis proximal	Diáfisis
Cervus elaphus	Metatarso	10	11	7
	Metacarpo	25	2	5
	Metatarso	21	4	6
	Metacarpo	7	3	34
Capreolus capreolus	Metatarso	5	2	1
	Fémur	5	5	1
	Tibia	2	7	3
	Fémur	7	1	1
	Metatarso	5	2	1
	Tibia	2	7	3
	Metacarpo	2	2	2
	Radio	3	3	3
	Húmero	2	1	0
	Metacarpo	5	2	2
	Húmero	3	3	1
	Radio	2	3	10
	Húmero	2	4	0
	Metacarpo	3	2	0
	Radio	15	8	2
	Húmero	5	6	1
	Metacarpo	4	3	1
	Radio	2	5	3
Total	137	86	87	

Tabla 1: Número de impactos necesarios para la fracturación según la especie y el elemento anatómico.

La porción del hueso sobre la que más se percute inicialmente es la epífisis distal (44%), seguidos de la epífisis proximal (28%) y la diáfisis (28%). Cuando el punto de impacto inicial se sitúa en la epífisis distal el *Cervus elaphus* es el taxón que más resistencia ofrece, documentándose un máximo de 25 y una media de 15.75 golpes. A nivel anatómico el metatarso y el metacarpo son aquellos que más golpes necesitan para fracturar, alcanzando 21 de máximo y 10.25 de media los primeros y 25 de máximo y 7,67 de media los segundos. Si el punto de impacto inicial se sitúa en la epífisis proximal, el *Cervus elaphus* es el taxón que más resistencia ofrece, documentándose un máximo de 11 y una media de 5 golpes (Tabla 1).

Número de golpes en la epífisis distal				
	Máximo	**Mínimo**	**Media**	**Mediana**
Origen taxonómico				
Cervus elaphus	25	7	15,75	15,5
Capreolus capreolus	15	2	4,11	3
Origen anatómico				
Metatarso	21	5	10,25	7,5
Metacarpo	25	2	7,67	4,5
Fémur	7	5	6	6
Tibia	2	2	2	2
Radio	15	2	5,5	2,5
Húmero	12	2	3	2,5
Número de golpes en la epífisis proximal				
	Máximo	**Mínimo**	**Media**	**Mediana**
Origen taxonómico				
Cervus elaphus	11	2	5	3,5
Capreolus capreolus	8	1	3,67	3
Origen anatómico				
Metatarso	11	2	4,75	3
Metacarpo	3	2	2,33	2,5
Fémur	5	1	3	3
Tibia	7	7	7	7
Radio	8	3	4,75	4
Húmero	14	1	3,5	3,5
Número de golpes en la diáfisis				
	Máximo	**Mínimo**	**Media**	**Mediana**
Origen taxonómico				
Cervus elaphus	34	5	13	6,5
Capreolus capreolus	10	1	1,94	1
Origen anatómico				
Metatarso	7	1	1	3,5
Metacarpo	34	1	7,33	2
Fémur	1	1	1	1
Tibia	3	3	3	3
Radio	10	2	4,5	3
Húmero	2	1	0,5	0,5

Tabla 2: Número de impactos llevados a cabo antes de la fracturación según la especie y el elemento anatómico.

A nivel anatómico el húmero y el metatarso son aquellos que más golpes reciben antes de fracturarse, soportando un máximo de 14 y 3.5 de media los primeros y un máximo de 11 y una media de 4.75 los segundos. Cabe reseñar que las tibias muestran un número máximo de 7 golpes para fracturar, pero también una media de 7. Cuando el punto de impacto inicial se sitúa en la diáfisis el *Cervus elaphus* es el taxón que más impactos necesita, alcanzando 34 de máximo y 13 de media. A nivel anatómico, el metacarpo es el elemento que más golpes recibe antes de fracturarse, soportando un máximo de 34 impactos y una media de 7.33 (tab. 2).

La fractura inicial de los restos experimentales tiene en su inmensa mayoría delineaciones curvadas (82%), frente a las longitudinales (14%) y transversales (4%). Los bordes de fractura de los soportes experimentales obtenidos son mayoritariamente curvados (94%), oblicuos (94%) y suaves (100%).

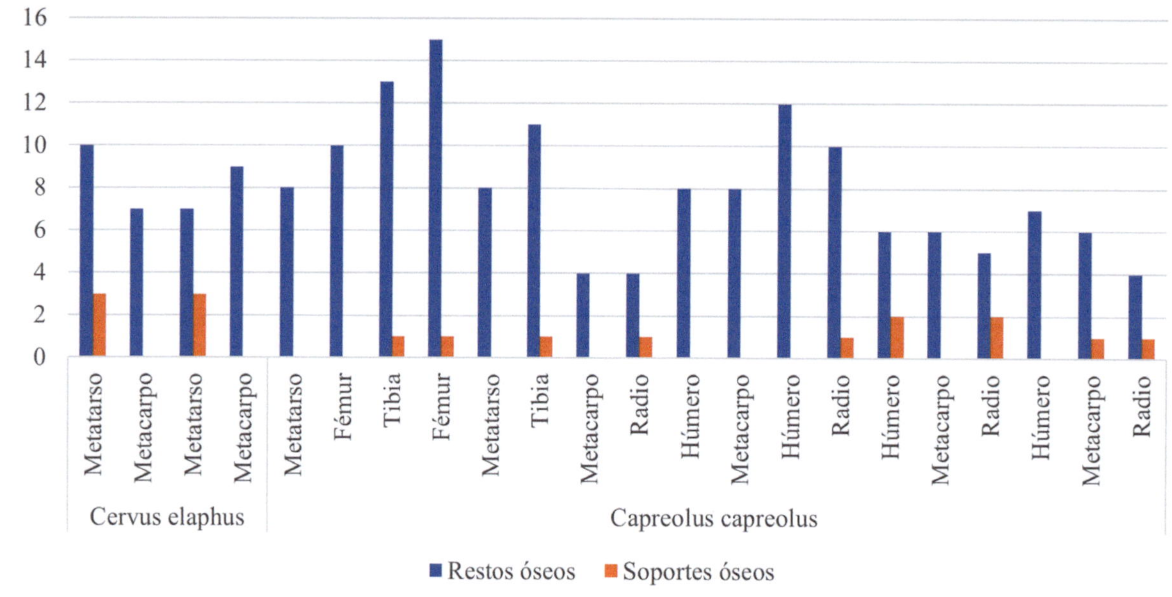

Figura 3: Número de restos y soportes experimentales obtenidos según la especie y el elemento anatómico.

El número de restos obtenido de cada uno de los experimentos ha sido recogido. La especie que mayor número de fragmentos genera sería *Capreolus capreolus* (n=145), alcanzando la media de 8.06 restos por experimento. Aunque *Cervus elaphus* generaría menos fragmentos (n=33), alcanza una media de 8.25 restos por experimento. A nivel anatómico los elementos que más restos generan son el metacarpo (n=40), el metatarso (n=33) y el húmero (n=33). De media alcanzarían 6.67, 8.25 y 8.25 respectivamente. Cabe reseñar el caso del fémur que, aunque produce un total de 25 restos, alcanza una media de 12.5 (fig. 3).

En cuanto al número de soportes obtenidos, *Capreolus capreolus* produce un mayor número de ellos, con un total de 11, alcanzando una media de 0.61 soportes por experimento. De los experimentos realizados en huesos de *Cervus elaphus* se han obtenido un total de 6 soportes, alcanzado una media de 1.5 por experimento. A nivel anatómico, de los experimentos realizados en metatarsos y radios son de los que más soportes se obtienen, con un total de 6 y 5 respectivamente. De media los metatarsos ofrecen 1.5 soportes por experimento, mientras que los radios generarían 1.25 de media (fig. 3).

Los planos de fractura de los retocadores arqueológicos son en su totalidad curvados, oblicuos y suaves. Con respecto a la sección diafisaria, los soportes experimentales conservan en un 76% entre el 0 y el 40%, ante un 24% entre el 40 y el 60%. Los retocadores arqueológicos conservan entre 0 y 40% de la sección en el 75% de los casos. El porcentaje restante se muestra un 40-60% de la sección.

La longitud (mm) de los soportes experimentales alcanza un máximo de 104 mm, un mínimo de 67 mm y una media de 62.47 mm. Los retocadores arqueológicos estudiados toman un máximo de 78 mm, un mínimo de 48 mm, mostrando una media de 61.25 mm. La longitud con respecto al hueso tiene como máximo el 60% y como mínimo un 16%. A pesar de esta variación del 44%, los soportes experimentales suponen como media casi un 40% del hueso. El 50% de los soportes experimentales pertenecen a las caras laterales.

En cuanto a los elementos diagnósticos de fracturación intencional, se han recuperado en los soportes experimentales un total de 15 muescas de percusión, estando presentes en el 50% de los obtenidos de restos de *Cervus elaphus* y en el 65% de los resultantes de experimentos en huesos de *Capreolus capreolus* (fig. 4). A nivel anatómico el radio y el húmero son aquellos que más muescas presentan. De forma mayoritaria se encuentran de forma aislada (NISP=6), aunque también se presentan de forma consecutiva (NISP=4). En cuanto a la cara del hueso en la que se localizan, se sitúan principalmente en las caras laterales. Además, se han recuperado 10 conos de percusión, 14 extracciones corticales, 2 lascas parásitas. Se han observado también 8 marcas asociadas a contragolpes fruto del uso de un yunque, siendo 6 de ellas microfracturas y las 2 restantes microestrías.

Con respecto a los retocadores arqueológicos, en el 50% de los restos se han documentado muescas de percusión, dispuestas en su totalidad de forma aislada y en la diáfisis. Aunque no se han documentado conos de percusión, se tiene constancia de su presencia en el conjunto (de la Fuente *et al.* 2020). Se han observado en los retocadores arqueológicos 2 lascas parásitas y 4 extracciones corticales. Sin embargo, no se han documentado ni estigmas de percusión ni contragolpes.

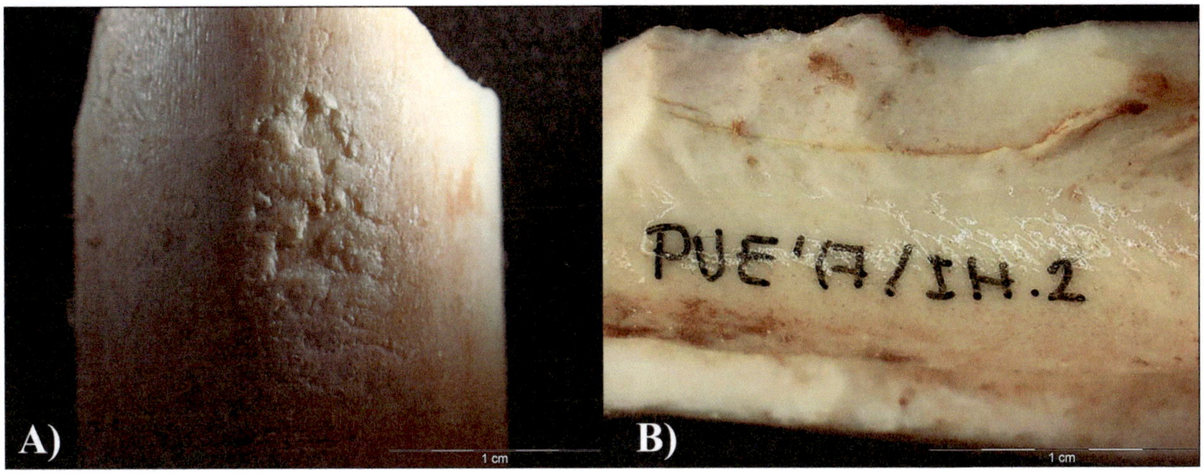

Figura 4: Soportes experimentales empleados como retocadores óseos. A) Zona activa de retoque; B) Muescas de percusión.

5. Discusión

Las estrategias de fracturación llevadas a cabo con el fin de complementar la extracción de la grasa medular con la obtención de soportes óseos destinados al retoque son la B y la C. Sin embargo, ¿estas estrategias cumplen los objetivos?, es decir, ¿son exitosas? A lo largo del proceso experimental hemos visto que, si en primer lugar golpeamos en las epífisis o metáfisis, obtenemos un tubo diafisario aislado. Si percutimos posteriormente en la diáfisis hemos observado que se obtienen tanto soportes óseos como un buen acceso a la médula. No obstante, cabría preguntarse si esta situación sucede a nivel arqueológico. La presencia de muescas en las diáfisis de los retocadores arqueológicos podría indicarnos esta práctica. Si atendemos al conjunto en general con los datos recogidos por de la Fuente *et al.* (2020), la presencia de alrededor de un 5% de muescas de percusión en las metáfisis y epífisis podría contrastar la hipótesis de una estrategia de fracturación centrada en la obtención de retocadores y un buen acceso a la médula a través de una estrategia de fracturación centrada en primer lugar en las metáfisis/epífisis y luego en la diáfisis. Sin embargo, la baja presencia de metáfisis y de muescas de percusión en ella no nos permitiría afirmar rotundamente el empleo de esta estrategia de fracturación.

En cuanto a los huesos que más resistencia ofrecen, en nuestro caso son los que más soportes producen. Por lo tanto, hemos visto que el *Cervus elaphus* sería el taxón ideal. Esto concuerda con la especie más representada en el registro arqueológico (de la Fuente *et al.* 2020), donde además la mayoría de los retocadores han sido identificados como *Cervus elaphus* (Alonso-García *et al.* 2020). Sin embargo, cabría preguntarnos si esto es eficiente. Si estos homínidos aprovechan tanto las tallas pequeñas como las tallas medianas y grandes, ¿merecería la pena invertir un mayor gasto de tiempo y de energía para elaborar la misma herramienta? A nivel alimenticio se ha recogido que los depredadores por norma general tienden a centrarse en la presa que garantiza un mayor retorno, tomando la relación entre la energía dedicada a su captura y la obtenida por su consumo (Starkovich 2012, 2014; Lupo y Schmitt 2016). No obstante, la decisión de emplear un resto óseo u otro para realizar una herramienta no obedece a cuestiones puramente económicas, sino a decisiones tecnológicas. Éstas al no fosilizar han de ser inferidas a través del material arqueológico, presentando una mayor dificultad en la interpretación. La presencia de retocadores óseos en el nivel 4 de Prado Vargas sobre todas las tallas y en especies más allá de *Cervus elaphus* parece indicar que no existe una selección de una especie por parte de los homínidos para realizar retocadores óseos.

A la hora del elemento anatómico ya vimos que el metacarpo, el metatarso y el húmero, seguidos del fémur, la tibia y el radio son los que más restos óseos nos proporcionaban tras la fracturación. Sin embargo, los que más soportes nos ofrecían eran el metatarso y el radio, seguidos de lejos por el resto de elementos de las extremidades (fémur, tibia, húmero y metacarpo). Sin embargo, ¿existe una relación entre el número de soportes obtenidos y el número de restos que se han generado?, es decir, ¿existe una norma? En el caso de metatarso si se cumpliría, se generan una gran cantidad de restos de la que se obtiene una gran cantidad de soportes. En cuanto al húmero, parece que podría existir una correlación también entre el número de restos y de soportes, pero esta no es tan clara. Esta norma de a mayor número de restos mayor número de soportes no se cumple en el caso del radio, ya que vemos que se generan una pequeña cantidad de restos de los cuales una cantidad significativa se emplean como retocadores. De este modo, no podemos afirmar que exista una norma clara que, a mayor número de restos, mayor número de soportes. Trasladándolo al material arqueológico, la mayoría de los retocadores son húmeros y metatarsos, seguidos de tibias y fémures, pero no observamos la presencia de fragmentos de radio empleados como retocadores (Alonso-García *et al.* 2020). Si bien es cierto que cabría reseñar que el húmero y el metatarso son los más identificados en el conjunto (de la Fuente *et al.* 2020), por lo que no parece existir una selección de un elemento anatómico en concreto.

En cuanto a la comparativa con otras variables, en primer lugar, se ha observado la correlación entre el peso y la morfología de los percutores y el número de soportes obtenido. Hemos observado que se obtiene un mayor número de soportes cuando la fracturación es realizada con percutores que pesan menos de 800 gr. y la morfología de éstos es ovalada, es decir, cuando menor es la masa y menor es la superficie activa. Ambas variables están íntimamente relacionadas con la fuerza. Observamos que cuanto menor es la presión ejercida se genera un mayor número de soportes.

Con respecto al número de soportes según la localización del punto de impacto inicial, ya observamos que se percutía en mayor medida en la epífisis distal, seguida de la diáfisis y la epífisis proximal. Hemos observado a lo largo del experimento que cuanto más se percute menos soportes se generan obteniéndose más cuando el punto de impacto inicial fue la epífisis proximal, seguido de la diáfisis y la epífisis distal. Es decir, existe una correlación inversa entre el número de impactos y el número de soportes obtenidos. Cabe reseñar que cuando hemos percutido en la diáfisis hemos observado que si se generan restos que pueden ser empleados como retocadores, sin embargo la médula se deteriora notablemente, dificultando su posible consumo.

En cuanto a la fractura inicial, observamos delineaciones oblicuas que nos denotan que el hueso se encuentra en estado fresco en el momento de la fracturación, tanto en el caso de los retocadores arqueológicos como en el caso de los soportes experimentales. En este sentido Mozota (2012) recoge que la mayoría de las delineaciones iniciales son transversales, siendo en nuestro experimento una minoría. Las características de los planos de fractura, tanto de los retocadores arqueológicos como de los soportes experimentales, muestran delineaciones, ángulos y superficies que corroboran el estado fresco del hueso en el momento de su fracturación. Esto concuerda con las características ofrecidas por el conjunto de fauna del nivel 4 de Prado Vargas, donde la mayoría presenta delineaciones curvadas, ángulos oblicuos y superficies planas (de la Fuente *et al.* 2020).

Si los huesos describen una sección diafisaria completa o semicompleta, existe una mayor probabilidad de que los huesos hayan sido fracturados por carnívoros, que al igual que los homínidos, buscan el acceso a la médula ósea. Sin embargo, la sección diafisaria que se conserva en la mayoría de los casos, tanto a nivel arqueológico como experimental es menor del 40%. De este modo parece evidenciarse que la fracturación de los huesos de los que luego resultarían los fragmentos que serían empleados como retocadores fue llevada a cabo por los homínidos.

En la longitud de los soportes experimentales y los retocadores arqueológicos se observan diferencias. No vemos signos de reducción de la longitud en aquellos arqueológicos, es decir, que son originalmente de menor tamaño que los experimentales. Aunque los dos tipos de soportes estudiados pertenecen mayoritariamente a la diáfisis, los arqueológicos tienden principalmente a la metáfisis proximal, mientras que los experimentales lo hacen hacia la metáfisis distal. También difieren en la cara del hueso a la que pertenecen. Los retocadores arqueológicos pertenecen especialmente a la cara anterior (Alonso-García *et al.* 2020), mientras que los soportes experimentales lo harían fundamentalmente a las laterales.

En cuanto a los elementos diagnósticos de fracturación intencional, especialmente en lo que se refiere a las muescas de percusión, encontramos diferencias entre los soportes experimentales y los retocadores arqueológicos. En los primeros aparecen de forma aislada y consecutiva, mientras que en los segundos aparecen de forma aislada. Sin embargo, en ambos soportes las muescas se disponen mayoritariamente en las diáfisis, así como en las caras anteriores y laterales. Con respecto a otros elementos asociados a la fracturación intencional, tanto en los retocadores arqueológicos como en los soportes experimentales se han documentado extracciones corticales y lascas parásitas. Los contragolpes solo se han recuperado en aquellos experimentales, por lo que podría evidenciarse la ausencia del empleo de un yunque a la hora de fracturar los huesos de los que obtendrían los restos empleados como retocadores estudiados. De este modo se evidencia que los elementos esqueléticos de los que surgieron los restos que se emplearon como retocadores fueron fracturados antrópicamente cuando el hueso estaba en estado fresco, es decir, cuando aun contenía nutrientes, accediendo a la médula. Como ya hemos apuntado anteriormente, no queda completamente claro que mediante la fracturación y la elección del punto de impacto buscaran generar soportes para retocar más allá de acceder a la médula.

6. Conclusiones

Los huesos de ciervo (*Cervus elaphus*) y ciertos elementos anatómicos, como el metatarso, el húmero o el radio son aquellos que más soportes proporcionan, coincidiendo con el taxón y los elementos más identificados en el conjunto. De este modo no podemos vislumbrar que exista una selección anatómica con respecto a la selección de un segmento específico para la producción de soportes que posteriormente sean empleados como retocadores.

El predominio de las características de bordes de fractura propios de la fracturación del hueso en estado fresco, la sección diafisaria conservada y la presencia de elementos diagnósticos de fracturación intencional, tales como las muescas, confirma el acceso por parte de los homínidos a la médula de los huesos de los que posteriormente se extraerían los restos que se usarían para retocar. La longitud menor de los retocadores arqueológicos evidencia un mayor aprovechamiento de los restos generados por los homínidos que ocuparon el nivel 4 de Prado Vargas que el realizado en nuestro experimento.

Sin embargo, no parece estar claro si las estrategias que nosotros planteamos en el experimento, que buscan obtener tanto el acceso a la médula como la producción de soportes, fueron llevadas a cabo por los homínidos del nivel 4 de Prado Vargas. No obstante, independientemente de la estrategia empleada, se evidencia que cuanto mayor es la resistencia ofrecida por el hueso y mayor es la fuerza ejercida, menor es el número de soportes que se obtienen.

Se han observado diferencias conductuales a la hora de establecer qué hueso o qué parte de éste serán empleadas como retocadores entre nuestro experimento y los retocadores arqueológicos estudiados. Estas cuestiones de carácter tecnológico, ergonómico o cultural son difíciles de rastrear en el conjunto, ya que estas decisiones no fosilizan. En este sentido se hacen necesarios trabajos posteriores que ahonden más en esta cuestión con el fin de arrojar más luz a un tema tan controvertido como la industria ósea.

Agradecimientos

Agradecemos el apoyo económico recibido de la Junta de Castilla y León, a través de la Consejería de Cultura y Turismo, Dirección General de Patrimonio Cultural, que financió el proyecto «Intervención arqueológica en la Cueva de Prado Vargas, en Cornejo (Merindad de Sotoscueva, Burgos) (SUBV-22/011-BU). También queremos agradecer a Beni y a los alcaldes de la Merindad de Sotoscueva y Cornejo su apoyo y colaboración. Igualmente, a todos aquellos que participaron y participan en las campañas de excavación, sin los cuales no hubiéramos podido realizar este trabajo. Por último, un agradecimiento especial al Laboratorio de Prehistoria de los socios de la UBU, Marta Santamaría y Pedro Alonso, por su inconmensurable e imprescindible apoyo.

Contribución de los autores

Conceptualización: HFJ; metodología: HFJ; análisis formal e investigación: HFJ, PAG; redacción: -preparación del borrador original: HFJ; -revisión y edición: HFJ, PAG, MN; recursos: HFJ, MN, PAG; supervisión HFJ.

Bibliografía

Abrams, G., Bello, SM., Di Modica, K., Pirson, S. and Bonjean, D. 2014. When neanderthals used cave bear (Ursus spelaeus) remains: Bone retouchers from unit 5 of Scladina cave (Belgium). *Quaternary International* 326/327, 274-287. DOI:10.1016/j.quaint.2013.10.022

Ahern, J.C.M., Karavanić, I., Paunović, M., Janković, I. and Smith, F.H. 2004. New discoveries and interpretations of hominid fossils and artifacts from Vindija Cave, Croatia. *Journal of Human Evolution* 46/1, 27-67. DOI:10.1016/j.jhevol.2003.09.010

Alonso-García, P., Navazo Ruiz, M. and Blasco, R. 2020. Use and selection of bone fragments in the north of the Iberian Peninsula during the Middle Palaeolithic: bone retouchers from level 4 of Prado Vargas (Burgos, Spain). *Archaeological and Anthropological Sciences* 12/9, 1-12.

Abrams, G., Bello, SM., Di Modica, K., Pirson, S. and Bonjean, D. 2014. When neanderthals used cave bear (Ursus spelaeus) remains: Bone retouchers from unit 5 of Scladina cave (Belgium). *Quaternary International* 326/327, 274-287. DOI:10.1016/j.quaint.2013.10.022

Ahern, J.C.M., Karavanić, I., Paunović, M., Janković, I. and Smith, F.H. 2004. New discoveries and interpretations of hominid fossils and artifacts from Vindija Cave, Croatia. *Journal of Human Evolution* 46/1, 27-67. DOI:10.1016/j.jhevol.2003.09.010

Alonso-García, P., Navazo Ruiz, M. and Blasco, R. 2020. Use and selection of bone fragments in the north of the Iberian Peninsula during the Middle Palaeolithic: bone retouchers from level 4 of Prado Vargas (Burgos, Spain). *Archaeological and Anthropological Sciences* 12/9, 1-12.

Auguste, P. 2002. 3. Fiche éclats diaphysaires du Paléolithique moyen : Biaache-Saint-Vaast (Pas-de-Calais) et Kulna (Moravie, République tchèque), in: Patou-Mathis, M. (ed.). *Cahier X : Retouchoirs, compresseurs, percuteurs, objets à impressions et éraillures*. Paris: Société préhistorique française, 39-58.

Blasco, R., Rosell, J., Cuartero, F., Fernández Peris, J., Gopher, A. and Barkai, R. 2013. Using Bones to Shape Stones: MIS 9 Bone Retouchers at Both Edges of the Mediterranean Sea. *PLoS ONE* 8/10. DOI:10.1371/JOURNAL.PONE.0076780

Cabornero, C.S., Cortés, S.M.L., Ruiz, M.N., Benito-Calvo, A. and Lerma, I.M. 2016. Methodological approach and first results of use-wear traces on flint tools through confocal microscope. *digitAR – Revista Digital de Arqueologia, Arquitectura e Artes* 3, 15-22.

Capaldo, S.D. and Blumenschine, R.J. 1994. A Quantitative Diagnosis of Notches Made by Hammerstone Percussion and Carnivore Gnawing on Bovid Long Bones. *American Antiquity* 59/4, 724-748.

Castel, J.-C. 2003. Économie de chasse et d'exploitation de l'animal au Cuzoul de Vers (Lot) au Solutréen et Badegoulien. *Bulletin de la Société préhistorique française* 100, 41-65.

Castel, J-C., Chauvière, F-X. and Madelaine, S. 2003. Sur os et sur dents : les "retouchoirs" aurignaciens de La Ferrassie (Savignac-de-Miremont, Dordogne). *Paléo* 15, 29-50.

Castel, J-C., Chauvière, F-X., L'Homme, X. and Camus, H. 2006. Un nouveau gisement du Paléolithique supérieur récent : le Petit Cloup Barrat (Cabrerets, Lot, France). *Bulletin de la Société préhistorique française* 103, 263-273.

Castel, J-C. and Madelaine, S. 2003. Stigmates observés sur les dents de grands carnivores à l'Aurignacien : l'exemple de l'abri de la Souquette à Sergeac (Dordogne, France). *Paléo* 15, 251-254.

Castel, J-C. and Madelaine, S. 2006. Quelques éléments remarquables de la faune du Solutréen de Laugerie-Haute (Les-Eyzies-de-Tayac, Dordogne). *Paléo* 18, 275-284.

Chase, P.G. 1990. Tool-Making Tools and Middle Paleolithic Behavior. *Current Anthropology* 31/4, 443-447. http://www.jstor.org/stable/2743276

Coil, R., Yezzi-Woodley, K. and Tappen, M. 2020. Comparisons of impact flakes derived from hyena and hammerstone long bone breakage. *Journal of Archaeological Science* 120, 105-167. DOI:10.1016/J.JAS.2020.105167

Costamagno, S., Bourguignon, L., Soulier, M., Meignen, L., Beauval, C., Rendu, W., Mussini, C., Alan Mann, A. and Maureille, B. 2018. Bone retouchers and site function in the Quina Mousterian: the case of Les Pradelles (Marillac-le-Franc, France), in: Hutson, J.M., García-Moreno, A., Noack, E.S., Turnet, E., Villaluenga, A. and Gaudzinski-Windheuser, S. (eds.). *The Origin of Bone Tool Technologies. Retouching the Palaeolithic: Becoming Human and the Origins of Bone Tool Technology*. Mainz: Germany, RGZM-TAGUNGEN; 165-196.

Daujeard, C., Moncel, M.-H., Fiore, I., Tagliacozzo, A., Bindon, P. and Raynal, J.-P. 2014. Middle Paleolithic bone retouchers in Southeastern France: Variability and functionality. *Quaternary International* 326/327, 492-518. DOI:10.1016/j.quaint.2013.12.022

Daujeard, C., Valensi, P., Fiore, I., Moigne, AM., Tagliacozzo, A., Moncel, M-H., Santagata, C., Cauche, D. and Raynal, J.-P. 2018. A reappraisal of Lower to Middle Palaeolithic bone retouchers from southeastern France (MIS 11 to 3). in: Hutson, J.M., García-Moreno, A., Noack, E.S., Turnet, E., Villaluenga, A. and Gaudzinski-Windheuser, S. (eds.). *The Origin of Bone Tool Technologies. Retouching the Palaeolithic: Becoming Human and the Origins of Bone Tool Technology.* Mainz: Germany, RGZM-TAGUNGEN, 93-132.

de la Fuente Juez, H., Domínguez, S.G., Ruiz, M.N. and López, R.B. 2020. Taphonomy of the fossil record of macromammals of the Upper Pleistocene at level 4 of the Cueva de Prado Vargas (Cornejo, Burgos, Spain). *Munibe Antropologia-Arkeologia* 71, 5-21. DOI:10.21630/maa.2020.71.02

de la Fuente Juez, H., Navazo, M., Benito-Calvo, A., Rivals, F., Amo, M. and Alonso-García, P. 2023. Too Good to Go? A Neanderthal subsistence strategies at Prado Vargas Cave (Burgos, Spain). *Archaeological and Anthropological Science* 15, 164. DOI:10.1007/s12520-023-01857-7

Henri-Martin, L. 1906. Maillets ou enclumes en os : provenant de la couche moustérienne de la Quina (Charente). *Bulletin de la Société préhistorique française* 3, 155-162.

Henri-Martin, L. 1907. Présentation d'ossements utilisés de l'époque moustérienne. *In : A propos des os utilisés. Période Paléolithique.* Communication faite à la Société préhistorique de France le 23 mai 1907. Le Mans: Imprimerie Monnoyer, 8-16.

Henri-Martin, L. 1907-1910. *Recherches sur l'évolution du Moustérien dans le gisement de La Quina (Charente).* Paris: Schleicher Frères, Premier volume: industrie osseuse.

Lamotte, A. and Tuffreau, A. 2001. Les industries acheuléennes de Cagny (Somme) dans le contexte de l'Europe du Nord-Ouest, in: Tuffreau, A. (ed.). *L'Acheuléen dans la vallée de la Somme.* Villeneuve-d'Ascq: Centre d'Etudes et de Recherches préhistoriques, Université des Sciences et Techniques de Lille Flandres-Artois, 149-152.

Lupo, K.D. and Schmitt, D.N. 2016. When bigger is not better: the economics of hunting megafauna and its implications for Plio-Pleistocene hunter gatherers. *Journal of Anthropological and Archaeological Science* 44, 185-197.

Mallye, J., Thiébaut, C., Mourre, V. and Costamagno, S. 2012. The Mousterian bone retouchers of Noisetier Cave: experimentation and identification of marks. *Journal of Archaeological Science* 39, 1131-1142.

Moigne, A.-M., Valensi, P., Auguste, P., García-Solano, J., Tuffreau, A., Lamotte, A., Barroso, C. and Moncel, M.-H. 2016. Bone retouchers from Lower Palaeolithic sites: Terra Amata, Orgnac 3, Cagny-l'Epinette and Cueva del Angel. *Quaternary International* 409, 195-212. DOI:10.1016/J.QUAINT.2015.06.059

Moncel, M.H., Moigne, A.M. and Combier, J. 2012. Towards the Middle Palaeolithic in Western Europe: The case of Orgnac 3 (southeastern France). *Journal of Human Evolution* 63/5, 653-666. DOI:10.1016/J.JHEVOL.2012.08.001

Mozota, M. 2012. *El hueso como materia prima: El utillaje óseo del final del Musteriense en el sector central del norte de la Península Ibérica*. Ph.D. Thesis, Santander: Universidad de Cantabria.

Mozota, M. 2015. Un análisis tecno-funcional de los retocadores óseos musterienses del norte de la Península Ibérica, y su aplicación al estudio de los grupos neandertales. *MUNIBE Anthropologia-Arkeologia* 66, 5-21.

Navazo, M., Benito-Calvo, A., Alonso-Alcalde, R., Alonso, P., de la Fuente, H., Santamaría, M., Santamaría, C., Álvarez-Vena, A., Arnold, L.J., Iriarte-Chiapusso, M.-J., Demuro, M., Lozano, M., Ortiz, J.E. and Torres, T. 2021. Late Neanderthal subsistence strategies and cultural traditions in the northern Iberia Peninsula: Insights from Prado Vargas, Burgos, Spain. *Quaternary Science Reviews* 254, 106795. DOI: 10.1016/J.QUASCIREV.2021.106795

Navazo, M., Díez Fernández-Lomana, J., Torres, T., Colina, A. and Ortíz, J. 2005. La cueva de Prado Vargas. Un yacimiento del Paleolítico Medio en el sur de la cordillera cantábrica, in: Lasheras Corruchaga, J.A. and Montes Barquín, R. (eds.), *Neandertales cantábricos, estado de la cuestión: actas de la reunión científica: celebrada en el Museo de Altamira los días 20-22 de octubre de, 2004*. Santillana del Mar: Subdirección General de Publicaciones, Información y Documentación, 151-166.

Navazo, M., Santamaría, C. and Santamaría, M. 2022. Using Cores as Tools: Use-wear Analysis of Neanderthal Recycling Processes in Level 4 at Prado Vargas (Cornejo, Merindad de Sotoscueva, Burgos, Spain). *Lithic Technology*, 1-19. DOI:10.1080/01977261.2022.2108276

Patou-Mathis, M. 1999. Les outils osseux du Paléolithique inférieur et moyen en Europe. Problèmes, méthodes et résultats préliminaires, in: Camps-Fabrer, J. and Julien, M. (eds.). *Préhistoire d'os. Recueil d'études sur l'industrie osseuse préhistorique offert à Henriette Camps-Fabrer*. Aix-en-Provence: Publications de l'Université de Provence, 49-57

Patou-Mathis, M. 2002. *Compresseurs, percuteurs, retouchoirs. os à impressions et éraillures*. Fiches de la Commission de Nomenclature sur l'industrie de l'os préhistorique cahier X.

Pérez, L., Hernández, C.M. and Galván, B. 2019. Bone retouchers from the Middle Palaeolithic site of El Salt, Stratigraphic Unit Xa (Alicante, Spain): First data and comparison with the Middle to Upper Pleistocene European record. *International Journal of Osteoarchaeology* 29/2, 238-252.

Pickering, T.R. and Egeland, C.P. 2006. Experimental patterns of hammerstone percussion damage on bones: implications for inferences of carcass processing by humans. *Journal of Archaeological Science* 33/4, 459-469. DOI:10.1016/J.JAS.2005.09.001

Rosell, J., Blasco, R., Campeny, G., Díez, J.C., Alonso-Alcalde, R., Menéndez, L., Arsuaga, J.L., Bermúdez de Castro, J.M., Carbonell, E. 2011. Bone as a technological raw material at the Gran Dolina site (Sierra de Atapuerca, Burgos, Spain). *Journal of Human Evolution* 61/1, 125-131. DOI:10.1016/J.JHEVOL.2011.02.001

Rosell, J., Blasco, R., Fernández Peris, J., Carbonell, E., Barkai, R. and Gopher, A. 2015. Recycling bones in the middle pleistocene: Some reflections from gran dolina TD10-1 (Spain), Bolomor cave (Spain) and Qesem cave (Israel). *Quaternary International* 361, 297-312. DOI:10.1016/J.QUAINT.2014.08.009

Santamaría Cabornero, C., Navazo Ruiz, M. and Benito-Calvo, A. 2021. Functional analysis of Middle Palaeolithic flint tools through experimental use wear analysis: the case of Prado Vargas (Cornejo) and Fuente Mudarra (Atapuerca), northern Spain. *Munibe Antropologia-Arkeologia*. DOI:10.21630/maa.2021.72.05

Semenov, SA. 1956. Retoucheurs de pierre du Paléolithique récent, in: Okladnikov, A.P. (ed.). *Paléolithique et Néolithique de l'U.R.S.S.* Paris: Centre d'études et de documentation paléontologiques, 382-387.

Semenov, SA. 1981. *Prehistoric Technology*. Madrid: Akal Universitaria.

Siret, M.L. 1925. Emploi de l'os dans la retouche des silex moustériens. *Bulletin de la Société préhistorique de France* 22/5, 208-210.

Smith, G.M. 2013. Taphonomic resolution and hominin subsistence behaviour in the Lower Palaeolithic: differing data scales and interpretive frameworks at Boxgrove and Swanscombe (UK). *Journal of Archaeological Science* 40/10, 3754-3767. DOI:10.1016/j.jas.2013.05.002

Starkovich, B.M. 2012. Intensification of small game resources at Klissoura cave 1 (Peloponnese, Greece) from the Middle Paleolithic to Mesolithic. *Quaternary International* 264, 17-31.

Starkovich, B.M. 2014. Optimal foraging, dietary change, and site use during the Paleolithic at Klissoura cave 1 (southern Greece). *Journal of Archaeological Science* 52, 39-55.

Tartar, E. 2009. *De l'os à l'outil. Caractérisation technique, économique et sociale de l'utilisation de l'os à l'Aurignacian Ancien*. Ph.D. Thesis, Paris: Université de Paris I-Pantheón-Sorbonne.

Tartar, E. 2012a. Réflexion autour de la fonction des retouchoirs en os de l'Aurignacien ancien. *Bulletin de la Société préhistorique française* 109, 69-83.

Tartar, E. 2012b. The recognition of a new type of bone tools in Early Aurignacian assemblages: implications for understanding the appearance of osseous technology in Europe. *Journal of Archaeological Science* 39, 2348-2360.

Vettese, D., Blasco, R., Cáceres, I., Gaudzinski-Windheuser, S., Moncel, M.-H., Hohenstein, U.T. and Daujeard, C. 2020. Towards an understanding of hominin marrow extraction strategies: a proposal for a percussion mark terminology. *Archaeological and Anthropological Sciences* 12/48. http://www.doi.org/10.1007/s12520-019-00972-8

Villa, P. and Mahieu, E. 1991. Breakage patterns of human long bones. *Journal of Human Evolution* 21/1, 27-48. DOI: 10.1016/0047-2484(91)90034-S

Vincent, A. 1993. *L'outillage osseux au Paléolithique moyen : une nouvelle approche*. Ph.D. Thesis, Nanterre: Université Paris X-Nanterre.

Vitezović, S. 2018. Retouching tools from the Post-Palaeolithic period in Southeast Europe, in: Hutson, J.-M., García-Moreno, A., Noack, ES., Turner, E., Villaluenga, A, and Gaudzinski-Windheuser, S. (eds.). *The Origin of Bone Tool Technologies. "Retouching the Palaeolithic: Becoming Human and the Origins of Bone Tool Technology"*, Conference at Schloss Herrenhausen in Hannover, Germany, 21-23. Mainz: RGZM-TAGUNGEN, 297-315.

Notas sobre los autores

Héctor de la Fuente Juez
Área de Prehistoria, Departamento de Historia, Geografía y Comunicación
Universidad de Burgos, Facultad de Humanidades y Comunicación, Paseo de los Comendadores s/n 09001, Burgos, Spain
hector13scott@gmail.com – hfj000@alu.ubu.es

Pedro Alonso-García
Área de Prehistoria, Departamento de Historia, Geografía y Comunicación
Universidad de Burgos, Facultad de Humanidades y Comunicación, Paseo de los Comendadores s/n 09001, Burgos, Spain
pag0026@alu.ubu.es

Marta Navazo Ruiz
Área de Prehistoria, Departamento de Historia, Geografía y Comunicación
Universidad de Burgos, Facultad de Humanidades y Comunicación, Paseo de los Comendadores s/n 09001, Burgos, Spain
mnavazo@ubu.es

The role of bipolar technology on quartz in the Robberg of Umhlatuzana Rock Shelter (South Africa)

Viola C. Schmid, Morgan Roussel, Tullio Abruzzese, Irini Sifogeorgaki, Gerrit L. Dusseldorp

Abstract

We identify various bladelet production strategies, mainly on quartz, in the early Later Stone Age (LSA) and Robberg layers at Umhlatuzana Rock Shelter (UMH), KwaZulu-Natal. They include the application of freehand percussion as well as the use of anvils, demonstrated by different combinations of features on cores and blanks. To substantiate our archaeological observations and to provide distinguishing characteristics between bipolar and anvil percussion specifically on quartz products extracted during a complete reduction sequence, we conducted knapping experiments. These were performed on quartz pebbles using freehand, bipolar-on-anvil and anvil-assisted techniques. We recorded relevant features, based on the archaeological material as well as an extensive literature review, in a database for the purpose of quantification of characteristic attributes and differentiation of the used technique. We show that controlled production of standardised bladelets on quartz is challenging in most configurations. The best results are obtained using a stabilising anvil and (wooden) clamps. Our combination of archaeological analysis and experimental replication point to a flexible combination of different techniques during the reduction, involving the use of freehand, bipolar-on-anvil and anvil-assisted percussion. This seems the most feasible strategy for efficient bladelet production in the Robberg technocomplex.

Keywords: Robberg; experimental archaeology; knapping; bladelet production; quartz; bipolar technology

1. Introduction

Bipolar technology is in evidence from the African Earlier Stone Age onwards, but the increased use of bipolar reduction strategies allowing the efficient production of microlithic elements is one of the most prominent technological changes associated with the beginning of the Later Stone Age in southern Africa (e.g., Villa *et al.* 2012; Wurz 2021). The Robberg technocomplex (~25 – 12 ka) in particular is characterised by the large-scale production of bladelets on fine-grained raw materials, including quartz (Deacon 1984;

in: Mathias, C., Bourguignon, L., Ivorra, J. and Viallet, C. (eds) 2026. *Living Archaeology. Unveiling the Past through Experimental Archaeology*. Leiden: Sidestone Press, 129-144.

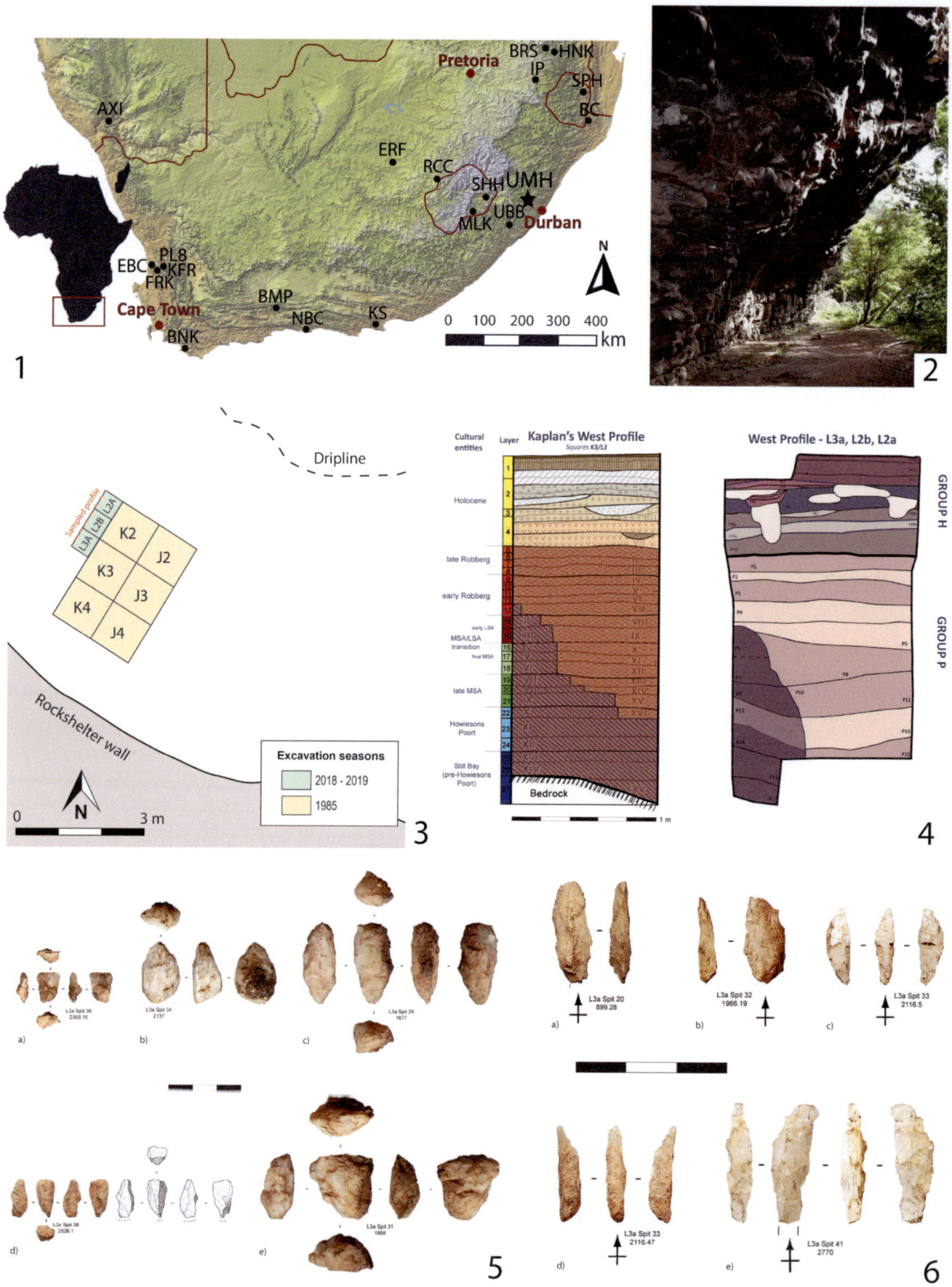

Figure 1: 1 – Map of South Africa showing the location of Umhlatuzana Rock Shelter and other important early Later Stone Age and Robberg sites (by I. Sifogeorgaki 2023); 2 – View of Umhlatuzana Rock Shelter facing northwest (from Sifogeorgaki *et al.* 2020); 3 – Site map of Umhlatuzana Rock Shelter. Yellow squares excavated in 1985 by Kaplan. Squares L2a, L2b, and L3a excavated in 2018-2019 (by I. Sifogeorgaki 2023); 4 – West profile of Kaplan's excavation (left) and new excavations 2018/2019 (right) (modified after Kaplan 1990 and Sifogeorgaki *et al.* 2020); 5 – Bipolar cores (a-c) and anvil cores (d & e) made on quartz (drawings by T. Abruzzese; photos: S. Blik); 6 – Bipolar bladelets made on quartz (a-e) (photos: S. Blik).

Wadley 1993; Mitchell 1995, 2002; Lombard *et al.* 2012; Porraz *et al.* 2016a). The archaeological sequence at UMH, which we are analysing, reveals an increased emphasis on the microlithic reduction of quartz during the LSA, specifically the Robberg technocomplex, compared to freehand knapping of larger products on more homogeneous lithic raw materials such as hornfels during the preceding final Middle Stone Age (fig. 1.) (Kaplan 1990; Sifogeorgaki *et al.* 2020, 2023). Quartz, a heterogeneous raw material, at first sight appears a suboptimal choice to produce uniform small elements characteristic of the Robberg, and diagnostic criteria of varied percussion techniques involving anvils are not yet fully understood.

We seek to answer the question how lithic raw materials of a great variety can be effectively exploited using bipolar technology in the production of standardised microlithic blanks? The management of lithic raw materials and bladelet production is generally accepted to consist of the integration of freehand knapping and the use of various knapping techniques making use of anvils (Mitchell 1988; Pargeter and Redondo 2016; Porraz *et al.* 2016b). Strikingly, the diagnostic characteristics produced by distinct knapping techniques such as anvil-assisted and bipolar-on-anvil knapping are poorly established for LSA lithic assemblages. To inform our analysis of the early LSA and Robberg assemblages at UMH, we launched a series of experiments aimed at clarifying how quartz can be effectively managed in the targeted production of bladelets. Importantly, we strive to determine if different bipolar techniques produce diagnostic criteria that can be recognised in the archaeological record and explore possible additional arrangements to enhance the performance of anvil use.

2. Material and Methods

We conducted experiments aimed at the production of bladelets by flaking on an anvil. One of us (MR), an expert flint knapper (e.g., Roussel *et al.* 2009), but less experienced with quartz and bipolar technology, performed five ramification sequences associated with 14 experiments as a replicator (for definition see Mourre *et al.* 2010). During the whole process of the experimentation, we followed a consistent protocol.

2.1. Definitions

Table 1 shows the definitions and descriptions we used in our analysis.

2.2. Experimental material

We used 25 different-sized quartz pebbles from the Lot River, France. As quartz itself is a suitable raw material for hammerstones, pebbles of differing weights and specific morphologies were used as hammerstones (S1 tab. 1, doi link at the end of the paper), while other pieces were selected as cores for the experiments due to their morphologies. We used a quadrangular, flat slab of brown-reddish dense and fine-grained sandstone (S1 fig. 1) as anvil. At a later stage of experimentation clamps, produced by the replicator by splitting a branch of dogwood (*Cornus sanguinea*), held tightly together with strings of leather or hemp ropes (S1 fig. 2) were used. A 0.7 mm thick rabbit hide (*Oryctolagus cuniculus*) was also used at a later stage to better fixate the smaller cores in the clamps.

371 experimental pieces, comprising five cores and 366 blanks, were recorded. Elements <2 mm were only counted, but excluded from the recording, hence are not part of this study.

Term	*Definition*	*Reference*
Bladelet	*Ratio Length:Width >2:1* *Width <10 mm*	*Hahn 1977*
Micro-blade	*Ratio Length:Width >2:1* *Width ≤12 mm; ≥10 mm*	*Porraz et al. 2016b*
Elongated flake (éclat laminaire)	*Ratio Length:Width <2:1; > 1.5:1* *Parallel dorsal ridges, regular morphology*	*de Sonneville-Bordes, 1960; Moreau, 2009; Porraz et al. 2018*
Anvil	*Immobile percussion instrument used as support;* *plays direct or indirect, non-exclusive role in knapping process*	*Mourre 1996*
Anvil-assisted core	*Core reduced by anvil percussion (see below)*	*Pargeter and Tweedie 2019*
Bipolar percussion	*Blows axially on core resting on anvil*	*Callahan 1987*
Anvil percussion (taille appuyée)	*Blows non-axially on core resting on anvil (e.g., for stabilisation)*	*Callahan 1987; Mourre 1996*
Ramification (branching strategy)	*Use of debitage products as cores for a second reduction generation (e.g., lemon slices)*	*Bourguignon et al. 2004; Mathias and Bourguignon 2020*

Table 1: Definitions and descriptions used in the paper.

2.3. Experimental protocol

Preparation and recording

We conducted all experiments in the surroundings of the Faculty of Archaeology, Leiden University. Trial sessions to allow the replicator to get familiar with the raw material and to fine-tune the experimental and recording protocols were held before the experiments. These were not formally recorded to exclude any unrealistic results.

We recorded all formal knapping sequences on a custom-designed recording form (fig. 2). We used a separate form for every experiment (identified according to core number: Experiment 1 pertains to core #1). Here intentions, accidents, reduction phase (e.g., production, maintenance), strength of blows, as well as general observations were recorded. All cores and hammerstones were individually numbered and labelled. We took photographs of all views (front, laterals, back, top, base). All cores and hammerstones were measured in length, width, and thickness, and weighted before reduction. On the recording sheet, we drew the cores schematically, illustrating the exterior presence of damage, cracks, and shocks and the overall shape.

The knapping sequence was not only qualitatively recorded on the form but audio-visually with a camera (Nikon D3400) from a stable angle with the aid of a tripod, which was adapted if needed. The video documentation served not only to record the explicit implementation of the technique (*e.g.*, knapping tool, gesture, anvil positioning, etc.), but also the comments and explanations of the replicator (S 2 and 3 Videos). Photographs were taken with a Canon M50 DSLR by hand from different positions, including snapshots of the products (S1 fig. 3 to 64).

We placed a polyethylene tarp under the experimental area to avoid losing pieces in the process. The anvil was arranged, with the tarp in between, on a soil surface; we avoided pavement and concrete (S1 fig. 3 and 4). The replicator positioned himself as well as the core and selected the hammerstone which could, depending on assessment of the replicator, change at any point in the reduction sequence. Experimentation forms pre-filled with information on the original core blank (*e.g.*, size and mass) were prepared to record notes and observations. Plastic bags for separation and storage of the products as well as markers for labelling were supplied.

3. Experiments

3.1. Decision making

The choice of the knapping technique, even though the research aim was clear, depended often on the occasion or on raw material properties (e.g., presence of flaws), core morphology, convexities on the core, dimensions, and knapping accidents. As an experienced knapper, decision-making was exclusively done by the replicator, but decisions and rationale were recorded by the observers. These decisions comprise:

- Selection of the core blank.
- Alignment of reduction with blank features.
- Hammerstone and the gesture selected to achieve the reduction goal.
- The position and orientation of the core, direction of the blow, speed, movement, contact of hammerstone with core (internal vs. marginal percussion).

Additionally, the incorporation of a preparatory phase and the insertion of maintenance phases (discontinuous reduction sequence) were optional choices available to the replicator. Experiments were considered completed when the core was judged 'exhausted' by the replicator.

3.2. Documentation process

In the case of a decision to change knapping technique for production, e.g., from freehand knapping to anvil or bipolar percussion, in recording we referred to the core before the change as 'core at change of technique'. Additionally, we termed products from an earlier phase of core reduction that were later used as cores, as 'ramified/by-product cores'. All of these cores (core at change of technique & ramified/by-product core) got a new identification number with a sequential alphabetical suffix (e.g., Core 9a). They were recorded on a separate experimentation form. As these cores formed new original core blanks, we measured their dimensions, and realised a photogrammetric model before further reduction. So, before exhaustion, some cores were documented at different moments within the reduction sequence.

On all experimentation forms, each gesture, hammerstone used, items produced, observations, and impressions were recorded. Every action leading to the detachment of products obtained a sequential number (starting from 1). Every sequence of actions, associated with the same setting of hammerstone, removal surface, orientation of the core, and knapping technique, was grouped as a specific phase (*e.g.* production or maintenance phase), and recorded with a phase number on the recording sheet. The phases changed according to the requirements of the experiment, such as reorientation of the core, maintenance, or preparation. In that way, every bag was easily traceable to a precise moment in the reduction sequence of the core. The experimental blanks and the (exhausted) cores originating from the experiments were collected and bagged individually in sealed plastic bags. If a piece broke during detachment, we collected the fragments in a single bag. Every bag received an ID corresponding to the numbering of the specific operation in the reduction sequence described on the recording sheet. For each bag, we stated in writing the gesture (angulation

Experimentation bipolar vs. anvil percussion

Experimentation ID:

Pre-experimantion

Original core form: Photo: ☐ Photo n°_____ Weight:
Length: Width: Thickness:
Percussion technique/production mode:

Experimentation

Video explanation: ☐ Photos: ☐ Photos n°_____ - _____ Notes: ☐

Hammer (starting):
Anvil:

N° of production phases (i.e., continuous reduction and also same setting of hammerstone, removal surface, and knapping technique):

N° of maintenance phases (i.e., essential intermezzo of re-installation/preparation):

Post-experimentation

N° of products: ___of which ___ are end-products, ___ are usable and ___ are fragments/debris
Photos of core at change of technique and/or exhausted core: ☐ Photos n°_____ - _____
Photos of products: ☐ Photos n°_____ - _____
Recording of core at change of technique and/or exhausted core in database: ☐
Recording of products in database: ☐

Remarks

Figure 2: Recording form for the knapping experiments.

of blow, marginal vs. internal), the intention of operation (correction, preparation, maintenance, or production), resulting product, intensity of blow, and accidents, such as *Siret* fractures, *parasite* removals (unintentional removals of small flakes proximally at the same moment as detachment of the blank), step termination, and hinge termination.

Directly after each experiment, we immediately uploaded videos and photos on a shared folder named according to the date and experiment ID. Moreover, we digitised the experimentation forms and saved them also. All handwritten descriptions and noted observations were transcribed into digital text. We stored the products in the laboratory space of one of us (GLD) at the Faculty of Archaeology at Leiden University. This storage situation is temporary, and we plan to establish an appropriate archive for the reference collection to be made accessible to other researchers upon request. Finally, we held a debriefing, especially in the trial phase, to discuss improvements and further procedure in the next session.

Data recording of the experimental material was performed with a database. General recording started with entering the Experiment ID and for blanks, the product ID was added, which consists of the Experimentation ID followed by a sequential suffix, if possible, according to the reduction sequence. The attributes recorded included metric and non-metric parameters (S1 tab. 2 3rd column (cores) 2nd row: platform bluntness/fissuring/edge battering). Some concerned all the pieces, while others were particularly recorded for blanks or respectively cores.

Metric characteristics included length, width, thickness, and weight of all products independently from their level of completeness (see de Loecker and Roebroeks 2012). Measurements (in millimetres, mm) were taken with a digital calliper. Length was measured parallel to the axis of the blank, width perpendicular to the axis. Thickness was measured circa in the centre of the blank. A precision scale was used to record the weight (in g). Platform dimensions, and interior and exterior percussion angles (IPA and EPA) were determined for completely preserved or proximally preserved blanks (see Dibble and Whittaker 1981). Platform measurements were done according to the point of impact (when present). Platform depth was always measured starting from the point of impact or alternatively from circa the centre of the platform to the exterior edge of the piece (see Dibble and Pelcin 1995). Platform width was measured perpendicular to the platform depth recording only the visibly intact platform (not complete platforms were excluded from the measurement). IPA and EPA for the blanks as well as the angle between striking platform and removal surface for the cores were recorded (in degrees, °) using a goniometer (see Dibble and Whittaker 1981).

Core blanks have been measured the same way as blanks. The longest axis was used to measure the length (in mm), width was measured perpendicular to the length on the same plane. The thickness was measured perpendicularly to the plane from which the previous measurements were taken using the ideal intersection between length/width axes as the central point for taking the measurement (de Loecker and Schlanger 2006). All core blanks have been weighed (in g) with a precision scale.

Non-metric parameters can be roughly divided in 'pre-' and 'post-production' of the blanks:

- 'Pre-production' recordings included, the number of the anvil and hammerstone used, which percussion technique was employed (freehand, on anvil, bipolar splitting), how the core was held in place (core fixation: hand plus anvil, hand or clamp plus anvil), movement of the striking hand (gesture: perpendicular, oblique/marginal, oblique/internal), which phase of the reduction sequence originated the blank from (bladelet production, maintenance, split of the pebble). All of these parameters were taken from the field documentation.
- 'Post-production' characteristics were recorded exclusively in the lab. To identify micro characteristics, such as radial fractures, we used a magnifying glass (magnification 2x and 4x) or, where not enough, a loupe (magnification 10x). All other characteristics were described with the naked eye. We specified the level of fragmentation of the blank (complete, distal, proximal, medial). We reported the percentage of cortex coverage for blanks on the dorsal face and for cores concerning the overall surface (Nigst 2012). We recorded profile (rectilinear, curved), morphology (triangular, trapezoidal, rectangular, quadrangular), cross-section and dorsal scar patterns (e.g., unidirectional, bidirectional, unidirectional convergent, etc.) of all blanks. Particularly for the cores, we entered the presence of step-terminated scars on the removal surface, the presence of a core back, the last operation on the core, and the discard factor (raw material quality, knapping accidents, dimension).

Non-metric characteristics included a whole range of observations on the technique and related landmarks to comply with the scope of the experimentation as well as to better control the factors affecting the blank produced. A targeted literature review yielded the relevant non-metric characteristics recorded (e.g., Mourre 1996; de Lombera Hermida 2009; Mourre and Jarry 2011; de la Peña 2015; Pargeter and de la Peña 2017; Pargeter *et al.* 2019).

Finally, we photographed all the exhausted cores, end-products, and diagnostic technological elements.

4. Results

We conducted 14 experiments (tab. 2). A full description of the individual experiments can be found in the Supplementary information.

After the trial phase, the experiments commenced with IDs, 9, 9a, 10 and 11 (tab. 2). All experiments except for ID 9 started with the bipolar splitting the pebble to create manageable cores for bladelet production. In experiment ID 9 and follow ups (9a and 9b), the pebble was naturally cracked and afforded all requirements to start reduction, so no pebble-splitting was performed (S1 tab. 3). Hammerstones 1-3, 5 and 6 with different weights and morphologies were used in various phases throughout the experiments (S1 tab. 1).

Experiments 9a (on a flake produced in experiment 9), 10 and 11 all were aimed at bladelet production, but despite large numbers of blanks being produced, only experiment 11 yielded a small number of bladelets.

Following these results and the debriefing, it became apparent that the critical obstacle to the effective production of bladelets was the stabilisation of the core on the anvil and orientation with the hand. An alternative solution for core fixation suggested by the replicator on

Experiment ID	*Phase*	*Action*	*Products*	*Remarks*
10			*Total: 32 flakes*	
	Pebble splitting	*Bipolar*	*10 flakes*	*3 large flakes with suitable shape for ramification (10a-c); S Figs. 20-23*
	Platform management	*Freehand*	*1 flake*	
	Production	*anvil percussion (taille appuyée)*	*21 flakes*	*Production aimed at bladelets S fig. 66*
11			*Total: 28 blanks*	
	Pebble splitting	*Bipolar*	*7 flakes*	*S fig. 38*
	Platform, removal surface reconfiguration	*Freehand*	*5 flakes*	*In between bladelet production phases*
	Production	*Anvil percussion*	*12 flakes* *4 bladelets*	*Production aimed at bladelets, 2 phases discontinuous with maintenance phase in between; S Figs. 39-40*
9			*Total: 43 flakes*	
	Production	*Freehand*	*33 flakes*	*2, 9a,b adequate shape and size for ramification; S Figs. 6-9*
	Maintenance removal surface & platform	*Freehand*	*10 flakes*	
9a			*Total: 11 flakes*	
	Maintenance of striking platform	*Freehand*	*5 flakes*	*S Figs. 10-13*
	Production	*Anvil percussion*	*6 flakes*	
10b			*Total: 11 blanks*	
	Production	*Anvil percussion, clamps*	*6 badelets; 5 flakes*	*Production discontinuous due to reorientation of core; S Figs. 24-27*
10c			*Total: 46 blanks*	
	Preparation removal surface	*Freehand*	*3 flakes*	*Production discontinuous due to correction of hinge scars on removal surface by anvil percussion with clamps; S Figs. 30-37*
	Production	*Anvil percussion, clamps*	*18 bladelets; 10 flakes; 5 elongated Flakes*	
	Maintenance	*Anvil percussion, clamps*	*10 flakes*	
9b			*Total: 68 blanks*	
	Maintenance and preparation	*Freehand*	*2 bladelets; 47 flakes*	
	Production	*Anvil percussion, clamps*	*11 flakes; 4 elongated flakes; 4 bladelets*	*S Figs. 14-19*
15			*Total: 20 flakes*	
	Pebble splitting	*Bipolar*	*20 flakes*	*3 large flakes with suitable shape for ramification (15a-c); S Figs. 41-42*
15a			*Total: 31 blanks*	
	Maintenance, crest preparation	*Freehand*	*3 flakes*	*S Figs. 43-44*
	Maintenance removal surface	*Anvil percussion, clamps*	*2 flakes*	
	Production	*Freehand*	*3 bladelets; 7 flakes*	
	Production	*Anvil percussion, clamps*	*3 bladelets; 13 flakes*	
15b			*Total: 9 blanks*	
	Platform preparation	*Freehand*	*3 flakes*	*S Figs. 45-48*
	Production	*Anvil percussion, clamps, softwood stabilizer*	*3 bladelets, 1 flake; 1 elongated flake;*	
	Removal surface preparation	*Anvil percussion, clamps, softwood stabilizer*	*1 elongated flake*	

Experiment ID	Phase	Action	Products	Remarks
15c			Total: 4 blanks	
	Production	Anvil percussion, clamps, softwood stabilizer	1 bladelet; 3 flakes	S Figs. 49-52
16			Total: 23 flakes	
	Pebble splitting	Bipolar	23 flakes	3 large flakes with suitable shape for ramification (16a-c); S Table 3; S Figs. 53-56
16a			Total: 24 blanks	
	Maintenance	Freehand	14 flakes; 1 core tablet	S Figs. 57-60
	Production	Anvil percussion, clamps, rabbit hide wrapping	6 flakes; 3 elongated flakes	
16b			Total: 16 blanks	
	Maintenance	Freehand	1 core tablet	S Figs. 61-64
	Production	Anvil percussion, clamps, rabbit hide wrapping	6 bladelets; 9 flakes	

Table 2: Production data per experiment.

the anvil was implemented. Wooden clamps were tested to increase the stability of the core and increase control of the blows for a more standardised production of functional 'true' bladelets.

Experiments 10b, 10c, 9b, 15a, 15b, and 15c were conducted using wooden clamps and 16a and 16c with wooden clamps and rabbit hide wrapped around the core for stabilisation. All experiments except 16a were successful in producing bladelets, although the quantity of bladelets produced varies.

4.1. Synthesis of the experiments

The first four experiments were conducted using freehand, bipolar, and anvil percussion and the cores were fixated either by hand or by hand and anvil. Bladelet production was not successful in these experiments, but one experiment (9) aimed at flake production only.

Suitable products for ramification were produced in experiments 10 and 9. In Experiment 10, bipolar splitting of the pebble yielded three characteristic lemon-sliced flakes. Due to the shape of the pebble used in experiment 9, splitting was unnecessary. Two suitable core blanks were produced but these did not have typical lemon-sliced shapes.

Clamps were introduced in the following experiments to provide better stabilisation and control of the core. Being held by the foot, it also allows better orientation of the hand. It proved an effective solution. The ramified cores (10b, 10c, and 9b) (fig. 3) yielded bladelets during a discontinuous reduction sequence, interrupted by reconfiguration and maintenance actions. Experiment 10c encompassed sequential production episodes of maximal three (standardised) bladelets.

The reduction of ramified cores 15a and 15c proceeded similarly to experiments 10b, 10c, and 9b with a bladelet output from a discontinuous reduction, including production phases using the combination of anvil and clamps as well as maintenance actions by freehand percussion. In experiment 15a, a short sequence of freehand percussion for bladelet production was interposed between a maintenance action and a production phase with anvil and clamps. In experiment 15b a piece of wood below the core was introduced for stabilisation. The production of bladelets and elongated flakes was successful within a discontinuous reduction encompassing episodes of platform preparation by freehand percussion and maintenance of removal surface by anvil percussion.

For experiments 16a and 16c, the core was not only fixated by anvil and clamps, but also wrapped in a piece of rabbit hide to provide a better stability in the clamps. While experiment 16a yielded elongated flakes, but no bladelets, as output in a discontinuous reduction sequence, several bladelets were obtained in experiment 16c.

4.2. Experimental blanks

As expected, flakes are the largest blank category (N = 300), followed by bladelets (N = 50, 14% of total blanks), and elongated flakes (N = 15). 44.2% of the blanks derive from bladelet production phases (S1 tab. 4).

All bladelets came from production phases with the exception of two which resulted from maintenance or preparation. Most (N = 41) derived from anvil percussion with clamps fixation, however four (three of these are cortical bladelets) were detached by anvil percussion during bladelet production in experiment 11 and three by freehand percussion during bladelet production in experiment 15a (fig. 4; S1 fig. 67). Experiment 10c was most productive, it yielded 37% (N = 18) of the total bladelets produced.

The introduction of wooden clamps for core fixation was productive yielding 32 bladelets (62% of total bladelets). The

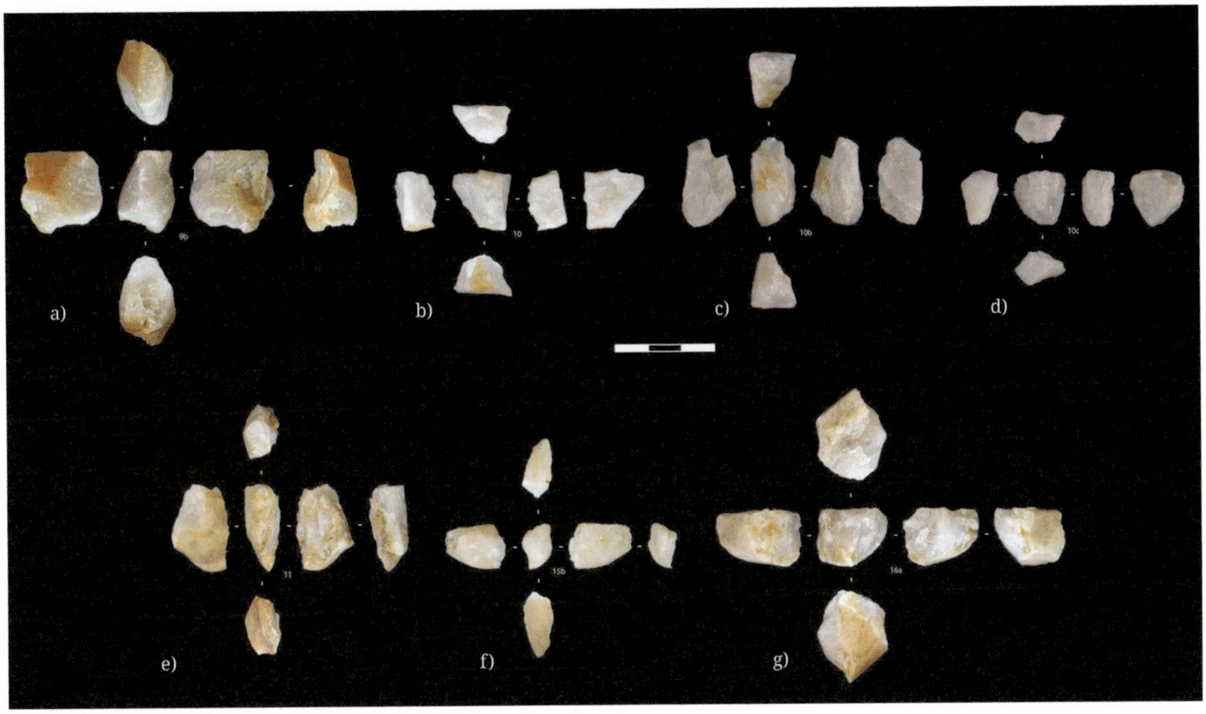

Figure 3: Exhausted cores. Exhausted cores discarded after exploitation by anvil percussion and clamps as core fixation (a, c, d, f & g) and exhausted cores discarded after exploitation by anvil percussion (b, e) (photos: T. Abruzzese).

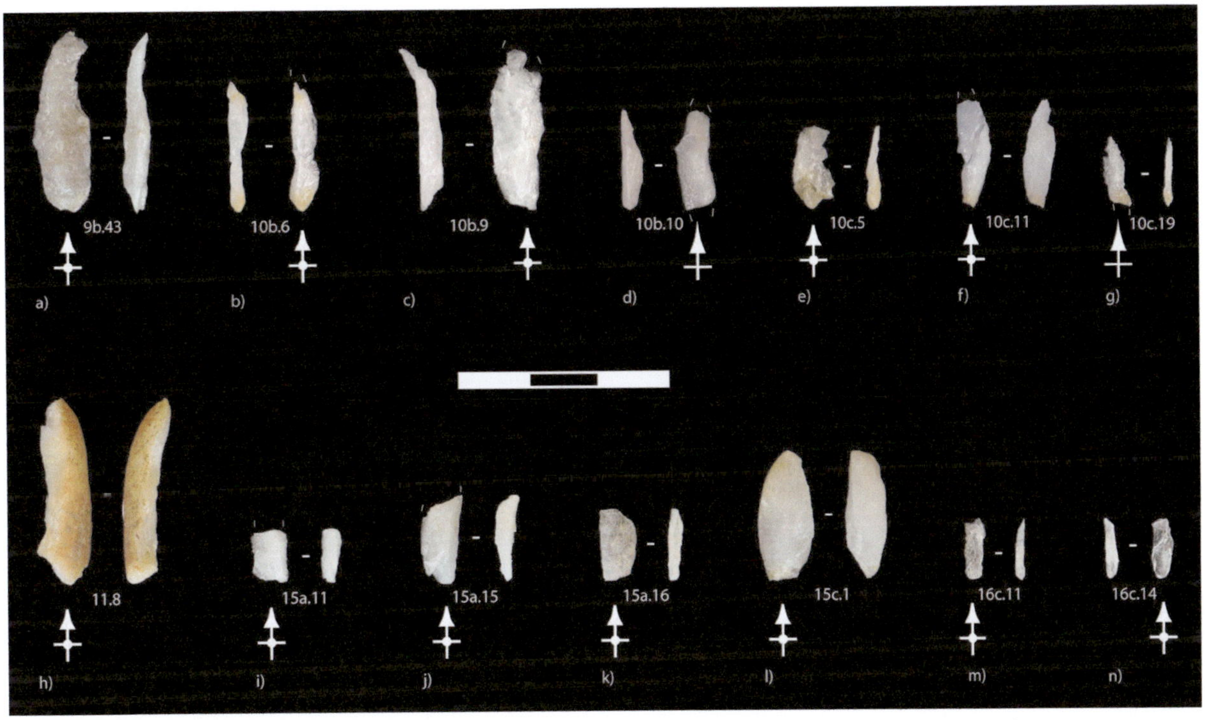

Figure 4: Bladelets. Bladelets produced by anvil percussion and clamps as core fixation (a-g, i & l), bladelet originating from anvil percussion (h), bladelets deriving from freehand percussion (j & k), and bladelets produced by anvil percussion and clamps with leather as core fixation (m & n) (photos: T. Abruzzese).

further introduction of rabbit hide wrapping of the core in two experiments did not lead to further improvement with N = 6 (12.5% of total bladelets produced).

Dimensions: Metrically, anvil percussion allows the production of the smallest elements (average length 13.68 mm), specifically when used in combination with clamps (10.11 mm) (see S1 fig. 68 and 69). Bipolar-on-anvil knapping produces the largest products (average length 27.29 mm), followed by freehand percussion (16.78 mm) and anvil percussion.

Similarly, anvil percussion with clamps produced the most elongated products, with a highest laminarity index of completely preserved blanks of 1.6 (SD = 0.6). Bipolar (1.56, SD = 0.8) and anvil percussion (1.5, SD = 0.6) produced slightly less elongated products. The lower value associated with freehand knapping 1.41 (SD = 0.7) is less indicative as this incorporates several episodes of flake production.

Characteristic features: Bladelets and elongated flakes are more likely to display counter-blows than flakes (x^2=24.2, df=3, p=<0.001; S1 fig. 70), while distal crushing seems unrelated to the blank type (x^2=14.8, df=3, p=0.002; S1 fig. 71) even though its frequency is higher in elongated products.

As expected, the use of the anvil leads to significantly higher frequencies of distal crushing (x^2=66.7, df=6, p=<0.001; S tab. 5) and counter-blows (x^2=93.1, df=6, p=<0.001; S1 tab. 5) than freehand percussion. The anvil also increases crushing of the platform (x^2=40.3, df=6, p=<0.001; S1 tab. 6) but no significant difference in the development of radial fissures is found (x^2=12.0, df=6, p=0.062; S1 tab. 6).

Strikingly, when the anvil (with or without clamps) is involved in the production, elongated pieces are more likely to display proximal crushing (S1 fig. 72), but not distal crushing (S1 fig. 73), and they will more probably exhibit typical stigmata related to anvil percussion such as the presence of counter-blows (S1 fig. 74).

Bipolar percussion has a high fragmentation rate as only 31.7% of blanks is completely preserved, 50% or more of blanks were complete for the other knapping techniques. *Siret* fractures are most frequent in bipolar percussion (30% of the total products) and have the lowest frequency at 9.8% among blanks from percussion with anvil and clamps. Completely preserved products from bipolar percussion (76.2%) and anvil percussion (74.2%) often have curved profiles, blanks from anvil percussion with clamps (51.4%) and freehand knapping (59.8%) have curved profiles less often.

EPAs of freehand percussion (79.2°), anvil percussion (83.1°) and the combination of clamps and anvil (84.9°) fall within a similar range, products from bipolar percussion exhibit a significantly higher mean EPA at 107° (S1 tab. 7).

5. Discussion

Different operational phases in our experiments were predominantly associated with specific percussion techniques. Bipolar percussion was exclusively devoted to pebble splitting, which yielded core blanks, by-products, but also end-products ready to be used. Freehand percussion corresponds mainly to phases of preparation, reinstallation of the platform and maintenance of the removal surface. 91.8% of the products from anvil percussion in combination with clamps and 87.8% of those from anvil-assisted cores resulted from bladelet production, while the remaining blanks derived from maintenance operations.

Interestingly, the positioning of the core on the anvil differed between percussion techniques. The replicator conducted bipolar splitting in the centre of the anvil causing deeply-hollowed impacts on the anvil (S1 fig. 1). However, the cores reduced by anvil percussion and in combination with clamps were placed on the edge of the anvil. The traces of anvil percussion correspond to peripheral rounded pits, while anvil in combination with clamps produced elongated traces on the edge of the anvil. Cores were placed on the edge of the anvil for different advantageous reasons: First, a better control of the striking motion was guaranteed, as tangential movement was not constrained by the anvil itself, i.e. a continuous movement of hand with hammer are not stopped by the anvil. Second, the knapper achieved a better control of the core's angulation on the anvil. Third, the distal part of the cores was not totally in contact with the anvil. This avoids effects related to the split technique known from bipolar percussion, such as massive crushing of the base of the core.

Furthermore, during detachment by the different variants of anvil percussion, the basal part of the removal surface of the core was at times not in contact with the surface of the anvil below.

Anvil percussion without clamps produced 8.2% of bladelets (all during the phases intended for bladelet production) and no elongated flakes among the blanks. Bipolar knapping yielded solely flakes. Freehand percussion was applied for bladelet production in experiment 15a. Of ten end-products, three are bladelets.

Anvil percussion with clamps thus appears most suited for the organised production of bladelets. This technique yields the smallest, most elongated blanks, this is borne out by the classification of its output of 33.1% of bladelets and 9.7% of elongated flakes among the blanks. This technique also allows exhausting cores in a highly controlled manner. The risk of interference due to holding the core in place with a hand is lifted. Anvil percussion with core fixation by clamps additionally seems to minimise the appearance of knapping accidents, such as *Siret* fractures.

5.1. Differentiating trends for archaeological application

Our experiments highlight that differences cannot be attributed to single quartz products; the prevalence of certain features differs statistically between blanks produced in different techniques:

- **Freehand percussion** shows a quasi-absence of distal crushing and counter-blows. The blanks exhibit the lowest EPA mean value.
- **Bipolar percussion** is associated with a high fragmentation rate, highest proportion of *Siret* fractures, EPAs (>100°), and curved profiles, the appearance of characteristic lemon-sliced shapes, as well as high frequencies of platform crushing, distal crushing, and counter-blows. Deeply-hollowed percussion traces are located in the centre of the anvil.
- **Anvil percussion** demonstrates a moderate fragmentation rate, relatively high frequencies of *Siret* fractures and curved profiles. Platform crushing and counter-blows are moderately common, while distal crushing has a low frequency. Percussion traces are peripheral on the anvil.
- **Anvil percussion with clamps as core fixation** distinguishes itself by a moderate fragmentation rate, the lowest occurrence of *Siret* fractures, and the highest percentage of platform crushing, distal crushing, and counter-blows. Elongated percussion traces are observed close to the edge of the anvil.

5.2. Experimental insights into quartz bladelet reduction strategies involving anvil technology (fig. 5)

Our experiments are in line with studies in other contexts (e.g., de la Peña and Wadley 2014; Pargeter and Redondo 2016; Silvestrini *et al.* 2022) underpinning the versatility, flexibility, and productivity of bipolar technology in the production of miniaturised end-products (fig. 5). We document that to efficiently achieve the production goal, particularly on quartz, specific technical arrangements are advantageous suggesting that expert knowledge is required. The result is a versatile reduction sequence relying on the flexible combination of bipolar cobble splitting, freehand preparation and maintenance phases and production phases of anvil percussion with clamps.

At the beginning of the *chaîne opératoire*, the selection of core blanks already opens a variety of possibilities for the extraction of bladelets. Options are quartz pebbles suitable for bipolar splitting or pieces allowing for exploitation by freehand knapping/anvil percussion (see Barham 1987). The latter correspond to objects affording a natural surface with appropriate angles to be used as striking platform or respectively offering through preparation the installation of a platform.

Cobble splitting: Successful application of the bipolar-on-anvil technique commonly results in several products, including (elongated) artefacts ready to be used, chips and byproducts, and typical lemon-sliced products. As the experiments in Barham (1987) also show, the latter pieces fulfil the morphometric criteria of core blanks for bladelet production with their triangular cross-sections and the presence of a striking platform created by the intersection of the freshly exposed faces.

Freehand preparation:_The large (cortical) blanks from the initial freehand percussion can also serve as core blanks. Through this ramified management, an efficient exploitation of the volume is guaranteed and core matrices for distinct reduction strategies aiming at miniaturised products are generated. The reduction sequences usually involve several preparation and/or maintenance operations before and between production phases. The reduction frequently starts with the preparation of the platform and/or the removal surface. Abrasion is conducted as well to facilitate exploitation by removing overhangs. Freehand percussion is usually used for these actions. In rare cases, core tablets are removed, or crests are set-up. Thus, crested elements from the creation of guiding ridges can occur in association with bipolar technology, however we agree with Mitchell (1988, 1995) that a high frequency is typical for freehand percussion only. The production phases are interspersed with maintenance phases, which are flexible in their implementation. So, reduction can mostly be considered as discontinuous, as the removal surface occasionally needs to be reshaped or the angle for detachment reinstalled to continue producing bladelets.

Production of diminutive elements is ensured by the use of anvils. As bipolar percussion and anvil percussion seem to have a very low bladelet output – similar to Barham (1987) reporting on two to four functional bladelets per core -, the (wooden) clamps are introduced as a technical solution. This technique allows for a better stabilisation of the core, more control over the position of the core and the propagation of force, and a more standardised and productive reduction. With this technique, the yield of bladelets during the production phase is relatively high and sequential. Pressure on the clamps is applied with the foot and effectively with the whole body weight. The clamps moreover allow the knapper to have both hands for free manoeuvring and, due to the external core fixation, the force of the blow can be applied directly. In contrast to wrapping the core in leather or fibre during bipolar knapping to facilitate bladelet production as suggested by Deacon (1984), the clamps provide the advantage of visibility and, thus, the possibility of adapting the flaking angle and core positioning.

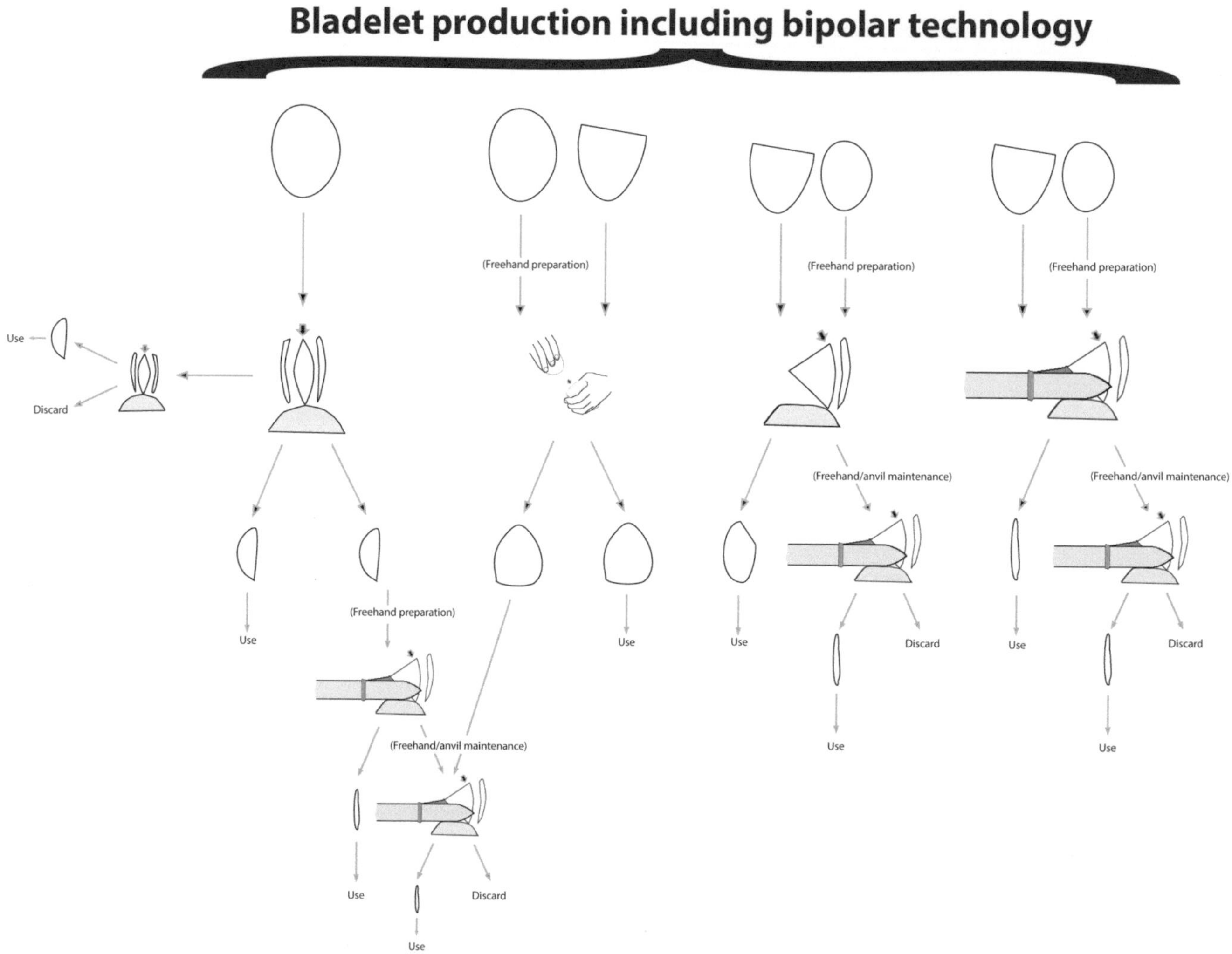

Figure 5: Idealised scheme of bladelet reduction strategies with involvement of bipolar technology.

5.3. The role of bipolar technology in the early LSA and Robberg of Umhlatuzana and beyond

Bladelet production mainly on quartz is an essential part of the technical system during the early LSA and Robberg at UMH. Bladelets, micro-blades, and small elongated flakes account for 21.5% of the blanks at UMH and the majority of them (80.9%) are made of quartz. 35.7% of all blanks feature traces of bipolar technology. Four quartz blanks correspond to core tablets and thirteen to crested elements (one with traces of bipolar knapping). The completely preserved quartz products show a mean laminarity index of 1.38 (median=1.30). The average length lies at 15.5 mm (median=14.1 mm). The fragmentation rate is extremely high, as less than 10% of pieces are completely preserved. Many blanks exhibit Siret fractures (32.2%). Only 26.8% of the complete pieces have a curved profile The EPAs have a wide range from 40° to 96° and average at 73.5° (median=75°). Most of the platforms are plain at 59.7% followed by crushed platforms at 33.4%, while platform preparation is almost absent. Distal crushing was common at 57.3% (Schmid *et al.* 2026).

The UMH assemblage encompasses 45 exhausted cores and core shatters made of quartz. 40 of these cores demonstrate traces of bipolar knapping in the form of basal crushing and/or counter-blows, consisting of 19 bipolar, five rice-grain, and 16 prismatic cores (frontal, conic, narrow-sided). These cores vary in length from 7.5 mm to 33.3 mm (mean=15.4 mm; median=13.9 mm). The width ranges from 4.8 mm to 27.7 mm (mean=10.9 mm; median=9.8 mm) and thickness from 3.1 mm to 16.3 mm (mean=7.7 mm; median=7.1 mm). The average weight lies at 1.9 g (median=1 g) ranging from 0.1 g to 16 g (Schmid *et al.* 2026).

Finally, an anvil with pecking marks in the central area was also found at UMH (Schmid *et al.* in prep.).

The archaeological material does not map neatly onto our experimental data. The platform types, suggest more reliance on freehand percussion in bladelet production. However, most exhausted cores show traces of bipolar knapping. Anvils were thus introduced at least towards the end of exploitation, perhaps to ensure standardisation in the production of diminutive elongated end-products. The average length of the products falls in the range of experimental anvil percussion. Interestingly, a lot of the cores effectively fall into the dimensional range of anvil-assisted cores with fixation by clamps.

The high number of *Siret* fractures, the fragmentation rate, the presence of diagnostic cores and the anvil with central pecking marks confirm the application of bipolar-on-anvil technique at UMH. Nevertheless, the presence of rice-grain cores and high number of fragmented pieces suggest bipolar percussion was more important in bladelet production than achieved in the experiments. Technical knowledge and the material familiarity, know-how and skill of the past people are crucial to factor in concerning the deviation from the output of the replicator (Soressi and Geneste 2011).

6. Conclusion

Our experiments and the results from UMH highlight how the flexible combination of different anvil-assisted knapping techniques with freehand percussion can be used to reliably produce uniform bladelets. Different techniques seem to have been deployed and sometimes combined in the same reduction sequence.

The combination of percussion on anvil with wooden clamps for core stabilisation exhibits high productivity in our experiments. The archaeological assemblages suggest that this technique also played a role at UMH but may have been less important. We also demonstrate in our experiments that the introduction of leather wrapping may not be as productive as sometimes envisaged in the literature. We realise that our limited number of experiments only represents a start in documenting the variability of the different characteristics and likely underestimates the true range of variation produced by the different knapping techniques.

Finally, the archaeological assemblage we analysed represents the end-results of various human and non-human processes. Hence, mapping of experimental results onto the assemblage also has to consider biases introduced by other processes. The amount of fragmentation for example may be compounded in the archaeological record by various processes (e.g., trampling) and experimental characteristics will therefore always be offset relative to the archaeological record.

Future work will be focused on obtaining a larger set of data, using different anvils, such as wood, bone and soft sandstone, or resting the pebble on the ground, applying clamps of different materials, e.g., other wood types or bone, and collaborating with use-wear specialists to better address the complicated fracture mechanics of quartz.

Acknowledgements

The research was funded by the NWO Vidi grant (276 -60-004) awarded to GLD. VCS was also supported by the Austrian Science Fund (FWF) [10.55776/T1321]. We are grateful to Alessandro Aleo for observations concerning use wear traces on the anvil from UMH and Lijia Huang for her work on the small fraction of the archaeological material. We thank Giulia Ricci for fruitful discussions. We express gratitude to an anonymous reviewer and Sylvain Soriano for their helpful comments to improve this paper.

Supplementary Data

S1: DOI: 10.34847/nkl.7ffc1w41
S2: DOI: 10.34847/nkl.945b4i02
S3: DOI: 10.34847/nkl.7db6351c
S4: DOI: 10.34847/nkl.b1ff5454

References

Barham, L.S. 1987. The bipolar technique in southern Africa: a replication experiment. *The South African Archaeological Bulletin*, 45-50.

Bourguignon, L., Faivre, J.-P. and Turq, A. 2004. Ramification des *chaînes opératoires* : une spécificité du Moustérien. *Paléo* 16, 37-48.

Callahan, E. 1987. *An evaluation of the lithic technology in Middle Sweden during the Mesolithic and Neolithic.* Societas Archaeologica Upsaliensis 8.

de la Peña, P. 2015. A Qualitative Guide to Recognize Bipolar Knapping for Flint and Quartz. *Lithic Technology* 40/4, 316-331. DOI:10.1080/01977261.2015.1123947

de la Peña, P. and Wadley, L. 2014. Quartz Knapping Strategies in the Howiesons Poort at Sibudu (KwaZulu-Natal, South Africa). Petraglia, M. D. ed. *PLoS ONE* 9/7, e101534. DOI:10.1371/journal.pone.0101534

de Loecker, D. and Roebroeks, W. 2012. Beyond '15-minutes': Revisiting the late Middle Pleistocene archaeological record of Maastricht-Belvédère (The Netherlands). Analecta Praehistorica Leidensia 43(44), 349-367.

de Loecker, D. and Schlanger, N. 2006. Analysing Middle Palaeolithic flint assemblages: The system used for studying the flint artefacts at Maastricht-Belvédère (The Netherlands). The Saalian Archaeological Record at Maastricht-Belvédère (The Netherlands). Analecta Praehistorica Leidensia 35-36.

de Lombera Hermida, A. 2009. The scar identification of lithic quartz industries, in: Sternke, F., Costa, L-J. and Eigeland, L. (eds.). *Non-Flint Raw Material Use in*

Prehistory: Old Prejudices and New Directions. Oxford: BAR International Series 1939, 5-11.

de Sonneville-Bordes, D. 1960. *Le Paléolithique supérieur en Périgord.* Bordeaux: imprimerie Delmas.

Deacon, J. 1984. *The Later Stone Age of southernmost Africa.* Oxford: BAR International Series.

Dibble, H. L. and Pelcin, A. 1995. The effect of hammer mass and velocity on flake mass. Journal of Archaeological Science 22/3, 429-439.

Dibble, H. L. and Whittaker, J. C. 1981. New experimental evidence on the relation between percussion flaking and flake variation. Journal of Archaeological Science 8/3, 283-296.

Hahn, J. 1977. *Aurignacien, das ältere Jungpaläolithikum in Mittel- und Osteuropa.* Köln: Böhlau.

Kaplan, J. 1990. The Umhlatuzana Rock Shelter sequence: 100 000 years of Stone Age history. *Natal Museum Journal Humanities* 2, 1-94.

Lombard, M., L. Wadley, J. Deacon, S. Wurz, I. Parsons, M. Mohapi, J. Swart, and P. Mitchell.2012. South African and Lesotho Stone Age sequence updated. *South African Archaeological Bulletin* 67, 123-144.

Mathias, C. and Bourguignon, L. 2020. Cores-on-flakes and ramification during the middle palaeolithic in Southern France: A gradual process from the early to late middle palaeolithic? *Journal of Archaeological Science: Reports* 31, 102336. DOI:10.1016/j.jasrep.2020.102336

Mitchell, P. 1988. The late Pleistocene early microlithic assemblages of southern Africa. *World Archaeology* 20/1, 27-39. DOI:10.1080/00438243.1988.9980054

Mitchell, P.J. 1995. Revisiting the Robberg: new results and a revision of old ideas at Sehonghong Rock Shelter, Lesotho. *The South African Archaeological Bulletin*, 28-38.

Mitchell, P. 2002. *The archaeology of southern Africa.* Cambridge: Cambridge University Press.

Mitchell, P. J. 2008. Developing the archaeology of Marine Isotope Stage 3. *Goodwin Series* 10, 52-65.

Moreau, L. 2009. *Geißenklösterle: das Gravettien der Schwäbischen Alb im Europäischen Kontext.* Tübingen: Kerns.

Mourre, V. 1996. *Le débitage sur enclume au Paléolithique inférieur et moyen. Techniques, méthodes et schémas conceptuels.* Article de DEA, Université de Paris X, Nanterre.

Mourre, V. and Jarry, M. 2011. *« Entre le marteau et l'enclume... » : La percussion directe au percuteur dur et la diversité de ses modalités d'application.* Actes de la table ronde organisée à Toulouse du 15 au 17 mars 2004. Les Eyzies-de-Tayac: SAMRA, Paléo, numéro spécial.

Mourre, V., Villa, P. and Henshilwood, C.S. 2010. Early Use of Pressure Flaking on Lithic Artifacts at Blombos Cave, South Africa. *Science* 330/6004, 659-662. DOI:10.1126/science.1195550

Nigst, P.R. 2012. *The early upper Palaeolithic of the middle Danube region.* Leiden: Leiden University Press.

Pargeter, J. and Redondo, M. 2016. Contextual approaches to studying unretouched bladelets: A late Pleistocene case study at Sehonghong Rockshelter, Lesotho. *Quaternary International* 404, 30-43. DOI:10.1016/j.quaint.2015.08.038

Pargeter, J. and de la Peña, P. 2017. Milky Quartz Bipolar Reduction and Lithic Miniaturization: Experimental Results and Archaeological Implications. *Journal of Field Archaeology* 42/6, 551-565. DOI: 10.1080/00934690.2017.1391649

Pargeter, J. and Tweedie, M.S. 2019. Bipolar Reduction and Behavioral Variability During the Mid-Late Holocene at Eagle's Nest, Mount Sinai Harbor, New York. *The Journal of Island and Coastal Archaeology* 14/2, 247-266. DOI: 10.1080/15564894.2018.1436100

Pargeter, J., de la Peña, P. and Eren, M.I. 2019. Assessing raw material's role in bipolar and freehand miniaturized flake shape, technological structure, and fragmentation rates. *Archaeological and Anthropological Sciences* 11/11, 5893-5907. DOI:10.1007/s12520-018-0647-1

Porraz, G., Tribolo, C., Schmidt, P., Parkington, J.E., Igreja, M., Schmid V.C., Mercier, N., Cartwright C.C., Miller C.E., Conard N. J., Charrié-Duhaut, A., Texier, P.-J., Mentzer, S. 2016a. Update on the 2011 excavation at Elands Bay Cave (South Africa) and the Verlorenvlei Stone Age. *Southern African Humanities* 29/1, 33-68. DOI:10.10520/EJC-55bc22ae2

Porraz, G., Igreja, M., Schmidt, P. and Parkington, J.E. 2016b. A shape to the microlithic Robberg from Elands Bay Cave (South Africa). *Southern African Humanities* 29, 203-247.

Porraz, G., Val, A., Tribolo, C., Mercier, N., de la Peña, P., Haaland, M.M., Igreja, M., Miller, C.E. and Schmid, V.C. 2018. The MIS5 Pietersburg at '28' Bushman Rock Shelter, Limpopo Province, South Africa. *PLOS ONE* 13/10, e0202853. DOI:10.1371/journal.pone.0202853

Roussel, M., Bourguignon, L. and Soressi, M. 2009. Identification par l'expérimentation de la percussion au percuteur de calcaire au Paléolithique moyen : le cas du façonnage des racloirs bifaciaux Quina de Chez Pinaud (Jonzac, Charente-Maritime). *Bulletin de la Société préhistorique française*, 219-238.

Schmid, V. C., Sifogeorgaki, I., Abruzzese, T., Blik, S., Huang, L. and Dusseldorp, G. L. 2026. Wind(ow) of change: The end of the Middle Stone Age and the beginning of the Later Stone Age at Umhlatuzana rockshelter showcasing concurrent technological and techno-economic shifts. Quaternary Science Reviews 377, 109806. DOI: 10.1016/j.quascirev.2026.109806

Sifogeorgaki, I., Klinkenberg, V., Esteban, I., Murungi, M., Carr, A.S., Van Den Brink, V.B. and Dusseldorp, G.L.

2020. New Excavations at Umhlatuzana Rockshelter, KwaZulu-Natal, South Africa: a Stratigraphic and Taphonomic Evaluation. *African Archaeological Review* 37/4, 551-578. DOI: 10.1007/s10437-020-09410-w

Sifogeorgaki, I., Schmid, V. C., Van Os, B., Fratta, V., Huisman, H. and Dusseldorp, G. L. 2023. Two methods on one stone: de Loecker, D. and Roebroeks, W. 2012. Beyond '15-minutes': Revisiting the late Middle Pleistocene archaeological record of Maastricht-Belvédère (The Netherlands). Analecta Praehistorica Leidensia 43(44), 349-367.

Silvestrini, S., Romandini, M., Marciani, G., Arrighi, S., Carrera, L., Fiorini, A., López-Garcia, J.M., Lugli, F., Ranaldo, F., Slon, V., Tassoni, L., Higgins, O.A., Bortolino, E., Curci, A., Meyer, M., Meyer, M.C., Oxilia, G., Zerboni, A., Benazzi, S. and Spinapolice, E.E. 2022. Integrated multidisciplinary ecological analysis from the Uluzzian settlement at the Uluzzo C Rock Shelter, south-eastern Italy. *Journal of Quaternary Science* 37/2, 235-256. DOI: 10.1002/jqs.3341

Soressi, M. and Geneste, J.-M. 2011. The History and Efficacy of the Chaîne Opératoire Approach to Lithic Analysis: Studying Techniques to Reveal Past Societies in an Evolutionary Perspective. *PaleoAnthropology*, 334-350.

Villa, P., Soriano, S., Tsanova, T., Degano, I., Higham, T. F. G., d'Errico, F., Backwell, L., Lucejko, J. J., Colombini, M. P., and Beaumont, P. B. 2012. Border Cave and the beginning of the Later Stone Age in South Africa. *Proceedings of the National Academy of Sciences* 109/33, 13208-13213 DOI:10.1073/pnas.1202629109

Wurz, S. 2021. Technocomplexes and chronostratigraphy for MIS 6-1 in southern Africa. *South African Journal of Geology* 124/4, 1083-1092. DOI:10.25131/sajg.124.0058

Wadley, L. 1993. The Pleistocene Later Stone Age south of the Limpopo River. *Journal of World Prehistory* 7/3, 243-296. DOI:10.1007/BF00974721

Notes on contributors

Viola C. Schmid
Research group Quaternary Archaeology, Austrian Archaeological Institute, Austrian Academy of Sciences / Human Origins Group, Department of World Archaeology, Universiteit Leiden / UMR 7041 – ArScAn, AnTET
Georg-Coch-Platz 2, 1010 Vienna, Austria
viola.schmid@oeaw.ac.at

Morgan Roussel
"Paleocraft and Skills", Leiden, The Netherlands, Universiteit Leiden / UMR 7041 – ArScAn, AnTET
Van Steenis, Einsteinweg 2, 2333 CC Leiden, The Netherlands
m.b.roussel@arch.leidenuniv.nl

Tullio Abruzzese
Human Origins Group, Department of World Archaeology, Universiteit Leiden
Van Steenis, Einsteinweg 2, 2333 CC Leiden, The Netherlands
t.abruzzese@arch.leidenuniv.nl

Irini Sifogeorgaki
Human Origins Group, Department of World Archaeology, Universiteit Leiden
Van Steenis, Einsteinweg 2, 2333 CC Leiden, The Netherlands
e.sifogeorgakis@arch.leidenuniv.nl

Gerrit L. Dusseldorp
Human Origins Group, Department of World Archaeology, Universiteit Leiden / Palaeo-Research Institute, University of Johannesburg
Van Steenis, Einsteinweg 2, 2333 CC Leiden, The Netherlands
g.l.dusseldorp@arch.leidenuniv.nl

Author Contribution Statement

Viola C. Schmid: Conceptualization, Data curation, Formal analysis, Investigation, Methodology, Project administration, Resources, Supervision, Validation, Visualization, Writing – original draft preparation, Writing – review & editing.

Morgan Roussel: Conceptualization, Data curation, Investigation, Methodology, Resources, Validation, Writing – original draft, Writing – review & editing.

Tullio Abruzzese: Data curation, Formal analysis, Investigation, Methodology, Resources, Validation, Visualization, Writing – original draft preparation, Writing – review & editing.

Irini Sifogeorgaki: Data curation, Project administration, Resources, Visualization, Writing – review & editing.

Gerrit L. Dusseldorp: Conceptualization, Data curation, Funding acquisition, Investigation, Methodology, Supervision, Validation, Writing – original draft preparation, Writing – review & editing.

Variabilité des techniques de retouches abruptes sur les pointes et les lamelles à dos

État d'avancement d'un protocole expérimental

Elise Cormarèche, Giulia Ricci

Résumé

L'usage de la retouche abrupte pour la fabrication des pointes et lamelles à dos est largement attesté pendant tout le Paléolithique supérieur et le Mésolithique. Différentes techniques permettent sa réalisation. Bien décrits dans la littérature, on trouve différents modes d'application: 1) percussion, directe ou posée sur une enclume, 2) pression, 3) égrisage et 4) techniques mixtes, avec l'utilisation de percuteurs lithiques ou organiques. Tous les artisans du Paléolithique supérieur et du Mésolithique n'ont pas eu recours aux mêmes techniques pour abattre les dos. Ce choix est-il une réponse à des contraintes techniques ? Ou est-il révélateur de traditions techniques (Pelegrin, 2004)?

Emergeant de nos problématiques de recherche qui interrogent les continuités et discontinuités des comportements techniques sur le plan diachronique, l'article présenté ci-dessous présente le cadre et le protocole expérimental que nous commençons à mettre en place pour apporter des éléments de discussion sur le choix de l'utilisation des techniques de retouches. Les résultats de ces expérimentations permettront de compléter les référentiels existants et seront par la suite comparés à des séries archéologiques du Gravettien et du premier Mésolithique comme l'Abri Pataud, Abri du Blot, Le Taillis-des-Coteaux ou encore la Baume de Monthiver (sites étudiés dans le cadre de nos travaux de recherches respectifs). Ils permettront de déterminer la ou les techniques employées par les artisans préhistoriques mais également de discuter des choix opérés tout au long de la chaine opératoire des outils à dos.

Mots-clés : lamelles ; dos

1. Introduction

Sous le terme de pièces à dos est regroupée une importante diversité d'objets qui ont tous un point commun : l'abattage d'un dos à travers une retouche abrupte ou semi-abrupte (*e.g.* Sonneville-Bordes et Perrot 1956 ; Tixier 1963 ; Brézillon 1968 ; Demars et Laurent 1989). Ces objets, réalisés sur des supports variés, peuvent être dénommés lames ou lamelles à dos, pointes à dos, lamelles à bords abattus, troncatures ou encore géométriques. Les termes employés pour les nommer dépendent aussi bien du type de support utilisé (*e.g.*

in: Mathias, C., Bourguignon, L., Ivorra, J. and Viallet, C. (eds) 2026. *Living Archaeology. Unveiling the Past through Experimental Archaeology*. Leiden: Sidestone Press, 145-156.

lame à dos et lamelle à dos par exemple), de la morphologie souhaitée (*e.g.* pointes à dos ; concernant les géométriques : *e.g.* triangles, trapèzes), et de la période d'étude considérée.

Ces pièces à dos ont un caractère ubiquiste dans l'espace et dans le temps et sont globalement, avec des exceptions bien entendu, liées à la sphère cynégétique (*e.g.* Célerier et Moss 1983 ; O'Farrell 1996 ; Chesnaux 2013 ; Taipale 2020). Dans cette contribution nous nous concentrons sur une fourchette temporelle et géographique restreinte, correspondant à nos domaines de recherches respectifs : le Paléolithique supérieur, plus particulièrement le Gravettien, et le premier Mésolithique en France.

Pour les techno-complexes du Pléistocène supérieur et du début de l'Holocène européen, ces éléments ont été utilisés comme des "fossiles directeurs" partie intégrante de leur définition et de leur reconnaissance (*e.g.* Rozoy 1978 ; Bon 2005 ; Pesesse, 2008 ; Ducasse 2010 ; Naudinot 2010 ; Marchand 2014 ; Tomasso 2014 ; Langlais 2018). Par exemple les pointes de la Gravette ou les pointes des Vachons pour le Gravettien, et les pointes de Sauveterre pour le Sauveterrien.

Depuis quelques années, au-delà de l'aspect morpho-typologique de ces outils et de la caractérisation technologique des systèmes techniques mis en place pour obtenir les supports sur lesquels ils sont fabriqués, une valeur importante est accordée à la fabrication du dos à travers les différentes techniques employées (*e.g.* Klaric 2003 ; Montoya 2004 ; Touzé 2019). Les raisons du choix de l'emploi d'une ou plusieurs techniques de retouche restent encore interrogées. S'agit-il uniquement d'une réponse face à une contrainte technologique (*e.g.* gabarit et morphologie du support, angle de frappe) et/ou répond-il à une tradition culturelle ? Si certaines séries archéologiques semblent témoigner du recours à plusieurs techniques de retouche, l'interprétation culturelle du choix de l'emploi d'une ou plusieurs techniques est une piste de recherche partagée par plusieurs auteurs. Le choix le plus souvent d'une solution technique parmi la large variabilité des techniques de retouche reconnue, pourrait être l'une des caractéristiques discriminantes au niveau diachronique et synchronique des différents courants culturels (*e.g.* Pelegrin 2004 ; Naudinot 2010 ; Fasser *et al.* 2019).

C'est cet aspect culturaliste qui a motivé notre travail expérimental. En effet, nos travaux de recherche visent à interroger les continuités et discontinuités des comportements techniques sur un plan diachronique dans des contextes gravettien et mésolithique, dans lesquels les pièces à dos occupent une place centrale. Dans ce cadre, nous souhaitons entre autres répondre à des questions d'ordre culturel et pratique : 1) Le choix de l'emploi d'une technique de retouche répond-il à des contraintes techniques ou révèle-t-il des traditions techniques ? 2) Les différentes techniques sont-elles interchangeables et/ou se chevauchent-elles ? Si l'analyse des séries archéologiques apporte de premiers éléments de discussions, l'expérimentation, grâce à la pratique et aux données quantitatives qui en résultent, complète ces observations en accédant à une meilleure compréhension et lecture des contraintes techniques. Elle permet ainsi d'étayer les hypothèses formulées à partir de la simple analyse technologique. Nous avons alors profité d'un atelier de taille organisé par l'équipe d'AnTET (UMR ArScAn) pour mener une première expérimentation, qui en appelle d'autres, en partant de nos contextes d'études respectifs. Cet article vise ainsi à présenter notre protocole de travail et nos premières réflexions concernant les techniques de retouches des pièces à dos.

2. Objectifs de l'expérimentation

Les données disponibles dans la littérature exposent différentes techniques de retouches possibles : 1) la percussion directe ou posée sur enclume, 2) la pression, 3) l'égrisage, 4) techniques mixtes (*e.g.* Pelegrin 2004 ; Duches *et al.* 2017 ; Baillet et Maury 2018 ; Fasser *et al.* 2019).

Dans le cadre de nos problématiques de recherche, il est question de tester ces techniques sur des supports variés pour continuer d'alimenter les discussions sur les choix d'une technique de retouches. Il s'agit plus précisément ici d'observer s'il existe des avantages ou non dans l'utilisation d'une technique plutôt qu'une autre, notamment en termes d'efficacité dans la fabrication de la pièce à dos et de réduction des accidents de taille, en fonction du support utilisé (*e.g.* chute de burin, lamelle à une ou deux nervures, épaisseur, angles des pans, etc.).

3. Matériels et méthodes

3.1. Les séries archéologiques de comparaison

Le choix des séries archéologiques de comparaisons répond à nos problématiques de recherche (*cf. supra).* Outre le corpus de pièces de dos dont elles disposent, ces séries archéologiques proviennent de séquences stratigraphiques pleinement intégrées dans les problématiques de continuités et discontinuités des comportements techniques.

3.1.1. La Baume de Monthiver

La Baume de Monthiver (BMV), abri-sous-roche localisé dans la moyenne vallée du Jabron (Comps-sur-Artuby, Var) a été découvert en 2016 et a fait l'objet de deux campagnes de fouilles : 2017 (Porraz *et al.* 2018) et 2022 (Ricci *et al.* 2023). La séquence, qui couvre la transition Pléistocène/Holocène, revet une importance considérable, en particulier pour la phase M-B' et M-C comprenant de multiples unités stratigraphiques faisant référence à des occupations humaines, toutes datées du 9ème millénaire. La BMV représente donc l'un des rares sites où la sériation interne du technocomplexe sauveterrien, ou une partie de celle-ci, est documentée (pour d'autres exemples, voir Romagnano Loc III – Flor *et al.* 2011 ; Fontana *et al.* 2016 ; la Grande Rivoire – Angelin 2017 ; Angelin *et al.* 2016).

Différents types de vestiges sont conservés : lithique (Ricci *et al.* 2021), faune, parure (Horeau *et al. soumis*), restes paléobotaniques (Audiard *et al.* 2021), malacofaune et oxydes. Sur le plan lithique, le débitage est orienté vers la production de lamelles unidirectionnelles, à morphologies et dimensions variables et à profils rectiligne ou courbe, parfois torse. Celles-ci sont destinées à la fabrication de pointes à dos (fig. 1, tab.1), à un ou deux dos opposés. Les lamelles retouchées appartiennent aux classes dimensionnelles les plus étroites, soulignant l'importance de ce critère métrique dans le système fonctionnel.

3.1.2. L'Abri Pataud

Fouillé dans les années 1950 et 1960 par l'équipe d'H.L. Movius puis de 2005 à 2015 par R. Nespoulet, L. Chiotti et D. Henry-Gambier, l'abri Pataud (abri-sous-roche situé sur la commune des Eyzies-de-Tayac en Dordogne) livre une importante séquence de 14 principaux niveaux archéologiques représentant toute la première moitié du Paléolithique supérieur (*e.g.* Movius 1977 ; Bricker 1995 ; Nespoulet *et al.* 2013). Dans le cadre de nos travaux nous nous sommes plus particulièrement intéressés à la couche 3 attribuée au Gravettien récent où au moins deux grands ensembles archéologiques distincts y sont observés (Cormarèche 2020). À côté d'une recherche de supports laminaires, ces deux ensembles archéologiques se caractérisent sur le plan lithique par une production de lamelles rectilignes de section triangulaire ou trapézoïdale

	Effectif
Baume de Monthiver	7
pointe à dos	2
fragment de pièces à dos	5
Abris Pataud	52
gravette et microgravette	18
lamelle à dos tronquée	2
fragment de pièce à dos	32
Taillis des Coteaux	36
gravette et microgravette	7
lamelle à dos tronquée	11
fragment de pièce à dos	18
Le Blot	300
gravette et microgravette	43
lamelle à dos tronquée	10
fragment de pièce à dos	247
Total	395

Tableau 1 : Effectif par type d'armature du corpus de comparaison archéologique. Certains sites (BDM et TdC) étant en cours de fouille, le corpus archéologique va s'étoffer dans les années à venir.

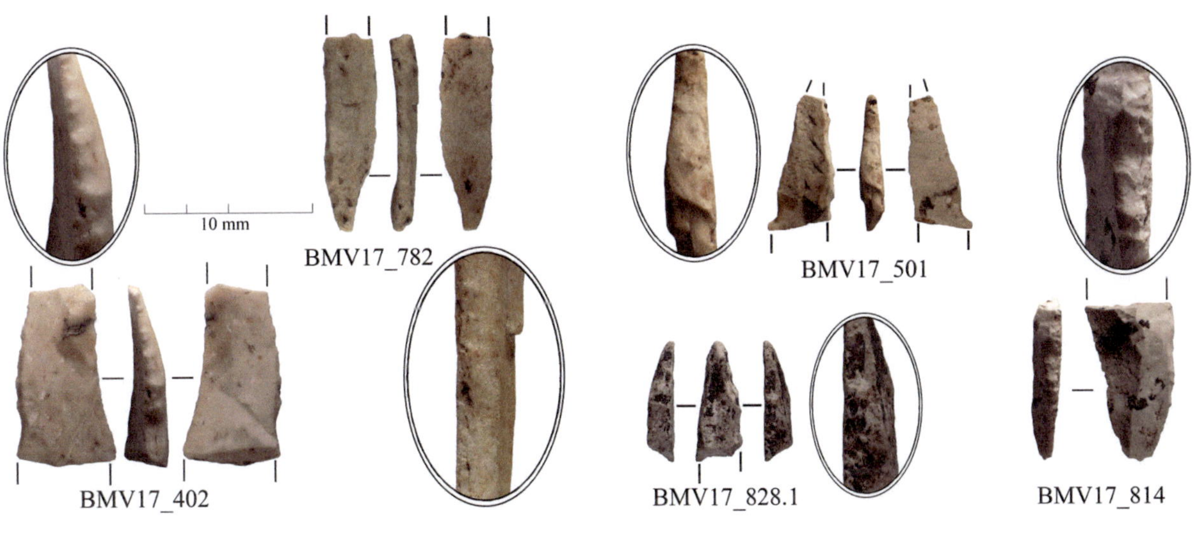

Figure 1 : Exemple des différentes techniques de retouche sur les armatures de la phase M-B' de la Baume de Monthiver. 501, 402 : retouche directe en percussion ou par égrisage ; 782 : retouche directe par égrisage ; 828.1, 814 : la forte altération taphonomique ne permet pas une lecture technique de la retouche (photos : G. Ricci)

Figure 2 : Pièces à dos issues des ensembles archéologiques gravettiens récent étudiés. 1) Pièces à dos de l'ensemble 4 de la couche 3 de l'abri Pataud ; 2) Pièces à dos issues de l'ensemble 1 de la couche 3 de l'abri Pataud ; 3) Pièces à dos issues de l'ensemble G1 du Blot ; 4) Pièces à dos issues de l'ensemble G2 du Blot ; 5) Pièces à dos issues de l'ensemble EG-VIb du Taillis des Coteaux ; 6) Pièces à dos issues de l'ensemble EG-VIa du Taillis des Coteaux (photos : F. Cormarèche).

obtenues sur nucléus à lamelles et polyédriques, destinées à la fabrication de pièces à dos (microgravettes et fragment de lamelles à dos) (tab.1). Ces dernières, rarement entières, mesurent entre 3 et 7 mm de largeur et 2 et 4 mm d'épaisseur. La retouche effectuée pour la réalisation envahit tout un pan du support initial pour rejoindre la nervure centrale ou première nervure rencontrée. L'épaisseur du dos correspond ainsi à celle du support sélectionné (fig. 2) (Cormarèche 2020).

3.1.3. Taillis des Coteaux

Découvert en 1999 et fouillé depuis 2000, l'abri-sous-roche du Taillis des Coteaux livre une exceptionnelle séquence couvrant tout le Paléolithique supérieur (*e.g.* Primault 2007). Plusieurs niveaux sont attribués au Gravettien, dont deux EG-VIa et EG-VIb au Gravettien récent, qui ont fait l'objet de nos travaux. EG-VIa et EG-VIb livrent tous les deux une série de pièces à dos (fragment de lamelles à dos parfois tronquées et quelques microgravettes, tab. 1) disposant de caractéristiques similaires. Dans l'état actuel des travaux, il n'est pas possible de décrire finement les modalités de production des supports des pièces à dos. Nos observations montrent néanmoins que celles-ci sont réalisées sur des supports rectilignes. Elles sont de très petites dimensions : leur largeur est comprise entre 4 et 6 mm et leur épaisseur qui correspond à l'épaisseur maximale du support sélectionné est comprise entre 1,5 et 2,5 mm. Les dos sont rectilignes et soignés (fig. 2) (Cormarèche *et al.* 2021).

3.1.4. Le Blot

Notre corpus de comparaison est complété par les ensembles G1 et G2 (Delvigne 2016) attribués au Gravettien récent du Blot (Cerzat, Haute-Loire) fouillés dans les années 1960 et 1970 (*e.g.* Buisson 1991 ; Klaric 1999 ; Delvigne 2016). Ce site livre également une importante séquence du Paléolithique supérieur avec plusieurs niveaux attribués au Gravettien. Les pièces à dos (microgravettes et fragment de lamelles à dos, parfois tronquées, tab. 1) sont également de très petites dimensions. Les largeurs sont comprises entre 1,5 et 7 mm et les épaisseurs varient entre 1 et 3,5 mm. Ces dernières correspondent généralement à l'épaisseur maximale du support sélectionné. Les dos sont rectilignes et soignés (fig. 2). Les supports lamellaires sont produits sur bords de grandes lames épaisses. Le débitage progresse soit sur la face supérieure, soit la plupart du temps sur la face inférieure. Les supports ainsi produits sont de véritables lamelles ou des supports dont la morphologie rappelle fortement les chutes de burin (Cormarèche 2020).

3.2. Méthode : protocole mis en place

L'expérimentation présentée ici (production des supports et retouche de ces derniers) a principalement été menée par les auteurs de niveau débutant à intermédiaire. Des chercheurs expérimentés ont toutefois collaboré à ce travail, intervenant pendant la phase de production, et lors de la phase de façonnage des supports, lorsque la maîtrise des gestes techniques le nécessitait.

3.2.1. Matières premières utilisées

Plusieurs types de silex ont été utilisés. Ils proviennent de différentes formations du Crétacé (*e.g.* silex du Bergeracois, Dordogne, silex de Fécamp, Normandie) et du Jurassique (*e.g.* silex de la vallée de la Bénaize et Gartempe, dans la Vienne). Certains de ces silex sont retrouvés dans les séries archéologiques de comparaisons, d'autres non, et certaines pièces à dos ont été confectionnées avec d'autres types de silex non testés au cours de cette expérimentation. Ce travail expérimental interroge l'efficacité des techniques et leurs avantages ; il semble intéressant d'appréhender cette problématique à travers différents types de silex, disposant de caractéristiques distinctes. En outre, lors de futures expérimentations, il est souhaitable d'élargir le cortège de silex utilisés pour davantage aborder la diversité de leurs caractères intrinsèques.

3.2.2. Production des supports

La première étape de ce travail expérimental réside dans la production de supports de morphologies et dimensions variées, analogues à ceux de nos séries de comparaison (fig. 3). Les pièces à dos archéologiques étant façonnées sur de nombreux types de supports (lamelles étroites ou plus larges, chutes de burin, petites lames étroites ou plus larges, avec des profils rectilignes ou légèrement courbes, sections triangulaire et trapézoïdale), il parait alors essentiel de tester les techniques de retouches sur un telle diversité de support.

3.2.3. Acquisition et enregistrement du référentiel

Une fois les supports obtenus, il s'agit désormais d'abattre les dos par retouche abrupte. Chaque technique est testée sur 10 supports par personnes (20 au total).

Avant la réalisation de la retouche, chaque support est photographié et ses caractéristiques (dimensions, morphologies, etc.) enregistrées sur une fiche *ad-hoc*. Une fois le support retouché, les pièces à dos obtenues sont étudiées non seulement en utilisant les mêmes critères employés pour nos recherches respectives (notamment : étendue de la retouche, envahissement de la retouche, régularité du dos) mais également en prenant en compte les données relatives à l'efficacité de la technique même, comme le taux de cassure, la difficulté à passer une nervure, la rectification des gibbosités.

3.2.4. Techniques de retouches

Quatre principales techniques sont expérimentées avec l'objectif d'obtenir un dos d'un angle d'environ 90°. Pour reproduire ce qui a été observé dans les séries archéologiques étudiées, nous avons essayé d'avancer

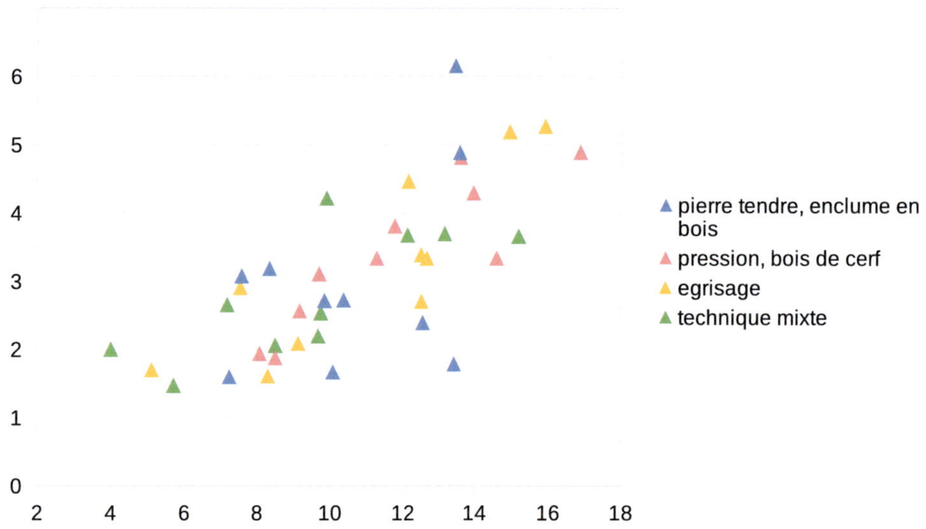

	Pierre tendre, enclume en bois	Pression, bois de cerf	Egrisage	Techniques mixtes
1 nervure	5	6	4	7
2 nervures	5	4	6	3
Convexe	3	3	3	3
Rectiligne	4	5	6	6
Tors puis rectiligne	3	2	1	1

Figure 3 : Caractéristiques des supports utilisés pour les expérimentations gravettiennes. Sur le nuage de points les largeurs sont présentées en mm sur l'axe des abscisses, et les épaisseurs en mm sur l'axe des ordonnées.

la retouche jusqu'au centre du support ou jusqu'à la première nervure.

La percussion à la pierre tendre (fig. 4). Elle est effectuée de manière directe posée sur une enclume de bois sans et avec une peau entre l'enclume et le support à retoucher pour limiter les vibrations et contrecoups et donc les risques de cassure du support en silex. Comme observé lors d'autres expérimentations (*e.g.* Pelegrin 2004), l'utilisation d'une enclume en pierre implique de trop nombreux accidents de taille. Elle a donc très rapidement été abandonnée. Différents types de galets de forme oblongue ont été utilisés comme retouchoirs, en calcaire ou grès.

La pression (fig. 4). Cette technique est exercée à l'aide de retouchoirs en bois de cerf. Différentes variables sont testées : I) les supports sont maintenus dans la main avec un morceau de cuir interposé entre les deux, de manière à faciliter le maintien de la pièce, limiter les instabilités et donc les risques de cassures; II) le support en silex est placé sur un galet en calcaire tendre ou sur un morceau de bois avec toujours un morceau de cuir interposé entre le support en silex et l'enclume pour absorber les vibrations et les contrecoups et donc réduire le risque de cassure lors de la taille. Le mouvement perpendiculaire implique la force du poignet, du bras et de l'épaule.

L'égrisage (fig. 4). Cette technique prévoit deux éléments : la lamelle de silex et un galet à texture grossière et abrasive (par exemple du grès). L'un des éléments est mobile tandis que l'autre est immobile, et ils peuvent être interchangeables. Il s'agit de frotter obliquement le galet (partie mobile) le long du bord de la lamelle (partie immobile) tenue dans une main ou inversement.

Cette technique est aussi connue en littérature sous le terme de « pressure by stone » par Duches *et al.* (2017) et « *sfregamento* » par Mussi *et al.* (2008).

Techniques mixtes. Lorsqu'il devient impossible de poursuivre l'abattage du dos à l'aide d'une technique, ou à la suite d'un accident de taille, plusieurs techniques de retouche sur un même support ont été combinées.

4. Premières observations expérimentales

Les travaux exhaustifs sur les techniques de retouche des pièces à dos sont aujourd'hui bien connus dans la bibliographie (*e.g.* Pelegrin 2004 ; Naudinot 2010 ; Fasser *et al.* 2019). La description des stigmates, que nous avons retrouvé lors de nos expérimentations, ainsi qu'un riche apparat iconographique sont disponibles et bien documentés (ibid.).

Figure 4 : Différentes techniques testées. A) Percussion ; B) Pression ; C) Egrisage (photos : D. Hérisson).

Toutefois, des approfondissements spécifiques aux contextes archéologiques particuliers (tant temporels que géographiques) sont nécessaires pour répondre à la question technique/culture : les techniques de retouche sont-elles porteuses d'identités culturelles ou sont-elles liées à des contraintes techniques du support initial ? Si oui, dans quelle mesure ?

Suite à notre expérimentation, nous pouvons ajouter ci-dessous les observations que nous avons enregistrées pour chaque technique (fig. 5 et tab. 2) :

La percussion à la pierre tendre sur l'enclume. Comme déjà signalé dans Fasser *et al.* (2019), cette technique est adaptée pour la transformation de bords épais, même au-delà de 5mm d'épaisseur. Nous avons cependant rencontré des difficultés pour arriver jusqu'à la nervure centrale, épaisseur maximale du support. Cette technique semble toutefois moins fonctionnelle pour les supports dont l'épaisseur est inférieure à 3 mm ; dans ces cas le nombre de fractures du support (lamelle) augmente significativement.

Lors de l'expérimentation, nous avons également pu observer, dans certains cas, la superposition de certains stigmates. Par exemple, le contrecoup forme souvent des détachements qui peuvent suggérer des retouches croisées.

La pression. L'emploi de cette technique semble produire moins d'accidents et de cassures du support lamellaire que la percussion. Elle parait cependant plus aisée lorsque l'épaisseur du support est homogène sur toute la longueur et que celle-ci est inférieure à 3 mm (4 mm, dans Fasser *et al.* 2019).

L'égrisage. Cette technique n'est efficace que pour les supports les plus minces (< 3 mm) et étroits (entre 3 et 5 mm), ou pour les supports qui disposent de morphologie proche de l'objet souhaité et pour lesquels il ne reste qu'à réaliser une retouche marginale. De plus, nous signalons que cette technique présente le plus faible indice de fracture.

5. Conclusion et perspectives : affiner le protocole expérimental

Le travail présenté ici veut être un point de départ à une réflexion méthodologique et à la poursuite de l'élaboration d'un protocole d'étude expérimentale. Les résultats, tout à fait préliminaires, méritent d'être développés et complétés. Par exemple, lors de futures expérimentations, il est envisagé et souhaité de travailler avec des tailleurs de différents niveaux pour intégrer ce critère aux résultats. L'utilisation d'une plus grande diversité de matières

Figure 5 : Exemple de pièces à dos expérimentales (photos : E. Cormarèche et G. Ricci).

	Percussion	Pression	Egrisage	Technique mixte
bord épais >3 mm	+	-	-	++
bord fin <3 mm	+	++	+	+
épaisseu régulière	+	++	+	++
taux de fracture	le plus élévé	faible	faible	faible
Difficultés rencontrées	Rejoindre la nervure centrale, notamment sur les supports épais ou engende des fractures	RAS	RAS	RAS
Remarques	Contre-coups peut former des détachements similaires aux retouches croisées	RAS	RAS	RAS

Tableau 2 : Premières observations expérimentales.

premières avec des textures variées et des aptitudes à la taille distinctes est également attendue dans le but de tester leurs comportements en fonction des techniques de retouches utilisées. Enfin, dans le cadre de cette première expérimentation nous nous sommes concentrés sur les techniques de retouches présentées dans la littérature. Compte tenu de certaines difficultés rencontrées et du taux de cassure des supports non négligeable, nous nous interrogeons sur l'éventuelle existence d'autres techniques ou variation d'une technique. Si cela semble évident, nous soulignons néanmoins l'importance et la qualité du maintien du support en silex sans porte-à-faux qui sont souvent à l'origine des cassures. Or pour les supports de très petites dimensions, comme observé dans les séries archéologiques de comparaison (inférieure à 3 mm d'épaisseur et à 4 mm pour la largeur), la tenue des supports dans la main reste délicate. Nous nous interrogeons ainsi sur la manière d'appliquer la retouche.

Malgré tout, certaines de nos observations préliminaires amplifient celles faites par d'autres collègues (*e.g.* Pelegrin 2004 ; Fasser *et al.* 2019), plus particulièrement concernant l'efficacité des techniques (épaisseur des supports, taux de cassures).

Pour conclure, cette première expérimentation a permis de mieux comprendre les modalités de fabrication des pièces à dos et de commencer à identifier les points forts et les points faibles des principales techniques de retouche (percussion, pression, égrisage). L'éventail des sujets qui peuvent être traités et explorés par l'expérimentation est vaste, même en ce qui concerne les techniques. Il semble aujourd'hui nécessaire d'essayer d'aller au-delà de la simple reconnaissance des stigmates laissés par une technique et un outil en os, en bois ou en pierre tendre.

Les techniques de retouche constituent également une part importante du transfert de connaissances technologiques partagées par une société. Outre l'aspect technique, le choix d'une modalité de retouche plutôt qu'une autre par un artisan préhistorique, et sa répétition, peut être considéré comme une préférence et donc comme une « manière de faire » (Naudinot 2010). À l'instar d'autres facteurs tels que les modalités de débitage ou la fabrication d'outils spécifiques, les techniques de retouches peuvent-être porteuses de traditions culturelles. Le développement d'autres études sur les techniques de retouches des assemblages archéologiques de la fin du Pléistocène et le début de l'Holocène en Europe et l'évaluation de leur variabilité dans le temps et dans l'espace peuvent constituer un élément clé pour la compréhension et la caractérisation des techno-complexes.

Remerciements

Cette expérimentation s'est déroulée dans le cadre d'un atelier de taille en Dordogne organisé et financé par l'équipe AnTET (UMR 7041-ArScAn) que nous tenons ici à remercier chaleureusement. Un grand merci également à J. Pelegrin pour sa disponibilité et sa gentillesse, ainsi que pour nous avoir ouvert sa série de comparaison et avoir passé quelques après-midis à nous initier à la reconnaissance des techniques.

Bibliographie

Angelin, A. 2017. *Le Mésolithique des Alpes françaises du Nord. Synthèse d'après l'étude des industries lithiques de l'abri-sous-roche de la Grande Rivoire (Isère, France).* Ph.D. Thesis, Toulouse: EHESS.

Angelin, A., Bridault, A., Brochier, J.L., Chaix, L., Chesnaux, L., Marquebielle, B., Martin, L., Nico Picavet, R. and Vannieuwenhuyse, D. 2016. The First Mesolithic in the French Alps: new data from La Grande Rivoire rock shelter (Vercors range, Isère, France), *Quaternary International* 423, 193-212.

Audiard, B., Ricci, G., Porraz, G., Purdue, L., Tomasso, A., Blasco, T., Battipaglia, G. and Thery-Parisot, I. 2021. Isotopic charcoal analyses as a new proxy to study rapid climatic changes: the Preboral/Boreal warming on the Mesolithic site of "La Baume de Monthiver" (Var, France), in: Nicoud, E., Balasse, M., Desclaux, E. and Théry-Parisot, I. (eds.). *Biodiversités, environnements et sociétés depuis la Préhistoire : nouveaux marqueurs et approches intégrées.* International Conference, 41e Rencontres Internationales d'Archéologie et d'Histoire de Nice Côte d'Azur. Nice: Editions APDCA, 13-26.

Baillet, M. and Maury, S. 2018. Et si l'on revoyait dos à dos lames et lamelles retouchées ? Approche expérimentale et tracéologique au service d'une recherche sur l'unité des techniques de retouche des dos au Châtelperronien. *Paléo* 29, 29-53.

Bon, F. 2005. Little Big Tool. Enquête autour du succès de la lamelle, in: Le Brun-Ricalens, F., Bon, F. and Bordes, J.-G. (eds.). *Productions lamellaires attribuées à l'Aurignacien : Chaînes opératoires et perspectives techno-culturelles*. XIV congrès de l'UISPP, Liège (2-8 septembre 2001). Luxembourg: ArchéoLogiques 1, 479-484.

Brézillon, M.N. 1968 – *La dénomination des objets en pierre taillée. Matériaux pour un vocabulaire des préhistoriens de langue française*. Paris: Editions du CNRS, IVème supplément à Gallia Préhistoire, 423 p.

Bricker, H.M. 1995. *Le Paléolithique supérieur de l'abri Pataud, Les Eyzies (Dordogne) : les fouilles de Hallam L. Movius Jr.* Documents d'archéologie française, édition de la maison des sciences de l'homme, Paris, 328 p.

Buisson, D. 1991. Le Périgordien du Blot. *Bulletin de la Société préhistorique française* 88/4, 104-108.

Célérier, G. and Moss, E.-H. 1983. L'abri sous roche de Pont-d'Ambon à Bourdeilles (Dordogne). Un gisement magdalénien-azilien. Microtraces et analyse fonctionnelle de l'industrie lithique. *Gallia Préhistoire* 26/1, 81-108.

Chesnaux, L. 2014. *Réflexion sur le microlithisme en France au cours du premier Mésolithique Xè-VIIIè millénaires avant J.-C. Approches technologiques, expérimentale et fonctionnelle*. Ph.D. Thesis, Paris: Université Paris 1 Panthéon-Sorbonne.

Cormarèche, E. 2020. *Les comportements techniques au Gravettien récent. Réflexions sur la diversité de l'équipement cynégétique lithique*. Ph.D. Thesis, Nanterre: Université Paris-Nanterre.

Cormarèche, E., Primault, J. and Lefillatre, V. 2021. New data about the Gravettian on the southwestern margins of the Paris Basin: the Taillis des Coteaux (Antigny, Vienne, France), in: Touzé, O., Goutas, N., Salomon, H. and Noiret, P. (eds.). *Les sociétés gravettiennes du Nord-Ouest européen : nouveaux sites, nouvelles données, nouvelles lectures / Gravettian societes in North-western Europe : new sites, new data, new readings*. Liège: ERAUL 150, Anthropologica et Praehistorica 130, 249-271.

Delvigne, V., 2016. *Géoressources et expressions technoculturelles dans le sud du Massif central au Paléolithique supérieur : des déterminismes et des choix*. Ph.D. Thesis, Bordeaux: Université de Bordeaux.

Demars, P.-Y. and Laurent, P. 1989. *Types d'outils lithiques du Paléolithique supérieur en Europe*. Cahiers du Quaternaire n° 14, Paris: CNRS Editions.

Ducasse, S. 2010. *La «parenthèse» badegoulienne : Fondements et statut d'une discordance industrielle au travers de l'analyse techno-économique de plusieurs ensembles lithiques méridionaux du Dernier Maximum Glaciaire*. Ph.D. Thesis, Toulouse: Université de Toulouse 2.

Duches, R., Peresani, M. and Pasetti, P. 2017. Success of a flexible behavior. Considerations on the manufacture of Late Epigravettian lithic projectile implements according to experimental tests. *Archaeological and Anthropological Science* 10, 1617-1643.

Fasser, N., Fontana, F. and Visentini D. 2019. How many techniques to retouch a backed point? Assessing the reliability of backing technique recognition on the base of experimental tests. *Archaeological and Anthropological Science* 11, 5317-5337.

Flor, E., Fontana, F. and Peresani, M. 2011. Contribution to the study of Sauveterrian technical systems. Technological analysis of the lithic industry from layers AF-AC1 of Romagnano Loc III rock shelter (Trento). *Preistoria Alpina* 45, 193-219.

Fontana, F., Flor, E. and Duches, R. 2016. Technological continuity and discontinuity in the Romagnano Loc. III rock shelter (NE Italy) Mesolithic series. *Quaternary International* 423, 252-265.

Hoareau, L., Beyries, S. and Ricci, G. *soumis*. Adornment in the early Mesolithic: analysis of marine shells from the Baume de Monthiver (Jabron, Var), *Journal of Archaeological Sciences: Reports.*

Klaric, L. 1999. *Un schéma de production lamellaire original dans l'industrie gravettienne de l'ensemble moyen du gisement du Blot à Cerzat (Haute-Loire.* Mémoire de DEA, Paris-I Panthéon-Sorbonnes.

Klaric, L. 2003. *L'unité technique des industries à burins du Raysse dans leur contexte diachronique : réflexions sur la diversité culturelle au Gravettien* à partir des *données de La Picardie, d'Arcy-sur-Cure, de Brassempouy et du Cirque de la Patrie.* Ph.D. Thesis, Paris: Université de Paris I Panthéon-Sorbonne.

Langlais, M. 2018. Le Magdalénien supérieur : une technologie de pointes, in: Averbouh, A., Bonnet-Jacquement, P. and Cleyet-Merle, J.-J. (eds.). *L'Aquitaine à la fin des temps glaciaires – Aquitaine at the end of the Ice Age Les sociétés de la transition du Paléolithique final au début du Mésolithique dans l'espace Nord aquitain.* Actes de la table ronde organisée en hommage à Guy Célérier. Les Eyzies-de-Tayac: Paléo, numéro spécial.

Marchand, G. 2014. *Préhistoire atlantique. Fonctionnement et évolution des sociétés du Paléolithique au Néolithique*. Paris: Ed. Errance.

Movius, H.L. 1977. *Excavation of the Abri Pataud, Les Eyzies (Dordogne): Stratigraphy*. Bulletin of the American School of Prehistoric Research, Peabody Museum, Harvard University, 165.

Montoya, C. 2004. *Les traditions techniques lithiques* à *l'épigravettien : analyses de séries du tardiglaciaire entres Alpes et Méditerranée*. Ph.D. Thesis, Aix-en-Provence: Université de Provence-Aix-Marseille I.

Mussi, M., Cocca, E., D'angelo, E., Fiore, I., Melis, R.T. and Russ, H. 2008. Tempi e modi del ripopolamento dell'Appennino centrale nel Tardiglaciale: nuove evidenze da Grotta del Pozzo (AQ), in: Mussi, M. (ed.). *Il Tardiglaciale in Italia, Lavori in Corso*. Oxford: BAR – International Serie 1859, 111-132.

Naudinot, N. 2010. *Dynamiques techno-économiques et de peuplement au Tardiglaciaire dans le Grand-Ouest de la France*. Ph.D. Thesis, Rennes: Université de Rennes 1.

Nespoulet, R., Chiotti, L. and Henry-Gambier, D. 2013. *Le Gravettien final de l'abri Pataud (Dordogne, France) : Fouilles et études 2005-2009*. Oxford: BAR International Series 2458, 216 p.

O'Farrell, M. 1996. *Approche technologique et fonctionnelle des pointes de la Gravette : une analyse archéologique et expérimentale appliquée à la collection de Corbiac (Dordogne)*. Mémoire de DEA, université de Bordeaux 1.

Pelegrin, J. 2004. Sur les techniques de retouches des armatures de projectiles, in: Pigeot, N. (ed.). *Les derniers magdaléniens d'Etiolles : perspectives culturelles et paléohistoriques (l'unité d'habitation Q31)*. Paris: éditions du CNRS, 161-166.

Pesesse, D. 2008. *Les premières sociétés gravettiennes. Analyse des systèmes lithiques de la fin de l'Aurignacien aux débuts du Gravettien*. Ph.D. Thesis, Aix-en-Provence: Université de Provence Aix-Marseille.

Porraz, G., Tomasso, A., Mologni, C., Audiard, B., Hoareau, L., Julien, M.-A., Padovan, M., Sardelli, G., Simon, P. and Purdue, L. 2018. Fin du Pléistocène et début de l'Holocène dans la vallée du Jabron (Var, France) : les occupations humaines à la Baume de Monthiver, *Bulletin de la Société préhistorique française* 115/2, 390-393.

Primault, J., Brou, L., Gabilleau, J. and Langlais, M. 2007. La grotte du Taillis des Coteaux à Antigny (Vienne) : intérêt d'une séquence originale à la structuration des premiers temps du Magdalénien. *Bulletin de la société préhistorique française* 104/4, 743-758.

Ricci, G., Porraz, G. and Tomasso, A. 2021. Les systèmes techniques lithiques à la Baume de Monthiver (vallée du Jabron, Var) dans le contexte du Premier Mésolithique méditerranéen des reliefs subalpins, *Bulletin de la Société préhistorique française* 118/3, 427-451.

Ricci, G., Audiard, B., Tomasso, A., Hoareau, L., Julien, M-A., Mologni, C., Purdue, L. and Porraz, G. 2023. Mesolithic Occupations during the Boreal Climatic fluctuations at La Baume de Monthiver (Var, France), *Open Archaeology*.

Rozoy, J.-G. 1978. *Les derniers chasseurs. L'Epipaléolithique («Mésolithique») en France et en Belgique. Essai de synthèse*. Charleville, 3 vol., 1500 p.

Sonneville-Bordes, D. and Perrot, J. 1956. Lexique typologique du Paléolithique supérieur. Outillage lithique (suite et fin) – V outillage à bord abattu – VI pièces tronquées – VII lames retouchées – VIII pièces variées – IX outillage lamellaire, pointe azilienne. *Bulletin de la Société préhistorique française* 53/9, 547-559.

Taipale, N., 2020. *Hafting as a flexible strategy: variability in stone tool use and hafting at three european upper palaeolithic sites*. Ph.D. Thesis, Liège: Université de Liège.

Tixier, J. 1963. *Typologie de l'Epipaléolithique du Maghreb*. Mémoire du C.R.A.P.E, II, 212 p.

Tomasso, A. 2014. T*erritoires, systèmes de mobilité et systèmes de production. La fin du Paléolithique supérieur dans l'arc liguro-provençal*. Ph.D. Thesis, Nice: Université Nice Sophia-Antipolis.

Touzé, O. 2019. *D'une tradition à l'autre, les débuts de la période Gravettienne. Trajectoire tech- nique des sociétés de chasseurs-cueilleurs d'Europe nord-occidentale*. Ph.D. Thesis, Liège and Paris: Université de Liège and Université de Paris 1 Panthéon-Sorbonne.

Note sur les contributeurs

Elise Cormarèche
Paléotime / UMR 7041 – ArScAn, AnTET
75 avenue J.-S. Achard-Picard, 38250, Villard de Lans, France
elise.cormareche@paleotime.fr

Giulia Ricci
UMR 7269 – LAMPEA
MMSH, 5, rue du Château de l'Horloge, 13097, Aix-en-Provence, France
giuliaricci.1986@gmail.com

Different paths for a common destination

Experimental comparative study between direct and indirect percussion techniques in bifacial production

Martín Julio García Natale, Javier Baena Preysler

Abstract

The use of the indirect percussion technique in the production of bifacial pieces associated to hunter gather prehistoric groups has been taken into consideration in a very superficial way by prehistoric archaeologists and technologists. Several studies have proven the use of organic soft hammer direct percussion as the main technique involved in bifacial reductions which has overshadowed the possibility of using indirect percussion in these processes. However, the ethnographic record has revealed that this technique is not an exception and that it could have played a relevant role in lithic productions, as has been studied in the case of post-Paleolithic blade productions.

In this regard, this work proposes a comparative study of experimental basis with the objective of establishing if it is possible to differentiate both techniques, as it happens in blade production. The objective will be to clarify what are these differences, and propose models that can allow the recognition of indirect percussion and its differentiation with the direct percussion. For it, we have developed an experimentation that has considered the study of knapping remains produced during bifacial reductions (and, especially for Middle Solutrean laurel leaves) using both techniques, as well as the identification of stigmata in the resulting pieces. We also emphasize the importance of developing an experimental protocol in the study of lithic assemblages and the control of the variables that have been taken into consideration for the study.

Resumen

El uso de la técnica de la percusión indirecta en la producción de elementos bifaciales asociadas a grupos de cazadores recolectores de la Prehistoria ha sido tenido en consideración de una manera muy superficial por los arqueólogos y tecnólogos prehistoriadores. La asunción generalizada del uso de la percusión directa blanda como técnica principal implicada en las reducciones bifaciales ha ensombrecido la posibilidad del uso de la percusión indirecta en dichos procesos. Sin embargo, el registro etnográfico ha revelado que esta técnica no es una excepción y que podría haber jugado un papel relevante en las producciones líticas, tal y como se ha estudiado en el caso de las producciones laminares post-paleolíticas.

in: Mathias, C., Bourguignon, L., Ivorra, J. and Viallet, C. (eds) 2026. *Living Archaeology. Unveiling the Past through Experimental Archaeology*. Leiden: Sidestone Press, 157-166.

En este sentido, el presente trabajo plantea un estudio comparativo de base experimental con el objetivo de establecer si es posible diferenciar ambas técnicas, como sí ocurre en la producción laminar. El objetivo será determinar cuáles son dichas diferencias, y plantear modelos que puedan permitir el reconocimiento de la percusión indirecta y su diferenciación con la directa. Para ello, hemos desarrollado una experimentación que ha tenido en cuenta el estudio de los restos de talla generados en las reducciones bifaciales utilizando ambas técnicas, así como la identificación de estigmas en las piezas resultantes. Se incide, asimismo, en la importancia del desarrollo de un protocolo experimental en el estudio de conjuntos líticos y el control de las variables que se han tenido en cuenta para el mismo.

Keywords: Experimentation; Lithic Technology; Knapping techniques; Bifacial reduction; Control of variables

Palabras claves : Experimentación; Tecnología Lítica; Técnicas de talla; Reducción bifacial; Control de variables

1. Introduction

The appearance of the famous laurel leaves during a very specific period of the Upper Palaeolithic, specifically in the Middle Solutrean (20,500-18,000 BP), has given rise to numerous studies that have raised a large number of questions about them. The Solutrean is considered to be a particular period in which notable technical innovations in lithic technology have been identified (systematic use of heat treatment of siliceous rocks, the appearance of invasive pressure flaking, etc.) and its singularity with respect to bifacial production has been particularly highlighted (Aubry *et al.* 2003; Straus 2013; Zilhão 2013; Baumann 2015; Schmidt *et al.* 2018; Schmidt and Morala 2020; Baumann *et al.* 2022).

The understanding of these innovations and particularities lies in the relevance they have for understanding the human behaviour of these populations, particularly the adaptation of their technical systems to new ecological niches, population mobility dynamics and also as cultural markers and transmission of knowledge of these human groups (Arce Ruiz 2005; Banks *et al.* 2009; Bird-David 2019).

In particular, existing technological studies on Solutrean bifacial production have addressed many of the questions mentioned above (Pelegrin 1981; Aubry *et al.* 2008; Straus *et al.* 2009; Callahan 2010; Aubry and Almeida 2013), however, there are still many unresolved questions about the production of these type of pieces (Pelegrin 2019). Moreover, indirect percussion or "controlled percussion" has been sometimes mentioned, but never seriously considered, not only on Solutrean laurel leaves production, but generally speaking, in bifacial knapping reduction processes, mainly due to the fact that many studies have already proven the use of organic soft hammer percussion in several Solutrean archaeological contexts (Bourguignon *et al.* 2012; Rigaud *et al.* 2013; Biard and Hinguant 2015; Brenet *et al.* 2018). In this sense, this paper aims to address one of these questions, specifically, the possibility of the intervention of the indirect percussion technique in the bifacial knapping production. Our main working hypothesis are that indirect percussion can be distinguished between direct percussion even if we have similar results on the type of product we are looking for, here, laurel leaves or, "extreme thin" bifacial reductions.

2. Materials and methods

The methodology used in this work has been approached in two different phases. On the one hand, we have reviewed the ethnographic record through the published bibliography on contemporary hunter-gatherer human groups studied by travelers, ethnologists and anthropologists who witnessed at first hand the use of indirect percussion during the second half of the 19th century and the beginning of the 20th century. Their studies focused on the analysis of the various forms of indirect percussion used for the manufacture of bifacial artefacts (Cushing 1895; Catlin and Ross 1997; Grinnell and Fitzgerald 2008; Catlin 2011; García Franco 2016).

The ultimate aim of these ethnographic and ethnoarchaeological studies is to obtain applicable models for the interpretation of the archaeological record (Hernando Gonzalo 1995). In our case, it has helped us to make an approach to the indirect percussion modalities that could be used in the experiment, as well as the technical gestures to be employed.

The second phase focuses on the development of experiment itself. This phase is in turn divided into two moments. First, a previous experimental approach has been carried out using different modalities of indirect percussion, with two fundamental objectives: The first was to discard technical modalities that did not seem useful for making bifacial pieces of a certain size (>8cm long). Secondly, for the acquisition of technical skills, essential for the development of experimentation, as well as the prior observation of possible differential characteristics of indirect percussion, alongside with the identifying of common *stigmata* no matter the horizontal indirect percussion modality chosen (S1 fig. 1, b-d, fig. 2, fig. 3, b and video 6).

This primary approach is of immense relevance in order to tackle the experiment, which requires control of the resulting variables, as well as essential technical knowledge derived from the very complexity of this type of bifacial reduction processes (Baena Preysler 1998;

Aubry *et al.* 2008; Pelegrin 2011; Damlien 2015; Cuartero Monteagudo *et al.* 2016).

Secondly, an experimental protocol has been established in order to obtain the greatest possible control of the variables that have been considered relevant to establish differences between the direct and indirect percussion techniques. In this sense, we have established as fixed dependent variables the raw material (flint from the Ebro valley), the starting support (flakes of the same size and morphology), the angular relationship in terms of the percussion platform (around 80º), the preparation of the platform/type of heel (faceted). As dependent variables, the measurements of the extractions generated during bifacial reductions (length/width/thickness, and width of the heel), the integrity of the piece (fragmented/whole), the morphology of the percussion bulb (not very pronounced/ pronounced) and the presence/absence of lip were taken into account. As independent variables, indirect percussion and soft hammer direct percussion. Regarding the first one, a horizontal indirect percussion modality (S1 fig. 1, a and video 6) has been chosen which, during the first experimental phase performed the best, taking as adapted examples the experiences of the Cheyenne, Paiute and Lacandon Native Americans (Cushing 1895; Holmes 1919; García Franco 2016) (S1 fig. 5).

For the interpretation of the results, we have also turned to the contributions made by fractography (the science that studies the fracture mechanics of homogeneous solids), which has always been a great support for the study of lithic technology (Cotterell *et al.* 1985; Cotterell and Kamminga 1987; Bertouille 1989; Tsirk 2014). These contributions allow us to understand the way in which specific fractures are produced that can be linked to certain types of techniques, accidents and various particularities.

On the other hand, according to the toolkit chosen, we have used reindeer (*Rangifer tarandus*) and red deer (*Cervus elaphus*) antler hammers, as well as antler punches from these same species. Of the hammers used for direct percussion, two sizes have been chosen, a larger one for the extractions of the first phases of reduction and a smaller one for the final phases. Regarding the tools used for indirect percussion, two punches of different sizes were also used. All the cervid hammers and punches were obtained by ethical and legal means. Also, a boxwood piece was used as a striker. With regard to the hammerstone/ abraders, two sandstone pebbles were used. (S1 fig. 3, a) Weights and further details are shown in the next table:

Regarding the raw material used for the experimental phase, as briefly mentioned in a previous paragraph, 10 cortical or semi-cortical flakes extracted by direct hard mineral percussion (quartzite hammer of 809 grams) were selected from 4 Tertiary flint nodules from the Ebro Valley of good and similar quality. All these flakes have similar sizes of around 15x12x4 cm, specifically selected with similar morphologies. The flint nodules used in this experiment were collected with the permission and approval of the owner of the land from which they came.

Totally, 10 bifacial reductions were knapped by only one knapper (M.G.N), although in previous phases of the experiment other knappers with different skills on bifacial reduction were involved as part of the looking of common *stigmata* and technical trends. Five of them were done by indirect percussion and the other five by direct percussion. The main objective was to get thin and laurel leave like pieces, trying to keep always similar contours and thickness, along with regular reduction sequences. Of these reductions, 886 remain flakes were produced and studied. The reductions have been separated into three distinct sequences, following the "classic" models of experiments on bifacial reductions (Callahan 1979; Pelegrin 1981; Baena Preysler 1998; Callahan 2010). The first one consists of the initial reduction of the mass, establishing the perimeter of the piece, which is usually known as "roughing-out" and "shaping", a second phase of thinning or "first thinning", where the thickness of the piece begins to be reduced, trying to lose the minimum contour, and a third and final phase that aims to carry out the terminal thinning of the piece, seeking the highest operative edge, also known as "secondary thinning" or "finishing" (fig. 2).

During the experimental phase it was decided, in order to homogenize the data and to have a better control of

Type of hammer	Technique	Weight
Reindeer hammer	Direct percussion	780 gr
Red deer hammer	Direct percussion	470 gr
Reindeer punch	Indirect percussion	140 gr
Red deer punch	Indirect percussion	70 gr
Sandstone hammerstone	Direct percussion/abrader	320 gr
Sandstone hammerstone	Direct percussion/abrader	230 gr
Boxwood hammer	Indirect percussion striker	400 gr

Table 1: Summary table with the list of tools used for the experiment.

Figure 1: Example of the reduction sequence of an experimental bifacial piece divided into three phases, from the blank spall to the end-stage piece.

the variables, to use exclusively either organic soft direct percussion or indirect percussion at all times of reduction, with the sole exception of the use of mineral direct percussion with sandstone for the preparation of platforms. The products generated from the latter operation have not been taken into account, as they do not have the objective of thinning the piece, but rather to prepare the subsequent extraction which, in this case, will reduce mass.

3. Results

The main results presented here have confirmed the observations made during the previous phases before the experiment. Indeed, the use of indirect percussion in bifacial reductions is certainly distinguishable from soft direct percussion, both with regard to the flakes generated and the final products.

Regarding the flakes produced by indirect and soft hammer direct percussion, we have compared the elongation index (Length/Width) and the thinning index (Width/Thickness) of both byproducts related to each technique. Flakes produced by indirect percussion are slightly more elongated than those extracted by direct percussion, although there is no statistically significant difference: here the average Elongation Index for indirect percussion flakes is 1.48942 compared to an average of 1.43042 for direct percussion flakes. Thus, comparing the thinning index (width/thickness) of flakes obtained by both techniques, it can be observed that indirect percussion generates flakes with higher indexes than those obtained by direct percussion (fig. 3), or, in other words, wider and thinner flakes. The average elongation index of flakes produced by indirect percussion is 11.0082 compared to an average of 8.8848 for flakes obtained by indirect percussion.

Likewise, a greater tendency to *feathering* (greater mass in the proximal than in the distal part of the flake) has been observed in the products generated by indirect percussion. In this sense, this is illustrated by a higher proportion of pronounced bulbs, together (tab. 2) with a lower thickness of flakes. This could be explained by the immense amount of force applied at very specific points allowed by the indirect percussion technique (Tsirk 2014), even though this particularity is more related to other parameters such as the way of holding the punch and the angular relation with the bifacial piece.

Together with this presence of pronounced bulbs and a notably lower flake thickness, a significant presence of *eraillure* scar on the bulb of percussion (S1 fig. 4, a) has also been observed among the extractions obtained by indirect percussion compared to those obtained by direct percussion. Specifically, the representation of these scars in flakes produced by indirect percussion is 73.43%, compared to 38.55% in the case of direct percussion.

Moreover, there is a high percentage of fragmentation of the extractions generated by indirect percussion

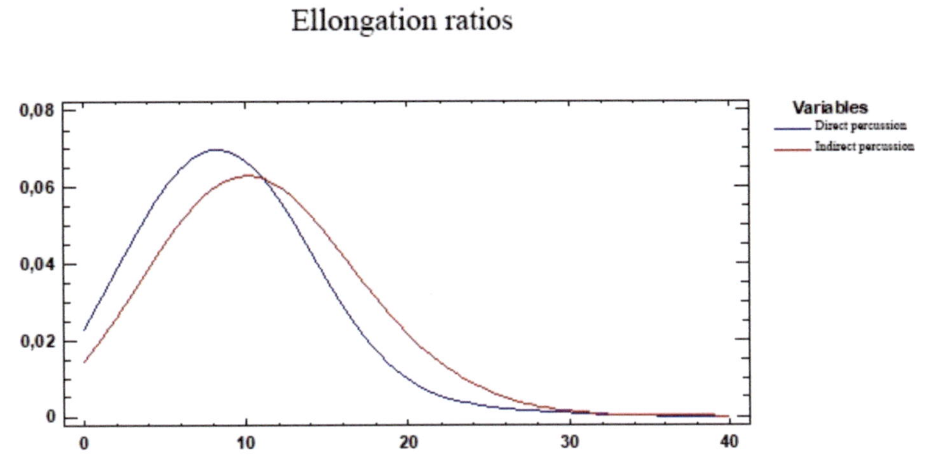

Figure 2: Graphic representing the normal distribution of the elongation ratios of flakes produced by indirect percussion (red) and direct percussion (blue).

compared to direct percussion. In the case of direct percussion, the percentage of fragmentation of flakes increases in the final stages of reduction, although it is still not as pronounced as in the case of indirect percussion. In any case, the higher percentage of fragmentation of flakes produced by indirect percussion is highly significant (66,80 % from indirect percussion flakes and a 22,73% from direct percussion ones).

This recurrence in the fracture of the extractions is due, once again, to the aggressive force components of the indirect percussion technique, along with high flexion components carried by the use of soft organic material punches (S1 fig. 4, d). Indeed, this high rate of fragmented flakes is also directly related to the high tendency of *feathering* (Cotterell and Kamminga 1987).

Also, a recurrent presence has been observed on the ventral face of the extractions of a very particular stigma known as "wing flake", (fig. 3 and S1 fig. 4, b) which is very well recognized and common in extractions generated during the production of Scandinavian quadrangular section axes, effectively carried out by indirect percussion (Tsirk 2014). This type of stigmata responds to an extremely aggressive application of forces that is distributed unevenly across the surface, leaving a sort of "wing flake" attached to the percussion bulb (Tsirk 2014). "Wing flakes" represents the disruption of the force applied with the punch, which, when flexing and coming into contact with the percussion point, "drags" part of the material adjacent to the point itself, so quickly that it remains adhered to the extraction obtained. In this sense, wing flakes would not be intrinsically related to extractions generated exclusively by a very aggressive percussion, but also by forces applied to very specific points on surfaces that, in the case of using direct percussion, would generate much wider and thicker bulbs (Tsirk, 2014).

Likewise, with regard to the existence of differential stigmata of indirect percussion on bifacial pieces, the presence of "split steps" (*bourrelets positifs* in french or *michelines* in spanish) in some negatives of flakes (Tsirk, 2014) generated by indirect percussion could be highlighted (fig. 4). This stigmata is not exclusive to indirect percussion, but is also present in extractions made by pressure flaking (Pelegrin, 2019). However, its presence in negatives that are too wide, which implies a technical limitation for manual pressure flaking, would leave indirect percussion as the only possibility.

Bulb Morphology	Direct Percussion	Indirect percussion
Not pronounced	68,18%	38,80%
Pronounced	31,82%	61,20%
Total	100%	100%
	N = 436	N = 450

Table 2: Table of percentage representativeness of the morphology of percussion bulbs.

This type of stigmata sometimes, although much less frequently, also appears in pieces made by direct percussion. In our experimental sample only two cases in a single reduction were reviewed, although in previous phases we have observed many cases on different materials and modalities (S1 fig. 4, c). However, in these cases, they are rather associated with an overdevelopment of the percussion bulb, and are therefore found in the proximal area of the negative. Along these lines, it would be possible to infer almost certainly that the "split steps" that are present in areas far from the percussion point of the negative could be ascribed to the use of indirect percussion.

In addition, the presence of markings associated with the application of high stress on the material is quite recurrent. Among these, the marked accumulation of hackles (specifically "overlapping hackles") on the margins of some negatives of flakes extracted by indirect percussion (in French, *fortes lancettes*) which are also present on many of the ventral faces of these flakes. This accumulation of hackles has also been generally attributed to laminar

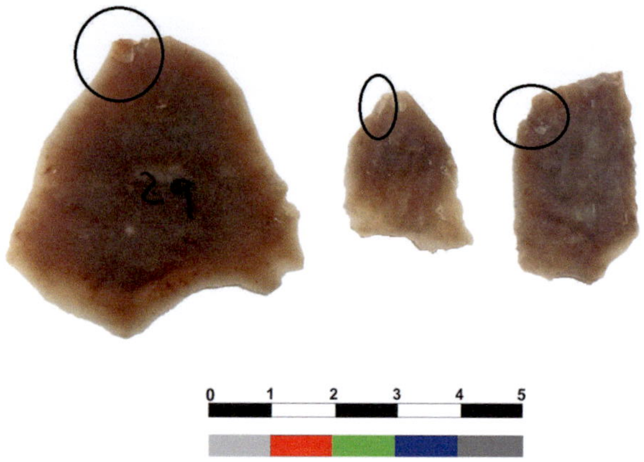

Figure 3: Flakes that have twisted stigmata attached to the percussion bulb. These flakes are known as "wing flakes".

Figure 4: Detail of the presence of two adjoining "split steps" (*bourrelets positifs/ michelines*).

productions made by pressure (Morgado and Pelegrin, 2012; Sørensen, 2012; Tsirk, 2014).

On the other hand, a type of fracture on flakes produced by indirect percussion has also been identified that is worth noting as it is attributed to laminar production by indirect percussion. As highlighted in the previous paragraphs, most of the stigmata particular to indirect percussion identified here in the bifacial reductions are more similar to those produced by the pressure technique. However, the presence of "reed" fractures (*fractures en languette* in French, *fractura en lengüeta* in Spanish) has proved common enough to be worthy of mention in the present paper. This type of fracture is recurrent in laminar productions made by indirect percussion, although, once again, it is not exclusive to that technique, being also associated with abdominal pressure and lever pressure techniques, and linked specially with the type of platform used (Pelegrin and Rodríguez 2007; Desrosiers 2012; Morgado and Pelegrin 2012), as well as in some types of soft hammerstone direct percussion (Roussel *et al.* 2009). In our case, we see a recurrence of this type of "reed" fracture on several type of platforms preparations (facetted convex, flat, and dihedral) alongside with recurrent bulbar scars (*eraillures* scars) (S1 fig. 4, a).

In terms of fractures, a specific type of recurrent fracture was identified during previous phase before the experiment and a single case during the experimental phase, which does not correspond to any type of fracture recorded in the literature consulted. This fracture has only occurred in pieces knapped by the indirect percussion technique and takes on a more or less marked "v" or "u" shape (fig. 5). It has also been observed that, in some cases, the pieces that have suffered this fracture show some signs of stress in the lateral portions of the edges, resulting in shapes similar to "wedge fractures" (Tsirk 2014).

Initially, it was thought that this fracture could be related to incorrect gripping of the piece. In fact, the onset of the fracture is very similar to the classic bending fracture or "perverse fracture" (Cotterell and Kamminga, 1987; Tsirk, 2014), but at a certain point the continuity of the fracture is broken, causing it to reorient and end up having that "v" shape. However, after making some more careful observations in the following cases in which this fracture has occurred, it has been estimated that, in addition, there seems to be an influence of the type of punch and the surface of the active zone of the punch. In cases in which this type of fracture occurred, it coincided with the final moments of the reduction, looking for reduction extractions that were certainly aggressive. In these moments, however, the punch was quite altered by all the previous work carried out, with the surface of the active zone being very irregular. Indeed, in such situations, the best thing to do would be to maintain the tool by polishing it with sandstone or some abrasive element. However, when using this punch without the appropriate adjustment, carving accidents are more likely to occur. This, together with a possible poor grip on the piece, as mentioned above, could be part of the explanation for this type of fracture.

Also, one of the most important issues to consider is the regularity of the extractions generated by both techniques. Although it is true that technical skill plays an essential role (Callahan 2010), it would be expected that in indirect percussion the extractions would be more regular than those produced by direct percussion, as this technique implies greater control of the percussion point, overcoming one of the main problems in knapping, which is the precision of the blow. In this sense, it has been observed that the sequences of extractions generated by indirect percussion are, in fact, very regular. In comparison with regular sequences generated by direct percussion, it could be observed that these tend to be more spaced out and

Figue 5: "V-shape" fractures generated during the indirect percussion reduction process.

wider, as opposed to those obtained by indirect percussion, which are much more followed and produce extractions that are certainly more elongated.

In addition, it should be taken into account that it is significantly easier to chain regular sequences of extractions with indirect percussion than with direct percussion, as already mentioned. So, the use of direct percussion implies greater technical skill, as well as greater accuracy when knapping. In this sense, it has also been observed that it is easier to perform extractions that require a very special control of both the force and the percussion point. Some examples of this would be the covering extractions (which cover more than 2/3 of the piece) and the overshots. It has also been observed that the solution of errors and problems generated during the reduction process of bifacial pieces, such as step fractures, is much simpler using indirect percussion. Particularly noteworthy is the ease of solving such problems with shapes that are extremely risky to deal with direct percussion. To illustrate this point, for example, the most logical way to try to solve a step fracture is to "attack" it from the opposite plane where it was generated. With indirect percussion, however, it is easier to deal with step fractures from the same plane from which the error was generated.

4. Conclusions

At this point, by way of conclusion, a recapitulation of the main points dealt with in this work could be made.

Firstly, through the development of an experimental protocol guided by ethnographic evidence and previous observations obtained from multiple experiences, it has been possible to establish some basic points that could imply the establishment of a difference between the direct and indirect percussion techniques used in bifacial reductions. At this point, in the light of the results obtained, we cannot make a definitive statement as to the absolute discrimination between both knapping techniques, although we do consider that there are some encouraging points that can guide such a differentiation.

Some of these aspects are, for example, the high ratio of fragmentation of flakes obtained by indirect percussion, possibly due to a greater tendency of "feathering" associated with the products generated by this technique, as well as the presence of much more pronounced and recurrent bulbs than those derived from the use of direct percussion. Likewise, the presence of certain stigmata that are rarely represented in direct percussion, such as the "split steps" (*bourrelets positifs*), the signs of lateral stress on flakes (*freinage lateral*) represented by the marked presence of "overlapping hackles" or the "wing flakes" that are directly associated with well-known productions in which indirect percussion is used, as in the case of the Scandinavian quadrangular section axes.

Secondly, following this idea, it has been observed, when contrasting the results obtained from the experiment with the specialized literature, that many of the stigmata we have mentioned are also quite often associated with the pressure technique. On this point, therefore, we should remain remarkably cautious about the relationship that we can establish between these stigmata and the indirect percussion technique, with the possible exception of "wing flakes".

Thirdly, it must be considered that the results obtained from the present work are sufficiently encouraging that it is worth making some effort to make a comparison with the archaeological record such as the Solutrean bifacial productions. One point to bear in mind in this respect is the lack of appropriate contexts on the Iberian Peninsula for such work. The rather restricted existence of sites with knapping workshop characteristics could hinder these expectations, as these contexts present rather fragmented operational chains in this respect (Aubry *et al.* 2003; Alcaraz-Castaño *et al.* 2013; Zilhão 2013; Alcaraz Castaño *et al.* 2018; Cascalheira *et al.* 2020).

Fourthly and finally, in view of the aforementioned aspects, as future projects, the possibility of extending the experimental sample should be considered, on the one hand, and, on the other, it would be interesting to introduce the control of other determining variables in the technological studies, such as the diversity of the knappers's "hands". In this sense, collaboration with other knappers is essential in order to establish greater objectivity in the sample to be analyzed. Likewise, another point to take into account, given the results obtained, would be to consider the possibility of establishing another experimental study that would attempt to establish a comparison between the two techniques, with the essential focus on controlling the components of the forces used by direct percussion and indirect percussion. Finally, it would also be interesting to try to look for differences and confluences between the characteristics of the use of different materials in indirect percussion, such as the use of bison horns, suid ivory, bone or even the use of mineral punchs as initially done on previous experimental phases as described in the present paper.

Acknowledgments

This work is posible thanks to a PhD contract related with the project reference PID2022-138590NB-C42, financed by the Agencia Estatal de Investigación. "On the limits of diversity: neanderthal behaviour in central and south Iberian Peninsula (2)"

First, we would like to thank the two reviewers of the paper, Morgan Roussel and Frédéric Abbés for their comments and suggestions that certainly enriched the content of this work.

We would like also to thank the Laboratorio de Arqueología Experimental de la Universidad Autónoma de Madrid (LAEX-UAM) and its staff for all the help during the experimental phase and allowing us to use the spaces of the lab for carrying out the experiments. Thanks to Samuel Castillo and Mikel Aguirre as well for their help and interest on the characterization of the indirect technique for this work.

We can´t also forget the initial and key contribution of Miquel Guardiola who encouraged us to go on with this interesting study and was always open to help us with all his expertise, tips and advice. This work would have never seen its light without our beloved friend's help.

Supplementary Data

S1: DOI: 10.34847/nkl.1727r36o

References

Alcaraz-Castaño, M., González, J.J., De Balbin-Behrmann, R., Valero, M., Yravedra, J. and Preysler, J. 2013. Los orígenes del Solutrense y la ocupación pleniglaciar del interior de la Península Ibérica: implicaciones del nivel 3 de Peña Capón (valle del Sorbe, Guadalajara). *Trabajos de Prehistoria* 70, 28-53. http://www.doi.org/10.3989/tp.2013.12101

Alcaraz Castaño, M., Alcolea-González, J., Weniger, G.-C., Álvarez-Figueras, I., Arteaga, A., Baena-Preysler, J., de Balbín-Behrmann, R., Bustos-Pérez, G., Cabaleiro, A., Cuartero, F., Cuenca-Bescós, G., Dávilad, A., Herrero, D., Kehle, M., Lamas, V., López-López, A., López-Sáez, J.A., Marinas-Díez, E., Ortiz, I,Picazo, Z., Piqué, R., Polo, E., Sáez-Martínez, M., Salinero-Sánchez, I., Sánchez, J., Vaca, A., Vizcaíno-Trueba, J. and Yravedrai J. 2018. Neandertales y humanos modernos en Guadalajara. *Boletín de la Asociacíon de Amigos del Museo de Guadalajara* 8, 13-44.

Arce Ruiz, Ó. 2005. Cazadores y recolectores. Una aproximación teórica. *Gazeta de Antropología.* https://digibug.ugr.es/handle/10481/7189

Aubry, T., Bradley, B., Almeida, M., Walter, B., Neves, M.J., Pelegrin, J., Lenoir, M. and Tiffagom, M. 2008. Solutrean laurel leaf production at Maîtreaux: An experimental approach guided by techno-economic analysis. *World Archaeology* 40/1, 48-66. DOI: 10.1080/00438240701843538

Aubry, T. and Almeida, M. 2013. Analyse critique des bases chronostratigraphiques de la structuration du Solutréen. *Revue archéologique du centre de la France*, 37-52.

Aubry, T., Almeida, M., Neves, M.J. and Walter, B. 2003. Solutrean laurel leaf point production and raw material procurement during the Last Glacial Maximum in southern Europe: two examples from Central France and Portugal. *Multiple approaches to the study of bifacial technologies*, 165-182.

Baena Preysler, J. 1998. *Tecnología lítica experimental : introducción a la talla de utillaje prehistórico.* Oxford: Archaeopress.

Banks, W.E., Zilhão, J., d'Errico, F., Kageyama, M., Sima, A. and Ronchitelli, A. 2009. Investigating links between ecology and bifacial tool types in Western Europe during the Last Glacial Maximum. *Journal of Archaeological Science* 36/12, 2853-2867. http://www.doi.org/10.1016/J.JAS.2009.09.014

Baumann, M. 2015. À l'ombre des feuilles de laurier, les équipements osseux solutréens du Sud-Ouest de la France : apports et limites des collections anciennes. *Bulletin de la Société préhistorique française* 112, 152-154.

Baumann, M., Maury, S. and Plisson, H. 2022. Les compresseurs solutréens, in: Cattelain, L., Gillard, M. and Smolderen, A. (eds.). *Archéologues Malgré-Tout ! Apporter sa pierre pour y voir clair. Mélanges offerts à Claire Bellier et Pierre Cattelain.* Treignes: Éditions du Cedarc/Musée du Malgré-Tout, 191-211.

Bertouille, H. 1989. *Théories physiques et mathématiques de la taille des outils préhistoriques.* Paris: Editions du

Centre national de la recherche scientifique. https://www.books.google.es/books?id=XQaLQgAACAAJ

Biard, M. and Hinguant, S. 2015. Regard typo-technologique sur les productions lithiques foliacées du Solutréen de la vallée de l'Erve (Mayenne, France). *Bulletin de la Société préhistorique française* 112 /2, 213-262. http://www.doi.org/10.3406/bspf.2015.14520

Bird-David, N. 2019. Kinship and scale on paradoxes in hunter-gatherer studies and how to overcome them. *Hunter Gatherer Research* 4/2, 177-192. http://www.doi.org/10.3828/HGR.2018.9

Bourguignon, L., Bidart, P. and Vigier, S. 2012. El Solutrense de la Dolina de Cantalouette II (Creysse, Francia), in: *Congreso Internacional El Solutrense, Vélez-Blanco, Almería (España), 25 -28 junio 2012*. Vélez-Blanco.

Brenet, M., Guégan, S., Claud, É., Mesa, M. and Pasquet, V. 2018. The Late Solutrean open-air site of Landry (Aquitaine, France). A preliminary spatio-temporal analysis. *Quaternary International* 498, 30-50. http://www.doi.org/10.1016/J.QUAINT.2017.06.038

Callahan, E. 1979. The Basics of Biface Knapping in the Eastern Fluted Point Tradition: A Manual for Flint-Knappers and Lithic Analysts. *Archaeology of Eastern North America* 7/1, 1-180.

Callahan, E. 2010. Flake Removal Sequence and Cultural Inference. A Solutrean Perspective, in: Nami, H. (ed.). *Experiments and Interpretation of Traditional Technologies: Essays in Honor of Errett Callahan*. Buenos Aires: Ediciones de Arqueología Contemporánea, 561-659.

Cascalheira, J., Alcaraz-Castaño, M., Alcolea-González, J., de Andrés-Herrero, M., Arrizabalaga, A., Aura Tortosa, J.E., Garcia-Ibaibarriaga, N. and Iriarte-Chiapusso, M.-J. 2020. Paleoenvironments and human adaptations during the Last Glacial Maximum in the Iberian Peninsula: A review. *Quaternary International* 581-582. http://www.doi.org/10.1016/j.quaint.2020.08.005

Catlin, G. 2011. *Letters and Notes on the Manners, Customs, and Condition of the North American Indians*. Cambridge: Cambridge University Press. https://www.cambridge.org/core/books/letters-and-notes-on-the-manners-customs-and-condition-of-the-north-american-indians/C112D28AF304FB3020FF357A7EFC6EDA

Catlin, G. and Ross, M.C. 1997. *Episodes from "Life Among the Indians" and "Last Rambles."* Dover Publications. https://www.books.google.es/books?id=DBsR6OAMwsQC

Cotterell, B. and Kamminga, J. 1987. The Formation of Flakes. *American Antiquity* 52/4, 675-708. http://www.doi.org/10.2307/281378

Cotterell, B., Kamminga, J. and Dickson, F.P. 1985. The essential mechanics of conchoidal flaking. *International Journal of Fracture* 29/4, 205-221. http://www.doi.org/10.1007/bf00125471

Cuartero Monteagudo, F., Alcaraz-Castaño, M. and Baena Preysler, J. 2016. De la variable controlada al dato empírico: Cuatro casos de control de variables en experimentos de tecnología lítica. *BAEX: Boletín de Arqueología Experimental.*

Cushing, F.H. 1895. The Arrow. *American Anthropologist* 8/4, 307-349. http://www.jstor.org/stable/658382

Damlien, H. 2015. Striking a difference? The effect of knapping techniques on blade attributes. *Journal of Archaeological Science*. http://www.doi.org/10.1016/j.jas.2015.08.020

Desrosiers, P.M. 2012. *The Emergence of Pressure Blade Making: From Origin to Modern Experimentation.* Springer New York. https://www.books.google.es/books?id=wHQVfAYXZEQC

García Franco, M.A. 2016. "El arte de rajar piedra", organizción y autogestión en la talla lítica del silex de los lacandones en Chiapas, México. *Cuadernos de Prehistoria y Arqueología de la Universidad de Granada* 26, 407-424.

Grinnell, G.B. and Fitzgerald, J.A. 2008. *The Cheyenne Indians: Their History and Lifeways : Edited and Illustrated.* World Wisdom. https://www.books.google.es/books?id=GzxHTeOe8FcC

Hernando Gonzalo, A. 1995. La etnoarqueología, hoy: una vía eficaz de aproximación al pasado. *Trabajos de prehistoria* 52/2, 15-30.

Holmes, W.H. 1919. *Handbook of Aboriginal American Antiquities: Part 1, Introductory, the Lithic Industries.* US Government Printing Office.

Morgado, A. and Pelegrin, J. 2012. Origin and Development of Pressure Blade Production in the Southern Iberian Peninsula (6th-3rd Millennia B.C.), in: Desrosiers, P. M. (ed.). *The Emergence of Pressure Blade Making: From Origin to Modern Experimentation.* Boston: Springer US, 219-235. DOI:10.1007/978-1-4614-2003-3_8

Pelegrin, J. 1981. Experiments in bifacial work about laurel leaves. *Flintknappers' Exchange Ring William, Va* 4/1, 4-7.

Pelegrin, J. 2011. Las experimentaciones aplicadas a la tecnología lítica. *La investigación experimental aplicada a la arqueología. Málaga: Ronda.*

Pelegrin, J. 2019. Le façonnage expérimental des feuilles de laurier du modèle de Volgu : une taille bifaciale des plus exigeantes, in: Thevenot, J.-P. (ed.). *Les silex Solutréens de Volgu (Rigny-sur-Arroux, Saône-et-Loire, France).* Dijon: Revue archéologique de l'Est, 147-165.

Pelegrin, J. and Rodríguez, A.M. 2007. Primeras experimentaciones sobre la producción laminar del Neolítico Reciente-Edad del Cobre del sur de la Península Ibérica, in: Ramos Sáinz, M.L., González-Urquijo, J.E. and Baena Preysler, J. (eds.). *Arqueología Experimental en la Península Ibérica: investigación, didáctica y patrimonio*. Santander: Associación Española de Arqueologia Experimental, 131-139.

Rigaud, A., Peyrouse, J.-B., Walter, B., Aubry, T., Desbrosse, R. and Almeida, M. 2013. Percuteurs en bois de cervidés en provenance de Solutré, in: Société d'études et de recherches archéologiques sur le Paléolithique de la vallée de la Chaise (ed.). *Le Solutréen ... 40 ans après Smith' 66 : actes du colloque de Preuilly-sur-Claise, 21 octobre – 01 novembre 2007*. Tours: revue archéologique du Centre de la France, 127-133.

Roussel, M., Bourguignon, L. and Soressi, M. 2009. Identification par l'expérimentation de la percussion au percuteur de calcaire au Paléolithique moyen : le cas du faconnage des racloirs bifaciaux Quina de Chez-Pinaud (Jonzac, Charente-Maritime). *Bulletin de la Société préhistorique française* 106, 219-238. http://www.doi.org/10.3406/bspf.2009.13846

Schmidt, P., Bellot-Gurlet, L. and Floss, H. 2018. The unique Solutrean laurel-leaf points of Volgu: heat-treated or not? *Antiquity* 92/363, 587-602. https://www.cambridge.org/core/journals/antiquity/article/abs/unique-solutrean-laurelleaf-points-of-volgu-heattreated-or-not/A4504963D1E58A747AA0D2B999DE0092

Schmidt, P. and Morala, A. 2020. Are We Missing out on Half of All Heat-treated Pieces in the Solutrean? *Lithic Technology* 45/1, 48-58. https://www.tandfonline.com/doi/abs/10.1080/01977261.2019.1695076

Straus, L. 2013. El Solutrense: 40 Anos de Reflexiones por un Arqueologo Norteamericano. *Espacio, Tiempo y Forma. Serie I, Prehistoria y Arqueología. Nueva época 5* 1, 25-34. http://www.doi.org/10.5944/etfi.5.2012.4768

Straus, L., Quirós, F. and Clark, G. 2009. Solutrean Chronology & Lithic Variability in Vasco-Cantabrian Spain. *Zephyrus* 28, 109-112.

Tsirk, A. 2014. *Fractures in knapping*. Archaeopress Publishing Ltd.

Zilhão, J. 2013. Seeing the Leaves and Not Missing the Forest: A Portuguese Perspective of the Solutrean. *Pleistocene foragers on the Iberian peninsula: Their culture and environment*, 201-216. http://www.calpal-online.de

Note on contributors

Martín Julio García Natale
Departamento de Prehistoria y Arqueología, Universidad Autónoma de Madrid
Campus de Cantoblanco, 28049, Madrid, España.
martin.garcia@uam.es

Javier Baena Preysler
Departamento de Prehistoria y Arqueología, Universidad Autónoma de Madrid
Campus de Cantoblanco, 28049, Madrid, España.
javier.baena@uam.es

Looking for the perfect tree? Selecting and felling a Neolithic logboat tree

Paul Bacoup, Vincent Bernard, Emmanuel Guerton, Philippe Guillonnet, Jacky Meslin, Michel Philippe, Bertrand Poissonnier

Abstract

The Koruc association's 2022 project aims to reconstitute and test a monoxyle oak dugout canoe over 8 m long under different navigation conditions (river and sea, loaded and unloaded). The model chosen was inspired by European boats discovered in estuarine contexts. The approach adopted since 2021 implies that the entire *chaîne opératoire* is compatible with Neolithic technologies (excluding log transport, for obvious reasons of excessively long timber supply distances) and is recorded according to various variables in order to feed our database. Particular attention was paid to the production of polished stone tools facsimiles (dolerite axes and adzes), wood and antler implements (pointed sticks, picks, pickaxes, chisels). Similarly, so as to be able to compare our working times and come close – perhaps – to Neolithic conditions, the same team, experienced and well-versed in the handling of the various tools, follows the different stages from felling the tree to finishing the dugout canoe.

This article deals with the first stage of this project, namely the felling of an oak tree 33 m high and 2.75 m in circumference. This will involve to: (1) determine what a "logboat tree" could be according to Neolithic criteria, (2) select the ideal tree in the field, produced in existing forest stands, and determine its axis of fall, (3) determine the most appropriate felling technique for the project, (4) present the main work phases, the time and number of people required to complete them, and the types of waste produced, (5) ask the question of tool effectiveness, and finally (6) to provide feedback of this full-scale felling.

Keywords: Neolithic; Prehistoric sailing; Logboat; Tree felling; Polished axe

1. Introduction

Many hypotheses about the human diaspora are based on an understanding of the capabilities of prehistoric sailors and the conditions they may have encountered (Birdsell 1977; Surovell 2003; Westley and Dix 2008; Kirch 2010; O'Connell and Allen 2012). However, archaeological traces of maritime technology are few and far between, and most of the events that led people to take to the sea are beyond the reach of written accounts or oral traditions. So how were islands like Australia populated in ancient times (50,000 years ago)? How were the British Isles neolithicized and domesticated animals transported? These

in: Mathias, C., Bourguignon, L., Ivorra, J. and Viallet, C. (eds) 2026. *Living Archaeology. Unveiling the Past through Experimental Archaeology*. Leiden: Sidestone Press, 167-176.

questions have already been tackled from a variety of angles, from chemical analyses of archaeological materials to ancient DNA analyses. Despite the scarcity of prehistoric nautical evidence, the hypothesis of coastal navigation remains strong, based on a convergence of clues (Anderson *et al.* 2010; Philippe 2018; Gaffney 2021).

At present, monoxyle canoes are the only known remains of prehistoric boats, although it is certain that other models/types existed (Philippe 2023). These logboats are technologically classified as boats. Their distinctive feature is that they are made from a single timber, by subtraction of raw material. Because of their narrow beam, their stability seems at first sight insufficient or, at best, marginal for sea navigation. In any case, while this type of watercraft was undoubtedly common on inland waters and estuaries from the 8th millennium B.C. onwards, its use at sea for short coastal journeys remains an open question.

Their census is complex and has only been the subject of a few syntheses on an European scale (Cordier 1963 and 1972; Arnold 1995; 1996; Fry 2000). The work of Lanting (1997/1998), covering the whole of Europe since prehistoric times, listed over 3,500 logboat wrecks, of which only 600 have been dated by radiocarbon or dendrochronology, showing a clear predominance of mediaeval elements.

In order to test different prehistoric sailing solutions, the Koruc project is resolutely committed to an experimental archaeology approach, in which different types of craft will be reconstituted (logboats, skin and reed boats, rafts), then tested to compare their performance in a variety of conditions, their ability to transport people, domestic animals, granite blocks weighing several tons... In this human adventure, multiple academic, technical and artisanal skills are required for the smooth running of the operations.

2. Selection: characteristics of the logboat tree

Just because we are talking about ancient forests, do we necessarily have to assume that these areas were rich in large trees, and that most of them were suitable for making a logboat? In other words, does the absence of forest management for forests that have reached their climax lead to the growth of 'perfect trees' in quantities greater than today? If we judge by the characteristics of the trees preserved in the rare forests considered as primary in Europe today, if we look at the time spent by traditional communities in South America, Africa or Oceania on locating logboat trees in equatorial forest zones, if we look at the defects observed on Mesolithic and Neolithic logboats, we can affirm that the answer is no!

So how do we define this 'logboat tree'?

1. The first step is to choose the most suitable tree species. Empirical knowledge of the wood's qualities is essential: the type of wood determines the boat's mechanical strength and durability, its buoyancy, and even more prosaically, how easily it can be worked and hollowed out with stone tools and fire.

Among European Neolithic logboats, here are some of the most commonly used species:

- Pine (*Pinus* sp.), the 'Mesolithic' tree, was also used in the Neolithic period in northern and central Europe. It is said to be easy to work with stone or antler tools, making it a practical choice for dugout construction. However, our experiments show that felling and hollowing with stone tools proves difficult for the edges of polished blades, which dull rapidly, partly due to the resin.
- Limewood (*Tilia* sp.) was used to build dugout canoes during the Mesolithic and Neolithic periods in Scandinavia and Switzerland. It is relatively light, easy to carve, not very prone to splitting and has good buoyancy properties (Andersen 1987, 90).
- Oak wood (*Quercus* sp.) was a commonly used material for dugout canoes from the Middle Neolithic onwards in Europe, which explains why the project presented here was carried out using a large pedunculate oak (*Quercus robur* L.). It is a durable, dense wood, making it ideally suited to the boat's construction. Its strength and resistance to decomposition are, *a priori*, strong arguments for its robustness and durability. However, when a trunk is hollowed out to make a logboat, the periphery of the tree, where the sapwood is more fragile and subject to biological attack, is given priority over the harder heartwood, which is largely removed. This appears to be an obvious technical weakness, if not an aberration. In addition, the natural fissility of oak along its ligneous radii needs to be closely monitored to prevent possible cracks and water ingress.

During the Neolithic period in Europe, various other types of wood such as ash (*Fraxinus* sp.), alder (*Alnus* sp.) and poplar (*Populus* sp.) were also used, influenced by local availability and cultural traditions.

2. It is imperative that the shaft and the fibres be straight (fig. 1). Unfortunately, the defect of straight fibres can appear once the dugout is finished when internal tensions are released. As for straightness of fibres, the latter criterion is particularly important when working with logs, especially when splitting the wood.
3. There must be no main branches along the entire length of the trunk that will form the dugout canoe, as the wood's veins are deformed there and constitute hard points in the structure, areas where the fibres are oriented at an angle or perpendicular to the main axis, and therefore potential fragilities and waterways. Forks should also be avoided to prevent any shearing effect

when the tree falls, which can cause the trunk to split and burst over a fairly long length.

4. The length of the shaft will also determine how it is used. The average length of complete European Neolithic canoes is around 7 m.
5. Likewise, its diameter will ensure that it is more or less seaworthy, bearing in mind that the cross-section of Neolithic logboats in most cases retains that of the chosen tree, i.e. a circular cross-section, which is naturally unstable. The average cross-section length of Neolithic logboats is 0.67 m.
6. We also need to keep an eye on wood defects and health: knots, cankers, wounds, cracks caused by frost or lightning, external and internal fungi... All of them are areas of weakness and sources of wood deformation.
7. The density of the forest stand must also be considered before felling a tree: a low density leads to the production of lateral branches on stocky trunks but make them easier to fell; a too high-density risks keeping the subject of all covetousness trapped by others. This means clearing the land around the tree beforehand.
8. And the use of a living tree, which guarantees fresh wood that's easier to work, is preferable for the workers and their tools. Ideally, therefore, the dugout tree should be spotted during the vegetative period, and its qualities confirmed during the dormancy period, before felling, when the foliage no longer masks the tree.

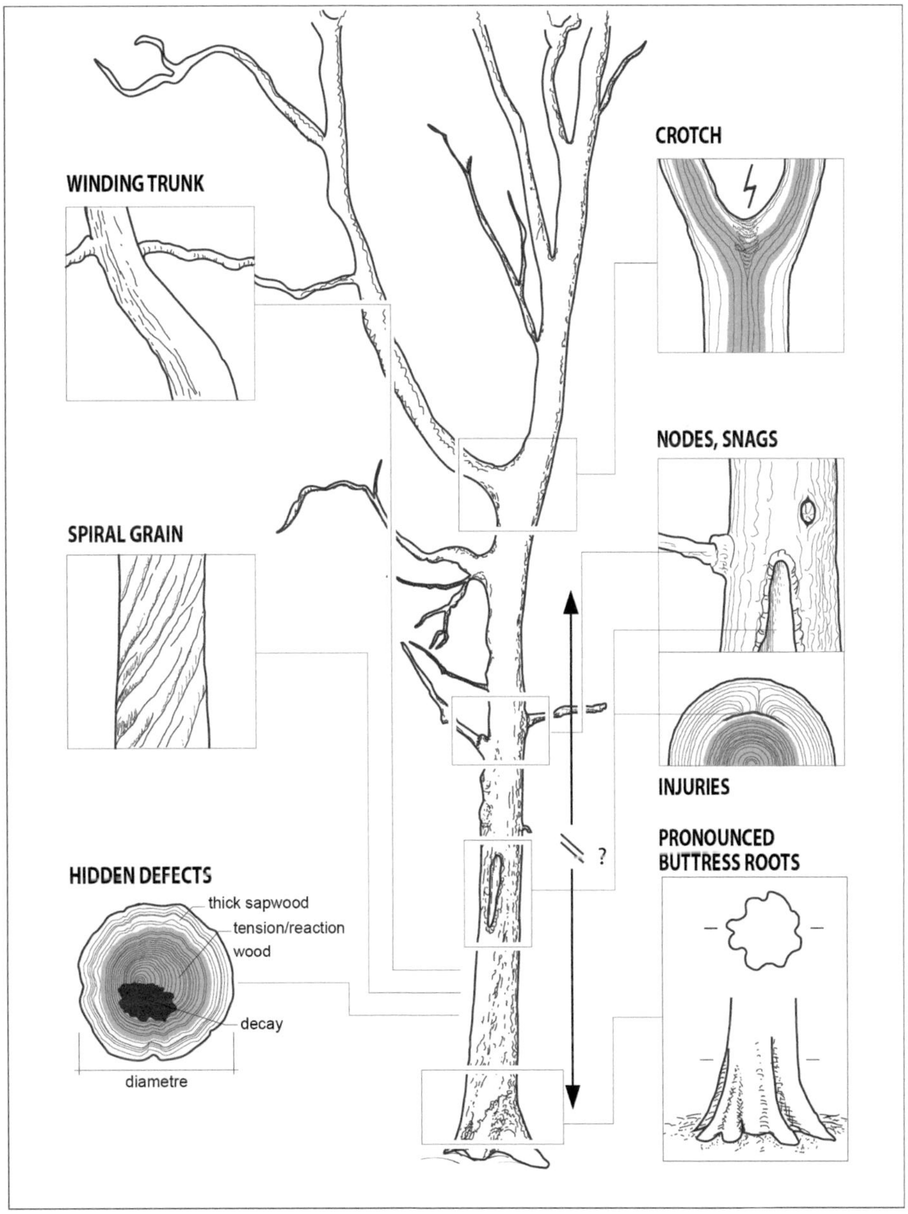

Figure 1: Schematic drawing of the main defects to avoid when selecting a logboat tree. © V. Bernard.

As perfection is not of this world, such trees must have constituted remarkable individuals within prehistoric forests, and their preservation over decades, or even generations, seems to have been observed on several occasions. In Denmark, the lime trees recruited for the Tybrind I and II dugouts had undergone extensive selection in the direction of large, straight, 100-150-year-old trunks with very few knots or branches (Moses 1987). In Switzerland, another lime tree used in the construction of the Hauterive-Champréveyres 1977/CH-77 dugout may have been pruned some 50 years before felling, in order, for example, to remove knots and branches from under the young wood (Arnold 1995, 53). In other contexts, in British Columbia (Queen Charlotte Islands) for example, quadrangular holes about 50 cm on a side, cut deeply with an axe, adze or chisel, known as 'test holes', were used to determine the health of the tree's heartwood (Stryd 2001, 38-40) until the 19th century.

Considering the imperfections visible on preserved prehistoric logboats, the gap between the theoretical level of requirements and the choice of logboat tree seems to be due to a varied forest potential that only well-controlled silviculture would have been likely to minimise.

3. Felling a tree in Neolithic times: when archaeological data enrich experiments, and vice versa

3.1. Grub felling (GF)

There are still few archaeological references on felling methods other than the classic 'felling above the rootstock' (FAR). A range of archaeological, morphological, anatomical and experimental arguments tends to demonstrate that GF, i.e. stump removal (fig. 2, a), was used alongside the 'good old axe felling', but set aside for the giants of Neolithic forests.

Was it performance, saving time and energy, and saving tools that were sought here? Certainly, for a part, but alternative systems using fire have been applied in other times and on other continents with just as much efficiency. Similarly, the extra metre of trunk spared by the felling notch could not, on its own, be taken into consideration. Other factors must therefore be taken into account, such as the role of the GF in the organisation of the logging sites, and its link with the formation of agro-pastoral landscapes.

The presence of root wood at the base of very large architectural elements, as observed at Houplin-Ancoisne (Nord; Praud *et al.* 2007) or at the 'Fontaines Salées' at Saint Père-sous-Vézelay (Yonne; Bernard *et al.* 2008), raises questions. GF involves digging up and severing a tree's main roots before cutting it down, helped by the inertia of its branches. To date, this hypothesis, tested under 'neo-compatible' conditions only on two oak trees with a diameter of 60 and 80 cm (fig. 2, a), has come up against difficulties in sourcing forest trees of sufficient calibre (section ≥ 1 m). To carry out this felling technique, in which digging plays an important role, stone axes and adzes have been joined by picks made of wood and deer antlers, shovels made of wood and bovine scapula, as well as wooden levers and spikes. For the time being, no animal traction has been mobilised, apart from a few pairs of human arms.

3.2. Fire tree felling (FTF)

The FTF is an activity difficult to understand in prehistoric times, since, in the absence of archaeological evidence, it is based on the presupposition that there were no macro-tools fit to such a task before the Neolithic period. However, the use of firewood for digging dugout canoes, for example, is attested at Noyen-sur-Seine (Seine-et-Marne, France) by one of the oldest known examples in the world. As far as felling is concerned, we have to

Figure 2: a. Grub felling of an oak tree 80 cm in diameter at Plouezoc'h (Finistère, France). © V. Bernard/Koruc. b. Fire tree felling a maritime pine of 87 cm in diameter at Mézeray (Sarthe, France). © P. Bacoup/APERA.

refer to the meagre iconography found in the accounts of the first settlers in North America, or to a few ethno-archaeological references (Stewart 1984, 38; Rostain and Wack 1987, 130). In British Columbia, fire was used to make large cuts in wood before the advent of iron tools. Identification remains difficult, as forest fires can produce identical stigmata. The burnt areas must be relatively small and clearly delineated, and chisel marks are often found in the charred wood. In each of these cases, it is clear that the burning was accompanied by, and preceded, extensive work with chisels, adzes and stone axes, which obviously makes identifying the use of fire a tricky task (Stryd 2001, 13-14).

Experimental reference material for FTF is thin on the ground in archaeology, especially about trees with diameters suitable for logboats manufacture. One of the few experiments carried out in this field is that launched in 2021 by APERA[1] (fig. 2, b), in collaboration with Koruc (Bacoup *et al.* 2022). Unfortunately, this operation could not be completed due to a lack of time (cf. 3.1.).

3.3. Felling above the rootstock (FAR)

Given the context of this study, we will not discuss the felling of small trees with axes or adzes (Jørgensen 1953, 40; Choulot *et al.* 1997, 189-197; Mathieu and Meyer 1997; Bacoup 2022, 310-332), or even, in a more original way, with stone or bone chisels and mallets (Cinq Mars and Le Blanc 2008; Bacoup 2022, 332-337).

The felling of very large trees required for the construction of monoxyle dugout canoes has been the goal of few experiments. However, a remarkable (if too concise) comparative study of felling by stone, bronze or iron axe was carried out in Switzerland (Arnold 2003). A 1.20 m in diameter oak trunk was felled with an axe made of serpentinite, a fairly soft rock (3 to 4 on the Mohs scale), for a cumulative total of 32 man-hours, but the participation of two to four people reduced the effective time to 13.30 hours. According to the author, most of the chips produced were sawdust-like, the result of crushing the wood. The larger splinters had a sliced base, while the upper part, stressed by the edge of the blade, was marked by a crushing of the material.

Felling techniques, on the other hand, leave more easily legible traces at the base of architectural timbers. The most commonly used technique, because it is the most ergonomic, is the FAR, preferably at man height (1-1.20 m). This position must enable us to work standing up (and not on our knees or stomachs!), but above all to adapt the height of the felling notch ('directional notch') to the diameter of the tree. Indeed, for a large tree in a forest, where the density of the woodland must be taken into account, the preparation of a 'hinge' is essential. Carried out at right angles to the predetermined fall axis, it will remain in place until the fall notch, opposite the felling notch, puts an end to this work carried out in complete safety by the lumberjacks. Pencil point felling, common in the Neolithic period, is generally used for smaller diameters, rarely exceeding 20 cm (Choulot *et al.* 1997). This technique does not use hinges, as no direction can be favoured without a push from the trunk to accompany its fall.

1 Association pour l'Expérimentation et la Recherche archéologique, Univ. Paris 1-Panthéon Sorbonne.

4. Discussing experimental results

4.1 GF and FTF: unlikely candidates?

In December 2021, APERA undertook the FTF of a maritime pine measuring 2.75 m in circumference, 1 m in height and 28 m in height (fig. 2, b) (Bacoup *et al.* 2022). Unfortunately, the three-day operation could not be completed due to time constraints. The experiment lasted almost 46 hours, with the fire burning continuously, including overnight. At the end of the allotted time, the tree was still far from falling, since only a few centimetres of the trunk were burned. Estimating how long it would take for the tree to fall is then difficult. Several days, perhaps as much as ten, are certainly possible. This result in itself is important, suggesting other ways to complete those tested: hooping the tree beforehand to lower the wood's moisture content, using fire as a background task or on several trees simultaneously...

As for the GF, it also requires a significant investment in time, as well as much greater material and human resources than conventional FAR. A large part of the tree's root system has to be completely cleared, and each root cleaned at first to avoid chipping the edge of a polished axe. Once this meticulous clearing work has been carried out, each root must be cut in line with the trunk, which can represent a significant volume of wood to be removed in order to reach the roots hidden in the centre. Finally, the use of human or animal traction must take advantage of the inertia of the tree crown to bring about the fall of a statically well-balanced tree.

These initial trials are rich in lessons and show that the choice of felling method probably depends on the purpose of the operation, beyond the simple supply of timber. The motivations for choosing one of these methods are not obvious, other than to completely clear a site of all stumps for future construction or use (housing, funerary monuments, cultivation, mining, etc.).

4.2. FAR: only advantages? Which tools are best suited?

The Koruc-22 pedunculate oak had a circumference of 2.75 m at a height of 1 m, and a total height of 33 m (fig. 3). Felling began on January 21st, 2022, with the fall notch delineated first at the bottom, then at the top, in the form of a debarked surface, followed fairly quickly by two more or less horizontal cuts made with dolerite adzes and fusiform axes some sixty centimetres apart. For the duration of the felling operation, the low notch corresponds to the cutting plan. For large trees cut down by FAR, this directional notch is always the first to be made, until the tool's dimensions no longer allow it to progress towards the centre of the tree. To spare tool blades and optimise axe performance, this notch is carried out by successive attacks, alternately from above and below. This step aims to reach, then go beyond the heart (in reality, the centre) of the tree in a ratio of about ⅔ for the felling notch, ⅓ for the falling notch, sometimes ½-½. This search for an imbalance in the tree's statics means that a relatively thick tool has to sink into an ever-narrower space, with very limited travel. For this reason, the main notch is opened wide from the outset. The ratio of notch height with diameter of the shaft is then practically ⅔-⅓, sometimes ¾-¼. Thus, a diameter of 80 cm will dictate a notch height of around 60 cm, implying that felling times are exponential depending on the diameters selected.

Using the notch-and-split felling system has the advantage of being able to circumscribe material that can be regularly cleared in large debris, saving time, tools and arms. This empirical technique was devised for the Mesolithic site of Star Carr (Bamforth *et al.* 2018, 359) and is sufficiently simple and effective to be developed with less sophisticated tools than in the Neolithic.

Recent experimental felling of oak and Scots pine trees with large cross-sections (> 50 cm) conducted by Koruc clearly demonstrates a division between very small millimetric chips at the base of the tree and much larger ones scattered around. These larger chips are sometimes projected several metres away, depending on factors such as the weight of the tool, its power, and the angle of impact. (Arnold 2003, 44). The felling chips exhibit characteristic morphologies that differ from those obtained during the later stages of pirogue manufacture (Poissonnier *et al.* 2023). Such preserved data is unthinkable in an archaeological context. They can, however, be used to identify logboat-building sites, which are still poorly known but are mentioned on rare occasions (Leroy *et al.* 2023).

On the first day of the experiment, a new axe blade fractured at a defect in the dolerite, after just three hits. On the second day, an ash handle broke at a small knot on an axe that had been used since 2018. Fortunately, the new handle could readily be adjusted on-site to fit the undamaged blade. To mitigate the wedge effect of the stone blade within its mortise, thereby reducing the risk of handle splitting or splintering (Pétrequin and Pétrequin 1993, 36), the blade should be oriented to press against the wood at the top and bottom, rather than against the sides of the otherwise well-fitting mortise. Leather martyrs can be placed at these two points to ensure this.

Finally, the strength of ash handles for axes, hazel and ash handles for adzes, and holly handles for hammer-axes, proves to be very good, even though they were fashioned from wood cut as required at different seasons. Likewise, dolerite is a tenacious rock that only fractures when faulted. Its sharpening on fine sandstone occurs only after several dozen hours of usage. Hits can therefore be delivered without restraint and without any real fear of breaking the blades, contrary to various earlier warnings (Lepic 1872; Jørgensen 1953, 42; Iversen 1956, 37-38; Steensberg 1957, 67-68; Pétrequin and Pétrequin 1993, 36).

The physical labour of lumbering, carried out in pairs for durations of 10 to 20 minutes, becomes less strenuous

Figure 3: Felling above the rootstock of an oak tree with 87 cm in diameter in 'Forêt de Bourse' (Orne, France) (photo: V. Bernard/ Koruc).

Felling technique	Plant species	Diameter (cm)	Felling time (min)	Cumulative time 1 pers.	Volume of wood removed (cm exposant)	Reference
FAR	*Quercus sp.*	33		63		Mathieu and Meyer 1997
	Quercus robur/petraea L.	34		65		Jorgensen 1985 quote in Mathieu and Meyer 1997, 345
	Quercus sp.	35	30	60		Steensberg 1957, 68
	Quercus sp.	120	810	1920	400 000	Arnold 2003
	Quercus sp.	35		67,2		Olausson 1982, 73
	Quercus robur L.	40	30	60	18 840	Koruc 2019 – Comblessac
	Quercus sp.	55	300			Elburg *et al.* 2015
	Quercus robur L.	87	493	986.4	241 215	Koruc 2022 – Forêt de Bourse
	Pinus sylvestris L.	87	378	756	140 114	Koruc 2021 – Orches
GF	*Quercus robur* L.	75	1023	3069	109 956	Koruc 2019 – Plussulien
	Quercus robur L.	80	1525	6100	340 842	Koruc 2019 – Plouezoc'h
FTF	*Pinus pinaster* A.	87	2760			APERA 2021 – Mézeray (Bacoup *et al.* 2022)

Table 1: Data relating to felling above the rootstock (FAR), grub felling (GF) and fire tree felling (FTF) of trees over 30 cm in diameter. Data in italics correspond to FTF for which felling could not be completed.

with the establishment of a consistent rhythm dictated by the tool strokes. Once the correct cadence is established, each person takes turns striking without interrupting their partner's motion. This characteristic sound ensures perfect coordination of gestures and creates a certain emulation between the two operators. Working in pairs is greatly facilitated when the pair is formed by a left-handed and a right-handed operator, in order to limit the risk of an uneven notch, which could slow down the felling process or even cause the tree to fall off-centre (Bacoup 2022, 311-312).

Every hour, a photogrammetric survey was undertaken to 1) document operations, 2) reconstitute work time curves, 3) produce dynamic plan and cross-section views of felling progress, and 4) calculate volumes of material removed. Photographic and/or video coverage by drone and digital camera was also carried out throughout the exercise, supplemented by note-taking. The Google Fit data capture not only enables us to pinpoint the loggers' break periods with great precision, but also, and above all, to track the intensity of work over the course of a full day by the number of blows delivered. This tool, originally designed to calculate the number of steps and distances covered, works with a smartphone attached to the operator's arm or, more simply, placed against or on the tree or dugout being worked on.

The second day saw the completion of the fall notch. The felling notch, smaller but with a profile similar to that of the directional notch, was not started until 2 hours before the tree fell, i.e. after a total of 6 hours' work. On January 22, 2022 at 4:55 pm, Koruc-22 fell after 8 hours and 22 minutes of cumulative work.

If the motivation behind choosing one technique over another is to save time, both FTF and GF methods will inevitably be more time-consuming (tab. 1). Additionally, with the GF method, meticulous clearing of the root system beforehand is necessary, risking damage to the cutting edges of tools due to stones around the roots. In experiments conducted in this area, two days' work were dedicated to this task alone. This doesn't include the difficulty of guiding the falling tree, especially without a felling hinge. Human and/or animal traction might alleviate some of these challenges. However, if time efficiency is nott a primary concern, utilizing the lower part of the tree for crafting a logboat is hardly justifiable and would likely pose more constraints than benefits. Regarding the FTF method, opting for such an operation during the Neolithic period can only be justified in terms of time if felling is a background task carried out in series on multiple trees or concurrently with other activities. On the other hand, if the choice of a felling technique is justified by a desire to save manpower – which seems contradictory to the cutting of stone blocks and the volumes of earth moved in the course of megalithic construction, for example – the FTF would take pride of place.

5. Conclusion and outlook: Sea sailing, raw materials transport and other types of watercrafts

Weighing in at around 500 kg, the logboat has still seen little navigation today (fig. 4). In August 2022, Koruc-22 made its first trip to the Aber Wrac'h estuary (Finistère), then out to sea towards Guennioc Island. Seven experienced rowers were on board, and it didn't take long to find the right

Figure 4: Sailing in Landéda (29) aboard the 9-meter-long oak logboat. The crew size can be decreased to five paddlers (photo: J. Meslin/Koruc).

paddling rhythm to master the navigation. In the end, the boat lived up to expectations, but facing waves and even paddling up a strong current remains a challenge. Unlike a kayak, this logboat has no skirt to limit water ingress. Its bow is a carbon copy of Neolithic models whose design is more fluvial or estuarine than maritime. And when the swell gets too high, it's urgent to get closer to land and calm spots to bail out. In these conditions, logboat navigation can only be imagined by coastal navigation or on sight, to link point A to point B. In Aber Wrac'h, the coasts are never far away, all the islands are visible, and the sailors have a perfect command of the environment, the landmarks, but also the reefs and currents. So, in the future, we will need to increase the number of sailings to test these single-masted boats in different sea and load conditions.

In addition to transporting people and live animals, Koruc's next experiments will focus on transporting raw materials and stone blocks by boat. There are proven examples of megaliths being transported by water during the Neolithic period in the Gulf of Morbihan region. Moving blocks weighing several dozen or even hundreds of tonnes, as in the Belle-Ile-en-Mer example, remains a challenge that logboats alone are unlikely to meet, given the resistance and limits reached by this type of boat. We will have to come up with other types of craft that are compatible both with the resources available and with a presumed Neolithic level of technology before we can envisage such deep-sea journeys. Nonetheless, logboats remain a magnificent communication tool for a wide audience.

Acknowledgements

The authors would like to thank the following partners who contributed to the success of this work: Maison des Sciences Humaines de Bretagne (MSHB), Région Bretagne, the French Ministry of Higher Education, Research and Innovation (MESRI), ONF (Office National des Forêts) and the Fondation 'Grand Ouest' of the Banque Populaire de Bretagne.

References

Andersen, S.H. 1987. Mesolithic dug-outs and paddles from Tybrind Vig, Denmark. *Acta Archaeologica* 57, 87-106.

Anderson, A., Barrett, J.H. and Boyle, K.V. 2010. *The Global Origins and Development of Seafaring*. Cambridge: McDonald Institute for Archaeological Research.

Arnold, B. 1995. *Pirogues monoxyles d'Europe centrale : construction, typologie,* évolution. *Tome 1*. Archéologie neuchâteloise 20. Neuchâtel: Musée cantonal d'archéologie.

Arnold, B. 1996. *Pirogues monoxyles d'Europe centrale : construction, typologie, évolution. Tome 2*. Archéologie neuchâteloise 21. Neuchâtel: Musée cantonal d'archéologie.

Arnold, B. 2003. Les haches en pierre, en bronze et en fer : abattage expérimental de gros chênes destinés, en particulier, à la construction des pirogues. *Archéologie suisse* 26/4, 43-45.

Bacoup, P. 2022. *Le bois de construction dans le sud des Balkans au 5ᵉ millénaire av. n. è.* Ph.D. Thesis, Paris: Université Paris 1 Panthéon-Sorbonne.

Bacoup, P., Cantin, A., Lagane, T. and Loescher, V. 2022. Fabrication de pirogues mésolithiques – Étape 1 : Abattre l'arbre. *APERA – Carnet Hypothèse*. https://apera.hypotheses.org/535

Bamforth, M., Taylor, M., Pomstra, D., Little, A. and Radini, A. 2018. Woodworking Technology, in: Milner, N., Conneller, C. and Taylor, B. (eds.). *Star Carr Vol. 2: Studies in Technology, Subsistence and Environment*. York: White Rose University Press, 347-366. DOI:10.22599/book2.n

Bernard, V., Pétrequin, P. and Weller, O. 2008. Captages en bois à la fin du Néolithique : les Fontaines Salées à Saint-Père-sous-Vézelay (Yonne, France), in: Weller, O., Dufraisse, A. and Pétrequin, P. (eds.). *Sel, eau et forêt, d'hier à aujourd'hui*. Besançon: Presses universitaires de Franche-Comté, 299-335.

Birdsell, J.B. 1977. The recalibration of a paradigm for the first peopling of greater Australia, in: Allen, J., Golson, J. and Jones, R. (eds.). *Sunda and Sahul: Prehistoric Studies in Southeast Asia, Melanesia, and Australia*. London: Academic Press, 113-167.

Choulot, S., Ernst, T., Joly, F., Maréchal, D., Monier, J.-L., Pétrequin, P. and Weller, O. 1997. L'abattage et le façonnage des bois d'œuvre, in : Pétrequin, P. (ed.). *Les sites littoraux néolithiques de Clairvaux-les-Lacs et de Chalain (Jura). Tome III : Chalain station III, 3200-2900 av. J.-C.* Paris: Éditions de la Maison des sciences de l'Homme, 187-210.

Cinq-Mars, J. and Le Blanc, R. 2008. Stone Adzes Or Antler Wedges? An Experimental Study On Prehistoric Tree-Felling In The Northwestern Boreal Region. *Alaska Journal of Anthropology* 6/1-2, 93-107.

Cordier, G. 1963. Quelques mots sur les pirogues monoxyles de France. *Bulletin de la Société préhistorique française* 60/5-6, 306-315.

Cordier, G. 1972. Pirogues monoxyles de France (premier supplément). *Bulletin de la Société préhistorique française* 69/7, 206-211.

Elburg, R., Hein, W., Probst, A. and Walter, P. 2015. Field trials in Neolithic woodworking – (Re)Learning to use Early Neolithic stone adzes, *EXARC Journal* 2015/2. https://exarc.net/ark:/88735/10196

Fry, M.F. 2000. *Coití. Logboats from northern Ireland.* Northern Ireland Archeaological Monographs 4. Antrim: Greystone Press.

Gaffney, D. 2021. Pleistocene Water Crossings and Adaptative Flexibility Within the Homo Genus, *Journal of Archaeological Research* 29, 255-326.

Iversen, J. 1956. Forest Clearance in the Stone Age. *Scientific American* 194/3, 36-41.

Jørgensen, S. 1953. Skovrydning med Flintokse. *Nationalmuseets arbejdsmark*, 36-43.

Lanting, J.N. 1997/1998. Dates for Origin and Diffusion of European Logboat. *Palaeohistorica* 39/40, 627-650.

Lepic, L.-N. 1872. *Les Armes et les Outils préhistoriques reconstitués. Texte et gravures*. Paris: C. Reinwald et Cie.

Leroy, G., Jaouen, G., Tegel, W., Salvador, P.-G., Boulen, M., Salavert, A. and Le Digol, Y. 2023. Neolithic wood use at the Scheldt river banks in Bouchain (France). *Quaternary International* 659, 11-23. DOI:10.1016/j.quaint.2023.02.016

Mathieu, J.R. and Meyer, D.A. 1997. Comparing Axe Heads of Stone, Bronze, and Steel: Studies in Experimental Archaeology. *Journal of Field Archaeology* 24/3, 333-351.

Moses, S. 1987. Stammebådsprojektet på Vedbækfundene 1986. *Søllerødbogen* 1987, 148-164.

O'Connell, J. F. and Allen, J. 2012. The restaurant at the end of the universe: Modelling the colonisation of Sahul. *Australian Archaeology* 74, 5-17. http://www.jstor.org/stable/23621508

Pétrequin, P. and Pétrequin, A.-M. 1993. Écologie d'un outil : la hache de pierre en Irian Jaya (Indonésie). Paris: CNRS Éditions.

Philippe, M. 2018. Un état des connaissances sur la navigation préhistorique en Europe atlantique. *Bulletin de la Société préhistorique française* 115/3, 567-597.

Philippe, M. 2023. L'arbre qui cache la forêt : Métaphore de la pirogue monoxyle dans l'enregistrement archéologique des premières navigations européennes, in: Costamagno, S., Arbogast, R.-M., Clavel, B., and Laroulandie, V. (eds.). *Hiatus, lacunes et absences : identifier et interpréter les vides archéologiques. Actes du 29e congrès préhistorique de France, 31 mai-4 juin 2021, Toulouse.* Paris: Société préhistorique française. https://www.hal.science/hal-04177512.

Poissonnier, B., Bernard, V., Guillonnet, P. and Bacoup, P. 2023. Pirogues et travail du bois au Néolithique : caractérisation des traces et des déchets produits expérimentalement. Vers la constitution d'un référentiel. *Archéopages* 49, 102-111. DOI:10.4000/archeopages.16448

Praud, I., Bernard, V., Martial, E. and Palau, R. 2007. Un grand bâtiment du Néolithique final à Houplin-Ancoisne "Le Marais de Santes" (Nord, France), in: Besse, M. (ed.). *Sociétés néolithiques, des faits archéologiques aux fonctionnements socio-économiques. 27e colloque interrégional sur le Néolithique (1 et 2 octobre 2005 ; Neuchâtel).* Lausanne: Cahiers d'archéologie romande 108, 445-460.

Rostain, S. and Wack, Y. 1987. Haches et herminettes en pierre de Guyane française. *Journal de la Société des Américanistes* 73, 107-138. DOI:10.3406/jsa.1987.1026

Stewart, H. 1984. *Cedar: Tree of Life to the Northwest Coast Indians*. Vancouver: Douglas & McIntyre.

Stryd, A.H. 2001. *Culturally Modified Trees of British Columbia. A Handbook for the Identification and Recording of Culturally Modified Trees. March 2001. Version 2.0.* Victoria, B.C.: Resources Inventory Committee. https://www.for.gov.bc.ca/hfd/pubs/Docs/Mr/Mr091/cmthandbook.pdf.

Steensberg, A. 1957. Some Recent Danish Experiments in Neolithic Agriculture. *The Agricultural History Review* 5/2, 66-73.

Surovell, T.A. 2003. Simulating Coastal Migration in New World Colonisation. *Current Anthropology* 44/4, 580-591. DOI:10.1086/377651

Westey, K. and Dix, J. 2008. The Solutrean Atlantic Hypothesis: A View from the Ocean. *Journal of the North Atlantic* 1, 85-98. DOI:10.3721/J080527

Note on contributors

Paul Bacoup
UMR 7041 – ArScAn / Univ. Paris 1 Panthéon-Sorbonne
Maison René Ginouvès, 21, allée de l'université, 92023, Nanterre, France
paul.bacoup@gmail.com

Vincent Bernard
CNRS / UMR 6566 – CReAAH
Laboratoire Archéosciences, Bat. 24-25
Université de Rennes 1, Campus de Beaulieu, 35042, Rennes, France
vincent.bernard@univ-rennes1.fr

Emmanuel Guerton
Atelier Néologis
2, le Placet, 35550, Lieuron, France

Philippe Guillonnet
Préhistoire interactive
La Haute Ville / Maure de Bretagne, 35330, Val d'Anast, France
contact@prehistoire-interactive.fr

Jacky Meslin
Néotopia
62, rue Codilo, 35600, Redon, France
contact@neotopia.bzh

Michel Philippe
UMR 7024 - CITERES LAT, Tours
3, Les Rôtis
37310 Saint-Quentin-sur-Indrois
mphilippe.boitemail@gmail.com

Bertrand Poissonnier
INRAP / UMR 5608 – TRACES
82, avenue du Père Evariste Huc, 82160, Caylus
bertrand.poissonnier@inrap.fr

Approach to the Prehistoric Production of Arsenic-Containing Copper

Aaron Lackinger, Mercedes Murillo-Barroso, Ignacio Montero-Ruiz, Salvador Rovira Lloréns

Abstract

The presence of copper containing arsenic has been observed since the inception of metallurgical practices in the south-eastern region of the Iberian Peninsula, persisting through to the advanced phases of the Bronze Age. During this period, the utilisation of copper with arsenic has been documented as being more prevalent than tin bronze. This phenomenon has been regarded as a regional pattern.

The intentionality and control of the alloy have been debated by experts. Two opposing views exist regarding the origin of the alloy: one suggests that it was intentionally created by blending arsenic-rich minerals with other copper ores, while the other argues that it was an unintentional product of smelting copper ores that were naturally high in arsenic, which are found in various regions of the Iberian Peninsula.

To gain a better understanding of this issue, a simple experiment was conducted to reduce copper ores that contained high levels of arsenic, simulating prehistoric conditions. The experiment aimed to determine the amount of arsenic that could be fixed in the resulting metal. Ores linked to prehistoric metallurgy through lead isotope analysis were selected.

The findings were examined using the same analytical methods as those used in archaeometallurgical studies of prehistoric metalworking outputs and by-products. This study contributes to the discourse around technological and social considerations.

Keywords: Prehistoric metallurgy; SE Iberian Peninsula; Experimental Archaeology; Archaeometallurgy; Copper smelting

1. Introduction

The presence of arsenic in prehistoric copper-based metals is a recurring phenomenon across various regions worldwide. Previous research has suggested two possible explanations: intentionality of the alloy (Lechtman 1996) or its fortuitous nature (Fernández Miranda *et al.* 1996). Intentionality of the alloy may include the selection of high-arsenic content ores (Sangmeister 1960) or the joint reduction of copper and arsenic ores (Epstein 1993), which has been proposed, however, for Andean metallurgy.

Arsenic can alter the properties of copper even in small amounts. One of the most significant changes is the reduction in melting temperature, which drops to a minimum

in: Mathias, C., Bourguignon, L., Ivorra, J. and Viallet, C. (eds) 2026. *Living Archaeology. Unveiling the Past through Experimental Archaeology*. Leiden: Sidestone Press, 177-186.

of 685°C at the eutectic point (20.8% As by weight). Additionally, the colour of copper undergoes visible changes due to the incorporation of arsenic, with a noticeable transformation occurring from 2-3% (Mödlinger *et al.* 2017). At a concentration of 11%, the colour of copper transforms to silver (Radivojević *et al.* 2018). In addition, it is worth noting that mechanical transformation processes result in a greater increase in hardness in comparison to pure copper. For instance, with 2% As, the hardness of pure copper as cast can quadruple, reaching up to 260 HV at 7% As (Lechtman 1996).

It is common to find arsenic-bearing coppers during the early stages of metallurgy on the Iberian Peninsula. In the southeastern part of the peninsula, they are more abundant compared to other areas, which is attributed to the higher concentration of copper ores with substantial arsenic contents (Rovira and Montero 2018).

The deliberate alloying or fortuitous reduction of complex minerals has been discussed in terms of the intentionality and control of copper and arsenic alloys. Views range from a deliberate alloying (Boscher 2016; Escanilla 2016: 453) to a fortuitous one, product of the smelting of complex minerals (Obón *et al.* 2020; Rovira and Montero 2018).

To determine the amount of arsenic that copper can bind from As-rich ores, a basic experiment was developed to recreate a smelting process based on prehistoric metallurgical evidence.

2. Experimental precedents

Obón (2017) recently compiled numerous previous copper procurement experiments. Lechtman and Klein (1999) conducted copper and arsenic ore correduction experiments at Batán Grande, Northern Peru. They acquired various copper ingots with arsenic content ranging from 7% to 26%, depending on the minerals used. In 1964, B.A. Pazuchin conducted experiments in the USSR on the correduction of copper and arsenic ores, resulting in the production of metal containing 6 to 19% arsenic.

Pollard *et al.* (1991) conducted experiments on secondary copper ores with arsenates, which allowed for the production of arsenic-rich copper, with a significant amount of eutectic metal (20% As).

In Spain, Rovira (2003) produced some arsenic-rich copper using copper carbonates associated with arsenates.

Experiments conducted by Obón *et al.* (2020) on ores from Pinar de Bédar, the same origin as those used in our experiment, fixed 10.57% of As at an average temperature of 1145°C. This was the highest amount of arsenic fixation observed in all experiments conducted by the authors using ores from various origins.

3. Description of the experiment

A simple experiment was conducted to smelt copper ores under conditions similar to those of prehistoric times.

The ore used in the experiment was sourced from Pinar de Bédar (Almería), located in the eastern foothills of Sierra de los Filabres, also known as Sierra de la Alcornia. Copper carbonates and chalcopyrites are typically found wherever there are hydrothermal outcrops. These minerals are often found in association with calcium carbonates, iron oxides, and galenas, which typically contain high levels of arsenic and zinc (Montero Ruiz 1994: 87-91; Murillo-Barroso *et al.* 2019). Additionally, Cu arsenate and chrysocolla can be found with adamite, dolomite, muscovite, FeO3, and Hg and Ag oxides (Obón *et al.* 2020). These resources have been used since at least the late 16th century (Soler Jódar *et al.* 2023: 8) and are linked to prehistoric metallurgy through Pb isotope analysis (Murillo-Barroso *et al.* 2020).

For this experiment, 100 grams of ore were manually separated from the gangue and small nodules of high purity were selected based on their colour (green and blue) and size, ranging from powder to fragments up to 20mm in length.

Mineral characterization was conducted using X-Ray Diffraction (XRD) with a PANalytical Xpert PRO diffractometer, equipped with copper tube (λCuKαmedia =1.5418Å, λCuKα1 =1.54060 Å and λCuKα2 =1.54439 Å), vertical goniometer (Bragg-Brentano geometry), programmable divergence slit, automatic sample exchanger, secondary monochromator and PixCel detector, using a manually ground and homogenized sample with an agate mortar. The results have been processed using PANalytical X'pert HighScore software at the X-Ray Service of the Rocks and Mines Unit, sgiker of the Faculty of Science and Technology from University of the Basque Country (UPV/EHU).

Azurite was identified along with adamite and cuprous adamite, as well as dolomite and, to a lesser extent, barite, as part of the gangue (fig. 1).

A semi-quantitative X-ray fluorescence (XRF) chemical analysis was conducted using a PANalytical AXIOS wavelength dispersive X-ray fluorescence sequential spectrometer (WDXRF) model AXIOS, fitted with an Rh tube and three detectors (gas flow, scintillation and Xe sealing). The sample was placed in a mylar sample holder designed for vacuum powder sample measurements. The software processes data without standardisation by measuring a set of scans using various analyser crystals to identify the different elements present. The (semi-)quantitative evaluation is conducted using the fundamental parameter technique and instrumentation calibration or sensitivity established by the software, based on a limited batch of standard samples connected to the software.

This analysis presents normalized values, with oxygen content calculated by stoichiometry. The composition obtained is 49.46% CuO, 14.87% CaO, 12.97% As_2O_3, 7.77% MgO, 4.43% SiO_2, 4.37% ZnO, 2.23% BaO, and 1.70% SO_3, along with small quantities of Al_2O3, PbO, and SrO. These results suggest a Cu-As ratio of approximately 4:1. The ore contains 39.5 grams of Cu and 9.8 grams of As. Under optimal

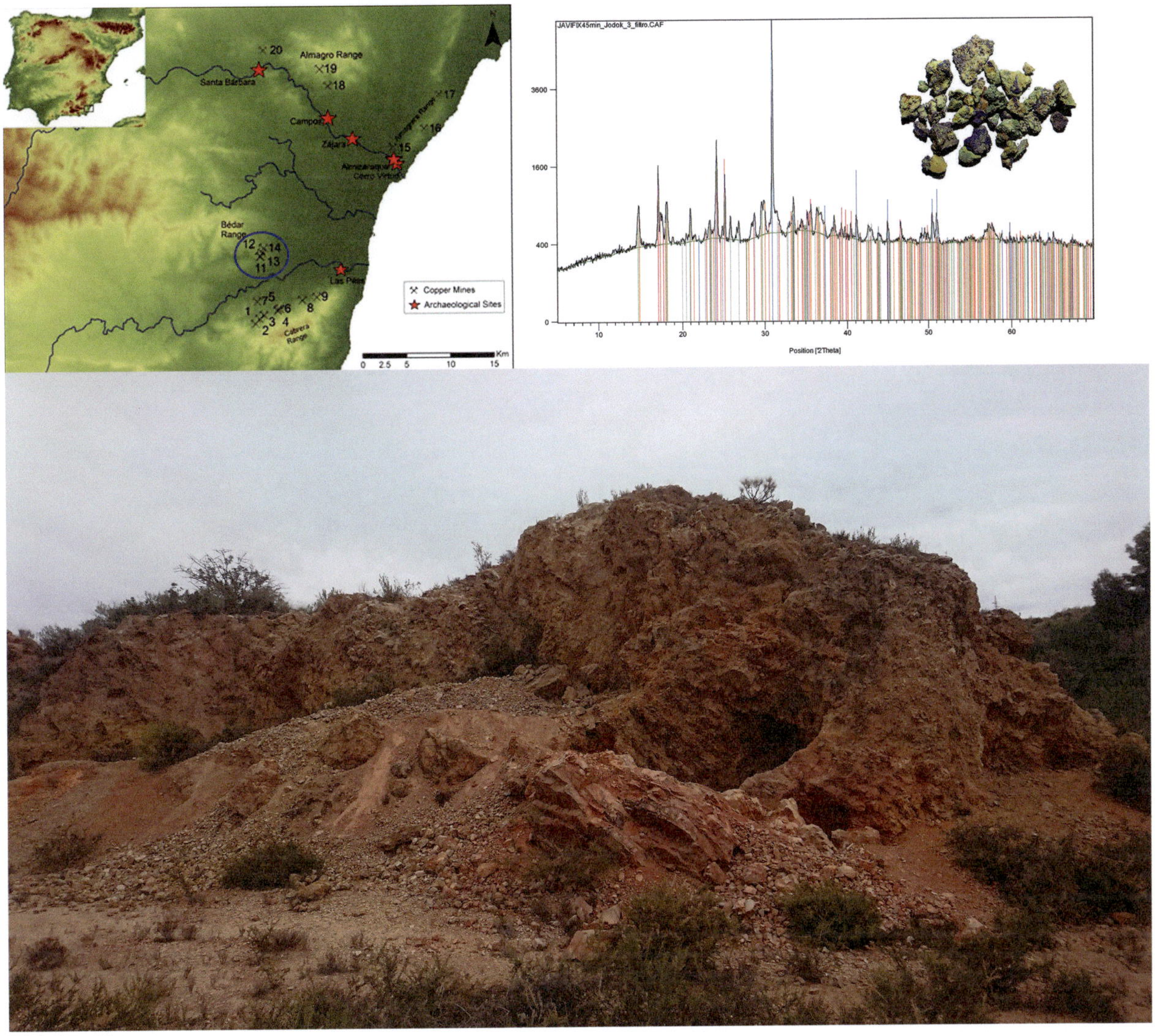

Figure 1: Location map illustrating the ore source and its archaeological mining environment; Diffractogram showcasing the minerals utilized: azurite (red), dolomite (blue), cuprous adamite (green), adamite (orange) and barite (grey); and current depiction of the mine.

reducing conditions, this would yield 49.3 grams of arsenical copper with 20% As. However, the proposed experiment is not conducted under these conditions and arsenic is expected to be lost preferentially due to its high volatility.

3.1. The smelting structure

The structure employs a straightforward design, consisting of a hole dug in the ground measuring 30 cm in both diameter and depth, encircled by stones as a fireplace structure. Air is supplied by two bellows made of foal skin, each with a capacity of approximately 15 litres. These are linked to two tuyeres, with a continuous internal diameter of 20 mm, which are placed horizontally at a 45-degree angle and vertically at a 15-degree angle, both pointing towards the same point. The tuyeres and stones are secured with clay to improve the insulation and robustness of the structure (fig. 2).

The experiment used a non-refractory clay crucible measuring 17 cm in diameter and 5 cm in height, with a pouring spout, to contain the minerals for smelting.

Holm oak charcoal was used as fuel, with 5 to 10 kg being used. However, the precise amount of charcoal consumed is difficult to calculate due to the use of firewood during preheating and the leftover partially burned charcoal.

3.2. Process

100g of copper ores and 60g of charcoal powder are combined.

The structure is heated for 30 minutes using a wood fire. Charcoal is then added, and the structure is heated for an additional 15 minutes. Next, the crucible is placed in front of the air outlet, tilted on its rear side (opposite the pouring spout), and buried in glowing charcoal for a further 15 minutes of heating.

Figure 2: Experimental process and result, showing the different layers of the halved crucible, the location of the pXRF analysis of the main metal mass obtained and a QR code to the 3D model.

The smelting process begins by adding by hand a mixture of approximately 25 grams of ore and 15 grams of charcoal powder to the crucible every 15 minutes. It is crucial to ensure that the ore always falls on the same area of the crucible, but not directly on it, as the crucible is continuously covered with embers. After each charge, fresh charcoal should be used to cover the ore to minimize oxidizing conditions. The entire ore is added in four shots. The process is complete fifteen minutes after the last charge.

The crucible is then removed from the fire and left to cool for five minutes before being cooled in water.

The entire process, which includes 45 minutes of preheating, one hour of smelting, and five minutes of cooling, lasts for one hour and fifty minutes.

The thermally modified crucible is then retrieved. A localized slag mass is visible to the naked eye where the mineral was added, with the metal remaining unseen.

4. Analysis

Upon longitudinal cutting of the crucible with a mechanical saw, distinct stages of the metallurgical process can be observed in both halves. The upper part displays thermally altered ore, followed by a layer of slag. The lower part contains a large metal drop measuring approximately 20 × 5 mm (fig. 2).

The left half is analyzed macroscopically, by creating a 3D model, and by using pXRF (Niton XL3T-950 GOLD portable XRF analyzer) with a 3 mm collimator to analyze the metal drop.

A sample is selected from the right half of the crucible where the metallurgical process occurs. The sample is mounted with TECNOVIT two-component resin for metallography from TECMICRO and adapted for metallographic analysis due to the large size of the sample. The metallographic analysis is conducted using a Leica MEF4 A/M metallographic microscope adapted to Canon EOS cameras. Two SEM-EDX analyses are performed using different equipment (Coxem desktop EM-30AXP- Laboratory Antoni Arribas Palau, Department of Prehistory and Archaeology of the University of Granada- and SEM of variable pressure (VP-SEM) Hitachi 3400n, type II, with EDAX Bruker Quantax 4010- Laboratory of Electron Microscopy and Microanalysis (MICROLAB) Institute of History/CSIC).

5. Results

At the macroscopic level, the upper part shows partially reduced minerals, with a clear transition to the slaggy zone. The slags are heterogeneous, with vitreous zones and colours ranging from red (the dominant colour) to black. All slag zones contain small metallic droplets. The transition to the ceramic in some zones is unclear due to its melting and contribution to the slag.

The composition and internal structure of the metal were determined using reliable analytical techniques.

Additionally, analysis was conducted on the ceramic paste, slag, and thermally altered ore that was not smelted.

Two sets of pXRF analyses were conducted (see tab. 1). The first set was performed on the main metallic mass, which contained an average of 6.9% As. The lower zone had a higher concentration of As (10.09%), which was indicated by its colour and confirmed by the analysis. The analysis reveals the presence of minority elements such as Pb (up to 1.42%) and Ag (0.30%). Only analysis number 6 detects the presence of Fe (0.12%) and Zn (0.10%). Additionally, Ni, Sb, and Bi were detected.

The crucible fractured after the first analysis, allowing for analysis of the main metallic mass on its surface. Although the metal contains impurities, there is a significant variation in composition between the polished section and the different zones of the metallic mass. The surface analyses indicate a composition of As ranging from 3.67% to 17.53%. Normalised values, excluding Si and Al (interpreted as mineral and ceramic impurities present due to the non-cleaning of the surface), show proportions between 3.67% and 18.96%, with a clear difference between the top part, according to its position during the metallurgical process, where the As values are between 3.67% and 5.98%, while in the lower bottom and rear part (opposite the cut) the As values are much higher, between 17.94%-18.96% in normalised values, showing in these areas reverse As segregation processes. Similarly, in these zones, there are significant increases in Pb values up to 5.74% and 7.43% in normalised values, and Zn and Fe, above 1%, although neither could be found in metallic state, always in normalised values. The presence of Au is also noted as a minority element (0.14%) in the zone where Pb is concentrated. This heterogeneity was observed in the metallographies and confirmed by the SEM analysis.

The sample from the right half of the crucible, mounted in resin, was observed under a reflected light microscope without being attached. It was found that the central part of the mass has a fairly homogeneous dendritic structure of different orientations, as well as zones of strong segregation. Superficial enrichments in arsenic were located on the outer surface of the drop, clearly separated from the main mass, and traced a 'line' of separation.

The examination of the slag zones reveals the existence of various types of slag, distinguished by their colour and structure. Additionally, a significant quantity of metal droplets is found to be trapped in the cracks of the ceramic crucible and even penetrating through them.

SEM analyses were conducted in two separate laboratories using the aforementioned equipment to obtain backscattered electron images and perform bulk and specific analyses of the metallic phases, semi-processed ore, slags, and crucible ceramics.

Analyses of the visible metal, including both the main mass and the droplets dispersed in the slag, indicate a significant oxidation process with oxygen levels around 20%. Following the initial analysis on the benchtop instrument, a second analysis was carried out on a more sophisticated instrument to account for possible quantification errors. The results of the second analysis showed almost identical oxygen values, indicating that the metal had undergone a significant oxidation process. These oxygen values are remarkably high, even when compared to those of archaeological corroded metals. The explanation for this oxidation process may be a combination of the formation of cuprous oxide (Cu_2O) in the oxidising phases of the metallurgical process, which is even soluble in small amounts (up to 3.6%) in metallic copper (López Sánchez 2009). The crucible was first cooled

Analysis	Pb	Au	As	Zn	Cu	Ni	Fe	Sb	Ag	Bi	V	Ti	S
1 section	0,30	nd	6,85	0,05	92,68	nd	0,04	0,04	nd	0,05	nd	nd	nd
2 section	0,14	nd	6,13	nd	93,63	0,02	0,01	0,04	nd	0,04	nd	nd	nd
3 section	0,16	nd	6,08	nd	93,68	nd	nd	0,04	nd	0,05	nd	nd	nd
4 section	0,17	nd	6,08	nd	93,66	nd	nd	0,04	nd	0,05	nd	nd	nd
5 section	0,12	nd	6,14	nd	93,65	nd	nd	0,04	nd	0,05	nd	nd	nd
6 section	1,50	nd	9,98	0,10	87,86	nd	0,12	0,06	0,29	0,09	nd	nd	nd
7 bottom	7,44	0,19	17,94	1,06	70,72	nd	1,04	0,14	0,46	0,26	0,19	0,57	nd
8 bottom	2,65	nd	18,96	0,40	75,29	nd	0,33	0,08	0,45	0,19	0,10	0,20	1,34
9 top	0,42	0,04	3,67	0,10	95,19	0,02	0,11	0,05	0,21	0,02	0,06	0,12	nd
10 top	0,89	0,07	5,92	0,29	92,39	0,00	0,15	0,03	0,00	0,04	0,05	0,16	nd
11 rear	0,44	nd	18,26	0,20	78,09	0,06	0,20	0,11	0,64	0,19	0,04	0,12	1,64

Table 1: Collimator (3 mm) pFRX analysis of the metallic drop. From 1 to 6 drop section, from 7 to 11 surface. Data in normalised values (nd= not detected).

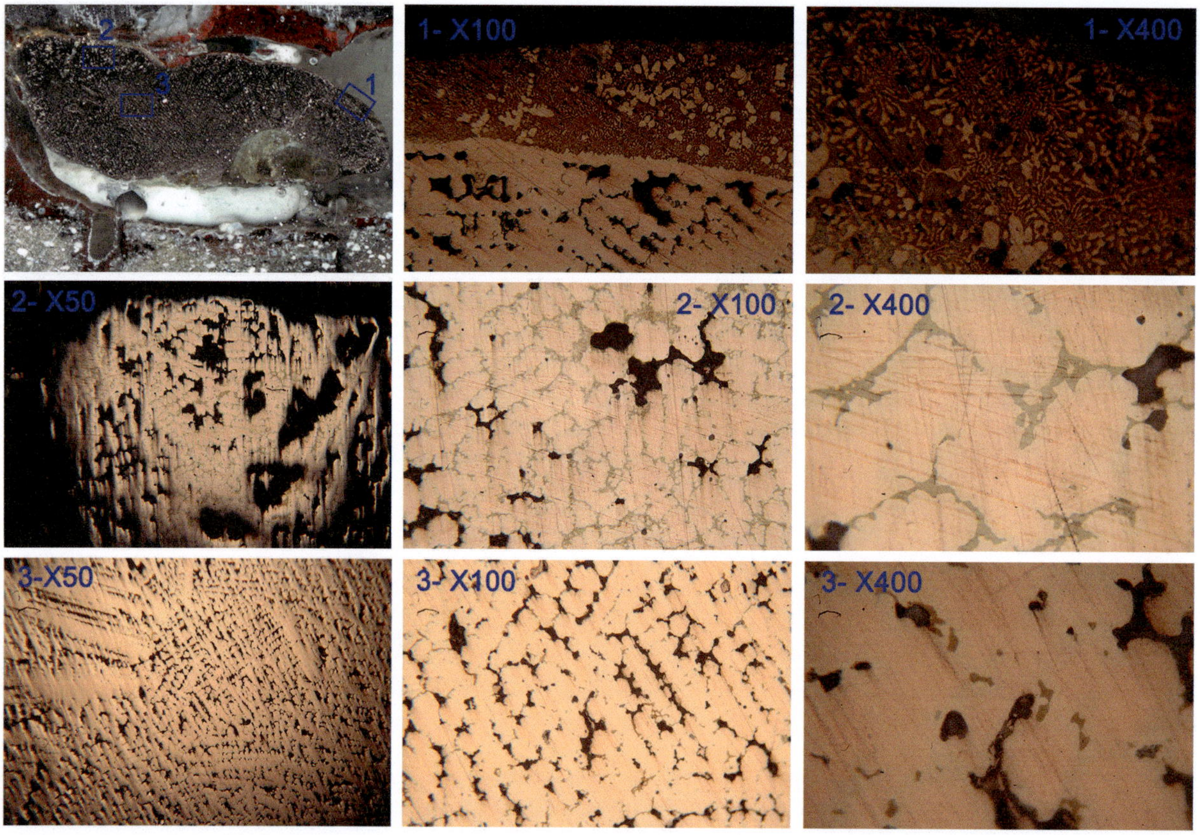

Figure 3: Metallographs at various magnifications: 1. Surface arsenic enrichment. 2. Zone of homogeneously distributed arsenic enrichment. 3. Central arsenic-poor zone.

in air, although it was protected by a layer of unreduced ore and slag that would minimise the higher reaction capacity at elevated temperatures. The final cooling process took place in water, which is also an oxidising agent. During the polishing of the piece, another part of the oxygen would be provided as a water sandpaper is used. Finally, after polishing, the piece was left for about 15 days to be metallised for SEM analysis. To confirm these hypotheses, it is planned to re-polish the piece and immediately metallise it for further analysis. Post-polishing corrosion was visible to the naked eye in the As rich area of the piece, as it had a silvery hue during the polishing process. Under the microscope, however, it had darkened and mutated to the brown colour seen in the images, with some green inclusions that may indicate the early formation of copper carbonates.

The main metallic mass was subjected to bulk and spot analyses which revealed two distinct zones, consistent with the results of the metallographies. The zone with the lowest As concentration has values ranging from 4.28% to 7.54% As, demonstrating the heterogeneous nature of the metallic mass. The differences observed can be measured by point or area compositional analysis. An area value of 4.28% As is detected in the central zone, with a maximum of 22.22% and a minimum of 2.49%. Within the superficial zone of the metallic mass, two zones with markedly different compositions can be identified. Analyses reveal the presence of up to 1.02% Ag, with the As-rich segregated zones showing a higher prevalence.

This experiment has shown that copper with a high average arsenic content of almost 7% can be produced by smelting methods used in prehistoric times. Despite the high arsenic content, the metal produced is comparable to prehistoric metals. This is particularly remarkable as part of the arsenic would have been lost during the remelting process due to its volatility.

The ceramic fabric of the crucible used does not have very different refractory properties from those of prehistoric crucibles, as it would not be particularly resistant to high temperatures due to its low Al_2O_3 content (S30 and S32).

In the slag analysed, relatively low metal losses were found in the bulk analysis of the matrix (4.56% CuO), with enrichment in ZnO (7.33%) and PbO (6.14%) and depletion in As_2O_3 (6.80%), relative to the ore content (S 27).

The presence of Mg silicates (S42 and S47, fig. 4, n°3c) is similar to previous experiments with the same minerals (Obón *et al.* 2020: AC6 fig. 6, b.5), and those formed in the archaeological slag from the Chalcolithic site of Las Pilas (Murillo-Barroso *et al.* 2017: 1560) would be mainly from the ore, with some contribution from ash.

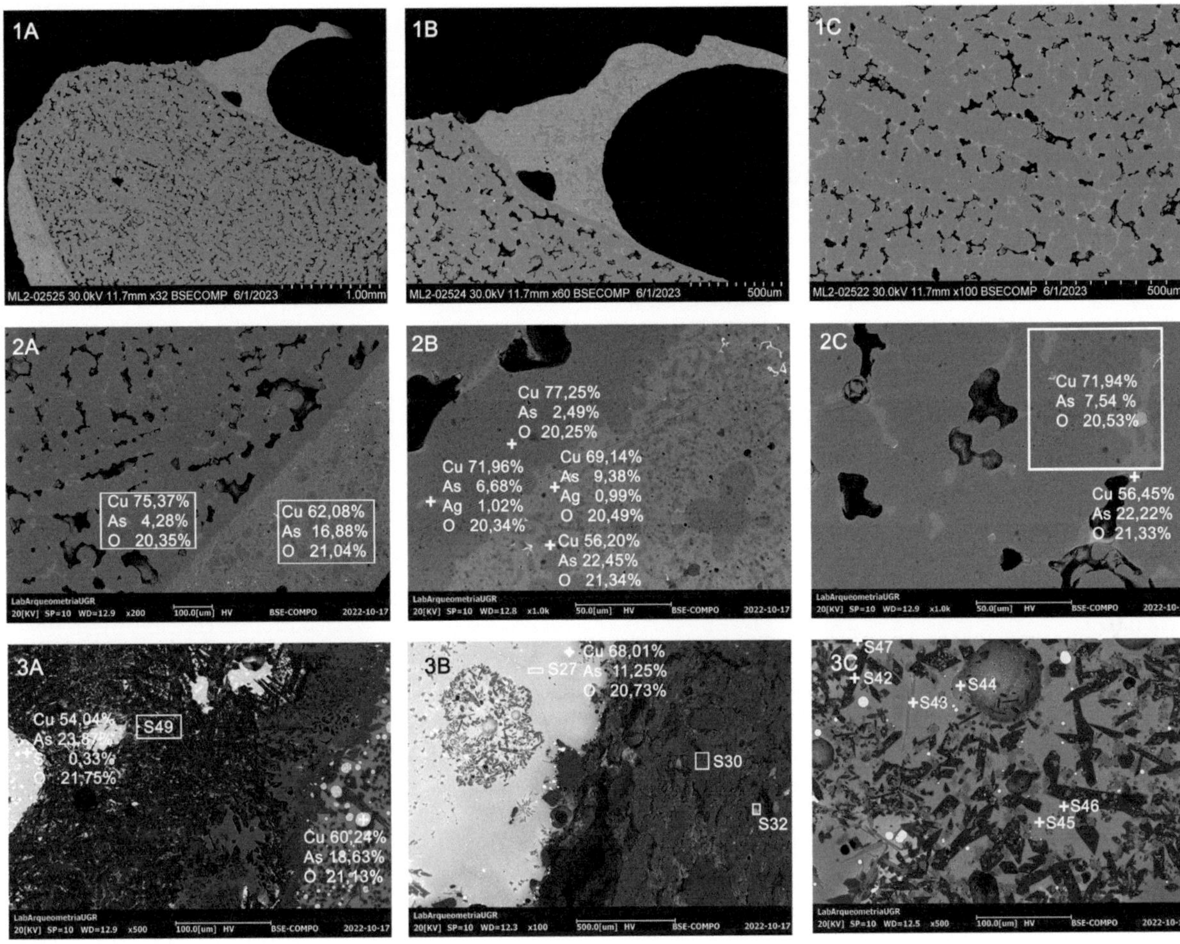

Figure 4: SEM images of backscattered electrons. 1. Generic images of the metal mass, with zones of arsenic enrichment (B) and more hetrogenic zones (C). 2. Zones of the metallic mass with punctual analysis. 3. By-products: partially reduced ore (A), ceramics (B) and slag (B and C).

Material	Figure	Spect.	Type	SiO_2	CaO	FeO	BaO	CuO	ZnO	PbO	MgO	Al_2O_3	As_2O_3	SO_3	K_2O	TiO_2
Slag	3B	27	bulk	38,78	9,42	5,83	7,05	4,56	7,33	6,14	5,28	7,98	6,8		0,81	
Ceramic	3B	30	minibulk	89,55	0,81	1,58						7,04	0,18		0,83	
Ceramic	3B	32	minibulk	32,58	1,53	2,37					2,26	7,69			1,09	52,48
Slag	3C	42	puntual	39,49	1,18	3,3		1,07	7,59		47,37					
Slag	3C	43	puntual	38,4	2,99	3,37	23,79	2,18	2,62	2,21	1,15	17,89	2,38		3,05	
Slag	3C	44	puntual	6,38	7,06	11,66	10,37	27,16	27,3		3,1	3,79	3,18			
Slag	3C	45	puntual	33,75	10,99	5,36	7,79	4,5	8,42	7,62	4,18	6,56	10,37		0,45	
Slag	3C	47	puntual	38,01	1,46	1,74		1,37	6,2		50,06		1,16			
Altered ore	3A	49	bulk	1,54	11,37	11,78	6,73	3,82	7,19		42,55	10,23	2,16	2,63		

Table 2: SEM analysis (fig. 4, n°3).

Complex oxides of Zn and Cu (S44) were formed, consistent with a variable redox environment. This type of oxide is consistent with prehistoric archaeological slag (Murillo-Barroso *et al.* 2017).

The presence of barite in the ore has generated feldspars (S43), as occurs in Ag-Pb production slags, where these feldspars take the form of hyalophane (Hauptmann 2020: 265-266). Their shape and composition place them somewhere between hyalophane and paracelsian, the final phase of barium aluminium silicate.

The metal droplets trapped in the analysed slag (fig. 4, n°3a-b) have high As values between 11.25% and 18.63%, while those surrounded by partially reduced minerals have an even higher value (23.87%). These high values are consistent with being trapped in the glass matrix of the slag, where the As could not evaporate, and with the shortest time in the liquid state of the newly formed droplets, avoiding loss of arsenic.

The partially reduced mineral (S49) shows an enrichment in Mg, Al and Fe and a loss of Cu and As as a result of the reduction processes and the composition of the metal produced. They also provide a clear picture of how the metal nodules are physically generated from the reduced mineral (fig. 4, 3c).

Arsenic gases or vapours can be detected during the metallurgical process by the distinctive smell of garlic. This may have been a way for prehistoric metallurgists to identify the presence of arsenic in ores. However, this odour occurs during the smelting of the ore, so it could not be detected prior to the start of the metallurgical process. This olfactory phenomenon has already been highlighted by Boscher (1996).

The process of inverse segregation leads to the migration of arsenic to the surface, resulting in layers with extremely high As contents. This phenomenon has also been observed in archaeological samples (McKerrell and Tylecote 1972). Caution should therefore be exercised when analysing surface composition. The As-rich layer can be seen with the naked eye, giving a clear division and giving the surface the appearance of a patina.

The temperatures achieved, which could not be measured directly, must have exceeded 950°C to achieve such remarkable arsenic fixation, according to Pollard and Bray (2014), suggesting conditions comparable to prehistoric metallurgy. The shape and composition of the feldspars produced suggest that the final barium aluminium silicate (Paracelsian) phase may have been reached, suggesting that 1100°C would have been attained (Ewais *et al.* 2010). This temperature range is consistent with previous experiments (Obón *et al.* 2020), as well as with values calculated for prehistoric metallurgy in the SE Iberian Peninsula, where temperatures up to 1200°C have been documented (Murillo *et al.* 2017:1558).

6. Conclusions

A metallic mass with a high arsenic content, although not disproportionately high by prehistoric standards, has been successfully obtained by an experimental process. Despite the perceived success of the process during and after observation of the resulting mass, the total amount of usable metal obtained is small and difficult to quantify (approximately between 10 and 15 grams), representing only about 1/5 to 1/3 of the metal contained in the ore used.

Determining the true alloy composition of a Cu-As metal mass is challenging due to the segregation processes that occur during production. A single surface analysis can give a value that is very different from the true average. In addition, corrosion on prehistoric artefacts can lead to erroneous compositional values if not properly removed, requiring caution when interpreting quantitative data on As.

Arsenic copper can be produced by smelting arsenic-rich ores without deliberately combining different ores. During the process, the presence of arsenic can be detected by its odour, as well as by the colour of the resulting metal, which would have concerned metallurgists in prehistoric times, who were sensitive to such matters. However, due to the seemingly random choice of materials to produce different types of pieces (Rovira and Montero 2018); it does not seem that they had this in mind, at least not in a way that we can understand.

7. Didactic potential

This experiment was carried out as part of the Archaeology Masters course at the University of Granada for the "Workshop on Prehistoric Mining and Metallurgy". The aim was to demonstrate to the students involved, in a didactic way, the process of obtaining metal that can be assimilated to prehistoric times.

The materials obtained after cutting the crucible have served as valuable teaching aids in various subjects at the University of Granada and other universities, due to their didactic qualities. In particular, they demonstrate the reduction process at a macroscopic level, where the minerals, slag, coal, metal and ceramics can be easily observed, while also revealing their specific properties and compositions in an analytical and microscopic context.

The educational purpose is supported by the creation of an openly available 3D model of half the crucible. This model allows visualisation from anywhere and by anyone (https://www.virtual3dugr.prehistoriayarqueologia.org/modelos3D/crisol-experimental).

Acknowledgements

This research was financially supported by Grant PID2019-108289GB-I00 funded by MCIN/AEI/ 10.13039/501100011033 and by Grant PRE2020-094712 funded by MCIN/AEI/ 10.13039/501100011033 and, as appropriate, by "ESF Investing in your future". The research was carried out using the facilities of the 'Antonio Arribas Palau' Archaeometry

Laboratory, Department of Prehistory and Archaeology, University of Granada (EQC2018-004880-P) project, funded by the Ministry of Science, Innovation and Universities.

We would like to thank Oscar García Vuelta, technician at the MICROLAB laboratory (IH-CSIC), for his help and feedback during the analysis of the materials studied.

We would also like to thank our colleague, Alberto Dorado Alejos, for the design of the 3D model.

Finally, we would like to thank the reviewer of the article for his comments, which helped to improve it.

Bibliography

Boscher, L. C. 2016. *Reconstructing the Arsenical Copper Production Process in Early Bronze Age Southwest Asia*. Ph.D. Thesis, London: University College London.

Escanilla Artigas, N. 2016. *Recursos minerales de cobre y su explotación prehistórica en el sudeste peninsular. El valle del Guadalentín (Murcia)*. Ph.D. Thesis: Universitat Autònoma de Barcelona.

Epstein, S.M. 1993. *Cultural choice and technological consequences: constraint of innovation in the late prehistoric copper smelting industry of Cerro Huaringa, Peru*. Ph.D. Thesis, Philadelphy: University of Pennsylvania.

Ewais, E.M.M., Grathwohl, G. and Ahmed, Y.M.Z. 2010. Crystallization of Mixer Slag-Derived Glass – Ceramic Composites. *Journal of the American Ceramic Society* 93/3, 671-678. DOI:10.1111/j.1551-2916.2009.03443.x

Fernández-Miranda, M., Fernández-Posse, M. D., Martín, C., Montero, I. and Rovira, S. 1996. Changes in Bronze Age metallurgy as depicted by laboratory analysis: The "La Mancha" model, Spain, in: Demirci, Ş., Özer, A. M. and Summers, G. D. (eds.). *Archaeometry 94: The Proceedings of the 29th International Symposium on Archaeometry*. Ankara: Tübitak, 23-34.

Hauptmann, A. 2020. *Archaeometallurgy Materials-Science Aspects*. Cham: Natural Science in Archaeology. Springer Nature Switzerland. DOI:10.1007/978-3-030-50367-3

Lechtman, H. 1996. Dirty Copper or Chosen Alloy? A View from the Americas. *Journal of Field Archaeology* 23/4, 477-514.

López Sánchez, I. 2009. *Fuego en los cambios microestructurales de las aleaciones de cobre*. Master Thesis Departamento de Ingeniería Mecánica y de los Materiales. Universidad Politécnica Valencia.

McKerrell, H. and Tylecote, R. F. 1972. The working of copper-arsenic alloys in the Early Bronze Age and the effect on the determination of provenance. *Proceedings of the Prehistoric Society* 38, 209-218.

Mödlinger, M., Kuijpers, M.H.G., Braekmans, D. and Berger, D. 2017. Quantitative comparisons of the color of CuAs, CuSn, CuNi, and CuSb alloys. *Journal of Archaeological Science* 88, 14-23. DOI:10.1016/j.jas.2017.09.001

Montero Ruiz, I. 1994. *El origen de la metalurgia en el sudeste de la Península Ibérica*. Almería: Colección de Investigación. Instituto de Estudios Almerienses.

Murillo-Barroso, M., Martinón-Torres, M., Camalich Massieu, M. D., Martín Socas, D. and Molina González, F. 2017: Early metallurgy in SE Iberia. The workshop of Las Pilas (Mojácar, Almería, Spain). *Archaeological and Anthropological Sciences* 9, 1539-1569. DOI:10.1007/s12520-016-0451-8

Murillo-Barroso, M., Montero-Ruiz, I. and Nieto, J.M. 2019. Trace elements and lead isotopic composition of copper deposits from the eastern part of the Internal Zone of the Betic Cordillera (SE Iberia): application to provenance of archaeological materials. *Journal of Iberian Geology* 45, 585-608. DOI:10.1007/s41513-019-00111-1

Murillo-Barroso, M., Montero-Ruiz, I., Camalich-Massieu, M.D., Martín-Socas, D., Labauned, M., Cattin, F., Nieto, J.M. and Martinón-Torres, M. 2020. Captación y selección de materias primas en la primera metalurgia del Sureste de la península ibérica. *Trabajos de Prehistoria* 77/1, 87-112, DOI:10.3989/tp.2020.12248

Obón Zúñiga, A. 2017. Historia de la investigación experimental sobre la metalurgia del cobre primitiva. *SALDVIE* 17, 31-57. DOI:10.26754/ojs_salduie/sald.2017176705

Obón Zúñiga, A., Berdejo Arcéiz, A. and Berdejo Arcéiz, V. 2020. La primera tecnología de obtención de cobre en la península ibérica. Aproximación experimental a la metalurgia calcolítica de la cuenca de Vera (Almería). *Trabajos de Prehistoria* 77/2, 284-302, DOI:10.3989/tp.2020.12257

Pazuchin, V.A. 1964: O proischoždenii drevnej myš'jakovistoj medi (on the origin of ancient copper containing arsenic). *Izvestija Akademii Nauk SSSR-Metallurgija i Gornoe Delo* 1, 151-165.

Pollard, M. and Bray, P. 2014. Chemical and Isotopic Studies of Ancient Metals, in: Roberts, B.W. and Thornton, C.P. (eds.), *Archaeometallurgy in Global Perspective. Methods and Syntheses*. New York Heidelberg Dordrecht London: Springer, 217-238. DOI:10.1007/978-1-4614-9017-3_10

Pollard A.M., Thomas, R.G., Ware, D.P. and Williams, P.A. 1991. Experimental smelting of secondary copper minerals: Implications for Early Bronze Age Metallurgy in Britain, in: Pernicka, E. and Wagner, G.A. (eds.). *Archaeometry '90 27th International Symposium on Archaeometry (Heidelberg, 1990)*, 127-136.

Radivojević, M., Pendić, J., Srejić, A., Korać, M., Davey, C., Benzonelli, A., Martinón-Torres, M., Jovanović, N. and Kamberović, Ž. 2018. Experimental design of the Cu-As-Sn ternary colour diagram. *Journal of Archaeological Science* 90, 106-119. DOI:10.1016/j.jas.2017.12.001

Rovira, S. 2003. Resultado de un primer experimento de fundición de minerales de cobre en el arqueódromo de Borgoña, in: Fernández Manzano, J. and Herrán, J.I. (eds.). *Mineros y fundidores en el inicio de la edad de los metales: el Midi Francés y la Península Ibérica*. León: Caja España, 74-81

Rovira Llorens, S. and Montero Ruiz, I. 2018. Proyecto "Arqueometalurgia de la Península Ibérica" (1982-2017). *Trabajos de Prehistoria* 75/2, 223-247. DOI:10.3989/tp.2018.12213

Sangmeister, E. 1960. Metalurgia y comercio del cobre en la Europa prehistórica. *Zephyrus* 11, 131-139.

Soler Jódar, J.A., Navarro Arias, M.M. and Berruezo García, J. 2023. Nuevos aportes a la historia del descubrimiento del filón de plomo argentífero en Sierra Almagrera en 1839. *Revista de Estudios Almerienses* 4, 7-22.

Note on contributors

Aaron Lackinger
Departamento de Prehistoria y Arqueología- Universidad de Granada
Campus Universitario de Cartuja s/n, Universidad de Granada, 18071 Granada, España
alackinger@ugr.es

Mercedes Murillo-Barroso
Departamento de Prehistoria y Arqueología- Universidad de Granada
Campus Universitario de Cartuja s/n, Universidad de Granada, 18071 Granada, España
murillobarroso@ugr.es

Ignacio Montero-Ruiz
Instituto de Historia- CSIC
Madrid, España
ignacio.montero@cchs.csic.es

Salvador Rovira Lloréns
Conservador de museos jubilado
s_rovirallorens@hotmail.com

Maya Late Postclassic Technical Ceramics from Mayapán

An Experimental Approach to their Technological Features

Simon Mercier, Elisabeth Caron

Abstract

Based on ethnohistorical, archaeological and experimental archaeology data, this work presents a techno-economic model of the use of technical ceramics at the Mayapán production center during the Late Post-classical Mayan aera. By placing *copita* ceramics within the metallurgical transformation process that is involved in lost-wax bronze bells *chaîne opératoire*, we observed a possible optimization of the production process. Tested using a reproducible experimental protocol, the use of *copitas* in the metallurgical process makes it possible to calibrate the amount of metal needed to cast bells. The ingots obtained in these miniature ceramics would have been a way to control the available metal resources, as well as to reproduce objects according to local standards.

Résumé

À partir de données ethnohistoriques, archéologiques et de travaux d'archéologie expérimentale, ce travail présente un modèle techno-économique de l'usage de céramiques techniques sur le centre de production Mayapán, dans l'aire maya au Postclassique récent. En replaçant la céramique de type *copita* dans le processus de transformation métallurgique, qui intervient dans la chaîne opératoire de la fabrication de grelots en bronze à la cire perdue, on observe une possible rationalisation de la production. À l'épreuve d'un protocole expérimental reproductible, l'utilisation de la *copita* dans le processus métallurgique permettrait de calibrer la quantité de métal nécessaire pour la coulée de grelots. Les lingots obtenus dans ces céramiques miniatures seraient un moyen de contrôler le métal disponible, ainsi que de reproduire des objets selon des critères locaux.

Keywords: Mesoamerican archaeometallurgy; Lost-wax; Technical ceramics; Production system; Experimental archaeology

in: Mathias, C., Bourguignon, L., Ivorra, J. and Viallet, C. (eds) 2026. *Living Archaeology. Unveiling the Past through Experimental Archaeology*. Leiden: Sidestone Press, 187-196.

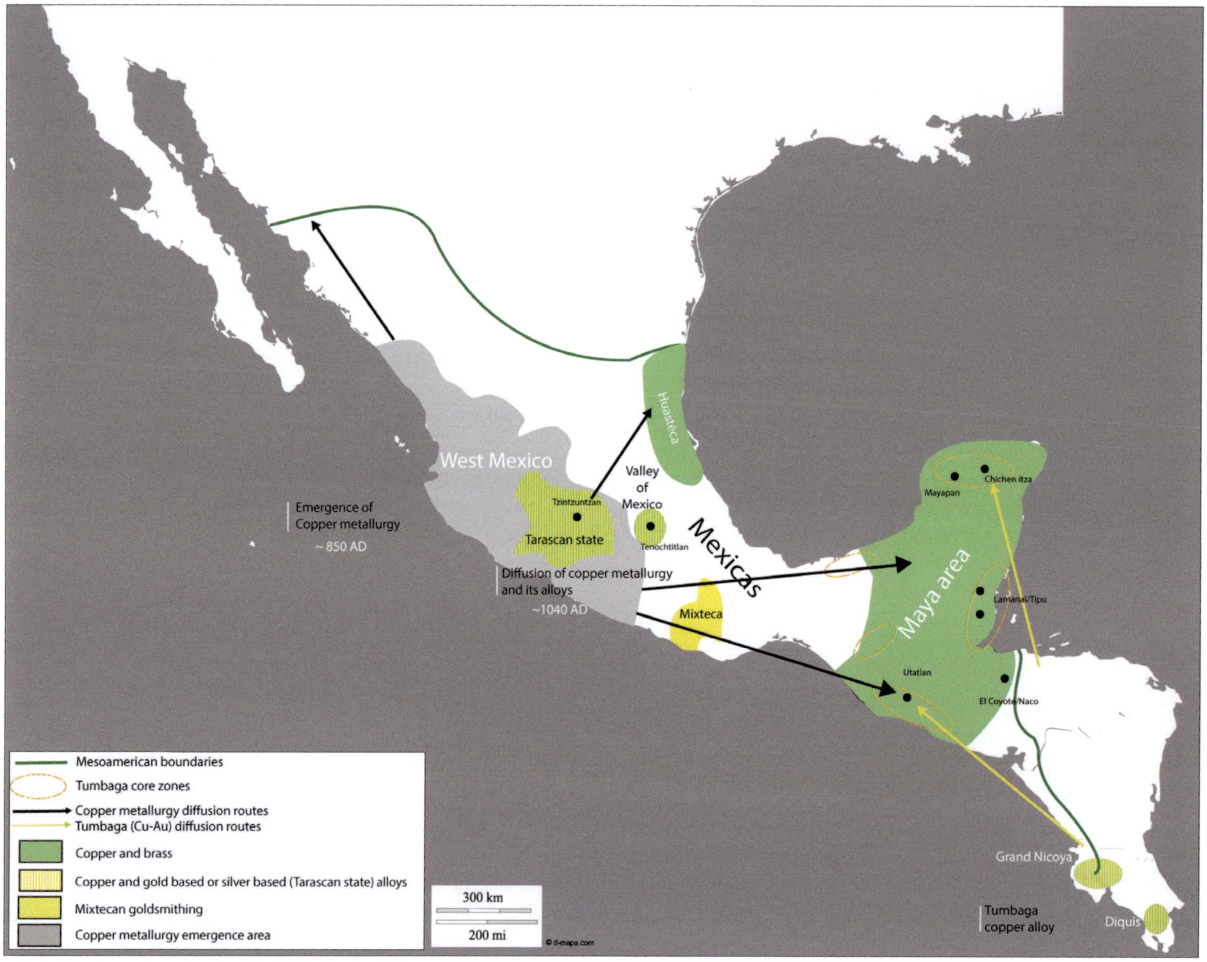

Figure 1: Emergence and diffusion of copper metallurgy in Mesoamerica.

1. Introduction

The experimental method has become an essential part of the technological approach applied to the archaeology of techniques. Nevertheless, studies based on such an approach are still in the minority in Mesoamerican archaeometallurgy. The study presented in this article contributes to our understanding of a still little-known Maya metallurgical tradition. We focus not only on the technical metallurgical process, but also on the techno-economic function of a technical ceramic recently identified at the Mayapán site in the Maya Lowlands: *copita*. The information that enabled us to reproduce the manufacturing process for the experimental protocol was drawn from ethnohistorical[1] and archaeological data, as well as experimental work carried out mainly for the lost-wax technique (Long 1964; Schulze 2008, 2013, 2017; Ybarra 2011; Simmons and Shugar 2013; Cockrell and Simmons 2017; Meanwell *et al.* 2020)[2].

In Mesoamerica, copper metallurgy began to develop as of the 9th century AD. Initially confined to the metallogenic region of western Mexico, the technology spread throughout the area from 1040 AD onwards (Hosler 1995, 2009; García Zaldúa 2016; García Zaldúa and Hosler 2020; Mountjoy *et al.* 2020). At the dawn of the Spanish conquest, copper and bronze objects were widespread, and production centers were active in the Mexico Basin, western Mexico and the Maya area.

According to Hosler's technological classification (Hosler 1986, 1994), metallurgy in western Mexico developed in two periods. This chronology was later revised and improved by García Zaldúa (García Zaldúa 2006, 2016) and Hosler (2009). Period 1 (850-1040 AD) is characterized

1 Sahagún (1880) remains the main source used to reconstruct pre-Hispanic metallurgical techniques.

2 With the exception of the article of Meanwell et al. (2020) on blow pipes, the lost-wax technique is the only metallurgical process to have benefited from experimental research in Mesoamerican archaeology.

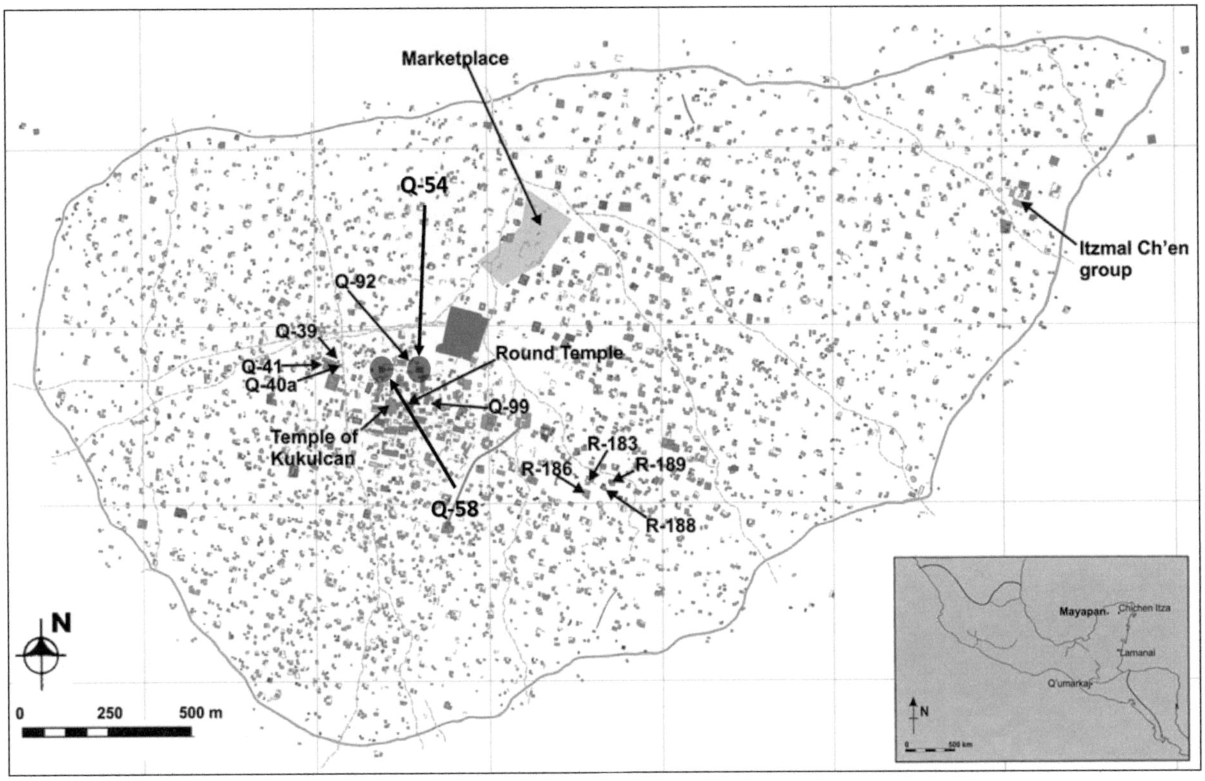

Figure 2: Map of Mayapán and metallurgical deposits, from Paris *et al.* (2022, p. 3).

by the use of unalloyed copper, the lost-wax technique and cold hammering. All categories of objects are already represented, although bells make up the vast majority of the corpus. In period 2 (1040-1536 AD), a variation in production can be observed, again in the western zone of Mexico. With the use of bronze, the objects present more elaborate morphologies. This second technological period is characterized by widespread distribution and a sharp increase in production throughout Mesoamerica (fig. 1).

Although the presence of objects made of *tumbaga*[3] has been documented as early as the Late Classic period in the Maya area (600-900 AD), they are considered to be intrusive elements from the Intermediate area (Lothrop *et al.* 1952; Pendergast 1962; Bray 1977; Contreras *et al.* 2007; Cockrell 2014). The majority of these objects are from the Chichen Itza *cenote* site, where they were deposited as offerings.

The first Mexican copper objects reached the Maya area around 1100 AD, followed by the development of production in the Late Postclassic period (1200-1536 AD). Mayan metallurgical production centers have been identified at Utatlán, in the Guatemalan highlands (Weeks 1977, 2013), at Mayapán, in the Mexican lowlands of Yucatán (Paris 2008; Meanwell *et al.* 2013), at Lamanaï and Tipu, in the Belize lowlands (Simmons and Shugar 2013; Cockrell and Simmons 2017), and at El Coyote, in northwestern Honduras (Urban *et al.* 2013). The lowland sites were isolated from any metalliferous deposits and were instead specialized in the shaping process. The material arrived in the form of ingots or objects that the metallurgists melted down in order to give them morphological characteristics specific to local preferences. The entire copper metallurgy production chain is present in Maya territory, but we will focus here on the stages involved in shaping the metal object.

2. The technical ceramics of Mayapán

The case study presented in this article focuses on the production highlighted by archaeometallurgical studies of the Mayapán site (Paris 2008; Meanwell *et al.* 2013; Paris and Peraza Lope 2013; Meanwell *et al.* 2020; Paris *et al.* 2023). Mayapán was a major center of the Maya area during the Postclassic period, and initial datings place its foundation in the 11th century (Peraza Lope *et al.* 2006, p. 157). Following the fall of Chichen Itza around 1100 AD, its influence grew, and it was generally considered to be the capital by the time the Spanish arrived in Yucatán. It is estimated that the population reached between 15,000 and 17,000 at the height of its prosperity (Meanwell *et al.* 2013). The ceremonial

3 Metallurgical production specific to the regions of Costa Rica, the Isthmus of Panama and Colombia, characterized by a copper-gold alloy.

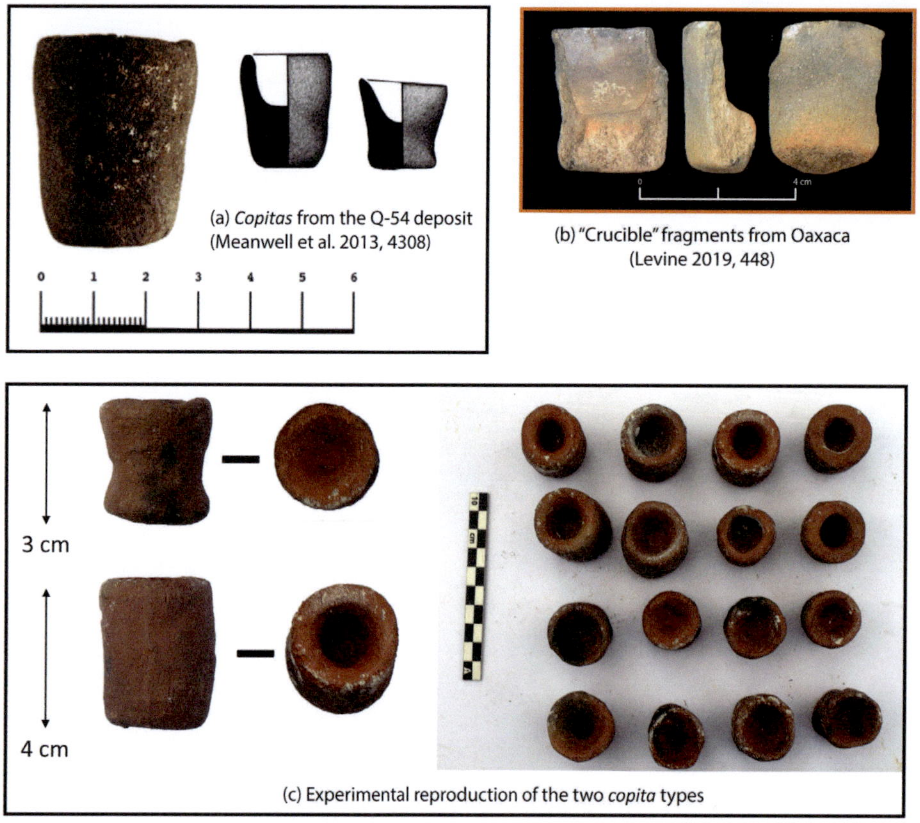

(a) *Copitas* from the Q-54 deposit (Meanwell et al. 2013, 4308)

(b) "Crucible" fragments from Oaxaca (Levine 2019, 448)

(c) Experimental reproduction of the two *copita* types

Figure 3: *Copitas* as technical ceramics.

center and direct periphery, consisting of elite residences, concentrate the majority of deposits of objects, artifacts and ceramics associated with metallurgical activities.

In their work, Meanwell *et al.* (2013) mention numerous contexts with elements linked to metallurgical production. Several technical ceramics are currently being analyzed to confirm their involvement in metallurgical processes (Paris, personal communication 2022). The R-183 structure is part of a residential group with metallurgical activity. Utilitarian ceramics of the *Mama Red* and *Navula Unslipped* types, in the shape of a *tecomate*[4] would have been used to store metallic elements. These types of ceramics are characteristic of the Postclassic period in the lowlands and are the most commonly found at the Mayapán site (Kurnick *et al.* 2023; Paris *et al.* 2023, p. 9). In the Q-54 and Q-58 deposits, ceramics referred to as *copitas* were uncovered inside a colonnaded structure, in a tomb in the main square of the monument area, and in another colonnaded structure in the immediate vicinity (fig. 2 and 3, a). A total of six *copitas* were unearthed. The *tecomates* and *copitas* have miniature dimensions, raising questions about their everyday use.

A total of 568 metal artifacts comprising 482 bells and 173 pieces of technical ceramics were unearthed, including molds, mold fragments, small mortars and blowpipes. The objects of interest to us, *copitas*, derive their name from their miniature shape and size (Paris 2008; Meanwell *et al.* 2013; Meanwell *et al.* 2020; Paris *et al.* 2023).

These ceramics are associated with metallurgical activity either via their context or due to the presence of metal residues on the inner and outer walls, or at the level of the feet (in the case of tripods). The morphology, size and thickness of the *copitas* distinguish them from the other ceramics because they do not fit into the local ceramic typology. The thickness of the base represents half the total height. Moreover, they show the stigmata of continuous exposure to high temperatures: limed calcite inclusions, reddish oxidation and black stains (fig. 3).

3. *Copitas*

This type of ceramics is similar to that of a cup, according to the nomenclature of Hélène Balfet *et al.* (2000, p. 9). The specimens found at the Mayapán site are of two types, distinguished by their height and a more flared shape in the upper section. Miniature ceramics of comparable morphology have been found at Tututepec in Oaxaca, Mexico (fig. 3, b). Although not from the same deposit, this type of ceramics, produced using the lost-wax technique, coexists at Tututepec, as it does at Mayapán (Levine 2019).

4 The morphology designated by the term *tecomate* refers to a gourd-shaped vessel.

Id.	Copita 1	Copita 2	Copita 3	Copita 4	Copita 5	Copita 6	Copita 7	Copita 8
type	short	tall	tall	short	tall	short	tall	short
Ø	3	3	3	3	3	3	3	3
height	3	4	4	3	4	3	4	3
depth	1.5	2.4	2.4	1.5	2	1.5	2	2
volume (cm3)	10.6	17	17	10.6	14.2	10.5	14.2	14.2
weight in g	36	65	75	34	64	41	74	34
Id.	Copita 1 '	Copita 2'	Copita 3'	Copita 4'	Copita 5'	Copita 6'	Copita 7'	Copita 8'
type	short	tall	tall	tall	short	short	tall	short
Ø	3.3	3	3	3	3	3	3,2	3
height	3.5	4	4	4	3	3	4,3	3
depth	1.5	2	1.5	2	1.5	1.5	2	1.5
volume	14.15	14.2	10.6	14.2	10.6	10.6	16.1	10.6
weight in g	51	68	49	69	45	34	73	37

Table 1: Technical table of experimental *copitas*

Nevertheless, apart from contextual data and morphological information, the place of *copitas* in the metallurgical process is unclear.

We therefore set up an experimental protocol whose main purpose was to highlight the technological characteristics of these technical ceramics and their function in the shaping process.

4. Experimental approach

Two types of *copitas* were reproduced on the basis of published archeological data: the first was 4-cm high with vertical walls; and the second was 3-cm high with flared walls in the upper part (fig. 3, a). A total of 16 ceramics were reproduced (fig. 3, c), including eight of each type, from local natural clay[5]. The clay was treated to minimize calcareous inclusions and to improve its refractory quality. In fact, in order to reproduce the naturally silicate-rich clay used in Mayapán, we added silica powder to our formula.

The experiments were carried out in an open hearth and in a brazier with forced ventilation using a manual bellows made of skin. The melting temperature was monitored using a thermal probe.

The protocol consists of reproducing two *chaînes opératoires*[6] in which the *copitas* are used in two different ways: direct casting and intermediate casting.

Casting an ingot from metal prills in the *copita*. In this process, the *copita* is used as an ingot mold in which the ingot is directly formed in the copita cup. This allows us to test the thermic qualities of the ceramic, as well as its workability.

Casting an ingot from metal prills in the *copita*, which are then poured into an open mold. In this case, the *copita* is first used as a crucible from which the liquid metal is then poured into the open mold.

Finally, the casting of a bell in a *copita*, using the recycled material from a miscast bell. As in the previous case, the *copita* is tested in its capacity as a crucible, an intermediate step before it is poured into an investment mold designed for the lost-wax process. The metal is poured into the investment mold, which was previously heated to melt the beeswax template of the desired bell. In the latter case, the processing chain tests a new *copita* variable: the assumption of a calibrated internal volume for standardized casting

In this work, we present the results of ten experiments carried out with *copitas* (fig. 4, 5, tab. 1).

5. Results

Initial functional observations revealed the morphological limitations of these *copitas*. Because of their small size, they can only be used to melt a limited volume of metal. Their use as an intermediate step prior to pouring into an open mold does not seem to be advantageous in this case. Their small, flat bottom makes these ceramics unstable on a bed of coarse or fine charcoal. Flared *copitas* such as 5' and 6 have cracks due to thermic shrinkage that occurs as of 950°C. Vitrification marks appear as of 1050°C,

5 The clay was extracted from an iron-rich marl located in Saugras, in the Hérault department (France), several kilometers from our experimental station. It is a marl-limestone formation from the Middle and Upper Jurassic.

6 Ingot and bell production.

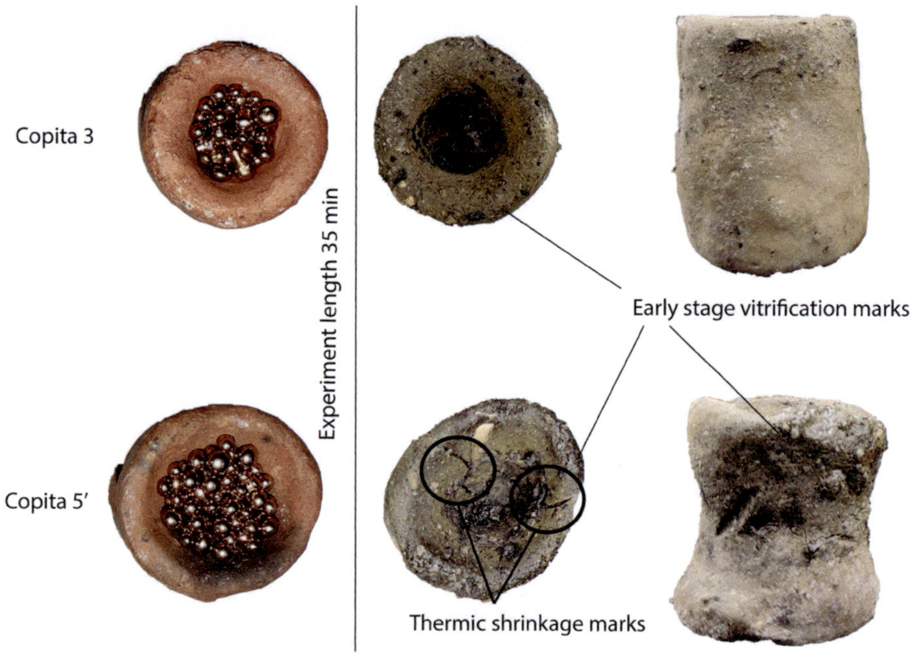

Figure 4: Thermic effects on experimental *copitas.*

and some *copitas* begin to melt when the temperature reaches 1200°C.

Copitas with a flared upper section[7] proved to be easier to handle when placing them in the hearth and for the pouring sequence. However, the flared section is characterized by a thinner wall that is more prone to thermic shrinkage.

Lastly, the absence of a pouring spout can sometimes make pouring tricky and lead to the loss of liquid metal, especially if the mold does not have a flared shape.

The experimental *copitas* proved to be resistant to rapid increases in temperature, with an average duration of 30 minutes per experiment. In order to reach the melting point inside the *copita*, the outer part was subjected to temperatures of up to 1150°C. Above this temperature, complete vitrification of the ceramic rendered it unsuitable for further operations. The difficulty lay in controlling the melting temperature and maintaining it in order to obtain a liquid phase of the metal. A higher silica content would have enhanced the ceramic's thermal resistance at temperatures close to 1200°C.

Generally speaking, the *copitas* well withstood the melting temperature when ventilation was controlled. Those that underwent thermic shrinkage could not be reused and disintegrated several days after they were used. *Copita* 3 successfully underwent this process three times.

The casting of a miscast bell via recycling demonstrated that the internal volume of the *copitas* is sufficient for the manufacture of a lost-wax bell. In fact, their internal volume corresponds to the quantity of metal needed to cast a bell and its complete suspension ring. The majority of bells produced in the Maya area and the rest of Mesoamerica had a diameter of between 0.5 cm and 1.5 cm. Nevertheless, the recycling process requires attaining and maintaining an external temperature high enough to reach the melting point inside. As a result of this, the *copitas* were permanently damaged by advanced vitrification, leading to liquefaction of the walls.

6. Discussion

Technological data are partly dependent on the characteristics of the clays used for technical ceramics. According to Meanwell *et al.* (2013), technical ceramics were made using local clays, naturally rich in Fe, Si and Al. Notwithstanding their comparison with domestic ceramics, those used for metallurgy appear to have undergone a treatment that diminished calcareous inclusions in the mixture used[8]. Nevertheless, the external changes observed with the use of these *copitas* in the process sequences raised questions about the function of the archaeological objects unearthed at Mayapán, given the absence of vitrification marks on the external walls (the same applies to the Tututepecan models). Moreover, metal prills may be embedded in the inner wall of the ceramics as a result of sintering. Further examination of the archaeological *copitas* will enable us to verify this hypothesis.

7 This refers to short-type *copitas*.

8 Calcareous inclusions, used as temper agents in Mayapán domestic ceramics, would deteriorate at the temperatures required for the metallurgical process, weakening the mold.

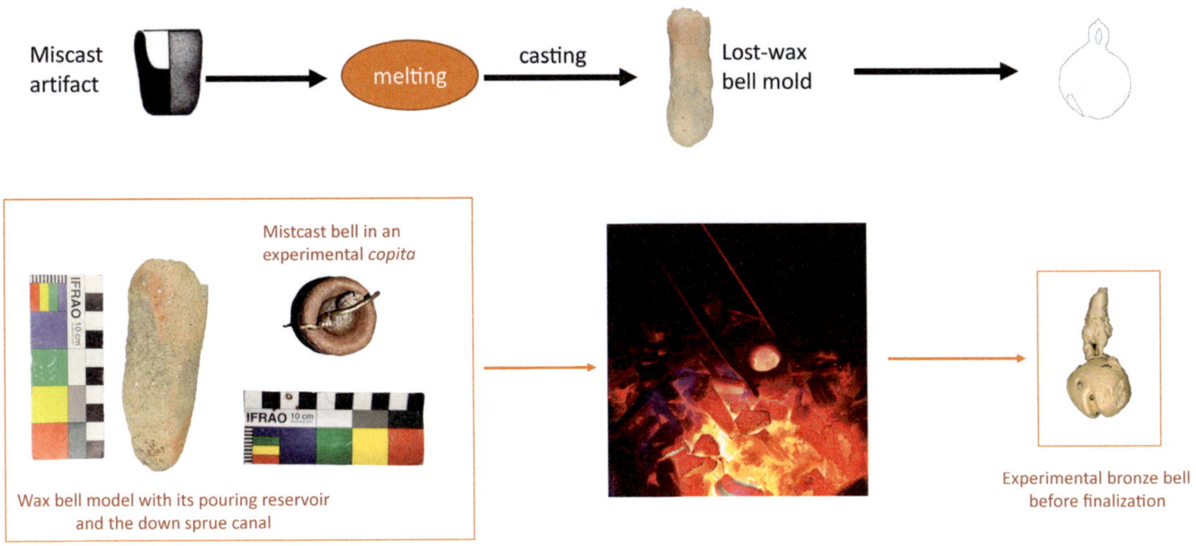

Figure 5: Experimental lost-wax bell *chaîne opératoire*.

In addition to this, the object's morphology complicates its handling during the installation and casting sequences. These *copitas* appear to be designed to be placed on a flat surface, or placed and then stabilized using another material (sand, for example). This would imply that the *copita* is used in the final casting sequence as a mold placed close to the hearth, rather than a crucible or ingot mold placed at the center of the hearth.

The internal volume of the *copitas* suggests a possible voluntary calibration of the quantity of metal used in the manufacture of objects of a certain size. This would allow for more effective management of the raw material available since lowland sites do not have access to metalliferous deposits. This assumption would imply that the metallurgist would have at his disposal an assortment of *copitas* adapted to the volume of metal necessary for the desired object. However, given that the archaeological corpus at Mayapán is limited to only six specimens, it is difficult to pursue this line of thought without further investigation.

The size of these ceramics made them easy to transport and handle outside of the metallurgical activity zone. In 1502, during his 4th voyage, Christopher Columbus came across a boat of itinerant Indians carrying metal-smelting equipment off the coast of Honduras. Itinerant merchants and craftsmen were a key element in the functioning of trade networks in Mesoamerica. This characteristic could subsequently facilitate the integration of *copitas* into such a dynamic of circulation.

Our starting point was an object whose function is questionable in light of current data. We questioned the function of *copitas* through variations in the technical gestures and critical sequences of the processes tested. The *copitas* were exposed to wide variations in temperature that led to significant alterations. In the absence of vitrification marks associated with exposure to high temperatures, or metallic elements trapped in the internal walls, there is no evidence to confirm the use of archaeological *copitas* as crucibles.

The results must now be considered in view of the limitations of this experimental work. The results of the petrographic analysis of the archaeological *copitas* will shed light on this aspect. During metallurgical operations, metallic elements may fuse or aggregate with the ceramic coating. In this case, trace elements will be identified, as was the case for Mayapán tripod fragments (Meanwell *et al.* 2013, p. 4310).

The experimental protocol makes it possible to systematize these observations and to create objects for study and comparison. On the basis of this type of work, it would be possible to create a technological analysis grid reinforced by the metallographic study of such experimental artifacts, and thus provide a reference base for comparison with archaeological objects.

7. Conclusion

The results of the experimental protocol suggest that *copitas* could have been used at the end of the ingot casting *chaîne opératoire*. We can speculate that, depending on the size of the crucible used, the metallurgists could have cast in several of these *copitas* and thus have had a set of calibrated ingots for a future shaping process. In this case, the *copitas* would have been used to produce ingots or preforms for subsequent recasting. This recasting operation could have taken place during a post-production stage (Hoffman 1999; Cockrell *et al.* 2015). Thus, *copitas* could have played a role in the re-production process of objects produced by an allogeneic metallurgical culture.

This aspect of production optimization would have made it possible to propose a techno-economic model centered on these ceramics. The ingots or objects thus obtained would not have been designed to serve as exchange standards but, instead, to serve a logic of management of a limited raw material and the appropriation of a metallurgy from neighboring regions. Like the other technical ceramics found at Mayapán, the size of *copitas* make them a space-saving object that could be used in a variety of contexts.

Despite the limitations of this study due to difficulties related to access to the objects, their state of preservation, or the lack of available data, the experimental method opens up a field of investigation of which we have explored only a tiny part with this work. Complementary projects on Maya technical ceramics would enable us to refine our knowledge of the know-how that developed in this region of Mesoamerica in the Late Postclassic period, and which continued into the early colonial period.

References

Balfet, H., Fauvert-Berthelot, M.-F. and Monzon, S. 2000. *Lexique et typologie des poteries ; pour la normalisation de la description des poteries*. CNRS EDITIONS. Paris.

Bray, W. 1977. Maya Metalwork and Its External Connections, in: Hammond, N. (ed.), *Social Process in Maya Prehistory: Studies in Honour of Sir Eric Thompson*. New-York: Academic Press, 364-404.

Cockrell, B., Ruvalcaba Sil, J.L. and Ortiz Díaz, E. 2015. For Whom the Bells Fall: Metals from the Cenote Sagrado, Chichén Itzá: Metals from the Cenote Sagrado, Chichén Itzá. *Archaeometry* 57/6, 977-995. http://www.doi.org/10.1111/arcm.12147

Cockrell, B.R. 2014. *The Metals from the Cenote Sagrado, Chichén Itzá as Windows on Technological and Depositional Communities.*

Cockrell, B.R. and Simmons, S.E. 2017. Recycling and Reconfiguring Metalwork of Maya Communities at Lamanaï and Tipu, Belize. *Ancient Mesoamerica* 28/1, 157-181. http://www.doi.org/10.1017/S0956536116000365

Contreras, J., Ruvalcaba Sil, J.L. and Arenas Alatorre, J. 2007. Non Destructive Study of Gilded Copper Artifacts from the Chichén-Itza Cenote. In: *Proceedings of the XI International Conference on PIXE and its Analytical Applications*. Mexico: Universidad Nacional Autónoma de México, PI-47-1-PI-48-4.

García Zaldúa, J.S. 2006. Presentación de los objetos de metal, in: Liot, C., Ramirez, S., Reveles, J. and Schöndube, O. (eds.). *Transformaciones Socioculturales y Tecnológicas en el Sitio de La Peña, Cuenca de Sayula, Jalisco*. México: Universidad De Guadalajara-Instituto Nacional de Antropología e Historia, pp. 339-345.

García Zaldúa, J.S. and Hosler, D. 2020. Copper Smelting at the Archaeological Site of El Manchón, Guerrero: From Indigenous Practice to Colonial-Scale Production. *Latin American Antiquity* 31/3, 558-575. http://www.doi.org/10.1017/laq.2019.105

García Zaldúa, J.S.G. 2016. Nuevos Conocimientos Sobre La Metalurgia Antigua del Occidente de México: Filiación Cultural y Cronología en la Cuenca de Sayula, Jalisco. *Latin American Antiquity* 27/2, 184-206. http://www.doi.org/10.7183/1045-6635.27.2.184

Hoffman, C.R. 1999. Intentional damage as technological agency, in: Dobres, M.-A. and Hoffman, C. R. (eds.). *The social dynamics of technology*. Washington: Smithsonian Institution Press, 103-123.

Hosler, D. 1986. *The Origins, Technology, and Social Construction of Ancient West Mexican Metallurgy*. PhD, Santa Barbara.

Hosler, D. 1994. *The Sounds and Colors of Power: The Sacred Metallurgical Technology of Ancient West Mexico*. MIT Press. Cambridge, Massachusetts.

Hosler, D. 1995. Sound, Color and Meaning in the Metallurgy of Ancient West Mexico. *World Archaeology* 27/1, 100-115.

Hosler, D. 2009. West Mexican Metallurgy: Revisited and Revised. *Journal of World Prehistory* 22/3, 185-212. http://www.doi.org/10.1007/s10963-009-9021-7

Kurnick, S., Rogoff, D. and Ancona Aragón, I. 2023. A preliminary revised life history of Punta Laguna, Yucatan, Mexico: A persistent place. *Ancient Mesoamerica*, 1-26. http://www.doi.org/10.1017/S0956536123000093

Levine, M.N. 2019. Ceramic Molds for Mixtec Gold: a New Lost-Wax Casting Technique from Prehispanic Mexico. *Journal of Archaeological Method and Theory* 26/2, 423-456. http://www.doi.org/10.1007/s10816-018-9377-z

Long, S. 1964. Cire Perdue Copper Casting in Pre-Columbian Mexico: An Experimental Approach. *American Antiquity* 30/2, 189-192.

Lothrop, S.K., Root, W.C., Proskouriakoff, T.A. and Harvey, W. 1952. *Metals from the Cenote of Sacrifice, Chichen Itza, Yucatan*. Cambridge, Etats-Unis d'Amérique: The Museum.

Meanwell, J.L., Paris, E.H., Cruz Alvarado, W. and Peraza Lope, C. 2013. Metallurgical ceramics from Mayapán, Yucatán, Mexico. *Journal of Archaeological Science* 40/12, 4306-4318. http://www.doi.org/10.1016/j.jas.2013.05.024

Meanwell, J.L., Paris, E.H., Peraza Lope, C., Seymour, L.M. and Masic, A. 2020. Blowpipes and their metalworking applications: New evidence from Mayapán, Yucatán, Mexico. *PLOS ONE* 15/9, e0238885. http://www.doi.org/10.1371/journal.pone.0238885

Mountjoy, J.B., Cupul-Magaña, F.G., De Quevedo-Machain, R.G. and Cambreros, M.L.L.M. 2020. The Early Postclassic Aztatlán Colonization of the Pacific Coast of Jalisco, in: Englehardt, J. D., Espinoza, V. Y. H. and Beekman, C. S. (eds.). *Ancient West Mexicos. Time, Space, and Diversity.* Gainesville: University Press of Florida, 131-156. http://www.jstor.org/stable/j.ctvxrpxsc.9

Paris, E.H. 2008. Metallurgy, Mayapán, and the Postclassic Mesoamerican Worldsystem. *Ancient Mesoamerica* 19/1, 43-66. http://www.doi.org/10.1017/S0956536108000291

Paris, E.H., Baquedano, E., Peraza Lope, C., Masson, M.A., Kennett, D.J., Serafin, S. and Meanwell, J.L. 2023. Metalworking at Mayapan, Yucatan, Mexico: Discoveries from the R-183 Group. *Ancient Mesoamerica* 34/2, 432-454. DOI: 10.1017/S0956536122000128

Paris, E.H. and Peraza Lope, C. 2013. Breaking the Mold: The Socioeconomic Significance of Metal Artifacts at Mayapán, in: Shugar, A. N. and Simmons, S. E. (eds.). *Archaeometallurgy in Mesoamerica: Current. Approaches and New Perspectives.* Denver: University Press of Colorado, 161-201. http://upcolorado.com/university-press-of-colorado/item/1968-archaeometallurgy-in-mesoamerica

Pendergast, D. 1962. Archaeology Metal Artifacts in Prehispanic Mesoamerica. *American Antiquity* 27/4, 520-545.

Peraza Lope, C., Masson, M.A., Hare, T.S. and Delgado Kú, P.C. 2006. The chronology of Mayapán : New Radiocarbon Evidence. *Ancient Mesoamerica* 17/2, 153-175. http://www.doi.org/10.1017/S0956536106060135

Sahagún, B. de. 1880. *Histoire générale des choses de la Nouvelle Espagne.* Paris: 1880th ed.

Schulze, N. 2008. *El proceso de producción metalúrgica en su contexto cultural: Los cascabeles de cobre del Templo Mayor de Tenochtitlan.* Ph.D. Thesis, Mexico City: IIA-UNAM.

Schulze, N. 2013. ¿How 'Real' Does It Get? Portable XRF Analysis of Thin-Walled Copper Bells from the Aztec Templo Mayor, Tenochtitlán, Mexico, in: Shugar, A. N. and Simmons, S. E. (eds.). *Archaeometallurgy in Mesoamerica: Current Approaches and New Perspectives.* Denver: University Press of Colorado, 203-226.

Schulze, N. 2017. La técnica de fundición a la cera perdida. *Arqueología Mexicana* 144, 31-35.

Simmons, S.E. and Shugar, A.N. 2013. Maya Metallurgical Technology in Late Postclassic-Spanish Colonial Times: The View from Lamanai, Belize. *ArchéoSciences* 37, 105-123. http://www.doi.org/10.4000/archeosciences.4071

Urban, P.A., Shugar, A.N., Richardson, L. and Schortman, E. 2013. Production of Copper at El Coyote, Honduras. Processing, Dating and Political Economy, in: Shugar, A. N. and Simmons, S. E. (eds.). *Archaeometallurgy in Mesoamerica. Current Approaches and New Perspectives.* Denver: University Press of Colorado, 77-112.

Weeks, J.M. 1977. Evidence for Metalworking on the Periphery of Utatlán, in: Wallace, D. T. and Carmack, R. M. (eds.). *Archaeology and Ethnohistory of the Central Quiche, Guatemala.* Institute for Mesoamerican Studies. Albany: State University of New York, 55-67.

Weeks, J.M. 2013. Late Prehistoric K'iche' Metalworking at Utatlán, Guatemala, in: Shugar, A. N. and Simmons, S. E. (eds.). *Archaeometallurgy in Mesoamerica. Curent Approaches and New Perspectives.* Denver : University Press of Colorado, 113-134.

Ybarra, R. 2011. *Técnicas experimentales de fundición de joyería prehispánica en cobre y bronce.* México: UNAM.

Note on contributors

Simon Mercier
UMR 8096 – ArchAm / Université Paris 1 – Panthéon-Sorbonne
9 rue Malher, 75004, Paris, France
simonp.mercier@gmail.com

Elisabeth Caron
Société Languedocienne de Préhistoire, Site archéologique de Cambous
34380, Viols-en-Laval, France
caron.elisabeth@hotmail.com

The Replication of Iberian Stelae and the Oldest Iron Chisel from the Peninsula

Ralph Araque Gonzalez, Bastian Asmus, Giuseppe Vintrici, Alexander Richter, Vítor Clamote, Marcos Osório, Pablo Paniego Díaz, Pedro Baptista and Rafael Ferreiro Mählmann

Abstract

This research will provide insights into specialised crafts, in particular stonemasonry and metalworking, in the Final Bronze/Early Iron Age, *c.* 1200-550 BC. Stelae from the southwestern Iberian Peninsula show depictions of complex metal objects as well as of chariots, anthropomorphic beings and animals. The artisans must have used the best tools available for carving hard rocks. The symbolic significance of these monuments must have far outweighed the actual images: in a society that is aware of the physical properties of the surrounding natural materials, the artisans who could adorn the hardest rocks with portentous symbols would probably have been highly respected. The effort for carving stelae was examined in an archaeological experiment. The rocks and lithic as well as metal tools have been chosen and replicated on the base of petrographic and material analyses of stelae and prehistoric artefacts. In the first part of the experiment, the rocks corresponding to two stelae from Portugal, which were made from granitic aplite (syenogranite) and silty meta-sandstone (meta-subarcosis), were worked by a professional stonemason with replicated lithic tools and bronze chisels. In the second part of the experiment, two stelae from Spain were reproduced from the corresponding silicate quartz-sandstone with a steel chisel that was replicated according to analyses of the oldest iron tools in Iberia. The experiment aimed at gaining holistic practical insights into prehistoric stone working techniques. It could be demonstrated that the elaboration of a stelae was a communal act, the cognisance of local rock materials was profound, hard rocks were given preference over softer ones, and that some stelae must have been carved with steel tools. It could also be shown that experimental archaeology is not only necessary for understanding technology and production processes, but also that experimental results have implications for the chronological-cultural assessments of artefacts and technological transfer.

Keywords: Sculpture; Stone-working; Early iron technology; Steel; Chisels; Technological transfer

in: Mathias, C., Bourguignon, L., Ivorra, J. and Viallet, C. (eds) 2026. *Living Archaeology. Unveiling the Past through Experimental Archaeology*. Leiden: Sidestone Press, 197-212.

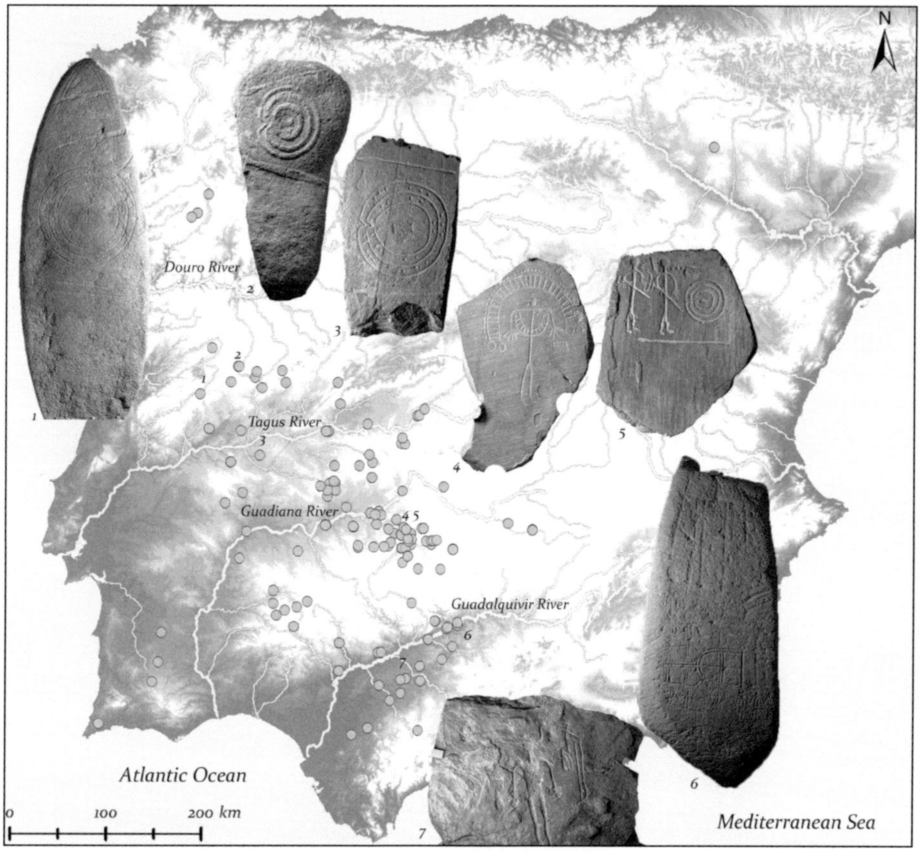

Figure 1: Distribution map of FBA-EIA stelae in the Iberian Peninsula (P. Paniego Díaz), with unscaled examples: 1. Telhado, 2. Baracal I (Beiras, Portugal); 3. Brozas, 4. Capilla I, 5. Capilla VIII (Extremadura, Spain); 6. Ategua, 7. Ecija III (Andalusia, Spain) (Fotos: Á. Felícisimo, Grupo KRAKEN).

1. Introduction

The so far known approximately 180 western Iberian stelae are sculpted stone slabs with ornaments showing particular objects and anthropomorphic as well as zoomorphic figures (fig. 1). Their height ranges from 35 to 270 cm, averaging at 150 cm, the width at 30-60 cm, thickness at 10-20 cm, and their weight ranges from below 50 kg up to nearly 2 tons. Three reoccurring main formats have been recognized: stelae with a basic motif composition of sword, spear and shield; stelae with additional objects; and stelae with anthropomorphic representations. The emblematic representations of artefacts encompass characteristic objects from Atlantic, central European and Mediterranean traditions that indicate wide-ranging connectivity (Araque Gonzalez 2018; Rodriguez-Corral 2017). The motifs including swords, mirrors, helmets and shields as well as the metal tools used for carving stelae imply that stonemasonry and metallurgy spread along the same routes throughout south-western Iberia and beyond, with outlying stelae as far as southern France.Technological transfer is thus inseparable from the stelae phenomenon since practical knowledge from both crafts evidently travelled with the artisans (Araque Gonzalez, 2023).

Unfortunately, almost none of them have been found within an archaeological context and probably none in their primary position of display. Only the depicted datable artefacts hint on the period when the stelae must have been carved: they were typically in use during the 12th-8th centuries BC (Brandherm 2007; 2013). They have therefore conventionally been dated to the Final Bronze Age (FBA, *c.* 1200-800 BC) and Early Iron Age (EIA, *c.* 800-550 BC) transition period (Araque Gonzalez et al. 2025 Celestino and Salgado 2011; Celestino and Paniego 2021; Diaz-Guardamino, 2010; Vilaça 2011).

In the course of a recent contextualisation of stelae within the intercultural contacts that coined the FBA-EIA Mediterranean, the apparent preference for sculpting hard rock materials was recognized as a significant technological challenge (Araque Gonzalez 2018). This led to serious doubts whether those stelae that were determined as granite or "quartzite" in the bibliography could have been carved with bronze and lithic tools or even with supposedly soft iron available in this period. Therefore, the prevalent hypotheses on stelae making as well as the notion that quartzite or similarly hard rocks could only be carved with hardened steel were tested in an experiment. This research puts emphasis on geological and materials science, which was complemented by experimental archaeology[1].

1 http://www.experimentalarchaeology.uni-freiburg.de ; DFG-project No. AR 1305/2-1.

Since petrographic data for the stelae is still rare (Díaz-Guardamino *et al.* 2019; Merino-Martínez *et al.* 2020), the first step taken was the systematic petrographic analysis of 52 stelae in Portugal and Spain (Araque Gonzalez et al. 2025). The available FBA tools (bronze chisels, diverse lithic tools) have been analysed and replicated according to scientific standards. Metallography provided most intriguing results for an iron chisel from Rocha do Vigio (Portugal), strongly suggesting that hardenable steel was accessible at least from the 9th-8th centuries BC (Araque *et al.* 2023). The objectives of the experimentation were firstly to obtain practical insights into prehistoric stone-working techniques and information on the efficiency and handling of the tools from the FBA-EIA.

2. Method, Analyses and Experimental Setup

The approach towards stelae production is tripartite and comprises petrographic analyses of Iberian stelae as well as the anticipated outcrops of the rocks, material analyses and replication of FBA tools, and the experimental replication of stelae with the corresponding materials. The petrographic evaluation began with mesoscopic analysis of stelae in the museums with a binocular on a tripod (50x magnification) to obtain a preliminary assessment of their lithology. Successively, minimal-invasive samples were collected from all stelae where we acquired an authorisation. The safest method of choice was core drilling (14 mm width, 25 mm depth) to prepare thin sections for microscopy (16x to 2000x magnification) and obtain material for geochemical analyses with x-ray fluorescence (XRF) and inductively coupled mass spectrometry (ICP-MS). The drill-holes were subsequently restored with the capping from the core or epoxide and stone-powder by the stonemason. In a few cases, museums only permitted the acquisition of samples by chiselling, however this is a riskier method and must be conducted with thorough precautions to not cause fissures or uncontrolled breakage in stratified sedimentary and foliated metamorphic rocks.

The Museum of Badajoz did not give permission for sampling; hence only mesoscopic analyses could be applied for a group of stelae from Extremadura. It must be stressed that especially the very fine-grained sedimentary and metamorphic rocks cannot be determined conclusively with mesoscopy alone and that pXRF analyses are not a precise method because they may bring random, punctual results. Consequently, only minimal-invasive sampling and microscopy together with geochemical analysis can deliver definite results on the rock type and its provenance. The provenience study of the analysed stelae from Capilla in the Museum of Badajoz was facilitated by the favourable outcrop conditions in the field around the findspot of several specimens. Cross-referencing the results from the sampling of lithotypes with the results of mesoscopy from the original stelae allowed for a secure attribution (Araque Gonzalez *et al.* 2023, 2025). The mesoscopic determination of the structural and mineral composition could help to revise the lithotypes and provided results that confirmed or corrected the prior determination; this revision could be substantiated with microscopy. A detailed petrographic definition for the Capilla stelae can only be established microscopically (*i.e.* distinguishing silicate quartz-sandstone from quartzite).

Once the lithotypes of the original stelae had been determined, the most probable outcrops were localized and sampled to clarify their provenance with the help of geological maps (IGME 1995; Meireles 2020) and advice from colleagues working in the study area. After identifying the outcrops of those stelae that have been chosen for replication, appropriate rocks were obtained from these places and transported to the experimental workshops in Baraçal (Portugal) and Valverde de Burguillos (Spain), where local communities were so kind to support the project with workspaces and accommodation to conduct our research. The set of replicated tools (see below) was used on the provenanced rocks by professional stonemason Giuseppe Vintrici, who had training in historical techniques and previous experience in experimental archaeology. In the case that surface preparation was necessary, this was done in the next step with a mixture of time-consuming traditional methods that were recorded to calculate the actual effort, and using modern tools. After comparing all types of tools on the rocks in a test phase, only the functional tools were finally used to accomplish the sculpting of the ornaments on the respective rocks to allow for a comparison of the work-traces with the original stelae. The experimental protocol included the following work-steps:

- Petrographic analyses of the stelae (mesoscopic and microscopic)
- Determination of possible outcrops, sampling and comparison to data from stelae
- Geochemical analyses (XRF, ICP-MS) to double-check the provenance of stelae
- Acquisition of corresponding rocks from identified outcrops
- Preparation of the slab (if necessary)
- Preparation of the surface (if necessary and applied on the originals)
- Testing of tools to determine efficient specimens
- Carving of the motives with efficient tools
- Documentation and donation of the finished replica to local museums/municipalities.

The approach was first applied in the village of Baraçal (Portugal), where the stelae of Baraçal 2 (muscovite syenogranitic aplite) and Fóios (meta-subarcosis) were replicated within ten working days. In both cases, the provenance of the rocks for the stelae could be unequivocally determined and specimens for the replication that correspond to the same technical properties as the originals could be acquired. In a second experimentation, the protocol was applied to stelae from the Sierra de la Moraleja (Spain), namely the stelae of La Moraleja (Capilla I) and La Pimienta (Capilla VIII); both were designated as quartzite in recent publications (Celestino 2001; Domínguez de la Concha *et al.* 2005). The new petrographic analyses have shown that their lithology has to be reassessed since they are actually made of silicate quartz-sandstone. The provenance could be determined in the sandstone formations of the Pochico beds in the name-giving Sierra de la Moraleja, where slabs of suitable size for stelae could be obtained.

3. Replication of Tools

The possible tools that were available to FBA-EIA craftspeople had to be identified, analysed and replicated. It is essential that any carving tool has to be maintained absolutely sharp to be efficient for carving accurate lines and penetrating the surface without leaving greater breakouts. Firstly, the well-known chisels from the FBA in Portugal were revised and the massive example (26 × 2.4 × 1.8 cm) from Freixianda with an alloy of 16% tin (HV ranging from 229-265) served as a prototype for the dimensions of our replications (fig. 2, n°1; Vilaça *et al.* 2012). Considering other Iberian chisels from the FBA, replications were cast with the most typical binary bronze alloys containing 10, 12, 14 and 16% tin by Bastian Asmus (fig. 2, n°2), who applied the production process and hardening that could be deducted from metallography (Bottaini, 2012). Retrospectively, the massive dimensions do not necessarily facilitate stone working or sculpturing and smaller specimens would have done the same job. The FBA chisel from Carrasquerias (fig. 2, n°3) shows deformations and a sprouted distal edge that indicate its use for ruthless stone working. However, there was not much faith in the efficiency of bronze for the working of quartz-rich syenogranite or silicate quartz-sandstone.

Lithic tools were assessed in the local museums and those types that appeared to be useful for sculpturing stone were replicated. Former observations on the usefulness of stone tools in rock art on sedimentary rocks (sandstone and greywacke) have been made by experimental archaeologists working on rock art in the Tagus valley in Portugal (Santos da Rosa *et al.* 2014), in Scandinavia (Vourc'h 2011), and in Namibia (Breunig and Fels 2023). They unambiguously concluded that quartzite is the most suitable lithic material for stone-working tools. Quartz as well as silex and chert have been found to be too brittle and splinter even upon the comparatively soft rocks used in their experiments. In Northern Asia (Russia), experimentation combined with traceology have shown that rock art in the sandstone of the Chukotka valley was predominantly made with iron tools (Devlet 2012). They could discard both local quartz as well as tin bronze that proved too soft to efficiently engrave these rocks.

Lithic tools specialist Michael J. Kaiser provided shafted, hewn quartzite adzes (fig. 2, n°4), because hammering strokes appeared to be a possibility to achieve a high impact. However, their brittleness made them splinter and blunt rapidly (1-5 min.). Additionally, the wear of the chopper and the time-consuming re-shafting after very short periods renders them useless for hard rock working. They were also tried with direct strokes, with a similarly bad result.

Contact metamorphic quartzite choppers without a foliation (fig. 2, n°5), made from local stones that had been collected by the stonemason, were tried with remarkable success on granite. However, it has to be kept in mind that any carving tool has to be maintained sharp to be efficient, and the re-sharpening of these compact quartzite choppers with traditional methods, using sand, water and grinding stone, would have significantly reduced their usefulness. The average time until re-sharpening quartzite tools on syenogranite-aplite was measured at 7-10 min., and on silicate quartz-sandstone at <1 min.

For the working of granite, actinolite skarn that can be found along the river Côa and that was used for polished axes and other tools since the Neolithic was tried. The fibroblastic (fibrous) and diablastic (intergrown) grain structure (microstructure) causes a toughness that makes the tool resistant to pressure (fig. 2, n°6). Nevertheless, the low density causes rapid abrasion and forces constant re-sharpening (average measured at 5 min.).

Other lithic tools, derived from artefacts in the museums and considering the local resources of the study areas, were tried on granite-aplite and have proven inefficient for sculpture. The discarded materials include quartz (too brittle), greywacke and diverse amphibolites (too fragile), and silex (too brittle). Chalcedony was tried only on the last day of the experiment and it appeared to be promising on the granite-aplite: it engraved lines and was easy to re-sharpen by chopping into shape, however its brittleness caused quick wear. Additionally, half-hand sized round pebble of quartzite composition with a polygonal-lobate quartz matrix, intermingled with fibroblastic sillimanite was found close to the stela of Aldeia Velha. This microstructure gives a much higher toughness, shear strength, and impact strength. This material, which is also represented by several small axes in the Museum of Sabugal, should be tested in a follow-up experiment.

For the rough working of the granite-aplite, quartzite and quartz hammers were useful to even bumps, however they cannot engrave the rock without constant re-sharpening.

Figure 2: Original and replicated tools used for stelae-making: 1 chisel from the deposit of Freixianda, Portugal, with metallography (Inv.-No. 5ARQ81 from Bottainai 2012, 169). 2 Replications of binary bronze chisels with 10, 12, 14 and 16% Sn (Foto: R. Doberitz). 3 Chisel of Carrasquerias (Foto: R. Araque Gonzalez). 4 Quartzite adze-hammer (Foto: M. J. Kaiser). 5 Quartzite tool. 6 Skarn tool (Fotos: R. Araque Gonzalez; Fotos of thin sections: R. Ferreiro Mählmann). 7 Chisel from Rocha do Vigio, Portugal, with metallography 7x7 mm width (Fotos: a) B. Asmus; b) R. Araque Gonzalez and replication (Foto: c) R. Doberitz).

The silicate quartz sandstone was only approached with quartzite tools because any other rock is useless if confronted with a Mohs hardness 7. None of the lithic tools was capable to engrave a regular line with defined borders, or u-shaped profiles of the engravings, all of which are characteristics of the replicated stelae from Capilla I and VIII (see below).

Finally, an iron chisel from Alentejo (Portugal) that had been found in a FBA hamlet of Rocha do Vigio (Calado *et al.* 2007; Mataloto 2012; 2013) was analysed with metallography, which revealed a heterogenous medium-high carbon content steel (fig. 2, n°7). Since similarly heterogeneous material is not available and almost impossible to reproduce in the same composition, we decided to use the best comparable C60 steel with a standardized carbon content of 0.57-0.62wt% C for our experimentation (see Araque Gonzalez *et al.* 2023). Three replications with the same dimensions were forged by blacksmith Alexander Richter and hardened from a cherry red state (ca. 800°-850° C), quenched in water, and tempered in the forge at ca. 260° C (dark brown). One specimen was left in the soft state for comparison. The blades were sharpened and the chisels were used with a club hammer. A bronze club hammer or a hard wooden mallet (yew or ilex) could have been used alternatively with same results.

4. The Replication of Baraçal 2 from Granite-Aplite

The leucocratic (very light coloured) muscovite-syenogranite aplite for Baraçal 2 that was found in the village of Baraçal in the Portuguese Beira Interior (Santos *et al.* 2011), where it had been used as a bench, could be localized in the now abandoned quarry of Barrocal (32 % quartz, 43-58 % feldspar, 10-22 % muscovite), where the aplite had been mined for construction material until recently. The stela shows a basic motif composition representing a central v-notched shield, a sword and a spear pointing in opposite directions, and a mirror and rests of a helmet as additional objects (fig. 3, n°1). Since no more slabs that were of suitable size and quality for a replication could be found at this specific site, the aplite dyke was surveyed along its strike course further West to the abandoned quarry of Lajeiras, were the same lithotype (confirmed by microscopy and geochemical data) could be obtained by the local mayor, Carlos Borregana. The rock used for the experimental stela is a leucocratic muscovite-syenogranite aplite with 34% quartz, 52% feldspar, 14% muscovite (fig. 3, n°2). Its technical properties made it ideal for engraving because the fine-grained, isotropic structure with non-porphyry feldspar as well as the mica content (muscovite) made it easier to carve straight lines into these relatively soft granitoide (low quartz and high feldspar content). The very low biotite content (<0.2 %) prevented oxidation stains. The aplite dykes represent less than 1 % of the magmatic rocks in this area of the Beira Interior and have traditionally been quarried for building material and sculpture. The main advantage to the majority of porphyry granitoids (95 % of the granitoids of this area) is the fine-grained polygonal granular structure and high feldspar content embedding quartz that facilitates precise working and sculpturing.

Unfortunately, the only suitable slab was too massive for a stelae and had to be carefully broken in two with the traditional method, with wedges having to be set and driven into it until it split after two days. This procedure would most probably have been omitted in the FBA, when fissured plates as well as other suitable sized-and-shaped rocks for stelae could still be found at the now exploited aplite outcrops. Thereafter, the slab was brought into a comfortable working height with help of a crane, which would similarly not have been a challenge for people in the FBA with simple mechanic methods. The surface had to be roughly hewn to even the worst bumps and irregularities. Indeed, the low cohesive and gritting weathering crust of the stone can be well knocked off with bronze chisels. However, as soon as the fresh and bright rock surface is reached, bronze with all alloys fails to work the aplite and the chisels with harder alloys break (14-16 % Sn), while the softer specimens bend or are flattened (10-12 % Sn). The quartzite and quartz hammers would have been suitable tools for the rough levelling.

Thereafter, polishing is a prerequisite for engraving clearly visible motifs. This process has been applied to all granite and aplite stelae from Iberia that have been studied within this project, without any exception. The experimental stela was polished in a representative area that one person can work comfortably and evenly, 30 × 30 cm (900 cm^2), with coarse quartz sand, fine sand as binder, water, and granite grinding stones (fig. 3, n°3). In this polishing experiment, constant values could be measured: 1 mm is removed on this patch per hour by one person grinding. After the rough hewing of the surface, the remaining unevenness and bumps resulted in 20 mm on average that would have to be levelled. The extrapolation for the entire surface of the experimental aplite stela with 9900 cm^2 surface area corresponds to 10-11 hrs for each 1 mm grinding, equalling ca. 200 working hours for the total surface to smooth level. When four people polished at the same time, which leaves everyone enough workspace, the surface would have been prepared in about a week. In the case that a single person would prepare the surface without any help, this would have taken almost a month if working days are calculated at 8-9 hours. Due to time constraints, the experimental stela was polished with an angle grinder to smooth level outside this experimental patch, which was grinded by hand under experimental conditions. Finally, the whole grinded face of the slab underwent hand polishing with sand and water for approximately three hours by three persons in order to create a balanced surface for engraving.

The dimensions of the prepared experimental stela were 190 × 58 (max.) x 37 (max.) cm and a calculated weight of ca. 667 kg according to granite density, compared to the original Baraçal 2 measuring 190 × 64 (max.) x 24 cm. Before carving the lines, tools were tried on a test slab and only the efficient ones were selected for further use. The motives of the original stelae were transferred with a charcoal-blueprint from the original stela of Baraçal 2. The lines were then scratched with a small, pointed quartz crystal. The lines were subsequently engraved with the skarn axe and the quartzite chopper, both of which had to be constantly re-sharpened (fig. 3, n°4). For the skarn blade, a trial of re-sharpening with sand, water and a grinding

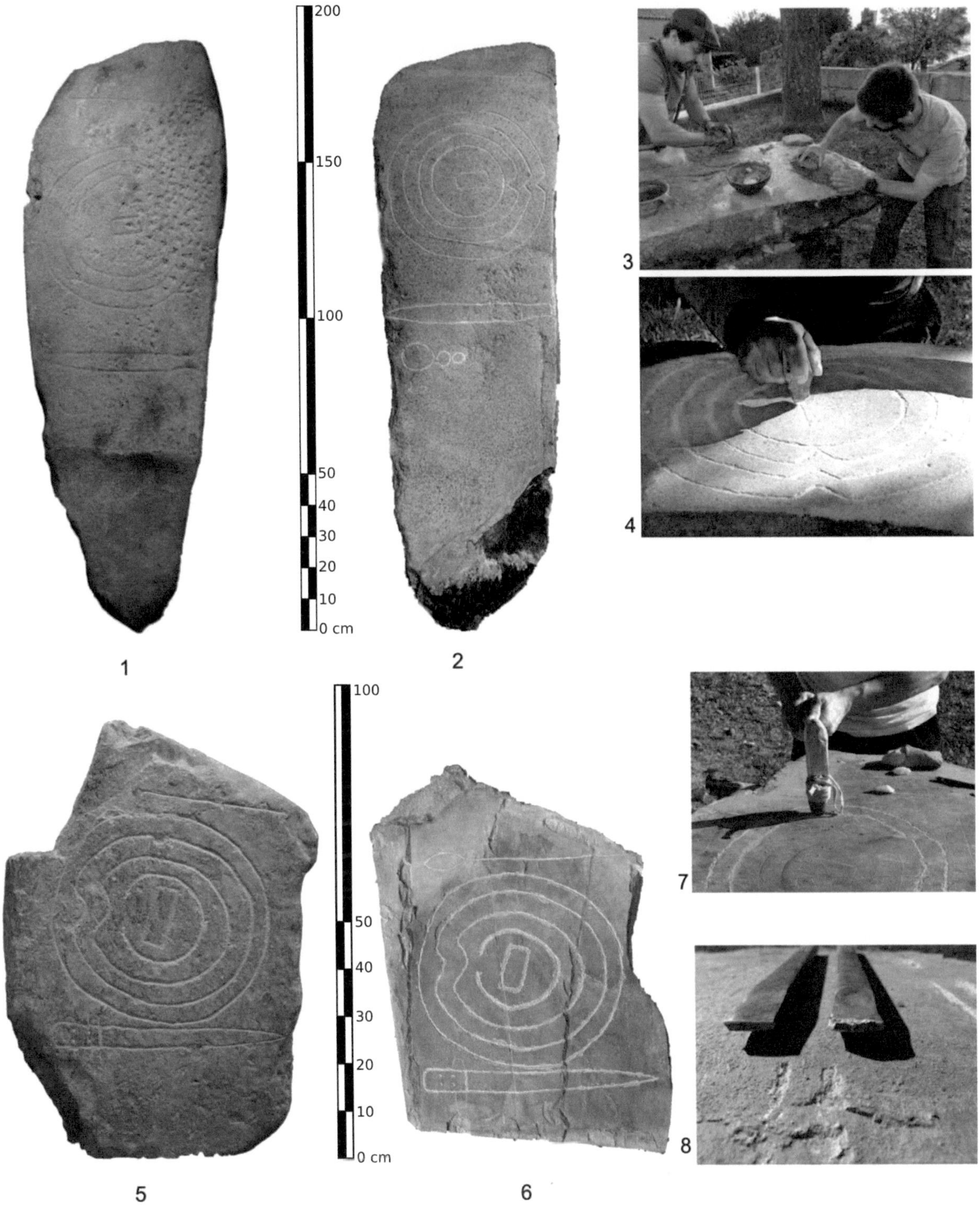

Figure 3: Original and replicated stelae: 1 Baraçal 2 (photo: Michael Kaiser). 2 Replication Baraçal 2 (photo: Giuseppe Vintrici). 3 Polishing the surface. 4 Engraving granite-aplite with quartzite tool (photos: Ralph Araque). 5 Foiós (photo: Michael Kaiser). 6 Replication Foiós (photo: Ralph Araque). 7 Engraving meta-subarcosis with shafted skarn tool. 8 Blunted bronze chisels (photo: Ralph Araque).

stone suggests a ratio of 50-50 time spent on engraving and re-sharpening, which appears to be problematic. No such experiment has yet been conducted for the quartzite chopper, which is so hard that this process was too time-consuming and painful to integrate it within our research. The stonemason used an angel grinder for sharpening, and it remains a critical point whether prehistoric artisans would have invested the respective effort in the sharpness of lithic tools. On the other hand, blunt tools cannot engrave accurate lines and do not leave the typical u-shaped profiles that are found on most granitic stelae in Iberia. At the stage of the first experimentation, the steel chisel from Rocha do Vigio had not been analysed and replicated, thus early iron/steel tools have not yet been tried and compared for muscovite-syenogranite aplite stelae. It is noteworthy that the Beira and especially the area where the stelae from Baraçal have been found revealed some of Iberia's oldest iron artefacts, some dating to stratigraphic contexts from as early as the 12th-11th centuries (Vilaça 2006; 2013). Amongst them, one knife from Moreirinha included a sheet of hardenable steel (C 0.4%; Renzi *et al.* 2013). Therefore, it will be necessary to repeat the experiment with respective replications of steel tools and compare the results and work traces. The latter matched with the original stela, which could be confirmed mesoscopically and further traceological analyses are currently underway. However, it must be said that the lines on Baraçal 2 are exceptionally shallow and fine if compared to other granitic stelae from the Beira and the nearby Sierra de Gata (cf. González Bornay and García 2021; Vilaça 2021).

In summary, the experimental replication of the stela from Baraçal 2 provided the following findings: firstly, the polishing of the surface is the most time-consuming part of stelae-making from granite-aplite. It was most probably a social activity for several persons and could be accomplished on a rock with the chosen dimensions within a week (four people) or a month (a single person). The engraving of the motives was accomplished with stone tools (quartzite and skarn) within 179 min. of pure pecking time. To this, at least the same amount of time would have to be added for re-sharpening tools. It can thus be considered that the actual decoration of the stelae, including the marking and scratching of motifs, could be accomplished within one or two working days. Bronze chisels could be excluded. The results are thus far informative, but not satisfactory until steel chisels have been tested on granitic rocks and work-traces have been compared with other stelae from the wider region.

5. The Replication of Fóios from Meta-subarcosis

The stela of Fóios shows a similar basic motif composition of sword, spear and v-notched shield (fig. 3, n°5) and was found by a farmer in his field in the 1930s, not far from the river ford of Cabeço do Pisão, which is characterized by a formation of darkish-grey sedimentary rocks along a stretch of 4 km along the Côa (Curado 1986; Osório 2005). The new petrographic determination of the sedimentary rocks on the stelae of Fóios and the outcrops at Cabeço do Pisão that were formerly declared to be "schist" evidenced sub-arkoses, greywacke with a grain size of silt to fine sand (Gravato Formation) and advanced lithification (contact metamorphic grain coarsening, early quarzitic microstructures, lowering porosity, and increasing compaction). The specific slab of the stelae is a stratified meta-sedimentary rock determined as meta-subarcosis. It has a hard ground surface (lithification under oxidizing conditions) on the decorated face that provides an ideal canvas for the carving of motives without any need for surface preparation. The work steps of rough hewing and polishing could thus be omitted. Furthermore, the sedimentary outcrops along the river still provide plenty of handy size plates with the above-mentioned properties that can be used for stelae-making without further complications. This is due to the natural physical rock parameters (bedding planes intersecting with micro-tectonic structures like fissures, very thin quartz veins, and solution sutures). A major difference between the stela from Fóios and the aplite stelae are its much smaller dimensions of 93 × 66 (max.) x 9 cm. This indicates that the slab was easy to move, even for two or three people carrying it, or with the help from animals.

For the experimental replication, a slab of corresponding lithology was acquired from the outcrop, measuring 83 × 73 (max.) x 8 cm, with a weight of 76 kg (fig. 3, n°6). Petrography confirmed the correspondence of the material and guaranteed comparable technical properties.

It was expected that this rock was significantly easier to engrave than the aplite, which was confirmed by the experiment (fig. 3, n°7). The skarn axe worked excellent, and re-sharpening was less frequent (after 15-20 min. for the skarn). Bronze with the harder alloys of 14 and 16 % Sn could be used to carve lines, however they blunted rapidly (<5 min.) and showed horizontal fissures on the blade after only a few minutes (fig. 3, n°8). On the other hand, they were excellent for scratching the lines pecked with the lithic tool and giving them a v-shaped profile. The combination of pecking and re-scratching is evident on the original stela.

In conclusion, the meta-subarcosis could be worked without further problems by using the skarn axe. The work traces appear very similar on a mesoscopic level. The use of bronze chisels is theoretically possible, but far from ideal. Nevertheless, their use as scratching tools for abrading the lines and giving them a sharp profile was efficient, although this could also have been obtained with a sharp lithic tool. It remains questionable if bronze was actually used for medium-hard rocks such as meta-arkoses. It is to assume at this stage that bronze chisels were mainly used for softer rocks, for rough stone working as opposed to sculpture, or as firmer chisels for wood.

6. The replication of two stelae from Capilla (Spain) from silicate quartz-sandstone

New analyses of stelae from the Museum of Badajoz that had formerly been determined as quartzite have shown that the rocks are actually silicate quartz-sandstone, however they share most technical properties of quartzite with a mono-mineral composition (>95% quartz) and diagenetic transformation. Indeed, both rocks are nowadays traded under the same commercial label as "quartzite" and are amongst the hardest rocks that can be used for engravings and sculpture. In this case, the silicate quartz-sandstone is more appropriate because it is isotropic. Quartzite often has a high anisotropy due to its metamorphic preferential orientation of quartz grains, and thus has a slightly lower shear strength (which is even decreasing if a foliation is found).

The outcrops near the original findspots of the stelae in the Sierra de Moraleja provided rock samples that correspond perfectly to the results from mesoscopy in the Museum of Badajoz (Araque Gonzalez *et al.* 2023). Consequently, the results of petrographic research allowed for the acquisition of two rocks that were used for the experimental replication of the stela from La Moraleja (Capilla I; fig. 4, n°1) and a partial replication of motifs from la Pimienta (Capilla VIII; fig. 4, n°2). Both rocks were chosen under the criteria that they belong to the same lithology as the original stelae (fig. 4, n°3 and fig. 4, n°4). The motifs of the latter were carved into a red-bedded hard ground surface, which is the result of lithification under oxidizing conditions and ripple marks. Sculpting this surface, which is distinguished by its darker colour from the deeper layers, results in a clear contrast that accentuates the ornaments. Surface preparation is hence not necessary once an appropriate slab with a flat face could be obtained. The grain and microstructure as well as the almost mono-mineral quartz composition define a very hard, solid (impact and shear resistant) rock. Nonetheless, several silicate quartz-sandstone- or possible quartzite-stelae (analyses will have to be extended) are decorated with well defined, straight and precise u-shaped lines, which have such exact borders that they could only be created with a sharp tool (fig. 4).

Subsequently, all replicated tools were tried by the stonemason to engrave a straight line into the silicate quartz-sandstone. The surface could be superficially broken with the quartzite chopper, however the trace was irregular, the impact low and precise lines were impossible to carve (fig. 5, n°1). The maximum picking time before absolute bluntness was less than 5 min, within which the surface could be broken on ca. 2 cm length, and strain on the wrist was extreme. The shafted, hewn quartzite surface splintered within seconds and the surface was slightly scratched, precise lines would be completely impossible to engrave (fig. 5, n°2). The third unambiguous result on the quartz-sandstone was that none of the bronzes could penetrate the surface, the only traces would be bronze abrasion on the hard-ground and 14% and 16% chisels do break under repeated strikes (fig. 5, n°3). In summary, lithic tools could not carve motives with the characteristic defined, straight, u-shaped lines that are observable on Capilla I and VIII, and bronze tools could not even break the surface of silicate quartz-sandstone. Both groups of materials can thus be discarded for tools to create stelae similar to the examples from Capilla.

The chisel from Rocha do Vigio was replicated with C60 steel, which would definitely not be the modern choice for such implements, however it was considered the closest to the refined bloomery iron of the original (Araque Gonzalez *et al.* 2023, 8-11). The main factor of interest is that this steel was definitely hardenable and thus provided an efficient tool that could carve hard rock with according results as observed on the two replicated stelae. It is important to note that only 5 mm of the tip of this refined steel tool would have been hardened and that the shafts of chisels always have to remain in a soft state to avoid splintering under the hammer.

Indeed, the replicated chisels were suitable for carving precise, straight lines with u-shaped profiles into the silicate quartz-sandstone, however they had to be re-sharpened every five minutes on average (fig. 5, n°4). This resulted in abrasion and consequently in the necessity to re-harden the chisel after the first test-replica of Capilla VIII had been finished within about 2.5 hours' time. This implies that the hardening process as well as incandescence colours must have been known to artisans if similar steel chisels were actually used on the stelae. A soft annealed C60 steel chisel was tried on the same rock for comparison and could not carve the surface efficiently (fig. 5, n°5). This is due to the fact that hardness increases significantly from the soft annealed state (for modern standardized C60: HV 195) to when the chisel is quenched and tempered (HV 340-530)[2].

Finally, the work-traces on the experimental stelae are mesoscopically comparable to the originals. For example, the thin lines of the "headdress" on Capilla I (fig. 4, n°5), which are engraved with short distances to each other and exalted interspaces are a splendid example that a resistant, precise and sharp tool must have been used for this decoration. From the results of our experiment, only the hardened steel edge could provide this absolute precision and therefore avoid breakouts at the margins. The engraved spaces of the figure's heads on Capilla VIII show corresponding tool marks as the replication (fig. 4, n°6) and the lines have the same profiles as it could only be

2 http://www.steelnumber.com/en steel_composition_eu.php?name_id=353

Figure 4: Original and replicated stelae: 1 Capilla I, La Moraleja (photo: Ángel Felicisímo). 2 Replication Capilla I (photo: Ralph Araque). 3 Capilla VIII, La Pimienta (photo: Ángel Felicisímo). 4 Partly replication of Capilla VIII. 5 Figure's head from Capilla VIII, left and its Replication, right. 6 Details of "headdress" on Capilla I, left and its Replication, right (photos: Ralph Araque).

Figure 5: Impact of tools on silicate quartz-sandstone from the Sierra de la Moraleja: 1 Quartzite chopper (photos: Roy Doberitz). 2 Quartzite adze (photos: Michael Kaiser (tool), Roy Doberitz). 3 Bronze chisels, left: abrasion, right: breakage. 4 Steel chisel, compared to other tool traces (photos: Ralph Araque). 5 Upper line and tool: unhardened C60 steel chisel compared to hardened specimen below (photo: Pedro Baptista).

obtained with the hardened steel chisel in our experiment. The traces are further comparable to the typical iron chisel marks that could be observed with traceology in North Asian rock art (Develet 2012).

The whole replication of the motifs from Capilla I took the stonemason 151 min. plus sharpening time, which is excluded from calculations because it was done with an angle grinder for pragmatic reasons. The motifs of the replication have been downsized to 75% of the original because we could not obtain a larger block for logistic matters. This indicates that engraving of the original would probably have taken ca. 190 min plus re-sharpening and re-hardening time.

It can be postulated that at least those stelae made from silicate quartz-sandstone or quartzite that show the characteristic precise lines with u-shaped profiles have been made with steel chisels and according knowledge of iron technology was a precondition for their carving. This is supported by the existence of the chisel from Rocha do Vigio, C14-dated to the 9th century BC (2645 ± 33 BP – 900-770 cal. BC; Araque Gonzalez *et al.* 2023; Calado *et al.* 2007; Mataloto *et al.* 2013).

7. Conclusions and Perspectives

The South-western Iberian stelae encompass the largest group of pictorial art and iconography from the FBA-EIA in the Atlantic realm. They display the connectivity and technological transfer that took place along its shores and with the Mediterranean during this period. Due to their wealth of knowledge, the artisans who made the stelae consciously chose the rocks that were favorable for sculpting and engraving for their physical properties: the fine-grained syenogranite-aplites and the sedimentary or metamorphic rocks with a reddish hard-ground surface that created a visual contrast to the brighter layers. Despite the availability of softer rocks in the Portuguese Beira Interior as well as in Spanish Extremadura, the artisans seemingly preferred the harder rocks, including the extremely hard silicate quartz-sandstone. First and foremost, any tool used on these rocks must have a maintained sharp edge, since any occurrence of bluntness renders all materials useless for precise engraving.

The subsequent creation of stelae would have incorporated a social event, for example if a granite-aplite slab had to be quarried, transported and polished up to the placement of finished stelae, as well as an individual work of a craftsperson who knew how to use their tools. Beyond the actual decoration, however, the whole community was involved in the provision of tools that begins with the production of charcoal and the acquisition of ores and smelting of metal, and the production of chisels. Finally, the making and handling of the smaller stelae from sedimentary and metamorphic rocks with a hard ground surface and handier formats was often easier to accomplish than the creation of a stelae from a syenogranite-aplite slab.

The symbolic significance of the monuments must have exceeded the actual images by far: in a society which is aware of the physical properties of the surrounding natural materials, the craftspeople and communities who were able to adorn the hardest rocks with portentous symbols would probably have been well respected. The choice of a certain rock-type for a stela and its deliberate positioning in the landscape was just as important as the composition of the images. Therefore, it is essential to consider the different technical properties of the rocks that were used and the tools that were necessary to work with them (tab. 1). These aspects have been widely ignored in archaeological studies so far.

In the context of prehistoric stone working that applies to the Iberian stelae, many of which have been carved into the hardest rocks that could be used for sculpture, it had been postulated that early Iberian iron technology might have encompassed the production of *hardenable* steel (Araque Gonzalez 2018, 187). This hypothesis could now be tested with metallographic analyses of an iron chisel from the FBA hamlet of Rocha do Vigio, followed by its reproduction, and the experimental replication of stelae from the same hard rocks that could be determined with petrography. The results have proven that not only was the chisel made of steel that had a medium-high carbon content and was thus hardenable, but also that neither other available FBA implements made from bronze and stone, nor an unhardened steel chisel, could efficiently carve the equivalent silicate quartz-sandstone with similar precision. This strongly suggests that the production of medium-high carbon content steel as well as the hardening process must have been known to FBA-EIA craftspeople in Iberia as early as the 9th-8th century BC. As a consequence, the introduction of iron metallurgy would establish a *terminus post quem* for a group of stelae from the Zújar river valley and its surroundings (Spain). However, there are other silicate quartz-sandstone stelae in the Museum of Badajoz that appear to be entirely or at least partly made with quartzite/lithic tools or with a blunt iron (Domínguez de la Concha *et al.* 2005). The traceological evaluation and comparison of the original stelae and replications from this project, both from syenogranite-aplite and silicate quartz-sandstone using 3D-scanning and modelling, is in preparation for publication (https://doi.org/10.1016/j.jas.2025.106340). Finally, further experiments with chisels from iron blooms and with steel chisels on granitic rocks will be conducted to verify our hypotheses and to extend the understanding of FBA-EIA stone-working and metallurgy.

Acknowledgments

This project received funding from the German Research Foundation (DFG, project Nr. 446739573). The authors want thank the communities of Baraçal and Valverde de Burguillos, Michael Kaiser, Michael J. Kinsky, Jan Schnorrenberg, Vera Rammelkammer for their practical support and insightful comments.

Stelae	Material	Surface treatment	Efficient tools for engraving	Efficient tools for incision	Engraving time (net.)	Estimate time for completion
Baraçal 2	Syenogranite-Aplite	Levelling (hammering with quartzite/quartz) Polishing (with sand, water and grinding stones) (ca. 200 person hours)	quartzite chopper (but: sharpening is time consuming), Actinolithe-skarn axe (but: wear and sharpening is uneconomical) techniques: direct strokes; (steel was not tried)	Quartz crystal quartzite Actinolithe-skarn	179 min. (plus re-sharpening)	7-30 days
Fóios	Meta-Subarcosis	N/A	Skarn axe quartzite chopper techniques: direct strokes (steel was not tried)	Quartz crystal quartzite skarn bronze (14-16% Sn)	87 min. (plus re-sharpening)	1-2 days
Capilla I	Silicate quartz- sandstone	N/A	Hardened steel chisel, indirect strokes		151 min. (190 min.) (plus re-sharpening, plus re-hardening)	2-3 days

Table 1: The replicated stelae from different lithotypes with the proposed efficient tools, techniques and expenditure, based on the experiments. Capilla VIII is only a partial replication and is therefore not included.

Bibliography

Araque Gonzalez, R. 2018. *Inter-Cultural Communications and Iconography in the Western Mediterranean during the Late Bronze Age and the Early Iron Age.* Rahden/Westf: Leidorf.

Araque Gonzalez, R. 2023. From the Atlantic to the Mediterranean and Back: Sardinia, Iberia, and the Transfer of Knowledge in Late Bronze Age Networks. Open Archaeology 9 (1): 20220314. https://doi.org/10.1515/opar-2022-0314

Araque Gonzalez, R., S. Celestino Pérez and R. Vilaça (eds) 2025. The Iberian Stelae of the Final Bronze Age and the Early Iron Age: Iconography, Technology and the Transfer of Knowledge between the Atlantic and the Mediterranean. Madrid: CSIC.

Araque Gonzalez, R., Asmus, B., Baptista, P., Mataloto, R., Paniego Díaz, P., Rammelkammer, V., Richter, A., Vintrici, G. and Ferreiro Mählmann, R. 2023. Stone-working and the earliest steel in Iberia: Scientific analyses and experimental replications of final bronze age stelae and tools. *Journal of Archaeological Science*, 152. DOI:10.1016/j.jas.2023.105742

Bottaini, C.E. 2012. *Depósitos metálicos no bronze final (sécs. xiii-vii a.c.) do centro e norte de Portugal. Aspectos sociais e arqueometalúrgicos.* PhD. Thesis, Coimbra: Universidade de Coimbra.

Brandherm, D. 2007. *Las espadas del Bronce Final en la Península Ibérica y Baleares.* Stuttgart: Steiner.

Brandherm, D. 2013. Mediterranes, Atlantisches und Kontinentales in der bronze- und ältereisenzeitlichen Stelenkunst der Iberischen Halbinsel, in: Kalaitzoglou, G. and Lüdorf, G. (eds.). *Petasos. Festschrift für Hans Lohmann.* Paderborn: Fink and Schöningh, 129-148.

Breunig, P. and Fels, M. 2023. In Stein gemeißelt: Experimente zur Herstellung von Felsgravierungen, in: Pankau, C., Baitinger, H. and Stobbe, A. (eds.). *Ein Schwabe in der Welt: Festschrift für Rüdiger Krause zu seinem 65. Geburtstag.* Habelt: Bonn, 81-100.

Calado, M., Mataloto, R. and Rocha, A. 2007. Povoamento Proto-Histórico na margem direita do regolfo de Alqueva (Alentejo, Portugal), in: Rodríguez Díaz, A. and Pavón Soldevila, I. (eds.). *Arqueologia de la Tierra. Paisajes rurales de la protohistoria peninsular. VI cursos de verano internacionales de la Universidad de Extremadura.* Cáceres: Universidad de Extremadura, 129-179.

Celestino Pérez, S. 2001. *Estelas de guerrero y estelas diademadas. La Precolonización y formación del mundo tartésico.* Barcelona: Bellaterra Arqueología.

Celestino Pérez, S. and Salgado Carmona, J.Á. 2011. Nuevas metodologías para la distribución espacial de las estelas del Oeste peninsular, in: Vilaça, R. (ed.). *Estelas e estátuas-menires da Pré à Proto-história.* Sabugal: Sersilito, 417-448.

Celestino Pérez, S. and Paniego Díaz, P. 2021. Últimas investigaciones sobre las estelas de guerrero y diademadas de la península Ibérica. *Palaeohispanica*, 21, 71-93. DOI:10.36707/palaeohispanica.v21i0.425

Curado, F. P. 1986. Mais uma estela do Bronze Final na Beira Alta (Fóios, Sabugal, Guarda). *Arqueologia*, 14, 103-109.

Devlet, E. 2012. Recent Rock Art Studies in Northern Eurasia, in Bahn, P., Franklin, N., Strecker, M. (eds.). *Rock Art Studies: News of the World IV.* Oxford: Oxbow, 124-148.

Díaz-Guardamino, M. 2010. *Las estelas decoradas en la Prehistoria de la Península Ibérica (PhD Thesis).* Madrid: Universidad Complutense.

Díaz-Guardamino, M., García-Sanjuán, L., Wheatley, D.W., Lozano-Rodríguez, J.A., Rogerio-Candelera, M.Á. and Casado-Ariza, M. 2019. Late Prehistoric Stelae, Persistent Places and Connected Worlds: A Multi-Disciplinary Review of the Evidence at Almargen (Lands of Antequera, Spain). *Cambridge Arqueological Journal* 30/1, 69-96. DOI:10.1017/S0959774319000490

Domínguez de la Concha, C., González Bornay, J.M., de Hoz Bravo, J. 2005. *Catálogo de estelas decoradas del Museo Arqueológico Provincial de Badajoz (Siglos VIII-V a.C.).* Badajoz: Consejería de Cultura. Junta de Extremadura.

González Bornay, J.M. and García, A.D. 2021. *Catálogo de estelas decoradas del Museo de Cáceres.* Cáceres: Junta de Extremadura/Museo de Cáceres.

IGME 1995. *Mapa Geológico de España Escala 1:50.000: Hoja 807,* Chillón, 15-32. https://info.igme.es/cartografiadigital/geologica/Magna50Hoja.aspx?Id=807&language=es

Mataloto, R. 2012. Os Senhores e as Serras: o final da Idade do Bronze no Alentejo Central, in: Jiménez Ávila, J. (ed.). *Sidereum Ana II. El río Guadiana en el Bronce Final.* Mérida: CSIC, 185-213.

Mataloto, R. 2013. Do vale à montanha, da montanha ao monte, p. a ocupação do final da Idade do Bronze no Alentejo Central. *Estudios Arqueológicos Oeiras* 20, 221-272.

Mataloto, R., Martins, J. and Soares, A.M. 2013. Cronologia absoluta para o Bronze do Sudoeste, Periodização, base de dados, tratamento estatístico. *Estudios Arqueológicos Oeiras,* 20, 303-338.

Meireles, C.A.P. 2020. *Folha 4 da Carta Geológiica de Portugal 1 : 200 000.* Lisbon: Laboratório de Energia e Geologia.

Merino Martínez, E., Andonaegui, P., Chapa, T. and Pereira Sieso, J. 2020. Petrographic and geochemical study of the stone warrior stelae from central Iberia: Linking the geological record and archaeological heritage. *Geoarchaeology* 35/2, 177-197.

Osório, M. 2005. Contributos para o Estudo do I Milénio a.C. no Alto Côa, in *Lusitanos e romanos no nordeste da Lusitânia: 2. Jornadas de Património da Beira Interior.* Guarda: Centro de Estudios Ibéricos, 35-66.

Renzi, M., Rovira, S., Rovira, M.C. and Montero-Ruiz, I. 2013. Questioning research on early iron in the Mediterranean, in: Humphris, J. and Rehren, T. (eds.). *The world of iron.* London: Archetype, 178-187.

Rodríguez-Corral, J. 2017. Entangled Worlds: Materiality, Archaeometry and Mediterranean-Atlantic Identities in western Iberia. *Mediterranean Archaeology and Archaeometry,* 17/1, 159-178. https://zenodo.org/record/290668

Santos, A., Vilaça, R. and Marques, J. 2011. As estelas do Baraçal, Sabugal (Beira Interior, Portugal), in: Vilaça, R. (ed.). *Estelas e estátuas-menires: da Pré à Proto-história.* Sabugal: Sersilito, 319-342.

Santos da Rosa, N., Cura, S., Garcês, S. and Cura, P. 2014. Between tools and engravings: technology and experimental archaeology to the study of Cachão do Algarve rock art, in: Cura, S. (ed.). *Technology and experimentation in archaeology.* Oxford: Archaeopress, 87-96.

Vilaça, R. 2006. Artefactos de ferro em contextos do Bronze Final do território português: Novos contributos e reavaliação dos dados. *Complutum,* 17, 81-101.

Vilaça, R. 2011 (ed.). *Estelas e estátuas-menires da Pré à Proto-história.* Sabugal: Sersilito.

Vilaça, R. 2013. L'arrivée des premiers fers dans l'Occident atlantique. *Mélanges de la Casa de Velázquez. Nouvelle Série,* 43/1, 39-64.

Vilaça, R. 2021. Em torno da estela do Telhado (Fundão): um ensaio de arqueologia micro-regional, in: Goncalves, V. S. (ed.). *Terra e Sal. Das antigas sociedades camponesas ao fim dos tempos modernos. Estudos oferecidos a Carlos Tavares da Silva.* Lisbon: UNIARQ/FL-UL, 325-341.

Vilaca, R., Bottaini, C. and Montero-Ruiz, I. 2012. O depósito do Cabeço de Maria Candal, Freixianda (Ourém, Portugal)*O Arqueólogo Português* Série V, 2, 297-353.

Vourc'h, M. 2011. Experimentation and technological analysis in the study of the rock carvings at the site of Hjemmeluft, Alta, Finnmark, Norway, in: Anati, E. (ed.). *Papers XXIV Valcamonica Symposium 2011: Art and Communication in Pre-literate societies.* Capo di Ponte: Edizioni del Centro, 476-485.

Notes on contributor

Ralph Araque Gonzalez
University of Freiburg, IAW, Department of Prehistory
Belfortsr. 22, D-79098 Freiburg, Germany
ralph.araque.gonzalez@archaeologie.uni-freiburg.de

Bastian Asmus
Labor für Archäometallurgie
Kenzinger Str. 32, 79336 Herbolzheim, Germany
info@archaeometallurgie.de

Giuseppe Vintrici
University of Freiburg, IAW, Department of Prehistory,
Belfortsrasse 22, D-79098, Freiburg, Germany
g.vintrici@gmail.com

Alexander Richter
Fragua Fuirio, Pasaje Mallol 8, 41003, Seville, Spain
fuirio.sevilla@gmail.com

Vítor Clamote
Município do Sabugal, Portugal

Marcos Osório
University of Coimbra, Portugal

Pablo Paniego Díaz
University of Freiburg, IAW, Department of Prehistory,
Belfortsrasse 22, D-79098, Freiburg, Germany
pablo.paniego@ufg.uni-freiburg.de

Pedro Baptista
University of Coimbra, CEAACP,
Colégio de São Jerónimo, 1st Floor,
Largo D. Dinis, 3000-495, Coimbra, Portugal
pedro-esb@hotmail.com

Rafael Ferreiro Mählmann
Technische Universität Darmstadt,
Institut für Angewandte Geowissenschaften
FB 11, FG Technische Petrologie Schnittspahnstraße 9,
D-64287, Darmstadt, Germany
ferreiro@geo.tu-darmstadt.de

Experimental casting of Iberian Late Bronze Age high-leaded palstaves

First results

Aaron Lackinger, Beatriz Comendador, María G. Faro, Xosé-Lois Armada

Abstract

Palstaves are the most abundant metal object in the northwestern Iberian Peninsula during the Late Bronze Age and the transition to the Earliest Iron Age. They usually occur in isolated hoards, while socketed axes are underrepresented in the area, in comparison with other regions of the Atlantic Europe. Many of these palstaves contain high quantities of lead and have morphological features (such as the presence of the casting jet) that are incompatible with their use as 'functional' tools or weapons.

This paper introduces some of the experimental work carried out within our research on these artefacts, which aims a better understanding of lead segregation in high-leaded alloys. Previous research pointed out that some of these palstaves have a lead core resulting from an intentional casting of pure lead inside a bronze casing. On the contrary, our preliminary results under laboratorial conditions, suggest that these cores are massive lead segregations formed under specific casting conditions using high-leaded alloys.

Keywords: Atlantic Late Bronze Age; Iberian palstaves; Lead; Experimental archaeometallurgy; Casting technology

1. Introduction

Large quantities of bronze -amounting to tonnes- were buried in isolated hoards in Europe during the final stages of prehistory, mainly during the Bronze Age and extending into the Iron Age (Fontijn 2020). Although the hoarding of metals was a widespread phenomenon in later prehistoric Europe, it was particularly intense in the Atlantic façade (Armada and Martinón-Torres 2016). Despite many years of research and lengthy scientific discussion, even today we do not understand what motivated such disparate and widespread communities to express themselves in this way.

The northwest of the Iberian Peninsula was part of this phenomenon. Many of the hoards from this area contain axes of diverse types, the most numerous being those that include the so-called palstaves. These are bronze artefacts -sometimes tin-bronze

in: Mathias, C., Bourguignon, L., Ivorra, J. and Viallet, C. (eds) 2026. *Living Archaeology. Unveiling the Past through Experimental Archaeology*. Leiden: Sidestone Press, 213-222.

and sometimes high-leaded ternary alloys- each of them usually weighing between 900 and 1,200 gr. It is estimated that around twenty of these deposits could add up to almost half a ton metal.

We are currently focusing on an enigmatic piece in this puzzle: the hoards of mass produced and unused (as-cast) axes with high levels of lead and/or tin that appear in several areas of the European Atlantic façade during the Late Bronze Age – Iron Age transition. This phenomenon has two main focus in Atlantic Europe: Brittany and northwestern Iberia.

Although archaeological research in northwestern Iberia has paid more attention to other phenomena such as megalithic monuments, rock art and hillforts, the mass hoarding of palstaves is still a major challenge: Why did these communities produced and hoarded such huge numbers of as-cast palstaves that were never used? How much metal did they need to produce these objects and where did it come from? How were these objects made?

Our research studies such issues as technology, metal provenance and hoarding patterns using analytical techniques and experimentation, alongside other research strands. This contribution aims to offer a preliminary introduction to some of the project's experiments involving the casting of high-leaded palstaves.

2. Archaeological record

Palstaves are the most abundant metal objects in northwestern Iberian Peninsula during Late Bronze Age and the transition to Early Iron Age. A PBF monograph published by Luis Monteagudo (1977) collected about 800 palstaves and only 90 socketed axes.

Such a difference shows that the latter never became widespread in Iberia. Whereas in other areas of Atlantic Europe socketed axes progressively replaced palstaves from c. 1000 BC, in Iberia the production and use of this type of object continued during the Early Iron Age. Iberian palstaves usually have one or two loops. Many of them from the Late Bronze Age to Iron Age transition have a high lead content and morphological features (such as the presence of the casting sprue) that make them incompatible with a use as 'functional' tools or weapons. From a morphological point of view, the high-leaded palstaves of the Iberian northwest belong mainly to two groups: the Samieira type and palstaves with casting sprue.

Samieira-type palstave axes are found mainly in southern Galicia, with a higher concentration in the coastal area. They have a thin, elongated blade with three ribs, two loops and a flange that runs around the entire perimeter of the butt. The Samieira hoard, from which the type takes its name, consists of 170 palstaves. Composition analyses reveal mean values of 26.8% for lead (median 25.5%) and 9.3% for tin (median 9%) (Sierra *et al.* 1984).

The distribution of palstaves with casting sprue and double ring is somewhat different, with a greater concentration in the north of Portugal. The preservation of the sprue, which is the main feature of these axes, prevents them from being hafted. (fig. 1).

Palstaves with casting sprue were also made from alloys with a high lead content. In fact, some of them contain large lead cores that in the sprue are usually spherical in shape. These lead cores and balls have been described in the literature for decades, although they had not been the subject of detailed research until now.

A Galician hoard is preserved in the San Antón Archaeological and Historical Museum in the city of A Coruña. It was found by metal detectorists, although its exact origin is unknown. Among its approximately 150 items, which total some 15 kg in weight, are numerous palstave fragments with this type of lead core.

In this hoard, the cores of this metal are found both inside the sprues, with their characteristic spherical shape, and running along the entire length of the palstave bodies, from the butt to the blade. Lead can also be found sealing the ring of some of the palstaves, as filler material in tubular fragments or enveloped in fragments of riveted cauldrons.

These lead cores have previously been observed in many findings such as a complete axe of possible origin from Asturias (Harrison *et al.* 1981), one from the Abelheira deposit, in São Martinho de Bougado, Porto (Armbruster 2000), the fragments from Pereiras Pequenas in Vila de Punhe, Viana do Castelo (Manteiga *et al.* 2014), Mazaeda in A Fonsagrada, Lugo (Vázquez Seijas 1953) and the ones from the San Antón hoard already mentioned in this paper.

In regards to palstave production remains, the most compelling direct evidence is that of moulds. Only a small number of specimens have been preserved, the majority of them being incomplete; a total of 13 clearly identifiable palstave moulds, comprising either simple or double-looped designs, are known. All of the aforementioned specimens possess the common characteristics of bivalve moulds and, with the exception of one from Castro de La Mazada (Esparza and Larrazábal 2000), exhibit a cylindrical shape. Six are made of stone (four of sandstone, one of steatite, one of granite and one of limestone), five are metallic and three are ceramic. In terms of geographical distribution, the greatest concentration of examples is observed in the north-western region of the Peninsula, with a total of 11 examples. However, it is notable that examples have also been documented from regions further to the east, including one from Sant Joaquim (Tossal de la Menarella, Castellón), and another one from Mola d'Agres (Alicante) (García Vuelta *et al.* 2014; Gil-Mascarell and Tejedo1992; Monteagudo 1977; Pérez

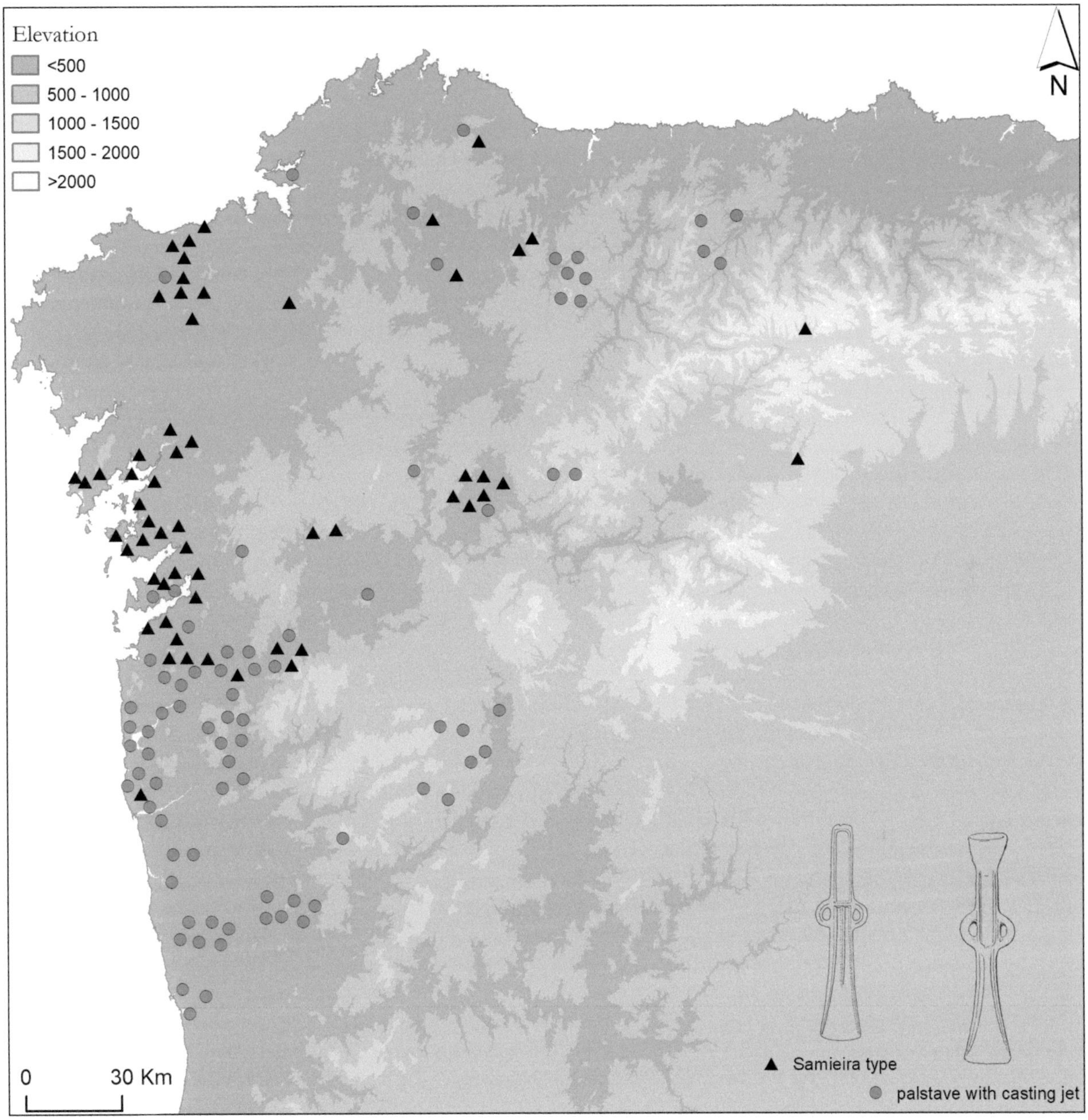

Figure 1: Distribution of Samieira-type palstaves and palstaves with casting jet in NW Iberia (after Parcero-Oubiña *et al.* 2020; data from Galán 2005).

et al. 2007; Rauret 1976; Sampaio y Bettancourt 2011; Silva *et al.* 1984).

No direct evidence of crucibles connected to the production of palstaves has been found. The examples known from this period are ceramic and typically feature a pouring spout, though there is considerable variation in the depth and degree of concavity. Some specimens feature a hollow socket, while others exhibit a foot (resembling that of cups) (Soriano and Escanilla 2016). It is noteworthy that no crucible has been identified with a capacity sufficient for melting a large palstave in a single pouring.

3. How were palstaves with a casting sprue and a lead core made?

In 1981 Michael Hughes published the study of a northern Iberian palstave preserved in the British Museum (Hughes 1981).

He analysed various parts of the artefact using X-Ray Fluorescence and Atomic Absorption Spectrometry, noting the large compositional differences between the outer bronze casing and the core, which was composed of almost pure lead. Hughes also observed two interesting features: 1) the discontinuity between the inner fill of the palstave and the spherical fill of the sprue; and 2) the presence of a flat copper alloy top with an aperture in the centre. In his words, "the existence of a thin seam running round the top of the casting jet suggests that the flat cap was added after the outer metal of the palstave had been cast" (Hughes 1981: 153).

Hughes hypothesised that palstave manufacture began by casting a hollow axe with a sand and pine resin core. This core was later removed and the space filled with two successive lead castings: one for the palstave body and the other for the sprue. The remains of metal and the initial filler material would have caused the discontinuity between the two lead cores. Armbruster indicated that the use of resin could not work because it does not resist the high temperatures involved, so the use of a clay core is more feasible (2000: 73).

The idea that this palstave was filled with lead is not new, since it was also suggested by Evans (1881: 97): "has a cup-shaped projection at the butt end which has been filled with lead, possibly in old times".

Hughes' hypothesis has important social implications, since it involved the application of a complex technological process to manufacture palstaves that were never used.

4. Previous experiments

Other researchers also performed experiments to study the problem of Iberian leaded palstaves. The first one was Louis Siret, who performed some casting experiments of double-looped palstaves. He used a bivalve mould with "identic form as the ones used to manufacture palstaves" (he does not specify the material) (Siret 1913: 353). He concluded that the casting was doing in two phases: in the first phase, melted tin-bronze was poured into the mould until the sprue and, immediately, it was filled with melted lead. The two "metals" alloyed in an irregular way: in certain places they mixed well, whereas in others the lead remained isolated. These observations were made after sawing the pieces longitudinally. Further studies of those experimental palstaves showed that there were five, one of them only a replica without analytical purposes. The four experimental specimens show an average of 7.5-9.5% Sn and 9.7-21.6% Pb, generally with higher concentrations of lead in the pouring cup (Montero-Ruiz *et al.* 2011: 531).

J.C. Sierra *et al.* (1981) performed some experiments related to the Samieira palstave hoard. They focused on the segregation of lead during the cooling after pouring. Theirexperiments explored different pouring temperatures (950-1150°C), mould materials (casting sand and iron) and alloys (64% Cu, 11% Sn, 25% Pb; and 60% Cu,10% Sn, 30% Pb). They concluded that higher pouring temperatures and greater refractory properties of moulds (the sand ones) conduced to more segregation. Nevertheless, even in the greater segregation processes, that show macroscopic lead inclusions, no lead cores were formed (Sierra *et al.* 1984). In the same years, Hugues *et al.* (1982) reached similar conclusions.

B. Armbruster also performed three experiments related to pouring high leaded palstaves in a bronze mould. First, she performed a similar experiment as the one described by Siret, but using for the first casting leaded bonze (70% Cu, 7% Sn, 23% Pb), and adding subsequently melted lead to fill the mould, when the previous metal was already melted. The second and third experiments were based on the different specific weights of copper and lead, so she left the cast melted for three hours and then, the palstaves were poured. In her second experiment an alloy of 60% Cu, 10% Sn, 30% Pb was used an in the third lead was increased up to 50%. In all three experiments lead and bronze showed a great blending, so she did not achieve the desired effect (Armbruster 2000: 74).

5. Our approach

In order to better understand the technology used for making the palstaves, our research focuses on the direct study of a large number of pieces, including elemental and lead isotope analyses. For a few specimens a study with neutron techniques of the Iberian leaded palstaves in the British Museum -including the one published by Hughes- at the ISIS Neutron and Muon Source, led by Laura Arcidiacono and Marcos Martinón-Torres, was carried out. On the basis of this information, we are undertaken several experimental casting processes of high-leaded palstaves (fig. 2).

In a first phase, an experimental protocol was designed to approach the process of making high-leaded palstaves, intentionally seeking to segregate the lead. Five experiments were undertaken, controlling different variables while attempting to obtain results similar to those of the archaeological objects.

The experiments were carried out under laboratory conditions to minimize uncontrolled variables. For this reason, it was decided to use a gas smelting furnace with homogeneous controllable internal conditions, industrial crucibles and casting sand moulds.

The first step consisted of obtaining a 3D model of the only complete palstave in the San Antón Museum hoard, which was digitally restored. From this digital model we obtained the printed model that we used to make the sand moulds.

From an archaeological point of view, as we said before, a limited number of axe moulds is known in northwestern Iberia and they are almost never fully preserved. They are made of stone, bronze and clay. For the mould design we took into account that the known specimens, regardless of their raw material, are mostly bivalves and tend to be cylindrical.

Therefore, we decided to prepare the sand moulds in a detachable iron cylinder. We used moulds of that

Figure 2: Overview of the experimental process.

material because they have properties similar to the sandstone moulds and because they are easy to make. For each experiment we made a mould with Petrobond-type casting sand inside the cylindrical case based on the printed model.

Both halves of the cylinder were filled with moderately compacted sand, embedding one half of the model in one of the semi-cylindrical parts. Afterwards, it was retouched and talcum powder was applied as a release agent; then the other part of the cylinder was assembled and closed. On opening, the thermoplastic model was extracted, the upper part of the cylinder was removed and the matrix was manually retouched.

To establish the composition for the experimental castings, an estimate was based on the lead-cored palstave from the British Museum previously studied by Hughes (1981). Based on these calculations, a high-leaded alloy of 35% Cu, 3% Sn and 62% Pb was used (fig. 3).

After preheating the melting furnace, the crucible with the corresponding charge of copper was fed in. After the copper had melted, the crucible was removed and lead and tin were added in the calculated proportions. When the crucible with the three molten metals was removed again, the casting temperature was measured by submerging the thermocouple pyrometer probe in the molten metal. Finally, it was poured into the mould.

It was decided that copper should be melted first, as it has the highest melting temperature of the metals involved. The higher volatility of tin and the tendency of lead to oxidise would make it difficult to control the resulting alloy, since these metals would remain molten for a long time, until the copper melted, and part of them could evaporate.

- The mould was fitted vertically onto a rotating platform fixed on an iron shaft with a bearing at its base. This structure was attached to a concrete counterweight.
- The system allowed the application of centrifugal force, a procedure we applied in the casting of Experiment 5. To do this, we rotated the shaft in a clockwise direction by means of a rope.
- The metal was melted in a propane gas-fired kiln.

The main variables introduced into the experiments were:

- Crucible shape: high or low. The variation between high and low crucibles is proposed to influence the segregation of the lead in its liquid state. Given that lead

Figure 3: Proportion of metals in the experimental alloy and position in ternary diagram.

	EXP-1	EXP-2	EXP-3	EXP-4	EXP-5	EXP-6
CRUCIBLE FORM	Low	High	High			
TEMPERATURE (°C)	1002°	1000°	980°	1016°	1008°	1010°
WEIGHT (G)	936,9	1303,8	1307,6	1275,3	1326,7	--
COOLING TIME	13'	17'	16'	13'	17'	115'
COOLING METHOD: WATER	Yes	No				
OTHER PARAMETERS	Unestirred	Stirred	Unestirred			
	No Centrifugal Force	Centrifugal Force	No Centrifugal Force			
	35% Cu+ 3% Sn + 62% Pb					

Table 1: Experimental parameters.

has a greater density than the other metals used in the casting process, it would be expected to concentrate at the bottom of the crucible. If we consider the casting process to be a phenomenon occurring in liquids of varying densities, it can be postulated that in the case of a crucible with a more vertical wall (high crucible), when it is full, it is necessary to overturn it slightly so that it pours. This allows the less dense liquid to enter the mould first, resulting in a casting with a lower proportion of lead, with the denser liquid entering at the end. Conversely, in the low crucible, it is easier for the denser liquid to fall into the mould first, as it encounters less resistance from the bottom wall of the crucible.- Stirring of the crucible content before casting. The intention is to reduce segregation of the casting, in order to facilitate comparison with cases in which it is not carried out.

- Application of centrifugal force. This possibility has been put forth on the basis of the cylindrical tendency of the moulds, which, with a system similar to a potter's wheel, could facilitate their rotation. However, there is no archaeological evidence of this procedure in the area under study.

The casting temperature was set at between 980° C and 1016° C.

After the casting process was finished, the pieces were left to cool in the mould and, once extracted, the cooling was completed by placing them in water, except for Experiment 6 (tab. 1).

In this way we obtained six experimental replicas: five palstaves and a high crucible bottom with a shape similar to a casting sprue. In the first experiment the casting was insufficient to fill the mould completely. Three of

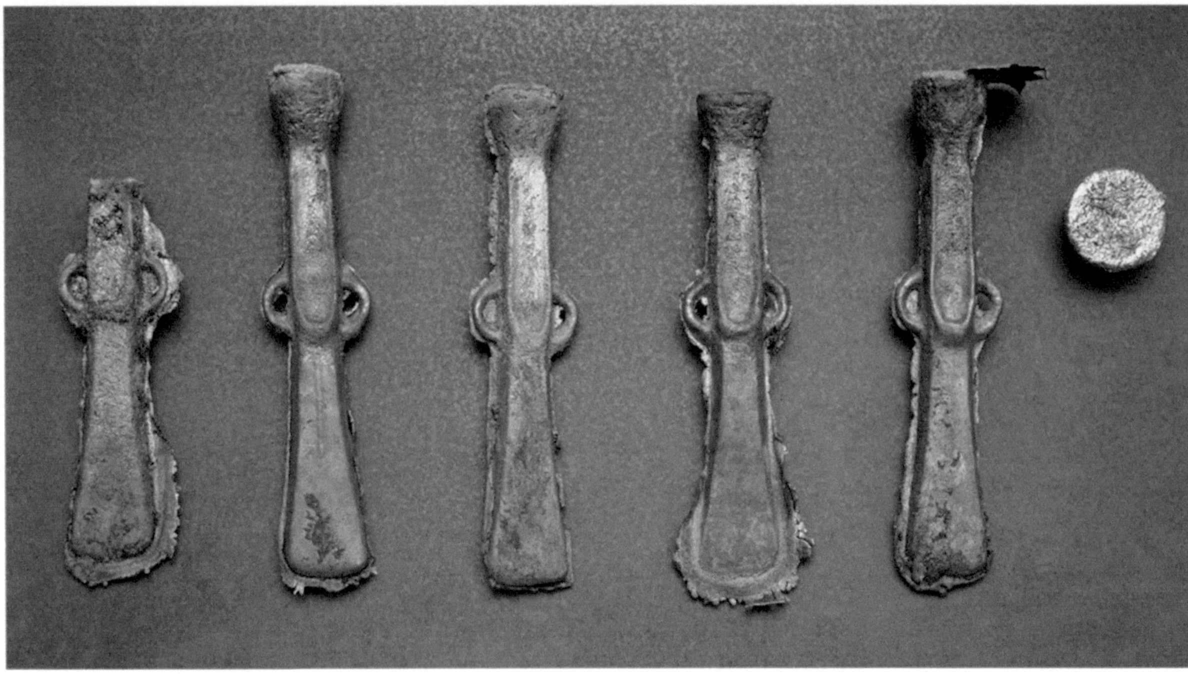

Figure 4: Experimental palstaves and ingot.

the axes were cast using a low crucible and for the other two we used a high crucible. In Experiment 3 the molten metal was stirred in the crucible and in Experiment 5, as indicated above, we applied centrifugal force during the casting (fig. 4).

6. Results

The first step was to cut the axes lengthwise to observe their interior. The area of the casting sprues had a more coppery colour. In Experiment 5, which corresponded to the centrifugal casting, the metal was considerably more irregular and the coppery part of the sprue had a circular tendency. Experiment 6 revealed a more coppery outer shell with a lead core.

We were also able to attest that Experiment 4 and especially 5, both carried out in a high crucible, had more porous metallic cores.

In the central part of the axes, it could be clearly observed that the major change in the colour of the metal -from coppery to greyish occurred in the area of the rings, where the greatest number of pores and bubbles was also concentrated. The exception to this tendency was Experiment 4, where this change occurred higher up. This experiment also showed a large air bubble penetrating from the side of the palstave to the inside.

Finally, we clearly observed a copper outer shell on the blades from Experiments 1, 4, and 5.

The blades and cutting edges of the five axes were mostly silver in colour. However, as we have already pointed out, in the case of Experiments 1, 4 and 5 this silver area was surrounded by a copper casing that was thicker in Experiment 5. In Experiment 2 copper areas also appeared on the sides of the cutting edge, although they were discontinuous and inconspicuous.

The visual examination was complemented with an elemental composition analysis using a portable X-Ray Fluorescence spectrometer in our laboratory (Olympus Vanta M, Rh anode, 50 kV, 0.2 mA).

The results presented correspond to analytical samples taken at distances of 1 cm along the central longitudinal axis of the palstaves, from the casting sprue to the cutting edge.

The horizontal axis of these graphs represents the point on the palstave at which the analysis was carried out and the vertical axis the percentage concentration by weight of copper, tin and lead.

The graphs confirm the tendency already detected by visual observation: that the greatest change in composition occurs in the area of the rings, where the lead content rises to more than 80-90% and the copper content falls drastically.

The graphs also show that the experiments carried out in low crucibles have more regular tendencies, while for those performed in high crucibles they show many peaks.

Figure 5 shows a more detailed comparison of two of the experiments: No. 3 (obtained in a low crucible) and No. 5 (obtained in high crucible with the application of centrifugal force). The difference between the two is clear, both visually and in the graphs that represent the chemical composition.

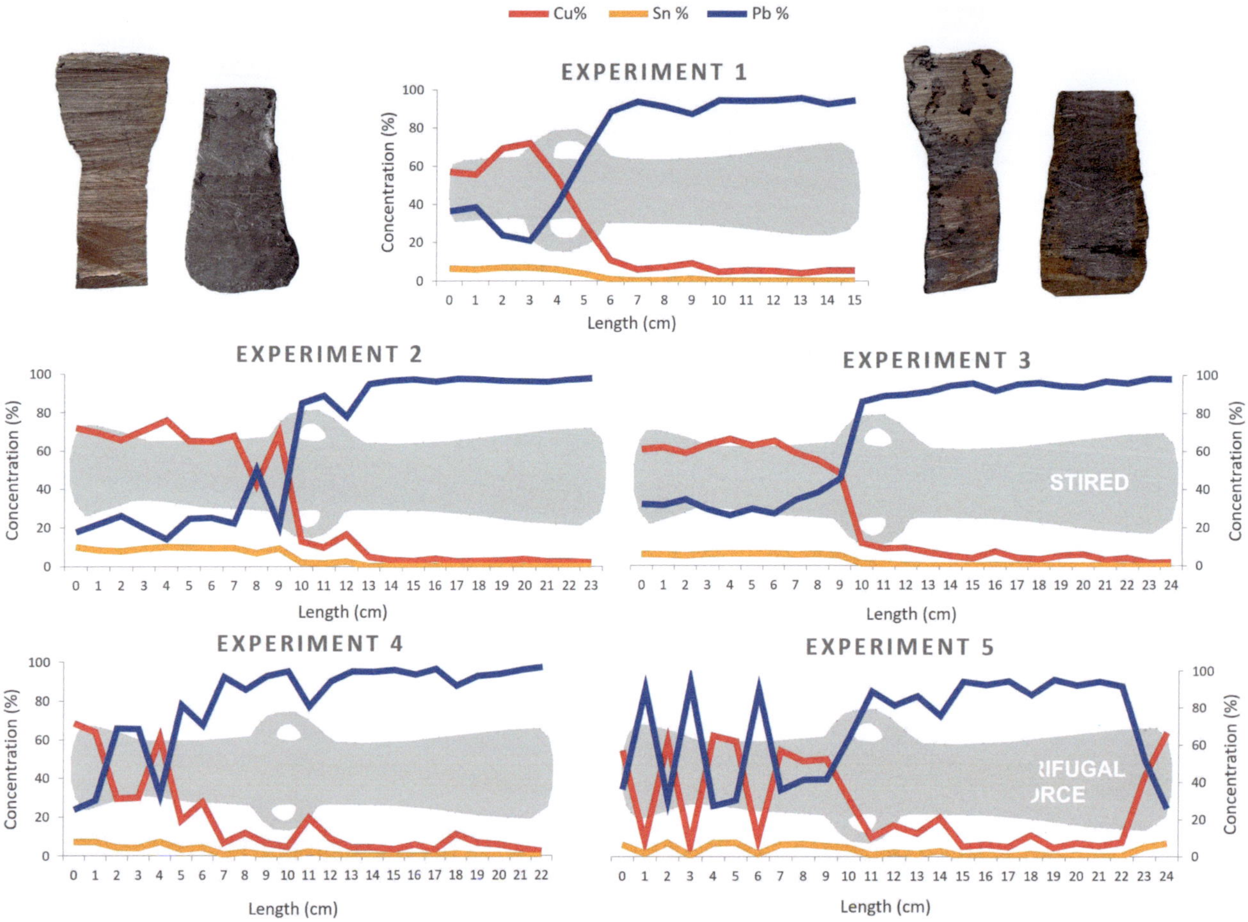

Figure 5: Diagrams of chemical composition and sections of experiments 3 and 5 (casting sprues and blades).

It is also important to note that the compositions of the outer shell and lead core of Palstave 5 are quite similar to those obtained by Hughes from the British Museum palstave.

7. Conclusions

The casting experiments carried out as part of our projects are a work in progress for which we have shown very preliminary results here. We continue to advance both in the study of these experimental replicas and in the design of new experiments that will allow us to continue learning about the technological aspects of these high-leaded alloys.

Our experiments show that the large lead cores inside the axes can form naturally during casting, without the need for complex procedures such as that proposed by Hughes. In the composition and temperature parameters used in our experiments, the metal in the crucible goes through two liquid phases, one light and the other heavier, which helps to explain this massive segregation of lead. The part richest in lead is concentrated in the area of the blade, while from the rings upwards we would have a ternary bronze.

At the current state of our research, the shape of the crucible appears to be the most relevant parameter for explaining the differences between some palstaves and others. The castings in a high crucible result in a more irregular metallic core, which is even more accentuated in the specimen obtained with centrifugal force.

However, we must emphasise the preliminary nature of our experimental work. There are still important aspects to be resolved, such as the formation of spherical lead cores in the casting sprues.

Acknowledgments

This research has been supported by the following projects: ‘Production and circulation of metals in the Late Bronze Age – Iron Age transition (9th-6th cent. BC): interactions between Atlantic Iberia and the Western Mediterranean’ (MedAtMetals) (Grant Ref. PID2021-123001NB-I00) and ‘Mass production and deposition of leaded bronzes in Atlantic Europe during the Late Bronze Age – Iron Age transition’ (ATLANTAXES) (Grant Ref. HAR2017-84142-R), both of them funded by MICIU/ AEI /10.13039/501100011033/ and ERDF – A way of making Europe.

References

Armada, X.L. and Martinón-Torres, M. 2016. The ALBIMEH Project – Atlantic Late Bronze Age metal hoards compared. *Archaeology International* 19, 49-53.

Armbruster, B.R. 2000. *Goldschmiedekunst und Bronzetechnik. Studien zum Metallhandwerk der Atlantischen Bronzezeit auf der Iberischen Halbinsel.* Monographies Instrumentum 15. Montagnac: Monique Mergoil.

Esparza Arroyo, A. and Larrazábal Galarza, J. 2000. El castro de La Mazada (Zamora): elementos metálicos y contexto peninsular, in: *Proto-Histórica da Península Ibérica. Actas do 3º Congresso de Arqueologia Peninsular* (vol. V). Porto: ADECAP, 433-475.

Evans, J. 1881. *The ancient bronze implements, weapons, and ornaments of Great Britain and Ireland*, London: Longmans, Green, & Co.

Fontijn, D. 2020. *Economies of Destruction. How the systematic destruction of valuables created value in Bronze Age Europe, c. 2300-500 BC.* London and New York: Routledge.

Galán Domingo, E. 2005. Evolución, adaptación y resistencia. En torno a las formas de intercambio de las comunidades atlánticas en contacto con el mundo orientalizante, in: Celestino, S. and Jiménez, J. (eds.) *El periodo orientalizante* (vol. I). Madrid: CSIC, 467-475.

García-Vuelta, O., Cuesta-Gómez, F., Galán Domingo, E. and Montero-Ruiz, I. 2014. Los moldes de fundición de bronce para hachas de talón de La Macolla (Linares de Riofrío, Salamanca). Nuevos datos sobre viejos hallazgos. *Zephyrus* LXXIV, 117-141.

Gil-Mascarell, M. and Tejedo, M. E. 1992. La Metalurgia del Bronce Final- Hierro Antiguo del yacimiento de la Mola de Agres. *Estudios de Arqueología Ibérica y Romana: Homenaje a Enrique Pla Ballester*. Valencia: Servicio de Investigación Prehistórica, Diputación Provincial de Valencia, Serie de Trabajos Varios, nº 89, 39-49.

Harrison, R.J., Craddock P.T. and Hughes, M.J. 1981. A study of the Bronze Age metalwork from the Iberian Peninsula in the British Museum. *Ampurias* 43, 113-170

Hughes, M. 1981. Report on the scientific examination of the bronze palstave (No. 80) from Oviedo, Spain. Appendix to Harrison *et al.* 1981: 152-155.

Hughes, M., Northover, J.P. and Staniaszek, B.E.P. 1982. Problems in the analysis of leaded bronze alloys in ancient artefacts. *Oxford Journal of Archaeology* 1/3, 359-363.

Manteiga Brea, A., Bettencourt, A.M.S. and Comendador, B. 2014. El depósito de Pereiras Pequenas en Vila de Punhe, Viana do Castelo (norte de Portugal). Una revisión del contexto deposicional. *Gallaecia* 33, 121-136.

Monteagudo, L. 1977. *Die Beile auf der Iberischen Halbinsel.* Prähistorische Bronzefunde, Abteilung IX, Band 6. München: C. H. Beck'sche Verlagsbuchhandlung.

Montero-Ruiz, I., Cacho, C., Galán, E., García-Vuelta, O. and Murillo-Barroso, M. 2011. Luis Siret: arqueólogo experimental. In *Memorial Luis Siret. I Congreso de Prehistoria de Andalucía. La tutela del patrimonio prehistórico.* Sevilla: Junta de Andalucía, 529-532.

Parcero-Oubiña, C., Armada, X.L., Nión, S. and González Ínsua, F. 2020. All together now (or not). Change, resistance and resilience in the NW Iberian Peninsula in the Bronze Age-Iron Age transition, in: Currás, B.X. and Sastre, I. (eds.) *Alternative Iron Ages. Social theory from archaeological analysis.* London and New York: Routledge, 151-175.

Pérez, R., Vizcaíno, D., Barrachina, A., Viciach, A., Sanchís, A., Tormo, C. and Haro, S. 2007. Sant Joa-quim. Evidencias de un hábitat del Bronce Final, in: Vizcaíno, D. and González, R. (eds.). *Paisaje y arqueología en la Sierra de la Menarella. Estudios previos del Plan Eólico Valenciano. Zona II: Refoies y Todolella.* Valencia: Renomar S.A. y EIN Mediterráneo SDL,167-184.

Rauret, A. M. 1976. *La metalurgia del bronce en la Península Ibérica durante la Edad del Hierro.* Barcelona: Universidad de Barcelona-Inst. Arqueología y Prehistoria.

Sampaio, H.A. and Bettencourt, A.M. 2012. Produção e práticas metalúrgicas da Idade do Bronze no Noroeste português: o caso do Pego, Braga, in: Martins, C.M.B.; Bettencourt, A.M.; Martins J.I. and Carvalho, J. (eds.). *Povoamento e Exploração de Recursos Mineiros na Europa Atlântica Ocidental, Actas do 1º Congresso Internacional.* Braga: CITCEM, 391-405.

Sierra Rodríguez, J.C., Vázquez Vaamonde, A.J., de Luís, L. and Ferreira, S. 1984. *El depósito del Bronce Final de Samieira: Estudio sobre hachas de bronce protohistóricas con un contenido alto en plomo a la luz del diagrama ternario Cu-Sn-Pb. Investigación Arqueoanalítica y Experimental.* Boletín Auriense. Anexos 2. Ourense: Museo Arqueolóxico Provincial de Ourense.

Silva, A. C. F., Silva, C. T. and Lopes, A. B. 1984. Depósito de fundidor do final da Idade do Bronze do castro da Senhora da Guia (Baiões, S. Pedro do Sul, Viseu), *Lucerna. (Homenagem a D. Domingos de Pinho Brandão)*, Porto, 73-109.

Siret, L. 1913. *Questions de chronologie et d'ethnographie ibériques. Tome I. De la fin du Quaternaire a la fin du Bronze.* Paris: Paul Geuthner.

Soriano, I. and Escanilla, N. 2016. Can Mur (Barcelona). Crisoles con sistema de prensión y la metalurgia de la Edad del Bronce en el nordeste de la Península Ibérica. *Trabajos de Prehistoria* 73/1, 160-179.

Vázquez Seijas, M. 1953. Hachas de bronce de doble anillo. *Boletín de la Comisión Provincial de Monumentos Históricos y Artísticos de Lugo* 15/39, 208-214.

Notes on contributors

Aaron Lackinger
University of Granada
Campus Universitario de Cartuja, 18071, Granada, Spain
alackinger@ugr.es

Beatriz Comendador
University of Vigo
Facultad de historia, Pavillón 2, Planta 1, Despacho 21
As Lagoas, s/n, 32004, Ourense, Spain
beacomendador@uvigo.gal

María G. Faro
INCIPIT – CSIC
mariag.faro@incipit.csic.es

Xosé-Lois Armada
INCIPIT – CSIC
xose-lois.armada@incipit.csic.es

De Sardes à Castel-Minier

Expériences autour de 2000 ans d'affinage de l'argent

Florian Téreygeol, Florence Maqueda, Joseph Gauthier

Résumé

La maîtrise de l'affinage de l'argent dès le IVe millénaire a été caractérisée sur la base de l'analyse d'objets (Hess *et al.* 1998). Archéologiquement, les ateliers permettant de discuter de cette pratique technique consistant à séparer le métal blanc des métaux vils qui peuvent l'accompagner sont particulièrement rares toutes périodes confondues. Le plus ancien est sûrement l'atelier de Sardes sur le Pactole, actif au VIe siècle av. J.-C. et bien connu pour sa production d'or (Ramage et Craddock 2000). Il offre une vision très particulière de cet affinage, tant et si bien qu'on a pu y voir une spécificité technique sans descendance. Les travaux récents sur l'atelier métallurgique de Castel-Minier (XIII-XVIe s.) ont infirmé cette hypothèse.

Afin de proposer une réflexion sur le geste technique autant que sur le procédé lui-même, des essais expérimentaux de coupellation ont été réalisés sur la plateforme expérimentale de Melle (https://iramat.cnrs.fr/nos-equipements/plateforme-experimentale-des-mines-dargent-de-melle/). Ce travail expérimental s'appuie à la fois sur des vestiges trouvés en fouilles, sur des données iconographiques et sur les traités techniques de la Renaissance. Il est effectivement apparu qu'un *continuum* technique pouvait exister entre les vestiges mis au jour à Sardes et le mode de coupellation en usage à Castel-Minier. Ce *continuum* repose sur le travail à terre, l'usage de la cendre et la mise en œuvre d'un foyer ouvert avec une ventilation forcée.

Une vingtaine d'essais ont été réalisés en faisant varier la structure et le combustible. Ces essais éclairent les gestes et les savoir-faire face à un travail à même le sol. Ils caractérisent le matériel céramique nécessaire, mais non limitant, qu'il faut associer à cette pratique.

Abstract

The mastery of silver refining as early as the 4th millennium has been characterized on the basis of the analysis of objects (Hess *et al.* 1998). The archaeological sites to discuss this technical practice of separating silver from lead and copper are particularly rare in all periods. The oldest is surely the workshop of Sardis on the Pactolus, active in the 6th century B.C. and well known for its gold production (Ramage and Craddock 2000). It offers a very particular vision of this refining, so much so that it has been seen as a technical specificity without descent. Recent research on the metallurgical workshop of Castel-Minier (13th-16th century) has invalidated this hypothesis.

in: Mathias, C., Bourguignon, L., Ivorra, J. and Viallet, C. (eds) 2026. *Living Archaeology. Unveiling the Past through Experimental Archaeology*. Leiden: Sidestone Press, 223-232.

In order to propose a reflection on the technical gesture as much as on the process itself, experimentations of coupellation have been carried out on the experimental platform of Melle (https://iramat.cnrs.fr/nos-equipements/plateforme-experimentale-des-mines-dargent-de-melle/). This experimental work is based on the remains found in excavations, iconographic data and technical treatises from the Renaissance. It has indeed become apparent that a technical continuum could exist between the remains uncovered at Sardis and the mode of refining used at Castel-Minier, but also with other chronocultural spaces. This continuum is based on working on the ground, the use of wood ash as a hearth and the use of an open hearth with forced ventilation.

About twenty tests were carried out. They put light on the gestures and know-how involved in working on the ground. They characterize the necessary, but not limiting, ceramic material that must be associated with this practice.

Mots-clés : Affinage ; Argent ; Moufle ; Foyer ouvert

Keywords: Refining; Silver; Ash; Muffle

1. Introduction

Si l'argent se trouve bien à l'état natif dans la nature, il reste majoritairement produit à partir de minerais complexes, principalement la galène, un sulfure de plomb et des cuivres gris polymétalliques. Il est également présent classiquement dans l'or formant un alliage naturel : l'électrum. Qu'il soit associé à des minerais de plomb, de cuivre ou à l'or, l'argent nécessite pour l'isoler une opération d'affinage appelée depuis la période médiévale « coupellation » en référence au récipient utilisé autant qu'à la forme du fond de four qui en résulte[1]. Ce procédé métallurgique a été identifié dès le IVe millénaire par datation radiocarbone sur des casses de coupellation découvertes sur l'île de Thasos (Malamidou *et al.* 2022). À mesure qu'on se rapproche des temps présents, les évidences, bien que rares, se multiplient, d'autant plus lorsque le métal blanc devient un métal monétaire vers 550 av. J.-C. (Le Rider 2001 ; Cahill and Kroll 2005), place qu'il tiendra jusqu'au XXe siècle. En revanche, les ateliers comme les structures dans lesquels la production se déroulait sont toujours très discrets, quelle que soit la période considérée.

Bien évidemment, indépendamment de la chronologie, la chimie de cette opération reste identique. Il s'agit de fondre un alliage de plomb et d'argent[2]. La fusion s'obtient à différentes températures comprises entre 962°C et 304°C (point eutectique pour 2,4%massAg et 97,6%massPb) selon la teneur de l'un et l'autre des métaux. Une fois liquide, un courant d'air est envoyé sur le bain de façon à maintenir une atmosphère oxydante. Au-delà de 146°C, l'argent ne s'oxyde plus alors que le plomb conserve une grande affinité avec l'oxygène. Il forme ainsi très facilement une couche d'oxyde de plomb solide à la surface du bain. Indépendamment du point de fusion de l'alliage, pour que l'affinage puisse avoir lieu, il faut rendre liquide cette couche d'oxyde. Le point de fusion de l'oxyde de plomb est à 888°C. Cette température nécessite d'activer le foyer à l'aide d'une ventilation forcée ou d'un tirage naturel. Une fois rendu liquide, et à cause de la tension de surface, l'oxyde de plomb s'accumule en périphérie du bain, libérant des surfaces de contact du bain métallique avec l'atmosphère ce qui entraîne à nouveau la formation d'oxyde de plomb. Sans autre intervention, le bain d'oxyde augmente jusqu'à recouvrir le bain métallique. Pour permettre la bonne conduite de l'opération, le métallurgiste doit être en capacité de se débarrasser progressivement de l'oxyde de plomb. Les anciens métallurgistes avaient deux solutions à leur disposition, parfois utilisées de façon concomitante. Ils pouvaient retirer mécaniquement l'oxyde plomb, soit en creusant progressivement un canal d'écoulement de la litharge, soit en plongeant un ringard en fer froid dans le bain d'oxyde. L'oxyde se solidifiait alors autour de la tige en fer et pouvait être retiré du foyer. L'autre solution consistait à travailler sur une sole faite d'un matériau pouvant mouiller l'oxyde de plomb, mais non le plomb métallique. Les soles en cendres ont cette propriété et ont été principalement utilisées en privilégiant les cendres de bois très facilement accessible dans les espaces domestiques comme artisanaux. Ainsi la masse métallique s'affine progressivement jusqu'à l'éclair d'argent qui marque la perte quasi complète du plomb dans l'alliage de départ et la fin de l'opération. Il suffit alors de laisser refroidir pour pouvoir récupérer une masse d'argent plus ou moins bien affinée selon le bon déroulement de l'opération.

Dans l'historiographie, et dans la plupart des données d'archive, la structure au sein de laquelle se déroule l'affinage a pour caractéristique d'être fermée afin de concentrer la chaleur et faciliter l'opération. Selon l'étape de production d'argent, affinage ou raffinage[3], le

1 Cette forme est appelée « casse » de coupellation. Il est utilisé en français au moins depuis le XVIIe siècle (Buizard 2000, 94). Il n'a malheureusement pas son équivalent en anglais qui résume par « litharge cake » ou « litharge bowl shape ». Ce défaut de vocabulaire entraîne parfois une incompréhension entre ce qu'est la litharge, un oxyde de plomb, et la casse qui est un matériau poreux imbibé de litharge.

2 Nous simplifions ici le propos en ne prenant pas en compte le cuivre : voir Téreygeo et Thomas 2003.

3 La coupellation existe à différents stades de traitement de l'argent, ainsi que dans des ateliers aux fonctions diverses : fonderie, ateliers d'orfèvre, ateliers monétaires etc.

travail se déroule à même la sole ou dans un réceptacle mobile. Et dans un cas comme dans l'autre, le foyer est à hauteur d'homme.

Pour cette approche expérimentale de la question de l'affinage de l'argent, nous nous appuyons sur deux sites que rien ne semble rapprocher hormis la production d'argent. Il s'agit des ateliers de Sardes et de Castel-Minier. Dans le premier cas, l'atelier de Sardes se trouve à proximité du Pactole en Turquie. Il a été actif au VIe = eponent siècle av. J.-C. et il était dédié en premier lieu à la production de l'or, l'argent n'intervenant que comme un sous-produit. Ce site métallurgique, majeur à plus d'un titre, a été fouillé dans les années 60 et a fait l'objet d'une monographie en 2000 (Ramage et Craddock 2000). Pour Castel-Minier, il s'agit d'une fonderie du XIII e = exponent siècle au XV e = exponent siècle au sein de laquelle l'argent est le métal recherché en association au plomb et au cuivre (Téreygeol *et al.* 2016). Dès lors, pourquoi mener une réflexion sur deux ensembles que séparent aussi bien le temps que l'espace ? Cette diachronie se justifie sans difficulté. C'est en fait les déchets, les structures d'affinage et l'ergonomie[4] des postes de travail qui permettent ce rapprochement et ouvrent la voie à une approche triple : en archéologie expérimentale, en expérimentation prédictive et en archéologie expérientielle.

2. Les déchets

Dans le cadre d'un affinage pratiqué directement sur la sole d'une structure de chauffe, le résidu majeur de l'opération va être, avec la litharge écoulée, la sole elle-même qui est à usage unique. Composée de cendres, elle va durant l'opération piéger l'oxyde de plomb dans ses porosités ce qui a deux conséquences. La première, immédiate, est que le métallurgiste doit retirer la partie de la sole imbibée, la « casse », pour reconstituer une sole neuve en vue de la prochaine coupellation. La seconde, perçue au moment de la fouille, est que seule la casse arrive jusqu'à nous. En effet, d'une part la sole initialement constituée de cendres compactées manuellement n'a pas de tenue mécanique réelle. Elle ne se conserve que dans des conditions très sèches[5]. D'autre part, il y a un effet de nombre : pour un foyer, il y aura eu autant de casses formées que de coupellations pratiquées.

La casse a une forme caractéristique d'assiettes creuses (d'où le nom anglais *litharge bowl shape*, et celui également retenu en français de « coupelle ») en lien direct avec le phénomène d'imbibition. Cette forme est ubiquiste et, dans nos cas, elle se retrouve aussi bien à Sardes qu'à Castel-Minier. Mieux, son étude permet de définir assez finement la quantité de métal mis à coupeller puisque nous savons qu'il existe une proportionnalité simple égale à 1 entre la masse de cendre et sa capacité d'absorption (Téreygeol et Thomas 2003). Ainsi en pesant une casse puis en divisant par deux sa masse, on obtient grossièrement la quantité d'alliage travaillé dans celle-ci.

Sur les deux sites considérés non seulement le travail sur sole est caractérisé, mais surtout il existe des familles de casses similaires en dimensions : entre 10 et 20 cm de diamètre pour 2 cm d'épaisseur.

3. Les structures et mobiliers d'affinage

Le travail sur sole amène naturellement à définir la structure de combustion où la sole se trouvait. Dans le cas de Sardes, hormis les casses, les éléments constitutifs du foyer sont rares. Les auteurs proposent, vraisemblablement à juste titre, d'associer aux casses des blocs-tuyère. Mais aucun élément de couverture ni aucune tuyère ne sont référencés. Dans le cas de Castel-Minier, il n'y a pas non plus de tuyère mise en évidence. Cependant nous disposons de deux autres éléments : un foyer et les tessons de pièces céramiques identifiées comme des « moufles ».

Le foyer a été retrouvé adossé au rocher, au sein d'un bâtiment. Grossièrement carré, limité latéralement par des pierres de chant, il couvre une surface utile de 9600 cm² (100x96 cm). Sa particularité est de ne pas présenter les traces de rubéfaction habituellement visibles sur les niveaux soumis au feu. Son environnement immédiat est une épaisse couche d'oxyde de plomb. Une prospection géochimique dans et autour du foyer a permis de montrer la distribution différentielle du plomb, avec des concentrations importantes autour du foyer alors que celui-ci montre des taux proportionnellement bien plus faibles. Cette différence est l'indice majeur pour caractériser la structure comme un foyer de coupellation. En effet, la couche supérieure faite de cendres chargées en plomb étant systématiquement retirée à la fin d'une opération, la pollution s'accumule donc en périphérie de la structure et non en son sein. Cette structure n'a laissé voir aucune évidence d'une couverture fonctionnelle type dôme ou cheminée. Il s'agit bien d'un foyer ouvert.

Toujours à Castel-Minier, nous avons découvert des tessons qui ont été identifiés comme des fragments de moufle (Maqueda *et al.* 2023). Cette pièce céramique à la forme d'une tuile demi-cylindrique et comporte de petites perforations latérales. Elle a pour objet d'isoler la coupelle de travail d'avec le combustible. Elle facilite ainsi le déroulement de la coupellation, sans être un élément irremplaçable. Son identification a été avérée lorsque nous avons étudié la distribution du plomb dans la pâte céramique et montré que la présence du plomb est forte à l'intérieur de la pièce céramique (en contact avec les vapeurs d'oxyde de plomb), s'affaiblit au cœur de la céramique avant de remonter légèrement sur la partie extérieure. À Sardes, aucun vestige

4 Terme pris ici dans sa dimension organisationnelle, sans qu'il soit question d'optimisation.

5 Il nous a été donné une seule fois de trouver une sole de coupellation non usagée en place. Le four était dans un abri sous roche, à haute altitude dans une zone aride (plateau andin bolivien). Il était par ailleurs relativement récent, remontant au XVIIe siècle.

permettant d'isoler la coupelle de la zone de combustion n'a été reconnu. Il faut donc penser l'opération sans couverture fixe.

4. L'ergonomie associée

Dernier élément rapprochant fonctionnellement les opérations de coupellation de Sardes et de Castel-Minier : la disposition des espaces de travail. Dans les deux cas, les foyers sont posés au sol. Cette localisation ne surprenant pas dans le cadre de l'atelier anatolien eu égard à l'époque considérée. En revanche, il est plus étonnant de retrouver la même disposition dans une fonderie du XIVe siècle. À ce moment, il est déjà commun de trouver des foyers métallurgiques sur des bases permettant un travail à hauteur d'homme. Dans les deux lieux, le travail est donc conduit à même le sol ce qui a des répercussions à la fois sur l'alimentation du foyer en air et en combustible, et sur les gestes et postures à prendre pour conduire l'opération. Par ailleurs, ce mode de travail nécessite dans les deux cas un homme dédié à la ventilation et un autre s'occupant du contrôle du bain métallique et de l'apport en combustible.

5. Le protocole expérimental

Si les deux sites présentent des similitudes (travail au sol, dimensions des casses), il semble se distinguer par le mode de couverture disponible. Trois solutions apparaissent pour assurer une couverture. La première consiste à l'aide du combustible à constituer une voûte formant la protection au-dessus du métal. À grande échelle, elle est évoquée par Biringuccio en 1540. Il précise, parlant de cette façon de travailler qu'elle n'est pas aussi efficace ni aussi facile [que le travail sous dôme] : *Il simile si fa anchora con li ceppi di quercia ma non cosi bene, ne con tanta facilita* (Biringuccio 1540, 131). Effectivement la solution est délicate et nécessite une réelle capacité à organiser son foyer sur la longue durée. La seconde pourrait être d'utiliser une coupole amovible. Elle a la faiblesse de ne pas être attestée ni par les vestiges, ni par les textes, sauf, encore une fois, à grande échelle (Guirado *et al.* 2010). La 3e repose sur la découverte de fragments de moufle. Cette pièce vient protéger le bain, et se trouve couverte par le combustible. Elle est bien connue historiquement dans des fours, mais jamais sur des foyers.

6. Réalisation du matériel nécessaire

Ce travail a nécessité en amont la réalisation de deux pièces céramiques : une coupole et un moufle. Le moufle a été fait à partir d'une pièce cylindrique en terre montée au tour. Le cylindre encore vert est coupé en deux dans le sens de la longueur, et les percements sur le corps du cylindre sont faits à l'aide d'un stylet de bois. Une fois cuite la pièce est prête à être utilisée. La coupole en revanche est en terre crue. Une forme extérieure et ajourée, d'un diamètre légèrement plus large que celui attendu, est préparée en treillis d'osier. Puis la paroi interne est tapissée de terre, en la repoussant à travers les interstices de la paroi assurant ainsi son maintien. L'objet est mis sécher. Une barbotine est appliquée à plusieurs reprises pour colmater les fentes de retrait et améliorer son étanchéité.

La cendre qui compose la sole du foyer n'était pas au cœur de nos interrogations. Nous avons utilisé alternativement de la cendre de bois lavée, non lavée et de la cendre d'os. À chaque fois, sa mise en œuvre implique un ajout d'eau pour obtenir une pâte que l'on vient étaler sur la zone foyère. Le lit est ensuite compacté au maillet, et une dépression destinée à devenir la coupelle est réalisée par compactage poussé. Son diamètre a varié selon la nature de la couverture : de 10 cm pour la coupelle sous moufle ou sans couverture, à 17 cm pour les coupelles sous coupole. Le tout est impérativement laissé à sécher.

Deux systèmes de ventilation ont été mis en œuvre. Pour la coupellation au bois et sous moufle, nous avons utilisé un soufflet outre développant 6 litres d'air par pulsation. Ce soufflet est équipé d'une tuyère céramique d'un diamètre interne de 3 cm. Il s'est avéré parfaitement adapté à nos besoins. Travaillant une surface de bain métallique plus grande lors des essais sous coupole mobile, nous avons opté pour un soufflet de forge à effet simple. Son volume dépassant largement celui de la coupole, il a fallu donner des pulsations lentes de façon à ne pas injecter trop d'air froid sur le bain. Une fois le flux d'air réglé, la ventilation a été aussi efficace qu'avec le soufflet outre.

Les alliages mis à coupeller sont des mélanges réalisés par nos soins de plomb et d'argent. La teneur en métal précieux varie en masse entre 5 et 16 % de façon à obtenir un bouton d'argent bien identifiable à l'issue de l'opération. Ici encore, la production d'un argent de qualité n'est pas au centre de nos préoccupations. Il suffit que nous soyons en mesure de coupeller pour que l'opération soit validée. C'est pourquoi certains premiers tests ont même été conduits avec du plomb quasiment pur, de manière à ne pas risquer un gaspillage de métal précieux.

7. Déroulé et synthèse des expériences

Nous ne détaillerons pas ici la vingtaine d'expériences. Elles ont donné lieu chacune à des rapports exhaustifs dont certaines ont fait déjà l'objet de publications. Les données précises sont compilées au sein des rapports d'activité rendus annuellement au Service Régional d'Archéologie de la DRAC Nouvelle-Aquitaine, site de Poitiers dans le cadre du PCR « Archéologie expérimentale » et partiellement publié (Gauthier *et al.* 2019). Les informations reprises ici se concentrent sur les données caractérisant le bon déroulement d'une coupellation : imbibition de la sole et obtention sinon d'un bouton d'argent du moins d'un alliage notablement enrichi. Elles sont reproduites dans le tableau qui suit.

	Sole	Coupelle					Alliage		Masse métallique affinée	
	dimensions	Diamétre	Nature de cendres	Combustible	Ventilation	Durée (min.)	Teneur en Ag	Masse (g)	Quantité (g)	Qualité (%)
Coupellation sur foyer ouvert										
1	20 × 20 cm	10 cm	cendres d'os	Bois	1 soufflet outre	85	16 %Ag	95	7,4	93,9 %Ag
2	20 × 20 cm	10 cm	Cendres d'os	Bois	1 soufflet outre	60	12 %Ag	86	8,2	74,9 %Ag
3	20 × 20 cm	10 cm	Cendres d'os	Bois	1 soufflet outre	30	9 %Ag	92,5	9,3	84 %Ag
Coupellation sur foyer ouvert avec moufle										
1	50 × 50 cm	10 cm	Cendres de bois lavées	Charbon de bois	1 soufflet outre	210	0,3 %Ag	923	nd	nd
2	50 × 50 cm	10 cm	Cendres de bois lavées	Charbon de bois	1 soufflet outre	235	0,3 %Ag	763	nd	nd
3	50 × 50 cm	10 cm	Cendres d'os	Charbon de bois	1 soufflet outre	295	0,3 %Ag	745	nd	nd
4	50 × 50 cm	10 cm	Cendres d'os	Charbon de bois	1 soufflet outre	170	10 %Ag	129,28	14,27	95,7 %Ag
5	50 × 50 cm	10 cm	Cendres d'os	Charbon de bois	1 soufflet outre	125	10 %Ag	84,86	9,56	89 %Ag
6	50 × 50 cm	10 cm	Cendres de bois lavées	Charbon de bois	1 soufflet outre	95	8,4 %Ag	91,7	8,31	90,5 %Ag
7	50 × 50 cm	10 cm	Cendres de bois lavées	Charbon de bois	1 soufflet outre	107	8,4 %Ag	89,31	8,2	73,33 %Ag
8	50 × 50 cm	10 cm	Mixte bois et argile 90/10	Charbon de bois	1 soufflet outre	110	5,7 %Ag	132,5	5,88	98,6 %Ag
9	50 × 50 cm	10 cm	Mixte bois et cendres 50/50	Charbon de bois	1 soufflet outre	120	8,4 %Ag	122	11,2	85 %Ag
10	50 × 50 cm	10 cm	Mixte bois et cendres 50/50	Charbon de bois	1 soufflet outre	154	8,7 %Ag	108,6	12,7	81 %Ag
Coupellation sous coupole										
1	50 cm Ø	14 cm	Cendres de bois lavées	Bois	1 soufflet de forge	160	7,5 %Ag	550	63	65 %Ag
2	50 cm Ø	14 cm	Cendres de bois lavées	Bois	1 soufflet de forge	105	7,5 %Ag	909	122	56 %Ag
3	50 cm Ø	14 cm	Cendres de bois lavées	Bois	1 soufflet de forge	130	7,5 %Ag	910	76	90 %Ag
4	50 cm Ø	15 cm	Cendres de bois lavées	Bois	1 soufflet de forge	340	7,5 %Ag	1000	925	81 %Ag
5	50 cm Ø	17 cm	Cendres de bois lavées	Bois	1 soufflet de forge	80	7,5 %Ag	1000	947	8 %Ag
6	50 cm Ø	20 cm	Cendres de bois lavées	Bois	1 soufflet de forge	190	7,5 %Ag	1000	300	25 %Ag
7	50 cm Ø	17 cm	Cendres de bois lavées	Bois	1 soufflet de forge	180	7,5 %Ag	690	ind	ind
8	50 cm Ø	17 cm	Cendres de bois lavées	Bois	1 soufflet de forge	200	7,9 %Ag	501	95	41 %Ag

Tableau 1 : synthèse des 21 coupellations réalisées selon 3 modèles : sur foyer ouvert, sur foyer avec moufle et sous coupole mobile.

7.1. Les coupellations au bois et au charbon sur foyer ouvert

Le travail sur foyer ouvert sans couverture céramique a été conduit de deux façons : au bois et au charbon de bois. Les essais avec charbon de bois n'ont pas été couronnés de succès. En effet, si le charbon permet une montée en température plus simple et plus importante, il est quasiment impossible de créer une voûte de charbon au-dessus du bain. Celui-ci est alors soit couvert de charbon, soit directement à l'air libre. Dans le premier cas, l'atmosphère au contact du bain est réductrice interdisant le bon déroulement de l'opération. Dans le second cas, c'est la température qui fait défaut ne permettant pas d'atteindre le point de fusion de l'oxyde de plomb. Ces essais, utiles puisque permettant

Figure 1 : la coupellation au bois sur foyer ouvert limité par 3 briques.

d'infirmer une hypothèse de travail, n'ont pas été reportés dans le tableau. Le travail au bois s'est avéré en revanche tout à fait pertinent. Il implique une préparation préalable du combustible. Les bûches ont d'une trentaine de centimètres de long, et une partie d'entre elles doit être refendue plusieurs fois jusqu'à obtenir de fines baguettes dont la combustion est rapide tout en développant de belles flammes. La coupelle a un diamètre d'une dizaine de centimètres pour une dépression d'un centimètre. Trois briques épaisses de 5,5 cm sont posées autour d'elle permettant ainsi de placer des bûchettes traversantes qui forment un toit au-dessus de la zone de travail. Des bois sont également disposés entre les briques et la coupelle. Le foyer ainsi monté est allumé. Le travail de l'affineur va consister à s'assurer que le bain n'est pas recouvert de braises, à ajouter des bois formant le toit et à disposer des baguettes entre la tuyère du soufflet et la coupelle de façon à ce que le souffle produise une flamme venant lécher la surface du bain.

7.2. La coupellation au charbon sous moufle

Le travail sous moufle isole l'alliage à coupeller des charbons. La chaleur va être principalement transmise par la paroi du moufle qu'il faut donc maintenir à une température supérieure à celle nécessaire à la coupellation. L'utilisation d'un soufflet doté d'une tuyère permet le renouvellement rapide de l'air ce qui assure le maintien d'une atmosphère oxydante. L'écueil à éviter est de trop ventiler ce qui refroidit le moufle. Le compromis a été de disposer des charbons entre le débouché de la tuyère et l'entrée du moufle. Cette gestion est délicate, mais efficace. Au cours de ce travail sous moufle, il est également impératif de maintenir la pièce céramique recouverte de charbons chauds. Ce besoin de chaleur limite les actions qu'il est possible d'avoir sur le bain. Elle implique également que deux personnes travaillent de concert : l'un ventile, l'autre surveille le bain, dispose le charbon et guide le souffleur dans la force à appliquer.

7.3. La coupellation au bois sous coupole mobile

L'affinage sous coupole se rapproche très nettement de la marche à suivre pour les gros fours de coupellation à deux détails près. Il s'agit d'abord de préparer en amont des bois refendus d'une trentaine de centimètres de long pour un diamètre n'excédant pas 3 cm. L'objectif est que le bois se consume très rapidement dès son introduction dans la coupole. À la différence des grands fours, il s'agit ici de bénéficier de la flamme produite directement par le bois et non de l'effet de réverbération obtenu lorsque la terre

Figure 3 : la coupellation au bois sous une coupole mobile.

de la coupole est à température de travail. La principale contrainte identifiée autour de ce four est le besoin de travailler à trois personnes : une au soufflet, une autre qui assure l'approvisionnement en bois et une troisième gérant la distribution du combustible autour du bain.

À l'issue de ces coupellations et après démontage de la dernière sole usagée, les foyers ne portent que de légères traces de rubéfaction. Les analyses du sol autour de la zone foyère montrent une augmentation du taux de plomb à mettre en relation avec les phases de nettoyage entre deux opérations. À l'inverse, le taux de plomb au sein de la structure de combustion, sous la sole de travail, n'a pas notoirement varié.

8. Conclusions

Pour ces expériences, la dimension des casses a guidé notre choix de couverture. Pour les plus petites coupelles, il est possible de travailler sans couverture fixe. À ce titre, la création d'un toit formé de bois refendus s'appuyant sur des briques est efficace. À l'aide de notre seul soufflet outre, nous avons pu coupeller dans des coupelles de 10 cm de diamètre. Archéologiquement, le travail s'effectuait également dans des coupelles pouvant avoir une surface plus grande. Si le soufflet de forge permet de traiter ces surfaces, il faut penser à mettre en œuvre un second soufflet-outre. Cette multiplication des soufflets peut expliquer la présence des blocs-tuyères trouvés à Sardes. Eu égard aux dimensions du moufle archéologique de Castel-Minier, le traitement du plomb argentifère dans des coupelles de 10 cm de diamètre reste raisonnable. Pour un diamètre supérieur, comme nous en avons les évidences à Castel-Minier, le moufle ne peut plus être utilisé puisqu'il ne couvre pas la totalité de la surface du bain. La coupole amovible est une hypothèse que nous avons testée et qui est opérationnelle. Elle souffre évidemment d'une absence de preuves matérielle et textuelle. Malgré cela, l'approche expérimentale a bien répondu à notre première attente : comprendre par l'expérience un objet archéologique.

Il y a également une réelle variabilité des structures liées à ce type d'opération. Ces essais ont eu l'avantage de nous permettre de renforcer nos hypothèses interprétatives sur les techniques en œuvre à Castel-Minier, lié à la coupellation sur foyer ouvert, notamment en caractérisant les enrichissements en plomb autour de la structure de travail (Maqueda *et al.* 2023). Parallèlement alors qu'aucun système de couverture n'a été mis en évidence à Sardes, nos essais montrent que la couverture en bois est une hypothèse envisageable pour expliquer cette absence. Ils offrent ainsi une vision de ce que peuvent être des structures de coupellation et améliorent notre capacité à les identifier lors des fouilles. En ce sens, nos expérimentations ont une visée prédictive.

Dans le chant de l'archéologie expérientielle, la question de l'ergonomie trouve aussi un éclairage intéressant. Les trois modes de coupellation ont été conduits à même le sol, sans difficulté autre que l'inconfort éprouvé par les opérateurs. Ici encore, l'expérience vient renforcer l'interprétation archéologique du travail au sol proposée à l'aide des objets et des structures. Cette hypothèse peut être d'ailleurs d'autant plus facilement confirmée en développant une vision large de cette technique et en s'intéressant aux modalités de coupellation en usage sous d'autres latitudes. Nous avons identifié au moins deux sources où le travail se déroule au sol. Au cours de prospections en Bolivie, nous avons découvert un four de coupellation colonial posé au sol. Il date du XVIIe siècle et reprend trait pour trait ce que nous trouvons décrit dans *El arte de los metales* (Barba, 1640). Il diffère des exemples expérimentés par l'usage d'une ventilation naturelle (voir sur cette question : Téreygeol *et al.* 2017). Au Japon au début du XIXe siècle, le traité métallurgique *Kodō zuroku* montre à la planche XII une coupellation au sol (Tsuna 1983). Le combustible, non défini, est au contact même de l'alliage, sous une pièce céramique voûtée. Plus tardivement, et toujours au Japon, dans le *Sado Kōzan Kyūshiki Kōgyō-zu,* la coupellation est encore au sol, mais le foyer ne dispose plus de couverture (Oka, circa 1885-1895). Ainsi ce qui apparaissait sinon comme un anachronisme dans le cas de Castel-Minier, du moins comme un mode de travail marginal pour Sardes, s'avère être une voie d'exécution simplement passée inaperçue, car délaissée par les auteurs des traités métallurgiques modernes qui nous servent trop souvent de références uniques pour comprendre les métallurgies anciennes.

Remerciements

Ces travaux ont été financés dans le cadre du PCR *Paléométallurgies et expérimentations,* soutenu par la DRAC-SRA Poitou-Charentes, puis DRAC-SRA Nouvelle-Aquitaine. Nous remercions chaleureusement François Peyrat, céramiste, qui a eu la charge de réaliser les coupoles amovibles ainsi que les moufles.

Bibliographie

Barba A. 1640. *El arte de los metales*, Madrid, [ss. ed.].

Biringuccio, V. 1990. *De la Pirotechnia* [1540], rééd., et trad. de Stanley, C.S. and Gnudi, M.T., New York : Dover Publications.

Boizard, J. 2000. *Traité des monoyes, de leurs circonstances et dépendances* [1692], coll. Documents d'Histoire Monétaire, 1, réédition Clairand, A., Kind, J.-Y., Paris : K&H.

Cahill, N. and Kroll, J. H. 2005. New archaic coin finds at Sardis. *American Journal of Archaeology* 109, 589-617.

Gauthier, J., Flament, J., Silenzi, F. and Téreygeol, F. 2019. "Broyer le minerai et affiner l'argent : deux exemples d'une approche intégrée de l'expérimentation", in: Verly, G., Rademakers, F. and Téreygeol, F. (eds.). *Studies in experimental archaeometallurgy: methodological approaches from non-ferrous metallurgies*. Millau: Mergoil, Monographies Instrumentum 60, 43-56.

Guirado, M.-P., Téreygeol and F., Peyrat, F. 2010. Experimental silver refining: how does a cupellation furnace work in the 16th century? *Historical Metallurgy* 44/2, 126-135.

Hess, K., Hauptmann, A., Wright H. and Whallon R. 1998. Evidence of fourth millenium BC silver production at Fatmali-Kalecik, East Anatolia. *Metallurgica antiqua, in honour of Hans-Gert Bachmann and Robert Madin,* Beiheft 8 Bochum:Der Anschnitt, 57-67.

Le Rider, G. 2001. *La naissance de la monnaie : pratiques monétaires de l'Orient ancien.* Paris: Presses universitaires de France.

Malamidou D., Tsirtsoni Z. and Vaxevanopoulos M. 2022. The emergence of metal use in Greek Eastern Macedonia during the Neolithic (late 6th-5th millenia BC), *Documenta Praehistorica,* XLIX, 1-21.

Maqueda, F., Téreygeol, F., Foy, E. and Géraud, M., 2023. Muffle: an Innovation around silver refining at Castel-Minier, 14th c. *Acta rerum naturalium,* 89-96.

Oka, M. C. 1890. *Sado Kōzan Kyūshiki Kōgyō-zu,* [1885-1895], *Bibliothèque patrimoniale numérique de l'École nationale supérieure des mines de Paris (Mines ParisTech),* https://patrimoine.mines-paristech.fr/document/Rouleau_Mines_Sado

Ramage, A. and Craddock, P. 2000. *King Croesus' Gold: Excavations at Sardis and the History of Gold Refining.* Archaeological Exploration of Sardis 11, Cambridge: British Museum Press.

Téreygeol, F., Cruz, P., Guillot, I. and Méaudre, J.-C. 2017. Silver ores smelting process in reverberatory furnace (Santa-Isabel mine, XVIIth c., dept of Potosi, Bolivia): experimental approach of a south-american invention, in: Alonso, R., Canales, D., Baena, J. (eds.). *Playing with the time. Experimental archeology and the study of the past.* Madrid: Servicio de Publicaciones de la Universidad Autónoma de Madrid, 281-286.

Téreygeol, F. and Thomas, N. 2003. La coupellation des alliages cuivre – argent : Approches expérimentales de l'essai d'argent par voie sèche. *Archéomètrie* 27, 171-181.

Téreygeol, F., Flament, J. and Gauthier, J. 2016. De l'argent, du cuivre, du plomb et du fer ! Le pragmatisme industriel de Castel-Minier (XIIIe- XVIe s.), *La mémoire du Garbet* 50, 16-23.

Tsuna, M. 1983. *Kodo Zuroku,* [1801], translation Zenryu Shirakawa, Norwalk: Burndy Library.

Note on contributors

Florian Téreygeol
Laboratoire Archéomatériaux et Prévision de l'Altération (LAPA) – UMR7065 – IRAMAT, CNRS / UMR 3685 – NIMBE, CEA/CNR
CEA Saclay, Bâtiment 637, 91191 Gif-sur-Yvette, France, florian.tereygeol@cea.fr

Florence Maqueda
Laboratoire Archéomatériaux et Prévision de l'Altération (LAPA) – UMR7065 – IRAMAT, CNRS / UMR 3685 – NIMBE, CEA/CNR
CEA Saclay, Bâtiment 637, 91191 Gif-sur-Yvette, France, florencemaqueda@gmail.com

Joseph Gauthier
UMR 6249 – Chrono-environnement, CNRS/UFC
16 route de Gray, 25030 Besançon Cedex, France
joseph.gauthier@cnrs.fr

Drilling tools used in ship carpentry from the 5th C. BCE to the 11th C. A.D.: An experimental approach

Manuel Berenguel

Abstract

Since the 1970', many carpentry tools have been discovered aboard Mediterranean shipwrecks. At the same time, many experimental projects of nautical archaeology emerged through the last 50 years. The same applies for the study of ship repairs and tool marks. In the meantime, construction and fastening techniques are starting to be used to determine the evolution of shipbuilding. All these elements have a common denominator: the tools. However, they have rarely been the topic of synthetic studies and few are the experimental projects which focused on this question. Among the shipwright's toolkit, one type of tool remains little known: the drilling tools. Since 1965, about twenty of them have been identified on board wrecks with different preservation states. To better understand these tools and their use, cross-referencing multiple sources and approaches (archaeological, iconographic, literary, etc.) is necessary, but not sufficient. This is where the experimental approach comes into its own. Indeed, several biases such as preservation prevent a clear understanding of the tools, their use and associated gestures. It thus involves building and testing replicas of these tools by bringing certain variables into play to verify or refine previously established hypotheses. The two main issues in this work concern the driving system and the identification of the type of drilling tool depending on its drill bit. The application of an experimental protocol enabled us to determine which driving system was the most suitable for 5 drill replicas as well as to identify what type of handle (vertical or transversal) is the most suitable depending on the drill bit when it is the only part of the tool which is preserved. Other unexpected results obtained during the experiments have enriched our knowledge about shipbuilding tools and their use.

Keywords: Shipbuilding; Shipwright; Toolkit; Drilling tool; Technology

in: Mathias, C., Bourguignon, L., Ivorra, J. and Viallet, C. (eds) 2026. *Living Archaeology. Unveiling the Past through Experimental Archaeology*. Leiden: Sidestone Press, 233-242.

1. Scientific background: between anthropology, experiments and recent discoveries

1.1. Tools: a key role in the *chaîne opératoire*

Thanks to anthropologists, between the 1960' and the 1990', tools integrated the research questions in ship archaeology (McGrail 1984). Beforehand, early scholars working on ship archaeology did not focus at all on tools but rather on the nautical qualities of the ships. As an example, the first floating hypothesis and ship replica, respectively, Jal's trireme and *Viking*, both built during the nineteenth century, were focused on seaworthiness and architectural features like the hull lines (McGrail 1992, 353-355). Admiral François-Edmond Pâris, curator of the French Maritime Museum in Paris, appears as the pioneer of nautical ethnography at the end of the XIXth c. He conceptualized ethnographic data from the traditional societies as a conservatory of techniques (Pomey and Rieth 2005, 81-82). In his innovative work, tools had not yet been considered. The paradigm shifted when scholars included the question of construction techniques during the second half of the XXth c. This is directly linked to a global change in archaeology with an increasing interest for concepts from anthropology. It rendered ethnographic data became particularly relevant in the field of nautical archaeology (McGrail 1984; Damianidis 1998, 2018; Pomey and Rieth 2005, 81-87). In this regard, the introduction of the *chaîne opératoire* notion (Leroi-Gourhan 1943; Maget 1953; Cresswell 1976, 1983), which is inherent in shipbuilding (Pomey and Rieth 2005, 20), appears as an essential key for a better understanding of the question of tools and techniques. Only then, nautical ethnography developed widely (Hornell 1946; Hasslöf 1972; Greenhill 1976), even more so in the 1960' with the progress of underwater archaeology providing access to many shipwrecks, which naturally led to technical considerations. It is particularly well-illustrated with the work of M. Rival for whom the use of ethnographic and iconographical sources allows a better understanding of *chaîne opératoire* in Roman shipbuilding (1991). However, despite these works, the question of tools generally stays circumstantial. In nautical archaeology, it is finally through experiments that the question of tools was considered more carefully.

1.2. Tools through nautical archaeology experiments

The great number of shipwrecks discovered during the 1960' allowed us to carry out technical studies. To check hypotheses concerning hull shape and operational sequence of shipbuilding, several ship replicas have been constructed since the 1980'. The question of the tools is for the first time introduced with the construction of *Roar Ege*, *Kyrenia II* and *Altaripa* replicas, built between 1982 and 1997. Although their aims consisted in checking the hypotheses concerning construction techniques, these experiments were the start for the relevance of the matter of tools (Arnold 1999, 52-149; Crumlin- Pedersen 1986, 96; Katzev 1989, 174; Tzalas 2007, 300). For the *Roar Ege* ship replica, the use of tools corresponding to the historical and cultural context of the shipwreck is tied with the existence of a "living tradition" and the very specific conservation contexts present in Scandinavia (Hasslöf 1963, 162-177; Christensen 1972, 235-259). The excellent conservation of hulls also allows a clear reading of the tool marks and sometimes their identification as evidenced by the recent works of T. Finderup (Finderup 2006, 21-26, 2018). Thereby, the use of tools respecting the historical context has continued to develop in Scandinavian nautical archaeology experiments.

Concerning *Kyrenia II*, led by H. Tzalas and which is the replica of the Hellenistic cargo ship found off Kyrenia (c. 295-285 BCE, Cyprus), and *Altaripa* led by B. Arnold and which replicates the Gallo-Roman barge found in Bevaix (Neuchatel Lake, Switzerland), the use of hand tools during the replication processes is directly linked to the qualitative evolution of ship excavation and restitution process methodology, which became more meticulous during the last decades of the XXth c. (Katzev 1981, 315-328; Steffy 1985, 99). However, due to the costs and time limits, *Kyrenia II* was not entirely hand-built. *Altaripa* is the very first replica to be entirely hand-built. As there were no archaeological nor iconographic testimonies of Gallo-Roman barges building, archaeologists used tool marks observed on the timbers of the shipwreck and ethnographic comparisons to choose their tools (Arnold 1999, 12-13 and 20-21). It highlights traceological data and nautical ethnography as essential keys for a better understanding of the question of tools and techniques (Rival 1991; Arnold 1992; Damianidis 1998, 2018; Rieth 2019,184). The hand tools used during these experiments do not correspond to ancient tools replicas, i.e. tools replicated on the basis of an archaeological artifact. Therefore, they should rather be considered as traditional hand tools.

During the past decade, experiments did not specifically implicate the study and use of ancient tools, as the research questions mainly concerned architectural techniques and digital reconstructions. As an example, Gyptis, a ship replica of a Greek ship from the middle VIth c. BCE allowed the restitution of a sewn-ship after the creation of several physical and digital models (Pomey and Poveda 2018, 2019).

1.3. Tools remains and ship repairs

So far, scholars have dedicated some studies to the set of tools discovered in shipwrecks and published them in monographs, as the toolkits from Ma'agan Mikhael A, Kyrenia and Serçe Limanı shipwrecks (Katzev 1981; Udell 2003, 203-218; Hocker 2004, 259-324).

Often, publications are dedicated to some specific aspects of one or more tools, like the iron tools of the Byzantine ship

Yassi Ada I (Katzev and Van Doorninck 1966; Katzev 1982, 231-265). These publications are not necessarily relating to issues concerning shipbuilding techniques, but rather to material analyses such as the metallurgical analysis of the cutting part remains (Golan *et al.* 2019).

However, there are some publications highlighting the context surrounding these tools. Indeed, several researchers interpreted these artifacts as the carpenter's toolkit and made the link with the repairs that can be made onboard (Fiori and Joncheray 1973; Gianfrotta and Pomey 1981; Katzev 1982; Beltrame 2002, 27-30). A recent paper offers an updated summary of the tools discovered on the Mediterranean wrecks (2020). Except for these works, studies have not offered any analysis comparing the tools, their types or the differences that could exist or not between construction and repair tools. In this regard, few recent studies propose to combine multiple sources, iconographic, archaeological and textual. The best example, which is limited to the Mycenaean period, addresses the tools as a whole and aims at understanding the use of the different tools within the shipwright's toolkit (Maragoudaki and Kavvouras 2012; Maragoudaki 2017). In line with the development of underwater archaeology, we have been able to list more than 120 tools on 24 Mediterranean shipwrecks discovered since the 1960'. They all date between the Vth c. BCE and the 11th c. A.D, which allows focusing on different types of construction, i.e. "shell", "skeleton", and mixed constructions (Pomey 2004, 25-36; Pomey, Kahanov and Rieth 2012).

Our corpus of old tools has certain biases which may limit its study. Conservation biases mean that most of the time, only part of the tool is preserved: either the wooden part(s), which generally constitute the gripping system, or the metal part, that is to say, the active part of the tool. It should be noted that the metal is systematically preserved in a concretion, into which silicone must be introduced before breaking it to obtain a moulding of the tool. In addition, the wood can be mineralized. Among the tools we listed, one type quickly caught our attention: drilling tools. Of all these tools, those whose wood is best preserved are almost always drills. In addition, we observed a significant fact: the driving system, without which the tool is unusable, is never preserved. There are only two drilling tools for which both the drill and the bit are preserved. Aboard Kyrenia, 10 woodworking tools were found. A bow-drill handle and a bit were preserved, but they were not connected to each other. However, the dimensions of the bit perfectly fit the hole of the drill which is intended for this purpose (Katzev 1981, 315-328; Berenguel and Ulrich, *in press*). On the Yenikapı 8 wreck, an almost complete tool was discovered, with the drill bit still attached to the wooden part of the tool (Koçabaş 2010). It is to note that the same type of drill bit can be used either with a vertical handle as for bow-drills or strap drills or with a transversal

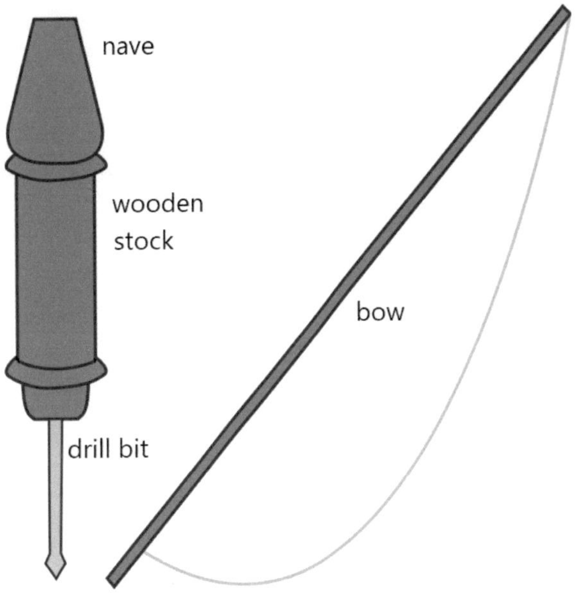

Different parts of a bow-drill (© M. Berenguel).

handle as for augers (fig. 1). The need not only to cross different sources but also to constitute an experimental protocol which includes replicating and testing the tools very quickly appeared in order to answer certain questions. One of the thorniest of them is which drive system is best suited to the drills discovered on board shipwrecks, and whether or not it is possible to assign a particular type of bit to a particular type of drill.

2. Sources: Artifacts, iconography and ancient literature

2.1. Archaeological sources

We identified 25 drilling tools on 11 different wrecks (tab. 1). Their study can be hampered by a lack of representativeness. Nonetheless, it can easily be explained by some of the following biases. From the 1980s only, the study of metal material and wooden artefacts, which were not linked to the structure of the ship, received an almost systematic interest. Previously, few underwater excavations paid attention to this kind of artefacts, which are often in a poor state of conservation. The study focused principally on cargo itself or ship architecture. Recently, few wrecks which contain several tools have been particularly well studied, such as Ma'agan Mikhael A, Kyrenia, Yassı Ada I and Serçe Limanı (Katzev 1981, 231-265; Udell 2003, 203-218; Hocker 2004, 295-324; Berenguel and Ulrich, *in press*). However, identifying a drilling tool involves multiple parameters. One of the very first shall be the conservation.

Numerous conservation issues arise when the artifact is made of heterogeneous materials, such as wood and iron (Crouzet 2019, p. 48-54). However, when they are covered

Shipwreck's name	Dating	Location	Drilling tool	Tool code
Ma'agan Mikhael A	5th c. BC	Israël	4 drill handles	D1, D2, D3, D4
Kyrenia	4th-3rd c. BC	Cyprus	1 drill handle and its bit	D5,B1
Ilovik-Parzine	2nd c. BC	Croatia	1 drill handle	D6
Port-Vendres 5 (La Mirande)	1st c. CE	France	2 drill handles	D7
Port-Vendres 2	1st c. CE	France	1 auger handle	A1
Laurons 2	2nd 3rd c. CE	France	1 drill handle	D8
Saint-Gervais 2	7th c. CE	France	1 auger handle	A2
Yassı Ada 1	7th c. CE	Turkey	3 drill bits	B2, B3, B4
Yenikapı 8	10th c. CE	Turkey	1 drill handle	D9/B5
Plane 3 (La Sarrasine)	10th c. CE	France	1 auger handle	A3
Serçe Limanı	11th c. CE	Turkey	1 drill handle, 8 drill bits	D10, B6, B7, B8, B9, B10, B11, B12, B13

Table 1: Drilling tools from the Mediterranean shipwrecks dated between Vth c. BCE and XIth c. AD.

or found stored in a container, the wooden parts of the tools are more likely to be well preserved. This can be seen with several drills in the corpus. Drills **D1** to **D4** (Ma'agan Mikhael A), **D7** (Port-Vendres 5), **D9/B5** (Yenikapι 8) were all located under thick layers of sediments and/or in containers (Udell 2003; Descamps 2007, 623-625; Koçabas 2015, 15-38). The other drills, except for **D8** (Laurons 2) because of lack of information, are not as well preserved and mostly mineralized due to ferrous concretions. The metal parts of the tools are extremely sensitive to corrosion. Only the negative mark of the bit remains inside this concretion block, as for **D5/B1** (Kyrenia), and on all the tools discovered aboard Yassι Ada I wreck and all the bits discovered aboard Serçe Limanι wreck, namely tools **B2-B4 and B6-B13** (Katzev 1982, 231-265; Hocker 2004, 295-324). Regarding the identification of tools, we noticed that the bits discovered aboard wrecks were often interpreted as bow-drill bits when they have a square shank (Hocker 2004, p. 303-305; Golan *et al.* 2019, 2581-2584). However, these shanks can also be used with augers. Therefore, as long as a bit has a square shank, it can correspond to both tools (Ulrich 2007, 18-21). Furthermore, we can note that, for the entire corpus, no bow has been discovered. The main hypothesis to explain this absence could be confusing bow-drills with strap drills. The use of iconography could be particularly useful in filling the gaps of these different points.

2.2. Iconography

A completely different reality is evidenced by iconographic sources. None of the situations we have identified involve repair tasks. We are behind construction scenes only. Three iconographic sources have been identified for the use of drilling tools in shipbuilding for our chrono-geographic framework. The oldest testimony is dated from the 2nd c. BCE. It is the 4th scene of the Pergamon frieze, which depicts the construction of a small skiff by four carpenters (Nantet *et al.* 2022). One of the shipwrights is using a bow-drill. This tool is characterised by a long, hollow handle. The bow is curved in his middle. We can therefore compare this handle to the tools from the archaeological corpus, without forgetting that the chronologies are not necessarily consistent. The **D1-D2** (Ma'agan Mikhael A), **D7** (Port-Vendres 5) and **D8** (Laurons 2) drills have handles of the same type. The profile of the point of the bit is not visible in this scene.

The second iconographic source is a scene at the bottom of a gilded glass patera dated between the end of the 3rd and the beginning of the 4th c. AD (Garrucci 1858 pl. 33; Kisa 1908, 871, fig. 357). One of the six craftsmen represented on this scene is using a bow-drill. The shapes of the wooden stock and the handle suggest the same type of handle as the one of the Pergamon frieze. The bow has a strongly marked central curve. It should be noted that this source is the only one that offers a complete view of the bit. We can distinguish the profile of its point: lanceolate, just like bits **B3** (Yassi Ada I), **B6, B9, B10** and **B12** (Serçe Limanı).

The third iconographic source corresponds to the construction of Noah's ark on panel 5 of the Salerno ivories, dated from the 11th c. AD (Bergman 1980; Unger 1991, 45-47). The second craftsman from the upper left is using a tool that we have identified as a bow-drill. This drill features a handle very similar to the previous ones, with the exception of the bow, which is straight. The wooden stock also has two protruding edges like drills **D1** (Ma'agan Mikhael A), **D5** (*Kyrenia*), **D7** (Port-Vendres 5) and **D9** (*Yenikapı* 8). As the 4th scene of the Pergamon frieze, the bit is not visible in this iconography.

In summary, iconographic sources show the construction of the ships rather than their repairs. However, despite their rarity, the drilling tools depicted in these representations seem to match the archaeological sources. Indeed, certain characteristics of the bow-drills we identified in these representations are comparable to those of the drilling tools found on shipwrecks. Thus, each element identified has at least one archaeological match, whether it be the profile of the head of the bit, the protruding edges of the wooden stock or the type of handle. The comparison of archaeological and iconographic data seems to confirm that the same drills could be used both for construction (thanks to iconographic sources) and repairs (thanks to archaeological data), and that they were used with a bow as a driving system. Furthermore, these iconographical sources give an idea of the morphology and characteristics of the bows, for which we have no examples preserved in shipwrecks considered for our study.

2.3. Literary sources

Of the texts we have identified, only one details the use of a drill. In Odyssey (9, 380-390), Homer describes the blinding of Polyphemus with a very special tool:

> "Then verily I [Odysseus] drew nigh, bringing the stake from the fire, and my comrades stood round me and a god breathed into us great courage. They took the stake of olive-wood, sharp at the point, and thrust it into his eye, while I, throwing my weight upon it from above, whirled it round, **as when a man bores a ship's timber with a drill**, while those below keep it spinning with the thong, which they lay hold of by either end, and the drill runs around unceasingly. Even so we took the fiery-pointed stake and whirled it around in his eye, and the blood flowed around the heated thing"[1]

This description undoubtedly evokes the operation of a drill that transforms a back-and-forth movement into alternating circular rotation. It even states that this is the same tool used by carpenters when drilling timber for ships. However, the driving system does not seem to correspond to a bow but to a simple rope thus implying the use of a strap drill rather than a bow-drill. Obviously, the dimensions of this drill cannot be taken as a tangible reality. Nevertheless, this source has the merit of highlighting the use of a drilling tool that could be used by shipwrights. This may also help to explain the absence of bows in the archaeological record. This is one of the questions that experimental archaeology could help to answer.

Other passages in the Homeric narrative (Homer, *Odyssey*, 5, 244-257) illustrate the use of a drilling tool in shipbuilding, in this case an auger:

> "Meanwhile Calypso, the beautiful goddess, **brought him augers; and he bored** all the pieces and fitted them to one another, and with pegs and tenons did he hammer it together"[2].

Although the translation we cited here uses the words "pegs and tenons", the construction of Odysseus' boat has been interpreted by Mark as a sewn boat rather than a mortise and tenon built boat as previously proposed by Casson (Casson 1964; 1992; Mark 1991; 1996; 2005; Tchernia 2001; Kahanov 2009). Here, the mythical hero uses augers to bore the timbers of the ship. No details are given of the auger bits. Despite their contribution, Homeric passages do not provide clear-cut answers to our various questions.

3. Experiments and results

3.1. Choice of tools and materials

Verification of the various hypotheses concerning the driving system and identification of the type of handle used with the different bits involved replicating certain tools. Only the best-preserved and best-documented archaeological remains have been reconstructed. They correspond to five drills, two from Ma'agan Mikhael A wreck **(D1** and **D2)**, one from Kyrenia **(D5)**, one from the Port-Vendres 5 **(D7)** and one from Laurons 2 **(D8)**. These are the only ones for which the entire wooden part of the tool has been preserved. Among these drills, only **D1**, **D2** and **D5** have been fully published (Udell 2003, 207-208; Golan *et al.* 2019; Berenguel and Ulrich, in press). The drills **D5**, **D7** and **D8** are mentioned in publications or excavation reports, but these are not very detailed (Katzev 1981, 326, Descamps 2007, 624; Berenguel and Ulrich, in press)[3]. The five drills were therefore replicated **(D1'**, **D2'**, **D5'**, **D7'**, **D8'**, fig. 2) with the wooden species corresponding to the archaeological remains, when we had the information. In addition, an auger handle reproducing the dimensions of the one discovered on Port-Vendres 2 wreck was made, although we had very little information about it **(A1)**.

Our corpus of 25 drilling tools includes 12 bits that are all preserved in silicone moulds. **B1**, from Kyrenia, is the only one of them associated with its handle **(D5)**. The height drill bits from Serçe Limanı **(B6-B13)** are the ones for which we have the most information (Hocker 2004, 301-305). Casting of the **B9** bit was so precise that F. M. Hocker was able to specify its lanceolate profile and its sharpening, which allowed it to cut in both directions

1 Translation. by A.T. Murray, Cambridge, MA., Harvard University Press; London, William Heinemann, Ltd. 1919.

2 Idem.

3 Data concerning D7 (Port-vendres 5) and D8 (Laurons 2) were collected at the DRASSM archives. We also thank C. Descamps, M. Salvat and M-P. Jézégou for their personal communication about these tools between April and August 2020; as well as R.B. Ulrich, S.W. Katzev and L. Swiny for their help concerning D5 (Kyrenia).

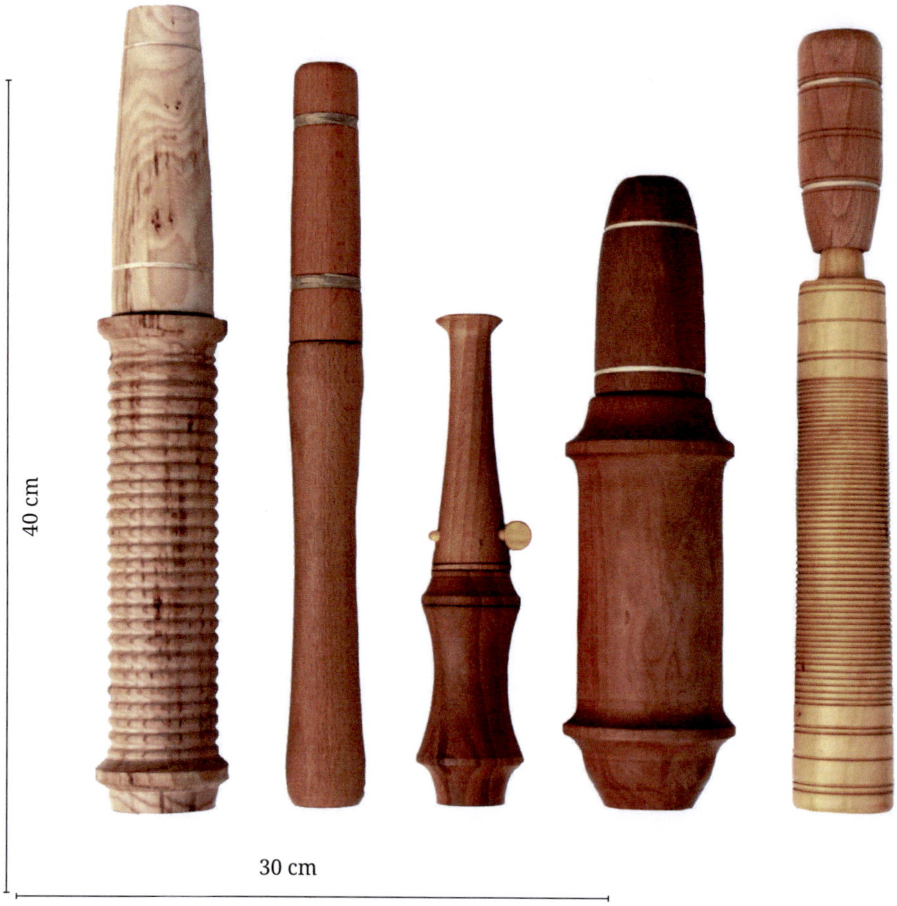

Figure 2: Bow-drill replicas. From the left to the right: D1', D2' (Ma'agan Mikhael A), D5' (Kyrenia), D7' (Port-Vendres 5), D8' (Laurons 2). © M. Berenguel

(*Idem*, 301). Casting of the B11 bit was also quite precise and detailed. Moreover, it is the only one of the eight bits in the wreck to have a spoon-shaped profile (Idem, 301-302). We have therefore chosen to replicate bit **B9** and **B11 (B9', B11')**. In addition, these bits allowed us to test two different diameters. The width of the head of bit **B9** is 1.1 cm, the largest of the eight bits found on Serçe Limanı (the width of the largest part of bit's head gives the diameter of the hole it can bore). **B11** has a width of 0.7 cm, the smallest head width of any bits from this wreck. We also replicated the bit from Kyrenia which is the oldest in the corpus, with a width of 0.7 cm **(B1')**. However, it is the only bit with an elongated spoon profile.

The holes measured on the wood of the wrecks in the corpus from which 120 tools were inventoried, can be classified in two main dimensions. The smallest are between 0.5 and 0.8 cm in diameter, while the widest are between 1.3 and 1.7 cm in diameter. In order to drill such holes, we also decided to carry out an hypothetical reconstruction of a larger bit **(H1)** with a 1.5 cm diameter. The shape of this bit is based on the bits discovered on Serçe Limanı. All the reconstructed bits **(B1'**, **B9'**, **B11'** and **H1)** were forged by Gabin Piedbois, a professional blacksmith used to reproduce archaeological objects (fig. 3).

In order to operate these bow-drills, we also needed to build a bow. In the absence of archaeological evidence corresponding to the chronological and geographical limits of our work, we have turned to indirect sources. Thus, we constructed one straight bow. It is inspired by two iconographical representations from the Vth c. BCE. which introduce woodworkers using this kind of bow[4]. We also used the plate 5 of Salerno ivories representation as well as ethnographic sources of traditional boatbuilding techniques from the Indian Ocean (A. Ghidoni personal communication). We have no data on the wood species used for ancient bows. We have therefore chosen hazel wood, which is a supple wood that withstands tension fairly well. There are no literary, archaeological or iconographic data on the nature of the straps used with bow-drills. Ethnographic documents attest to the use of plant fibre, synthetic fibre and leather (A. Ghidoni personal communication). Thus, we chose to try leather and plant fiber. Leather and plant fiber straps were also used to operate the tool like a strap drill.

4 These two scenes are represented on hydrias from the Vth c. BCE. Both depict a craftsman drilling the cover of a chest with a drill driven by a straight bow (Museum of Fine Arts Boston, virtual collection, inv. 13.200; Hermitage Museum of St Petersburg, virtual collection, inv. ГР-4531; Mark 2005, fig. 33, p. 85).

Finally, the replicas included five drills, four bits (two of which are hypothetical reconstructions), an auger handle, a bow and two different straps.

In order to test these different replicas, we also needed suitable support. The tools were tested on boards with characteristics similar to those of the planks from the wrecks. We observed that strakes were generally cut from different varieties of pine, mainly Aleppo pine (*Pinus halepensis*). So that's the species we've chosen. Planks 4.0 cm thick were used, which corresponds to the average thickness of the planks measured on the wrecks in our corpus.

3.2. Experimental protocol

In order to test the drive systems, i.e. the straight bow and the straps, holes were drilled in the boards, varying the different handles all fitted with the same bit, first with the bow and then with each strap. In fact, the variable represented by the drill bit should not be taken into account for this test, since it concerns the driving system in relation to the drill bit. Each combination was tested 20 times. The aim was to determine which driving system was best suited to the use of the different drills. The results of this test were evaluated according to the feasibility of the hole and the time required to complete it. If it is impossible to drill a hole using a particular driving system, this means that it is not suitable for the drill. With regard to completion time, we assume that the longer it took for the hole to be drilled, the less suitable the driving system is for the drill. To determine whether the drill bits were better suited to a transversal handle, i.e. an auger or to a bow-drill that has a vertical handle, each bit was tested with different drills and then with the auger handle. For all tests, the boards were placed on their edges on trestles and held firmly in place with clamps. The trestles themselves were held in place with weights.

3.3. Results: So... what's the drill?

The first experiment involved testing the two different driving systems. All drills were tested with **B9'** bit replica (tab. 2). The data given in the table were calculated from the average values obtained after 20 drillings. The results of this test show that the bow can drill holes slightly faster than the single strap whether it is leather or plant fiber. In terms of complexity, we found the single strap more difficult to handle than the bow since it requires the coordination of two people.

The question of drill adapted to a particular type of handle (transversal or vertical) came in a second time. For these tests, we chose to use a bow as a driving system when testing the different tools. All the drill bits were tested according to a protocol similar to the previous test with the five different drills and the auger handle. The experiment proved particularly conclusive. In fact, only

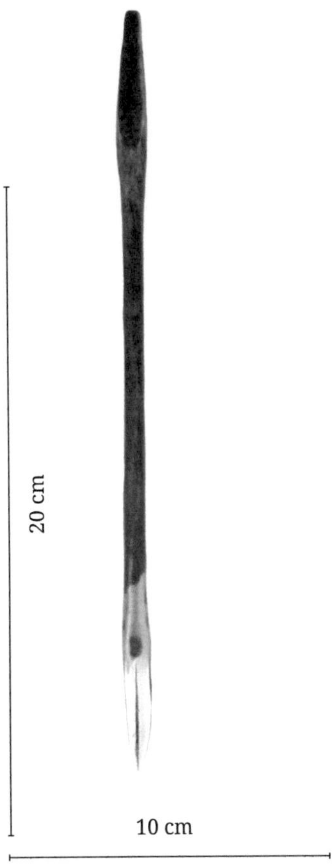

Figure 3: Drill bit replica B9' (*Serçe Limanı*) © *M.* Berenguel.

one combination was dysfunctional. Indeed, when the **H1** bit was used with vertical handles (**D1'**, **D2'**, **D5'**, **D7'**, **D8'**), it was simply impossible to make any kind of hole because the point got systematically stuck in the wood (fig. 4). **H1** bit only worked with the auger handle replica (**A1'**). However, the handle A1 can be used with all the bits. In addition, we observed that **B9'**, when used with a vertical handle, is much more time-consuming, three times more to be precise, than when used with the auger handle A1. These results suggest that the larger bits might be better used with transversal handles rather than the vertical ones.

All in all, the tests we have carried out highlight the fact that all the replicated tools and their driving systems can be used for shipbuilding work. Some are more effective than others. This is the case, for example, with the bow as a driving system (fig. 5). In addition, **D1'**, **D7'** and **D8'** replicas emerged as the most efficient and ergonomic drills in all tests. It also appeared that drills with flanges (**D1'** and **D8'**) were easier to use than those without. Finally, it would appear that transversal handles, namely, augers are best suited to making the widest holes in the hulls, and that their transverse handle can be used with any type of drill bits whereas bow-drills seem to be better suited for the smallest ones.

Figure 4: Bit H1 used with drill replica D1′. The bit is stuck in the wood (M. Berenguel).

Replicas	Bow	Simple leather rope
D1′+B9′	4.05 s.	4.98 s.
D2′+B9′	5.43 s.	6.50 s.
D5′+B9′	4.80 s.	5.77 s.
D7′+B9′	5.25 s.	5.85 s.
D8′+B9′	4.73 s.	5.66 s.

Table 2: Average completion time (in seconds), after 20 epetitions, for the drilling of an orifice with the different combination (different drills + B9′ replica) and depending on the training system.

Figure 5: Drill replica D7′ (Port-Vendres 5) used with a bow and with B9′(*Serçe Limanı* ; M. Berenguel).

References

Arnold, B. 1992. Batellerie gallo-romaine sur le lac de Neuchâtel. *Archéologie neuchâteloise* 12. Neuchâtel: Musée cantonal d'archéologie.

Arnold, B. 1999. Altaripa, archéologie expérimentale et architecture navale gallo-romaine. *Archéologie neuchâteloise* 25. Neuchâtel: Musée cantonal d'archéologie.

Beltrame, C. 2002. *Vita di bordo in età romana*. Roma: Poligrafico e Zecca dello Stato.

Berenguel, M. and Ulrich R. *in press. The tools from the Kyrenia shipwreck.*

Bergman, R. 1980. *The Salerno Ivories: Ars Sacra from Medieval Amalfi*. Cambridge: Mass: Harvard University Press.

Casson, L. 1964. Odysseus' Boat (Od. V, 244-57). *American Journal of Philology* 85, 61-64.

Casson, L. 1992. Odysseus' boat (Od. V, 244-53). *International Journal of Nautical Archaeology* 21.1, 73-74.

Christensen, A.E. 1972. Boatbuilding Tools and the Process of Learning, in: Hasslöf, O., Henningsen H. and Christensen A.E. (eds.). *Ships and Shipyards, Sailors and Fishermen.* Copenhagen: University Press.

Cresswell, R. 1976. Techniques et culture, les bases d'un programme de travail. *Techniques & Culture* 1, 7-59.

Cresswell, R. 1983. Transferts de techniques et chaînes opératoires. *Techniques & Culture* 2, 143-163.

Crouzet, M. 2019. Les composites archéologiques et le conservateur restaurateur, *ARAAFU, Cahiers techniques* 23, Paris: ARAAFU, 48-54.

Crumlin-Pedersen, O. 1986. The Roar project, in: Crumlin-Pedersen, O., Vinner M. (eds), *Sailing into the Past. The International Ship Replica Seminar Roskilde 1984.* Roskilde: Viking Ship Museum, 94-103.

Damianidis, A.K. 1998. Methods used to control the form of vessels in the Greek traditional boatyards, in: Rieth, É. (ed.). *Concevoir et construire les navires. De la trière au picoteux.* Ramonville Saint-Agnes: Érès, 217-244.

Damianidis, A.K. 2018. The Use of Ribbands in the Recent Shipbuilding Tradition, in: Boetto, G. and Rieth, É. (eds), *De re navali* : Pérégrinations nautiques entre Méditerranée et océan Indien, Mélanges en l'honneur de Patrice Pomey. Paris: CNRS éditions, Archaeonautica 20, 183-194.

Descamps, C. 2007. Port-Vendres 5, in : Kotarba, J. Casstelvi, G. and Maziere, F. (eds.). *Les Pyrénées-Orientales, Carte archéologique de la Gaule* 66, 623-625.

Finderup, T.S. 2006. History written in tool marks, in: Blue, L., Hocker, F.M. and Englert, A. (eds.). *Connected by the Sea. Proceedings of the Tenth International Symposium on Boat and Ship Archaeology Roskilde.* Oxford: Oxbow Books, 21-26.

Finderup, T.S. 2018. *Saga Oseberg: rekonstruktion af et vikingeskib.* Jyllinge: Veterania.

Fiori, P. and Joncheray J.-P. 1973. Mobilier métallique (outils, pièces de gréement, armes) provenant de fouilles sous-marines. *Cahiers d'Archéologie Subaquatique* 2, 73-94.

Garrucci, R. 1858 *Vetri ornati di figure in oro trovati nei cimeteri dei cristiani primitivi di Roma.* Roma: Tipografia Salviucci

Golan, O., Cvikel, D. and Kahanov, Y. 2019. *Archaeometallurgical analysis of the bow drill from the fifth century BC Ma'agan Mikhael shipwreck*, Springer-Verlag GmbH Germany, part of *Springer Nature* 11, 2581-2595.

Gianfrotta, P.A. and Pomey, P. 1981. *Archeologia subacquea.* Milano: A., Mondadori.

Greenhill, B. 1976. *Archaeology of the Boat.* London: A&C Black.

Hasslöf, O. 1963. Wrecks, Archives and Living Traditions. Tropical Problems in Marine-Historical Research, *Mariner's Mirror* 49/1, 162-177.

Hasslöf, O. 1972. *Ships and Shipyards, Sailors and Fishermen: Introduction to Maritime Ethnology.* Copenhagen: University Press.

Hocker, F.M. 2004. Tools, in: Bass, G.F., Matthews, S.D., Steffy, J.R., Van Doorninck, F.H. (eds.). *Serçe Limanı, an Eleventh-Century Shipwreck, Vol. I: The Ship and Its Anchorage, Crew, and Passengers.* College Station: Texas A&M University Press: 295-324.

Homer, *Odyssey*[5]

Hornell, J. 1946. Water transports, origins and early evolution. Cambridge: University Press.

Jézégou, M.P. and Chaussade H. 2021. L'art de réparer et d'entretenir les navires méditerranéens : de l'Antiquité au haut Moyen Âge, in: Raux, S. (ed.). *Les modes de transport dans l'Antiquité et au Moyen Âge. Mobiliers d'équipement et d'entretien des véhicules terrestres, fluviaux et maritimes.* Drémil-Lafage: éditions Mergoil, *Monographies Instrumentum* 70, 385-404.

Kahanov, Y. 2009. Homeric Seafaring (a review). *Near Eastern Archaeology* 72/3, 175-6.

Katzev, M.L. 1981. The reconstruction of the Kyrenia Ship, 1972-1975, *National Geographic Society Research Reports* 13, 315-328.

Katzev, M.L. 1982. Iron Objects, in: Bass, G.F. and Van Doorninck, F.H. (eds.), *Yassı Ada I. Volume 1. A Seventh-Century Byzantine Shipwreck.* College Station: Texas A&M University Press: 231-265.

Katzev, M.L. 1989. Kyrenia II: Building a Replica of Ancient Greek Merchantman, in: Tzalas, A.E. (ed.). *Tropis I. 1st International Symposium on Ship Construction in Antiquity, Piraeus, 30 august – 1 September 1985, Proceedings.* Athens: Hellenic Institute for the Preservation of Nautical Traditions, 163-175.

5 Ed. and trans.: A. T. Murray, Cambridge, MA., Harvard University Press; London, William Heinemann, Ltd. 1919.

Katzev, M.L. and Van Doorninck F.H. 1966. Replicas of Iron Tools from a Byzantine Shipwreck. *Studies in Conservation* 11/3, 133-142.

Katzev, S.W. and Katzev, M.L. 1986. Kyrenia II Research on an ancient shipwreck comes full circle in a full-scale replication, *INA newsletter*, 13/3,

Kisa, A. 1908. *Das Glas Im Altertume*, Leipzig: Karl W. Hiersemann.

Kocabaş, U. 2010. *Proceedings of the 1st symposium on Marmaray-metro salvage excavations 5th-6th May 2008*, Istanbul: Archaeological Museum.

Kocabaş, U. 2015. The Yenikapı Byzantine-Era Shipwrecks, Istanbul, Turkey: a preliminary report and inventory of the 27 wrecks studied. *International Journal of Nautical Archaeology* 44/1, 5-38.

Leroi-Gourhan, A. 1943. *L'Homme et la matière*. Paris: Albin Michel.

Maget, M. 1953. *Ethnologie métropolitaine : guide d'étude directe des comportements culturels*. Paris: Civilisations du Sud.

Maragoudaki, E. 2017. Shipbuilding Tools from the Bronze Age Boatbuilder to the Traditional Shipwright: Tracing the Evidence in the Mediterranean Basin, in: Frielinghaus, H., Schmidts, T., Tsamakda, V. (eds.). *Schiffe und ihr Kontext, Darstellungen, Modelle, Bestandteile von der Bronzezeit bis zum Ende des Byzantinischen Reiche*. Mainz: Verlag des Römisch-Germanischen Zentralmuseums, 233-347.

Maragoudaki, E. and Kavvouras, P. 2012. Mycenaean shipwright toolkit: its reconstruction and evaluation. *Archaeological and Anthropological Sciences 4*, 199-208.

Mark, S. 1991. Odyssey 5.234-53 and Homeric Ship Construction: A Reappraisal. *American Journal of Archaeology* 95/3, 441-445.

Mark, S. 1996. Odyssey 5.234-53 and Homeric Ship Construction: A Clarification. *International Journal of Nautical Archaeology* 25.1, 46-48.

Mark, S. 2005. Homeric Seafaring. College Station: Texas A&M University Press

McGrail, S. 1984. *Aspects of maritime archaeology and ethnography: papers based on those presented to an international seminar held at the University of Bristol in March, 1982*. London: National Maritime Museum.

McGrail, S. 1992. Replicas, Reconstructions and Floating Hypothesis. *International Journal of Nautical Archaeology* 21/4, 353-355.

Nantet, N. Berenguel, M. and Katz, D. 2022. Repositioning the Sea on the Great Altar of Pergamon: A Demonstration of Hellenistic Boat Construction on the Telephos Frieze. *American Journal of Archaeology* 126/4, 483-505

Pomey, P. 2004. Principles and Methods of Construction in Ancient Naval Architecture, in: Hocker, F.M and Ward, C.A. (eds.). *The Philosophy of Shipbuilding. Conceptual approaches to the study of wooden ships*. College Station, Texas: A&M University Press, 25-36.

Pomey, P. and Rieth É. 2005. *L'Archéologie navale*. Paris: Éditions Errance.

Pomey, P., Kahanov, Y. and Rieth, É. 2012. Transition from Shell to Skeleton in Ancient Ship- Construction: analysis, problems, and future research. *International Journal of Nautical Archaeology* 41/2, 235-314.

Pomey, P. and Poveda P. 2018. Gyptis: Sailing Replica of a 6th-century-BC Archaic Greek Sewn Boat. *International Journal of Nautical Archaeology* 47/1, 45-56.

Pomey P. and Poveda P. 2019. Gyptis and the Archaic Greek Sewn-Boat Technique. *The International Journal of Nautical Archaeology* 48/2, 416-426.

Rieth, É. 2019. *Pour une histoire de l'archéologie navale*. Paris: Classiques Garnier.

Rival, M. 1991. *La charpenterie navale romaine. Matériaux, méthodes, moyens*. Paris: éditions du CNRS.

Steffy, J.R. 1985. The Kyrenia Ship: An Interim Report on Its Hull Construction. *American Journal of Archaeology* 89, 71-101.

Tchernia, A., 2001, Eustathe et le rafiot d'Ulysse (Od.V), in: Brun, J.P. and Jockey, P. (eds.). *Techniques et sociétés en Méditerranée. Hommage à M.-Cl. Amouretti*, 625-631. Paris: Maisonneuve & Larose, 625-631.

Tzalas, H. 2007. The Kyrenia II. An Attempt in Experimental Archaeology, in: Petrakos V.(ed.). *Great Moments in Greek Archaeology, s. l.* Los Angeles: Paul Getty Museum, 300-305.

Udell, M. 2003. The Woodworking Tools, in: Linder, E. and Kahanov, Y. (eds.). *The Ma'agan Mikhael Ship: The Recovery of a 2400-Year-Old Merchantman. Final Report.* Haïfa: Israel Exploration Society 1, 203-218.

Ulrich, R.B. 2007. *Roman Woodworking*. New Haven and London: Yale University Press.

Unger, R.W. 1991. *The art of Medieval Technology: Images of Noah the Shipbuilder*. New Brunswick: Rutgers University Press.

File « La Mirande (Pyrénées Orientales) », DRASSM archives

File « *Laurons* 2 (Bouches-du-Rhône) », DRASSM archives.

Note on contributor

Manuel Berenguel

UMR 6566 – CReAAH / University of Haifa

Campus de Beaulieu, Bâtiments 24/25, Labo Archéosciences

Avenue du Général Leclerc, 35042, Rennes, France

manu.berenguel@gmail.com

PART 3: CULTURAL BEHAVIOURS

Tekné or Telos?

Chaîne opératoire of Upper Palaeolithic hand stencils

Verónica Fernández-Navarro, Olga Spaey,
Antonio Jesús Torres Riesgo, Diego Garate

Abstract

Upper Palaeolithic hand stencils are a phenomenon that has aroused much interest since their first discovery in Altamira cave (Cantabria) in 1902. They are very special motifs, because of their dual identification as art and fossil print.

Thus, it is not only necessary to study the who, when or where, but also the how, as a means of approaching all the phases that make up the operative chain of creating these images, to generate a more complete understanding of the prehistoric artistic process. The main objective of this project is to carry out a technological-experimental approach to the Palaeolithic hand stencil complete creation process that allows a posterior detailed technical identification on the prehistoric archeological record.

For the fulfilment of this objective, a review of the previous specialized literature has been carried out, as well as the collection and manufacture of all the necessary materials and tools used in the Paleolithic. Finally, the execution and characterization of each of the chosen techniques has been conducted on natural rock surface.

First results point to a more complex and refined technological process than traditionally suggested. This experimental project has also made it possible to reject some of the hypotheses suggested by previous researchers, as well as to generate new questions that open up untravelled paths in the field of rock art. Furthermore, the comparison with the archaeological record provides a detailed characterisation of the artistic and technological process carried out in each case.

Keywords: Rock art; Experimental archaeology; Hand stencils; Chaîne opératoire; Aerographic technique; Painting

1. Introduction: Upper Palaeolithic hand stencils

Among the wide diversity of figures presented in prehistoric rock art, representations of hands are probably the most universal symbols. That is, such painted images are an artistic expression present all over the world, in different continents and chronologies over thousands of years.

Currently, we have recorded approximately 770 representations of hands linked to the Upper Palaeolithic. In total we counted 59 caves in what, today, would constitute Spain (42%), France (54%), Italy (3%) and the United Kingdom (Gibraltar; 1%).

in: Mathias, C., Bourguignon, L., Ivorra, J. and Viallet, C. (eds) 2026. *Living Archaeology. Unveiling the Past through Experimental Archaeology*. Leiden: Sidestone Press, 245-256.

The great majority is presented in negative (90%) although there are also those in positive (9%), by direct imprint of the hand impregnated with colorant on the wall and, finally, mixed technique (1%), being a combination of the two previously mentioned ones. Undoubtedly, the colour red (499) is predominant, with examples such as that of the cave of El Castillo where the images of the hands have only been made using this colour. Another common colour is black, either extracted from manganese or charcoal (245). Third on the list is the brown colour (7), very common naturally in the environment but not specially selected. We also find these hands painted in colors such as yellow (La Garma), or white (Maltravieso, Gargas) (Fernández Navarro 2019).

Direct dating on the hands is very scarce and therefore other sources of indirect information have been used, such as the dating of the calcitic formations on and under the paintings, the stratigraphic association or the related archaeological context. Carbon 14 measurements performed directly on hand representation are found in the Cosquer cave (Marseille) (Valladas *et al.* 2017)) with MR7 (27,110±400; 31,885-30,531 cal BP ; 26180±330, 30,997-29,633 cal BP and 27,870±470, 33,048-31,033 cal BP), M12 (24,840±340, 29,701-28,136 cal BP; 23,150±620 BP, 28,577-26,150 cal BP) and M19 (27,740±410 BP, 32,766-31,014 cal BP), Gorham's (Gibraltar) with an age of 16,990±90 BP, 20,210–20,750 cal BP (Simón-Vallejo *et al.* 2018) and Fuente del Salín (Cantabria) (González-Morales and Moure 2008) with 18,200±70 BP, 22,097-21435 cal BP. It is important to clarify that few representations are made by carbon, so carbon-14 dating is not often feasible. This data suggests a Gravettian chronology.

Some authors consider the existence of Magdalenian hands, and, in this sense, S. Ripoll, E. Ripoll and H. Collado argue that some of them were executed during the Upper Magdalenian. Caves such as Grotte Margot are assumed to be Late Magdalenian, although we do not have direct dating for this (Pigeaud and Primault 2006).

In addition (García-Díez *et al.* 2015), a critical review of the antiquity of these images has been carried out in the context of the results of the new minimum Uranium-Thorium ages of the hands from the Castillo cave. These authors conclude that, on the basis of technique and colour together with critical consideration of the available chronological data, these representations can generally be considered as a diachronic phenomenon, probably an early, non-figurative phase (Aurignacian or earlier) of European Palaeolithic rock art.

On the meaning of the hands as a symbol, theories that have been debated by researchers since the discovery of the first hands are very abundant: signatures (Gregg 2008; Tacon *et al.* 2014) , animal or Femenine substitutes (Leroi-Gourhan 1965), power or possesion symbols (Clottes and Lewis-Williams 1996) elements within the shamanic world (Clottes and Lewis-Williams 1996), space indicators (Clottes *et al.* 2005; Rouillon 2006; Pettitt *et al.* 2014), non-verbal language or communication system (Leroi-Gourhan 1967; Etxepare and Irurtzun 2021). Since the discovery of the incomplete hands of the caves of Gargas and Tibiran, the idea of possible mutilations has been one of the protagonists of historiography. Their possible origin has been the most widespread discussion around these images, with many interpretations being suggested from ritual mutilation (Cartailhac and Breuil 1906; Casteret 1930; Verbrugge 1970) to folded fingers (Luquet 1926) to palaeopathologies (Sahly 1966; Barriere 1976).

Moreover, these previous studies have focused on the final artistic product, leaving aside other steps of this manufacture. We consider it necessary to understand the entire operational chain of the process of hand representations creation, in order to take into account and control the variables that come into play. This includes from acquisition and/or transformation of the colorant material and its final application on the wall (see Salomon *et al.* 2021). Lastly, it is necessary to point out that not all of prehistoric stencils have been made with the same exact technique, so that a single technical explanation for all of them is insufficient and too generalist. Through this alternative reconstruction, new observations and data emerge that are of great importance to approach these artistic characters.

In this context, our main objectives would be the following:

- Systematic review of previous studies on the technical analysis of hand representations.
- Carrying out an experimental program in order to execute the techniques observed in the Palaeolithic hand stencils following as closely as possible the original materials and methods.
- Extraction of qualitative and quantitative parameters that can serve as a basis for comparative information in our study and other related studies.

2. Materials: Pigment, fillers and binders

Multiple studies have been carried out to know the composition and origin of the pictorial material used by Paleolithic societies in sites such as Niaux (Niaux, France), La Vache (Alliat, France – Buisson *et al.* 1989), Arenaza (Galdames, Basque Country – Garate *et al.* 2004), Ekain (Zestoa, Basque Country – Chalmin *et al.* 2002), Tito Bustillo (Ribadesella, Asturias – (Balbín *et al.* 2009)), La Garma (Omoño, Cantabria – Arias, 2011), Candamo (San Román, Candamo, Asturias – Olivares *et al.* 2014) or El Castillo (Puente Viesgo, Cantabria – d'Errico *et al.* 2016).

Along with this, the interest in knowing what the process of treatment and preparation of this raw material was, the possible tools or instruments used in its transformation have been analyzed (Couraud 1978, 1979, 1988; Chalmin *et al.* 2002). Thus, while it has been suggested a link of shells as a tool for processing coloring matter in the caves of Altamira and Fuente del Salín in Cantabria, (Cuenca-Solana *et al.* 2013), its systematic use has not been demonstrated. In addition, thermal processes of alteration of the original material have been evidenced with the possible objective of obscuring the material (Pomiés *et al.* 1998)

Once the coloring powder has been obtained, the next step would be to obtain a paint capable of, on the one hand, projecting through the bones of the airbrush or the mouth, and, on the other hand, adhering sufficiently to the wall so as not to generate spillage. Much has been theorized about possible binders, both for Paleolithic and Post-Paleolithic chronology. Thus, various materials have been suggested: blood, egg, animal fat, amber, oil, milk... (Clottes *et al.* 1990; Garate *et al.* 2004; de Balbín Behrmann and González 2009; Roldán *et al.* 2018; Santos Da Rosa 2019; Ozán *et al.* 2023). Other authors, however, lean towards pragmatism suggesting water as a diluent for the widespread use of prehistoric painting (Sánchez Gómez 2009). Along with this have been suggested potential fillers among which the shells (see Cuenca-Solana 2013) or burnt bones (Margival 1959, Couraud 1977) stand out.

3. Application techniques

Regarding the technique of execution of the hand stencils as such, various interpretations have been proposed, which, by way of summary, could be classified into two differentiated groups: the application of the pigment around the hand using some kind of tool (tampon, brush, paintbrush, finger...) or blowing the pigment, either liquid or dry, using the mouth or a hollow tube.

The first of the techniques, the application by brush or paintbrush, was tested by Leroi-Gourhan (Leroi-Gourhan 1967), who affirmed that the closest process to that of Gargas' hands was the application of powdered colorant material with the wet wall by means of a brush made with tied hair.

On the other hand, some authors defended the second technique and consider that the negative hands were made by projecting the liquid dye through a hollow tube (Malvesin-Fabre *et al.* 1954; Verbrugge 1970), or spitting it directly on the wall (Luquet 1926; Casteret 1930; Sahly 1966; Barrière 1976).

It is not until the experimental studies of Lorblanchet (1980, 1993, 1995, 2010) and later (Groenen (1988) and Vaquero Turcios (1995) that the practical effectiveness of the various techniques was analyzed more systematically firsthand. The first of these authors also decided to test the blowing of dry pigment through a tube, a technique that would require, following him, a wet wall for its fixation.

Exceptionally, four fragments of cut and polished bird bone have been recovered from the Altamira Cave (Cartailhac and Breuil 1906). Three of them come from the excavations carried out at the beginning of the 20th century by H. Alcalde del Río and were found among the materials fallen from the ceiling of the large room IV. They were found together with other diverse materials such as fragments of coloring matter, boar teeth, lithic and bone tools... (Montes-Barquín *et al.* 2004). The last of these bone fragments came to light in 1981 during the excavations carried out by J. González Echegaray and L.G. Freeman. It will not be until 1998 when these remains are related to the application of pigment, works during which these materials were relocated and put for the first time in relation to the graphic activity by the presence inside them of red pigment applied in liquid form.

The taxonomic identification is very complex since it is only the segment of the diaphysis and its dimensions and morphology only point to a species of large size. In all cases, fleshing and cut marks related to the original bone and its transformation into tubes could be observed. After the analyses carried out, a high concentration of dye was confirmed and a disposition that would indicate, in origin, that it must have circulated in a liquid state and not in powder. This fact supported the idea of the projection of liquid paint on the wall, very similar to what we know today as airbrushing or spraying.

It was concluded that pulverization could be achieved either by using a single tube, or two tubes arranged at an angle of 90 °-45° thanks to the difference in pressures between the two, which is known as the Venturi effect. Since then, it should be noted that there has been virtually no further reflection on this subject.

The generalization of this airbrushing technique as a single explanatory technique has led to a lack of detailed observation of each of them. On the other hand, the presence of archaeological remains that can be directly associated with this technique is, until now, very limited, as can happen with other artistic techniques such as engraving (Garate *et al.* 2020).

4. Method

An experimental program has been carried out with three main objectives: to evaluate the effectiveness of archaeologically documented tools in the preparation of coloring materials, to obtain a recipe for dye production and to characterize the various pictorial techniques used in the creation of negative handprints. The purpose of this program is to quantify the time required to obtain coloring materials and to test the diverse pictorial techniques described in the literature.

In the first stage of the experimental program, which focused on obtaining coloring material, three types of tools were used: flint flakes, shells of the species *Patella vulgata*,

Figure1: Direct mouth projection experimentation with liquid painting (colorant material powder and water).

and river pebbles. The first two were used to extract iron oxide pigment using the scraping technique, while the latter were employed to extract colorant powder through percussion.

To minimize the impact of experience bias in our study, three participants with comparable skill levels were recruited. Each of them was tasked with obtaining 10 grams of powdered pigment using each of the tools and techniques, with the goal of completing the task as quickly as possible.

The next step in the operational sequence involves acquiring a recipe to combine the powdered pigment with a binder for subsequent application. In a preliminary phase of experimentation, tests were conducted using recipes mentioned in the prehistoric literature. These recipes combine the pigment with natural binders such as egg white, resin, blood, or animal fat. The remaining recipes were solely based on the combination of mineral pigment and water, with variations in the proportion of these two components. To expedite the experimental process without influencing the results, pre-processed iron oxide powder was used.

Subsequently, the feasibility of different pictorial techniques for executing negative handprints was explored. A relationship between the amount of pigment and water was determined, and trials were conducted with each of the techniques suggested in the existing literature or those that could be feasible based on archaeological records. These preliminary tests were conducted on limestone, sandstone and shale rocks to provide a certain resemblance to the vertical and irregular support of Paleolithic representations. In all cases, to preserve environmental integrity and avoid any visual impact, rocks that were exposed to the high tide were used for this study.

In this way, 8 outdoor techniques were tried, of which only 4 were considered viable and selected for replication, this time on karst formations in the experimental cave of Isuntza (Lekeitio, Bizkaia) (fig. 1). The cave itself lacks any archaeological remains and has an agreement between the municipality and the Pregraphity research team of the University of Cantabria for its use as an experimental laboratory.

The characterization of the results for each technique has been done through qualitative description of a series of parameters such as the shape of the halo, the location of the droplets, or the distribution of the pigment on the substrate.

The entirety of the experimental program has been documented graphically, with photographs taken of the execution of each technique, as well as its results. Likewise, the examples executed inside the experimental cave have been 3D virtualized using Structure from Motion (SfM), a photogrammetric technique based on images that, through the use of computer vision-derived algorithms, can automatically perform processes such as photo orientation, matching of homologous points between images, and construction of a 3D model. The results include high-precision geometric 3D models with high-resolution photorealistic textures (Marčiš 2013; Jalandoni *et al.* 2018; Ruiz-López 2020). For image capture, a full-frame Nikon D850 camera with a 60mm fixed focal length macro lens was used. Additionally, Agisoft Metashape Pro© software was employed for the creation of photogrammetric models.

5. Results and interpretations

5.1. Technical results

Materials process: pigment production

Table 1 presents the times recorded to obtain 10 grams of powdered (less than 0,001 mm grain) dry pigment using the different techniques mentioned.

In addition to the results relating to process time, we note a number of additional points. On the one hand, although the percussion production technique is far more efficient, it produces a pigment with thicker grains, whereas the other two techniques result in a very refined pigment (fig. 2). Secondly, the tools used in the first two techniques, flint and patella, do not react in the same way. Indeed, we note that patella is less resistant to friction and tends to split at the edges during the process. Microscopic analysis of the dust obtained using different techniques would enable us to see whether this fragmentation can be observed in the pigment itself, with micro-rests of patella or flint.

5.2. Recipes

Preliminary exploration

The outcome of the preliminary exploration enabled us to dismiss a number of recipes. Among them, the utilization of animal fat (heated) and resin as binders for liquid paint preparation as these two materials give a result that is too thick to work with the blowing technique (*venturi* effect), as they quickly thickened as they cooled.

Liquid paint

Trial and error with the water/pigment mixture has led us to a formula that contains twice the amount of water per amount of pigment, i.e. a ratio of 10 grams of pigment to 20 millilitres of water. This ratio has proven to be both highly manageable and effective across various techniques (including the *venturi* effect). Proportions with a greater quantity of pigment yielded overly thick outcomes (incompatible with tube or mouth use), whereas those with an increased amount of water were insufficiently covering.

Dry pigment

We also conducted experiments involving the application of dry pigment through different methods. In these instances, no formulated mixture was employed, as we exclusively utilised pure pigment, free of other components.

Techniques

Table 2 describes the characteristics observed for each technique according to their evidence, in order to build a comparative database at the technical level (tab. 2, fig. 4).

In total, we were able to test fourteen techniques, four of which proved particularly convincing (*venturi* [L], dry pigment on wet [K] and dry [M] wall and direct mouth projection [N]). Indeed, only in these four cases was there a diffuse halo (fig. 3), as seen in most negative hands in archaeological contexts. However, some archaeological hands have a different morphology, and therefore seem to have been produced with other techniques, which makes a proposal for a systematic documentation of the techniques very useful.

5.3. General results

In addition to this systematic documentation, we observed other facts that were of interest to us.

Airbrush on the ceiling

First, we note that the airbrush technique (*venturi*, L), which involves a slightly inclined paint container, cannot be used on horizontal ceilings, present for example in the Spanish caves of El Castillo (Cantabria) or Fuente del Trucho (Huesca). Indeed, there is a risk that the liquid contained in the container will spill out before the artist can complete the blowing. However, the techniques of spraying with the mouth or blowing dry pigment with a tube are perfectly compatible with this type of physical situation.

Dry pigment splatter

The second main observation is the delicacy of the spattering with the dry pigment technique. Indeed, when we look at the pigment projections in the archaeological records, we are struck by the very low rate of paint dripping, when during our experiments it was often difficult to avoid. Thus, the dry pigment technique surprised us positively insofar as it creates rather light packets of dispersed material, which do not drip (fig. 4, d), and which could possibly explain this absence of splashing in the case that this was the technique chosen by the Palaeolithics. Of course, this result remains to be verified in the long term, yet it seems promising. As we shall see below, observations after 6 months are already interesting.

	Scraping (Patella)	Scraping (Silex)	Percussion (Pebble)
Subject 1	1h06	0h30	0h1'30
Subject 2	1h35	0h50	/
Subject 3	2h00	0h46	/

Table 1: Colorant material processing times with different techniques.

N°	Technique	Pigment type	Wall type	Description of the technique	Summary of characteristics	Splatters
A	Brush	Dry	Damp	With a natural bristle brush, dry pigment is applied around the outline of a hand resting against the wall surface.	Technique characterized by an opaque and homogeneous appearance. The halo is continuous, with abrupt edges and totally conditioned by the artist's will. The traces of the brushstrokes are visible, as well as those of the hair in certain places.	No
B	Brush	Liquid	Dry	With a natural bristle brush, pigment already mixed with water is applied around the perimeter of the hand resting on the dry wall.	Technique very similar in appearance to the first one (A). In this case the brushstrokes are less visible. The halo is very opaque, with abrupt edges, also depends entirely on the will of the artist.	No
C	Brush. Forceful paint projection	Liquid	Dry	A brush is loaded with ample liquid pigment wich is projected with rapid movements over the wall surface. The aim is to paint the outline of the hand to leave its silhouette.	Technique that can be refuted with a fair degree of certainty. The shape of the hand is not perceptible, and the drips and marks of the paint prevent the definition of the motif.	Yes, many, on the walls and on the floor.
D	Short bristle brush	Liquid	Dry	The "splatting" technique is achieved by loading the brush with a sufficient amount of liquid paint and then applying force rapidly and controlledly to the bristles of the brush, thus projecting the paint in the form of drops.	This technique produces a very inhomogeneous result, which does not allow us to appreciate the shape of the hand stencil. The projected drops are very large and separated. The shape of the halo is very irregular.	Yes, some on the walls and floor.
E	Tampon	Dry	Damp	The powder pigment is applied by dabbing it with a tampon on the contour of the hand resting on the wall support.	Technique whose most characteristic result is the formation of a drawn outline, in which the interdigital spaces are absent. The width of the tool creates an impression of finger thickness that does not correspond to the real model. The buffer marks are visible, and the halo formed is abrupt. It is also observed that the painted surface is not homogeneous, as the pigment does not penetrate into the cracks of the wall.	No
F	Tampon	Liquid	Dry	The liquid pigment is spread along the edges of the hand, which acts as a stencil, by using a tampon.	Technique very similar to that used with dry pigment stamping on a wet wall (E), which gives a similar appearance of fingers with very wide and poorly defined interdigital spaces. Also visible are the traces of the tampon, the outline of which is very characteristic. Similarly, the pigment does not reach the crevices of the support.	Yes, some large drops.
G	Finger	Dry	Damp	The contour of one hand is painted using the fingers of the other hand, loaded with dry pigment, on the damp surface.	This technique, like stamping techniques, has a characteristic drawn appearance. The outline is well defined, depending on the artist's will, and the pigment does not slip on the irregularities of the support. The overall appearance is quite similar to that of the brush (A & B), but without traces of bristles or lines. The pigment is also very condensed.	No
H	Finger	Liquid	Dry	The outline of one hand is painted using the fingers of the other hand, impregnated with wet pigment, on the dry support.	Technique that produces a very homogeneous and characteristic rough outline. As with the finger application of dry pigment on a wet wall (G), the paint does not reach the small holes in the wall.	No
I	1 tube. Water in the mouth	Dry	Dry	With a load of dry pigment at one end of a hollow tube or bone, water is projected through it from the mouth onto a dry wall	Technique characterized by a very diluted pigment, not very opaque, which does not allow to define the hand in an appreciable way.	Yes, some on the ground, with medium intensity.
J	1 tube. Liquid Paint projection	Liquid (seco mesclado en la boca)	Dry	The pigment is mixed in the mouth with water and projected through a tube or hollow bone onto a dry wall.	Technique defined by the scarce definition of the hand, due to the great liquidity of the paint. This characteristic causes the paint to slide between the hand and the wall, preventing the fingers from being drawn. The halo is not very diffuse.	Yes, on the floor and wall, large drops.

N°	Technique	Pigment type	Wall type	Description of the technique	Summary of characteristics	Splatters
K	1 tube. Dry pigment projection	Dry	Damp (cave)	With a load of dry pigment at one end of a hollow tube or bone, it is blown with force from the other end.	Convincing technique that gives a defined and very clean result. The halo is smooth and the surface is uniform and shiny. However, it is slightly less opaque than the venturi technique (L) and direct mouth projection (N). The technique is a bit tedious, as it requires filling the tube with pigment (at least 7 times for a negative hand), which requires the intervention of at least two people. Numerous small lumps of pigment can be observed around the form, leaning on the irregularities of the wall.	Yes, the dry pigment falls in flakes. Powder remains on the surrounding irregularities.
L	Airbrush (*venturi* effect)	Liquid	Dry (cave)	With two hollow tubes or bones, one is positioned vertically inside a container containing liquid pigment. Through the other tube, arranged perpendicular to the first one, blowing occurs, generating the Venturi effect and thus projecting the pigment from the container onto the wall in the form of a spray.	A very efficient, fast and clean technique that provides a convincing result with a smooth halo and a uniform, opaque surface. No dripping marks are present.	Yes, very few on the ground.
M	1 tube	Dry	Dry (cave)	Same as in example K.	The results of this technique are exactly the same as those obtained using a tube of dry pigment on a wet wall (K). The pigment is well fixed to the wall.	Yes, the dry pigment falls in flakes. Powder remains on the surrounding irregularities.
N	Direct mouth projection	Liquid	Dry (cave)	The liquid pigment is poured directly into the mouth and blown onto the support.	A convincing, fast and effective technique, but which requires specific management and possible training on the part of the operator if the result is to be achieved. May produce drips and larger droplets depending on the skill of the person blowing. The direction of blowing can be observed in the shapes of the halo droplets.	Yes, large drops on the ground.

Table 2: Characterisation of each technique experimented (continued).

Figure 2: A: Airbrush (venturi effect) (L). B: Direct mouth projection (N). C: Dry pigment projection, 1 tube on damp wall (K). D: Dry pigment projection, 1 tube on dry wall (M).

Polyvalent mouth projections

Another observation we made concerns the direct mouth projection (N) technique. Just as we had noted a technical problem with the venturi effect on ceilings, the opposite is true here: we note that the direct mouth projection technique is extremely versatile. It can be used in a wide variety of locations, including those where it would be necessary to hold on to walls or use hands to climb. The only limitation is that the blower must first take a quantity of liquid pigment into his mouth, which he must keep from swallowing. He can then move freely and use one of his hands to make his painting. This seems interesting to us with regard to the question of the accessibility and danger of the areas chosen for the execution of the representations.

Similarities between airbrush and mouth projections

We would also like to point out the significant similarity between the airbrush (venturi, L) and direct mouth projection (N) techniques in terms of the drops scattered in their halo. Indeed, we note that both techniques give a very similar result (fig. 4, a-b). Although oral projection seemed less convincing at first sight, as it requires specific management and training, after a few trials we were surprised by its effectiveness. These two techniques are therefore particularly similar, and their very similar appearance is likely to make it difficult for us to establish criteria for differentiating between them.

Evolution of dry pigment on damp wall

Another result of this campaign, which particularly caught our attention, is based on the evolution of certain motifs over time. By having a protected experimental archaeology area, we had the opportunity to observe the state of the representations not only just after they were made, but also six months later, with the consequences of the particular humidity and light conditions of the cave.

One of the motifs most affected by this climate was the one made with the dry pigment on wet wall technique (K). The hand stencil and the punctuation made on an active wall, which were well defined and looked promising during the first campaign, transformed into a completely red area, since the pigment had spread all over the wall (fig. 4). The areas with the highest density of pigment can still be seen, but the drawings themselves are difficult to distinguish.

We found this observation valuable, since fully colored concretions are frequently observed in Upper Paleolithic rock art. This allows us to consider the use of this technique, the effect of which is to spread the pigment very effectively by the action of water, without any trace of spreading or rubbing.

On the other hand, the technique of applying dry pigment on a dry wall (M), carried out on a non-active wall directly opposite, was not transformed at all. That technique, which seemed unpromising at first glance, seems to have stabilized thanks to the humidity inherent to the cave, without any impact on its visual appearance, at least after six months in these conditions.

6. Discussion and conclusion

The present research has briefly reviewed previously suggested methods for palaeolithic hand stencil creation from specialized literature. In that framework, we have intensively detailed and characterized each of those techniques in a macro and micro level both trough photographic documentation. Thus, we have established the technologies that, according to our results, would have been most likely to have been used, such as the Palaeolithic airbrush, direct mouth projection or the blowing of dry pigment onto the wet wall.

This systematisation allows a morphological comparison with the archaeological record in order to specifically relate each of the hand stencils to their own way of doing. This article is presented as a visual and reference basis for further comparative study focusing on the archaeological record. In turn, we have established an intensive experimental programme after rethinking and reorganizing all the potential parameters that conform this artistic process which will be used for future experimentations.

Future studies are expected to address the analysis of the archaeological record itself as well as to expand the study to other non-figurative projections made with the mouth/blow, which make up another somewhat different block of technological study.

Acknowledgements with funding mentions

This study arises as a methodological necessity within the framework of two doctoral thesis that revolve around hand representations. The first one is focused on the paleodemography of the Upper Paleolithic artists through the morphometric study of these images (V. Fernández Navarro) and the second one is dedicated to the reappropriation and study of the subterranean space and the positioning and spatial relationship of the hand representations (O. Spaey).

The author V. Fernandez-Navarro is beneficiary of a "Concepcion Arenal" 2020-21 pre-doctoral contract at the University of Cantabria for research towards the doctoral thesis titled "From the hand to the mind: demography and semiotics of Palaeolithic artists through the representation of hands", and the author Olga Spaey is beneficiary of a PhD contract in the frame of the *Paleosignes* project (PRIME, CNRS).

This project received financial support from the *Paleosignes* project (PRIME) and *Mind2Wall* (ANR-21-CE27-0005) (P.R.: A. Irurtzun), funded by the Centre

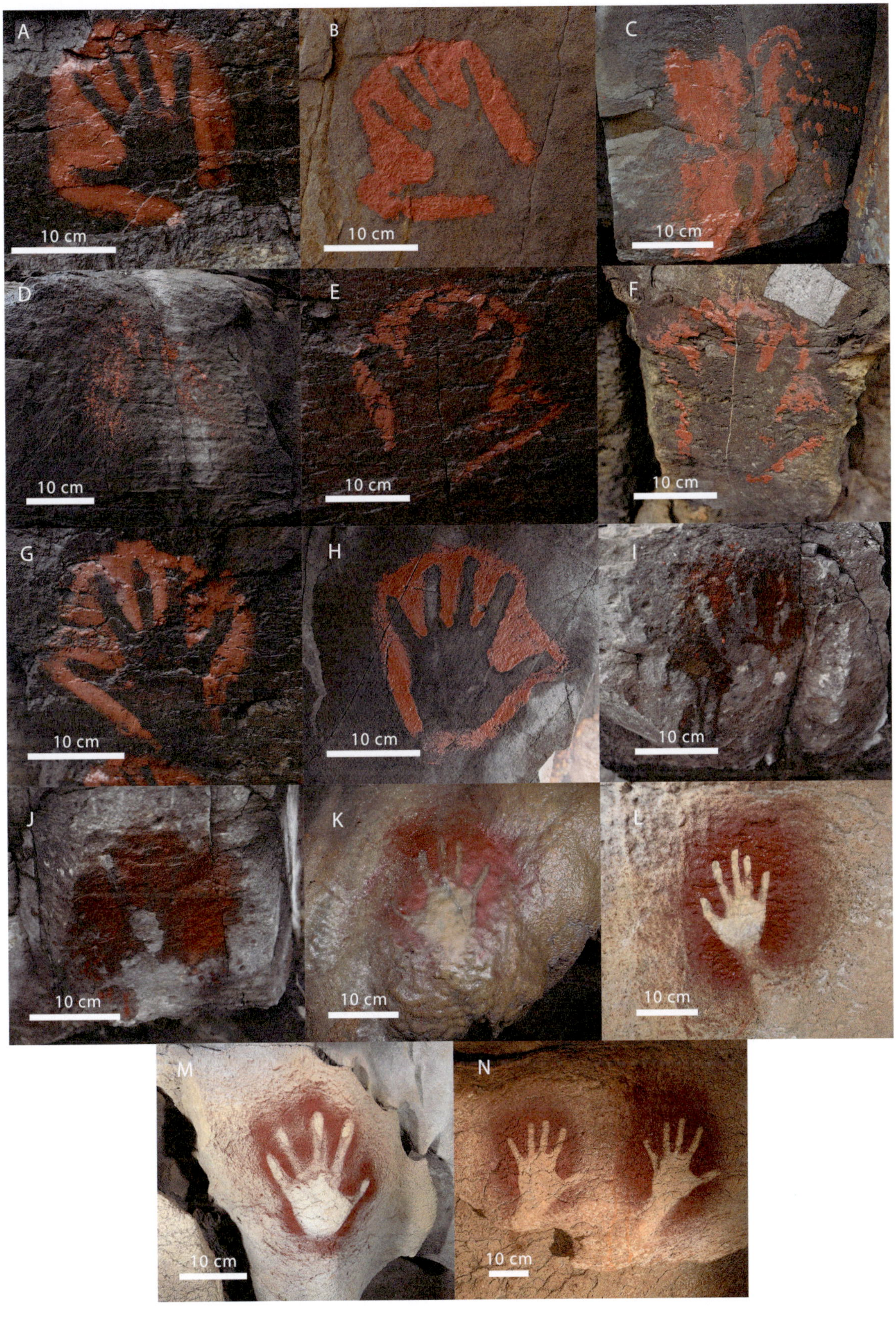

Figure 3: Final results of each technique experimented.

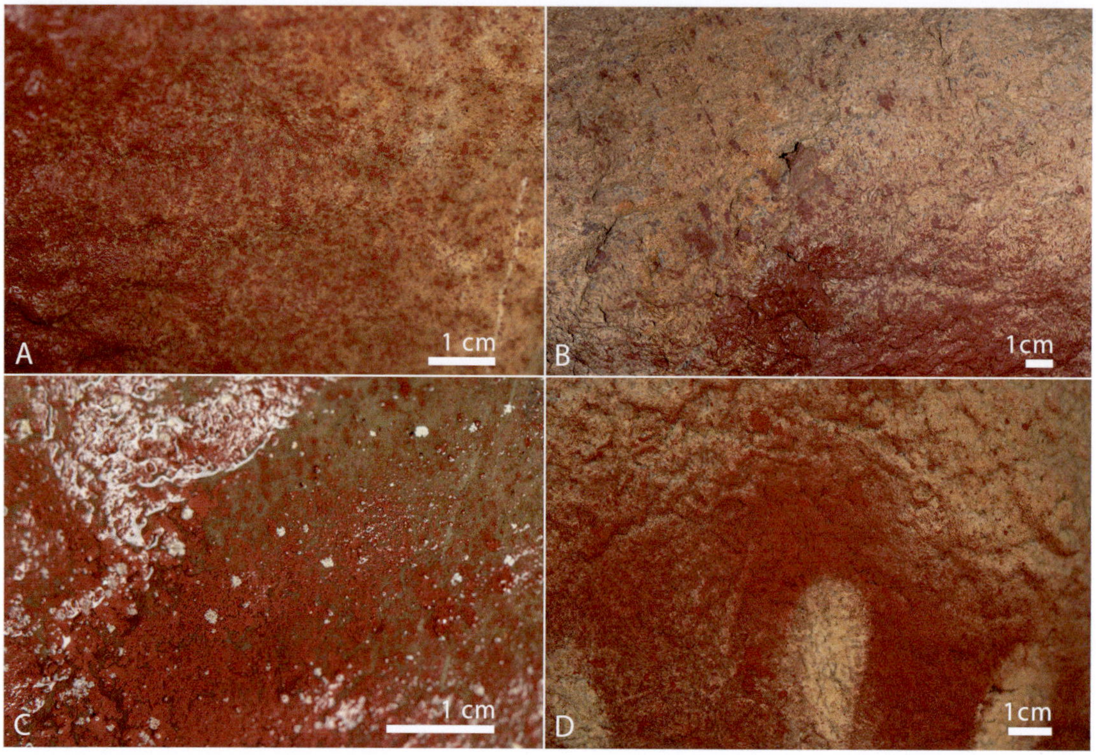

Figure 4: Details of the more convincing techniques. A: Airbrush (venturi effect) (L). B: Direct mouth projection (N). C: Dry pigment projection, 1 tube on damp wall (K). D: Dry pigment projection, 1 tube on dry wall (M).

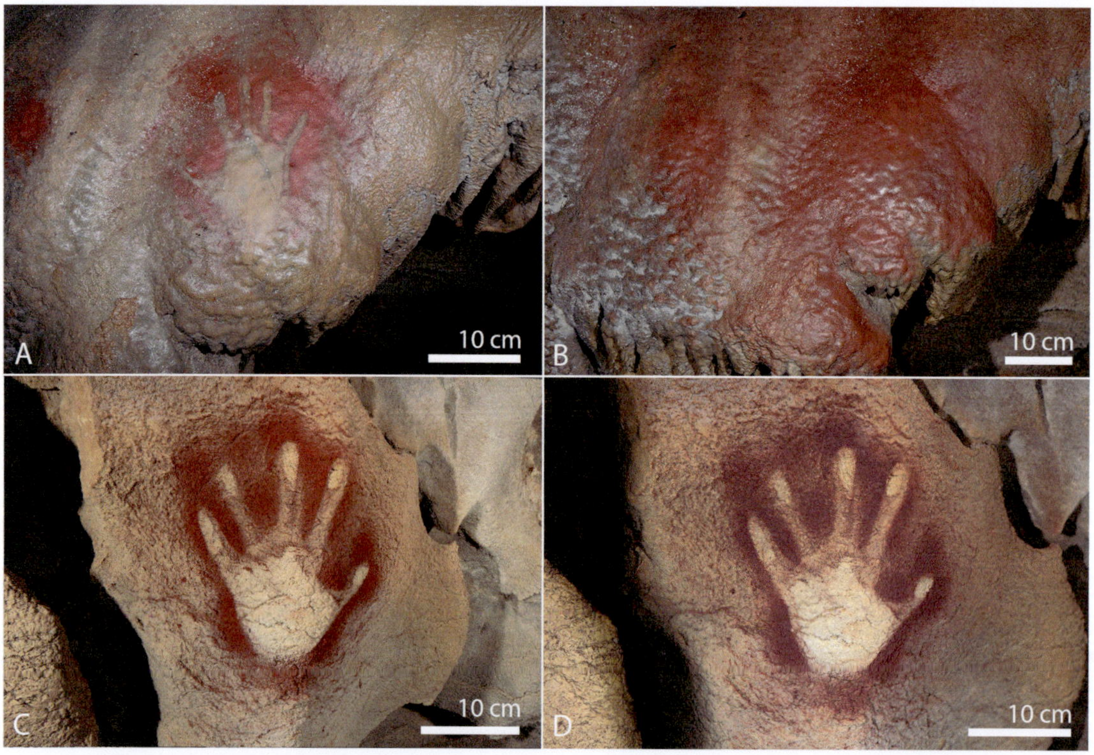

Figure 5: A-B: Dry pigment on damp wall (K). B-C: dry pigment on dry wall (M). A and C: April 2022. B and D: October 2022.

National de Recherche Scientifique (France). Also, we would like to acknowledge the award of the project "Scientific virtual reality for the study and dissemination of the scenarios of artistic creation in Palaeolithic caves (RealCaveART) (PDC2022-133124-I00) funded by MCIN/AEI/10.13039/501100011033 and the European Union Next Generation EU/PRTR", part of the call for PROJECTS PROOF OF CONCEPT of the State Programme to Promote Scientific-Technical Research and its Transfer of the State Plan for Scientific, Technical and Innovation Research 2021-2023 within the framework of the Recovery, Transformation and Resilience Plan.

Lastly, we would like to thank the city council of Lekeitio for their interest and willingness and the use of the cave of Isuntza for scientific purposes.

References

Arias, P., Laval, É., Menu, M., Sainz, C.G. and Ontañón, R. 2011. Les colorants dans l'art pariétal et mobilier paléolithique de La Garma (Cantabrie, Espagne). *L'Anthropologie* 115/3-4, 425-445. http://www.doi.org/10.1016/j.anthro.2011.05.005

Behrmann, R. de, and Alcolea González, J.J. 2009. Les colorants de l'art paléolithique dans les grottes et en plein air. *L'Anthropologie* 113, 559-601.

Barrière, C. 1976. *L´art pariétal de la grotte de Gargas*. Supp. Serie 14. Oxford BAR.

Buisson D., Menu M., Pinçon G. and Walter Ph. 1989. Les objets colorés du Paléolithique supérieur : cas de la grotte de La Vache (Ariège). *Bulletin de la Société préhistorique française* 86/6, 183-191.

Cartailhac, É. and Breuil, H. 1906. *La Caverne d'Altamira à Santillane près Santander (Espagne)*. Monaco: Imprimerie de Monaco.

Casteret, N. 1930. Les mains fantômes de Gargas. *Revue du Comminges* 44, 110-116.

Chalmin, É., Menu, M. and Altuna, J. 2002. Les matières picturales de la grotte d'Ekain (Pays Basque, Espagne). *MUNIBE (Antropologia-Arkeologia)* 54, 35-51.

Clottes, J., J., B.A. and Cosquer, H. 1992a. La Grotte Cosquer (Cap Morgiou, Marseille). *Bulletin de la Société préhistorique française* 89/4, 98-128.

Clottes, J., Valladas, H., Cachier, H. and Arnold, M. 1992b. Des dates pour Niaux et Gargas. *Bulletin de la Société préhistorique française* 89/9, 270-274. http://www.doi.org/10.3406/bspf.1992.9532

Clottes, J. and Lewis-Williams, D. 1996. Los chamanes de la prehistoria. *Ariel Prehistoria*. Barcelona.

Couraud, C. 1978. Observations sur la proximité des gites minéraux colorants et des gisements à peintures préhistoriques de l'Ariège. *Bulletin de la Société Préhistorique Française* 75/7, 201-2.

Couraud, C. and Emperaire, A. L. 1979. Les colorants Lascauxinconnu. *XIIe supplément a Gallia préhistoire*, 152-69.

Couraud, C. 1988. Pigments utilisés en Préhistoire. Provenance, préparation, mode d'utilisation. *L´Anthropologie* 92/1, 17-28.

Cuenca-Solana, D., Gutierrez-Zugasti, I., Ruiz-Redondo, A. and Gonzalez-Morales, M.R. 2016. Painting Altamira Cave? Shell tools for ochre-processing in the Upper Palaeolithic in northern Iberia. *Journal of Archaeological Science* 74, 135-151. http://www.doi.org/10.1016/j.jas.2016.07.018

D'Errico, F., Dayet Bouillot, L., García-Diez, M., Pitarch Martí, A., Garrido Pimentel, D. and Zilhão, J. 2016. The technology of the earliest European cave paintings: El Castillo Cave, Spain. *Journal of Archaeological Science* 70, 48-65. http://www.doi.org/10.1016/j.jas.2016.03.007

Fernández-Navarro, V. 2019. La demografía de los artistas del Paleolítico Superior europeo una aproximación a través de las representaciones de manos, in: García, G. and Varciela, V. (eds.). *Sociedades prehistóricas y manifestaciones artísticas: Imágenes, nuevas propuestas e interpretaciones*. Alicante: Universidad de Alicante. ISBN 978-84-1302-054-9, 93-98.

Fernández-Navarro, V., Camarós, E. and Garate, D. 2022. Visualizing childhood in Upper Palaeolithic societies: Experimental and archaeological approach to artists' age estimation through cave art hand stencils. *Journal of Archaeological Science* 140, 1-11. http://www.doi.org/10.1016/j.jas.2022.105574

Garate, D. 2004. Nuevas investigaciones sobre el arte paleolítico de la cueva de Arenaza (Galdames, Bizkaia). *MUNIBE (Antropología-Arkeología)* 56, 3-17.

Garate, D., Rivero, O., Ríos-Garaizar, J., Arriolabengoa, M., Medina-Alcaide, M.A., Ruiz-López, Juan Francisco, Intxaurbe, I., Salazar, S. and Libano, I. 2020. The cave of Atxurra: A new major Magdalenian rock art sanctuary in Northern Spain. *Journal of Archaeological Science: Reports* 29.

González Morales, M.R. and Moure, A. 2008. Excavaciones y estudio de arte rupestre en la cueva de la Fuente del Salín (Muñorrodero, Val de San Vicente). Campaña de 2000, in: Ontañón, R. (ed.). *Excavaciones Arqueológicas en Cantabria 2000-2003*. Santander: Gobierno de Cantabria, 79-82.

Groenen, M. 1988. Les représentations de mains négatives dans les grottes de Gargas et de Tibiran. *Bulletin de la Société royale belge d'Anthropologie et de Préhistoire* 99, 81-113.

Jalandoni, A., Domingo, I. and Taçon, P. 2018. Testing the value of low-cost Structure-from-Motion (SfM) photogrammetry for metric and visual analysis of rock art. *Journal of Archaeological Science: Reports* 17, 605-616.

Leroi-Gourhan, A. 1967. Les mains de Gargas : essai pour une étude d'ensemble. Impr. Laboureur.

Luquet, G.H. 1926. *L'art et la religion des hommes fossiles*. Paris: Masson.

Malvesin-Fabre, G., Nougier, L.R. and Robert, R. 1954. *La Terre et l'Homme*. Toulouse.

Marčiš, M. 2013. Quality of 3D models generated by SfM technology. *Slovak Journal of Civil Engineering* XXI/4, 13-24.

Montes-Barquín, R., Rasines, P., Río, D. and Monforte, P.F. 2004. "Los aerógrafos" de la cueva de Altamira: The use of coastal resources during the Middle and Upper Palaeolithic in the Cantabrian region (Spain) View project. https://www.researchgate.net/publication/303257770

Olivares, M., Castro, K., Corchón, S., Garate, D., Murelaga, X., Sarmiento, A. and Etxebarria, N. 2014. Estudio mediante instrumentación no invasiva y portátil de pinturas rupestres paleolíticas: La Peña de Candamo, in: Corchón, M. S. and Menéndez, M. (eds.). *Cien años de arte rupestre paleolítico*. Salamanca: Ediciones Universal Salamanca, 245-254.

Ozán, I., Oriolo, S., Gutierrez, L., Castro, A., Latorre, A., Castro, M., and Fazio, A. 2023. Rock Art Painting Taphonomy: the Role of Environmental and Technological Factors. *Journal of Archaeological Method and Theory*. DOI: 10.1007/s10816-023-09619-4

Pomiès, M.-P., Morin, G. and Vignaud, C. 1998. XRD study of the goethite-hematite transformation: application to the identification of heated prehistoric pigments. *European journal of Solid State and Inorganic Chemistry* 35, 9-25.

Roldán, C., Villaverde, V., Rodenas, I., López, E., Domingo, I., Murcia, S., Martínez, R. and Guillem, P. 2018. Análisis de pigmentos parietales de Arte Levantino de losabrigos del "Cingle de la Mola Remigia" (Barranco de la Gasulla, Castellón). *X Congreso Ibérico de Arqueometría*, 128-139. http://www.doi.org/10.13140/RG.2.1.4933.5760

Sahly, A. 1966. *Les Mains mutilées dans l'art préhistorique*. Ministère des Affaires Culturelles, Université de Toulouse.

Salomon, H., Chanteraud, C., Chassin, A., Monney, J., Pradeau, J.V., Goemaere, E., Conquinot, Y. and Chalmin, E. 2021. A geological collection and methodology for tracing the provenance of Palaeolithic colouring materials. *Journal of Lithic Studies* 8/1, 38 p. DOI: 10.2218/jls.5540

Santos da Rosa, N. 2019. La tecnología del arte rupestre levantino. *Cuadernos de Arte Prehistórico* 7, 120-146.

Simón-Vallejo, M.D., Cortés, M., Finlayson, G., Giles-Pacheco, F., Rodríguez-Vidal, J., Calle-Román, L., Guillamet, E. and Finlayson, C. 2018. Hands in the dark: Palaeolithic rock art in Gorham's Cave (Gibraltar). *Spal* 27/2, 15-28. http://www.doi.org/10.12795/spal.2018i27.14

Vaquero-Turcios, J. 1995. *Maestros subterráneos*. Técnicas del Arte Paleolítico. Celeste.

Verbrugge, A.R. 1970. La controverse des mains préhistoriques. *Anthropos*, 65, 1/2, 257-264. https://www.jstor.org/stable/40457624

Note on contributors

Verónica Fernández-Navarro
Instituto Internacional de Investigaciones Prehistoricas de Cantabria (IIIPC), Universidad de Cantabria
Avenida de los Castros s/n,39005, Santander, Spain
Veronical.fernandezn@unican.es

Olga Spaey
Université Bordeaux-Montaigne / UMR5478 – IKER / Universidad de Cantabria
Château Neuf, 15 place Paul Bert, 64100 Bayonne, France
olgaspaey@gmail.com

Antonio Jesús Torres Riesgo
Instituto Internacional de Investigaciones Prehistóricas de Cantabria. Universidad de Cantabria / Universidad de Córdoba
Avenida de los Castros s/n,39005, Santander, Spain
antonio-jesus.torres@alumnos.unican.es

Diego Garate
Instituto Internacional de Investigaciones Prehistoricas de Cantabria (IIIPC), Universidad de Cantabria
Avenida de los Castros s/n, 39005, Santander, Spain
diego.garate@unican.es

Opening an underground silo while grain is stored!

Some results of archaeological experiments performed from 2016 to 2019 in Mediterranean France

Cécile Dominguez, Éric Yebdri, Jean-Michel Savoie, Francis Fleurat-Lessard, Tanguy Wibaut, Jérôme Ros

Abstract

Since 2016, we are currently experimenting with underground silos for storing old varieties of organically grown cereals, under a Mediterranean climate by using hand tools. Our objectives are to re-discover ancient knowhow and shed new lights on the pits for helping archaeologist to interpret them. This original decade-long program combines the expertise of various disciplines (archaeology, carpology, microbiology) with that of actors of the cereal food chain (farmers, millers, bakers). We are seeking to identify the parameters that lead to the preservation of grain placed in an underground silo, to assess the stability of the device for a single or repeated use, and to evaluate the relevance of long-term preservation (several months or several years), depending on the use of the grain (for trade, subsistence or sowing). In archaeology, the paucity of evidence of the stored product in favor of the omnipresence of the container (the pit), perhaps makes us forget that the shape, volume and elements resulting from the closure or development of the walls, are not only cultural or chronological criteria but also the witnesses of an agricultural technique specific to an environment.

Our experiments focus on the underground silo as an air tight unit for grain storage. The increase in the number of pits could provide food for thought about the management of past silage areas, and, in particular, the large ones of early medieval southern France. Every stage, from the digging of the silo to the removal and carbonisation of the grain in the laboratory, is tested. The intervention schedule is as close to known agricultural practices as possible, and adapted to the stored crop cycle. This multi-year programme brought together an interdisciplinary team, inspired by François Sigaut's approach presented at the conference on grain conservation techniques held in the early 1980s (Gast and Sigaut, 1979).

Initiated by archaeologists, this experimental programme was a response to the struggle of correctly identifying past ensilage techniques on archaeological sites and, above all, to understand the conservation process in a confined underground atmosphere without the product in place. Indeed, archaeological studies almost exclusively focus on the container – the pit – which is often backfilled after being used for storage, then dismantled over the

in: Mathias, C., Bourguignon, L., Ivorra, J. and Viallet, C. (eds) 2026. *Living Archaeology. Unveiling the Past through Experimental Archaeology*. Leiden: Sidestone Press, 257-266.

centuries. The gaps in the archaeological data are partly offset by the occasional discovery of exceptionally well-preserved pits, in a state of preservation close to the original silo, and by the valuable contributions of carpology. But, even in the most promising cases, the analysis still leaves some grey areas. The charred plant remains encountered in archaeological silos are not necessarily direct evidence of the ensiled product, but rather waste products (Ros *et al.* 2019). Regarding the closing devices or internal protection of the grain (at walls level), this is generally of variable interest and deduced from stratigraphic analysis. Furthermore, without understanding the context and purpose of silage-making, it's difficult to understand why one type of technique was chosen over another. Archaeology still lacks another vital piece of information: how long can food products be stored. We therefore turn to other sources for explanations (agronomic texts, ethnographic accounts, other archaeological experiments), but these examples are often from contexts too far removed from the reality of the discoveries, or too theoretical.

These various observations explain our decision to practise traditional silage making under a Mediterranean climate, in an area where sites from all periods are plentiful. In the Pyrénées-Orientales (France), many archaeological silos have been discovered, isolated or grouped together, at times associated with a dwelling or other storage facilities.

On the basis of experiments carried out in 2018 and 2019, the aim of this paper is to discuss a specific point commonly accepted by archaeologists: if opened, the silo must be completely emptied of its food content, otherwise the sudden supply of oxygen would irremediably interrupt the conservation process. Our storage results, analysed by grain specialists, are helping to revise this assumption. We now consider that opening the silo to manipulate the stock during the process is possible and does not hinder the conservation process. Although this programme spreads over to 2026, not allowing yet to grasp all the issues involved in successful conservation, this practice is already helping to revise this paradigm.

Résumé

Ce programme d'expérimentation répond à la nécessité d'identifier correctement les techniques d'ensilage sur les sites archéologiques et avant tout, de comprendre le processus de conservation en atmosphère confinée souterraine. Les expérimentations ont pour but de comprendre les pratiques d'ensilage, sans chercher à reproduire un type de silo présumé caractéristique d'une période chronologique.

Depuis 2016, les expérimentations se déroulent à Alénya (Pyrénées-Orientales, France), au sein de l'unité INRAE, sur une parcelle en jachère depuis plusieurs années. Le sous-sol se compose d'alluvions limono-sableuses compactes. Fin 2022, ce site comptait onze silos répartis sur 200 m², pour une capacité totale de conservation de près de 10 m³. Les creusements se sont échelonnés progressivement, en fonction des besoins. Ils sont exclusivement remplis de céréales ou de légumineuse (la première année seulement pour cette dernière) issues de l'agriculture biologique. Les structures excavées présentent un profil en ampoule et des dimensions équivalentes, de l'ordre de 1,30 m de profondeur totale, avec un goulot d'accès cylindrique de 0,60 m de diamètre sur 0,60 m de hauteur. Les bouchons sont réalisés avec un mélange terre-paille facilement mis en œuvre avec les matériaux locaux et démontés au terme de chaque cycle de conservation (un à deux ans). Quatre silos non utilisés sont laissés vides, avec ou sans protection de surface (dalles simplement posées sur le sol), pour observer les processus d'érosion et permettre de comptabiliser le temps nécessaire au colmatage exhaustif.

À partir des résultats des expérimentations menées de 2018 à 2019, nous avons choisi de discuter ici un point très spécifique du fonctionnement communément admis par les archéologues, selon lequel le silo doit être exhaustivement vidé de son contenu alimentaire à l'ouverture, sans quoi l'apport soudain d'oxygène interromprait irrémédiablement le processus de conservation. Les résultats du stockage analysés par les spécialistes du grain contribuent à revoir ce postulat. Nous considérons désormais que l'ouverture du silo pour contrôler ou manipuler le stock au cours du processus est possible et n'entrave pas la poursuite de la conservation. Plus encore, ce pourrait être un geste à systématiser pour parvenir à engager une conservation pluriannuelle. Toutefois, deux conditions semblent, à ce stade des recherches, indispensables : que le grain soit protégé en sous-sol par un paillage épais, et que les conditions climatiques soient favorables. Si le paramètre des échanges gazeux au cœur du stock nous échappe encore, la mise en place de sondes spécifiques devrait permettre d'avancer sur cette question dans les années à venir.

Keywords: Silo; Conservation; Control; Duration; Cereal; Mulching

1. Brief presentation of the Alénya site

The experiments locate since 2016 in Mediterranean France, in the commune of Alénya at INRAE Mas Blanc [42°38'16,5"N – 2°58'16,05"E]. The plot on which the silos are located has been left fallow for several years. The subsoil is made up of compact sandy silty alluvium. By the end of 2022, the site comprised eleven silos spread over 200m², with a total storage capacity of almost 10m³. Digging was phased in gradually, depending on the need to increase storage capacity. Organically grown cereals or pulses were stored in the silos. The silos have a bulbous profile and equivalent dimensions of around 1.30 m in total depth, with a cylindrical access of 0.60 m in diameter and 0.60 m high. The plugs are made from a clay-straw

	PIT			STORAGE			
silo number	year of digging	digging time in hours	pit volume in litres	number of successi-ve uses	duration in months	stored grain	objective
1	2016	10	790	0	0	/	observation of erosion (abandoned silo)
2	2016	12	701	4	12 or 24	faba bean, einkorn grain	silage, uninterrupted cycle then abandonment
3	2016	12	1005	4	12	faba bean, einkorn grain	silage, delayed cycle
4	2016	12	882	5	12	faba bean, einkorn grain	silage, uninterrupted cycle then abandonment
5	2017	12h30	1058	5	12 ou 24	einkorn grain	silage, delayed cycle
6	2019	8	788	1	12	einkorn grain	silage then abandonment
7	2019	12	799	2	12	einkorn grain	silage then abandonment
8	2022	8h45	763	1	12	einkorn grain	silage
9	2022	8h35	1028	1	12	einkorn grain	silage
10	2022	8h30	1025	1	12	einkorn grain	silage
11	2022	6h45	914	1	12	einkorn grain	silage

Tableau 1: List and details of storage of the 11 experimental silos on the Alénya site (Pyrénées-Orientales, France). State in September 2022. (C. Dominguez).

mixture that is easy to use with local materials and dismantled at the end of each storage cycle (one to two years). Four unused silos were left empty, with or without surface protection (slabs simply laid on the ground), to observe erosion processes and record the time required for exhaustive plugging (tab. 1).

2. An interdisciplinary methodology

The methodology of these experiments draws on a variety of diachronic and interdisciplinary sources. Archaeological data, written sources and ethnological testimonies were all considered, as well as the knowledge of peasant farmers and current storage professionals (Dominguez *et al.* 2022). The standard analysis protocol is developed over one year. The reproducible tested variables concern stock protection and storage duration. The variable that cannot be controlled is climate, which means that the established protocol needs to be repeated for at least two consecutive years to validate the results.

The study process is a serial one, starting with stockpiling (silage) in early autumn. The grain is protected inside the silos at two levels: underground, by mulching the bottom and sides with straw and by sealing the access spout with straw heaped with a mixture of clay and straw; and over ground, the same materials are used to create a wide dome with a 30% slope, to ensure that rainwater runs off the spout edges. The minimum conservation period is one year, but one of the objectives is to achieve multi-year conservation.

The addressed issues concern the silo structure, the evolution over time of abandoned silos and the grain stock preservation. As far as the silo is concerned, we are assessing the effectiveness of systematically reusing it immediately after storage, or later. The pit is then protected from erosion by an earth backfill that can be removed when required. Other silos are abandoned after one or more storage cycles, in order to observe erosion rhythms and dynamics. One pit in particular is voluntarily plugged up, and gradually filled in by residues from field activities: mouldy grains, cleared grass or other work wastes. The backfill stratigraphy will be analysed and sampled, and compared with archaeological stratigraphy and paleo-environmental data.

In the field, the methodology for analysing and reporting observations is based on archaeological and agronomic records. It includes cumulative cross-sectional surveys during filling and emptying to observe changes in the profile, particularly at the mouth. Each silo is equipped with three temperature and humidity recorders, which measure dailys[1] the atmosphere at the bottom, in the middle, and close to the lateral walls. When the grain is removed, any settling or damage to the pits is recorded. We then collect samples *in situ*, by strata, and measure the water content of the grains using a portable moisture meter[2].

The used manual digging tools were those of the quarryman, in particular the crowbar, to produce pits with a standardised profile (fig. 1).

Three pits were used in the present study. They are on average 1.30 m deep, with a mouth diameter of 60 cm. They have a total volume of 420 L containing 152 Kg of *Vicia faba*

1 Kimo Instruments, Kistock stand-alone recorders, class 220/320.
2 Samap-o-test moisture tester for cereals, model H40, programmable.

Figure 1: Digging with a crowbar (C. Coeuret).

or 882 and 1058 L containing respectively 216 and 296 Kg of einkorn, and a total volume.

The ensiled cereals and legumes were organically grown and harvested by a farmer, partner of the research. Grain species choice was guided by the carpological corpus attested between the Neolithic and the Middle Ages in southern France (Ros 2020). The silos were sealed with organic straw and soil from the excavation spoil.

In laboratory, grain samples were analysed to measure the germinability expressed as percent of grains able to germinate after being moistened and to identify the type and level of mycotoxins generated by mould growth. Larger volumes of samples were sent for processing into flour then bread only if the levels of contamination by Ochratoxin A and aflatoxins were not higher than 2 times the authorized maximal limits in European Union (5 µg/Kg of grain). This restriction was adopted for avoiding the contamination of material and facilities of the farmer and artisan performing the tests. At the same time, a carpological observation protocol, specific to the experimental stocks, was drawn up. It is based on a description of stocks composition before and after ensilage, in order to observe any anatomical changes in the stored elements. Carbonisation in the laboratory will then provide a frame of reference for comparison with the archaeological corpus.

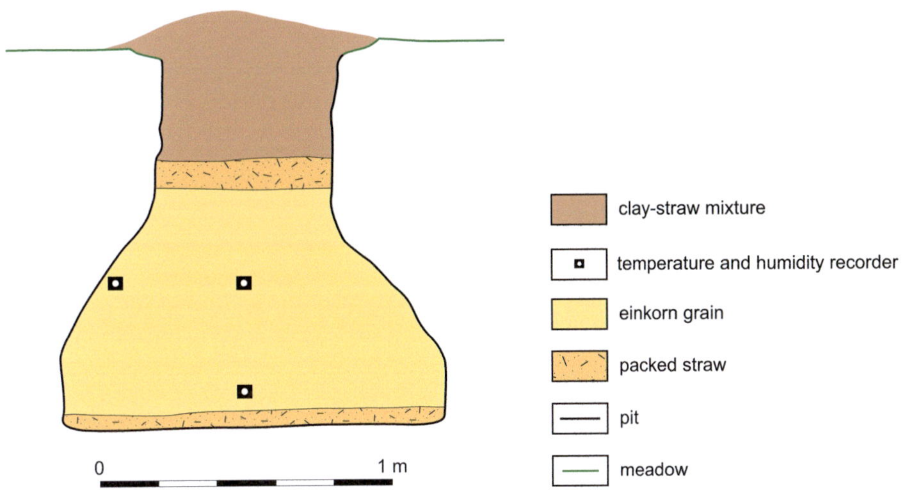

Figure 2: Cross-section of silo 4 in 2017 (C. Dominguez).

The biological data were combined with the analysis of internal recording curves and climate change, to draw up conservation or alteration *scenarii* for the stocks which validates all or part of the established protocol. The protocol was revised, if necessary, to improve the quality of conservation during the next cycle.

3. Results of the 2016-2018 experiments

To assess the efficiency of the methodology, we began with three pits, by ensiling *Vicia faba* beans known to have been stored in underground silos from the carpological corpus of recent prehistoric sites (Ros 2020). This initial cycle of conservation in airtight pits lasted twelve months. The grains were placed directly in contact with the walls and the silo plugged using available materials (soil and straw). The aim was to observe the results of conservation, then to ask the grain specialists at INRAE to adapt our practices if necessary. The fact that all the stocks were almost completely mouldy after twelve months was somewhat disappointing. What we didn't know before was that, as a high-protein legume, faba beans are particularly susceptible to rot when stored in a warm, humid, confined atmosphere. As the preservation process is closely correlated with the ensiling technique, we had to work on two possible areas of improvement: the choice of commodity and the protection protocol, with the aim of slowing down the impregnation of moisture. The internal humidity in the silo was generated by the infiltration of rainwater and favoured the development of microorganisms, altering the stock. At this stage of the experimental programme, we were unable to determine which was the most important factor. In any case, the use of a straw mulch and a hulled cereal seemed to be the best solution to exploit for succeeding in underground storage of grains (Fleurat-Lessard 2017).

Based on this premise, the second conservation cycle involved einkorn (*Triticum monococcum*, protected underground by two layers of straw, at the bottom of the silo and in contact with the walls (fig. 2). Einkorn is a hulled cereal and the husk was supposed to protect the grain against alterations. This ancient species has been cultivated since Neolithic times without significant genetic selection.

After a year, the einkorn from these silos was free-flowing, with a slight musty smell and no visible mould, apart from a few grains in contact with the walls. The mulching had probably acted as a buffer against moisture spread. However, microbiological analysis of the grains in the laboratory contrasted with this apparently satisfactory result, microscopic moulds having developed. These included representatives of the genus *Penicillium*, capable of producing mycotoxins. Quantification of one of these mycotoxins, Ochratoxin A, revealed very high levels, well above the health thresholds in force today (5 µg/Kg of grain), this substance being carcinogenic. However, we assume that past populations, without having access to this knowledge, would have certainly processed and consumed foodstuffs in this state of preservation. Furthermore, germination rates, measured in the laboratory, were close to zero, confirming the alteration of the grains.

At the start of the next conservation cycle (in 2018), the protocol for protecting the einkorn grains was reinforced, with thick mulching at the bottom, near the walls and at the top of the stock (fig. 3).

This system revealed to be the most effective, as a year later the stock was less contaminated by mould and mycotoxins. It was then possible to bake it but it proved again to be unsuitable for sowing (Dominguez *et al.* 2024).

4. Silo and anaerobic preservation: A certainty to be called into question

The missing parameter for understanding the results of conservation between 2018 and 2019 is the composition of the internal gases, in particular changes in the proportions

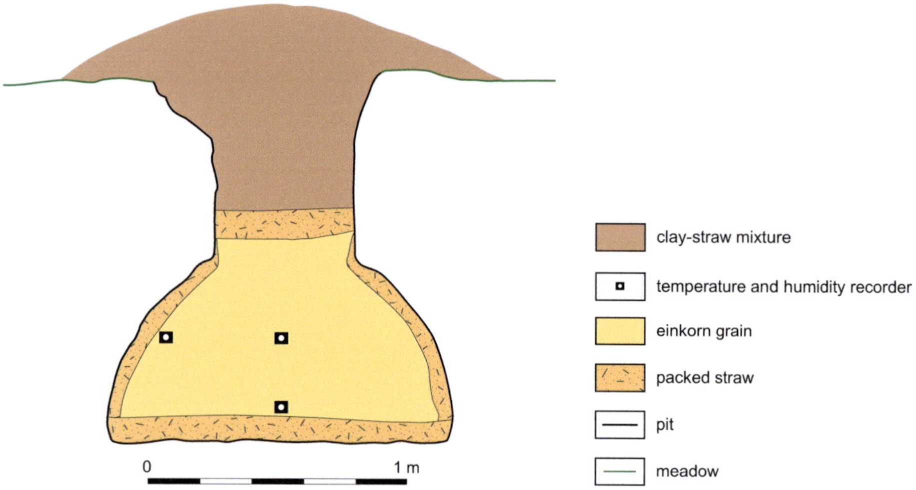

Figure 3: Cross-section of silo 5 in 2018 (C. Dominguez).

of carbon dioxide and oxygen in relation to changes in humidity and temperature. This would require the experimental silos to be equipped with internal probes, connected to a specific measuring device[3]. However, agronomists' current knowledge regarding cereal storage is already a resource to support our argument (Cruz *et al.* 2016). We must first consider the biological characteristics of the grain. As soon as they are harvested, micro-organisms invisible to the naked eye live on the surface of the grain. Depending on the internal atmosphere and climatic conditions of the preservation system, biological activity develops more or less rapidly. This action produces water vapour, carbon dioxide and heat, which replenishes the process and thus increases the development of these micro-organisms. Depending on the storage method (silo or granary, for example) and the porosity of the container, different results can be observed. The grain is often affected by mould, to a greater or lesser extent, fermentation in the case of aerobiosis, or colonised by insects (weevils). In the best controlled cases, the stored grain is unaltered, edible or usable for sowing. To achieve such a high level of preservation, the first parameter to control is humidity, which has to be maintained as low as possible. The underground silo is no exception, whatever the region of the world, the cereal, the storage system or even the period in history.

When stored in the silos, the grains used in the experiments had an average natural moisture content of 10-12%. It is harvested dry before ensiling, as must have been the case in the past. But it remains an organism that lives in slow motion and can therefore be affected by the development of fungi, depending on ambient air temperature and humidity. In a confined underground atmosphere, once a temperature above 18-20 °C and a higher than 80% relative humidity have been reached, the microbial deterioration of the germ in the grain is too advanced to preserve its germinative qualities, even if the grain can still be consumed by humans or animals (Fleurat-Lessard, 2017). This was confirmed by the internal recordings from silo 4 between 2018 and 2019. The hot, humid conditions from spring onwards led to the exponential growth of mould (fig. 4).

That year, the summer heatwave slowed the fungal deterioration and enabled us to recover in the autumn a stock with lower levels of mycotoxin contamination, making bread-making then consumption possible.

Thanks to this result obtained after three years of experimentation, it became possible to extend the shelf life beyond twelve months. As the climate varies, and intermediate control by opening the silo has been incorporated into the protocol. Given the differences in the state of conservation of the grain depending on its position in the silo, this inspection must take place at least on the surface, in the heart, and at the bottom of the stock. Two techniques are possible: either using a probe (a modern tool, fig. 5), or by an exhaustive removal of the stock.

The second technique also allows sorting to be carried out, to remove mouldy grains, and possibly to dry the grains in the open air before putting them back in the silo, to extend their shelf life. Long preservation, an intrinsic advantage of storage under airtight conditions in underground silos, is therefore understood in the context of our experiments, with grain handling during the process. The silo can therefore be conceived as a means of medium (less than a year) or long term (multi year) conservation, as previously proposed by Bourrouilh et Saout (2016) after their own experiments.

For archaeologists, opening a silo while it was in use was firstly counterintuitive. Our theoretical understanding of silage-making was primarily based on

3 From 2022, these measurements will be systematically collected using a portable biogas analyser, model GEMBIO. The data will be analysed in forthcoming publications.

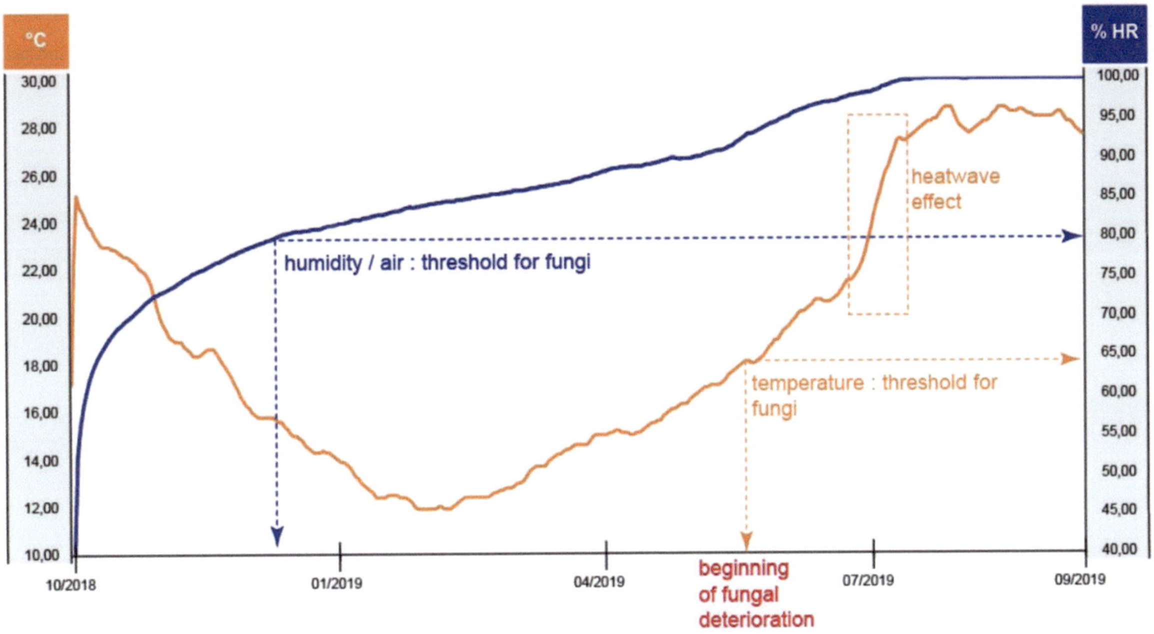

Figure 4: Relative humidity and temperature recorded for one year (September 2018 to September 2019) in silo 4 Thresholds for microbial activities are 18-20 °C and 80% relative humidity, according to Fleurat-Lessard (2017); (F. Fleurat-Lessard, J.-M. Savoie).

Figure 5: The probe is inserted in the stock (1) and the operator rotates to open and fill the compartments of the cannula (2). The probe is removed and the samples taken at different depths are recovered (3) (J. Charmoillaux).

bibliographical sources. When looking for information on this technique or associated experiments, the works of P. J. Reynolds and F. Sigaut stand out (Sigaut 1978). The former is an archaeologist, the latter an agronomist. Reynold was a pioneer in contemporary experimentation with the reconstruction of a protohistoric farm in England where, among other things, grain storage in pits was practised. His publications are most often cited to explain how the underground conservation process works[4]. His understanding of the technique is summarised as follows: preservation takes place when

4 First publication: Reynolds 1974 and following associated with the Butser ancient farm in England.

the germination of the grains in contact with the moist casing consumes all the oxygen in the cavity, placing the rest of the stock into a stable, anaerobic state, which can be preserved in this way for several years. Under this scenario, the supply of oxygen through the opening of the silo effectively interrupts preservation. This is a false first certainty, since the main factor to be controlled is the internal humidity of the silo; reaching anaerobic conditions would necessitate high levels of respiration. On the other hand, P. J. Reynolds mentions a "crust" in contact with the walls, formed by the dense interlacing of the germs of the peripheral grains. This "crust" would become the indirect witness of anaerobia and, in fact, of the silage process. The carpological studies look for the presence of sprouted grains on walls of archaeological silos to assess the primary position of the encountered seed remains. The discovery of charred grain in archaeological silos is also explained by the experiments of P. J. Reynolds. According to him, it was essential to sanitise the pit by setting fire to it before refilling, justifying the presence of carbonised grain in the contents of abandoned silos. The carbonisation of samples from our experiments will certainly shed new light on this subject. From a microbiological point of view, we are also endeavouring to describe and qualify the state of the grains agglomerated by the mycelium in contact of the wall.

The spontaneous act of opening the silo to handle the grain was not obvious, certainly because the concept of anaerobia was too strongly associated to silage. Yet this practice is mentioned in traditional farming communities in the Middle East and in Spain. In the early 1980s, an ethnographic study was carried out on agricultural preservation methods in the north-west of present-day Jordan, which mentions the handling of grains during the process (Ayoub 1985). In this example, although the expected shelf life was between two and four years, after one year the wheat was systematically checked. If any mould was found, it was removed, sorted and then dried in the sun before being put back in the pits. The aim was to lower the moisture content of the grain, in order to slow down the development of mould. Traditional cereals air-drying can take many forms (Cruz 2016, 51-60). In our future experiments, drying should be limited to spreading the visually healthy grain out in the sun for a few hours. In his "Mémoire sur l'ensilage rationnel", L. Doyère (1856) gave a detailed account of mulching practices in Estremadura (Spain). He mentions that the internal mulch can be replaced as often as necessary, in other words, as soon as it becomes impregnated with moisture or mouldy, so as to prolong conservation in optimum conditions but only if the soil is not porous (and therefore tends to be damp), in which case storage cannot exceed one year (Doyère 1856, 15).

5. Conclusion

Since 2016, our main aim has been to understand silage-making practices, without seeking to reproduce a type of silo presumed to be characteristic of a chronological period. It is now evidenced that this conservation technique is strongly related to climate and bedrock nature. But to understand it properly, we first need to understand the biology of the grain preserved underground. Although the parameter of gas exchange at the heart of the stock are not known yet, the installation of specific probes should enable us to make progress on this issue. However, under favourable climatic conditions, we are already able to undertake multi-year conservation by opening the silo and manipulating its contents. A better understanding of grain biology led us to modify our operating methods to achieve longer storage periods. Without the expertise of agronomists, opening the silo during the process would have been unthinkable in the context of an archaeological experiment. We had to deconstruct an assumption to better assess the relevance of integrating this practice into our experiments. Experiments are in progress for comparing the behaviour of other cereals such as ancient varieties of bread wheat, durum wheat, barley and other peas and beans.

It is now accepted that long preservation, an intrinsic advantage of silage, means that in Mediterranean regions the grain has to be handled during the process. Depending on the climate, this must also have been the case in the past. Considering the silo in an archaeological context as a means of conservation over the medium (a few months to less than a year) or long term (several years), depending on the purpose (for trade, subsistence or sowing), undeniably opens up new perspectives on interpretation of historical supports and knowledges on local ancient economies.

Acknowledgements

Since 2016, the experiments are part of a workpackage of the Programme Collectif de Recherche "Expérimentation archéologique d'ensilage enterré préindustriel" funded by the Drac Occitanie and Inrap. From 2022 to 2025, this research is also being funded by the Agence Nationale de la Recherche as part of the SilArchaeoBio project (ANR-21-CE27-0013). We would like to thank our professional partners in cereal production and processing: Jacques Baboulène, Laurent Clavié, Jérémie Nechstchein, as well as the INRAE experimental group at Alénya for hosting these experiments.

References

Ayoub, A. 1985. Les moyens de conservation agricole dans le nord-ouest de la Jordanie actuelle, in: Gast, M. and Sigaut, F. 1979, *Les techniques de conservation des grains à long terme : leur rôle dans la dynamique des systèmes de cultures et des sociétés.* Paris: Editions du CNRS, 155-169.

Bourrouilh, A. and Saout, C. 2016. *Le stockage des grains de céréales en silo souterrain sous climats océanique et océanique altéré, interroger la pratique par l'expérimentation, retour sur une problématique classique dans l'archéologie ouest-européen.* Association de recherche et d'expérimentation en archéologie agraire. https://www.academia.edu/14980045

Cruz, J.F., Joseph Hounhouigan, D. and Fleurat-Lessard, F. 2016. *La conservation des grains après récolte.* Gremboux: Editions Quae CTA Presses agronomiques de Grembloux.

Dominguez, C., Yebdri, E., Fleurat-Lessard, F., Ros, J., Savoie, J.M. and Wibaut, T. 2022. Ensilage expérimental en Roussillon. Approche croisée de l'archéologie et de la biologie. *Archéopages* hors-série 6, 178-186.

Dominguez, C., Yebdri, E., Ros, J., Wibaut, T., Fleurat-Lessard, F. and Savoie, J.M. 2024. Expérimentation archéologique de stockage de grains en silo souterrain. Méthodologie et premiers résultats. *Archeosciences* 48(2), 111-130.

Doyère, L.M.F. 1856. *Mémoire sur l'ensilage rationnel.* Paris: Imprimerie Paul Dupont.

Fleurat-Lessard, F. 2017. Integrated management of the risks of stored grain spoilage by seed borne fungi and contamination by storage mould mycotoxins. *Journal of Stored Products Research* 71, 22-40.

Gast, M. and Sigaut, F. 1979. *Les techniques de conservation des grains à long terme : leur rôle dans la dynamique des systèmes de cultures et des sociétés.* Paris: Editions du CNRS.

Reynolds, P.J. 1974. Experimental Iron Storage Pits: An Interim report. *Proceedings of the Prehistoric Society*, 40, 118-131.

Ros, J. 2020. *2000 ans d'agriculture en Roussillon, Productions végétales et terroirs protohistoriques, antiques et médiévaux.* Éditions Mergoil, collection Archéologie des Plantes et des Animaux, 07.

Ros, J., Ruas, M.P. and Hallavant, C. 2019. Gestion des déchets agro-pastoraux et domestiques en France méditerranéenne médiévale : les dépôts archéobotaniques, in: Conesa, M., Poirier, N. (eds.). *Fumiers ! Ordures ! Gestion et usage des déchets dans les campagnes de l'Occident médiéval et moderne, Actes des XXXVIIIes journées internationales d'histoire de l'abbaye de Flaran, 14-15 octobre 2016.* Toulouse: Presses universitaires du Midi, 169-185.

Sigaut, F. 1978. *Les réserves de grain à long terme, Techniques de conservations et fonctions sociales dans l'histoire.* Paris: Editions de la maison des sciences de l'homme, publications de l'Université de Lille III.

Notes on contributors

Cécile Dominguez
INRAP
561, rue Etienne Lenoir, km Delta, 30900, Nîmes, France
cecile.dominguez@inrap.fr

Francis Fleurat-Lessard
Insecto-Net IAA consulting
376, route des anciens moulins, 24800, Saint-Pierre-de-Côle, France
francis.fl@orange.fr

Jean-Michel Savoie
INRAE, UR 1264 Mycologie et Sécurité des Aliments, 33882, Villenave d'Ornon, France
jean-michel.savoie@inrae.fr

Jérôme Ros
ISEM, Université de Montpellier, CNRS, IRD, EPHE
2, place Eugène Bataillon, CC065, bat. 22, 3eme étage, 34095, Montpellier, France
jerome.ros@umontpellier.fr

Tanguy Wibaut
INRAP
561, rue Etienne Lenoir, km Delta, 30900, Nîmes, France
tanguy.wibaut@inrap.fr

Eric Yebdri
INRAP
561, rue Etienne Lenoir, km Delta, 30900, Nîmes, France
eric.yebdri@inrap.fr

« *Patina in patinam* – 2018 » : vers une approche sensible de la cuisine romaine

Cécile Batigne, Nicolas Garnier, avec les collaborations d'Alain Bernet, Christophe Caillaud, Pierre-Alain Capt, Elisabeth Dodinet, Christian Dury, Sandrine Elaigne, Séverine Lemaître, Clémence Mège, Valérie Thirion-Merle, Frédéric Valette

Résumé

Le projet *Patina in patinam*_2018 avait été réalisé dans le cadre des appels à projets internes de la Maison de l'Orient et de la Méditerranée. Il avait permis d'initier un travail de recherches pluridisciplinaires visant à confronter les analyses organiques aux céramiques à feu, la cuisine romaine au mobilier archéologique, et à faire collaborer chercheurs, praticiens et grand public. Les résultats obtenus ont montré l'efficacité des analyses de chromatographie en phase gazeuse couplée à la spectrométrie de masse pour déterminer les molécules imprégnées dans les céramiques de cuisson. Ils ont aussi été confortés par des analyses de matériel archéologique. Ce projet méthodologique a en outre débouché sur des expériences de cuisine romaine et des dégustations à destination du grand public. C'est dans le cadre d'une table-ronde autour de la médiation scientifique organisée lors de l'International Congress of Experimental Archaeology de 2022 à Pézenas que nous avons présenté ce projet.

Mots-clés : Analyses organiques ; Cuisine romaine ; Céramique culinaire ; Médiation scientifique

1. Introduction

À l'occasion du 6e Congrès d'Archéologie expérimentale CONEXP, nous avons été sollicités pour présenter un travail initié en 2018 sur la question des analyses organiques effectuées sur des céramiques de cuisine. Cette présentation était commandée dans le cadre de la table-ronde consacrée aux questions de médiation et de vulgarisation de l'archéologie expérimentale et nous avons donc insisté, lors de la présentation, sur l'intérêt de cette recherche pour le grand public car nous avons également fait de la médiation scientifique dans un musée de site qui organise des journées d'archéologie expérimentale et des restitutions à partir de cette recherche.

in: Mathias, C., Bourguignon, L., Ivorra, J. and Viallet, C. (eds) 2026. *Living Archaeology. Unveiling the Past through Experimental Archaeology*. Leiden: Sidestone Press, 267-276.

Nous présenterons dans ces actes la genèse, la mise en œuvre et les résultats du projet « *Patina in patinam* – 2018 » et nous exposerons ensuite les apports des présentations au public.

2. Les analyses organiques par GC-MS sont adaptées aux céramiques de transport

Le projet « *Patina in patinam* – 2018 » a été déposé en 2017 à la Maison de l'Orient et de la Méditerranée (FR3435, Lyon) dans le cadre des projets internes annuels. Il a été retenu, puis financé et réalisé en 2018. Ce projet visait à tester la faisabilité des analyses organiques effectuées par chromatographie en phase gazeuse couplée à la spectrométrie de masse (GC-MS) dans des céramiques à vocation culinaire.

Cette méthode est considérée comme très fiable pour déterminer la nature des résidus imprégnés dans les parois d'une céramique de stockage ou de transport telle qu'une amphore, et le double protocole développé dans l'un de nos laboratoires (laboratoire Nicolas Garnier) pour extraire et identifier les composés organiques solubles et insolubles a fait ses preuves (Garnier and Valamoti 2016).

Les analyses de chimie organique par la seule chromatographie en phase gazeuse avaient été développées à des fins archéologiques à Lyon dans les années 1970 par F. Formenti à l'Ecole ICPI Lyon, aujourd'hui CPE (Condamin and Formenti 1978). Pour l'identification sûre des molécules, nous faisons toujours appel à la chromatographie en phase gazeuse (GC), qui permet de séparer les molécules, mais elle est couplée à la spectrométrie de masse (MS) afin de les identifier une à une grâce à leur spectre de masse. Aujourd'hui, nous avons recours à la spectrométrie de masse à haute résolution (HRMS) car cela évite les fausses attributions et permet aussi la quantification des différentes molécules. Ainsi, pour le vin par exemple, la HRMS permet une identification plus sûre du raisin et une détection beaucoup plus sensible.

3. Des analyses organiques pour les céramiques de cuisson ?

Dans le cadre de ce projet, nous voulions juger de l'efficacité de la démarche dans le cas de céramiques ayant servi pour la cuisson des aliments, c'est-à-dire lorsque les ingrédients potentiellement piégés dans la porosité de la pâte céramique ont été mélangés et ont été cuits pendant une durée indéterminée. Cette question avait déjà été partiellement posée par des collègues pour d'autres champs géographiques et chronologiques (Pecci 2015 ; Pecci and Grassi 2016) mais nous voulions, avec le projet « *Patina in patinam* – 2018 », reprendre ce point de méthodologie concernant la faisabilité des analyses organiques pour les céramiques de cuisson d'époque romaine avec nos propres référentiels. Pour être profitable, le projet a été volontairement amplement collaboratif.

3.1. Effectuer une recette romaine pour les tests

Cette recherche méthodologique devait être fondée sur une comparaison de la signature chimique des ingrédients crus avec celle des ingrédients cuits imprégnés dans la céramique. Pour cela, nous avons décidé de réaliser une recette, d'en analyser les ingrédients crus et de rechercher leur signature moléculaire dans les prélèvements du récipient dans lequel ils auront cuit. Pour choisir la recette à effectuer, nous avons sollicité Frédéric Valette, cuisinier professionnel familier des textes de cuisine médiévaux. Nous avons fait le choix de travailler à partir d'une recette contenue dans le recueil *De re coquinaria* malgré le caractère composite de cet ouvrage (Laurioux 1994). En effet, certains textes datent vraisemblablement de la période hellénistique alors que des ajouts sont plutôt contemporains de leur transcription, à l'époque carolingienne. Toutefois, cette somme a été attribuée, durant l'Antiquité tardive, à M. Gavius Apicius, et il est vraisemblable que la majorité des 460 recettes forment un tout cohérent pour le début du Ier s. apr. J.-C. Le livre IV, notamment, rassemble une quarantaine de recettes de *patinae*, qui sont des sortes d'omelettes enrichies chaque fois d'un ingrédient principal. À la lecture de ces recettes, c'est la répétition des gestes et des ingrédients de base qui permet d'en comprendre le principe malgré leur état souvent lacunaire. Dans le cadre de cette recherche méthodologique, nous avons choisi une recette contenant le moins d'ingrédients possible et suffisamment simple à mettre en œuvre. Nous avons ainsi opté pour la *patina* de poires (Ap. 162), rédigée de la façon suivante :

> *Pira elixa et purgata e medio teres cum pipere, cumino, melle, passo, liquamine, oleo modico. Ouis missis patinam facies, piper super aspargis et inferes*

que J. André propose de traduire par :

> « Faites cuire des poires à l'eau et ôtez-en le cœur ; écrasez-les avec du poivre, du cumin, du miel, du vin paillé, du *garum* et un peu d'huile. Ajoutez des œufs pour faire une *patina*, saupoudrez de poivre et servez ».

Compte tenu des huit ingrédients requis, nous avons utilisé des œufs, des poires, du cumin en graines, du miel de châtaigner liquide, de l'huile d'olive et du poivre long de Java – le poivre long étant attesté dans certains textes antiques. Pour remplacer le *garum*, nous avons acheté de la *colatura di alici* (« coulure d'anchois ») de la marque Delfino produite à Cetara (Italie du sud), qui, d'après son mode de fabrication, semble pouvoir remplacer parfaitement le *garum*. Du vin de Montbazillac a fait office de *passum* (il s'agit d'un vin dont les grains sont confits). Tous ces produits ont été sélectionnés en BIO.

Figure 1 : Des tablettes numérotées sont immergées dans la préparation alimentaire. Après la cuisson, cela permet de réaliser des analyses organiques d'ingrédients imprégnés dans la porosité sans avoir à détruire le plat à cuire (photo : C. Dury, CNRS, MSH-LSE).

Nous avons effectué plusieurs essais dans le laboratoire de F. Valette afin de comprendre le principe de ces *patinae* mais également dans le but de maîtriser l'enchaînement des gestes nécessaires à la réalisation de la *patina* de poires spécifiquement. Une lecture simple de la recette semble préconiser une cuisson de poires entières non pelées qu'on écraserait ensuite avec les autres ingrédients et auxquelles on ajouterait enfin les œufs. La connaissance des autres recettes de *patinae* permet de savoir que ce mélange doit être cuit dans un plat, recouvert d'une tuile plate ou d'un couvercle. On lit que ce plat est posé sur un foyer chaud et que des braises sont ramassées sur la couverture pour homogénéiser la chaleur interne. Nous avons testé des cuissons de poires entières ou en morceaux, pelées ou non, et avons décidé de privilégier des poires pelées et coupées en dés afin d'obtenir un résultat plaisant pour nous en termes de goût et de texture, et cuit plus rapidement. Lors de ces essais en laboratoire, tous les ingrédients ont été pesés et mélangés grâce à des outils modernes en acier inoxydable, et les cuissons, minutées, ont été réalisées dans des casseroles en métal sur une plaque électrique ou dans des ramequins en terre cuite au four vapeur.

Après quelques essais, nous sommes tombés d'accord pour réaliser cette *patina* de poires de la manière suivante : nous pelons les poires, enlevons leur centre et coupons leur chair en petits cubes afin de les mettre à cuire avec de l'eau. Pendant ce temps, nous mélangeons grossièrement les œufs et leur ajoutons le poivre râpé, le cumin broyé, le miel, le vin doux, la *colatura di alici* et l'huile d'olive. Une fois la compote cuite, nous la mélangeons aux œufs et versons le tout dans un plat à cuire.

3.2. Prélèvements

Pour effectuer le prélèvement des échantillons de céramique imprégnée par la *patina* de poires, nous avons d'abord commandé à P.-A. Capt, archéo-céramiste, des plats à cuire (ces récipients bas et ouverts dans lesquels doit cuire la *patina* portent, dans la littérature romaine, le même nom que la préparation elle-même : ce sont des *patinae*). Toutefois, pour éviter de prélever des fragments des plats eux-mêmes, nous avons aussi commandé au potier des échantillons de céramique afin de les tremper dans la recette pour les en imprégner (fig. 1).

Pour effectuer cette commande, P.-A. Capt avait pris pour modèle un récipient régional, à lèvre en amande. Nous lui avons demandé d'utiliser une argile susceptible de supporter les chocs thermiques. Pour contrôler la qualité de l'argile utilisée, une analyse physico-chimique a été effectuée dans l'un de nos laboratoires, le laboratoire ArAr, en collaboration avec V. Merle et A. Bernet. Les résultats des analyses réalisées par spectrométrie de fluorescence X ont montré que le matériau utilisé contenait peu de fondants, c'est-à-dire d'éléments alcalins et alcalino-terreux tels que le CaO et le MgO, mais était riche en alumine. Les analyses par diffraction de rayons X effectuées sur l'argile utilisée pour façonner ces plats ont confirmé que c'est une argile adaptée à un usage culinaire puisqu'elles ont révélé la présence de kaolinite, d'illite et de quartz. Les pâtes argileuses kaolinitiques sont en effet tout à fait adaptées à des passages répétés sur le feu. M. Picon avait d'ailleurs démontré que, pour supporter les contraintes thermiques, les argiles des récipients de cuisson doivent, dans leur composition élémentaire, contenir moins de 7-8 % de CaO (Picon 1995). Nous avons également commandé à P.-A. Capt des petites tablettes

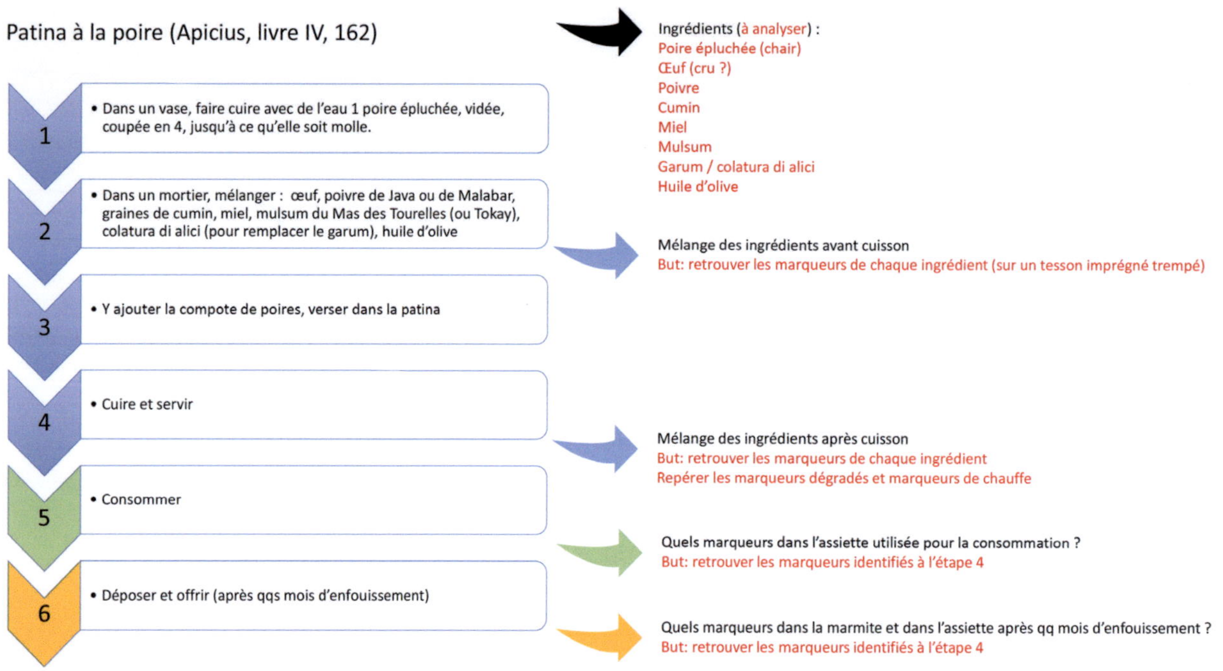

Figure 2 : Méthodologie de prélèvement des tessons imprégnés. Le texte d'Apicius est traduit en chaîne opératoire. Les matériaux notés à droite subissent des réactions à chaque étape de la préparation. Les prélèvements, réalisés à différentes étapes, ont pour but de vérifier la pertinence des protocoles (prélèvements, méthodes d'extraction) et des analyses pour l'identification des ingrédients, pendant la préparation, la cuisson, le service, la consommation et l'abandon des contenants.

de 4 cm^2 façonnées dans le même matériau, en guise d'échantillons à faire tremper dans les préparations.

Pour préparer l'échantillonnage, un protocole de prélèvement a été programmé (fig. 2). Le jour des prélèvements, la *patina* de poires a été réalisée plusieurs fois de suite, selon les mêmes modalités de préparation, afin de réaliser les différentes imprégnations des échantillons de terre cuite, selon le protocole de prélèvement. Les échantillons en terre cuite ont donc été plongés dans la préparation culinaire à différents moments du processus et parfois plusieurs fois de suite (chaque tablette de terre cuite pouvait être identifiée par un numéro) :

- une tablette était plongée dans la compote pendant toute la cuisson des poires ;
- une autre tablette était intégrée au mélange compote + œufs durant toute la cuisson de la *patina* ;
- une troisième tablette séjournait dans deux cuissons de compote successives ;
- un quatrième échantillon était immergé pendant toute la cuisson de deux *patinae* successives ;
- une cinquième tablette suivait le même trempage mais il s'agissait d'un tesson qui avait été engobé sur ses deux faces, l'engobe ayant été élaboré à partir de l'argile de la pâte, mais délayée.

Pour cette manifestation, nous avons aussi demandé l'aide de C. Dury, vidéaste à la MSH de Lyon-Saint-Etienne, afin qu'il enregistre nos gestes, pour la préparation, la cuisson et aussi les prélèvements en vue des analyses de laboratoire (fig. 3). Sa captation devait nous permettre d'analyser, après coup, nos gestes et notre organisation. Elle devait aussi compléter nos notes : nous cherchions en effet à noter l'enchaînement de nos actions, la température des braises et de la sole lorsque nous y déposions les plats et l'aspect de la préparation en fonction du temps de cuisson et de la température du plat. L'enregistrement et le montage de C. Dury devait finalement faire connaître ce projet, son objectif et ses résultats (vidéo à regarder à l'adresse : https://25images.msh-lse.fr/portails/patina-patinam/).

3.3. Résultats

Pour tester la validité des analyses par GC-MS sur des céramiques de cuisine, chacun des ingrédients a d'abord été analysé dans sa forme crue afin de constituer une composition de référence. Ensuite, chaque tablette imprégnée et emballée dans du papier d'aluminium a subi une double extraction, développée selon le protocole du laboratoire (voir plus haut et fig. 4). Lorsque l'analyse des extraits bruts ne permettait pas d'aller au-delà d'un résultat peu significatif, nous procédions à une purification du premier extrait par « extraction en phase

Figure 3 : L'installation de cuisson et les gestes effectués sont filmés par C. Dury (photo : C. Dury, CNRS, MSH-LSE).

solide » (SPE, *Solid Phase Extraction*) sur une phase de silice greffée appropriée pour retenir les composés à éliminer (ici les sucres). Elle permettait d'identifier des composés traces, ce qui a contribué à apporter de nombreux autres éléments à notre connaissance.

L'ensemble des résultats est satisfaisant. Il est notable de constater, en tout premier lieu, que les ingrédients ayant cuit dans le plat laissent des traces moléculaires dans la porosité de la pâte, y compris ceux qui n'y ont subi qu'une seule cuisson de 20 mn. La SPE a permis d'éliminer les sucres des poires, très abondants. Cette extraction en phase solide a aussi révélé les hydroxycholestérols qui indiquent la présence de jaune d'œuf, ainsi qu'une association de stérols et de triterpènes végétaux spécifiques à l'olive, qui prouvent sa présence. C'est aussi grâce à la SPE que du cuminol et du cumène, éléments propres au cumin, ont été identifiés, bien que cette épice, saupoudrée dans la recette, était présente en très faible quantité au regard des autres ingrédients. L'utilisation d'un spectromètre de masse à haute résolution (GC-HRMS), plus sensible, a permis, quant à elle, de mettre en évidence la pipérine du poivre. En revanche, la *colatura di alici* n'a pas été détectée, sans doute parce que l'extrait commercial vendu a été trop longuement filtré et ne contient quasiment plus de constituant organique. C'est d'ailleurs ce que confirme notre analyse du produit brut commercial. Par ailleurs, le tesson engobé sur ses deux faces ne semble pas montrer moins d'imprégnation que les autres échantillons, sauf pour le sucre des poires (mais non celui du miel). Il est intéressant, ensuite, de noter que d'autres produits d'oxydation de cholestérol indiquent que les corps gras animaux ont subi une cuisson longue.

À partir de ces résultats, très positifs dans l'ensemble, il nous a semblé nécessaire de procéder à des analyses sur du mobilier d'époque romaine afin de tester leur capacité à identifier les ingrédients cuits dans les poteries archéologiques.

4. Analyses de matériel archéologique : les *patinae* de Lyon/*Lugdunum*

Nous avons sollicité C. Mège, céramologue au Service archéologique de la ville de Lyon (SavL), afin qu'elle fournisse quatre *patinae* archéologiques trouvées sur des sites archéologiques de Lyon. Il s'agit de plats en céramique à revêtement interne rouge pompéien (« VRP »), d'origine vraisemblablement italique et retrouvés dans des sites archéologiques lyonnais datés du Ier s. apr. J.-C.

Les plats en VRP analysés par GC-HRMS sont les suivants : les échantillons 205-61 et 127-42 proviennent de la fouille effectuée en 1996 par G. Ayala (AFAN) au 1 rue du Colonel-

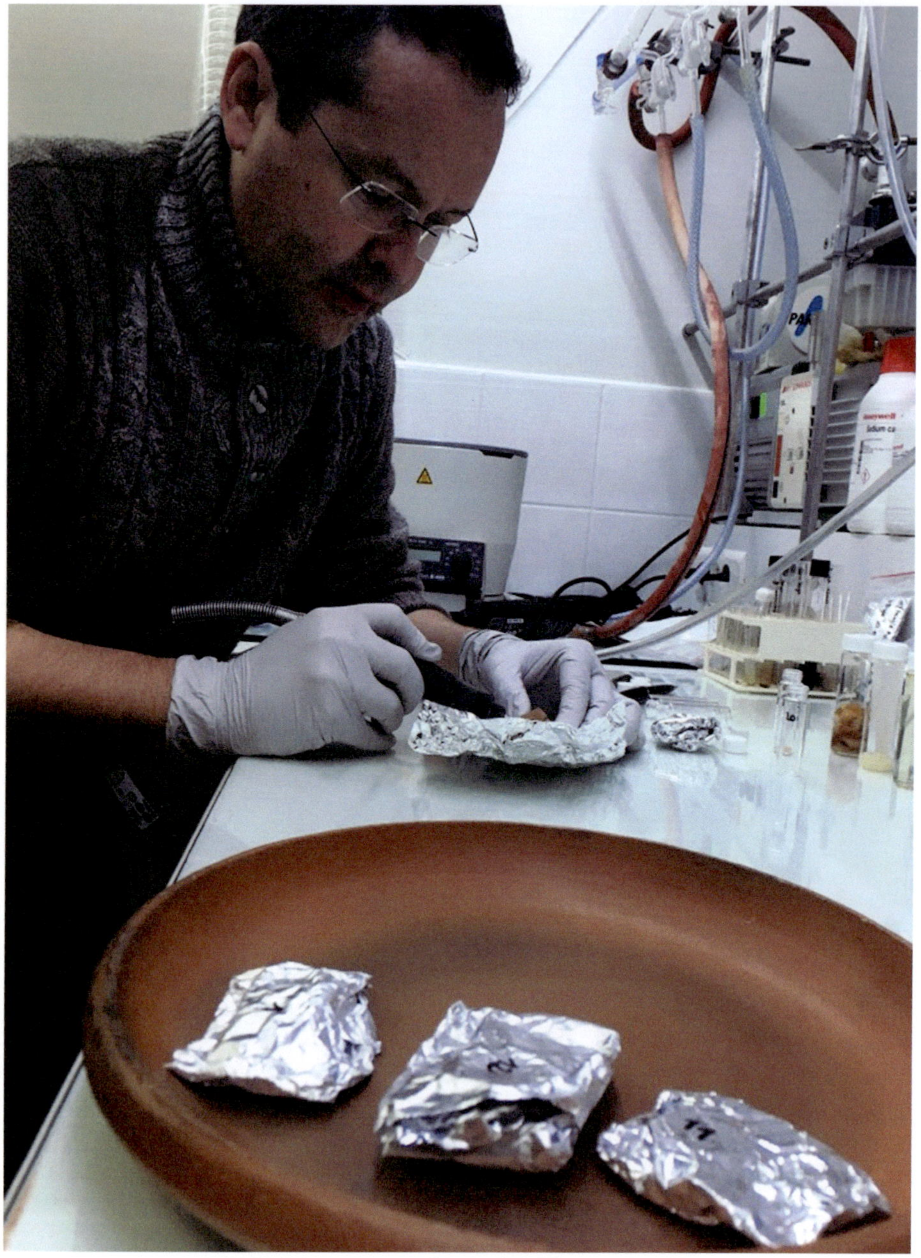

Figure 4 : Au laboratoire d'analyses, N. Garnier effectue les prélèvements sur les échantillons imprégnés emballés dans du papier d'aluminium (photo : C. Dury, CNRS, MSH-LSE).

Chambonnet (2e arrondissement). Le mobilier céramique de cette opération, revu dans le cadre du congrès de la SFECAG à Lyon en 2020, est daté autour des années 15/30 apr. J.-C. (Mège 2020a). Les échantillons S37C159A et S37C159B sont quant à eux issus d'un épais niveau de remblais riche en mobilier archéologique – daté des années 40-60 apr. J.-C. pour la céramique – mis au jour lors de la fouille réalisée en 2010 par E. Bertrand (SavL) au 16 rue Bourgelat, dans le même arrondissement (Mège 2020b).

Les analyses des résidus imprégnés dans la porosité des *patinae* archéologiques ont montré que tous les plats à cuire contiennent des corps gras animaux, de la poix de conifère et du cholestérol associé au lathostérol. Celui-ci, généralement difficile à détecter car très minoritaire, est caractéristique du plasma sanguin. Cela veut dire qu'il peut indiquer la présence de sang – de pièces carnées – mais peut aussi désigner celle des œufs. Enfin, tous les ingrédients contenus dans ces plats à cuire portent la marque de chauffe, telle que des produits d'oxydation du cholestérol, comme cela a été révélé par les tests expérimentaux (voir plus haut). Un plat a contenu des corps gras d'animal non-ruminant et d'animal ruminant ainsi que de l'huile végétale insaturée (huile de noix, noisette, lin ?). Le deuxième a révélé la présence de vin blanc, de corps gras d'animal ruminant et d'huile végétale insaturée. Le troisième contient principalement un corps gras d'animal non-ruminant et des traces d'huile végétale insaturée alors que le quatrième a piégé une grande quantité de jus de raisin blanc en plus des corps gras d'animaux non-ruminants et ruminants. Il a aussi piégé des céréales, très probablement présentes dans la préparation sous forme de farine, dont on peut seulement assurer qu'il ne s'agit pas de millet, très facilement identifiable.

Les tests effectués sur du mobilier archéologique sont donc très positifs car les molécules imprégnées et encore présentes dans la pâte céramique sont très abondantes et variées.

5. Festival d'archéologie expérimentale et médiation scientifique

C. Caillaud, responsable du service scientifique du musée de Saint-Romain-en-Gal, nous a invités, dès juin 2018, à participer aux évènements grand public d'archéologie expérimentale organisés dans le Domaine des Allobroges. Les Journées Gallo-romaines, d'abord, ont fourni l'occasion de nous entraîner à réaliser des recettes de *patinae* dans des conditions de plein air, proches des circonstances de cuisson antiques, c'est-à-dire avec des récipients en terre cuite et un foyer. Ainsi, lors de ces deux journées, nous avons réalisé 4 *patinae* de poires et 2 *patinae* de laitue (Ap. 130), que nous avons fait déguster au public. En septembre de la même année, lors des *Vinalia* (évènement consacré aux boissons anciennes), nous avons renouvelé l'expérience dans le but de réaliser les prélèvements pour les analyses organiques.

Nous avons mis au point notre installation, qui comprenait d'une part un foyer destiné à fournir de la braise toute la journée – assez large pour y prélever la braise à l'aide d'une pelle – et, d'autre part, une sole de forme carrée, réalisée avec 12 dalles de terre cuite de 25 cm de côté.

Pour élaborer la *patina* de poires dont il est question dans cette présentation, nous avons tout d'abord réalisé une compote. Pour cela, nous avons posé un plat sur des braises chaudes (la température des braises, des récipients et des préparations pouvait être prise soit à l'aide d'une sonde, soit à l'aide d'un thermomètre laser, voir fig. 5). Nous y avons fait cuire des petits morceaux de poires dans de l'eau bouillante pendant 20 mn en le recouvrant d'un autre plat. Pendant ce temps, nous avons mélangé les œufs, le poivre, le *garum*, le miel, l'huile, le vin et le cumin dans un cul de poule en acier inoxydable. Lorsque la compote a été prête – l'odeur de caramel était caractéristique –, nous l'avons incorporée au mélange dans un nouveau plat qui a été posé sur la braise lorsque celle-ci affichait une température d'environ 200° C. Le plat fut alors couvert d'un *thermospodium* en terre cuite, sorte de cloche à collerette, afin d'y amasser de la braise chaude dans l'objectif d'homogénéiser la température interne. Au bout de 20 mn, la *patina* était prête à être consommée.

Les prélèvements pour analyses ont été effectués lors des deux premières cuissons, réalisées grâce à plusieurs plats neufs. Elles ont eu lieu au début de cette journée, avant l'arrivée de trop nombreux visiteurs car il aurait été difficile d'être concentrés et de prélever correctement tout en dialoguant avec le public, très intéressé.

Aussi, une fois les échantillons emballés dans le papier d'aluminium, nous avons refait plusieurs fois cette recette dans la journée afin de pouvoir expliquer en toute tranquillité notre démarche aux amateurs. Sur place avec F. Valette, nous avons répondu aux nombreuses questions. Nous avons expliqué que nous cherchions à tester l'efficacité des analyses organiques pour les céramiques à feu. Nous avons également évoqué l'état de notre connaissance de la cuisine romaine, présenté le manuel attribué à Apicius et commenté les textes qui le constituent. Les questions posées par les visiteurs nous ont aussi amenés à leur faire découvrir certains ingrédients comme le *garum* ou la rue, en leur proposant de les goûter. Bien sûr, les *patinae* ont été dégustées par le public mais aussi par le personnel du musée et les collègues expérimentateurs autour de nous. Nous avons aussi profité de ces tests pour essayer des variantes, notamment en battant plus ou moins les œufs. Nous avons aussi compris l'importance d'alimenter le foyer en permanence afin de pouvoir régler la température des braises sur le plan de cuisson.

6. Conclusion

Le projet « *Patina in patinam* – 2018 » était une recherche méthodologique visant à tester la faisabilité des analyses organiques par chromatographie en phase gazeuse couplée à de la spectrométrie de masse pour le cas précis de céramiques à feu. Parce que les prélèvements ont été effectués lors d'évènements d'archéologie expérimentale dans un musée de site, ce projet a aussi donné lieu à de la médiation scientifique. Si ces analyses de résidus imprégnés dans la poterie associées à de la cuisine romaine relèvent en effet de l'archéologie expérimentale, les tests culinaires amenant à des dégustations sont éloignés du cœur de la discipline pour une raison simple : la vocation de l'archéologie expérimentale est de mettre en œuvre des recherches permettant de comprendre les processus menant à un résultat découvert par l'archéologie. Or, une préparation culinaire ancienne n'a jamais été goûtée ; nous ne savons donc pas quel est l'objectif à atteindre, contrairement à la reconstruction d'objets attestés par l'archéologie. Concernant la réalisation de recettes de cuisine antiques, seuls les points suivants peuvent véritablement être éprouvés par le biais de l'archéologie expérimentale :

- les récipients de préparation doivent résister à leur manipulation ;
- ils doivent résister aux passages sur le feu ;
- les installations culinaires doivent être adaptées à la cuisson des préparations ;
- les préparations doivent pouvoir être ingérées sans risque.

Figure 5 : La patina et son couvercle sont recouverts de braises. Une sonde permet de noter la température atteinte (photo : C. Dury, CNRS, MSH-LSE).

Finalement, ce projet aura permis de développer plusieurs aspects scientifiques :

- 1/ **L'exploitation des analyses organiques pour les céramiques à feu.** Ces analyses ayant démontré leur efficacité dans le cas de céramiques de transport ou de stockage, il s'agissait ici d'évaluer dans quelle mesure les molécules des préparations alimentaires ayant cuit dans les vases étaient conservées malgré la cuisson. Les résultats comparés des ingrédients crus et des restes cuits imprégnés ont révélé l'efficacité de cette méthode appliquée à des céramiques à feu. Ces tests ont non seulement montré que les ingrédients étaient détectables dans la pâte céramique mais ils ont apporté des éléments nouveaux. Ils ont notamment permis de compléter les bibliothèques de référence, pour le cumin par exemple. Ils ont aussi amené à identifier les marqueurs des poires et des œufs mais aussi ceux de la chauffe pour les œufs, ce qui a pu être directement validé sur du mobilier archéologique. Des recherches effectuées sur du mobilier archéologique pourront donc être envisagées sans doute. Les questions qui persisteront concernent la survivance des cuissons successives : si elles permettent de savoir ce qu'a contenu un plat, les ingrédients retrouvés sont-ils ceux qui correspondent à la dernière cuisson ou au contraire à toutes les cuissons effectuées dans ce plat ?

- 2/ **La recherche historique au sujet de la cuisine romaine.** L'étude de l'ensemble des 460 textes contenus dans le recueil attribué à M. Gavius Apicius nous a amenés à comprendre la logique de certaines recettes. La recherche a aussi été étendue aux ingrédients et nous a forcés à nous interroger sur leur accessibilité, leur goût et leur texture, et cela a été mis en lien avec les artefacts et les céramiques archéologiques. En somme, la lecture approfondie des textes culinaires, associée à des essais de reconstitution de gestes recommandés dans les recettes, nous a permis d'affiner leur interprétation.
- 3/ **La diffusion des connaissances auprès du grand public.** Un accueil sur le Domaine des Allobroges du musée de Saint-Romain-en-Gal, dans le cadre des Journées Gallo-romaines et des *Vinalia*, a été l'occasion de porter à la connaissance du grand public notre travail de recherche méthodologique. En réalisant les recettes de cuisine sur place, nous formulons oralement nos réflexions, nos interrogations et notre interprétation des recettes contenues dans le *De re coquinaria*. Nous évoquons aussi au fur et à mesure les éléments constituant les bases de notre raisonnement et tout ce qui peut nous permettre de faire des choix dans les gestes à effectuer en fonction des recommandations. Nous expérimentons aussi les conditions matérielles nécessaires à la réalisation d'une préparation culinaire. Le fait de pouvoir ensuite faire déguster les plats au public constitue une approche sensorielle de l'histoire de l'alimentation, qui enrichit encore la connaissance et permet la mise en perspective des valeurs en termes de goût.

Références

Condamin, J. and Formenti, F. 1978. Détection du contenu d'amphores antiques (huiles, vin). Etude méthodologique. *ArchéoSciences, revue d'Archéométrie* 2/1, 43-58.

Garnier, N. and Valamoti, S.M. 2016. Prehistoric wine-making at Dikili Tash (Northern Greece): Integrating residue analysis and archaeobotany, *Journal of Archaeological Science* 74, 195-206. DOI:10.1016/j.jas.2016.03.003

Mège, C. 2020a. Une redécouverte : les ensembles de céramique tibériens de l'Hôtel de l'Europe (1 rue Colonel-Chambonnet, Lyon, 2e arr.), in: Rivet, L. (ed.)., *Actes du congrès de Lyon, 2020*. Lyon : SFECAG, 367-380.

Mège, C. 2020b. Le mobilier céramique du 16 rue Bourgelat à Lyon (2e arr.) : un ensemble claudien remarquable à l'extrémité méridionale de la Presqu'île antique, in: Rivet, L. (ed.)., *Actes du congrès de Lyon, 2020*. Lyon : SFECAG, 347-366.

Laurioux, B. 1994. Cuisiner à l'Antique : Apicius au Moyen Age. *Médiévales* 26, 17-38.

Pecci, A. 2015. Alimentazione nella Firenze medievale : analisi dei residui organici nelle ceramiche. DOI:10.2307/j.ctvr43k06.34

Pecci, A. and Grassi, F. 2016. Preliminary study of food residues and cooking practices in the Medieval Hospital of Santa Maria della Scala in Siena (Central Italy). *Munibe Antropologia-Arkeologia* 67, 185-197.

Picon, M. 1995. Grises et grises : quelques réflexions sur les céramiques cuites en mode B, in: Diogo, J.M. (ed.). *Actas das 4as Jornadas de Ceramica Medieval e Pos-Medieval: metodos e resultados para o seu estudo, Tondela, 28-31 outubro 1992*. Tondela: Camara municipal de Tondera, 283-287.

Note sur les contributeurs

Cécile Batigne
CNRS, Laboratoire ArAr,
Maison de l'Orient et de la Méditerranée
7, rue Raulin, 69007, Lyon, France
cecile.batigne@mom.fr

Nicolas Garnier
SAS Laboratoire N. Garnier / Laboratoire AOrOc
63270, Vic-le-Comte
labo.nicolasgarnier@free.fr

Alain Bernet
CNRS, Laboratoire ArAr
Maison de l'Orient et de la Méditerranée
7, rue Raulin, 69007, Lyon, France
alain.bernet@mom.fr

Christophe Caillaud
Musée de Saint-Romain-en-Gal /Laboratoire ArAr,
69560, Saint-Romain-en-Gal, France
Christophe.CAILLAUD@rhone.fr

Pierre-Alain Capt
Rue du Couchent 3 bis, Cuarny, Suisse
pierre.alain.capt@gmail.com

Elisabeth Dodinet
UMR 9016 – TEMOS
Université de Bretagne Sud, Lorient, France
elisabeth.dodinet@orange.fr

Christian Dury
MSH Lyon-Saint-Etienne
14 Av. Berthelot, 69007, Lyon, France
christian.dury@cnrs.fr

Sandrine Elaigne
CNRS, Laboratoire ArAr
Maison de l'Orient et de la Méditerranée
7, rue Raulin, 69007, Lyon, France
sandrine.elaigne@mom.fr

Séverine Lemaître
Université de Poitiers, UR 15071 – HeRMA / Laboratoire ArAr
8, Rue René Descartes, 86073, Poitiers, France
severine.lemaitre@univ-poitiers.fr

Clémence Mège
Service archéologique de la Ville de Lyon / Laboratoire ArAr
clemence.mege@mairie-lyon.fr

Valérie Thirion-Merle
CNRS, Laboratoire ArAr
Maison de l'Orient et de la Méditerranée
7, rue Raulin, 69007, Lyon, France
valerie.merle@mom.fr

Frédéric Valette
La cuisine de Fred
16 Impasse du bourg, 69460, Le Perréon, France
contact@lacuisinedefred.com

Ancient Roman cheese-making: The challenge of experimental archaeology

Dominique Frère

"Démunis de tout, livrés à eux-mêmes, isolés du progrès et du modernisme mais outillés d'un riche savoir empirique millénaire, les bergers corses ont transmis de génération en génération ces savoir-faire qui ont fait la renommée *di u casgiu nustrale.* »

"With nothing, left to their own devices, isolated from progress and modernism, but equipped with a wealth of age-old empirical knowledge, Corsican shepherds have handed down from generation to generation the skills that have made the reputation of *u casgiu nustrale.*" (Luccioni 2017, 190).

Abstract

Palaeocheesology or archaeocheesology is a scientific field that does not yet officially exist. Cheese archaeology suffers on the one hand from the conspicuous absence of the main subject of study (the cheese), which, with a few exceptions, cannot be preserved, and on the other from the difficulty of identifying the material relating to its production, storage and preservation ("dairy crockery" or "cheese crockery"). Of course, cheese strainers can represent production markers, but with two restrictions: (1) there may be functional confusion with perforated ceramics (all of which are not cheese strainers); (2) they were mostly made of perishable materials (basketry, wood), of which nothing remains. For the Roman world, we have texts that deal directly or indirectly with making methods and mention the types of cheese available in the city of Rome (including Gallic cheeses). Based on the technical information contained in these texts, together with data drawn from the results of biochemical analyses of the contents of Gallic and Roman ceramics, it is possible to propose reconstructions of Gallic and Roman cheeses. As part of a research program funded by la Maison des Sciences de l'Homme de Bretagne, and in collaboration with cheesemaking professionals, I spent three years learning about cheesemaking technology, with one approach aiming at identifying and reproducing the signatures of production methods in order to trace the various manufacturing phases, and another to test preservation and maturing methods.

in: Mathias, C., Bourguignon, L., Ivorra, J. and Viallet, C. (eds) 2026. *Living Archaeology. Unveiling the Past through Experimental Archaeology*. Leiden: Sidestone Press, 277-288.

Figure 1: Replicas of one category of Roman cheese molds (photo: J. Puibaraud).

Résumé

La paléotyrologie, ou science des fromages anciens, est un domaine scientifique qui n'existe pas encore officiellement mais qui commence à se développer. Une archéologie des fromages souffre d'une part de l'absence criante du principal sujet d'étude (le fromage lui-même) qui, hormis quelques exceptions, ne se conserve pas et d'autre part de la difficulté d'identifier le matériel relatif à sa production, son stockage et sa conservation, ce que l'on peut appeler la « vaisselle laitière » ou la « vaisselle fromagère ». Les faisselles peuvent bien entendu représenter des marqueurs de production de fromage, mais d'une part il peut y avoir confusion fonctionnelle des céramiques perforées (qui ne sont pas toutes des faisselles) et d'autre part, les faisselles étaient majoritairement en matériaux périssables (vannerie, bois) dont il ne reste rien. Nous disposons pour le monde romain de textes abordant directement ou indirectement les modes de production et qui mentionnent les types de fromages qui étaient disponibles dans la ville de Rome (dont les fromages gaulois). A partir des informations techniques de ces textes ainsi que des données tirées des résultats d'analyses biochimiques de contenus de céramiques gauloises et romaines, il est possible de proposer des reconstitutions de fromages gaulois et romains. Dans le cadre d'un programme de recherche financé par la Maison des Sciences de l'Homme de Bretagne et en collaboration avec des professionnels de la fromagerie, je me suis initié durant trois ans, aux méthodes de technologie fromagère, avec une approche visant à identifier et reproduire les signatures des modes de production pour retrouver les différentes phases de fabrication et une autre approche ayant pour objectif d'évaluer les modes de conservation et d'affinage.

Keywords: Cheesemaking; Roman cheese; Renneting; Ceramic cheese mold; Ceramic cheese drainer

1. Introduction

In the excellent cheese encyclopaedia *The Oxford Companion to Cheese* (Donnely 2016), Andrew Dalby writes: "Unluckily, older texts give minimal detail on specific types of cheese. The challenge for the food historian is to reimagine the flavor of ancient cheeses on the basis of tantalizingly incomplete information" (Dalby 2016, 25). Experimental archaeology is the best way to recover the taste and appearance of ancient cheeses and is used in particular for the Neolithic (Isler *et al.* 2023) and Chalcolithic periods (Dobrev *et al.* 2018). For historical periods, we have texts and images, but these must be interpreted with care: "Much of what we know about Roman cheese and cheese making comes from agricultural writers who were concerned with large landed estates, not the traditional small peasant farms that dominated the Italian countryside before the Punic Wars. Within this context, these writers provide a wealth of information concerning cheese-making pratices of the time and the place of cheese in Roman life." (Kinstedt 2012, 95). The ancient texts are not very precise, giving indications rather than real recipes, and providing some technical information, the synthesis of which does not result in a practical ancient cheesemaking manual. It is therefore necessary to fill the gaps in our knowledge with information drawn from three complementary resources: firstly, archaeological and archaeometric data, secondly, traditional cheesemaking manuals (pre-dating industrialization)[1], thirdly, ethnology

1 in English, our main reference work is by J. Twamlay (1816).

in regions where ancestral ways of making cheese were practiced until the 20th century, or even more recently. As part of a research program funded by the MSHB[2], I managed to carry out a three-year study of the archaeology of cheese from the Iron Age to the Roman period, including a typo-functional study of ceramic material, chemical analysis of contents (ORA: Organic Residue Analysis[3]) and experimental archaeology (Frère and Cherel 2023; Frère 2022). For the experimental archaeology section, I ordered several dozen replicas of Gallic and Roman ceramics related to dairy processing (fig. 1).

These replicas, selected on the results of the chemical analyses and the typo-functional study, enabled me to test the functional hypotheses of ceramic forms in the dairy processing process. Over a three-year period, with the help of cheesemaking professionals and the advice of INRAE[4] engineers, I became familiar with current cheesemaking techniques and tested different methods of making ancient cheeses. Following the MSHB program, I was lucky enough to be welcomed into the Mucem[5] for eighteen months, to work on the material heritage of cheesemaking in France and the Mediterranean area. During my time at the Mucem (September 2022-january 2024), I took part in an ethnological survey of traditional cheese in Sardinia and Corsica, with Edouard de Laubrie, head of agriculture and food division of the Marseille Museum. I became accustomed to the material culture, gestures and techniques of traditional Mediterranean cheese-making (Frère 2024b).

2. Experimental archaeology to fill the gap

Dairy products are often overlooked in studies of food archaeology, such as Catherine Hastorf's landmark book *The Social Archaeology of Food. Thinking about Eating from Prehistory to the Present*. The share of cheese in this book is very small as far as Antiquity is concerned, the author is content to write that cheese would have been a treat in ancient Greece and Rome (Hastorf 2017, 189). Yet, as textual and iconographic sources attest (fig. 2), cheese played an important role in the daily dietary practices of Greek and Roman populations, not only as a treat, but also as daily nourishment. However, as Andrew Dalby writes (see above), historical sources provide few technical details on the different types of cheese, while archaeological sources prove to be few and far between, with little material evidence of making, packaging, transport and consumption of dairy products. And yet, in Antiquity and

Figure 2: Boeotian terracotta representing a woman grating cheese over a mortar. Beginning of the Vth century. Museum of Fine Arts, Boston, inv. 01.7783 (photos: C. and L. Schiettecatte).

the Byzantine world, cheeses traveled and were traded locally, regionally and even across the Mediterranean Sea, as attested by texts (Frère and Cherel 2023) and unique, albeit late, archaeological evidence: "The recovery of a goat pelt in the form of an utricle, full of cheese, is one of the latest astonishing finds from a 12th century shipwreck excavated by EUA in the port of Rhodes. The pelt was found astern, carefully stored between two frames in the lower part of the hull. Surprisingly, the hairy part of the skin was turned inwards, in contact with the cheese, which might be considered distasteful today. ... Such accidental present-day discoveries remind us of how little we know when our studies rely only on the macroscopic recognition of amphorae and ceramic vessels" (Koutsouflakis 2021). The main source on cheesemaking methods is provided by two farming authors (Columella, 1st c. AD and Palladius, 4th c. AD), the famous encyclopaedist Pliny the Elder (1st c. AD) and a Byzantine treatise on agronomy (*Geoponica*, 6th c. AD). These textual sources help us to determine several production stages (Frère 2024a, 28-30), depending on the type of cheese desired (fresh or aged). I propose four graphs taken from these texts as a guide for my work (fig. 3, a-c and 4, a). Textual sources identify two types of cheese: fresh cheese, for quick consumption, and long-keeping cheese. The latter is made at the end of the animal's lactation for consumption during the winter months. Many texts attest to the fact that the preferred cheese is a soft, fresh one. The older cheeses get, the harder they become, and methods are

2 Maison des Sciences de l'Homme de Bretagne. See the scientific notebook in French: http://www.laitages.hypotheses.org and an abstract in English: http://www.bioarchaeo.hypotheses.org/research-programs/the-program-laitages-milk-in-the-ages

3 http://www.bioarchaeo.hypotheses.org

4 Institut national de recherche pour l'agriculture, l'alimentation et l'environnement.

5 Musée des Civilisations de l'Europe et de la Méditerranée.

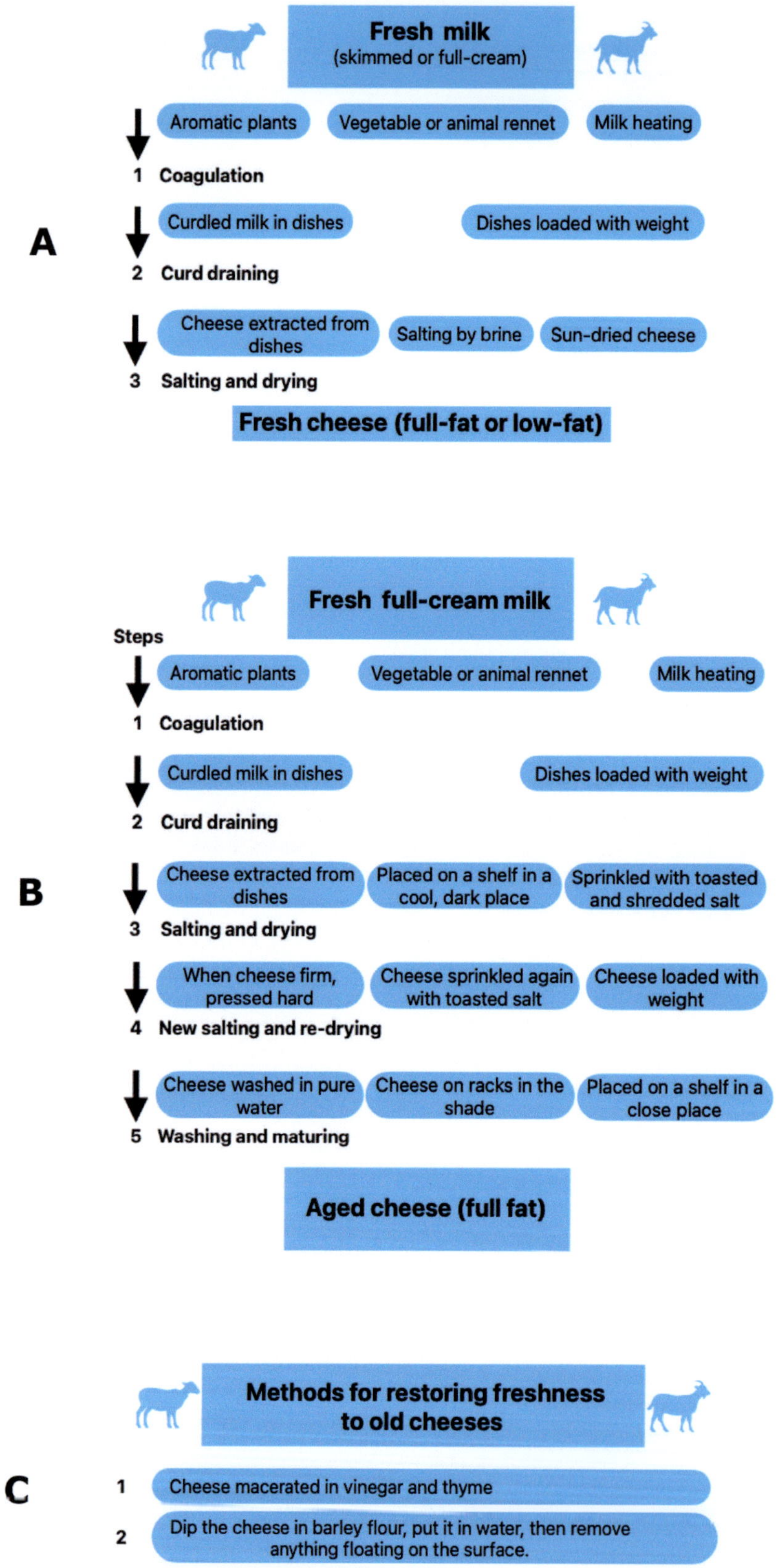

Figure 3: A, Three-step scheme for making Roman fresh cheese. B, Five-step scheme for making Roman aged-cheese. C, Scheme of the methods for restoring freshness to old cheeses.

given for conserving aged and refreshing old cheeses (fig. 3, c; fig. 4, a). These include smoking, which I will discuss later. The Roman cheese is made in three stages, with a further two stages for long-keeping cheese, for a manufacturing process lasting between three-four days (for fresh cheese) and a dozen to fifteen days (for long-keeping cheese).

3. From fresh milk to coagulation

3.1. Process of heating

Cheese is the result of "shaping" curd, a material derived from milk by precipitating part of its proteins (caseins) through the action of either bacteria or an acidic substance that transforms lactose into lactic acid (lactic fermentation), or animal/vegetable rennet that causes enzymatic coagulation. The former produces a lactic curd, with a crumbly, moist, soft texture and a slightly acidic taste, suitable only for fresh cheeses; the latter produces a rennet curd, more compact and firmer, with a neutral taste, suitable for fresh or ripened cheeses. Roman cheese is undoubtedly a rennet cheese, with the introduction of various processes to minimize lactic fermentation. The milk is renneted very quickly after milking, which has the advantage of taking profiting by its temperature, which is close to that of the animal. It must be kept at a constant temperature throughout the coagulation process, ideally around 33-35 degrees Celsius, close to body temperature. Ancient Sardinian shepherds estimated temperature by touch, using the back of the hand, as the skin is thinner and more sensitive. If temperature is too low, the milk acidifies more slowly and the rennet takes longer to act. At higher temperatures, curdling is more unpredictable and excessive heat kills the bacteria responsible for coagulation. Columella makes it clear that milk must be kept at a safe distance from the hearth to avoid accidents. Heating should be indirect, with the lidded vase placed close to the embers and the milk stirred regularly and gently. Another very simple method is the bain-marie, in which two large ceramics are placed one inside the other, with the first partly filled with water, which is then heated over embers. It is worth noting that Pliny the Elder cites the heating of milk with sea pebbles in the context of medicinal recipes (Frère 2022, 157). This particular technique corresponds to a tradition that continued in traditional cheese production in Sardinia, Corsica (fig. 4, c) and also in the Pyrenees until the second half of the 20th century: fresh ewe milk was heated by throwing hot stones directly into the liquid. The bain-marie is the safest technique for heating milk, as it maintains a regular temperature without the risk of major variations. The problem is that the heating time is long, and longer the larger the volume of milk. The method involving burning stones immersed in milk is the most suitable. With a little experience, several liters can be heated in just a few minutes (by adapting the number and size of the burning stones to the volume of milk to be heated). Accidents caused by overheating can be quickly corrected by adding cold water. The use of ceramic containers enables a stable temperature to be maintained over the coagulation period, with the option of covering them with a layer of fabric for better insulation.

3.2. Milk flavoring

Columella mentions young fig shoots which, when immersed in milk, give it a pleasant flavor. The agronomist goes on to say that others crush green pine nuts and mix them with milk which coagulates with them, adding that there are also those who make it set with juice of thyme, crushed and chopped. He concludes by saying that you can give cheese the flavor you want, by adding the condiment you prefer. Palladius takes up and adds to the information provided by his predecessor: "Cheese can be given any taste you like, by adding this or that seasoning, such as pepper or any other kind of spice" (*Opus Agriculturae*, VI, 9). The addition of aromatic plants to milk or curd is a practice that still exists in various European regions, such as Alsace and Lorraine, where meadow cumin (*Carum carvi*) is added to the Munster Gérômé (Froc 2006, 112). Milk was used in Greek Antiquity for cold enfleurage (maceration) of aromatic plants to make perfumes (Squillace 2010, 214). As a fatty substance with the ability to absorb and retain fragrances, the practice of flavoring milk before and during coagulation is justified. We routinely aromatize milk during heating and coagulation with various aromatic plants (thyme and rosemary sprigs, sage leaves, fig-tree branches...) with interesting results for the fresh cheeses which are delicately flavored with a slight aromatic taste. For a stronger, more aromatic taste, after macerating the herbs in milk, they are mixed with cream in a mortar and pestled for a long time. The highly aromatic cream is then mixed with the curds after draining. In the case of mature cheeses, aromas are gradually lost during the aging process. This is further proof that ancient cheeses are best eaten in their prime, when they are soft and artificially flavored.

3.3. Renneting process

"The application of any kind of acid will cause milk to coagulate or become curdled; but the substance commonly employed for this purpose in the manufacture of cheese, is the maw of stomach of a young calf that has been fed only with milk, and has been killed before the digestion is perfected; which, when duly prepared, is termed *rennet.*" (Twamlay 1816, 114). Currently, the easiest way to make cheese is to buy industrial rennet, which is what I did for the first three years of the project. I now make my own rennet, with less consistent results than industrial rennet but they are undoubtedly more faithful to traditional

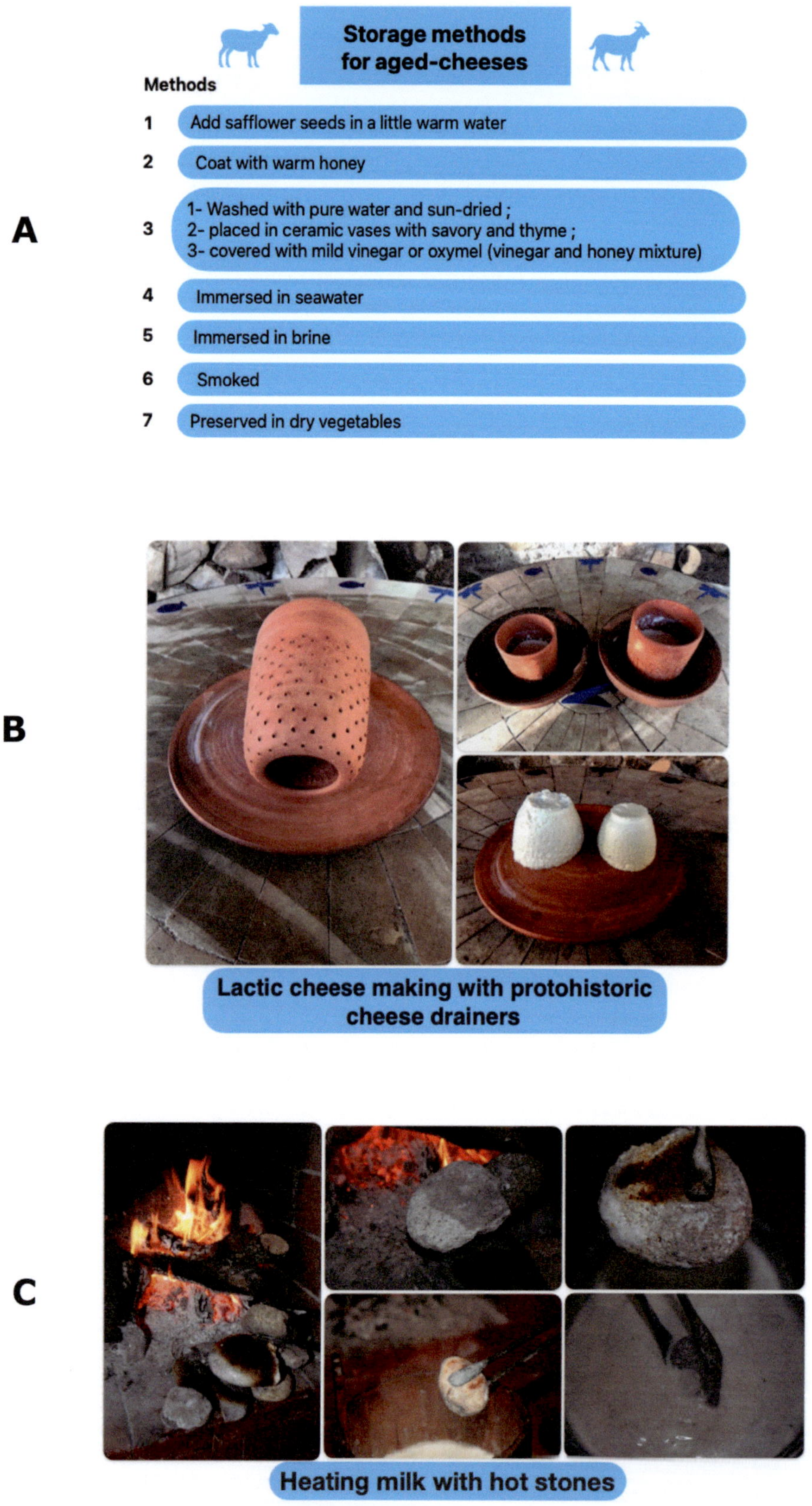

Figure 4: A, Scheme of ways of preserving Roman cheese. B, Heating milk with hot stones in Corsica (photos: P.-J. Luccioni). C, Bottomless protohistoric cheese drainers (photos: D. Frère).

methods. As recommended by J. Twamlay, but also for practical reasons[6], I use calf rennet to make homemade rennet. Andrew Dalby (2016, 27) writes about rennet in Antiquity: "*Pyetia* (animal rennet) was commonly used to curdle the milk; the best variety was thought to come from the stomach of a young deer. Alternatively, *opos*, the milky sap of the fig tree, was used as a vegetable rennet. "The fig sap is first squeezed out into wool," Aristotle explains. "The wool is rinsed, and the rinsing is put into a little milk. This, mixed with other milk, curdles it (Aristotle, *History of Animals* 522b3-5).". Apart from Aristotle's reference to vegetable rennet filtered with wool, we have no information on how rennet was made, and I must refer to ethnology and modern texts. Although Roman agronomists were not interested in rennet production methods, they insisted that cheese was made using animal and vegetable rennet. I have only tried vegetable rennet once, with wild thistle flowers that I have used to make my cheese (S1 photograph 1, doi link at the end of the paper). The result was a soft and moist curd that was difficult to work with, but I will soon have to develop this approach to acquire the know-how to use plant rennet. We need to work with botanists to acquire knowledge of plant species and their coagulant properties, and with ethnologists to learn how to use them. Animal rennet could be derived from a variety of species according to ancient authors, but the most common was that made from kid and lamb stomach (abomasum or maw). The abomasum (otherwise known as rennet-bag in English) is the fourth stomach of ruminants, and the most developed in young, unweaned animals. When the abomasum is removed, it is often full (or partially full) of a fine, white, granular curd, since the mother's milk has been transformed by digestive enzymes (chymosin and pepsin) into what resembles a homogeneous, white cheese. This can be taken directly to inoculate the raw milk, but it is the organ itself that is used to produce the cheese. As soon as the abomasum has been removed, it must be emptied of its contents, thoroughly scrubbed and cleaned with pure water, turned over several times, and denervated. There are three traditional ways of preparing rennet:

- Opened lengthwise, the maw is laid flat and spread out before being abundantly salted (with coarse salt) and dried over a source of heat in an airy place.
- The maw is tied at one end, inflated in the mouth like a balloon and then tied at the other end; it is then hung on a wire in a dry, well-ventilated place to dry.
- The maw is filled with its crushed curds, mixed with dried herbs or spices in whey brine, then tied at both ends and immersed in a jar of brine (fig. 5).

In the first two cases, the rennet is dried and can then be stored over the long term, simply in a wooden box or in a ceramic pot with coarse salt. In the third case, it is essential to keep the brine in a cool place, preferably at the bottom of the fridge. The renneting process is relatively easy: for dried rennet-bag, simply cut strips lengthwise, dip in whey brine and after 24 hours, immerse in warm raw milk (with the option, according to Twamlay, of adding spices for added flavor); for wet rennet packed in whey brine, take a few centiliters of the internal contents and mix with the warm raw milk. The results are interesting, with coagulation occurring relatively quickly (depending on the quantity of rennet) for a firm curd. However, this method leaves a granular deposit on the surface of the curd, giving it a brown color in places. I have adopted another, much more effective method which makes it much easier to obtain beautiful curd in a defined timeframe. In addition, this method produces a rennet that is easy to store over the long term. I borrow this recipe from Twamlay: "When the vell, maw or rennet-bag is fit for use, three pints or two quarts of clean and sweet soft water, are to be mixed with salt, in which should be put rose leaves and flowers, cinnamon, mace, cloves, and, in short, almost every sort of spice and aromatic that can be procured. There, if put into two quarts of water, must boil gently till the liquor is reduced to three pints, and care should be taken that the liquor be not smoked. The spices are now to be strained off, and the liquor is to be poured upon the rennet bag, milk-warm, a lemon is then to be sliced into it, and, after standing for a day or two, it is again to be strained and bottled for use. If well corked, it will retain its goodness for a year or longer, and a small quantity will be sufficient to coagulate the milk, and impart an agreeable flavour to the cheese which may be made with it". (Twamlay 1816, 115-116). I usually simplify this recipe by substituting thyme, coriander and fennel for the spices. I obtain a concentrate in the form of a yellow to light orange liquor which I keep in the fridge for several months. The quantity of rennet used to coagulate the milk depends on its effectiveness (concentration of coagulating enzymes) and the quality of the milk, which is more or less rich in protein. On average, I use one teaspoon of liquid homemade rennet for every two liters of hot milk (32 to 35 degrees Celsius). Depending on the strength of the rennet, the milk quality, but also atmospheric conditions, it takes between two and six hours to coagulate the milk. Most of the time, I obtain a beautiful, firm, elastic white curd. Although not indicated in ancient sources, I slice the curds with a long knife into uniform cubes, which I then leave to macerate in whey for 15 to 20 minutes. The curds fall to the bottom of the whey which I ladle out in part. All that remains is to ladle the curds into the ceramic molds.

6 It is easier to get calf maw than lamb, kid or... fawn.

Figure 5: Steps of rennet making (photos: D. Frère).

4. From curd to cheese

4.1. Curd-draining and molding

There are several methods for separating curds from whey. In the case of very firm curds (particularly from ewe milk), it is possible to work the curds by hand inside a large container with or without holes. The traditional Corsican method was to press the curds by hand in unperforated wooden bowls (Luccioni 2017, 273-279). This practice is depicted on a Spanish altarpiece from the early 15th century (S1 photograph 2). During pressing, the curds are bathed in whey which gradually overflows. This operation, which takes around 20 minutes, produces a firm, creamy cheese. A time-saving compromise is to use a bowl perforated with a few holes, allowing the whey to evacuate gradually but more quickly than by overflowing. The most common practice is to drain the curds using a container with numerous perforations (a cheese strainer) or by a fabric (a cheesecloth) suspended from a stand

(S1 photograph 3). In the first case, the cheese strainer acts as a mold, in the 2nd case, the drained curd is then compressed in a mold. In the past, molds could be made of wood, wickerwork or ceramics, but only the ceramic ones have been found by archaeologists. I use ceramic molds inspired by Roman models discovered in England, France, Germany and Switzerland (Ferdière 2022, 130, 137, 139; Ferdièr and Séguier 2020, fig. 2, FG1a-FG1b). Circular in shape, medium-size, they are marked by concentric internal grooves in high relief, no doubt to facilitate whey drainage. I chose two types, one wider with low, convex walls and the other, less broad with straight, higher walls (S1 photograph 4). What these two types have in common is that their orifices are few in number but quite large in diameter (3 to 4 millimetres). After several trials, the most effective method for this type of small mold with a reduced number of orifices is double-drainage in four steps:

- In the 1st, the curd is heated to a temperature of 40-42 degrees, which separates it from the whey and facilitates the draining process.
- In the the 2nd, curds are drained in cheesecloth for two to four hours.
- In the 3d, the cheese dough is placed in the mold to just above the top of the rim and compressed by hand.
- In the 4th, a wooden plug loaded with weights is placed on the cheese paste; the plug, with a slightly smaller diameter than the mold mouth, is progressively loaded with heavier and heavier weights which compress the paste firmly.

At the end of the process, I unmold the cheese, which has compacted into the shape of the mold. The residual liquid part is whey, yellow-green in color, composed of water, sugar (lactose), serum protein and very little fat. With whey, we can produce a brine that can be used to salt or preserve cheese. It is also possible to use the whey to make the celebrious "ricotta" (or the "brocciu" in Corsica), a whey cheese that is in fact a "fake cheese", made from the residues of cheese production. I am not going to talk about the ricotta technique, as it is not mentioned in ancient texts.

To conclude this section on draining and molding the curds, it is important to point out that I use a very different type of mold, of protohistoric design (Ferdière 2022, 128-129; Ferdière and Séguier 2020, fig. 2, FP4b), for the wet curd which does not have a firm structure. This is a tall, bottomless cylindrical shape with a large number of very small orifices, less than one millimeter in diameter (fig. 4, b). Thanks to the mass effect favored by the height of the vase and the effect of gravity, the moist curd flows slowly through the fine orifices. After a few hours, the contents have been reduced by more than half, and a mass remains in the lower part of the ceramic, adhering strongly to the walls. This explains the function of the large hole at the bottom of the ceramic: this hole allows to insert the thumb and press down on the cheese dough to remove it from the mold. This particular type of cheese strainer/mold is very well suited to lactic curds and probably corresponds to a manufacturing technique that does not use rennet.

4.2. Salting and drying

According to Columella, different salting methods are adopted, depending on the type of cheese desired:

- Cheese made for maturing is sprinkled with salt after removing it from the mold, knowing that salting speeds up draining. It is then sprinkled again with toasted salt during the drying period.
- Cheese intended for quick consumption is simply immersed in brine. Neither the type of brine (water or whey) nor the soaking time is indicated.

In the Corsican cheesemaking tradition, there are several ways of salting cheese. For some, it is imperative to delicately salt the cheese with the palm of the hand, covered in salt, which grazes the cheese like a caress (Luccioni 2017, 262). For others, the cheese does not need to be rubbed and should be delicately sprinkled with pinches of salt (Luccioni 2017, 248). Salting using the brine method is also attested in Corsica: the cheese is left in salt water for two days (Luccioni 2017, 286). Both Columella and Palladius specify that roasted salt should be used. Why? What are the advantages of burning salt? Salt is a relatively stable compound, so heating it on a stove will not change its chemical composition. When heated in a pan, the salt picks up a deep brown hue and a smoky flavor. I toast large quantities of coarse salt in a pan and then grind it in a mortar. The result is a fine, homogeneous salt with an attractive amber color, with a light, smoky flavor. First, I sprinkle small pinches of salt on both sides of the cheese. Then, after drying for a few days, I coat the salt by hand and dampen the cheese faces with a damp cloth. After the first salting phase, I leave the cheeses to dry for six to nine days in an airy place at room temperature (18 degrees Celsius), turning them every day. This is the time when the first traces of mold appear on the cheese surface (depending on humidity and environmental conditions). As indicated by Columella, I clean the surface with pure water (not tap water, but mineral water), using a damp cloth.

4.3. The final stage

I then place the cheeses on racks in a humidity-controlled cellar, by testing different categories of treatments:

- Smoking, using a small ceramic smoker (S1 photograph 5) and wood from olive trees, beech trees and vines. The results are interesting in terms of taste and preservation (smoke prevents mold from forming on the crust).

- Long-term storage in a pot filled with chickpeas. Cheese ages in pulses, drying out and hardening (with the need to check regularly).
- Washing the crush with whey brine every day for a week then once a week. The smear-ripened cheeses are not mentioned in ancient texts, but this method allows to produce a flavorful rind around the cheese and give it more interesting taste character, especially since it is possible to add to the solution of saltwater brine flavor agents such as aromatics or spices, beer, wine, vinegar... The possibilities are endless for different tastes. It's a way of improving the taste of Roman cheeses.

5. Conclusion

There are two categories of Roman cheese: seasonal cheese and long-keeping cheese. Cheese in Roman times is an ingredient, with a predilection for softness and freshness. It is not the taste of fermentation that appeals, but that of freshness and the artificial flavors of aromatic plants or smoking. These are cheeses with little lactic fermentation and with controlled mold development which neutralizes the effects of the bacteria. The notion of maturing, with the aging process of the rind and paste, did not exist in the Roman world. The techniques they developed were designed to keep the cheese fresh and creamy for as long as possible. Cheese for aging is made to be eaten out of season, during the winter months, when animals do not give milk. The long-keeping cheese is a naturally rinded cheese with a hard paste and a quite similar taste of Parmesan, although the production techniques are very different. When fresh, cheese can be served sweet or salty, incorporated into cakes with honey, or used in simple or elaborate recipes with vegetables, meat or fish. When old and hard, it is grated and crushed with a pestle in the mortar in recipes for savory dishes. For wealthy people, cheese is a condiment that adds a fresh taste to the dish. For poor people, it is a daily substitute for meat, providing a regular supply of animal protein.

The reproduction of ancient cheeses is based on the technical elements provided by a few texts from the Roman period, in particular by agronomists. They do not offer an encyclopaedia of cheesemaking techniques, but, with the pragmatism of Roman landowners, a practical guide to making, in a short space of time, a unique type of cheese that can be declined in different tastes (smoked or flavored with green pine cones, crushed thyme, even pepper according to Palladius) and that can be kept for many months in a simple manner. They applied the strategy of "foresighted management" to cheesemaking, i.e. choosing from among the various techniques in use those that would maximize profits. In the Ancient worlds, there must have been a variety of cheeses, a few of which can be seen in archaeological and iconographic evidence (Frère 2024a, 38-47, 49-58). Experimental archaeology is based not only on texts, but also on the archaeological material combined with results of chemical analyses of contents. It does not just give an insight into the shapes, textures and tastes of ancient cheeses, but also provides unprecedented data on biomarkers that can be used in organic chemistry to identify ancient cheesemaking processes and organic materials.

Acknowledgments

I express my sincere gratitude to my colleague Norbert Col, professor emeritus at the Université Bretagne Sud, for rereading the text. I would also like to thank Claude Guintard, teacher-researcher at Oniris VetAgroBio, for providing me with fresh albomasum specimens from lamb and veal.

Supplementary Data

S1: DOI: 10.34847/nkl.a1edsjz7

References

Dalby, A., 2016. Ancient Civilizations, in: Donnely, C., 2016 (ed.). *The Oxford Companion to Cheese.* Oxford: Oxford University Press, 25-29.

Dobrev, I., Tomov, G., Ivanov, R. 2018. Prehistoric cheese technology: experimental archaeology with replica vessels, *Plovdivski Istoricheski Forum*, II, 2018/2 (4), 5-9.

Donnely, C., 2016 (ed.). *The Oxford Companion to Cheese.* Oxford: Oxford University Press.

Ferdière, A., 2022. *Le fromage en Gaule. Origines, production et consommation dans le monde antique.* Paris: CNRS éditions.

Ferdière, A. and Séguier, J.-M. 2020. Le fromage en Gaule à l'âge du Fer et à l'époque romaine. État des lieux pour sa production et analyse de sa place dans le monde antique. *Gallia* 77/2, 155-229. https://journals.openedition.org/gallia/5248

Frère, D. 2022. L'archéologie expérimentale pour l'identification des modes de production et de conservation des produits laitiers anciens, in: Frère, D. and Bodiou, L. (eds.). *Archéologie et histoire culturelle du lait et du fromage (Âge du Fer, Antiquité et Moyen Âge).* Rennes: Annales de Bretagne et des Pays de l'Ouest 129/3, 145-171.

Frère, D. 2024a. *Fromages antiques. À la recherche des fromages disparus*, Rennes: épures.

Frère, D. 2024b. Archéologie du fromage. Témoignages et expérimentations. *L'archéologue* 171, septembre-novembre, 60-65.

Frère, D. and Cherel, A.-F. 2023. Ressources et transformations laitières en Bretagne de l'âge du Fer, in: Valdés, L., Cicolani, V. and Hiriart, E. (eds.). *L'Europe des matières premières au Ier millénaire av. J.-C. Exploitation, transformation, diffusion. Actes du colloque de Gijón.* Paris: collection AFEAF 5, 93-115.

Froc, J., 2006. *Balade au pays des fromages. Les traditions fromagères en France*. Versailles: Éditions Quæ.

Hastorf, C. A., 2017. *The Social Archaeology of Food. Thinking about Eating from Prehistory to the Present*. Cambridge: Cambridge University Press.

Isler, M., Kruse, K., Staub, M., Griessen, C. and Diesbach, P. 2023. So ein Käse: Prähistorische Käseherstellung. *Experimentelle Archäologie – vergessenen Technologien auf der Spur*, (*Anzeiger Experimentelle Archäeologie Schweiz*, Sonderausgabe 1), 130-134.

Kinstedt, P. S. 2012. *Cheese & Culture. A History of Cheese and Its Place in Western Civilization*. White River Junction, Vermont: Chelsea Green Publishing.

Koutsouflakis, G. 2021. The transportation of amphorae, tableware and foodstuffs in the Middle and Late Byzantine period, in: Yona Waksman, S. (ed.). *Multidisciplinary approaches to food and foodways in the medieval Eastern Mediterranean*. Lyon: MOM Editions, 449-510.

Luccioni, P.-J. 2017. *Pastori di Corsica. Vol. II. Roba è casgiu. Troupeaux et fromages*. Ajaccio: Éditions Alain Piazzola.

Squillace, G. 2010. *Il profumo nel mondo antico con la prima traduzione italiana del « Sugli odori » di Teofrasto*, Florence: Leo S. Olschki Editore.

Twamlay, J. 1816. *Essays On the Management of the Dairy: Including the Modern Practice of the Best Districts in the Manufacture of Cheese and Butter deduced from a serie of observations made during twenty years' practice*. London: J. Harding.

Note on contributor

Dominique Frère
Université Bretagne Sud / UMR 9016 – Temos
4, rue Jean Zay, 56100, Lorient, France
dominique.frere@univ-ubs.fr

Breaking objects like Pompeians

The FragEx project and the Porta Nocera necropolis

François Fouriaux, Adrien Malignas,
with contributions from Nicolas Vandenberghe,
Phaedra Bouvet

Abstract

Within a given area, many different activities are superimposed on one another. Although these are specialised activities or simple movements, they leave numerous traces upon the surface of the ground that can be rediscovered through excavation. It is often assumed that, given the complexity of the information recovered, the position of these elements is too random to be analysed in any other way than as a single whole. So how can we disentangle all the traces to identify those that correspond to particular gestures? How can we distinguish between objects resulting from deliberate breakage and other objects? Can particular traces on the object itself be used to detect the gestures of voluntary breakage?

These are the questions we asked ourselves during the opening of a new sector of the Porta Nocera necropolis in Pompeii in 2018. We discovered a small funeral area that has provided an exceptionally well-preserved context. A large number of fragments of artefacts were found on the floor levels of a type similar to the objects used during commemorations, which would consequently be broken or placed in the tomb.

An experiment involving the intentional breaking of archaeological reproductions enabled us to observe the traces on objects and dispersion patterns of the fragments resulting from a single gesture. This reference data could then be used to identify breaking gestures for the futur archaeological data set.

Keywords: Fragmentation; Archaeology of gesture; Intentional breakage; Funerary space; Pompeii

1. Introduction, background, birth of the project

> "It is of the highest importance in the art of detection to be able to recognize, out of a number of facts, which are incidental and which are vital. Otherwise, your energy and attention must be dissipated instead of being concentrated. Now, in this case there was not the slightest doubt in my mind from the first that the key of the whole matter must be looked for in the scrap of paper in the dead man's hand."

The adventure of the Reigate squire, *The Memoirs of Sherlock Holmes.*
Arthur Conan Doyle

The *Fragmentation Expérimentale* (FragEx) project is part of a research programme focus on the excavation of one of Pompeii's necropolises. This project grew from questions posed by a team whose twenty years' experience on the site is based on the acquisition and analysis of data in the field[1]. Throughout the course of this investigation, the research methods were adapted to refine the results, firstly when technical innovations made it possible to process the data more efficiently, and secondly when a different archaeological context, or one that was particularly well preserved, required a particular approach. These two conditions were met in a small area (area 1J) of the Porta Nocera necropolis in Pompeii (fig. 1). The excavation of this area revealed soil levels directly beneath layers of volcanic material, containing a large number of fragmentary remains (ceramics, fauna, glass, metal, etc.). The eruption of Mount Vesuvius in 79 A.D. sealed all these archaeological clues to the use of the space. The FragEx project is an archaeological experiment designed as a tool for analysing the remains of funerary commemorations. It is based on the same method as the one used in the field, and it proposes improvements by drawing the archaeologist's attention to details that at first glance seem insignificant. It is part of a more global approach, that of the archaeology of gesture (Van Andringa 2021).

Working on objects, their use and their meaning is one of the fundamental approaches of the Porta Nocera programme (Van Andringa 2021 chapter 5, 99-130). Several categories of artefacts may be used during the various rituals, but ceramic objects are usually the most numerous. Among them, three forms with clearly defined functions are recurrent: oil lamps, perfume bottles (*unguentaria* – fig. 1, n° 8 and 10) and beakers (fig. 1, n° 7, 8 and 11). Not all these objects were used at the same time at funerals as their function was obviously not the same. They were used and treated in different ways, depending on the ritual sequences in which they may have played a role (cremations, entombment, commemorations). It is the combination of these three objects, or the strong presence of at least one or two of them, that can define a funerary activity. In Pompeii, these ritual practices began to emerge in the second half of the 1st century BC, during the funerals of the first Roman settlers, and then stabilised around the turn of the millennium. The users of these objects participated in Pompeian funerary tradition and thus identified with a Roman identity, embodied in the presence of oil lamps, perfume flasks and beakers. But more to the point, it is the acts of turning the lights on and off, pouring perfume and drinking wine that are significant here. All that can be found in the field are the remains of objects that were used and then left behind, from which we need to reconstruct these gestures and their role in a particular ritual sequence. In the contexts in which they were found, even when said contexts are exceptionally well-preserved, the objects are usually found fragmented, scattered and incomplete. In the case of our study, this state of preservation is not the result of post-depositional disturbance, since the entire space was sealed by ashes and *lapilli* (fig. 1, n°1). It must therefore be assumed that the elements found were in their initial state and position immediately after the object was broken.

Identifying the act of breaking, the final gesture in the ritual sequence, is one of the issues addressed by the Porta Nocera programme. The aim is to demonstrate the intentionality of this breaking and to identify and reconstruct the gestures involved.

2. Activities and gestures

There are two key points to consider when analyzing gesture. First, it is important to distinguish between gesture and activity. These are two related concepts, but they provide different information and require different methods of observation and analysis. Activity relates to the general framework of actions carried out in a field. The Cambridge Dictionary defines it as "the situation in which a lot of things are happening or people are moving around". It is therefore highlighted by a study of actions that form a whole, because they are carried out with the same objective and a certain specialisation. It is the repetition of similar actions that defines an activity. At Pompeii, for example, funerary activity is defined by the repetition of cremations, burials and commemorations. Each of these events is made up of actions: burning a body on a pyre, collecting the burnt bones and placing them in an urn to be laid in a grave, making libations over the grave and breaking the objects used. The repetition of a specialized activity leads to an accumulation of characteristic material traces that can be identified (Achino *et al.* 2015).

Gesture is on a different scale: an individual scale in space and time. The gesture can be described in

1 A first part of the Nocera Gate necropolis was published in 2013, Van Andringa *et al.* 2013.

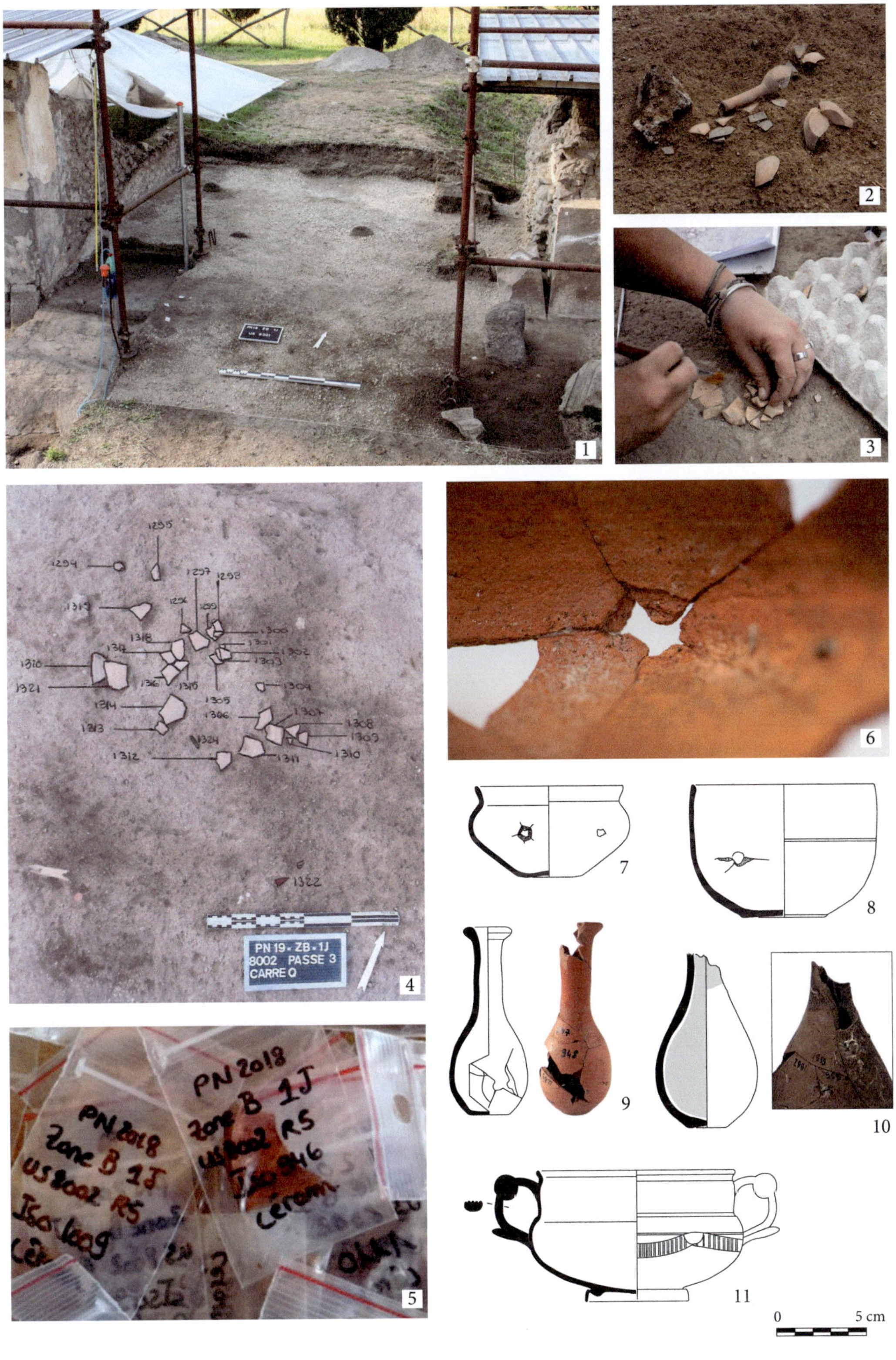

Figure 1: field method, Porta Nocera necropolis, Pompeii. 1, General view of sector 1J before excavation, *lapilli* level; 2, broken perfume bottle on the ground; 3, ceramic sampling; 4, The recording of archaeological evidence; 5, packaging, one artefact per bag; 6, impact mark, view of the inner surface of a beaker; 7: carinated beaker; 8, Mayet XXXIII type beaker; 9, perfume bottle, impact mark; 10, perfume bottle, bevelled break; 11, Marabini XXV type beaker (photos: F. Giraud; drawings: A. Malignas).

two complementary ways. On the one hand, gesture, particularly technical gesture, is defined by its efficiency. François Sigaut (Sigaut, 2002) revisits the controversial definition of efficiency given by Marcel Mauss in 1934. The notion of efficiency is thus the ability to "produce the expected effect", which is not necessarily a material effect. On the other hand, gesture is understood as movement. Blandine Bril (Bril 1984) proposes a system for describing gesture by identifying the body's posture at the moment of execution, the movement by identifying its different phases, and the rhythm defining its speed of execution and sometimes of repetition. So, gesture can be defined as the movement of the body that initiates action and participates in its realisation in tandem with other forces and phenomena. For example, the action of breaking a cup by dropping it is initiated by opening the hand at a certain height. This action causes the object to fall by the force of gravity to the ground, which exerts a vertical reaction force that causes the cup to break and the fragments produced to scatter. The action seeks to produce an effect (breaking the object), and results in other uncontrolled effects (dispersion of the fragments). It is possible to realise the objective of the action by performing different gestures, which will cause different uncontrolled effects. So, the study of activities and actions tells us about the desired effects, while gestures tell us about the way in which these effects are produced.

The second key point in the analysis of gestures concerns the archaeological sources available to us. The effects sought and those not mastered produce material traces that we can bring to light through archaeological excavation. At this stage, the method used is crucial: while the study of artefacts grouped together as a whole can tell us about activities and therefore about the desired effects, the study of gestures through the analysis of uncontrolled effects can only be done by placing the scale of observation at the level of the object and the fragment. In the case of the occupation levels of funerary spaces, studying artefacts as a whole does provide us with information about the commemorative activity (what type of object, what type of rite) but we miss the question of how the activity was carried out.

The vast majority of material traces that we find are made up of thousands of fragments of objects that have been broken and left on the surface of the ground. In order to reconstruct what people did in the past, archaeologists have to start by investigating these remains as soon as they are unearthed in the field. These are the only clues, as tiny as they are, that allow for the study of gestures. It may not seem like much, but using the right method, archaeological evidence can be quite eloquent. One of the most significant demonstrations is undoubtedly the careful study of all the traces present on the surface of the Pincevent site. Spatial analysis of all the artefacts has enabled to highlight the life and rhythms of the people who lived there through the study of deposits and discharges (Leroi-Gourhan, Brézillon 1972). For the period in question, ceramic objects have two characteristics that make them ideal witnesses: they are very abundant and they are generally in a good state of preservation. This good state of preservation is obviously relative, since the objects are highly fragmented, but the fragments have not undergone any mechanical or physico-chemical alteration other than their initial breakage. During excavation, the implementation of a suitable method can be used to accurately observe their spatial distribution.

3. Field method (fig. 1)

The deliberate breaking of objects produces many fragments that are scattered over the surface of the ground. It is these traces that need to be analysed in detail in order to determine whether what we are observing is a random spatial distribution or whether, on the contrary, there is a pattern that indicates particular groupings. To do this, we dissected the soil levels in Area 1J, excavating them in 2 cm-thick sections, or, when objects were encountered, removing the sediment until the base of the object was reached. Each fragment discovered larger than 5 mm was left in place in the position in which it was found. An exhaustive inventory of the artefacts was then made, identifying each fragment on a map. A photogrammetric survey was then carried out before all the fragments were removed, with their ID attached. It was thus possible to produce maps showing the distribution of the artefacts and an exhaustive inventory of all the fragments present on the surface of the occupation levels.

Reassembling the objects is then an essential stage. It allows the object to be identified and described (measurements, type, state of conservation). In addition, this step revealed at least three recurring marks. The first is a perforation in the wall of the vase, measuring between 5 mm and 1 cm in diameter. More generally, this is a polygon with curved sides, the vertices of which correspond to the start of the cracks. The fragmentation thus takes the form of a star with the perforation at its centre. It is also characterised by a surface fracture of the wall of the vase, which is located around the perimeter of this perforation (fig. 1, n°6). For this trace, the hypothesis is that there was an impact on the surface opposite to the one where the splintering was observed. A number of gestures could correspond to these marks and need to be verified: the use of a relatively pointed tool, or throwing or breaking the object held in the hand on a hard surface. The second type of mark is found exclusively on perfume bottles. These are sometimes broken at the neck by a bevelled fracture (fig. 1, n°10). The body and rim are thus separated; one being thrown away from the other. Sometimes, only one of the two elements, the rim or the body, is found well preserved and even intact. In the case of this type of fragmentation, the hypothesis is that it was cut with a tool, probably a sharp one, which caused the rim to detach and project. The third trace is characterised by a long, fairly narrow surface splintering (a few millimetres) that follows the breaks in the vase. The hypothesis here is that the object was crushed, deforming and breaking the wall. Finally, to refit enables us to draw the connections in a graph which will be represented in plan form to help us understand how the fragments of the object were dispersed.

4. Experimentation: the culmination of the field method

Each human action leaves traces in space, whether intentional or not. In this sense, archaeology is the discipline that studies the material traces left by past actions. Among the multitude of traces uncovered during archaeological digs, many objects and fragments of objects are discovered within stratigraphic units. The study of these groups of artefacts enables us to characterise the activities that took place on the site, and to identify the material culture that accompanied them. For example, the identification of a particular form of ceramic vase, or a particular assemblage of objects, can characterise the practices of a population in different areas (funerary, religious, culinary, etc.). The perfume vase in a funerary setting reflects the Roman practice of libation. The cooking dish indicates the preparation of *patinae*, typically Roman dishes that looked like omelettes (Malignas 2020, 331, 334). In these cases, it is the function of the vessels that is analysed, i.e. what they were made for.

These studies provide a great deal of contextual information, but their scale of analysis does not give access to how the actions were carried out. So, while they answer the question of which activity was carried out (its general framework, the way it was carried out, the equipment used), they are insufficient to answer the question of how the activity was actually carried out by the actors. To do this, it is necessary to place the study at the gesture level. At this scale, the aim is no longer to study the artefacts as a whole, but rather to consider each object and fragment as a subject of study, as a trace of a gesture performed. We are interested here in the use of objects, i.e., the way in which they are used.

This has two implications for the way in which the archaeological study is carried out. The first is to adapt the excavation method by considering that the elementary unit is no longer just the stratigraphic layer, but the object, which must then be documented as a stratigraphic unit (exact location, relationships with other units, description) (Van Andringa 2021, 27). The second implication is to focus the study on the object as a trace, and therefore a witness, to a gesture that we are trying to understand.

5. Experimental fragmentation in archaeology

We therefore wondered whether the traces we observed could be used to identify the act of breaking the object. Are the appearance of the breaks, the number of fragments or the shape of their dispersion characteristic of a specific gesture? If so, the intentionality of the act of breaking can be demonstrated by identifying the precise gesture used. To do this, it is necessary to compare the archaeological remains with a reference system data set that will allow this identification to be made. But such a reference does not exist. Although several experiments have looked at the effects of trampling on archaeological material (Stockton 1973; Villa and Courtin 1982; Nielsen 1991; Lenoble and Bordes 2001; Eren *et al.* 2010; Weitzel and Borazzo 2014), we have only found three experiments involving the initial breaking of ceramic objects.

The first (Bel *et al.* 2009, 47-52) analysed the shape of the fractures and the rate of fragmentation induced by breakage. Six reproductions of ancient vases were broken, each using a different method: three impacts simulating intentional breakage, one release simulating accidental breakage by falling, and two compressions, one longitudinal and the other transverse, simulating the crushing of an object during the collapse of a structure. The authors observed two results. Firstly, after reassembly, the vases broken by percussion showed convergent fractures at one point only. This type of fracture would therefore be associated with intentional breakage. Secondly, the fragmentation rate seems to depend on the type of breakage, with a gradient in the number of fragments ranging from breakage by dropping to breakage by compression. However, on this point, we can see that the number of fragments is mainly proportional to the size of the vase. This experiment has a number of limitations when it comes to comparing its results with archaeological observations. First, the dispersion of fragments was not observed. Second, each vase was different, so it is not possible to draw any conclusions based on quantitative data. Finally, the broken objects do not correspond to the types found in the Porta Nocera necropolis.

The second study (Evans and Barrera Hernandez 2017) looked at the dispersion of fragments of flowerpots dropped from different heights onto a concrete surface. Here, the distance of the fragments from the point of impact was measured, but not the size of the fragments. In addition, the tests carried out in this experiment only concerned the free fall of the objects. Finally, once again, the type of object studied does not correspond to that used in our case study.

The third experiment (Lapp 2022) provides more elements of comparison. It addressed the ritual breaking of oil lamps with figurative medallions in order to identify the deliberate breaking of these objects in the context of the sanctuary of Apollo in Tyre (Lebanon). A very large number of oil lamps were found there, most of them broken. Three medallions were cut out and removed before the lamp was deposited in the sanctuary. The aim of the experiment was to distinguish between accidental breakage, intentional breakage and the cutting of the medallion. Five reproductions of Broneer XXIII lamps were broken in three different ways: three by free fall from a height of 76 cm, one by dropping a brick on it, and one by blow with a pebble. The analysis focused solely on the size and shape of the fragments produced. The author demonstrates that it is possible to break only the medallion of the lamp by percussion, but not to cut it out whole. In addition, he notes that the dispersion of the fragments can tell us something about the breaking method. However, this experiment only explored one type of intentional breaking gesture. An experiment involving the breaking of oil lamps would allow for the completion of these observations.

In the absence of reference data on the breakage of archaeological objects, it was necessary to carry out our own experiment in order to create a reference dataset on breakage (traces and dispersion patterns).

6. Experimental protocol (S1, doi link can be found at the end of this paper)

Phaedra Bouvet produced a series of 40 facsimiles of ceramic objects frequently found in Pompeian funerary contexts. We selected four shapes of thin-walled beakers (Mayet XXXIII, Mayet II, Mayet XXIV and Marabini XXV) and two sizes of flask (10 cm and 15 cm high). As the morphology of the objects influences their grip and breaking behaviour, it was necessary to observe the fragmentation and dispersion of different objects broken in the same way. Particular attention was paid not only to the reproduction of shapes, but also to the clay and the manufacturing process of the objects (handmade with firing in a wood-fired kiln) in order

Figure 2: experimentation, gestures. 1, sandblasting a perfume bottle; 2, breaking a beaker on a stele (photos: N. Vandenberghe).

to get as close as possible to the mechanical properties of archaeological ceramics.

The trial took place on the 19th October 2020 at the Saint-Martin-au-Val archaeological park in Chartres. A 36 m² square area was set up as a testing site. The surface was stripped to a thickness of 5 cm and levelled, then covered with a white geotextile fabric to facilitate photogrammetric reconstructions and reproduce the cushioning and slowing down effect of a lightly vegetated surface on fragments, as was likely the case in area 1J. Nine coded targets placed around the area and surveyed using a total station were used to determine the precise scale of the photogrammetric models. Lastly, a sandstone block was placed in the centre of the installation to mark the centre around which the breakage took and to simulate the steles upon which objects would have been broken in Pompeii.

The breakage tests were recorded using three cameras positioned around the scene: two conventional digital cameras filming the general action and a Photron FastCam Mini AX200 high-speed camera centred on the point of impact of the object. These video recordings made it possible to visualise precisely the position of the actor and the object as the action unfolded. In addition, the very high-speed videos made it possible to obtain images of the very instant of breakage, and thus to determine very precisely the point of impact on the object and its fragmentation before dispersion (fig. 2).

At the end of the test, which normally resulted in the object being broken, the same recording protocol was followed as that used during the excavation. Each fragment was left in place and, for items larger than 5mm, the identification number was written directly on its surface. The photogrammetry of the entire experimental area was then carried out before all the sherds were removed.

Each object was then reassembled and described. Then, using the orthophotos generated by the photogrammetry and integrated into GIS software, all the fragments were drawn to scale in their original position.

Eighteen objects were broken using five different gestures: releasing the object in free fall; throwing the object from different positions; striking the object directly on the stele or with a tool; crushing the object with the foot; and sabering the object (tab. 1). We can already note that some of the tests ended in failure, as the object was not broken at the end of the gesture. This was the case with the crushing of the perfume bottles with the foot, even though this technique broke one of the beakers on the first try.

7. Analysis methods

Two complementary analysis methods were deployed. The first involved geostatistical analysis of the fragmentation and dispersion of the fragments produced by the breakage. The second consisted of a detailed examination of the shape of the fractures, both fragment by fragment, and on the reassembled objects.

In order to be able to compare fragmentation and dispersions with field observations, we have selected 11 quantitative indices that can be calculated on both experimental and archaeological data. It would take too long to describe them all here, but it should be noted that we have given priority to the most direct statistical indices relating to the size of the fragments and their distribution in space.

The underlying hypothesis is that, taken together, these cues form a kind of signature for the gesture used to break the object. We therefore first verified this hypothesis by conducting a principal component analysis on the experimental data. On the first factorial plane, representing 73.54% of the variability of the information, the individuals are clearly distinct and grouped according to their breaking method. The other factorial axes provide a few additional distinctions, particularly with regard to the height of the object at the start of the gesture. In the final analysis, we therefore took into account the first three factorial axes, which accounted for 85.12% of the variability

Breaking Technique	Position	Posed Object	Object Held	Object Impact	H before impact
dropped	standing	no	no	stele	~150 cm
thrown	standing	no	no	stele	~150 cm
thrown	kneeling	no	no	stele	~50 cm
struck	kneeling	no	yes	stele	~50 cm
struck	standing	no	yes	pebble	~100 cm
struck	kneeling	yes	yes	pebble	0 cm
struck	kneeling	yes	yes	mallet	0 cm
struck	standing	no	yes	pick	~ 50 cm
crushed	standing	yes	no	schoe	0 cm
sabred	standing	no	yes	straight sickle	~150 cm

Table 1: breaking methods used in the experiment. F. Fouriaux.

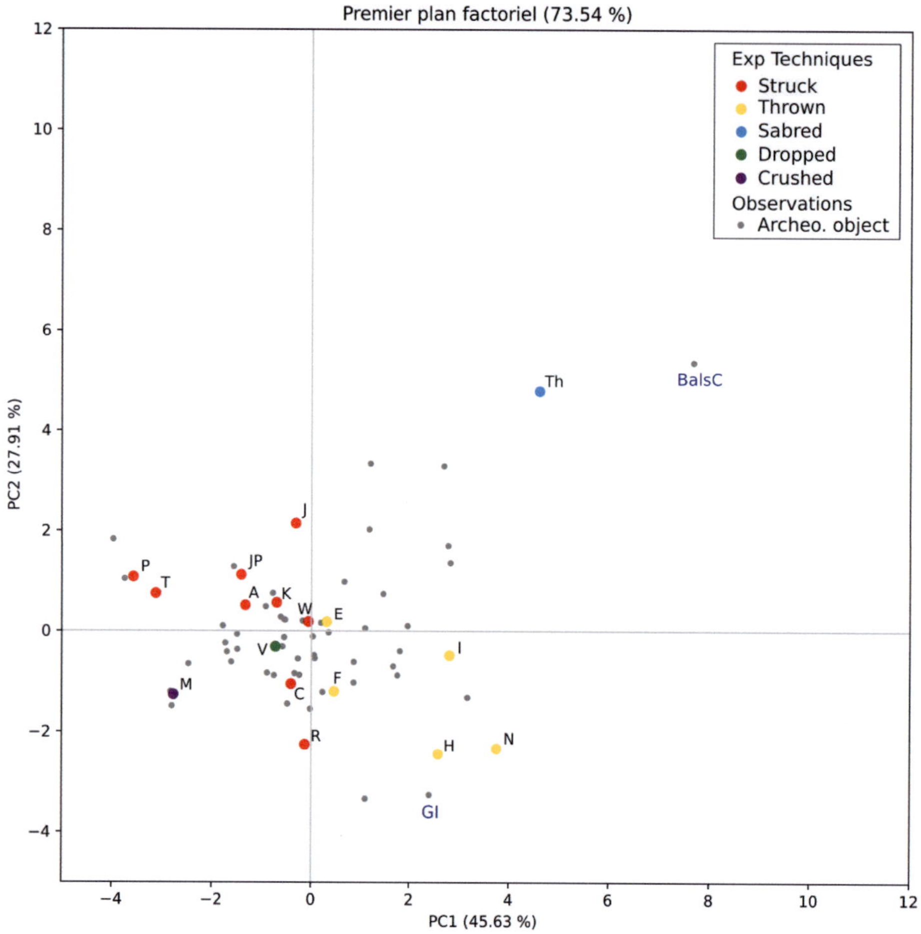

Figure 3: representation of experimental objects by breakage method and archaeological objects on the first factorial design of the PCA. F. Fouriaux.

of the information. The geostatistical indices used in our analysis thus make it possible to distinguish between the movements that led to the breakage.

8. Results and interpretation

We therefore calculated these same indices for each of the 52 objects found in area 1J. On the basis of these elements, we placed the archaeological objects on the first factorial plane as illustrative variables (fig. 3). The location of some of these objects shows a clear association with a breaking gesture. This is the case with the balsC flask, which appears to have been sabred, and the GI beaker, which was thrown onto one of the stelae. In order to clarify the attribution of an object to a gesture, we calculated the distance of the archaeological objects in relation to the centres of gravity of the breaking methods, taking into account the first three factors. This three dimensional distance allows us to see which of the breaking methods obtained through experimentation is closest to the archaeological distribution observed. The breaking gestures of numerous objects were thus identified, demonstrating that they were intentionally broken when they were not simply dropped.

In addition, a graphic comparison of the dispersion patterns between the experimental and archaeological examples has confirmed these hypotheses and expanded them. For example, the dispersion pattern of the experimental beaker H is very similar to that of the archaeological object GI (fig. 4). We can therefore assume that object GI was broken on the stele in the same way as object H, and even suggest that the officiant was positioned on one of the east or west sides of the stele.

However, it was not possible to determine the breaking gesture of certain objects, as in this analysis they correspond to several possible gestures. The second method of analysis therefore makes it possible to refine the identification by observing the fractures.

Numerous marks on the objects could be observed immediately after the breakage or

after the objects had been reassembled. The traces left on the vases by the breaking techniques confirmed some of the hypotheses put forward during the reassembly of the archaeological objects. Three types of characteristic marks were observed on the archaeological specimens and are also present on the objects broken during the experiment:

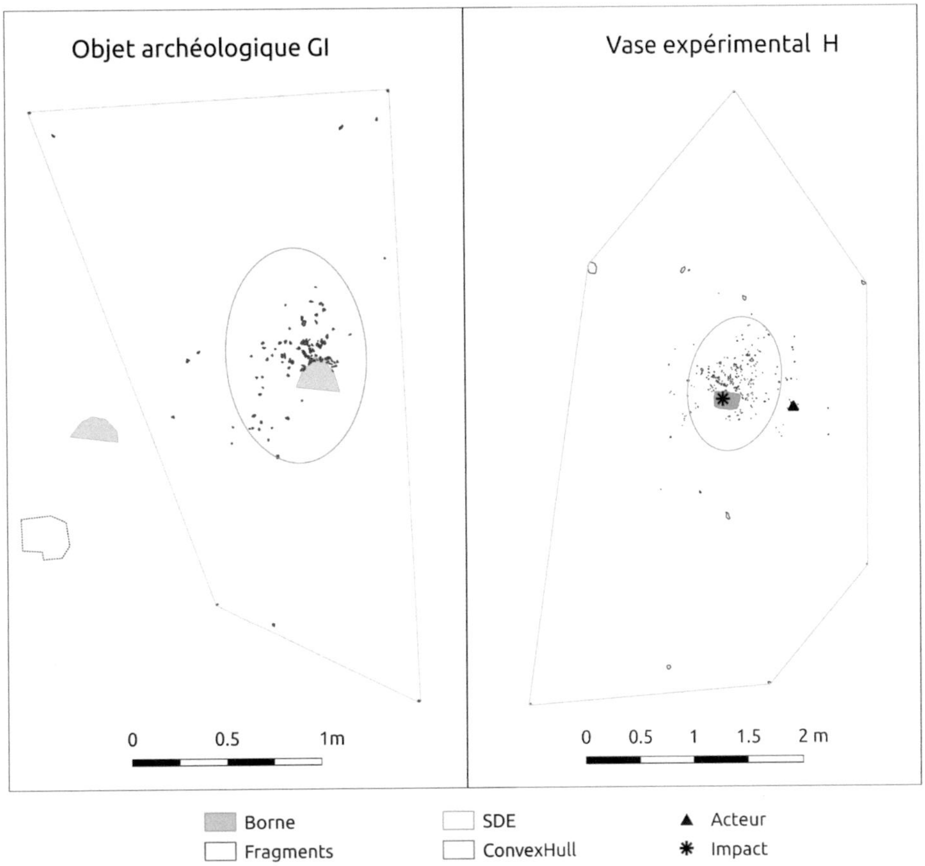

Figure 4: Comparisons of dispersal patterns between experimental object H and archaeological object GI. F. Fouriaux.

- impacts in the shape of a polygon, the vertices of which are the start points of the fractures (fig. 5, n°1).
- diagonal fractures in the necks of perfume bottles (fig 5., n°2).
- long-line surface scaling following the fractures (fig. 5, n°3).

The first category of impact marks is present on all objects that have been struck, thrown or dropped. Their location can be detected by the presence of a perforation visible after reassembly. The related micro-fragments could not be reassembled or collected because of their millimetric size. In the clearest cases, these marks appear on the surface in the form of a polygonal hole whose vertices are the starting points of the fractures. Inside, the sides of the polygon widen into scales in the thickness of the wall (fig. 5, n°1). Before the experiment, it was thought that these impact marks were only present on ceramics struck with a blunt object. However, this was not the case, and we were able to see that even the clearest marks were not necessarily associated with this breaking technique. For example, object P, thrown onto the stele, bears an impact mark very similar to that of beaker T struck with a pick.

For the second category, the bevelled breaks on the bottles, the traces observed during the experiment are very clear and correspond to archaeological observations. In the context of our experiment, they correspond to only one type of breakage: sabering. Traces of this type of breakage are characterised by a very clear fracture that is perfectly smooth on the edge of the object (fig. 5, n°2). In fractography, this type of trace is called a fracture mirror, because on very fine-grained glass and certain ceramics the zone becomes reflective (Quinn 2011, 163). It is a millimetric zone around the impact that becomes progressively rougher with distance. The photograph of the trace left by the sabering of bottle S clearly shows this zone close to the point of impact, where the tool left a black trace. We can also see the wave-like micro-reliefs produced by the propagation of the shock wave.

On the outer surface, the point of impact takes the form of a small circular mark 2 mm in diameter and a 3 mm thick fault left along the contact with the tool. Finally, opposite the point of impact, we can see the sherd detachment in the form of a bevel. This diagonal cut, in relation to the axis of the neck, is found on a plane clearly offset from that of the tool and the mirror surface (approximately 90° – fig. 2, n°1).

Finally, the third category of mark was only observed on two objects: the M vase crushed underfoot and a bottle struck on the floor with a mallet. We can also see that the two objects are in the same quadrant in the foreground

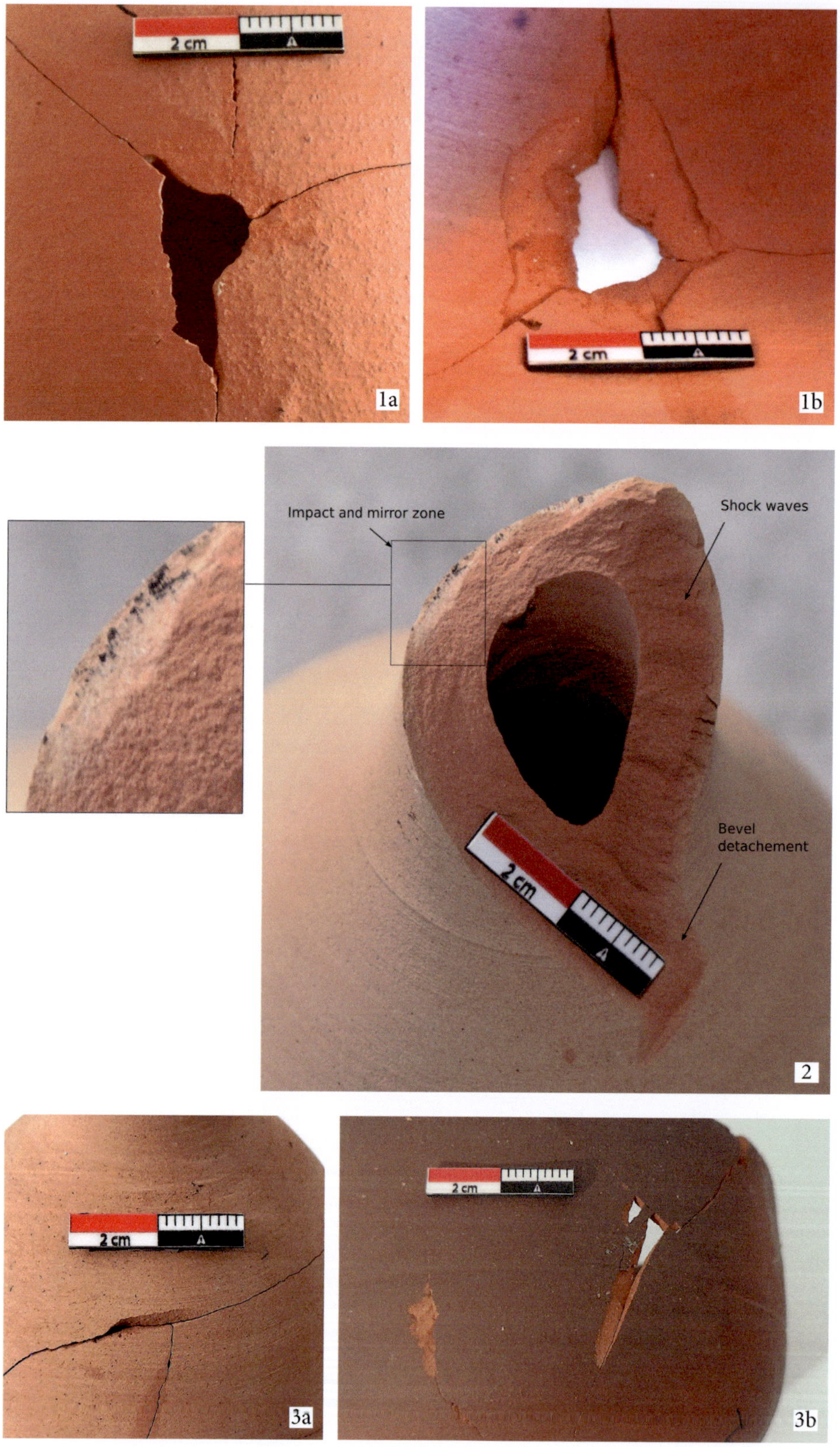

Figure 5: experimental results, gestures and traces. 1, from a break on a stele, outer surface (1a) and inner surface (1b) of a beaker. 2, traces of sandblasting on a perfume bottle. 3, traces of crushing, with a mallet on a perfume bottle (3a), with a foot on a beaker (3b) (photos: F. Fouriaux).

of the PCA. When pressure is exerted on the object, the fragments shear off towards the outside of the object, scaling its surface along the fracture lines (fig. 5, n°3). These marks had already been observed on archaeological examples and the suspicion that they were associated with a crushing technique is confirmed by this data.

The marks observed are therefore characteristic of the types of force exerted on the objects at the time of breakage (very localised sharp impact, general impact and pressure). Sandblasting and crushing marks are characteristic of these breaking techniques. On the other hand, impact marks in the shape of a star polygon are not characteristic of a particular breaking technique. They are associated with a general impact of the ceramic, which may have been realised by striking the object, throwing it or dropping it.

These traces are therefore not sufficient to characterise the breaking technique. However, the study of dispersion and fragmentation, in addition to that of traces, has shed light on this point. When an object is struck, dispersion is low and fragmentation low to medium; when it is dropped, either there is no breakage or dispersion and fragmentation are medium; when it is thrown, dispersion and fragmentation are high.

9. Limits and outlook

The experiment produced numerous results and confirmed that it is possible to determine the gesture of intentional breakage. The experiment only involved the breaking of 18 objects, only cups and bottles, which were analysed together. The experiment should be repeated to obtain a more significant statistical series for each type of object. This will enable us to identify the breakage of certain objects for which identification has not yet been possible. In addition, the breaking of other types of objects will make it possible to refine these initial results. For example, experimenting with oil lamps or bowls will enable us to obtain more complete data sets corresponding to the typological assemblage observed in the field.

The FragEx project was set up in response to a problem that arose from excavations. As well as responding to the question posed, we see it as an ongoing interaction between fieldwork and experimentation. This approach is favoured here because the excavation programme is still active, allowing interaction in both directions. The experiment brings to light certain elements that have gone unnoticed until now, but which can now be taken into account. In the case of the sabering of the flasks, particular attention will now be paid, when recording and describing the archaeological material, to the existence or otherwise of a mirror surface.

This project, which is conditional on the excavation of very well-preserved ground levels and, above all, an exhaustive record of all the archaeological evidence, can easily be carried out elsewhere than in Pompeii if these two conditions are met.

The raw data from this experiment will be shared upon publication of the full study. We will then provide background information on the context, along with the calculation methods utilised, and a comprehensive discussion of the methodology and interpretations in the final publication as the burial site is still undergoing excavation.

Acknowledgements

Labo AoRoc, Centre Jean Bérard, Mosaïques Archéologie, Direction Archéologique de Chartres Métropole.

Supplementary Data

S1: DOI: 10.34847/nkl.7c2d28hg

References

Achino, K, Capuzzo, G. and Barceló-Álvarez, J.A.2015. El análisis espacial de las acumulaciones temporales the spatial analysis of temporal accumulations. *Arqueología y tecnologías de información espacial: una perspectiva Ibero-Americana.* Archeopress and A. Maximiano y E. Cerrillo-Cuenca.

Bel, V., Bonnet, C., Wittmann, A., Vieugué, J., Deberge, Y., Georges, P. and Gisclon, J.-L. 2009. Chapitre premier – La pratique de l'inhumation, in: Blaizot, F. (ed.). *Pratiques et espaces funéraires dans le Centre et le Sud-Est de la Gaule durant l'Antiquité.* Paris: Gallia, CNRS Éditions, 1587.

Bril, B. 1984. Description du geste technique : Quelles méthodes ?. *Techniques & culture 3.* 81-96. DOI:10.4000/tc.5001

Eren, M.I., Durant, A., Neudorf, C., Haslam, M., Shipton, C., Bora, J., Korisettar, R. and Petraglia, M. 2010. Experimental examination of animal trampling effects on artifact movement in dry and water saturated substrates: a test case from South India. *Journal of Archaeological Science* 37/12, 30103021. http://www.doi.org/10.1016/j.jas.2010.06.024

Evans, S. and Barrera, S. 2017. Sherd Shatter Patterns Experiment. *EXARC Journal* (2017/3).

Lapp, E.C. 2022. Exploring Roman picture lamp breakage rituals in light of mechanical experimentation. *Journal of Roman Archaeology* 35/2, 779817. http://www.doi.org/10.1017/S1047759422000472

Lenoble, A. and Bordes, J.-G. 2001. Une expérience de piétinement et de résidualisation par ruissellement, in: Bourguignon, L., Ortega, I. and Frère-Sautot, M.-C. (eds.). *Préhistoire et approche expérimentale.* Montagnac: Moniue Mergoil, 295311.

Leroi-Gourhan, A. and Brézillon, M. 1972. *Fouilles de Pincevent : essai d'analyse ethnographique d'un habitat magdalénien.* Paris: Éditions du C.N.R.S.

Malignas, A. 2020. *Céramiques et cuisine en Gaule méridionale à l'époque romaine. L'exemple du Languedoc de la fin du IIe s. av. au IIe s. ap. J.-C..* Montpellier : Presses universitaires de la Méditerranée (PULM).

Nielsen, A.E. 1991. Trampling the Archaeological Record: An Experimental Study. *American Antiquity* 56/3, 483503. DOI: 10.2307/280897

Quinn, G.D. 2011. Guidelines for Measuring Fracture Mirrors, in: Varner, J. R., Quinn, G. D. and Wightman, M. (eds.). *Ceramic Transactions Series*. Hoboken: John Wiley & Sons, Inc., 163187. DOI: 10.1002/9781118144152.ch14

Sigaut, F. 2002. La Formule de Mauss. *Techniques & culture* 40, 153-168. DOI:DOI:10.4000/tc.1538

Stockton, E.D. 1973. Shaw's Creek Shelter: Human Displacement of Artefacts and its Significance. *Mankind* 9/2, 112117. http://www.doi.org/10.1111/j.1835-9310.1973.tb01382.x

Van Andringa, A., Duday, H. and Lepetz, S. 2013 (eds). *Mourir à Pompéi : fouille d'un quartier funéraire de la nécropole romaine de Porta Nocera (2003-2007)*, Rome: 2 vol.

Van Andringa, W. 2021. *Archéologie du geste, Rites et pratiques à Pompéi*, Hermann, Histoire et Archéologie, Paris 2020.

Villa, P. and Courtin, J. 1982. Une expérience de piétinement. *Bulletin de la Société préhistorique française* 79/4, 117123. http://www.doi.org/10.3406/bspf.1982.5372

Borrazzo, K. and Weitzel, C. 2014. Taphonomic approaches to the archaeological record. *Intersecciones en Antropología*. Buenos Aires: UNICEN.

Note on contributors

François Fouriaux
Centre Jean Bérard UAR 3133 – CNRS-EFR / UMR 8546 – AOrOc
Via Francesco Crispi 86, Naples, 80121, Italy
francois.fouriaux@cnrs.fr

Adrien Malignas
Mosaïques Archéologie / UMR 8546 – AOrOc
Domaine La Barthe, 34660, Cournonterral, France
a.malignas@mosaiquesarcheologie.com

Nicolas Vandenberghe
Institut mécanique et Ingénierie d'Aix Marseille Université
RPHE, 49, Rue Frédéric Joliot-Curie, 13384, Marseille, France
imi-direction@univ-amu.fr

Phaedra Bouvet
La poterie eponyme
Moulin du Jet, 29370, Elliant, France
www.la-poterie-eponyme.com

Tasting Iberian wine

An interdisciplinary experimental archaeology project

Jordi Diloli Fons, Fernando Zamora Marín, Pedro Cabanillas Amboades, Ivan Cots Serret, Carmen Portillo Guisado, Samuel Sardà Seuma, Laura Bricio Segura, Joan Miquel Canals Bosch

Abstract

We present the results of an interdisciplinary experimental archaeology research project in which wine was made following the procedure used in the Iberian period. We analysed the main properties obtained during the production and conservation of the beverage. Archaeologists, biochemists, and oenologists worked together and in coordination in the project. The research is based mainly on bioarchaeological, artefactual and contextual data obtained from archaeological records, as well as historical information and some ethnographic references.

The project was performed in two phases, an initial sampling phase in 2018 to establish the parameters and analyse the viability of the project, and a second phase during the 2019-2020 season, in which all the planned steps were carried out. About 330 kg of grapes were harvested in this second phase, which began in September 2019. The grapes were pressed, and the wine fermented and preserved using techniques and containers that reproduce the winemaking concepts and practices of the Iberian period. The resulting product was studied with microbiological, chemical, physical, and sensory analysis to monitor its conservation and determine whether and to what degree the wine made according to these techniques maintains its organic and taste properties.

A basic microbiological study of the main properties of the wine, as well as the yeasts and bacteria, both in the wine and in the ceramic containers used, was carried out to obtain a database for future applications.

Keywords: Wine; must; Iberians; Protohistory

1. Introduction

In recent years, there has been a constant increase in the amount of archaeological and archaeobotanical data related to wine culture during antiquity – production, conservation, distribution, and consumption (Harutyunyan y Malfeito-Ferreira 2022; McGovern 2003; McGovern *et al.* 2013; Pecci 2021; Pecci *et al.* 2013; Pérez Jordà 2015; Pérez Jordá *et al.* 2021). This line of research has also been applied to analyse the processes of economic and even political development of Mediterranean societies.

in: Mathias, C., Bourguignon, L., Ivorra, J. and Viallet, C. (eds) 2026. *Living Archaeology. Unveiling the Past through Experimental Archaeology*. Leiden: Sidestone Press, 301-310.

The species of wild grape (*Vitis vinifera* ssp. *sylvestris*) has been present in the western Mediterranean since the Miocene (Toussaint-Samat 1994) and consumed as a fruit (fresh and dry) since prehistoric times; however, the production of wine is more recent, beginning during the Neolithic (7th-6th millennium BC) in the South Caucasus, more specifically in the area of Georgia, Armenia and Iran (McGovern 2003; McGovern *et al.* 2013; Hamon *et al.* 2016; McGovern *et al.* 2017). Bioarchaeological data confirm that the first evidence of winemaking comes from around 6000 BC in the Neolithic sites of Shulaveris Gora and Gadachrili Gora (Georgia) (McGovern *et al.* 2017). From these sites it advanced, already in the 5th millennium BC, towards the Mediterranean, specifically to the Aegean area (Valamoti et al 2007). Using grape seeds of the domestic variety (*Vitis vinifera* ssp. *sativa*) found in Tell Shuna and Jericho (Zohary and Hopf 1988) and in Kurban Höyük (Guerra 2009), the domestication of the grape species has been dated to the end of the 4th millennium BC in the Mediterranean Levant area.

In the middle of the 2nd millennium BC, wine production advanced towards the central-western Mediterranean, very possibly due to the contacts established between the Nuragic communities and the Mycenaean and Cypriot world (Ucchesu *et al.* 2015). From this area, at the end of this millennium or the beginning of the following one, wine production moved towards the Iberian Peninsula (Ruiz Gálvez 2013). It is interesting to highlight that grape seeds have been found in contexts related to the Phoenician presence in the south of the peninsula, specifically in Huelva, which could be due to an incipient wine production between 891 and 787 Cal BC (Pérez-Jordá *et al.* 2017; González de Canales *et al.* 2020). Also in Huelva, the first signs of vine cultivation were documented at the site of La Orden-Seminario (Vera and Echevarria 2013). The presence in these Phoenician contexts of vessels related to storing and consuming Sardinian wine raises the possibility of a mixed Sardinian-Phoenician participation in the implementation of this new process (Botto 2016, 298).

In the 8th and 7th centuries BC, vine cultivation expanded from the Andalusian coast to the east coast of the peninsula (Pérez Jordà 2013; 2015). The main reference is the l'Alt de Benimaquia site in Alicante from the second half of the 7th century BC to the middle of the 6th century BC (Gómez Bellard *et al.* 1993; Gómez Bellard and Guérin 1995; Gómez Bellard 2014). This settlement is understood to have been inhabited by a mixed community composed of indigenous people and Phoenicians. Several enclosures have been excavated at this site. They include a series of structures (winepresses) intended for foot-crushing and pressing the grapes and fermenting the must. These structures go beyond what could be considered appropriate for domestic production. Their use in winemaking is corroborated by the findings of a layer of thousands of grape seeds (*Vitis vinifera*) associated with one of these enclosures, and a local amphora prototype manufactured based on the Phoenician amphora design (Castelló *et al.* 2000). These findings clearly indicate the commercial nature of the wine production carried out at this site (Guérin and Gómez Bellard 2000; Iborra *et al.* 2003).

From the 6th century BC, wine production extended to other indigenous settlements, becoming widespread throughout the central-peninsular Mediterranean coast from the 5th century BC. There is significant archaeological evidence of wine production (wine presses and pits, etc.) in the Valencian area (Martínez and Olcina 2014).

In the northeast of the peninsula, the presence of wine during the 7th-6th centuries BC is evidenced by the finding of grape seeds grown at sites such as Sant Jaume-Mas d'en Serrà (Alcanar, Tarragona) (López *et al.* 2011; López 2016), the Turó de la Font de la Canya (Avinyonet del Penedès, Barcelona) (López *et al.* 2013; 2015), and San Martí d'Empúries (L'Escala, Girona) (Buxó 1999; 2008). According to carpological data, this wine production, as in other territories, became accentuated in the Iberian period. However, there is a total absence of other components related to viticulture until practically the 3rd century BC, when material evidence of viticultural processes such as tools, pressing elements, barrels and pits appear at various Catalan sites (Asensio *et al.* 2010; López *et al.* 2015; Jornet *et al.* 2020).

2. The project

At the beginning of the 2018-19 academic year, we evaluated the possibility of using the resources of the Mas dels Frares Experimental Winery of the Faculty of Oenology of Rovira i Virgili University to recreate wine production based on parameters that emulate, as far as possible, the techniques used by protohistoric communities. Our aim was to reproduce the process in a controlled environment to analyse the material development of the wine production and obtain the resulting archaeological data. In addition to this objective, during 2019-20 we aimed to obtain analytical data on the development of the beverage during its conservation.

Our goal was to use the research results to test the two initial hypotheses of the experiment: the presupposed ease of making wine without complex material or equipment resources; and the difficulty of preserving the drink for adequate consumption between grape harvests. In fact, it was this second hypothesis that made us repeat the experiment during the 2019-20 academic year, as we decided to carry out a complete analytical and tasting process at regular intervals to be able to monitor the evolution of the wine during this time and consequently its fitness for consumption according to acceptable taste parameters.

Figure 1: Materials used in the project. Mas dels Frares Vineyard, barrel for foot-crushing and purpose-made clay jars.

After the first tests were carried out in 2018, in September 2019 we started the experiment at the winery with the collaboration of researchers from the groups Seminar on Protohistory and Archaeology (GRESEPIA) of the Art History and History Department, the Oenological Technology research group (Tecnenol) and the Oenological Biotechnology research group (BE) of the Biochemistry and Biotechnology Department, all from Rovira i Virgili University.

The order of the process was as follows:

2.1. Choosing the grape type

Several grape varieties are used in the Mas dels Frares Experimental Winery: Muscat of Alexandria, small grain Muscat, Xarel·lo, Chardonnay, White Sauvignon, Malvasia, Cabernet Sauvignon, Merlot, Red Grenache, Syrah, Maccabeo, Parellada and Tempranillo. For the experiment, we opted for the Tempranillo variety (Prime name: Tempranillo Tinto; Vitis International Variety Catalogue – Catalogue number VIVC 12350) as it is the main indigenous red grape in the area. The first historical references of the Tempranillo variety date back to 1513 (Alonso de Herrera 1513) and today we know that it comes from the cross between the white variety Albillo Mayor and the red variety Benedicto (Vitis International Variety Catalogue).

2.2. Choosing the pressing system.

There is very little archaeological evidence of grape crushing and pressing during the protohistoric period, and in the northeast of the peninsula this evidence did not appear until the third century BC. Therefore, we deduced that the grapes must have been crushed and pressed using perishable materials. Ethnography has been of great help in this sense, because thanks to the information provided by historical documents, we know that throughout the south of Catalonia grapes have been crushed and pressed by foot in wooden barrels at least since medieval times. Therefore, we decided to use a wooden barrel that had previously contained wine, which we cut in half to obtain a container so that the grapes could be crushed by foot.

Figure 2: Foot crushing and pressing.

2.3. Fermentation and storage vessels

Following the parameters established for the experiment and seeking to be consistent with the data on wine production and storage during protohistory, we established basic requirements regarding the type of ceramic vessels that should be involved in the procedure. Our aim was that the clay jars should be technologically and typologically similar to those used in the Iberian period, and therefore we contacted a pottery workshop in the area of the lower course of the Ebro River, specifically in the village of Miravet. The pottery craftsman from the workshop continues to produce ceramics following traditional parameters, both in materials (clay originating from deposits in the lower course of the Ebro River) and in firing (wood-fired kiln). It should be noted that in southern Catalonia there has been a pottery tradition since ancient times that is still maintained in some villages, with workshops that have supplied products to many areas in the Ebro region. Currently, however, although this tradition continues, the ceramic production is now destined more for tourism, which has led to the need to import clay from large foreign deposits, especially from the areas of Girona and Andalusia. This clay has a chemical composition that does not make it suitable for making containers to hold liquids. Our search for a model closer to that used in the Iberian period led us to contact the aforementioned pottery craftsman and commission four clay jars of different capacities, between thirty and sixty litres, and twelve clay jars of eight litres each.

2.4. Pressing process

A total 330 kg of grapes were harvested and visually selected to ensure perfect health. They were transported to the winery and foot-crushed with bare feet in the barrel intended for this use. The remaining skins were manually re-pressed, and approximately 180 litres of partially destemmed must was obtained, but with the presence of skins and seeds. This liquid was distributed among the four large clay jars.

2.5. Fermentation

The four large jars of wine must be covered with wooden lids. These lids were not sealed or fitted to allow the juice to breathe and to facilitate visual monitoring. The jars were

Figure 3: Fermentation and storage process, sealing with cork and lime.

then stored in a cool place with a stable of 16° temperature to promote spontaneous alcoholic fermentation, and no additives were added at any time. It was essential to avoid sudden changes in temperature to maintain the stability of the fermentation process, and therefore we used the winery cellar, which stays cool and does not have unexpected temperature changes. Every two days, we manually created a breeze to promote contact with the must and enhance the colour extraction.

While the fermentation process was perfectly observable, the alcoholic fermentation was analytically monitored by determining the relative density. After alcoholic fermentation (glucose + fructose: 0.09 g/L), the jars were kept at rest for a week to allow the natural sedimentation of the wine dregs and sediments. During this phase, sampling was also carried out for microbiological analysis at three specific times: at the beginning, approximately halfway through the process (12 days) and at the end of the alcoholic fermentation (40 days). We obtained relative densities of 1080, 1040 and 996 g/L, respectively. As expected, the yeast values increased towards the middle of the process, then decreased, and the numbers of lactic and acetic bacteria increased in the end. It should be noted that although wine production dates back thousands of years, it has only been known for about 150 years that yeasts and bacteria are responsible for fermentation. Microbiologists such as Pasteur and Müller Thurgau were the first to observe their presence in wine at the beginning of the 20th century. The low pH and high concentration of sugars in the must means that only certain microorganisms can develop in it, including yeasts. These microorganisms are found naturally on the surface of grapes and when they come into contact with the must they proliferate, fermenting the sugars to ethanol and carbon dioxide (CO2). During fermentation, the shortage of nutrients and the increase in alcohol concentration make the resulting drink relatively stable from a microbiological point of view. However, to prevent the must from oxidating, throughout more recent history it has become a common practice to add sulphur dioxide during winemaking. Currently we do not have any data

Figure 4: Storage in the Mas dels Frares cellar and opening process to carry out the analyses and tastings.

on this practice during protohistory, so we thought it would be interesting to evaluate the microbiological evolution of the drink during fermentation and during its subsequent storage in clay jars or amphorae. The results were interesting, as it was found that the yeast values in the must (104 cfu/mL) were a little low with respect to what is considered normal (105 cfu/mL); however, the rest of the values were within the normal range during spontaneous fermentation, that is, a fermentation of must without inoculating commercial yeasts. It was also found that the wine had already undergone malolactic fermentation, since all the L-malic acid had been transformed into L-lactic acid, and it had a rather high volatile acidity (0.92 g/L). This is probably due to fermentation without the protection obtained from adding sulphur dioxide.

2.6. Storage

After fermentation, the wine was transferred to the twelve eight-litre jars, which were immediately sealed with cork stoppers and coated with lime to isolate their contents from the outside. The choice of this way of sealing the clay jars was also made based on archaeological evidence since the use of cork and lime is documented in closing amphorae from before the protohistoric era (Bernal and Sáez 2008). We should point out that in the northeast of the peninsula a perfectly preserved cork stopper was found in an amphora from the wreck of Cap de Vol, dated to the first century BC, which transported a cargo of between 150 and 200 wine amphorae between the Catalan and Narbonne coasts (https://www.patrimoni.gencat.cat/ca/coleccio/cap-del-vol).

2.7. Monitoring

The first sampling was carried out on the same day that the eight-litre jars were stored in the cellar. All parameters were noted to observe the variations. In December, three jars were opened to carry out the same process, which was repeated in March, June, and September.

The results of the first sampling showed that the wine had already completely finished alcoholic fermentation, as we had already observed, with levels of fermentable sugars (glucose and fructose) at a very low concentration

(0.09 g/L). The rest of the parameters (alcohol content, total acidity, tartaric acid and other acids, pH, glycerol, potassium, anthocyanins, and colour) could be considered normal. However, the wine underwent significant changes in chemical composition and sensory quality over time. Basically, we observed a large increase in the concentration of ethanol, pH, glycerol, acetic acid and potassium, while there was a decrease in total acidity and tartaric acid. Likewise, a progressive deterioration of the colour was observed, since not only did its intensity decrease, but there was also a clear decrease in the red component and a large increase in the yellow component. Another surprising aspect was the enormous increase in pH and the decrease in the total acidity and concentration of tartaric acid, probably associated with a dissolution of potassium from the clay of the jars, which would have caused the precipitation of potassium bitartrate with a consequent decrease in concentration and increase in pH. Likewise, we found that the volume of wine decreased due to evaporation.

In terms of taste, it was found that over time the levels of acetic acid increased progressively, reaching 1.86 g/L, a value that would currently disqualify any wine due to excessive volatile acidity. In the first analyses the wine initially had a reasonable sensory rating, with a certain fruitiness and a colour that is acceptable to current tastes; however, over time the volatile acidity, oxidation and colour perception progressively increased, while the wine was impregnated with an unpleasant earthy taste due to its conservation in clay jars.

3. Conclusions

The experiment carried out has allowed us to verify the ease of producing a beverage such as wine. Our project shows that winemaking does not require sophisticated means and can be carried out in a domestic environment if simple knowledge is available.

The natural fermentation of the must, without adding yeasts or sulphur dioxide, resulted in a wine with a pleasant taste. Storing it was the most difficult part of the process because, even in an unvarying and controlled environment, the quality of the beverage progressively decreased, especially after six months, when it acquired an earthy taste, partly due to the clay jars it was stored in. In this regard, it is worth remembering the archaeological data that indicate that some wine amphorae from the pre-Roman and Roman period had an internal lime, pitch, or resin coating, which could mitigate this negative development of the stored wine. Likewise, we do not rule out the possibility that certain plant or animal elements could have been added at the time of consumption to mask these taste deficiencies (Vives 2008; Asensio 2010).

This work has increased the knowledge on wine production during protohistory. Our next objective as a

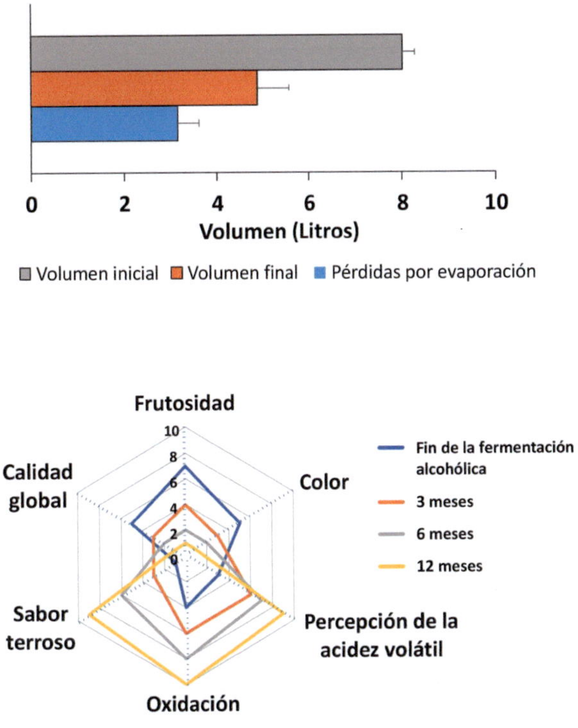

Figure 5: Table showing the loss in volume and evolution of the wine during the 12 months of storage.

research team is to compare the data presented here with data from content analyses of certain ceramic containers from the Iberian period that may have contained fermented beverages. We are currently carrying out this research, which will allow us to complete some aspects of the process that we have presented here.

References

Asensio, D. 2010. Evidencias arqueológicas de la incidencia púnica en el mundo ibérico septentrional (siglos VI-III a.C.). Estado de la cuestión y nuevos enfoques. *Mainake* 32/2, 705-734.

Bernal, D. and Sáez, A.M. 2008. Opérculos y ánforas romanas en el Círculo del Estrecho. Precisiones tipológicas, cronológicas y funcionales. *Bulletin analytique d'histoire romaine*. http://www.10670/1.vfwh5s

Botto, M. 2016. The Phoenicians in the central-west Mediterranean and Atlantic between precolonization and first colonization, in: Donnellan, L., Nizzo V. and Burgers, G.J.L.M. (eds.). *Contextualizing early Colonization.* Rome: Papers of the Royal Netherlands Institute in Rome 64, 289-310.

Buxó, R. 1999. Les restes de llavors i fruits, in: Aquilué, X. (ed.). *Intervencions arqueològiques a Sant Martí d'Empúries (1994-1996). De l'assentament pre-colonial a l'Empúries actual.* Barcelona, Monografies Emporitanes 9, 605-611.

Buxó, R. 2008. The agricultural consequences of colonial contacts on the Iberia Pensinsula in the first millennium B. C. *Vegetation History and Archaeobotany* 17/1, 145-154.

Castelló, J., Gómez Bellard, C., and Álvarez, N. 2000. Estudio preliminar de las ánforas del Alt de Benimaquía (Dénia, Alicante). *Quaderns de prehistòria i arqueologia de Castelló* 21, 121-136.

Hamon, C., Jalabadze, M., Agapishvili, T., Baudouin, E., Koridze, I. and Messager, E. 2016. Gadachrili Gora: Architecture and organisation of a Neolithic settlement in the middle Kura Valley (6th millennium BC, Georgia). *Quaternary International* 395, 154-169. DOI:10.1016/j.quaint.2015.01.055

Gómez Bellard, C., Guérin, P. and Pérez Jordà, G. 1993. Témoignage d'une production de vins dans l'Espagne préromaine, in: *La production du vin et l'huile en Méditerranée: Actes du Symposium International.* Atenas: Ecole Française d'Athènes, 379-395.

Gómez Bellard, C. and Guérin, P. 1995. Los lagares del Alt de Benimaquia (Denia): en los inicios del vino ibérico, in: Celestino, S. (ed.). *Arqueología del vino. Los orígenes del vino en Occidente.* Jerez de la Frontera: Consejo Regulador de las Denominaciones de Origen Jerez-Xeres-Sherry y Manzanilla, Sanlucar de Barrameda, 241-270.

Gómez Bellard, C. 2014. Los orígenes del vino en la Península Ibérica: El Alt de Benimaquía, Denia, in : Soler Pascual, E. (ed.). *El vino en Alicante (Catálogo de Exposición).* Alicante, Museo Arqueológico y Fundación MARQ, 14-17.

González de Canales, F. Montaño, A. and Llompart, J. 2020. The beginning of grape cultivation in the Iberian Peninsula: a reappraisal after the Huelva (Southwestern Spain) archaeological finds and new radiocarbon datings. *Onoba: revista de arqueología y antigüedad* 8, 35-42.

Guérin, P., and Gómez Bellard, C. 2000. La production du vin dans l'Espagne préromaine, in: Buxó, R. and Pons, E. (eds.). *Els productes alimentaris d'orígen vegetal a l'Edat del Ferro de l'Europa occidental: de la producció al consum. Actes del XXII Col·loqui Internacional per a l'Estudi de l'Edat del Ferro.* Girona: Sèrie Monogràfica, 18. Museu d'Arqueologia de Catalunya-Girona, 379-387.

Guerra, E. 2009. Los orígenes de la viticultura y del consumo de vino, in: Sanz Mínguez C. and Romero Carnicero, F. (eds.). *El vino y el banquete en la Europa prerromana.* Valladolid: Centro de Estudios Vacceos Federico Wattenberg de la Universidad de Valladolid, 11-31.

Harutyunyan, M. and Malfeito-Ferreira, M. 2022. The Rise of Wine among Ancient Civilizations across the Mediterranean Basin. *Heritage* 5/2, 788-812. DOI:10.3390/heritage5020043

Herrera, A. 1513. *Obra de agricultura copilada de diversos autores por Gabriel Alonso de Herrera de mandado del muy ilustre y reverendísimo Señor, el Cardenal de España Arzobispo de Toledo.*

Iborra, M.P., Grau, E. and Pérez Jordà, G. 2003. Recursos agrícolas y ganaderos en el ámbito fenicio occidental: estado de la cuestión, in: Gómez Ballard, C. (ed.). *Ecohistoria del paisaje agrario: la agricultura fenicio-púnica en el Mediterráneo.* València: Publicacions de la Universitat de València, 33-56.

Jornet, R., Belarte, C., Sanmartí, J., Asensio, D., Morer, J. and Noguera, J. 2020. El Coll del Moro (Gandesa, Tarragona) y su contexto territorial: formación y desarrollo de un asentamiento urbano protohistórico. *Trabajos de Prehistoria* 77/1, 113-129. DOI:10.3989/tp.2020.12249

López, D. 2016. Estudis, análisis i treballs específics, in: Garcia, D., Gracia F. and Moreno I. (eds.). *L'assentament de la primera edat del ferro de Sant Jaume (Alcanar, Montsià): els espais A1. A3, A4, C1, Accés i T2 del sector 1.* Barcelona: Edicions de la Universitat de Barcelona, 345-388.

López, D., Valenzuela, S. and Sanmartí, J. 2011. Economia i canvi sociocultural a Catalunya durant l'edat del ferro, in: Valenzuela, S., Padrós, N., Belarte, M-C. and Sanmartí, J. (eds.). *Economia agropecuària i canvi social a partir de les restes bioarqueològiques. El primer mil·lenni aC a la Mediterrània Occidental. Actes de la V Reunió Internacional d'Arqueologia (Calafell).* Barcelona: Arqueomediterrània 12, 71-92.

López, D., Jornet, R., Morer, J. and Asensio, D. 2013. La viticultura prerromana al Penedès: indicadors arqueològics a Font de la Canya (Avinyonet del Penedès, Alt Penedès, Barcelona), in: Sancho, D. (ed.). *El món de la viticultura, els vins, caves i aiguardents al Penedès i al Camp de Tarragona.* Actes del V seminari d'Història del Penedès. Vilafranca del Penedès: Institut d'Estudis Penedesencs, 31-52.

López, D., Asensio, D., Jornet, R. and Morer, J. 2015. *La Font de la Canya, guia arqueològica. Un centre de mercaderies a la Cossetània ibérica origen de la vinya.* Vilafranca del Penedès: Institut d'Estudis Penedesencs.

Martínez, A. and Olcina, M. 2014. El vino de la Contestania en época ibérica. Los lagares de la Illeta dels Banyets. In E. Soler Pascual (coord.). *El vino en Alicante (Catálogo de Exposición),* Alicante: Museo Arqueológico y Fundación MARQ, 18-25.

McGovern, P. 2003. *Ancient Wine: The Search for the Origins of Viniculture*. Princeton: Princeton University Press.

McGovern, P.E., Luley, B.P., Rovira, N., Mirzoian, A., Callahan, M.P., Smith, K.E. and Henkin, J.M. 2013. Beginning of viticulture in France. *PNAS*, 110/25, 10147-10152. DOI:10.1073/pnas.1216126110

McGovern, P., Jalabadze, M., Batiuk, S., Callahan, M., Smith, K., Hall, G., Kvavadze, E., Maghradze, D., Rusishvili, N., Bouby, L., Failla, O., Cola, G., Mariani, L., Boaretto, E., Bacilieri, R., This, P., Wales, N. and Lordkipanidze, D. 2017. Early Neolithic wine of Georgia in the South Caucasus. *PNAS* 114/48, 10309-10318. http://www.doi.org/10.1073/pnas.1714728114

Pecci, A. 2021. La producción y consumo de vino a través del análisis de residuos químicos en materiales arqueológicos. *Tribuna d'Arqueologia 2018-2019*, 20, 322-333. Departament de Cultura de la Generalitat de Catalunya.

Pecci, A., Giorgi, G., Salvini, L. and Cau, M. A. 2013. Identifying wine markers in ceramics and plasters with gas chromatography – mass spectrometry. Experimental and archaeological materials. *Journal of Archaeological Science* 40, 109-115.

Pérez Jordà, G. 2013. *La agricultura en el País Valenciano entre el VI y el I milenio a.C.* Ph.D. Thesis, València: Universitat de València. https://roderic.uv.es/handle/10550/31152.

Pérez Jordá, G. 2015. El cultivo de la vid y la producción de vino en la península ibérica durante el I milenio ane, in : R. Francia Verde (ed.). *Historia y arqueología en la cultura del vino*, Logroño: Instituto de Estudios Riojanos, 47-55.

Pérez Jordà, G., Peña Chocarro, L., García, M. and Vera, J.C. 2017. The beginnings of fruit tree cultivation in the Iberian Peninsula: plant remains from the city of Huelva (southern Spain). *Vegetation History and Archaeobotany* 26, 1-12. DOI:10.1007/s00334-017-0610-6

Pérez Jordà, G., Peña Chocarro, L. and Pardo Gordó, S. 2021. Fruits arriving to the west. Introduction of cultivated fruits in the Iberian Peninsula. *Journal of Archaeological Science: Reports* 35, 102683. DOI:10.1016/j.jasrep.2020.102683

Precioso, M. L. and Rivera, D. 2005. Estudio arqueobotánico de los restos de Vitis en la Región de Murcia. *Revista Murciana de Antropología*, 12, 45-54.

Ruiz Gálvez, M. 2013. *Con el fenicio en los talones. Los inicios de la Edad del Hierro en la cuenca del Mediterráneo*. Barcelona: ed. Bellaterra.

Toussaint-Samat, M. 1994. *A History of Food*. New Jersey. Wiley-Blackwell.

Ucchesu, M., Orru, M., Grillo, O., Venora, G., Usai, A., Serreli, P. and Bacchetta, G. 2015. Earliest evidence of a primitive cultivar of Vitis vinifera L. during the Bronze Age in Sardinia (Italy). *Vegetation History and Archaeobotany* 24/5, 587-600. https://doi 10.1007/s00334-014-0512-9

Vera, J., and Echevarría, A. 2013. Sistemas agrícolas del I milenio a.C. en el yacimiento de La Orden-Seminario de Huelva. Viticultura protohistórica a partir del análisis arqueológico de las huellas de cultivo, in: Celestino, S. and Blánquez, J. (eds.). *Patrimonio Cultural de la Vid y el Vino*. Madrid: Universidad Autónoma de Madrid, 95-106.

Vives, J. 2008. Negotiating Colonial Encounters: Hybrid Practices and Consumption in Eastern Iberia (8th-6th BC centuries). *Journal of Mediterranean Archaeology*, 21/2, 241-272. DOI:10.1558/jmea.v21i2.241

Zohary, D. and Hopf, M. 1988. *Domestication of plants in the old world: the origin and spread of cultivated plants in west Asia, Europe, and the Nile Valley*. Oxford: Clarendon Press.

Note on contributors

Jordi Diloli Fons
Research Group Seminar on Protohistory and Archaeology of the Department of History and History of Art / Universitat Rovira i Virgili
Campus Catalunya, Avda. Catalunya, 35, 43002, Tarragona, Spain
jordi.diloli@urv.cat

Fernando Zamora Marín
Research Group on Oenological Technology of the Department of Biochemistry and Biotechnology. Faculty of Oenology / Universitat Rovira i Virgili
Campus Sescelades, C/ Marcel·lí Domingo, 1, 43007, Tarragona, Spain
fernando.zamora@urv.cat

Pedro Cabanillas Amboades
Research Group on Oenological Technology of the Department of Biochemistry and Biotechnology. Faculty of Oenology / Universitat Rovira i Virgili
Campus Sescelades, C/ Marcel·lí Domingo, 1, 43007, Tarragona, Spain
pedro.cabanillas@urv.cat

Ivan Cots Serret
Research Group Seminar on Protohistory and Archaeology of the Department of History and History of Art / Universitat Rovira i Virgili
Campus Catalunya, Avda. Catalunya, 35, 43002, Tarragona, Spain
ivan.cots@urv.cat

Carmen Portillo Guisado
Research Group on Oenological Biotechnology of the Department of Biochemistry and Biotechnology. Faculty of Oenology / Universitat Rovira i Virgili
Campus Sescelades, C/ Marcel·lí Domingo, 1, 43007, Tarragona, Spain
carmen.portillo@urv.cat

Samuel Sardà Seuma
Research Group Seminar on Protohistory and Archaeology of the Department of History and History of Art / Universitat Rovira i Virgili
Campus Catalunya, Avda. Catalunya, 35, 43002, Tarragona, Spain
samuel.sarda@urv.cat

Laura Bricio Segura
Research Group Seminar on Protohistory and Archaeology of the Department of History and History of Art / Universitat Rovira i Virgili
Campus Catalunya, Avda. Catalunya, 35, 43002, Tarragona, Spain
laura.bricio@urv.cat

Joan Miquel Canals Bosch
Research Group on Oenological Technology of the Department of Biochemistry and Biotechnology. Faculty of Oenology / Universitat Rovira i Virgili
Campus Sescelades, C/ Marcel·lí Domingo, 1, 43007, Tarragona, Spain
jmcanals@urv.cat

Sound as a means of communication and protection

Margarida Genera i Monells, Jordi Ballester Gibert, Francesc Lavega Serra, Teresa Lavega Roig, Maria Garcia Barberà

Abstract

Since prehistory, humans have used sound as a means of communication and to transmit messages of a very diverse nature over considerable distance. Consequently, this auditive element became an instrument that was used to emit acoustic signals that were interpreted by the receiver, according to a pre-established code, to warn of danger, announce a ritual event, etc.

We are continuing our investigation of sound in antiquity, based on various finds at the settlement of Sant Miquel de Vinebre, including bells and subsequently some fragments of aerophones. Within the framework of this scientific meeting, we propose to verify through experimentation the functionality of said objects and analyse the value of the sounds they emitted, already reproduced in previous editions of these same experimental archaeology congresses in the cities of Burgos, 2014 (Genera *et al.* 2017, 223-228) and Tarragona 2017 (Genera *et al.* 2018, 211-217). The study will basically consist of verifying the sound strength inside the enclosure, as well as calculating the distances over which each of the analysed objects is audible.

This line of research allows us to delve deeper into the day-to-day lives of a group of people who settled in a military compound at the end of the Iberian era. It also highlights the importance of sound, in an environment without noise pollution, that would have played a primordial role in the ancient communities as a means of communication and protection.

Resumen

Desde la prehistoria, el ser humano ha recurrido a la utilización del sonido como medio de comunicación y transmisión de mensajes de contenido muy diverso, que pueden ser captados desde la lejanía. En consecuencia, el elemento sonoro se convierte -de esta manera- en una herramienta que permite emitir señales acústicas que deberán ser interpretadas por el receptor, de acuerdo a un código prestablecido, con el fin de alertar sobre una situación de peligro, anunciar un evento de carácter ritual, ...

Perseverando, en la investigación del sonido en la antigüedad, a partir de diversos hallazgos en el asentamiento de Sant Miquel de Vinebre, de campanillas y, posteriormente algunos fragmentos de aerófonos, en el marco de la presente reunión científica, nos

in: Mathias, C., Bourguignon, L., Ivorra, J. and Viallet, C. (eds) 2026. *Living Archaeology. Unveiling the Past through Experimental Archaeology*. Leiden: Sidestone Press, 311-316.

proponemos comprobar a través de la experimentación, la funcionalidad de dichos objetos y analizar el valor de los sonidos que emitieron, ya reproducidos en anteriores ediciones de estos mismos congresos de arqueología experimental, en las ciudades de Burgos, 2014 (Genera *et al.* 2017, 223-228) y Tarragona 2017 (Genera *et al.* 2018, 211-217). El trabajo consistirá básicamente en la comprobación de la potencia sonora dentro del recinto, así como el cálculo de las distancias que resulta audible cada uno de los objetos analizados.

Esta línea de investigación nos está permitiendo penetrar en la vida cotidiana de un colectivo, que se instaló en un recinto de carácter militar, en las postrimerías de la época ibérica, además de poner de manifiesto la importancia del sonido en un entorno sin contaminación acústica, que habría tenido un papel primordial en las antiguas comunidades, como herramienta de comunicación y protección.

Keywords: Archaeology of sound; Sant Miquel de Vinebre; Racó d'Aixerí; Lower reaches of the Ebro;4th-1st centuries BC

Palabras claves: Arqueología del sonido; Sant Miquel de Vinebre; Racó d'Aixerí; Ebro final; s. IV-I aC

1. Introduction

Although the use of whistles in the Roman army has not been documented, there are some findings that can be related to this type of instruments, in several archaeological sites, made with various materials such as metal or bone. As we have verified through the findings of Vinebre, Ribera d'Ebre, Tarragona.

2. Objectives

On this occasion we intend to prove the usefulness of the aerophones that appeared in the Ibero-Roman settlement of Sant Miquel de Vinebre (Ribera d'Ebre, Tarragona) and interpret their functions by experimental means.

3. The settlements of Sant Miquel de Vinebre and the Racó d'Aixerí

The paper that we present is centred around the archaeological site of Sant Miquel de Vinebre and its port, the Racó d'Aixerí. Everything seems to indicate that the site of Sant Miquel would have been a military enclave which, since the middle of the 2nd and 1st centuries BC, housed Iberian and Roman soldiers.

With the archaeological excavations initiated in 1976 by Dra. Margarida Genera and all the subsequent investigations, various elements related to sound and communication -both regarding rituality and conveyance of messages- have been found and studied in this site. The findings of two conical bells, a semi-spherical one and a small round one (Genera *et al.* 2012; 2017) precede the previous studies on the uses and sonority of the remains pertaining to aerophones or whistles uncovered in Sant Miquel. Some of these objects have been found in the context of a ritual space, while others have been excavated in various points of the site.

As for the Racó d'Aixerí site, located 311,83 m. further south, the remains of a small river port facilities were found. Taking advantage of the geomorphological conditions, to the north of the Pas de l'Ase, that would have favoured loading and unloading operations in a pier on the façade of the main river artery of the Iberian Peninsula northeast: the river Ebro, a few centuries before V-IV commercial contacts with the Ἐμπόριον port (Empúries, l'Escala, Alt Empordà).

We will, however, continue with the research to verify, through archaeological evidence, the existence or not of levels that present a contemporary or synchronous occupation, as the discovery of new vestiges in both sites has recently suggested.

4. Methodology

We have selected a group of archaeological sites, occupied in antiquity, close to each other and that coexisted at a time that coincides with the Sant Miquel site. We deem it possible that, through this proximity, there could be a connexion beyond the visual element. According to the studies carried out until now, we could think about the existence of a network of sites communicated through sound.

Racó d'Aixerí o Racó de Sant Miquel. The small port, just beneath the site of Sant Miquel, is one of the main points from where we have carried out the experiment that we present in this paper.

Els Mugrons. Settlement occupied from the Bronze Age to the Early Iron Age, situated just in front of the Sant Miquel, in the opposite bank of the Ebro River, in the municipal district of Ascó.

Les Raboses de la Capitana. With vestiges of a 1st to 2nd century AD necropolis, it is possibly the place of "origin" of the funerary stele of Vinebre, one of the most important findings in this territory.

La Serra del Tormo. The foot of this mountain range ends at the river Ebro, in the Pas de l'Ase, and the highest point near the site of Sant Miquel is a perfect natural watchtower to control the path of the river and its connections with the interior.

Les Sebiques. It is a site, currently beneath the highway, formed by a conjunct of structures of 32 by 10 meters, with various amphorae and large ceramic containers that denote its use as a warehouse during Ibero-Roman times. It could be, as such, a space associated with the site of the Racó d'Aixerí, as the storage space for the port.

In a preceding investigation the reconstruction of these small aerophones was carried out, which allowed us to perceive their sonority (Genera *et al.* 2018).

Figure 1: Map of the research area and general view of the Pas de l'Ase from the Roca de l'Ortiga (Ascó), with the sites of Sant Miquel and the Racó d'Aixerí or Racó de Sant Miquel indicated. Image from the first half of the seventies (photographic archive: Carmel Biarnés). In our opinion, it would preserve a physiognomy similar to the one it must have presented in antiquity (M. Genera).

We carried out the first test during October 2021, at 10 in the morning, in clear sky conditions with a little fog, as is habitual during the first weeks of autumn in the area. During a time, frame in which there was no automobile traffic, given that both sites are located near the C-12 highway, the aerophone was sounded in three different spaces of the settlement, far from each other.

Firstly, the test was carried out in the sector of the defensive wall at the entrance, secondly in one of the site's central streets and thirdly in the viewpoint that is completely open to the river. The whistle, with a sound amplitude C # 7 at 2.254 Hz, was audible from all the surrounding points inside the enclosure. It was also audible from the Racó d'Aixerí, however with a lesser intensity due to the distance and difference in altitude.

The second test was carried out in July 2022, at the same time, taking advantage of a completely clear day. The result was similar, with a lack of mist, and the sound waves could spread more but lost intensity when heard from the Racó d'Aixerí.

On both occasions an additional verification was realized from the Racó d'Aixerí towards the settlement of Sant Miquel, recording a more attenuated sound. We can assume this is due to the difference in altitude.

The different weather conditions, as well as the atmospheric agents, are factor that contribute to the propagation of sound or the lack thereof, according to the interpretation of the results obtained through experimentation.

Using a sound level meter[1], an instrument which is used to measure sound pressure expressed in decibels, the pressure exerted by the aerophone at different distances has been measured. Knowing that the ambient pressure is, approximately, 43,9 dB, and taking in account the highway with continuous traffic near both sites.

With the following data we can deduce and calculate the pressure that the instrument exerted in other more distant places. To begin, we know the following formulas on sound, where β is pressure, I intensity, P power and S the surface of the sphere, since sound propagates in the form of a wave in all directions from an emitting focus.

It is also known that intensity is inversely proportional to the square of the distance from the emitting focus, and furthermore, as the wave propagates from $R1$ to $R2$ the energy also propagates over a larger area and, thus, we obtain the following formula.

To calculate the sound pressure in all other distances we will use the following data from one of the measurements taken as values to calculate $I1$, thus being $R1$ = 3 m and $\beta 1$ = 81,7 dB. From equation (1) we can calculate the value of $I1$, obtaining a value of 1,479 · 10–4W/m2.

Once the value of $I1$ is obtained, we can calculate the sound pressure level at the different distances (distance -m-, sound pressure -dB-):

1 Using a PCE-MSL 1 environmental meter with the following characteristics: a measuring range of 35 dB to 135 dB, a dynamic range of 50 dB, a frequency range of 31,5 Hz to 8 kHz, an accuracy of ±2 dB and an A-frequency rating.

Figure 2: Location of the points from where the different records have been conducted: 1. Racó d'Aixerí o Racó de Sant Miquel. 2. Els Mugrons. 3. Les Raboses de la Capitana. 4. La Serra del Tormo. 5. Les Sebiques (photographic archive: Vinebre).

- Racó d'Aixerí: *311,81 m – 41,36 dB*
- Mugrons: *1503,44 m – 27,69 dB*
- Rabosa de la Capitana: *503,02 m – 37,21 dB*
- Serra Tormo: *3003,03 m – 21,70 dB*
- Sebiques: *1503,40 m – 27,71 dB*

And we obtain the values of β according to their distance, calculated by the equations (1) and (2).

As a final result, we can observe all the values obtained at the different distances, both measured and calculated.

Finally, we can conclude that the area in which the sound emitted by the aerophone would be audible is between 300 and 500 m from where this sound is emitted, where we capture a sound pressure ranging from 37,21 dB to 41,36 dB. These are not great distances, and so we deduce that these aerophones would be used to transmit orders of messages, in the form of whistles, in short distance areas, where one or more people who would hear the sound would execute the order or respond to the emitted message, being an element of communication between groups not very distant from each other. We offer, thus, the measurements taken in the site of Sant Miquel. From this point we have projected the sound to calculate, according to the preceding formulas, the range of sound and its interactions with the surrounding points of interest (taking in account the modern interferences of the highway vehicles, among others).

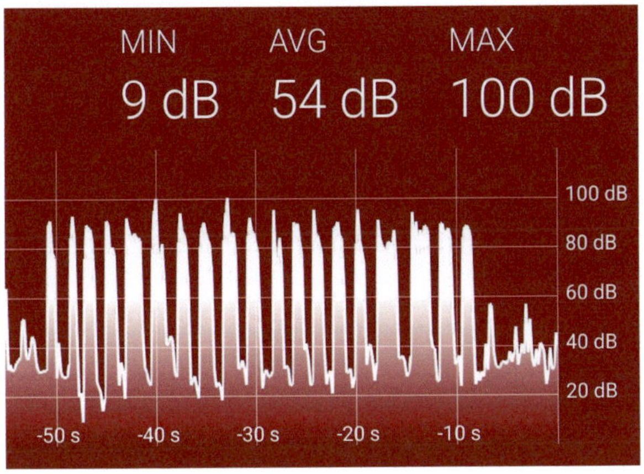

Figure 3: Graph of the sound pressure measurements collected at different distances.

Figure 4: Graph of the resulting sound pressure measurements.

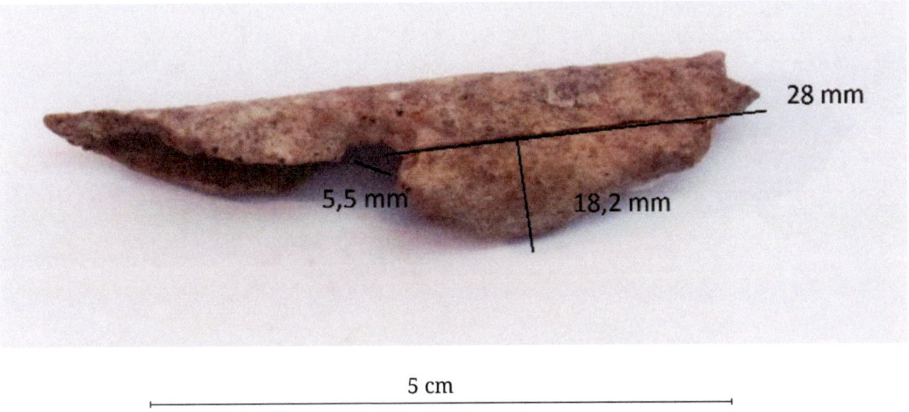

Figure 5: Detail of a possible whistle recovered in the settlement of Sant Miquel de Vinebre.

We have also taken specific measurements of these sound emissions from the near river port of the Racó d'Aixerí, the nearest archaeological site and the most closely connected space to the establishment of Sant Miquel de Vinebre.

It must not be forgotten that the environmental pressure conditions of the time would be more favourable for sound diffusion, being possible that the sound extended to the other bank of the Ebro River.

And so, we can say that these aerophones would be used for communication between the various guard corps that would be located at distances between 300 and 500 m from the Sant Miquel de Vinebre site.

5. Conclusions

These small aerophones or whistles would serve to emit acoustic signals at a medium distance (up to 500 m), which could make them allies of commanders, possibly to give orders to their subordinates as well as transmit coded messages through sounds (frequency, duration, intensity, etc.).

Consequently, we can deduce that the audible element would become a quite useful and effective tool that allows the emission of acoustic signals that must be interpreted by the receiver, according to a pre-established code, in order to alert about a dangerous situation, announce a ritual event, etc.

The use of bone -very easily available- for its manufacture could reinforce our thesis, according to which this type of instruments is a product of indigenous manufacture.

Thus, our hypothesis regarding the settlement of the Sant Miquel hill, that despite the fact that the command was in the hands of a Roman military elite, many of the features that made up the identity of the natives were still very much alive and persistent in the middle of the 1st century BC in the final stretch of the Ebro River.

Acknowledgments

To doctor Fernando Guarch Bordes, for his innovative work and his great creativity in studies related to the world of ancient musicology.

To doctor Jordi Ballester Gibert for his contribution to the world of ancient organology, working tirelessly with strength and illusion, despite everything. Unfortunately, he was unable to see this study finalized.

Supplementary Data

S1: DOI: 10.34847/nkl.07a67y87
S2: DOI: 10.34847/nkl.ba5a1q9v
S3: DOI: 10.34847/nkl.fcc053z0
S4: DOI: 10.34847/nkl.9caac34l

References

Genera i Monells, M. 1991. *L'Ebre final: del paleolític al món romà.* Tortosa: Centre d'Estudis Dertosencs.

Genera i Monells, M. 1993. *Vinebre: els primers establiments del riberal. Recerques arqueològiques.* Tarragona: Institut d'Estudis Tarranconeses Ramon Berenguer IV, Secció d'Arqueologia i Història 87.

Genera i Monells, M. 2009. El Pas de l'Ase (Ribera d'Ebre) ¿Un límite territorial de época ibero-romana?, in: Morillo A. and Hanel N. (eds.). *Limes XX. Roman frontier studies. Vol.1.* XX Internacional Congress of Roman Frontier Studies (León, setiembre de 2006). Madrid: Ediciones Polifemo, 311-322.

Genera, M. and Adell, S. 2017. El Racó d'Aixerí o Racó de Sant Miquel: un puerto natural clave en la antigua red comercial del Ebro, in: Aquilué, X and Cabrera, P. (eds.) *Homenaje a Gloria Trias Rubiés. Cerámicas griegas de la península Ibérica: Cincuenta años después (1967-2017).* Barcelona: Iberia Graeca, 221-233.

Genera, M., Alberich, J. and Guarch, F. J. 2012. *Dring-dring! El so màgic de les campanetes de Sant Miquel de Vinebre (la Ribera d'Ebre). Notes sobre percussió a l'època iberoromana.* Reus: Quaderns de treball, 3. Pragma edicions.

Genera, M., Brull, C. and Adell, S. 2006. *El Pas de l'Ase (la Ribera d'Ebre): de la museïtzació d'un conjunt d'interès històric i paisatgístic.* Tribuna d'Arqueologia 2003-2004. Barcelona: Departament de Cultura. Generalitat de Catalunya, 269-296.

Genera, M., Guarch, F.J. and Balaguer, J.R. 2017. Recovering the ring ring of the bells from various archaeological sites in the lower Ebro area (3rd-1st century B.C.). The results of an experimental procedure, in: Alonso, R. and Baena, J. (eds.). *Playing with the time, Experimental Archaeology and the Study of the Past.* 4th International Experimental Archaeology Conference, Burgos, 8-11 de mayo de 2014. Madrid: Servicio de Publicaciones de la UAM, 223-230.

Genera, M., Lavega, F., Aixalà, J., Guarch, F. J., Garcia, M. and Ballester, J. 2018. Como conseguir un aeròfono en época prehistórica, in: Cáceres, I. and Expósito, I (eds.). *Experimental archaeology: from research to society.* Proceedings of the Vth International Congress of Experimental Archaeology, 25th-27th October, 2017-Tarragona (Spain). Tarragona: Butlletí Arqueològic Tarraconense, 40, Reial Societat Arqueològica Tarraconense, 211-217.

Guarch Bordes, F. J. 2017. *Organología en los pueblos prerromanos del Mediterráneo Occidental: los instrumentos musicales de la cultura ibérica.* Ph.D. Thesis, Barcelona: Universidad Autonoma de Barcelona.

Lavega Roig, T. [in press]. *Fem tant soroll? Estudi de contaminació acústica de la població d'Ulldecona.* Ulldecona: Treball de recerca de Batxillerat 2022, Institut Manuel Sales i Ferré.

Ling, S.J., Sanny, F. and Moebs, W. 2021. *Física Universitaria. Volumen 1.* Houston: OpenStax, Rice University.

Matamoros, V., Ruiz, M., Garcia Rubert, D. and Moreno I. 2011. Alcanar, un so amb 2600 anys d'antiguitat, in: *III Congrés d'Història d'Alcanar. Alcanar*, 12, 13 i 14 de novembre de 2010. Alcanar: Ajuntament d'Alcanar, 255-266.

Note on contributors

Margarida Genera i Monells
ICHN (IEC) / CERE /UNED-Barcelona
margaridagenera9@gmail.com

Jordi Ballester Gibert
UAB, IEC
jordi.ballester@uab.cat

Francesc Lavega Serra
Centre d'Interpretació d'Art Rupestre dels Abrics de l'Ermita-Ulldecona
Ermita de la Pietat. Ctra. Ulldecona-Tortosa, 43550, Ulldecona, Spain
paco.lavega@gmail.com

Teresa Lavega Roig
Universitat Jaume I de Castelló
Avinguda de Vicent Sos Baynat, s/n, 12006 Castelló de la Plana, Castelló, Spain
teresalavegaroig@gmail.com

Maria Garcia Barberà
Universitat de València
Facultat de Historia
Av. de Blasco Ibáñez, 28, El Pla del Real, 46010 València, Valencia, Spain
mariabastet@gmail.com

PART 4: UTILISATION

Comment appréhender le lien entre la performance d'un tranchant et sa matière première ?

Présentation d'un protocole expérimental

Cyril Viallet, Malcolm Blin, Louis De Weyer, Cyrielle Mathias, Théo Minet, Laurence Bourguignon, Ramon Capdevila, Paul Fernandes, Jérôme Ivorra, Jean-Christophe Sangleboeuf

Résumé

Partant du constat que le choix des matières premières par les homininés n'est pas uniquement guidé par la disponibilité des ressources et leur taillabilité, une expérimentation est mise en œuvre pour évaluer l'impact des propriétés physiques des matériaux sur leur efficacité fonctionnelle. Trois matières premières d'origine sédimentaire, métamorphique et volcanique fréquemment employées au Paléolithique ancien, sont éprouvées selon trois protocoles expérimentaux. Ces derniers permettent d'évaluer l'influence des variables : matières première, angle de tranchant, gestes, opérateurs ; depuis un programme expérimental sur banc de rayage jusqu'à une expérimentation mimant une activité potentiellement présente dans le contexte archéologique du Paléolithique ancien. Les résultats, bien que préliminaires, permettent d'attester d'une efficacité différentielle des matières premières. Ils permettent de poser les bases d'une analyse éco fonctionnelle des assemblages lithiques, qui doit être menée en complément des approches techno-économiques.

Mots-clés : Propriétés mécaniques ; Pétrologie ; Paramètres contrôlés ; Efficacité fonctionnelle ; Eco-fonction

1. Introduction

Hors de notre mémoire technique, les outils lithiques du Paléolithique inférieur et moyen sont le plus souvent déconnectés de leurs cadres d'usage (Boëda, 1997). La fonction des outils (*sensu* Sigaut 1991), condition initiale de leur production, est traditionnellement recherchée à partir de l'analyse des traces laissées par leur utilisation (*e.g.* Semenov 1964 ;

in: Mathias, C., Bourguignon, L., Ivorra, J. and Viallet, C. (eds) 2026. *Living Archaeology. Unveiling the Past through Experimental Archaeology*. Leiden: Sidestone Press, 319-332.

Tringham *et al.* 1974 ; Keeley 1980 ; Beyries 1984 ; Plisson 1985 ; Lemorini 2000 ; Claud 2008). Cette méthodologie probante est toutefois soumise à deux limites principales : la conservation des traces et le détournement de fonction. En conséquence, il est le plus souvent difficile voire impossible d'appréhender les chaines opératoires lithiques du Paléolithique ancien et de comprendre les comportements humains et leurs évolutions.

C'est pourquoi, en parallèle de l'analyse tracéologique, différentes approches portent sur la caractérisation de la fonction potentielle des outils, à partir d'inférences issues du rapport forme/fonction (Airvaux 1986 ; Albrecht et Muller-Beck 1988 ; Key et Lycett 2017), de procédures expérimentales (Schick et Toth 1993 ; Key et Lycett 2015 ; Key 2016) ou de transfert de tendance à partir d'outil actuels et sub-actuels (Leroi-Gourhan 1943, 1945 ; Boëda 2001 ; Lepot 1993). Ces approches permettent de proposer des tendances de fonctionnement, mais se heurtent le plus souvent à un manque de moyens de démonstration quantifiés. Ce biais fait l'objet de tentatives de résolutions récentes, via le développement d'expérimentations visant à contrôler le maximum de variables (force, angle d'attaque, vitesse, etc.). Ces expérimentations cherchent à quantifier l'impact de la morphologie du tranchant en plan (Collins 2008), l'influence de l'angle d'affûtage (Key *et al.* 2022) ou encore du volume de l'éclat (Merritt et Peters 2019).

En revanche, le potentiel fonctionnel de l'artefact lithique n'est que très rarement analysé sous le spectre du choix pétrographique qui est effectué (Pereira *et al.* 2017 ; Key *et al.* 2020). En effet, si la variabilité des matières premières lithiques exploitées par les artisans préhistoriques, en particulier au Paléolithique ancien, est documentée, elle ne l'est que dans une perspective de reconstruction de l'exploitation de l'environnement minéral parcouru (*e.g.* Masson 1981 ; Fernandes 2012) ou dans l'objectif de percevoir les choix techno-économiques (Perlès 1980 ; Geneste 1985 ; Turq 1992). Les propriétés mécaniques des matériaux sont éprouvées majoritairement dans le but de comprendre les propriétés à la taille (*e.g.* Domanski *et al.* 1994 ; Cotterell et Kamminga 1990c ; Dibble and Pelcin 1995).

Pourtant, plusieurs exemples montrent que la production n'est pas systématiquement inféodée à l'environnement minéral. Dans les cas où les ressources lithiques sont diverses dans l'environnement, les homininés en choisissent uniquement quelques-unes et peuvent développer des chaînes opératoires spécifiques en fonction des matériaux (Pereira et Benedetti 2013 ; Stout *et al.* 2005 ; Key *et al.* 2020). Par ailleurs, les données ethnographiques montrent que la sélection de matières premières par les humains est conditionnée par le fait de pouvoir prédire le débitage mais aussi par la durabilité du tranchant produit (Arthur 2010 ; Heider 1967 ; Stout 2002). Le choix du matériau est donc porteur d'un sens fonctionnel et la mise en place de protocoles expérimentaux spécifiques pour le comprendre apparaît comme un axe de recherche majeur à développer.

Les recherches dans ce domaine en sont encore à leurs balbutiements et seuls quelques articles témoignent de son imprégnation dans la communauté scientifique (Pereira *et al.* 2017 ; Abrunhosa *et al.* 2019 ; Key *et al.* 2022). L'efficacité des matériaux est évaluée par rapport à la perte de matière du tranchant au cours du temps (Pereira *et al.* 2017 ; Abrunhosa *et al.* 2019) ou par la mesure de la force nécessaire pour parvenir à une rupture, mais dans un contexte d'usage éloigné de la réalité préhistorique (Key *et al.* 2022).

Nous présentons ici les résultats d'une triple expérimentation visant à quantifier l'efficacité fonctionnelle de trois matériaux différents (sédimentaire, métamorphique et volcanique) dans le cadre d'activités en percussion posée.

2. Matériel

Les matériaux éprouvés sont sélectionnés en fonction des choix effectués par les homininés. La variabilité des choix pétrographiques amène à poser un cadre chronologique et géographique : le Paléolithique inférieur en Occitanie (Sud de la France). Dans ce cadre, la sélection s'opère en fonction des modes de formation des roches, supposant que ces derniers ont un impact sur leurs propriétés mécaniques et fonctionnelles. Ainsi, les matériaux à l'étude sont le basalte (roche volcanique), le quartzite (métamorphique) et le silex (sédimentaire) (fig. 1).

Le basalte provient de la province volcanique des Causses et du Bas-Languedoc, en l'occurrence de la colonnade de la coulée de Lézignan-la-Cèbe (fig. 1, a). Il s'agit d'un basalte à olivine et à texture microlithique : il ne renferme pas de verre, la pâte est en grande partie formée de microlites de clinopyroxène et de plagioclase et les phénocristaux d'olivine y sont petits et rares (fig. 1, f). La pâte est un mélange de petits cristaux globulaires d'olivine, de titanomagnétite et de nombreux microlites de clinopyroxène et de plagioclase. Les microlites de plagioclase s'organisent en amas blanchâtres entourés de plages sombres de minéraux colorés, correspondant à un début de texture doléritique. Cette pâte est parsemée de petits cristaux d'olivine arrondis en grande partie altérés en iddingsite provenant peut-être des xénolites de lherzolite. On y trouve aussi quelques rares petits phénocristaux subautomorphes d'olivine fraîche. Ce basalte est la matière première de base des séries lithiques de l'US 4 et 2 du site archéologique de Bois-de-Riquet (Bourguignon *et al.* 2016a, 2016b).

Le quartzite provient des bassins versants de la chaîne nord-pyrénéenne. Les échantillons à l'étude proviennent des alluvions de la Save actuelle, en rive droite à la limite

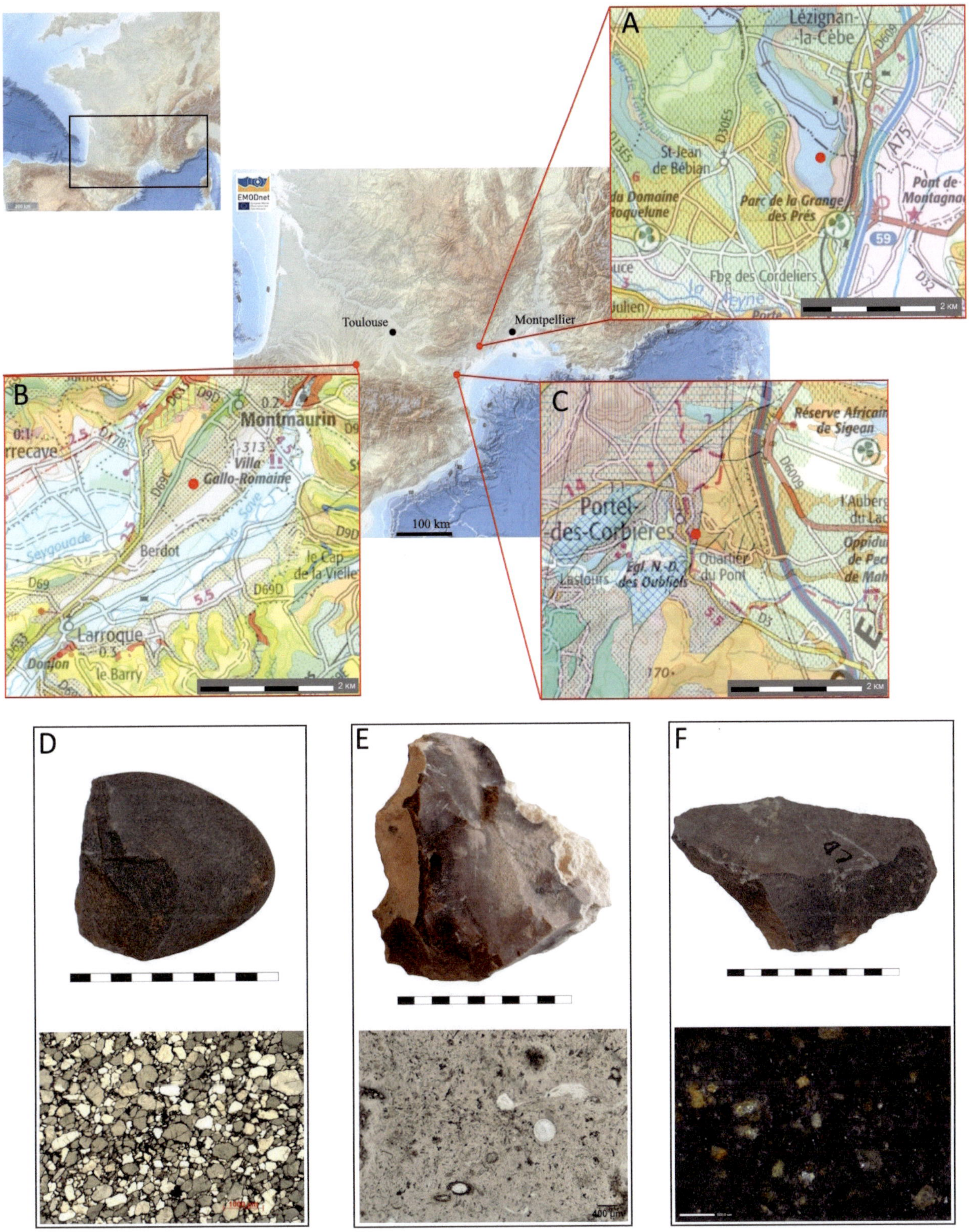

Figure 1 : Carte de localisation des différents gites de matières premières éprouvées. A, B et C : fond de carte géologique et matérialisation de la zone de prélèvement par un point rouge (données Infoterre) ; D, E et F : macro- et micro photographie d'échantillons de quartzite, silex et basalte utilisés.

	Masse Volumique	Module d'Young	Coefficient de Poisson	Dureté (Meyer)	Ténacité
	g/cm3	*Gpa*		*GPa*	*Mpa.m0,5*
B1	2,908	89,06	0,239	5,6	
B2	2.9565	93,13	0,249	5,9	
B3	2,946	94,69	0,258	7	
B4	2,939	90,09	0,246		
B5	2,928	91,22	0,251	6,3	
B6 -JCS	2,65	89	0,06	13,6	1,78
Q1	2,67	88,06	0,106	13	1,07
Q2	2,665	88,97	0,117	12,1	1,04
Q3	2.6655	89,08	0,12	13,6	0,85
Q 4 - JCS	2,65	83	0,07	14,7	0,62
S1	2,573	75,53	0,089	9,6	1,48
S2	2,569	76,76	0,08	10,6	1,2
S3	2,577	78,5	0,08	10,5	1,37
S4	2,578	77,83	0,093		
S6 - JCS	2,58	76	0,06	11,1	1,14

A

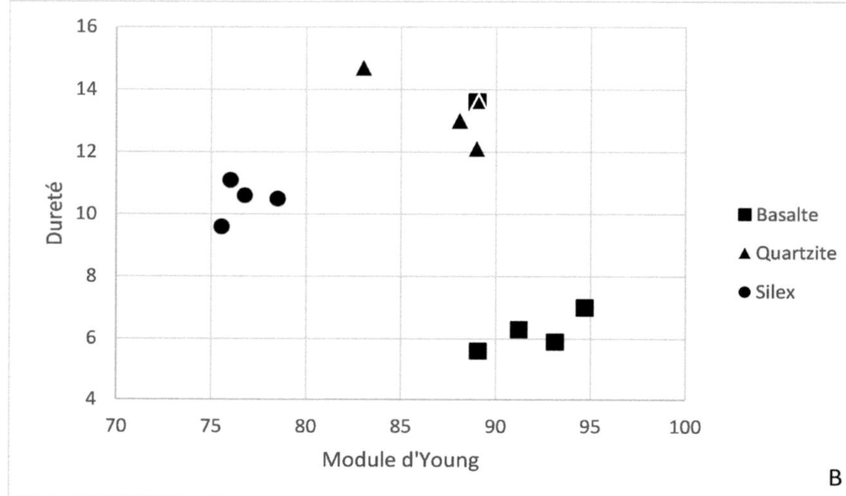

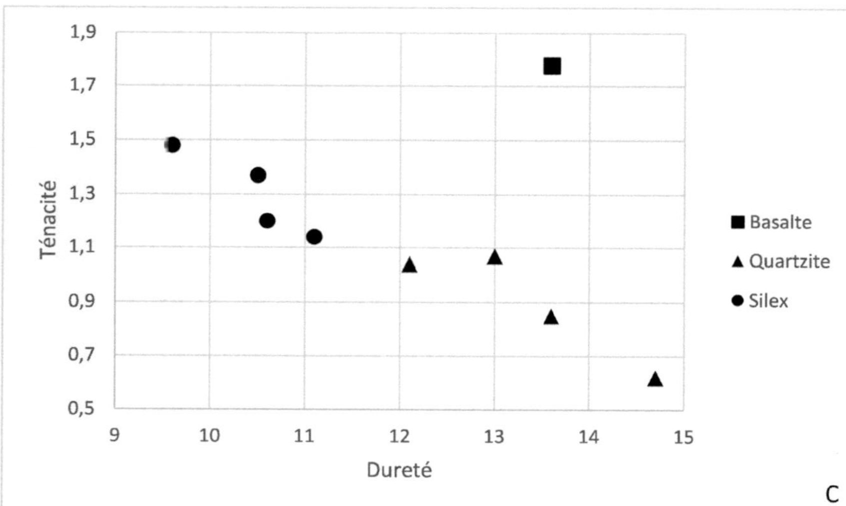

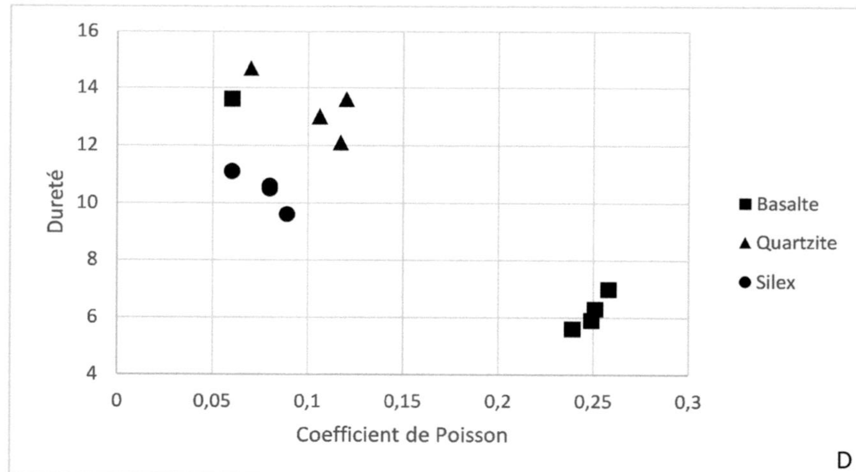

Figure 2 : A, Tableau récapitulatif des mesures des propriétés mécaniques réalisées ; B, Mise en relation de la dureté avec le module d'Young ; C, la ténacité et D, le coefficient de Poisson.

avec la commune de Sarremezan (fig. 1, b). Ce quartzite présente une texture granoblastique à nombreux petits quartz xénomorphes à extinction roulante, avec traces de matériel phylliteux et altération aux joints de grains (présence d'oxydes de fer) (fig. 1, d). De la biotite est identifiable entre les minéraux, notamment au niveau d'une veine de quartz qui traverse la roche, et où les grains sont de plus grandes dimensions. D'une manière générale les quartz sont hétérométriques (quelques centaines de microns), fissurés et semblent avoir subi des contraintes importantes (compaction ?), menant à une chute de la porosité. Les fissures les plus importantes sont emplies de matériel secondaire, principalement d'oxydes de fer. Les minéraux peuvent être arrondis ou fortement corrodés et ferruginisés, une matrice évoluée s'est installée, nourrie par l'altération en périphérie des grains. Ce quartzite est le matériau dominant des différents ensembles du Pléistocène moyen exhumé dans le karst de Montmaurin (Gaillard, 1983 ; Serra, 1980).

Le silex provient du bassin tertiaire de Narbonne-Sigean (Aude). L'échantillon éprouvé provient des niveaux de calcaire aquitaniens (Lespinasse *et al.* 1982), contenant plusieurs gîtes à silex et notamment les faciès miocènes (Grégoire 2000). Il a été prélevé en position sub-primaire à l'est de Portel-des-Corbières (fig. 1, c). Il possède une matrice microcristalline à cryptocristalline (fig. 1, e). Elle est composée de calcédonite microfribreuse, de sphérolithes de quartzine, de calcédonite et de mégaquartz en remplissage de bioclaste associés à des carbonates souvent liés à la composante organique. Des pyrites et hématites sont présentes en grains et en amas. La macroporosité intraclastique est moyenne surtout en zone sous corticale et la microporosité de la matrice est faible. Ce silex est utilisé dans plusieurs sites du Pléistocène et de l'Holocène, en particulier à la Caune de l'Arago (Wilson 1986 ; Grégoire 2000).

Les trois types de roches ont fait l'objet d'essais mécaniques (échographie utltrasonore, duromètre Matsuzawa avec indenteur de type Vickers) afin de comparer leur capacité de déformation élastique, leur fragilité, leur dureté et leur ténacité (fig. 2). La dureté conditionne la résistance à la pénétration, donc à l'usure. La ténacité correspond à la capacité à résister aux chocs en absorbant l'énergie. Les résultats montrent nettement trois populations différentes, correspondant aux trois matières premières éprouvées (fig. 2). De manière générale le silex est plus tenace et le quartzite plus dur. La mesure de la ténacité pour le basalte n'a fonctionné que pour un échantillon (le matériau s'écrase et ne rompt pas). Quelle que soit la mesure de l'élasticité (module d'Young ou coefficient de Poisson), le basalte est plus rigide et moins dur que le silex et le quartzite. Ce dernier matériau semble présenter des propriétés intermédiaires, à la fois rigide et dur.

3. Méthodes

L'hypothèse selon laquelle les matériaux lithiques utilisés par les groupes humains préhistoriques sont sélectionné en fonction de leurs performances fonctionnelles est éprouvée par trois types d'expérimentations, allant d'un contrôle optimal des paramètres de variations à l'intégration progressive de la variation individuelle de l'opérateur. Les outils de coupe sont des éclats bruts en silex, en quartzite et en basalte. Deux fonctionnements (ou gestes) en percussion posée (Leroi-Gourhan, 1943) sont testés : translation transversale normale unidirectionnelle (TTNU) et translation longitudinale normale bidirectionnelle (TLNB) (fig. 3, a-d). Chaque fonctionnement, pour chaque matière première est éprouvée par 3 échantillons afin d'évaluer la variabilité intra matériaux. Les fonctionnements en TLNB sont effectués avec des angles de tranchants globalement inférieurs à 35°, tandis que ceux en TTNU sont fait avec des angles de tranchants supérieurs à 35°. Ce choix s'opère en fonction des données connues sur le rapport entre l'angle de tranchant et le fonctionnement dans l'outillage contemporain (McGorry *et al.* 2003, 2005 ; Atkins 2009 ; Key 2016 ; Singh *et al.* 2016). Afin de disposer de données comparables, le matériau travaillé est systématiquement du bois sec (*Fagus sylvatica*).

3.1. Expérimentations robotisées sur bois sec usiné

Ce procédé expérimental vise à contrôler des variables tels que la force, la vitesse ou l'angle de travail par l'utilisation d'un banc de rayage (conçu à l'Institut de Physique de Rennes ; S1 vidéo 1 et 2, lien doi à la fin de l'article). Les éclats sont fixés à un support métallique fabriqué sur mesure à l'aide d'une résine à prise rapide, de sorte que l'éprouvette ne bouge pas pendant les essais. Le support est relié à une barre en aluminium, elle-même reliée à un arc par des poulies de chaque côté permettant une translation de l'ensemble. Le mouvement transversal ou longitudinal est créé par l'orientation du matériau travaillé perpendiculairement ou parallèlement au fil du tranchant (fig. 3 a, b). C'est le plateau du banc de rayage qui se déplace sur une distance et avec une vitesse pilotée par le logiciel DriveGUI. La force est simulée par la masse de l'ensemble barre, de l'échantillon et des poids mis sur la barre. Celle-ci varie très légèrement en fonction de la masse de l'échantillon (moyenne : 3204 g, minimum : 3164 g., maximum :3254 g.). Dans le cas des TTNU, la surface rayée mesure 10 cm à une vitesse de 10 cm/s ; le geste est reproduit 100 fois. Dans le cas des TLNB la surface mesure 2 cm à l'aller et -2 cm au retour à une vitesse de 7 cm/s ; le geste est effectué pendant 2 min. La masse et la vitesse ont été choisies pour correspondre au mieux à nos expérimentations réalisées manuellement. Afin de supprimer les variations induites par le matériau travaillé, le choix s'est porté sur des tourillons usinés de hêtre avec un diamètre de 16 mm. L'efficacité de chaque

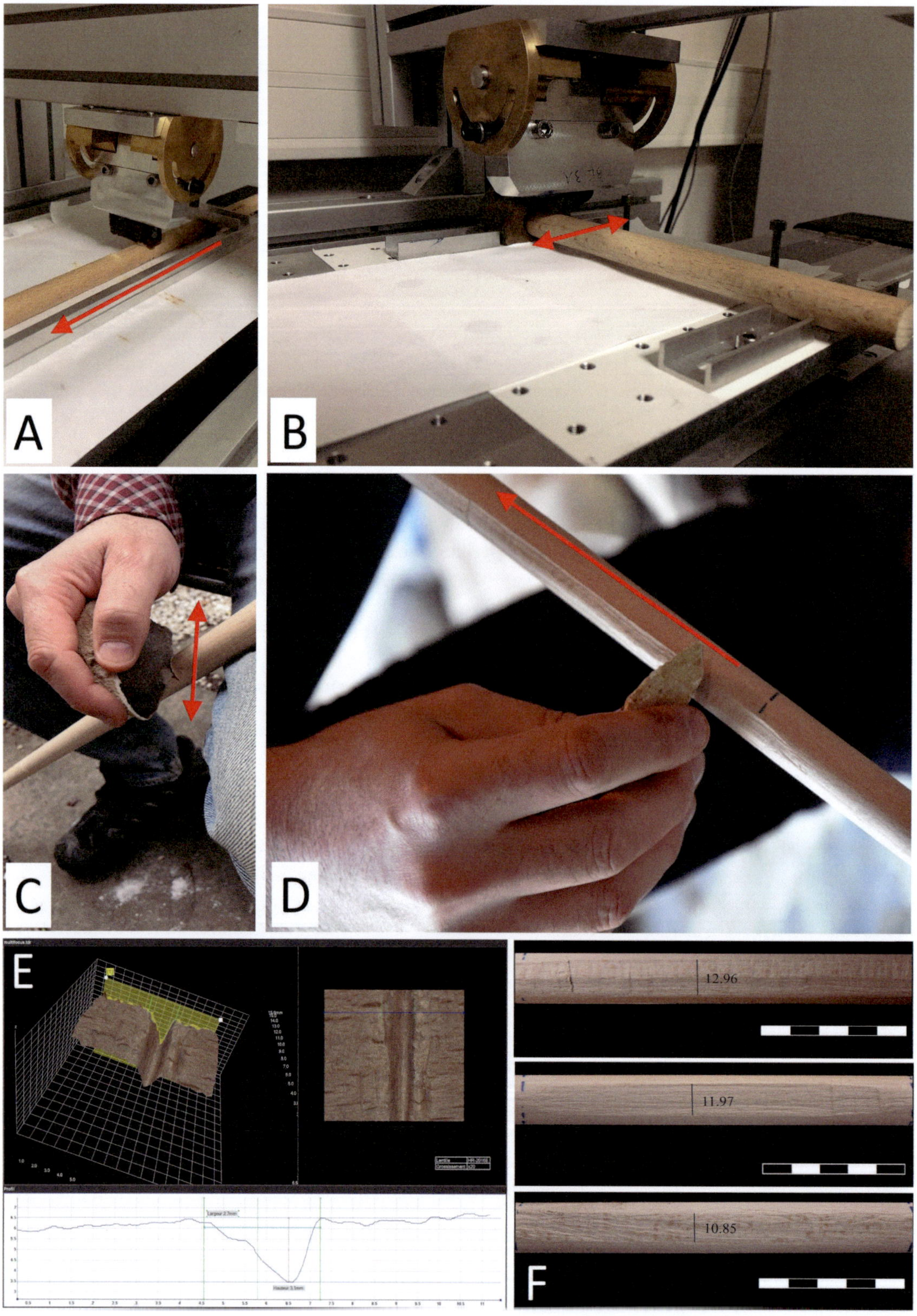

Figure 3 : A et B, Photographies des deux types de gestes éprouvés sur un banc de rayage ; C et D, ou par des humains : translation transversale normale unidirectionnelle (A et D) et translation longitudinale normale bidirectionnelle (B et C). Illustrations des modes de mesures des endommagements produits sur les tourillons usinés de hêtre : E, encoche analysée en plan et en section et F, surface endommagée en plan.

matériau est évaluée pour les TTNU par la mesure de la largeur de tourillon impacté par l'action (fig. 3, f). Plus cette dernière est importante, plus le tranchant a enlevé de la matière et donc plus il est efficace. Dans le cas des TLNB, l'évaluation de l'efficacité s'opère par la mesure de la profondeur de l'encoche produite (fig. 3, e). Les observations sont réalisées grâce à un microscope numérique (Hirox KH-8700). Les conditions de laboratoire ont permis de récupérer les copeaux produits et leur masse permet d'évaluer l'efficacité du tranchant en fonction du geste et du matériau.

3.2. Expérimentations humaines sur bois sec usiné

Trois opérateurs exécutent les deux gestes choisis. Tous ont une bonne expérience dans l'utilisation d'outils en pierre. Afin de disposer d'une première évaluation de la variabilité induite par la force de préhension, celle-ci est mesurée en amont via un dynamomètre. Deux hommes, un droitier et un gaucher, et une femme droitière opèrent, leur force de préhension est, respectivement, 59.1 kg, 33.3 kg et 31.5 kg. La mesure a été faite trois fois et la mesure la plus haute est retenue. Les deux fonctionnements sont opérés avec un angle d'attaque perpendiculaire à la surface travaillée qui, comme dans l'expérimentation robotisée, est un tourillon usiné de hêtre de 16 mm de diamètre (fig. 3 c, d). Dans le cas des TTNU la surface de travail maximum est de 13 cm et le temps d'action est de 4 min. Pour les TLNB, le temps d'action est limité à 2 min. L'évaluation de l'efficacité repose sur les mêmes critères que les expérimentations robotisées, à l'exception du recueil des copeaux, impossible ou biaisé hors laboratoire.

3.3. Expérimentations humaines sur bois sec naturel

Les trois mêmes opérateurs opèrent les mêmes gestes avec les mêmes types d'outils sur du bois sec préalablement tronçonné et choisi pour avoir les mêmes longueurs et diamètres (longueur moyenne : 454 mm, minimum : 435 mm, maximum : 475 mm ; diamètre moyen : 17 mm, minimum : 14 mm, maximum : 20 mm). Afin de rentrer dans le cadre d'activités potentiellement menées par les homininés du Pléistocène moyen, l'objectif de la TTNU était d'ôter l'ensemble de l'écorce et du liber du morceau de bois. Pour les TLNB il fallait parvenir à segmenter en deux tronçons le matériau. L'efficacité de chaque opérateur est mesurée par le temps nécessaire à la réalisation de l'activité. Pour les TLNB, le morceau avait tendance à rompre avant d'être complètement scié. L'épaisseur réellement coupée a donc été mesurée, considérant qu'elle était plus représentative que le diamètre initial du tronçon de bois.

4. Résultats

4.1. Fonctionnement en Translation Transversale Normale Unidirectionnelle (TTNU)

Expérimentation robotisée sur bois usiné

La largeur de la surface endommagée par l'action de coupe est représentative de l'efficacité. Les résultats considérant uniquement ce facteur attestent d'une efficacité nettement supérieure des éprouvettes en silex par rapport à celles en quartzite et en basalte (fig. 4, a). Entre ces deux dernières les résultats sont moins nets : les éprouvettes en quartzite sont en moyenne plus efficaces, mais une éprouvette en basalte livre des résultats comparables. La mesure de la performance par la masse des copeaux produits livre des résultats similaires (fig. 4, b). La comparaison de la masse de copeaux produits entre 1 et 50 coups, avec celle entre 51 et 100 coups, permet de supposer une perte d'efficacité du tranchant. Cette perte est très forte pour une éprouvette en silex, qui s'est cassée au cours des 50 premiers coups. Dans les autres cas, la perte d'efficacité est plus nuancée, mais il semble qu'elle soit plus importante pour les éprouvettes en basalte.

L'angle du tranchant, seul paramètre variant de cette expérimentation, n'influe pas sensiblement sur l'efficacité de ce dernier. Quel qu'il soit, les éprouvettes en silex sont plus efficaces (fig. 4, a). Les meilleurs résultats pour les quartzites sont obtenus avec un angle supérieur à 45°, tandis qu'il s'agit des moins bons pour les basaltes. L'effectif éprouvé n'est pas suffisant pour évaluer l'influence de ce paramètre sur l'efficacité, à l'échelle du matériau.

Expérimentation humaine sur bois usiné

Les résultats concernant la largeur de la surface endommagée attestent de l'efficacité supérieure du silex sur le basalte ou le quartzite. Ces deux matériaux livrent des résultats relativement équivalents (fig. 4, c). En moyenne, le quartzite est plus efficace que le basalte. Toutefois, après le silex, l'éprouvette la plus efficace est en basalte.

L'angle de tranchant pourrait jouer un rôle dans l'efficacité. En effet, les trois éprouvettes en silex ont un angle moyen inférieur à celle en basalte et en quartzite. Pour autant, pour un angle équivalent de 30° l'éprouvette en silex est plus efficace que celle en quartzite. Inversement, malgré un angle supérieur une éprouvette en basalte est plus efficace qu'une autre en quartzite et ce pour le même opérateur (respectivement 59° et 48° pour FD). Considérant le nombre d'éprouvettes il n'est pas possible d'inférer sur le rôle de l'angle, d'autant que ce dernier ne parait pas significatif dans le cadre des expérimentations robotisées. Il sera toutefois nécessaire de mieux contrôler ce paramètre dans les expérimentations futures. La variabilité inter-opérateur n'est pas quantifiée dans le détail ici (notamment sur le plan biomécanique).

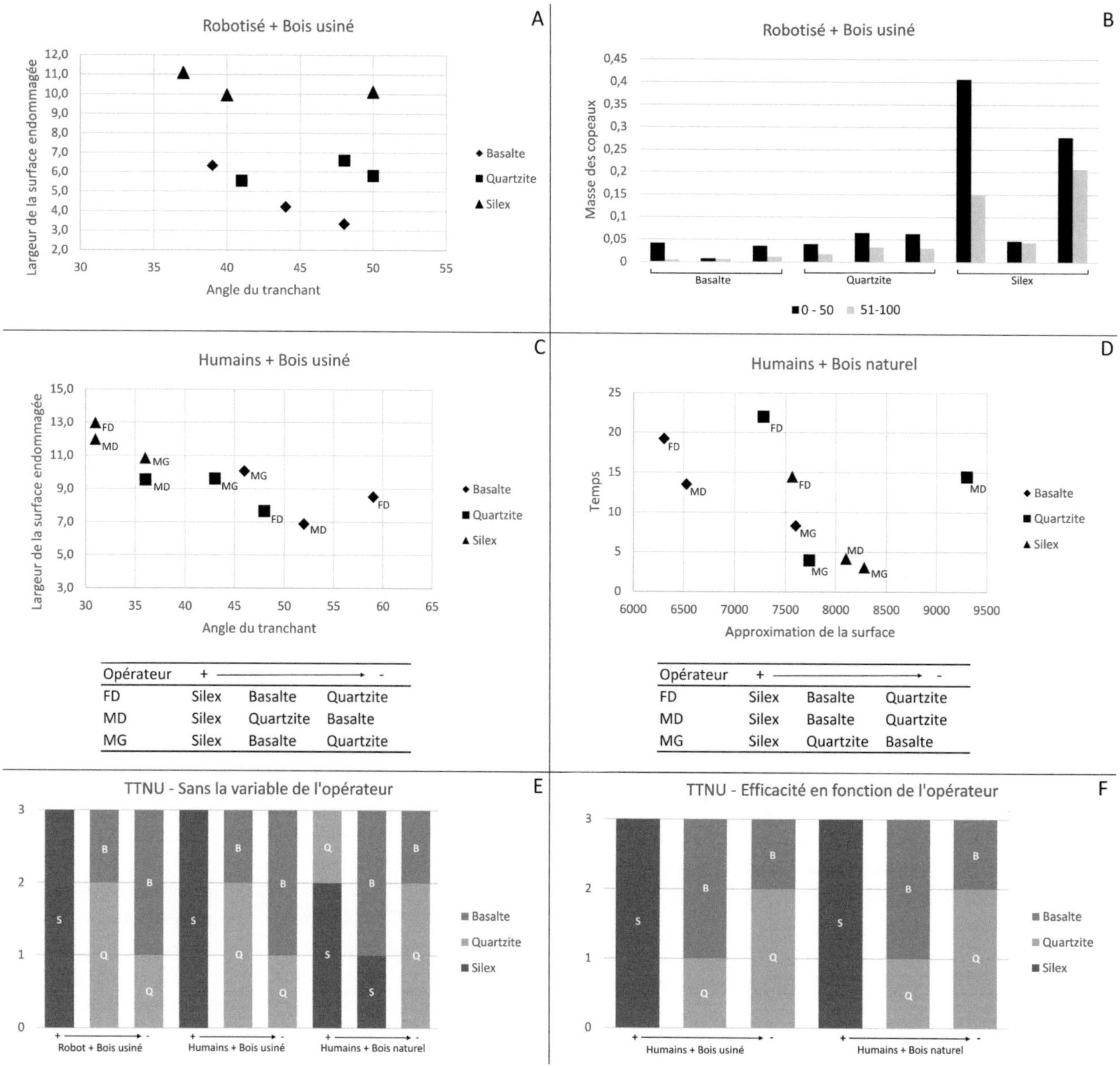

Opérateur	+	——→	-
FD	Silex	Basalte	Quartzite
MD	Silex	Quartzite	Basalte
MG	Silex	Basalte	Quartzite

Opérateur	+	——→	-
FD	Silex	Basalte	Quartzite
MD	Silex	Basalte	Quartzite
MG	Silex	Quartzite	Basalte

Figure 4 : Diagrammes bivariés représentant différents moyens d'appréhender l'efficacité du tranchant en fonction de sa matière première en prenant en compte son angle et la durée d'utilisation (B : 1-50 et 51-100 représentent le nombre de coup), pour une translation transversale normale unidirectionnelle (A à D). Diagramme récapitulatif de l'efficacité des tranchants (du plus opérant (+) vers le moins (-)), en prenant en compte l'influence de l'opérateur (F) ou non (E).

Le constat final de ce deuxième niveau d'expérimentation est que si le silex est toujours plus efficace, le basalte arrive en deuxième position dans deux cas sur trois (fig. 4, c).

Expérimentation humaine sur bois naturel

Les résultats concernant le temps de réalisation de l'action (écorcer une branche) sont mis en parallèles avec une valeur approximative de la surface à traiter, obtenue par la multiplication du diamètre par la longueur. Les temps de réalisation les plus courts sont obtenus avec deux tranchants en silex et un en quartzite, suivis par un en basalte. Trois de ces quatre éléments les plus performant sont utilisés par le même opérateur. A l'inverse, les trois tranchants les moins efficaces sont employés par un autre opérateur (fig. 4, d).

Les variations d'efficacité inter-opérateurs sont importantes et conduisent à rester prudents sur la portée des résultats obtenus concernant l'efficacité des matériaux, dans le cadre de cette expérimentation. Il faut toutefois noter que les résultats sont similaires à ceux obtenus pour l'expérimentation impliquant les mêmes opérateurs sur du bois usiné. Ainsi, le silex est toujours le matériau le plus efficace et le basalte arrive en deuxième position dans deux cas sur trois.

Synthèse sur les TTNU

Les expérimentations sur bois usiné, humaines et robotisées, livrent des résultats comparables concernant la largeur de la surface endommagée. Cela permet de valider les choix de vitesse et de masse appliqués sur le banc de rayage. La variabilité de l'efficacité inter-matériaux est similaire pour les deux expérimentations : les tranchants en silex sont les plus efficaces, suivis par ceux en basalte et en quartzite qui livrent des données quasi similaires (fig. 4, e). Ces résultats ne semblent pas dépendre étroitement de l'angle du dièdre de coupe, mais la multiplication des expérimentations et une meilleure maitrise de ce paramètre doivent être effectué pour appréhender son influence. La différence d'efficacité entre les éprouvettes en silex d'une part et celles en quartzite et basalte d'autre part, est plus nette dans le cas de l'expérimentation robotisée. Il est possible que dans le cadre de l'expérimentation humaine, ces derniers adaptent inconsciemment ou très légèrement leurs gestes pour être plus efficaces quel que soit le matériau.

La variabilité inter-opérateurs, discrète pour le travail du bois usiné, s'exprime de manière plus nette dans le cadre du travail sur bois naturel (fig. 4, f). En effet, les meilleurs résultats sont obtenus par le même opérateur pour tous les matériaux et les moins bons par un autre opérateur. Il semble que l'utilisation de bois naturel augmente donc l'effet du paramètre idiosyncrasique. Il faut toutefois rester nuancé en raison de la faiblesse quantitative de l'échantillon.

4.2. Fonctionnement en Translation Longitudinale Normale Bidirectionnelle (TLNB)

Expérimentation robotisée sur bois usiné

La profondeur maximale d'incision est atteinte par une éprouvette en quartzite (4,7 mm). Paradoxalement, les deux autres éprouvettes en quartzite sont dans la moyenne basse (2,5 et 1,8 mm), comparativement à la totalité des matériaux. Pour l'éprouvette en quartzite avec la performance la plus faible, l'explication peut provenir d'une fracturation rapide du dièdre de coupe. Cette variabilité s'exprime aussi pour les éprouvettes en silex, deux étant situées dans la moyenne haute (3,6 et 3 mm) et une dans la moyenne basse (1,9 mm). En comparaison, les éprouvettes en basalte présentent des résultats plus homogènes, entre 2,5 et 3,1 mm de profondeur. La prise en compte de l'angulation du tranchant ne permet pas d'expliquer la variabilité des résultats (fig. 5, a).

L'évaluation de la performance par la masse de copeaux produite inverse partiellement les résultats précédents (fig. 5, b). En effet, les dièdres en basalte et en quartzite deviennent en général plus efficaces que ceux en silex. Cela pourrait être dû à la topographique de surface de ces matériaux, disposant d'une matrice plus grenue. Ces grains, mimeraient à moindre échelle le rôle d'un avoyage sur un tranchant actuel (cas des scies), permettant d'élargir l'incision au fur et à mesure de la pénétration du tranchant. La représentation de la largeur de l'encoche en fonction du matériau et de l'angle soutient cette hypothèse, qui sera à éprouver plus en détail dans de futurs travaux.

Expérimentation humaine sur bois usiné

La profondeur des incisions montre une efficacité globalement supérieure des éprouvettes en silex sur celles en quartzite, puis en basalte. L'angle du tranchant ne semble pas impacter sensiblement l'efficacité du dièdre de coupe dans le cadre de cette expérimentation (fig. 5, c). En effet deux éprouvettes en silex avec le même angle produisent un endommagement différent (3,7 mm / 2,3 mm), de même pour deux éprouvettes en basalte (1,9 mm / 1,4 mm).

La variabilité inter-opérateur ne livre pas, à l'échelle des trois tranchants éprouvés par matière première, de données susceptibles de discuter plus en détail ces premiers résultats. Nous pouvons toutefois noter l'homogénéité inter-matière première des résultats de l'opérateur FD.

Expérimentation humaine sur bois naturel

Le croisement des données relatives à l'épaisseur endommagée avec le temps nécessaire, ne permet pas de mettre en avant un matériau nettement plus efficace (fig. 5, d). Dans cette expérimentation, l'impact de la variabilité inter-opérateur est grand, puisque les trois éprouvettes les plus performantes sont employées par le même individu.

Les résultats à l'échelle de l'opérateur soulignent l'efficacité supérieure des basaltes dans deux cas sur trois, ce matériau arrivant en deuxième position dans le dernier cas. Les éprouvettes en silex arrivent en première, deuxième et troisième position en fonction des opérateurs. Celles en quartzite sont deuxième dans un cas et dernières dans les deux autres.

Synthèse sur les TLNB

Les expérimentations sur bois usiné, humaines et robotisées, livrent des résultats comparables concernant la profondeur des surfaces de bois impactées. Cela permet de valider les choix de vitesse et de masse appliqués sur le banc de rayage, de même que le temps d'utilisation. Les résultats de performances issus des trois types d'expérimentation ne livrent pas de résultats homogènes (fig. 5, e et f). Les éprouvettes les plus performantes peuvent être en quartzite ou en silex. Celles en basalte livrent des résultats médians, mais lorsque les résultats sont mis à l'échelle de l'opérateur, sur du bois naturel, elles sont plus efficaces dans deux cas sur trois. Les expérimentations robotisées semblent souligner

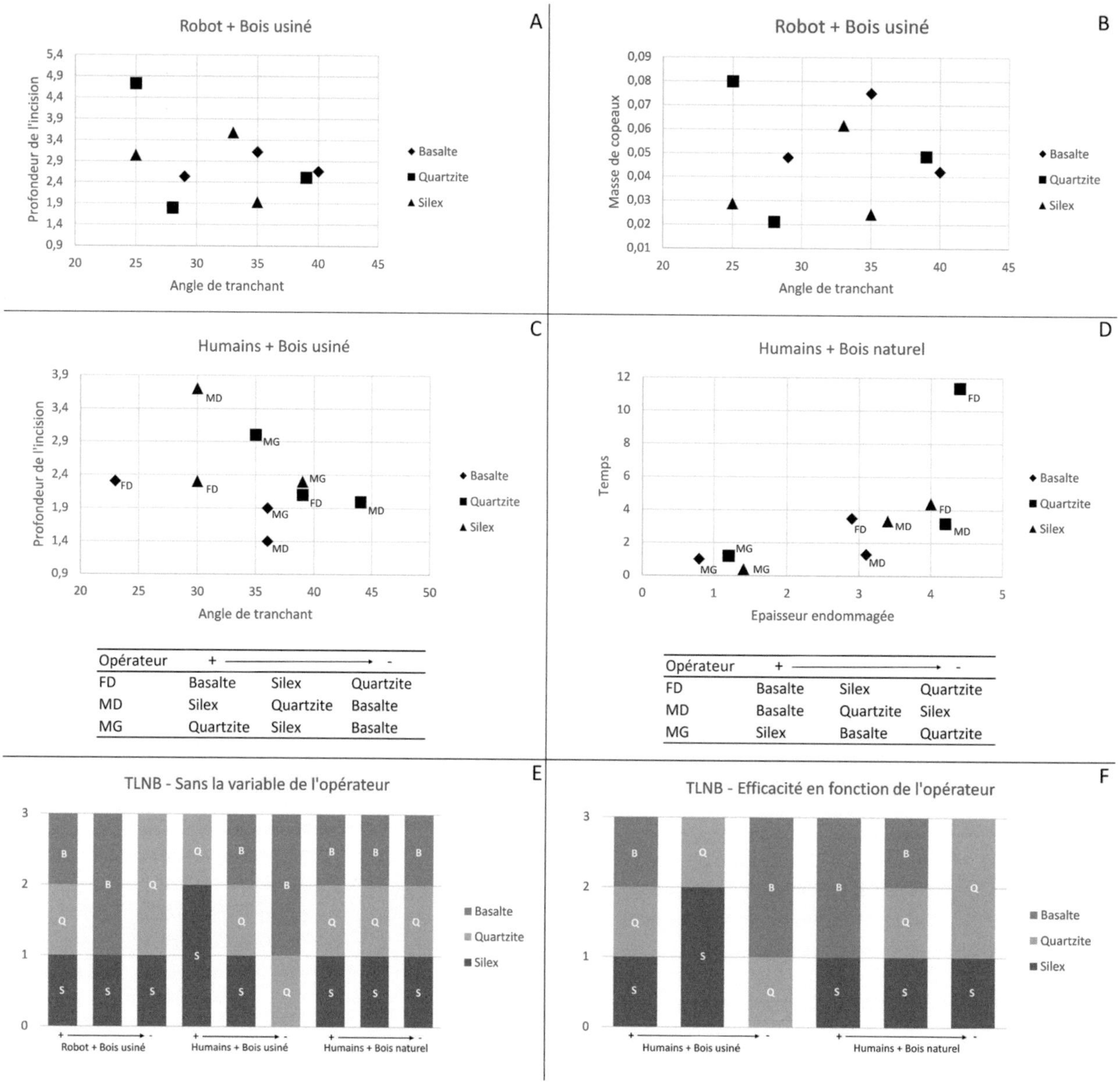

Figure 5 : Diagrammes bivariés représentant différents moyens d'appréhender l'efficacité du tranchant en fonction de sa matière première en prenant en compte son angle et la durée d'utilisation, pour une translation longitudinale normale bidirectionnelle (A à D). Diagramme récapitulatif de l'efficacité des tranchants (du plus opérant (+) vers le moins (-)), en prenant en compte l'influence de l'opérateur (F) ou non (E).

l'importance de la topographie de surface des éprouvettes en basalte et surtout en quartzite qui, plus hétérogène, permet d'éviter que le tranchant se bloque dans l'encoche. Une première analyse de cette variabilité de la topographie surfacique montre une différence importante entre les trois matériaux éprouvés. Le silex est le moins rugueux, suivi par le quartzite et le basalte.

La variabilité des résultats obtenus, y compris intra-matière première conduit à mettre en avant l'impact des paramètres de variation que sont l'angle du tranchant, sa morphologie en plan, et les capacités de manipulations des opérateurs (également impactées par la morphologie de la zone de préhension).

5. Synthèse et discussions

Les trois types d'expérimentations réalisées pour évaluer les propriétés fonctionnelles des matériaux apportent des résultats variés. Il est toutefois déjà possible de proposer des tendances concernant les capacités fonctionnelles des matériaux en fonction des deux gestes éprouvés sur du bois sec.

Si l'on regroupe les performances de chaque matériau, pour un geste en translation transversale normale unidirectionnelle, déduites des trois types d'expérimentations, les éprouvettes en silex sont plus efficaces dans huit cas sur neuf. Les résultats sont strictement les mêmes entre les deux premières expérimentations, les éprouvettes en quartzite arrivent en seconde position pour ce geste, mais l'écart de performance avec les basaltes est peu important. Ces derniers se classent deuxièmes pour la troisième expérimentation (humains + bois naturel). La mesure de l'efficacité en fonction des opérateurs pour les expérimentations sur bois usinés et naturels, classe toujours les éprouvettes en silex en première position. Il faut noter une inversion entre les éprouvettes en basalte et celles en silex pour les deuxièmes et troisièmes positions.

Les performances de chaque matériau pour un geste de translation longitudinale normale bidirectionnelle pour les trois expérimentations sont très variables. Pour proposer des tendances il faut utiliser des moyennes, or avec une quantité d'éprouvettes de trois par matières et par expérimentations la représentativité est trop limitée. L'expression des résultats en fonction des opérateurs donne des résultats également variables. Le constat qui doit être fait est peut-être l'équivalence de performance entre les matériaux. Cela pourrait apparaître comme contre-intuitif. L'explication pourrait venir de la topographie de surface, plus rugueuse dans le cas des quartzites et des basaltes, qui permettrait d'augmenter la largeur de l'encoche au fur et à mesure de la pénétration du tranchant.

La diversité identifiée peut représenter différents paramètres de variations qui doivent être discutés et contrôlés pour les quantifier dans une deuxième séquence expérimentale. Exprimés précédemment, la variabilité induite par les opérateurs (dans le cas des expérimentations non robotisées) peut être due à une reproduction imparfaite du geste, notamment concernant l'angle du contact entre le tranchant et le matériau travaillé. Elle semble pouvoir également s'expliquer par les capacités de manipulation de chaque opérateur : précision et force du maintien ; elles-mêmes également conditionnées par la morphologie de la zone de préhension. Pour appréhender l'influence de ces facteurs, nous allons développer des expérimentations avec des artefacts pour lesquels la zone de préhension sera inclue dans une gomme végétale présentant une même morphologie. Par ailleurs, les expérimentations feront l'objet d'un suivi biomécanique permettant de connaitre précisément la variabilité des forces de préhension et des gestes mis en œuvre. De manière générale, la variabilité morphologique des tranchants en plan, en profil et en section – incluant leur rayon de courbure – influence l'évaluation de la performance intra et inter-matériaux. La production devra s'orienter vers des tranchants bruts issus de débitages standardisés qui peuvent être mis en œuvre sur les trois matériaux éprouvés, par des tailleurs expérimentés. Il pourrait s'agir d'éclats Levallois préférentiels. Enfin, les propriétés des surfaces, en particulier la rugosité, semblent avoir une influence sur l'accroche du tranchant dans le cadre des TTNU et sur l'ouverture de l'encoche pour les TLNB. L'inclusion d'une analyse tribologique aux prochaines phases expérimentales est prévue et nécessaire.

6. Conclusion

Le protocole expérimental mis en place permet de mettre en évidence l'efficacité fonctionnelle variable des matériaux en fonction des gestes éprouvés. C'est particulièrement perceptible à l'échelle des translations transversales normales unidirectionnelles. Il s'agit donc d'une première étape prometteuse dans la caractérisation des propriétés fonctionnelles des matériaux. Désormais, il convient de développer des protocoles expérimentaux permettant d'isoler les paramètres variants afin de trouver des constantes à l'échelle des matières premières, des gestes et des matières travaillées. Ce processus au long cours, doit conduire à renseigner un nouveau pan de la technologie lithique : le choix de la matière première en fonction de l'usage envisagée, un parallèle complémentaire de la techno-économie, que nous proposons de nommer éco-fonctionnalité.

Remerciements

Les expérimentations présentées dans cet article ont été réalisé au sein du projet collectif de recherche « De la Matière aux Gestes » (Viallet C. Dir.), qui bénéficie du soutien financier et du suivi scientifique de la DRAC Occitanie. Les auteurs remercient donc vivement le Service Régional de l'Archéologie.

Supplementary Data

S1: DOI: 10.34847/nkl.362esc56

Réferences

Abrunhosa, A., Pereira, T., Marquez, B., Baquedano, E., Arsuaga, J.L. and Perez-Gonzalez, A. 2019. Understanding Neandertal technological adaptation at Navalmaillo Rock Shelter (Spain) by measuring lithic raw materials performance variability. *Archeological and Anthropological Sciences.* DOI:10.1007/s12520-019-00826-3

Airvaux, J. 1986. Les potentialités morphologiques, in: Carbonell, E., Guilbaud, M. and Mora, R. (eds.). *Sistemes d'analisi en prehistoria.* Girona, Bordeaux, Poitiers: C.R.P.E.S, 17-67.

Albrecht, G. and Müller-Beck, H. 1988. The Palaeolithic of Sehremuz near Samsat on the Euphrates river. Summary of the excavation fondings and a morphology of the handaxes. *Paléorient* 14/2, 76-86.

Arthur, K.W. 2010. Feminine Knowledge and Skill Reconsidered: Women and Flaked Stone Tools. *American Anthropologist* 112, 228-243.

Atkins, T. 2009. *The Science and engineering of cutting: the mechanicsand processes of separating, scratching and puncturing biomaterials, metals and non-metals.* Oxford: Butterworth-Heinemann.

Beyries, S. 1984. *Approche fonctionnelle de la variabilité des faciès du Moustérien.* Ph.D. Thesis, Nanterre: Université Paris X-Nanterre.

Boëda, E. 1997. *Technogenèse de systèmes de production lithique au Paléolithique inférieur et moyen en Europe occidentale et au Proche Orient.* Unpublished Habilitation Thesis, Nanterre: Université Paris X – Nanterre, tome 1.

Boëda, E. 2001. Détermination des unités techno-fonctionnelles de pièces bifaciales provenant de la couche acheuléenne C'3 base du site de Barbas I, in: Cliquet, D. (ed.). *Les industries à outils bifaciaux du Paléolithique moyen d'Europe occidentale.* Actes de la table ronde internationale, Liège: ERAUL 98, 51-75.

Bourguignon, L., Crochet, J.-Y., Capdevila, R., Ivorra, J., Antoine, P.-O., Agustí, J., Barsky, D., Blain, H.-A., Boulbes, N., Bruxelles, L., Claude, B., Cochard, D., Filoux, A., Firmat, C., Lozano-Fernández, I., Magniez, P., Pelletier, M., Rios-Garaizar, J., Testu, A., Valensi, P. and De Weyer L. 2016a. Bois-de-Riquet (Lézignan-la-Cèbe, Hérault): A late Early Pleistocene archaeological occurrence in Southern France. *Quaternary International* 393, 24-40. DOI:10.1016/j.quaint.2015.06.037

Bourguignon, L., Barsky, D., Ivorra, J., De Weyer, L., Cuartero, F., Capdevila, R., Cavallina, C., Oms, O., Bruxelles, L., Crochet, J.-Y. and Rios Garaizar, J. 2016b. The stone tools from stratigraphical unit 4 of the Bois-de-Riquet site (Lézignan-la-Cèbe, Hérault, France): a new milestone in the diversity of the European Acheulian. *Quaternary International* 411/B, 160-181. DOI:10.1016/j.quaint.2016.01.065

Claud, E. 2008. *Le statut fonctionnel des bifaces au Paléolithique moyen récent dans le Sud-Ouest de la France. Étude tracéologique intégrée des outillages des sites de La Graulet, La Conne de Bergerac, Combe Brune 2, Fonseigner et Chez-Pinaud / Jonzac.* Ph.D. Thesis, Bordeaux: Université de Bordeaux I.

Collins, S. 2008. Experimental investigations into edge performance and its implications for stone artefact reduction modelling. *Journal of Archaeological Science* 35, 2164-2170.

Cotterell, B. and Kamminga, J. 1990. *Mechanics of pre-industrial technology.* Cambridge: Cambridge University Press.

Dibble, H. L. and Pelcin, A. 1995 The effect of hammer mass and velocity on flakemass. *Journal of Archaeological Sciences* 22, 429-439. DOI:10.1006/jasc.1995.0042

Domansky, M., Webb, J.A. and Boland, J. 1994. Mechanical properties of stone artefact materials and the effect of heat treatment. *Archeometry* 36/2, 177-208.

Fernandes, P. 2012. *Itinéraires et transformations du silex : une pétroarchéologie refondée, application au Paléolithique moyen.* Ph.D. Thesis, Bordeaux: Université de Bordeaux 1.

Gaillard, C. 1983. Matières premières de l'industrie lithique de la grotte de Coupe-Gorge à Montmaurin. *Bulletin de la Société préhistorique française* 80/2, pp. 54-64.

Geneste, J.-M. 1985. *Analyse lithique d'industries moustériennes du Périgord : une approche technologique du comportement des groupes humains au Paléolithique moyen.* Ph.D. Thesis, Bordeaux: Université de Bordeaux 1.

Grégoire, S. 2000. *Origine des matières premières des industries lithiques du Paléolithique pyrénéen et méditerranéen. Contribution à la connaissance des aires de circulations humaines.* Ph.D. Thesis, Perpignan: Université de Perpignan Via Domitia.

Heider, K.G. 1967. Archaeological Assumptions and Ethnographical Facts: A Cautionary Tale from New Guinea. *Southwestern Journal of Anthropology* 23, 52-64.

Keeley, L. H. 1980. *Experimental determination of stone tool use.* Chicago: University of Chicago Press.

Key, A. 2016. Integrating mechanical and ergonomic research within functional and morphological analyses of lithic cutting technology: key principles and future experimental directions. *Ethnoarchaeology* 8/1, 69-89.

Key, A. and Lycett, S. 2015. Edge angle as a variably influential factor in flake cutting efficiency: an experimental investigation of its relationship with tool size and loading. *Archaeometry* 57, pp. 911-927.

Key, A. and Lycett, S. 2017. Form and function in the Lower Palaeolithic: history, progress, and continued relevance. *Journal of Anthropological Sciences Invited Reviews* 95, pp. 1-42.

Key, A., Proffitt, T. and de la torre, I. 2020. Raw material optimization and stone tool engineering in the Early Stone Age of Olduvai Gorge (Tanzania). *Journal of the Royal Society Interface* 17, 20190377.

Key, A., Bartkowiak, T., Macdonald, D.A., Mietlinski, P., Gapinski, B., de la Torre, I. and Stemp, W.J. 2022. Quantifying edge sharpness on stone flakes: comparing mechanical and micro-geometric definitions across multiple raw materials from Olduvai gorge (Tanzania). *Journal of Archaeological Method and Theory.* DOI:10.1007/s10816-022-09596-0

Lemorini, C. 2000. *Reconnaître des tactiques d'exploitation du milieu au Paléolithique moyen. La contribution de l'analyse fonctionnelle*. Oxford: BAR International Series 858.

Lepot, M. 1993. *Approche techno-fonctionnelle de l'outillage moustérien. Essai de classification des parties actives en termes d'efficacité technique. Application à la couche M2e sagittale du Grand Abri de la Ferrassie (fouille H. Delporte)*. Unpublished Master Thesis, Nanterre: Université de Paris X – Nanterre.

Leroi-Gourhan, A. 1943. *L'Homme et la matière*. Paris: Albin Michel.

Leroi-Gourhan, A. 1945. *Milieu et techniques. Évolution et techniques*. Paris: Albin Michel.

Lespinasse, P., Aloïsi, J.-C., Barruol, J., Duran-Delga, M., Got, H., Monaco, A., Marchal, J.P. 1982. *Notice explicative de la feuille de Narbonne à 1/50 000*. Cartes géologiques de la France à 1/50 000. Narbonne (25-46) BRGM.

Masson, A. 1981. *Pétroarchéologie des roches siliceuses, intérêt en Préhistoire*. Ph.D. Thesis, Lyon: Université de Lyon.

McGorry, W.-R., Dowd, C.-P. and Dempsey, G.-P. 2003. Cutting moments andgrip forces in meat cutting operations and the effect of knife sharpness. *Applied Ergononomics* 34/4, 375-382.

McGorry, W.-R., Dowd, C.-P. and Dempsey, G.-P. 2005. The effect of bladefinish and blade edge angle on forces used in meat cutting operations. *Applied Ergonomics* 36/1, 71-77.

Merritt S.R. and Peters K. 2019. The impact of flake tool attributes and butcher experience on carcass processing time and efficiency during experimental butchery trials. *International Journal of Osteoarcheology* 29/2, 220-230. DOI:10.1002/oa.2730

Pereira, T. and Benedetti, M.M. 2013. A Model for Raw Material Management as a Response to Local and Global Environmental Constraints. *Quaternary International* 318, 19-32.

Pereira, T., Marreiros, J., Martins, R. and Paixão, E. 2017. Mechanical experiments to test quartzite vs chert edge reduction, in: Pereira, T., Terradas, X. and Bicho, N. (eds.). *The exploitation of raw materials in prehistory*. Cambridge: Cambridge Scholars Publishing, 613-626.

Perlès, C. 1980. Economie de la matière première et économie du débitage : deux exemples grecs, in: Tixier, J. (ed.). *Préhistoire et Technologie lithique*. Paris: CNRS, 37-41.

Plisson, H. 1985. *Étude fonctionnelle d'outillages lithiques préhistoriques par l'analyse des micro-usures : recherche méthodologique et archéologique*. Ph.D. Thesis, Paris: Université de Paris I Panthéon-Sorbonne.

Schick, K.-D. and Toth, N. 1993. *Making silent Stones Speak*. New York: TouchStone Book.

Semenov, S.-A. 1964. *Prehistoric technology; an experimental study of the oldest tools and artefacts from traces of manufacture and wear*. London: Cory, Adams et Mackay.

Serra, G. 1980. *Les industries acheuléennes de la grotte de la Terrasse, Montmaurin (Haute-Garonne) et inventaire de l'industrie moustérienne du Putois*. Marseille: Université de Provence, Travaux de Paléontologie Humaine et Préhistorique 4.

Sigaut, F. 1991. Un couteau ne sert pas à couper mais en coupant. Structure, fonctionnement et fonction dans l'analyse des objets, in: *25 ans d'études technologiques en Préhistoire, XIe rencontres internationales d'Archéologie et d'Histoire d'Antibes, Juan les Pins*. Nice : APDCA, 99-108.

Singh, V., Das, M. and Kumar Das, S. 2016. Effects of knife edge angle and speed on peak force and specific energy when cutting vegetables of diverse texture. *International Journal of Food Studies* 5, 22-38.

Stout, D. 2002. Skill and Cognition in Stone Tool Production. *Current Anthropology* 43, 693-715.

Stout, D., Quade, J., Semaw, S., Rogers, M.J. and Levin, N.E. 2005. Raw Material Selectivity of the Earliest Stone Toolmakers at Gona, Afar, Ethiopia. *Journal of Human Evolution* 48, 365-80.

Tringham, R., Cooper, G., Odell, G., Voytek, B. and Whitman, A. 1974. Experimentation in the Formation of Edge Damage. A New Approach to Lithic Analysis. *Journal of Field Archaeology* 1, 171-196.

Turq, A. 1992. *Le Paléolithique inférieur et moyen entre les vallées de la Dordogne et du Lot*. Ph.D. Thesis, Bordeaux: Université de Bordeaux 1.

Wilson, L. 1986. Archéopétrographie des industries du Paléolithique inférieur de la Caune de l'Arago (Tautavel, France). Ph.D. Thesis, Paris: Université de Paris VI – Jussieu.

Note on contributors

Cyril Viallet
Paléotime
UMR 7194 – Histoire Naturelle de l'Homme Préhistorique, France
cyril.viallet@paleotime.fr

Malcolm Blin
Institut de Physique de Rennes
Département mécanique des verres (UMR 6251), France

Louis De Weyer
INRAP
UMR 7041ArScAn-AnTET, France
louis.de-weyer@inrap.fr

Cyrielle Mathias
Institut d'archéologie Sonia et Marco Nadler, Université de Tel Aviv, Israel – CRFJ, Israel
UMR 7194Histoire Naturelle des Humanités Préhistoriques, France
cyrielle.mathias@gmail.com

Théo Minet
Service Régional de l'Archéologie
UMR 5608TRACES, France
minet.theo@gmail.com

Laurence Bourguignon
INRAP
UMR 7041ArScAn-AnTET, France
laurence.bourguignon@inrap.fr

Ramon Capdevila
Retraité
r.capdevila1939@gmail.com

Paul Fernandes
Paléotime
UMR 8068 – Technologie et Ethnologie des Mondes Préhistoriques, France
paul.fernandes@paleotime.fr

Jérôme Ivorra
GREPAM
jerome.ivorra@orange.fr

Jean-Christophe Sangleboeuf
Institut de Physique de Rennes
Département mécanique des verres (UMR 6251), France
jean-christophe.sangleboeuf@univ-rennes1.fr

Modes de fonctionnement des pièces bifaciales du Paléolithique inférieur

Constitution d'un référentiel expérimental de macrotraces

Juliette Guibert--Cardin, Elisa Nicoud, Sylvie Beyries

Résumé

Les modes de fonctionnement des outils lithiques du Paléolithique inférieur européen sont encore mal connus, ce qui constitue un verrou à la connaissance des sociétés humaines du Pléistocène moyen. De nombreuses altérations affectent les traces microscopiques sur les artefacts anciens et les déterminations fonctionnelles se fondent alors essentiellement sur les macrotraces (écaillures et émoussés). Ces stigmates d'usure étant influencés par la morphologie de l'outil, il est important d'avoir un référentiel expérimental représentatif de l'industrie lithique étudiée. Si les outils sur éclat ont fait l'objet de nombreuses expérimentations, les pièces bifaciales demeurent peu expérimentées. En outre, les protocoles expérimentaux et les résultats obtenus ne sont pas toujours mentionnés et sont rarement décrits, limitant les possibilités de comparaison.

Ici, nous présentons le protocole expérimental détaillé ainsi que le référentiel de macrotraces fonctionnelles de 19 pièces bifaciales (26 parties actives). L'objectif est d'enrichir les référentiels expérimentaux sur les pièces bifaciales en proposant un référentiel de traces d'utilisation macroscopiques. Plusieurs activités ont été testées : la boucherie, le travail de la peau, de l'os, du bois végétal ainsi que le transport.

Nos résultats expérimentaux sur les pièces bifaciales rejoignent ceux déjà obtenus sur d'autres supports d'outil (éclats) : si les mouvements effectués sont identifiables à partir des macrotraces, la détermination des matériaux travaillés est moins précise en l'absence de microtraces d'utilisation. Nous confirmons que les macrotraces permettent d'identifier la dureté des matériaux mais aussi de déterminer de grandes catégories de matériaux (animal, végétal...). Ces expérimentations sur les pièces bifaciales augmentent le nombre de référentiels expérimentaux et permettront d'affiner les interprétations fonctionnelles sur les pièces bifaciales archéologiques.

Mots-clés : Expérimentations ; Tracéologie ; Analyse fonctionnelle ; Pléistocène moyen ; Paléolithique inférieur ; Pièces bifaciales

in: Mathias, C., Bourguignon, L., Ivorra, J. and Viallet, C. (eds) 2026. *Living Archaeology. Unveiling the Past through Experimental Archaeology*. Leiden: Sidestone Press, 333-346.

1. Introduction

Les industries lithiques du Paléolithique inférieur européen attestent d'une grande diversité typo-technique (industries bifaciales, à éclats, à petits outils… Boëda 1991 ; Nicoud 2011 ; Rocca 2013). L'origine de cette diversité est encore incomprise ce qui constitue un obstacle pour identifier les comportements socio-économiques des groupes humains à cette période. Cette disparité est souvent expliquée par le seul fait culturel niant l'influence de l'environnement, de la disponibilité et de la nature de la matière première ou encore des objectifs fonctionnels. Nous proposons de revenir à la raison d'être des outils, c'est-à-dire leur fonction, pour discuter sur des bases objectives de la diversité des industries lithiques. L'hypothèse de différences fonctionnelles de ces différents types d'outils a rarement été testée.

Étudier des industries aussi anciennes n'est pas aisé : les analyses fonctionnelles sur les artefacts lithiques du Paléolithique inférieur attestent fréquemment d'une faible préservation des traces microscopiques à la surface des outils (Keeley 1980 ; Beyries 1990 ; Beyries 1993 ; Lemorini 2001). En effet, même si tous les stigmates fonctionnels sont affectés par les nombreux processus mécaniques, chimiques, thermiques et biochimiques attaquant les artefacts au cours du temps (Levi Sala 1986 ; Van Gijn 1989 ; Beyries 1990 ; Shea 1992 ; Beyries 1993 ; Burroni *et al.* 2002), les polis fonctionnels sont particulièrement sensibles à ces agressions et ont fréquemment disparu de la surface des outils (Plisson 1983). Par conséquent, les déterminations fonctionnelles sur les artefacts anciens se fondent alors majoritairement sur les macrotraces (écaillures et émoussés) c'est pourquoi nous tâchons d'affiner le degré de précision des interprétations fonctionnelles à partir de ces macrotraces. Les stigmates d'usure macroscopiques étant influencés par la morphologie de l'outil (Tringham *et al.* 1974 ; Lawrence 1979 ; Odell 1981 ; González Urquijo et Ibáñez Estévez 1994), il est important d'avoir un référentiel expérimental représentatif de l'industrie lithique étudiée.

Si les outils sur éclat ont fait l'objet de nombreuses expérimentations (entre autres Keeley 1980 ; Ollé 2003 ; Claud *et al.* 2019 ; Pedergnana 2019 ; Venditti 2019), les pièces bifaciales, outils emblématiques du Paléolithique inférieur, restent peu expérimentées. Quand ils sont mentionnés, les référentiels expérimentaux de pièces bifaciales montrent :

- Un nombre restreint de spécimens ;
- Des objectifs variés : par exemple, évaluer l'efficacité de ces artefacts au regard des éclats (Jones 1980 ; Galan et Dominguez-Rodrigo 2014 ; Key et Lycett 2017), leur ergonomie (Fedato *et al.* 2020), leur résistance à certaines altérations (Harding *et al.* 1987), tester une hypothèse fonctionnelle spécifique telle que l'utilisation comme percuteur ou comme pierre à feu (Viallet 2016 ; Sorensen *et al.* 2018) ou encore créer un référentiel de traces fonctionnelles variées (Keeley 1980 ; Mitchell 1998 ; Claud 2008) ;
- Des protocoles expérimentaux et des résultats rarement décrits.

Ces limites restreignent les possibilités de comparaison et expliquent la méconnaissance persistante de la fonction des pièces bifaciales. À notre connaissance, la seule expérimentation menée à grande échelle sur les pièces bifaciales, avec un protocole détaillé et une grande diversité de mouvements et de matériaux travaillés a été réalisée par E. Claud (2008). Notre programme expérimental vise donc à enrichir les référentiels expérimentaux sur les pièces bifaciales afin que, dans un futur proche, les modes de fonctionnement de ces supports d'outils puissent être mieux appréhendés.

2. Protocole expérimental

2.1. Objectif

L'objectif de notre expérimentation est de créer un référentiel de traces d'utilisation sur des pièces bifaciales afin d'identifier les stigmates d'usure macroscopiques caractéristiques de chaque activité. Il s'agit de reconnaître de grandes catégories de matériaux travaillés (végétal, animal…) et d'autre part, les gestes réalisés (longitudinal, transversal, rotatif…).

2.2. Description des outils et des expérimentations

Les outils expérimentés sont des pièces bifaciales présentant des caractéristiques similaires à celles de notre corpus archéologique (Soucy en France et Valle Giumentina en Italie ; Lhomme et Connet 2001 ; Nicoud *et al.* 2016). Taillées par Pierre-Jean Texier et Michel Grenet en 2019, elles sont en silex à grains fins. Elles présentent des bords latéraux rectilignes ou convexes se rejoignant pour former une partie distale pointue ou arrondie. La partie apicale est opposée à une base épaisse, façonnée ou réservée. Les outils et les tranchants utilisés sont détaillés dans le tableau 1.

Le référentiel expérimental compte 19 pièces bifaciales pour 26 parties actives. Des activités de boucherie, du travail de la peau, des os et du bois végétal ainsi que le transport ont été documentés (tab. 1 et 2). Le choix des matériaux et des activités a été dicté par les rares données fonctionnelles disponibles pour le Paléolithique inférieur européen (pour une synthèse des données disponibles, *cf.* Guibert--Cardin 2022, 39-40).

Pièce	Longueur (mm)	Largeur (mm)	Epaisseur (mm)	Partie active				Mode d'utilisation				
				Localisation	Angle (°)	Délinéation en plan	Délinéation en section	Activité	Matériau travaillé	Geste	Direction	Angle de travail
Biface 1	66	61	20	Bord droit	40 à 50	Rectiligne	Plan-convexe	Echarner	Peau fraîche	Longitudinal	Unidirectionnel	/
				Bord gauche	45	Rectiligne	Biplan	Couper	Peau fraîche	Longitudinal	Unidirectionnel	/
Biface 2	82	53	14	Bord gauche	20 à 40	Rectiligne	Plan-convexe	Couper	Peau sèche	Longitudinal	Bidirectionnel	/
				Partie distale	20	Convexe	Biplan	Percer	Peau sèche	Rotatif	Bidirectionnel	90°
Biface 3	124	89	37	Bord gauche	60	Convexe	Plan-convexe	Epiler	Peau sèche	Transversal	Bidirectionnel	90°
Biface 4	134	78	38	Pointe + 2 bords	50 à 60	Convexe	Plan-convexe	Désarticuler	Veau	Longitudinal	Uni + bidirectionnel	/
Biface 5	94	71	21	Bord droit	50	Convexe	Biplan	Désarticuler	Veau	Longitudinal	Unidirectionnel	/
Biface 6	123	84	25	Bord gauche	30 à 50	Convexe	Plan-convexe	Désarticuler	Veau	Longitudinal	Unidirectionnel	/
Biface 7	129	81	27	Bord gauche	40 à 60	Convexe	Biplan	Décarniser	Veau	Longitudinal	Unidirectionnel	/
Biface 8	134	76	39	Bord gauche	40	Convexe	Plan-convexe	Dépecer	Veau	Longitudinal	Unidirectionnel	/
Biface 9	102	67	21	Bord droit	60 à 70	Rectiligne	Biconvexe	Racler	Os frais	Transversal	Unidirectionnel	90°
				Bord gauche	50 à 60	Rectiligne	Plan-convexe	Scier	Os frais	Longitudinal	Bidirectionnel	/
Biface 10	123	69	23	Partie distale	50	Convexe	Plan-convexe	Hacher	Os frais	Percussion lancée directe	/	90°
Biface 11	84	63	21	Partie distale	60	Pointe	Plan-convexe	Hacher	Peuplier frais	Percussion lancée directe	/	90°
Biface 12	68	53	15	Bord droit	30 à 50	Rectiligne	Plan-convexe	Scier	Peuplier frais	Longitudinal	Bidirectionnel	/
				Bord gauche	30 à 60	Rectiligne	Plan-convexe	Hacher	Peuplier frais	Transversal	Unidirectionnel	<30°
Biface 13	138	82	31	Base	60	Convexe	Plan-convexe	Hacher	Chêne frais	Percussion lancée directe	/	90°
Biface 14	140	101	25	Bord droit	50 à 60	Rectiligne	Plan-convexe	Scier	Chêne frais	Longitudinal	Bidirectionnel	/
				Bord gauche	60	Rectiligne	Biplan	Racler	Chêne frais	Transversal	Unidirectionnel	30°
Biface 15	151	84	41	Partie distale	60	Pointe	Plan-convexe	Hacher	Peuplier sec	Percussion lancée directe	/	90°
Biface 16	92	49	23	Bord gauche	40	Rectiligne	Biplan	Racler	Peuplier sec	Longitudinal	Bidirectionnel	/
				Bord droit	50	Convexe	Plan-convexe	Scier	Peuplier sec	Transversal	Unidirectionnel	<45°
Biface 17	116	91	43	Partie distale	60	Pointe	Plan-convexe	Hacher	Chêne sec	Percussion lancée directe	/	90°
Biface 18	112	73	22	Bord droit	50	Convexe	Plan-convexe	Racler	Chêne sec	Transversal	Unidirectionnel	<45°
				Bord gauche	60	Convexe	Biconvexe	Scier	Chêne sec	Longitudinal	Bidirectionnel	/
Biface 19	99	56	19	/	/	/	/	Transport	Peau sèche	/	/	/

Tableau 1 : Liste des pièces bifaciales uti isées.

Mouvement	Matériau	Viande	Peau fraîche	Peau sèche	Os	Bois frais	Bois sec	Transport	Total
Longitudinal	Unidirectionnel	5	2						7
	Bidirectionnel			1	1	2	2		6
Transversal	Unidirectionnel				1	2	2		5
	Bidirectionnel			1					1
Percussion lancée directe					1	2	2		5
Rotation bidirectionnelle				1					1
Autre								1	1
Total		5	2	3	3	6	6	1	26

Tableau 2 : Décompte du nombre de parties actives expérimentées par matériau et par mouvement.

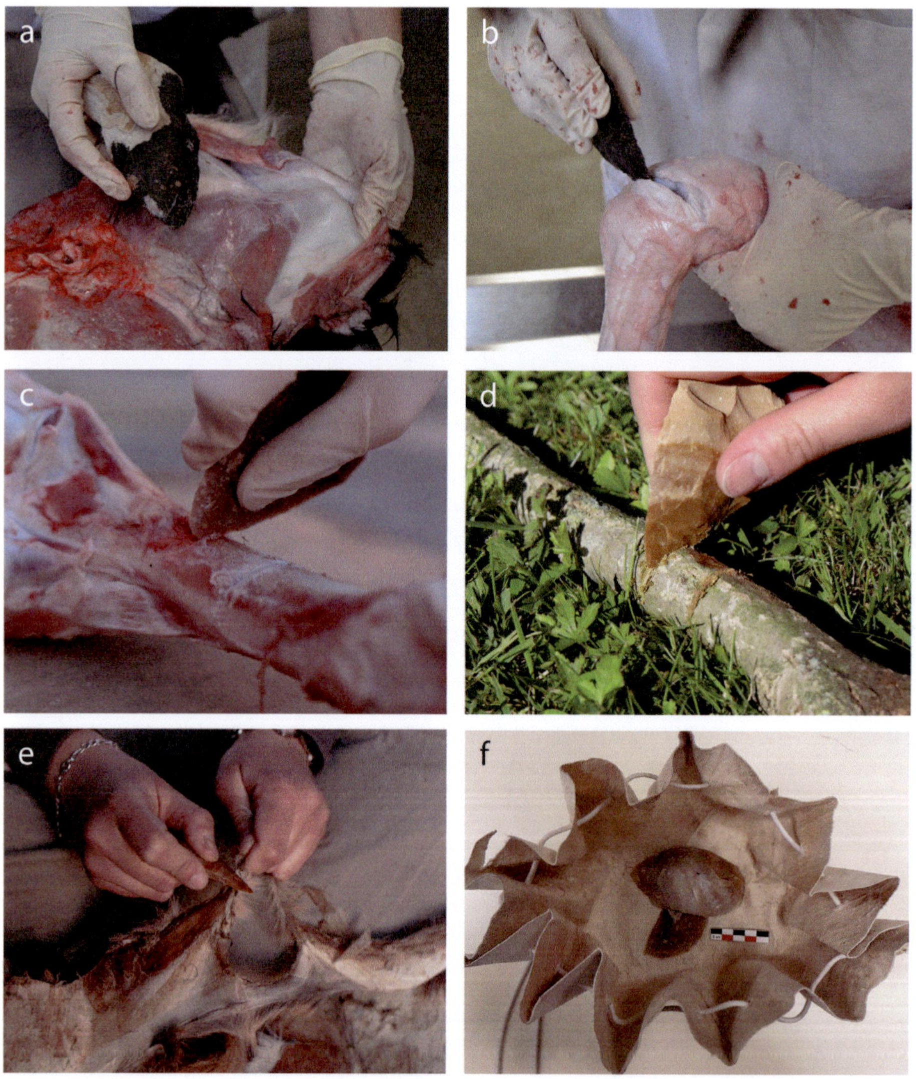

Figure 1 : Photographies des expérimentations. a. Dépeçage d'une patte de veau (photo : S. Beyries) ; b. Désarticulation d'une patte de veau (photo : S. Beyries) ; c. Sciage d'un fémur de veau (photo : E. Antolinos-Basso) ; d. Sciage d'une branche de peuplier frais (photo : M. Cardin) ; e. Découpe d'une peau sèche (photo : E. Antolinos-Basso) et f. sac en peau contenant un éclat brut et une pièce bifaciale pour l'expérimentation de transport (photo : J. Guibert--Cardin).

L'expérimentation de boucherie a été menée sur des pattes de veau[1] (fig. 1, a et b). Nous avons documenté le dépeçage, la désarticulation et la décarnisation. Le travail de l'os a été réalisé sur un fémur frais de veau (fig. 1, c). Nous l'avons scié, raclé et fracturé par percussion. L'expérimentation de peau a été menée sur une peau de sanglier fraîche, pour de la découpe, de l'épilation et de l'écharnage et sur une peau de chevreuil sèche, pour de la découpe, de l'épilation et du perçage (fig. 1, e). L'expérimentation sur le bois a été menée sur du chêne et du peuplier frais et secs. Les branches (de 50 à 30 mm de diamètre) ont été travaillées avec l'écorce pour des actions de sciage, raclage et hachage (fig. 1, d).

La mobilité des pièces bifaciales étant parfois soulignée (Dominguez-Rodrigo *et al.* 2001 ; Lhomme et Connet 2001 ; Marquez *et al.* 2001 ; Claud 2008), nous avons souhaité reproduire les stigmates d'usure macro et microscopiques liés au transport. Les stigmates macroscopiques ne semblent se développer que dans le cas d'un transport de pièces bifaciales avec d'autres outils alors que les stigmates microscopiques se développent quelles que soient les conditions de transport (Rots 2002 ; Claud 2008). Nous avons alors transporté quotidiennement, pendant deux mois, une pièce bifaciale accompagnée d'un éclat dans un sac en peau de chevreuil (fig. 1, f). Celui-ci était en suspension et pouvait bouger librement. Les outils frottaient contre la peau en bougeant et s'entrechoquaient entre eux, générant de nombreuses esquilles de silex et des bouloches de peau. Les outils ont été observés après une semaine, un mois et deux mois de transport. L'objectif était initialement de les transporter un an mais après deux mois de transport, les traces n'évoluaient plus c'est pourquoi nous avons pris le parti d'arrêter l'expérimentation.

2.3. Conditions d'expérimentation et d'analyse

Les outils ont été utilisés à mains nues sauf lors du traitement d'animaux frais (peau fraîche, boucherie et os) où le port de gants était nécessaire pour des questions d'hygiène. L'emmanchement n'a pas été testé ; ce type de préhension ayant rarement été mis en évidence sur les pièces bifaciales du Paléolithique inférieur (*cf.* Guibert--Cardin 2022). Afin de comprendre l'évolution des stigmates d'usure, les tranchants ont été moulés[2] avant leur utilisation. Chaque tranchant a alors pu être comparé avant et après utilisation. Avant analyse, les outils ont été nettoyés à l'eau tiède savonneuse sauf dans le cas du travail de matériaux d'origine animale frais où une cuve à ultrasons a été utilisée pour faciliter le détachement des résidus adhérant aux outils. L'analyse fonctionnelle a été menée avec une loupe binoculaire (grossissement de ×7 à ×45) et un macroscope équipé d'une caméra.

2.4. Critères de description

Les écaillures sont décrites avec les critères de description rassemblés par E. Claud (2008). Nous considérons leur position (répartition par rapport au bord), leur distribution (répartition le long du tranchant), leur nombre, leur taille, leur profondeur, leur morphologie, leur disposition (répartition des écaillures les unes par rapport aux autres), leur terminaison, leur direction et leur initiation. Nous distinguons les écaillures, qui correspondent à des fractures liées à l'utilisation des outils, des esquillements, qui correspondent à des modifications post-dépositionnelles. L'émoussé est décrit selon sa position, sa distribution, la disposition, son extension (étendue de l'émoussé vers le centre de la pièce), son intensité et sa morphologie (arrondi, plat, irrégulier…). Les polis sont décrits avec les critères de description élaborés par H. Plisson (1985). Nous documentons la position, la distribution, la disposition, les limites (contours du poli), la texture (rugueux ; lisse ; ondulé), la trame (densité du poli) et l'extension. Enfin, les stries sont décrites selon leur position, leur quantité, leur densité, leur longueur, leur largeur, leur continuité, leur disposition, leur profondeur, leur direction et leur fond (rugueux, lisse…).

3. Résultats expérimentaux

3.1. Boucherie

Un bord long ainsi que la partie distale des pièces bifaciales ont systématiquement été utilisés. L'action était initiée au niveau de la partie mésiale de la pièce pour remonter jusqu'à la pointe avec un mouvement longitudinal. Les outils étaient en contact avec la chair, les tendons, les cartilages et les os. Ils ont été utilisés entre 18 minutes et une heure.

Toutes les pièces bifaciales révèlent des stigmates fonctionnels macroscopiques. Ils sont peu développés et sont sous la forme :

- d'un émoussé présent uniquement sur les tranchants utilisés plus de 20 minutes : localisé sur la partie distale, parfois en partie mésiale, et avec une plus grande extension que celle des écaillures.
- d'écaillures : toujours présentes, peu nombreuses, généralement petites, isolées et parfois superposées, de forme variable, de terminaison presque toujours en escalier et dans de rares cas, transverse ou réfléchie et avec une initiation majoritairement en flexion (fig. 2, a).

1 L'objectif initial était de traiter des carcasses entières. Cependant, l'organisation de ce genre d'expérimentation étant complexe à mettre en œuvre pour des questions légales et sanitaires, nous n'avons pu avoir accès qu'à une portion des carcasses.

2 Le négatif a été réalisé avec du silicone *President MicroSystemTM Light Body Original* et le positif avec de la résine *Buehler EpoThin® Epoxy Resin.*

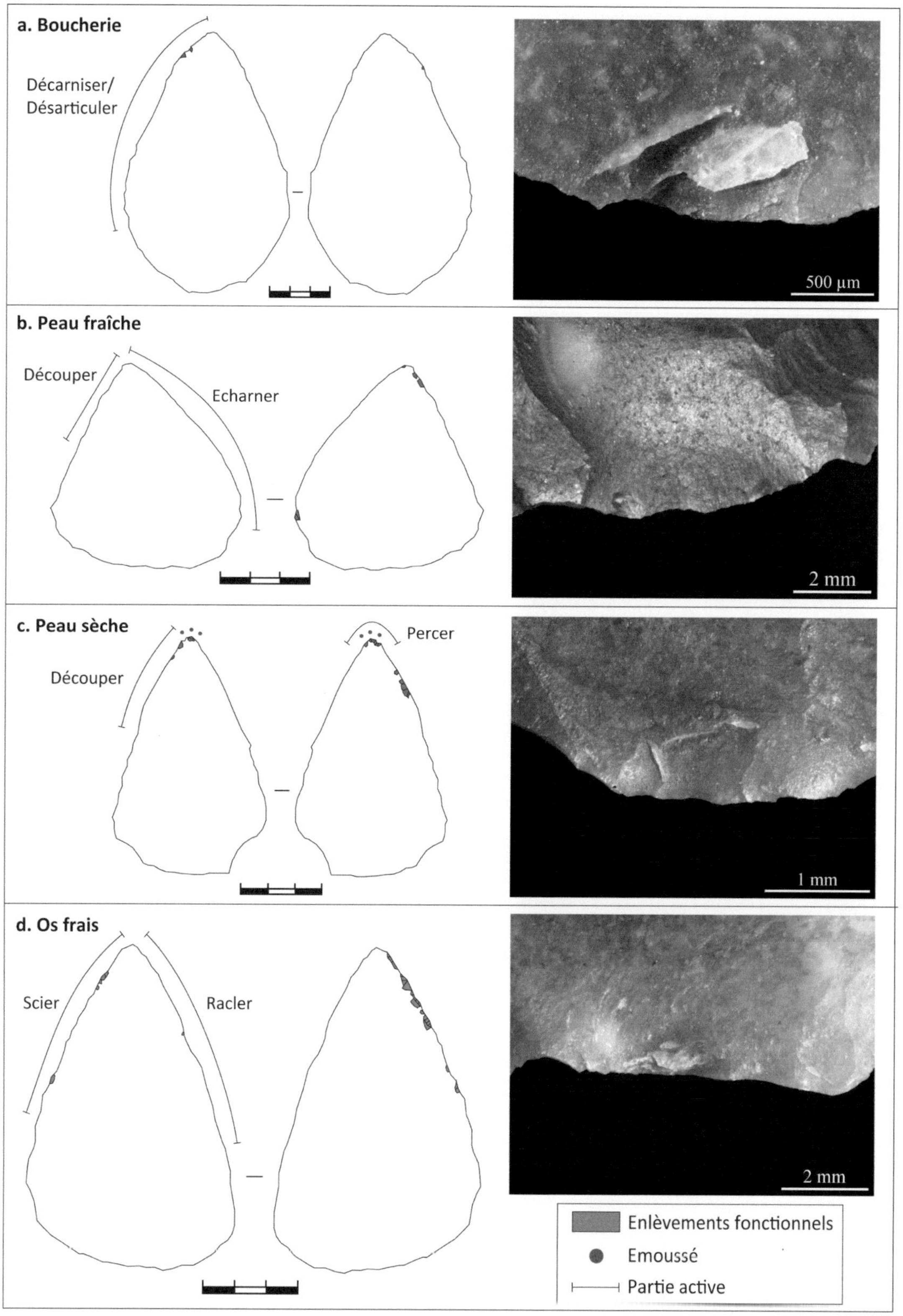

Figure 2 : Schémas des pièces bifaciales et photographies des traces fonctionnelles obtenues. a. petites écaillures superposées, trapézoïdales, obliques au tranchant et en escalier (boucherie) ; b. petites écaillures trapézoïdales, de terminaison fine et avec une initiation en flexion (peau fraîche) ; c. écaillures quadrangulaires et trapézoïdales, en escalier et à l'initiation en flexion (peau sèche) et d. écaillures légèrement superposées, trapézoïdales et triangulaires et en escalier (os frais).

Les macrotraces ne se développent pas sur toute la partie active. L'émoussé est présent sur la pointe et parfois en partie mésiale donc sur les zones en contact avec le matériau en début et en fin de mouvement. Pour leur part, les écaillures ne se développent qu'en partie distale. Aucun matériau travaillé ne laisse la même association de traces et il semblerait donc que cette répartition des stigmates, majoritairement sur la partie distale, soit une des caractéristiques des activités de boucherie sur les pièces bifaciales. E. Claud (2008) dresse le même constat avec ses expérimentations. L'origine de cette répartition des traces pourrait être une différence de force exercée sur le tranchant qui serait plus importante au début et à la fin du mouvement. De plus, la partie distale est soumise à plus de contraintes que les bords à cause de contacts plus répétés avec les os.

Les outils restent longtemps fonctionnels. Nous avons constaté que, dans les cas où le temps de travail approchait une heure, l'outil avait tendance à glisser sur le matériau.

Deux problèmes apparaissent pour identifier les parties actives utilisées en boucherie ; ils peuvent être en partie contournés :

1. Les stigmates fonctionnels sont peu développés. En contexte archéologique, le faible émoussé fonctionnel peut être affecté par un émoussé taphonomique. Néanmoins, et même si elles sont petites et peu nombreuses, les écaillures peuvent être distinguées des esquillements ou des enlèvements technologiques par leur organisation et leur cohérence (Tringham *et al.* 1974 ; Odell et Odell-Vereecken 1980 ; Prost 1989).
2. Les écaillures sont présentes uniquement en partie distale ce qui rend ardue l'identification de la longueur de la partie active. Sur les outils préhistoriques utilisés pour des activités de boucherie, la partie active se poursuit certainement au-delà de la zone où se trouvent les macrotraces.

Les activités de boucherie sont donc identifiables sur des pièces bifaciales archéologiques. La trop grande proximité des traces relatives aux différentes actions (dépeçage, désarticulation…) ne permet pas une détermination précise des tâches effectuées.

3.2. Peau fraîche

Les outils ont été utilisés pendant 13 et 40 minutes selon un mouvement longitudinal unidirectionnel. Les stigmates d'utilisation macroscopiques sont toujours présents. Il s'agit de rares écaillures, petites, peu profondes, isolées, souvent trapézoïdales, parfois semi-circulaires ou en croissant, de terminaison en escalier ou réfléchie et avec une initiation systématiquement en flexion (fig. 2, b).

Les traces d'utilisation sont peu développées et peu nombreuses. Elles peuvent facilement être effacées par les modifications post-dépositionnelles. Il paraît donc difficile d'identifier spécifiquement le travail de la peau fraîche en contexte archéologique pour les périodes anciennes étant donné que les artefacts ont bien souvent été soumis à de nombreux processus post-dépositionnels (Beyries 1990). Dans les cas où les pièces sont peu altérées, les chances de mettre en évidence cette activité sont légèrement plus élevées.

3.3. Peau sèche

Les pièces bifaciales ont été utilisées pendant 3 minutes à 8 heures selon des mouvements longitudinaux, transversaux et rotatifs. Les traces macroscopiques sont toujours présentes, peu ou moyennement développées et se répartissent tout le long de la partie active (fig. 2, c). Il s'agit :

- d'écaillures : elles sont toujours présentes, généralement nombreuses, très petites et petites, de faible profondeur, discontinues et le plus souvent alignées, parfois isolées, de terminaison fine ou en escalier, avec une initiation en flexion et quasiment sous toutes les formes mais généralement, en croissant ou trapézoïdales.
- d'un émoussé : occasionnel, arrondi et généralement de faible intensité.

Les mouvements jouent un rôle dans la position des macrotraces : dans le cas d'un mouvement transversal, les écaillures sont majoritairement sur la face n'étant pas en contact avec la matière travaillée et l'émoussé est asymétrique tandis que dans le cas de mouvements longitudinaux et rotatifs, les écaillures sont bifaciales et l'émoussé est symétrique.

À l'instar de la peau fraîche, l'émoussé d'utilisation est peu développé et peut être caché par l'émoussé taphonomique souvent présent sur les pièces archéologiques. Néanmoins, les écaillures sont plus nombreuses que pour le travail de la peau fraîche et les chances de les repérer malgré les modifications post-dépositionnelles sont plus élevées. Le travail de la peau sèche peut donc être mis en évidence en contexte archéologique

3.4. Os

Le travail de l'os a été mené pendant 8 à 20 minutes en percussion ou selon des mouvements longitudinaux et transversaux. Il affecte fortement les tranchants. Les macrotraces sont systématiquement présentes et prennent la forme :

- d'écaillures : généralement très nombreuses (sauf dans le cas du raclage où elles sont rares), grandes à petites, plutôt profondes, presque toujours superposées, parfois alignées ou isolées, de forme variée mais le plus souvent quadrangulaires, trapézoïdales et triangulaires, avec des terminaisons souvent en escalier, parfois réfléchies

ou fines et une initiation généralement en cône et parfois en flexion (fig. 2, d).
- d'écrasements présents uniquement lors de la percussion.

Les macrotraces sont très développées : le travail de l'os peut donc être mis en évidence en contexte archéologique.

3.5. Bois frais

Les outils ont été utilisés entre 4 et 17 minutes en percussion ou selon un mouvement longitudinal ou transversal. La quantité de macrotraces fonctionnelles est faible voire nulle (cas du hachage et du sciage du bois tendre frais). Les macrotraces sont exclusivement des écaillures (fig. 3, a). Elles sont généralement moyennement nombreuses, plutôt petites mais aussi de taille variable, de faible profondeur, discontinues, isolées, alignées ou superposées, de forme plutôt arrondie (souvent semi-circulaire, en croissant ou quadrangulaire et rarement trapézoïdale ou irrégulière), de terminaison majoritairement fine ou en escalier, rarement transverse ou réfléchie et avec une initiation en flexion et parfois en cône.

Quelques différences apparaissent entre le bois dur frais (chêne) et le bois tendre frais (peuplier) : pour ce dernier, les écaillures ont tendance à être moins nombreuses, voire absentes et plus petites. Ces différences sont trop ténues pour pouvoir distinguer de façon sûre ces deux matériaux sur la seule base des macrotraces.

L'identification du travail du bois frais en contexte archéologique est délicate. Tout d'abord, les macrotraces ne se développent pas systématiquement. Certaines activités ne peuvent donc pas être identifiées en l'absence de microtraces, comme l'avait déjà observé E. Claud (2008). L'absence de traces fonctionnelles en contexte archéologique n'est donc pas synonyme d'une non-utilisation de l'outil. Ensuite, les macrotraces sont généralement peu développées sur les pièces bifaciales : leurs caractéristiques sont plus proches de celles des écaillures issues du travail d'un matériau tendre que d'un matériau semi dur (écaillures souvent peu nombreuses, isolées et petites).

Le faible développement des macrotraces liées au travail du bois frais sur les pièces bifaciales peut donc constituer un problème : il est possible de passer à côté de l'identification d'une partie active ou de mal interpréter la dureté du matériau.

3.6. Bois sec

Les pièces bifaciales ont servi pendant 10 à 25 minutes en percussion lancée directe et selon un mouvement longitudinal ou transversal. Le bois a été séché pendant un an. Les macrotraces, toujours présentes, sont :

- des écaillures : systématiquement présentes et en quantité variable. Elles sont de toutes les tailles, souvent de faible profondeur et sont alignées, isolées ou superposées, de forme plutôt arrondie (semi-circulaires, en croissant, quadrangulaires et trapézoïdaux), de terminaison surtout en escalier, parfois fine et transverse et aux initiations presque toujours en flexion marquée sauf dans le cas du perçage du bois tendre sec où quelques initiations sont en cône (fig. 3, b).
- des petits écrasements sur le fil du tranchant qui arrondissent celui-ci.

Le sciage tend à créer des écaillures obliques au tranchant, le raclage à générer des écaillures unifaciales (sur la face n'étant pas en contact avec la matière travaillée) et le hachage à produire des écaillures continues le long du tranchant. Quelques différences existent entre le bois dur sec (chêne) et le bois tendre sec (peuplier). Dans le premier cas, les écaillures sont de profondeur variable et de forme plutôt trapézoïdale, quadrangulaire et semi-circulaire. Dans le second cas, elles sont de faible profondeur et de forme semi-circulaire et en croissant de lune. Ces critères sont trop légers pour quantifier de manière sûre la dureté du bois sur la seule base des macrotraces. Néanmoins, les macrotraces sont suffisamment développées pour que le travail du bois sec puisse être identifié sur les pièces bifaciales archéologiques.

3.7. Transport

Le transport des artefacts dans un sac en peau génère de nombreuses traces sur les outils. Ces derniers ont frotté la peau en bougeant dans le sac provoquant ainsi un poli de peau bien développé sur toute leur surface. En s'entrechoquant, les artefacts ont généré de nombreuses esquilles de silex expliquant la présence d'un poli lisse et de stries présents sur les sommets de la microtopographie. Dès les premiers jours d'expérimentation, les traces sont bien développées (fig. 3, c). Au fur et à mesure de l'expérimentation, ces traces gardent les mêmes caractéristiques mais se développent crescendo. À la fin de l'expérimentation, les traces sont tellement développées que les pièces présentent un aspect général réfléchissant ainsi que des arêtes et des bords fortement émoussés (fig. 3, c).

Les stigmates sont de plusieurs types :

- émoussé : arrondi à légèrement aplati, fortement développé et sur toutes les parties proéminentes.
- écaillures : très nombreuses, bifaciales, aléatoirement orientées, alignées ou superposées, principalement quadrangulaires, en croissant et trapézoïdales, de terminaison surtout fine et réfléchie et avec une

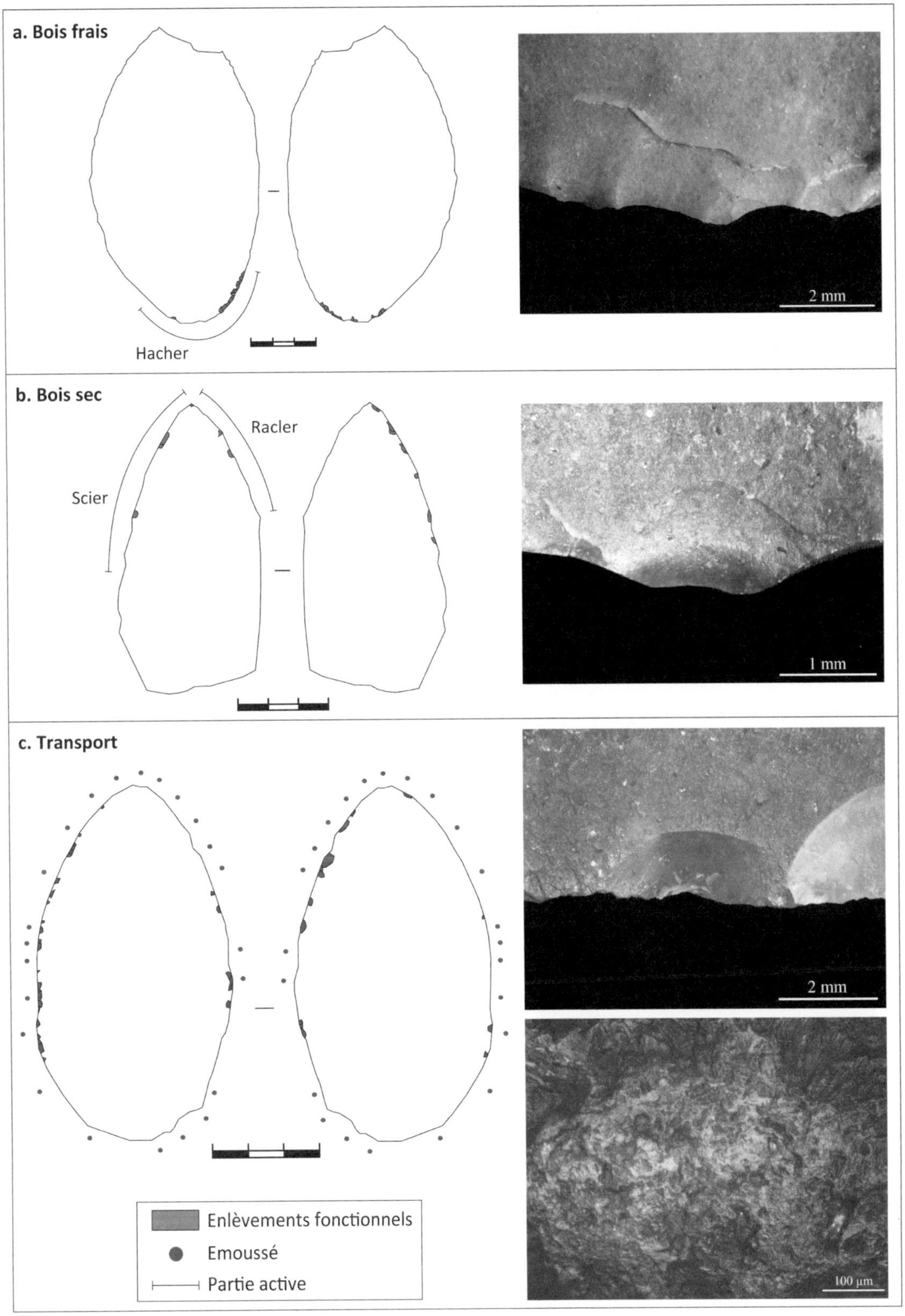

Figure 3 : Schémas des pièces bifaciales et photographies des traces fonctionnelles obtenues. a. écaillures alignées, quadrangulaires et trapézoïdales, allongées, en escalier et avec une initiation en flexion (chêne frais) ; b. écaillure isolée, semi-circulaire et avec une initiation en forte flexion (peuplier sec) ; c. écaillure isolée, ressemblant à une micro-coche, en croissant, avec une terminaison réfléchie et une initiation en cône avec un écrasement (une semaine de transport) et poli lisse aux limites nettes et poli rugueux et mat fortement développé (deux mois de transport).

initiation exclusivement en cône parfois accompagnée d'écrasements.
- poli de peau : rugueux, sur toute la microtopographie, aux limites floues et à trame serrée.
- poli de silex : lisse, surtout sur les parties proéminentes, aux limites nettes, de trame semi-serrée, parfois avec un aspect râpé.
- stries : par groupe, parallèles entre elles, d'orientation aléatoire, longues, fines, discontinues, superficielles et à fond rugueux ou comblé.

Les traces d'usure issues du transport affectent les bords mais aussi la surface des pièces. Elles se distinguent donc des stigmates d'utilisation, ceux-ci étant généralement localisés sur la partie active des outils. Aucune confusion n'est donc possible entre les traces de transport telles que reproduites ici et les traces d'utilisation. Il semble peu probable que les outils aient été transportés de cette manière. Les chocs répétés entre eux altèrent trop fortement les tranchants qui perdent leur morphologie originelle.

Les stigmates liés à ce transport se répartissent sur toute la pièce et se rapprochent donc de la disposition que prennent les stigmates d'altération. En contexte archéologique, si les microtraces sont conservées, l'identification des traces de transport est possible grâce à la présence des deux types de polis (polis de peau et de silex). En revanche, les macrotraces s'apparentent à certaines modifications post-dépositionnelles d'origine mécanique : les arêtes et les bords sont fortement émoussés, les tranchants portent de nombreuses écaillures et la surface est réfléchissante. Ainsi, sans polis, la possibilité de distinguer les traces de ce transport des modifications post-dépositionnelles d'origine mécanique est limitée.

4. Discussion

4.1. Degré d'interprétation fonctionnelle possible à partir des macrotraces

De manière générale, toutes les activités génèrent des macrotraces sur les tranchants des pièces bifaciales, à l'exception du sciage et du hachage de bois frais. Dans les autres cas, des écaillures et/ou un émoussé sont systématiquement présents. Le mouvement effectué est le plus souvent aisé à déterminer : les outils étant soumis aux mêmes lois physiques quelle que soit la morphologie du tranchant, la répartition et l'orientation des macrotraces sont inchangées (Tringham *et al.* 1974 ; Odell et Odell-Vereecken 1980 ; Odell 1981 ; Akoshima 1987 ; Cotterell et Kamminga 1987 ; González Urquijo et Ibáñez Estévez 1994). Les difficultés d'interprétations surviennent lors de la détermination du matériau travaillé.

Chaque matériau laisse des macrotraces caractéristiques de celui-ci (fig. 4) ce qui rejoint les conclusions des travaux expérimentaux préexistants (Tringham *et al.* 1974 ; Odell et Odell-Vereecken 1980 ; Odell 1981 ; Shea 1992 ; González Urquijo et Ibáñez Estévez 1994 ; Claud 2008). Toutefois, à l'échelle macroscopique, les différences d'usure entre certains matériaux (bois frais/sec, peau/viande…) sont trop ténues pour identifier précisément et de manière assurée le matériau travaillé (fig. 4). Néanmoins, les données expérimentales obtenues confirment qu'il est possible d'identifier la dureté des matériaux travaillés à partir des seules macrotraces sur les pièces bifaciales archéologiques. Les duretés de matériaux identifiables sont :

- Les matériaux tendres (viande sans contact avec l'os, peau fraîche…) : les écaillures sont rares, de taille plutôt réduite, de faible profondeur, discontinues, isolées ou alignées, de forme et de terminaison variées et à l'initiation en flexion. Un émoussé, plutôt continu et d'intensité variable, peut se développer.
- Les matériaux semi durs (peau sèche, bois tendre…) : les écaillures sont rares à nombreuses, de taille, de forme, de terminaison et de profondeur variables, discontinues, isolées ou par petits groupes alignés ou superposés et à l'initiation en cône ou en flexion. Un émoussé, plutôt discontinu, peut être présent.
- Les matériaux durs (os, bois dur…) : les écaillures sont en quantité variable, généralement de grandes dimensions, continues ou non, superposées ou alignées, de forme, profondeur et terminaison aléatoires et à l'initiation souvent en cône. Quand l'émoussé est présent, il est généralement discontinu. Le fil du tranchant est fréquemment écrasé.

Par ailleurs, des différences significatives de macrotraces apparaissent entre les matériaux d'origine animale et ceux d'origine végétale ce qui permet de distinguer ces grandes catégories de matériaux :

Matériaux d'origine végétale : les écaillures ont tendance à présenter des formes arrondies (semi-circulaires) et des initiations en flexion bien marquée. L'émoussé est absent.

Matériaux d'origine animale : les écaillures ont des formes plutôt anguleuses (triangulaires, trapézoïdales), des terminaisons souvent en escalier et des initiations principalement en cône. Un émoussé est parfois présent.

4.2. Limites des interprétations fondées sur les macrotraces

Hormis un degré de précision moindre des interprétations fonctionnelles en l'absence de microtraces, ces expérimentations montrent que certaines activités ne laissent pas de traces macroscopiques. E. Claud (2008, 182) dressait déjà ce constat : *« une des limites de l'approche à faible grossissement de ces tranchants est que quelques-unes des activités testées expérimentalement peuvent ne pas être perçues »*. C'est le cas dans nos expérimentations du hachage et du sciage de bois tendre frais. À l'instar de ces activités, E.

Matériaux	Emoussé	Enlèvements								Photo
		Présence	Quantité	Taille	Profondeur	Répartition	Disposition	Forme	Terminaison	Initiation	
Peau fraîche	[Jamais présent]	[Toujours présent]	Rares <10	Très petits Petits	Faible	- - - - - -	Isolé	Trapézoïdale, Croissant de lune, Irrégulière	En escalier, Fine, Refléchie	Flexion	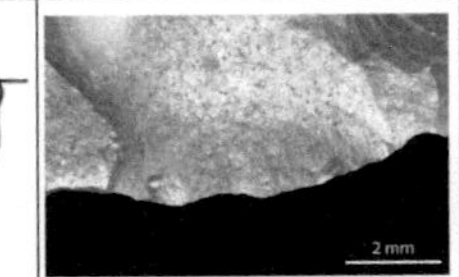
Peau sèche	[Parfois présent] - - - - - -	[Toujours présent]	Rares <10	Très petits Petits Moyens	Faible	- - - - - -	Alignés, Isolé	Trapézoïdale, Croissant de lune, Irrégulière, Semicirculaire, Quadrangulaire	En escalier, Fine	Flexion	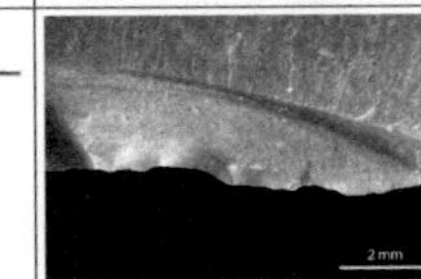
Viande (avec et sans contact avec l'os)	[Parfois présent] - - - - - -	[Toujours présent]	Rares <10	Petits Moyens Grands	Faible Forte	- - - - - -	Isolé, Superposés	Trapézoïdale, Croissant de lune, Triangulaire, Quadrangulaire, Semicirculaire	En escalier, Refléchie, Transverse	Flexion, Cône	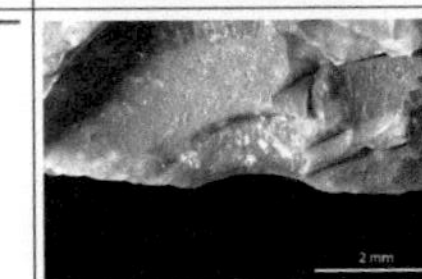
Os frais	[Parfois présent] - - - - - -	[Toujours présent]	Rares à très nombreux >30	Petits Grands	Forte	- - - - - - / ———	Superposés, Aligné, Isolé	Quadrangulaire, Trapézoïdale, Triangulaire, Irrégulière	En escalier, Fine, Refléchie	Cône, Flexion	
Bois frais	[Jamais présent]	[Parfois présent]	Rares <10	Petits Moyens	Faible	- - - - - -	Isolé, Alignés, Superposés	Semicirculaire, Croissant de lune, Quadrangulaire, Irrégulière, Trapézoïdale	En escalier, Fine, Refléchie	Flexion, Cône	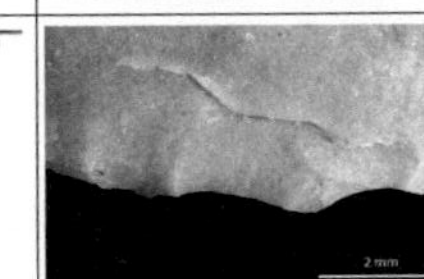
Bois sec	[Jamais présent]	[Toujours présent]	Rares à moyens <20	Petits Moyens Grands	Faible	- - - - - - / ———	Isolé, Alignés, Superposés	Semicirculaire, Quadrangulaire, Croissant de lune, Trapézoïdale, Irrégulière	En escalier, Fine, Refléchie	Flexion	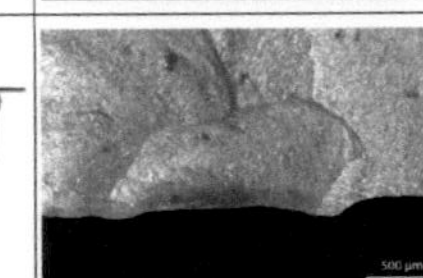
Transport (2 mois)	[Toujours présent] ———	[Toujours présent]	Nombreux >40	Très petits Moyens	Faible Forte	- - - - - -	Isolé, Alignés	Trapézoïdale, Quadrangulaire, Croissant de lune	Fine, Transverse, Refléchie, En escalier	Cône, Flexion	

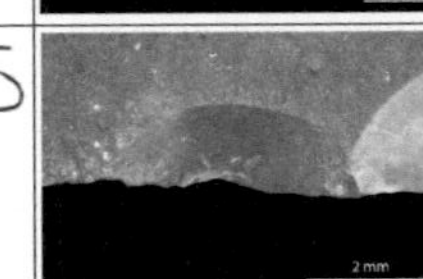

✓ Toujours présent ✗ Jamais présent △ Parfois présent - - - - - - Discontinu ——— Continu

Figure 4 : Synthèse des macrotraces fonctionnelles obtenues sur les pièces bifaciales expérimentales.

Claud (2008) signale que l'écharnage et le raclage de la peau fraîche ainsi que la coupe de viande peuvent ne pas générer de macrotraces fonctionnelles sur les pièces bifaciales.

En outre, la longueur des parties actives n'est pas toujours quantifiable. Cette remarque ne vaut que pour les activités de boucherie où les écaillures ne se développent qu'au niveau de la partie apicale des pièces bifaciales alors même que tout le bord a été utilisé. Ce phénomène semble être une des caractéristiques des activités de boucherie sur les pièces bifaciales. La mise en évidence des unités techno-morpho-fonctionnelles peut néanmoins aiguiller sur la longueur de la partie active : si le tranchant portant les traces d'utilisation garde les mêmes caractéristiques sur une plus grande longueur, il est probable que toute la longueur du tranchant ait été utilisée.

5. Conclusion

Notre étude enrichit les référentiels expérimentaux de macrotraces sur les pièces bifaciales. Ce programme expérimental confirme qu'à l'exception de quelques activités qui ne laissent pas de macrotraces, comme parfois le travail du bois frais tendre, la plupart des matériaux expérimentés génèrent des stigmates d'usure macroscopiques sur les tranchants des pièces bifaciales. En l'absence de microtraces, il reste possible d'identifier la dureté des matériaux (matériau tendre, semi dur, dur) ainsi que de grandes catégories de matériaux (animal, végétal...). L'analyse fonctionnelle des pièces bifaciales archéologiques, en l'absence de traces d'usure microscopiques, est donc possible.

Certains paramètres de variation des stigmates fonctionnels s'appliquent à tous les tranchants, indépendamment du support d'outil. Ainsi certaines de nos conclusions expérimentales à propos des pièces bifaciales rejoignent celles formulées pour d'autres supports d'outil tels que les éclats : les mouvements effectués sont identifiables à partir de l'orientation et de la répartition des macrotraces et la détermination des matériaux travaillés est moins précise en l'absence de microtraces d'utilisation.

Une possibilité pour continuer d'affiner les interprétations fonctionnelles est de prendre en compte l'histoire évolutive des silex (pétroarchéologie dynamique ; Fernandes 2012). Cette approche couplée aux analyses tracéologiques offre l'opportunité de mieux comprendre les processus de formation des modifications post-dépositionnelles et leur impact sur les stigmates d'utilisation, ce qui est essentiel lorsque l'on travaille sur des périodes aussi anciennes (Guibert--Cardin 2022).

Remerciements

Ce travail a reçu le soutien logistique et financier du laboratoire du CEPAM-UMR 7264. Nous remercions Michel Grenet et Pierre-Jean Texier pour la taille des bifaces ainsi que l'École Nationale Vétérinaire d'Alfort et plus particulièrement Monsieur Yves Millemann, Directeur du département des productions animales et santé publique, pour avoir mis à disposition les locaux ainsi que le matériel biologique pour l'expérimentation de boucherie. Merci à Eugène Antolinos-Basso, Naya Cadalen, Michel Cardin et Leïla Hoareau pour leur aide logistique pendant les expérimentations. Enfin, nous remercions les deux reviewers anonymes qui ont largement contribué à améliorer ce texte.

Références

Akoshima, K. 1987. Microflaking quantification, in: Sieveking, G. de G. and Newcomer, M. H. (eds.). *The human uses of flint and chert: proceedings of the Fourth International Flint Symposium*. Cambridge: Cambridge University Press, 71-79.

Beyries, S. 1990. Problems of Interpreting the Functional Results for Ancient Periods, in: Gräslund, B. and Knutsson, H. (eds.). *The interpretative possibilities of microwear studies: proceedings of the International Conference on Lithic Use-Wear Analysis, 15-17th February 1989*. Uppsala: Societas Archaeologica Upsaliensis, 71-76.

Beyries, S. 1993. Are we able to determine the function of the earliest palaeolithic tools? In: Berthelet, A. and Chavaillon, J. (eds.). *The use of tools by human and non-human primates*. Oxford: Oxford university press, 225-236. DOI:10.1093/acprof:oso/9780198522638.003.0012

Boëda, E. 1991. Approche de la variabilité des systèmes de production lithique des industries du Paléolithique inférieur et moyen : Chronique d'une variabilité attendue. *Techniques et culture* 17/18, 37-79. DOI:10.4000/tc.685

Burroni, D., Donahue, R.E., Pollard, A.M. and Mussi, M. 2002. The surface alteration features of flint artefacts as a record of environmental processes. *Journal of Archaeological Science* 29, 1277-1287. DOI:10.1006/jasc.2001.0771

Claud, E. 2008. *Le statut fonctionnel des bifaces au Paléolithique moyen récent dans le Sud-Ouest de la France. Etude tracéologique intégrée des outillages des sites de La Graulet, La Conne de Bergerac, Combe de Brune 2, Fonseigner et Chez-Pinaud/Jonzac*. Ph.D. Thesis, Bordeaux: Université de Bordeaux I.

Claud, E., Thiébaut, C., Coudenneau, A., Deschamps, M., Mourre, V., Brenet, M., Chacón Navarro, M.G., Colonge, D., Lemorini, C., Maury, S., Servelle, C. and Venditti, F. 2019. Le référentiel des outils lithiques. *Palethnologie* 10. DOI:10.4000/palethnologie.5142

Cotterell, B. and Kamminga, J. 1987. The formation of flakes. *American Antiquity* 52/4, 675-708. DOI:10.2307/281378

Dominguez-Rodrigo, M., Serrallonga, J., Juan-Tresserras, J., Alcala, L. and Luque, L. 2001. Woodworking activities by early humans: a plant residue analysis on Acheulian stone tools from Peninj (Tanzania). *Journal of Human Evolution* 40, 289-299. DOI:10.1006/jhev.2000.0466

Fedato, A., Silva-Gago, M., Terradillos-Bernal, M., Alonso-Alcalde, R. and Bruner, E. 2020. Hand grasping and finger flexion during Lower Paleolithic stone tool ergonomic exploration. *Archaeological and Anthropological Sciences* 12/11, 254. DOI:10.1007/s12520-020-01189-w

Fernandes, P. 2012. *Itinéraires et transformations du silex : une pétroarchéologie refondée, application au Paléolithique moyen*. Ph.D. Thesis, Bordeaux: Université de Bordeaux I.

Galan, A.B. and Dominguez-Rodrigo, M. 2014. Testing the efficiency of simple flakes, retouched flakes and small handaxes during butchery. *Archaeometry* 56/6, 1054-1074. DOI:10.1111/arcm.12064

González Urquijo, J.E. and Ibáñez Estévez, J.J. 1994. *Metodología de análisis funcional de instrumentos tallados en sílex*. Bilbao: Universidad de Deusto.

Guibert--Cardin, J. 2022. *Comportements socio-économiques au Paléolithique inférieur en Europe. Apport de l'étude tracéologique et techno-morpho-fonctionnelle des outillages lithiques*. Ph.D. Thesis, Nice: Université Côte d'Azur.

Harding, P., Gibbard, P., Lewin, J., Macklin, M.G. and Moss, E. 1987. The transport and abrasion of flint handaxes in a gravel-bed river. In: Sieveking, G. de G. and Newcomer, M. H. (eds.), *The human uses of flint and chert: proceedings of the Fourth International Flint Symposium*. Cambridge: Cambridge University Press, 115-126.

Jones, P. 1980. Experimental butchery with modern stone tools and its relevance for Palaeolithic archaeology. *World Archaeology* 12/2, 153-165. DOI:10.1080/00438243.1980.9979789

Keeley, L.H. 1980. *Experimental determination of stone tool uses. A microwear analysis*. Chicago: University of Chicago Press.

Key, A. and Lycett, S. 2017. Reassessing the production of handaxes versus flakes from a functional perspective. *Archaeological and Anthropological Sciences* 9/5, 737-753. DOI:10.1007/s12520-015-0300-1

Lawrence, R. 1979. Experimental evidence for the significance of attributes used in edge-damage analysis, in: Hayden, B. (ed.). *Lithic use-wear analysis*. New-York: Academic Press, 113-121.

Lemorini, C. 2001. Seeing use-wear on the "oldest tools": La Polledrara di Cecanibbio and Casal de' Pazzi (Rome), in: Cavarretta, G., Gioia, P., Mussi, M. and Palombo, M. R. (eds.). *The world of elephants*. Roma: Consiglio Nazionale delle Ricerche, 57-58.

Levi Sala, I. 1986. Use-wear and post-depositional surface modification: A word of caution. *Journal of Archaeological Science* 13, 229-244. DOI:10.1016/0305-4403(86)90061-0

Lhomme, V. and Connet, N. 2001. Observations sur les pièces bifaciales et les chaînes opératoires de façonnage dans les sites du Pléistocène moyen de Soucy (Yonne), in: Cliquet, D. (ed.). *Les industries à outils bifaciaux du Paléolithique moyen d'Europe occidentale. Actes de la table-ronde internationale organisée à Caen (Basse-Normandie, France, 14 et 15 octobre 1999)*. Liège: ERAUL, 43-50.

Marquez, B., Ollé, A., Sala, R. and Vergès, J.M. 2001. Perspectives méthodologiques de l'analyse fonctionnelle des ensembles lithiques du Pléistocène inférieur et moyen d'Atapuerca (Burgos, Espagne). *L'Anthropologie* 105, 281-299. DOI:10.1016/s0003-5521(01)80017-0

Mitchell, J.-C. 1998. *A use-wear analysis of selected british lower Paleolithic Handaxes with special reference to the site of Boxgrove (West Sussex). A study incoporating optical microscopy, computer aided image analysis and experimental archaeology*. Ph.D. Thesis, Oxford: University of Oxford.

Nicoud, E. 2011. *Le phénomène acheuléen en Europe Occidentale : approche chronologique, technologie lithique et implications culturelles*. Ph.D. Thesis, Aix-en-Provence and Roma: Université Aix-Marseille et Università di Roma.

Nicoud, E., Aureli, D., Pagli, M., Villa, V., Chaussé, C., Agostini, S., Bahain, J.-J., Boschian, G., Degeai, J.-Ph., Fusco, F., Giaccio, B., Hernandez, M., Kuzucuoglu, C., Lahaye, C., Lemorini, C., Limondin-Lozouet, N., Mazza, P., Mercier N., Nomade, S., Pereira, A., Robert, V., Rossi, M.A., Virmoux, C. and Zupancich, A. 2016. Preliminary data from Valle Giumentina Pleistocene site (Abruzzo, Central Italy): A new approach to a Clactonian and Acheulian sequence. *Quaternary International* 409/B, 182-194. DOI:10.1016/j.quaint.2015.08.080

Odell, G.H. 1981. The mechanics of use-breakage of stone tools: some testable hypotheses. *Journal of Field Archaeology* 8/2, 197-209. DOI:10.1179/009346981791505120

Odell, G.H. and Odell-Vereecken, F. 1980. Verifying the reliability of lithic use-wear assessments by « Blind tests »: the low-power approach. *Journal of Field Archaeology* 7, 87-120. DOI:10.1179/009346980791505545

Ollé, A. 2003. *Variabilitat i patrons functionals en els sistemes tèchnics de Mode 2. Anàlisi de les deformacions d'ùs en els conjunts litics del Riparo Esterno de Grotta Paglicci (Rignano Garcanico, Foggia), Aridos (Arganda, Madrid) i Galeria-TN (Sierra de Atapuerca, Burgos)*. Ph.D. Thesis, Tarragona: Universitat Rovira i Virgili.

Pedergnana, A. 2019. *Use-wear analysis on quartzite flaked tools. The experimental development of a method.* Cambridge: Cambridge Scholars Publishing.

Plisson, H. 1983. De la conservation des micro-polis d'utilisation. *Bulletin de la Société préhistorique Française* 80/3, 71-79.

Plisson, H. 1985. *Etude fonctionnelle d'outillages lithiques préhistoriques par l'analyse des micro-usures : recherche méthodologique et archéologique.* Ph.D. Thesis, Paris: Université de Paris I Panthéon-Sorbonne.

Prost, D.-C. 1989. *Enlèvements accidentels, enlèvements d'utilisation et de retouche sur les outils de pierre taillée.* Ph.D. Thesis, Nanterre: Université de Paris X.

Rocca, R. 2013. *Peut-on définir des aires culturelles au Paléolithique inférieur ? Originalité des premières industries lithiques en Europe centrale dans le cadre du peuplement de l'Europe.* Ph.D. Thesis, Nanterre: Université de Paris X.

Rots, V. 2002. *Hafting traces on flint tools: possibilities and limitations of macro- and microscopic approaches.* Ph.D. Thesis, Leuven: Katholieke Universiteit Leuven.

Shea, J.J. 1992. Lithic microwear analysis in archaeology. *Evolutionary Anthropology* 1/4, 143-150. DOI:10.1002/evan.1360010407

Sorensen, A.C., Claud, E. and Soressi, M. 2018. Neandertal fire-making technology inferred from microwear analysis. *Nature* 8, 1-16. DOI:10.1038/s41598-018-28342-9

Tringham, R., Cooper, G., Odell, G., Voytek, B. and Whitman, A. 1974. Experimentation in the formation of edge damage: a new approach to lithic analysis. *Journal of Field Archaeology* 1/1-2, 171-196. DOI:10.2307/529712

Van Gijn, A. 1989. Post-depositional surface modifications. *Analecta Praehistorica Leidensia* 22, 51-58.

Venditti, F. 2019. *Understanding lithic recycling at the Late Lower Palaeolithic Qesem Cave, Israël. A functional and chemical investigation of small flakes.* Archaeopress Archaeology. DOI:10.2307/j.ctvndv827

Viallet, C. 2016. Bifaces used for percussion? Experimental approach to percussion marks and functional analysis of the bifaces from Terra Amata (Nice, France). *Quaternary International* 416, 174-181. DOI:10.1016/j.quaint.2015.08.068

Notes sur les auteurs

Juliette Guibert--Cardin
Paleoanthropology, Institute for Archaeological Sciences, Eberhard Karls University of Tübingen.
Rümelinstrasse 23
72070, Tübingen, Germany
Juliette.GUIBERT-CARDIN@univ-cotedazur.fr

Elisa Nicoud
Université Côte d'Azur, CNRS – CEPAM UMR 7264
24 avenue des Diables Bleus
06300 Nice, France
elisa.nicoud@cnrs.fr

Sylvie Beyries
Université Côte d'Azur, CNRS – CEPAM UMR 7264
24 avenue des Diables Bleus
06300 Nice, France
Sylvie.BEYRIES@univ-cotedazur.fr

Underestimated witnesses

A new experimental reference collection for understanding the use of pebbles during Middle Paleolithic

Tanguy Burcet

Abstract

This paper focuses on a new experimental reference corpus that questions the use of soft rock pebbles by Neanderthal. Small, flat, elongated pebbles have been found in large numbers at the Mousterian sites of Champ Grand (Loire, France) and Grotte Mandrin (Drôme, France). These pebbles form a lithologically and morphologically homogeneous assemblage, but present a significant diversity of traces and combinations of traces. Located on one or two faces or on the edges, these traces mainly take the form of striations, impressions or grooves. In an attempt to characterize the provenance of these various marks, an experimental program was set up to investigate the possible gestures and activities undertaken with these pebbles by Neanderthal populations. Our experiments focused mainly on active (retouchers, hammers, mallets, scratchers) or passive uses (anvils, cutting/scrapping supports). These results are based on more than 60 experiments, during which these pebbles were used to work different material. A brief comparison between the archaeological and experimental material, allows us to consider pebble usage in *percussion lancée* or *percussion posée*. This preliminary study therefore provides original data for the functional interpretation of pebbles, and their often-underestimated place in the subsistence activities of Middle Paleolithic populations.

Keywords: Use wear analysis; Experimental Archaeology; Pebbles retouchers; Striae; Middle Paleolithic; Neanderthal

1. Introduction

Technological approaches to archaeological material, as through the reconstitution of *chaine opératoire*, allow us to approach the technical choices and the intentions of the craftsman. To supplement this information, functional approaches (Semenov 1964) and residue analysis (Anderson-Gerfaud 1981), have opened a window on the modalities of tool use and worked materials (*e.g.* Keeley 1980; Plisson 1985). Nevertheless, interpretations in terms of practiced activities and worked materials are limited due to taphonomic impact (*e.g.* Asryan *et al.* 2014). To obtain a more holistic idea of neanderthal behavior, we must consider other categories of material such as macro-lithic tools. Among the objects preserved and commonly found on the sites, pebbles, often neglected, offer a wide diversity of shapes, dimensions, lithologies, mechanical properties and visual aspects.

in: Mathias, C., Bourguignon, L., Ivorra, J. and Viallet, C. (eds) 2026. *Living Archaeology. Unveiling the Past through Experimental Archaeology*. Leiden: Sidestone Press, 347-360.

Some activities involving pebbles as percussion activities are well known and documented in both ethnographic (*e.g.* Hrdlicka, 1912; de Beaune, 1989a) and archaeological literature, with the earliest uses dating back to the Lower Paleolithic (Goren-Inbar *et al.* 2015; Arroyo *et al.* 2020). However, some pebbles found in archaeological contexts (*e.g.* Lhomme and Normand 1993; Roux 2008; Schroeder and Greer 2019), show particular traces (linear traces) that have not yet been assigned to a defined function. These are moreover regularly interpreted as early manifestations of symbolic behavior (Peresani *et al.* 2014, 2021). Although the existence of engraved art on various materials, has been proven in the recent period of European Paleolithic (*e.g.* D'Errico 1994; Hinguant *et al.* 2012), such evidences and behaviors are still absent – or, at least, not clearly demonstrated – from the archaeological record of the European Middle Paleolithic. It therefore seems fundamental to look at the origin of these stigmata of impressions, impacts, striations and grooves. Consequently, we have created an experimental reference corpus, exploring a diversity of both conventional and more original uses.

2. Archaeological pebble, a background

Pebble artefacts are given various names, listed as macrolithic tools, manuports, or non-flaked tools, and have specific or multiple technical functions when associated with past human societies. Their function, assumed or proven, can be specific or multiple, depending on the context, since they can be used to perform various tasks (percussion, polishing, abrasion, grinding). The lack of terminological consensus and the absence of precise subdivisions tend to confuse the meaning of these attributions (Hamon 2006). The first studies on pebbles bearing remarkable traces, sometimes described as «retouchers", were carried out in the second half of the 20th century and the beginning of the 21st century (Semenov 1956; Stepanchuk 1990, 1993; Chabai *et al.* 2004). In some cases, instead of this term, which refers directly to an analogy of the object's supposed function, prehistorians prefer more descriptive terms such as «*galet piqueté et incisé*» (Bordes 1961). If an interpretation as a tool used for retouching seems to be the consensus today, different functional hypotheses have been proposed, for example as an anvil (Henri-Martin 1906; Roda-Gilabert *et al.* 2012). Although they have been well identified throughout the Upper Paleolithic (de Beaune 1997; Chiotti 2018), their occurrences in Middle Paleolithic levels remain quite poor, often represented on the sites by few artefacts (fig. 1, *e.g.* Taute 1965; Lhomme and Normand 1993; Stepanchuk 1990; de Beaune 1997; Cuartero 2014; Seletsky *et al.* 2021; Cuartero and Bourguignon 2022).

3. Context and Archaeological material

Grotte Mandrin (Drôme, France) is located near the town of Malataverne (fig. 1). This rockshelter, excavated since 1990, has delivered a large stratigraphy composed of 12 archeological layers covering a large chronology from the Middle Paleolithic (MIS 5) to the Initial and Early Upper Paleolithic (MIS 3; Slimak *et al.* 2022). The site has a good preservation with no major taphonomic disturbances and revealed more than 70 000 faunal remains, (mainly horse, bison, and deer), as well as 60 000 lithics (*Ibid*). The Layer E, dated to 54 ka, has yield more than a thousand of small standardized lithic points typical of the Neronian (Slimak 2004) associated with Homo sapiens (Slimak, 2022). The level F belongs to a Quina Rhôdanian occupation around 55-60ka (Slimak 1999), and has revealed 6 pebbles (2 basalt, 2 quartzite and 2 alpine rocks) bearing remarkable marks (impressions and striations).

The Champ Grand open-air site (fig. 1) is located at Saint-Jean-Saint-Maurice-sur-Loire (Loire, France). Several archaeological operations have been undertaken by different prehistorians since 1956, notably between 1968-1974 and 1979-1983 (Slimak 2008). In totality, 130m² have been excavated. Two Middle Paleolithic layers dated at 50 ± 5ka have been discovered, which yield 89,330 lithic artefact (whose more than 5000 pebbles) belonging to the Quina Rhôdanian (Slimak 1999; Nicoud 2010). These pebbles with remarkable traces (fig. 2) are mainly made of volcanic rocks (basalt, trachyte, phonolite) and measure from 2.7cm long and 18g to 23.7cm and 1943g.

4. Method

4.1. Use-wear analysis

The use-wear analysis was performed with an *Olympus SZ30* stereomicroscope under magnifications from x0.9 to x70. We have chosen to base our analysis on a low magnification analysis, which already allows access to a large part of the information (Adams *et al.* 2009; Chiotti *et al.* 2018).

4.2. Experimental protocol

In order to apprehend the use-wear traces, we have created an experimental protocol, based on ones previously established by confirmed analysts (*e.g.* Keeley 1980; Adams *et al.* 2009; Caricola *et al.* 2018). In this one, we took into account different variables: time of use, pebble petrography, morphology, worked material and condition, sharpness of the tool used (retouch or retouched), activity practiced, movement, and prehension.

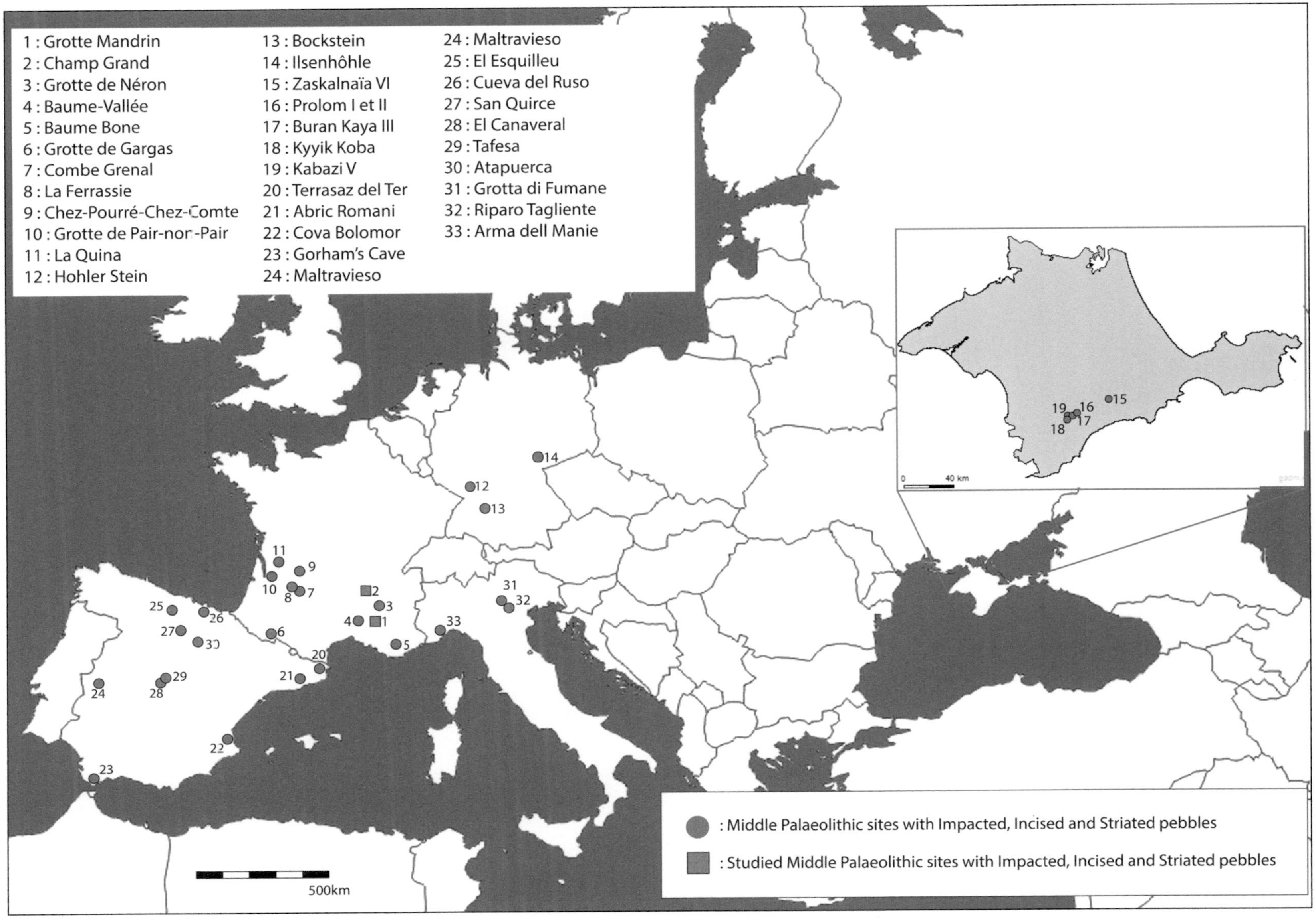

Figure 1: Geographical distribution of Middle Paleolithic sites with impressed, incised and striated pebbles.

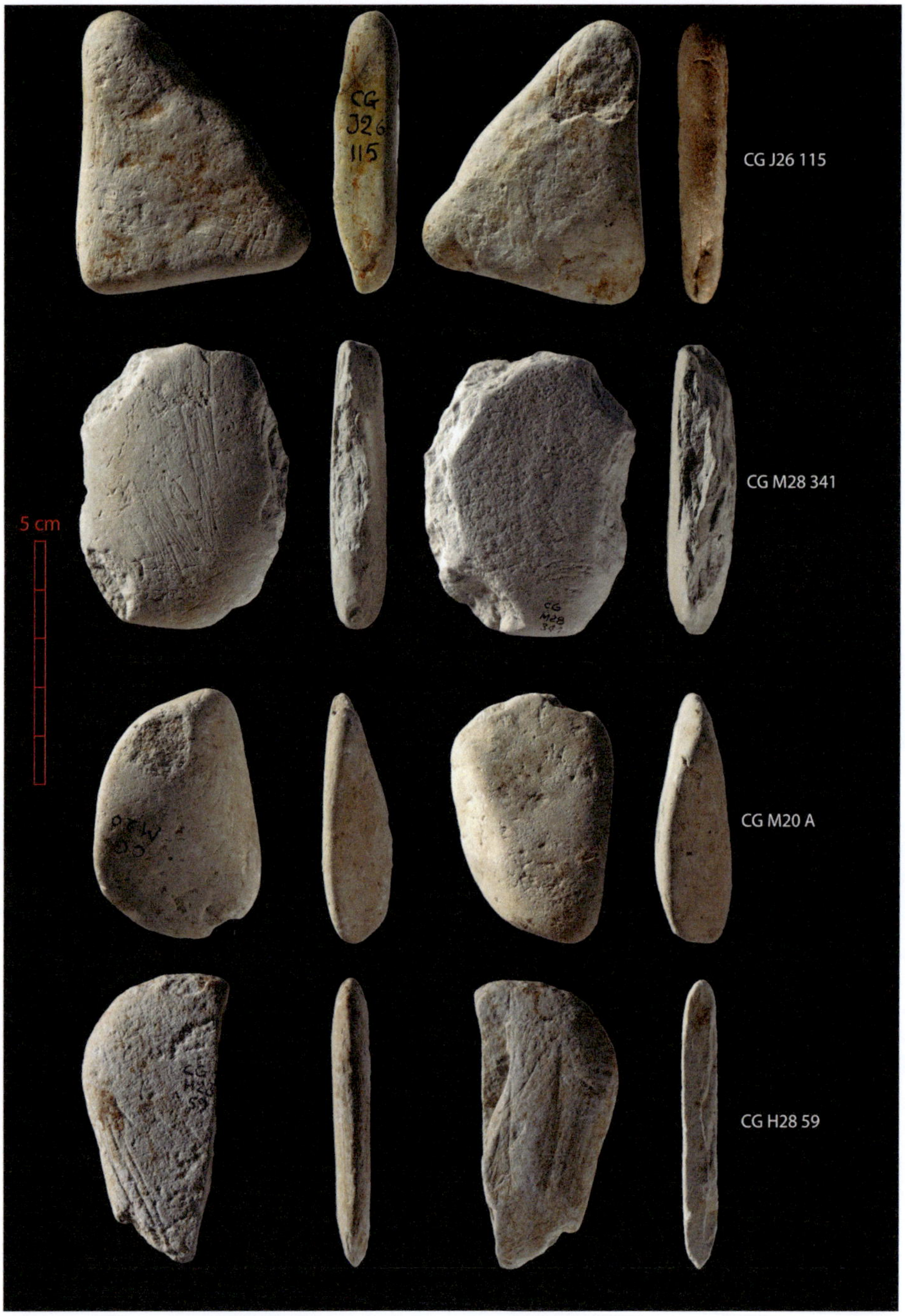

Figure 2: Archaeological pebbles from Champ Grand.

Some authors have previously conducted experiments on the use of pebbles. They tested passive uses, such as percussion and pressure retouching anvil, or as a *billot* for appointing pieces of wood or bone (de Beaune 1989a; Cuartero 2014; Caricola *et al.* 2018). Pebbles have also been used in *percussion posée* as a scratcher (Pelegrin 1986). The use of pebbles in an active way in launched percussion has been carried out for the configuration and management of striking platform, the debitage of flake or bladelet, or for abrupt and functional retouch. (Pelegrin 1986; de Beaune 1989a; Cuartero 2014; Caricola *et al.* 2018 ; Chiotti *et al.* 2018). This allows a good understanding of some use-wear development on pebbles, especially for the Upper Paleolithic, but some actions as the cutting support hypothesis have not been really tested experimentally. Other tasks such as hide working or scratching merit further experiments. Moreover, these experiments have been established on different types of raw materials when the majority of our archaeological pebbles bearing these marks have a volcanic origin.

4.3. Raw materials procurement

We first collected pebbles of similar petrography and morphology to those included in our archaeological corpus (trachyte, basalt) on the beaches of the Loire River (45° 48'44.4» N 4° 09'49.8» E). We observed that the most represented rock is granite, followed by gneiss, basalt, trachyte, phonolites, and quartz. Given the great heterogeneity of the sizes represented in our assemblage, we collected all the trachyte pebbles available.

4.4. Worked material

We used various wood and plant species known in the European Middle Paleolithic record through exceptional finds (*e.g.* Thieme 1997; Conard *et al.* 2020). We worked by unidirectional scraping and cutting of plants, green wood (*Betula pendula*) or birch bark. Flat pebbles were used to make buttonholes and rawhide strips from roe deer (*Capreolus capreolus*) and rabbit (*Oryctolagus cuniculus*) hides or for splitting a vulture (*Cathartes burrovianus*) feather lengthwise and recover the pith, its consumption being attested in ethnological and archaeological records (Slimak 2022, 167; Peresani *et al.* 2011). The treatment and working of fresh, dry or soaked sinew was done by repeated hammering. We also applied abrasive materials (ash and ochre) to dry roe deer hide with a pebble to soften it and treated two rabbit (*Oryctolagus cuniculus*) hides by currying. Heavier pebbles were used as hammers for indirect percussion to strike an intermediate piece of bone or splintered pieces of flint, for digging a cupule in a soft rock block, or for greenwood splitting. The main materials used during these experiments were lithic raw materials (Bergerac flint and chalcedony), whose properties are comparable to those available in the archaeological record. They were worked by scratching, knapping (tangential and direct movement), and retouching (abrupt, functional or sharpening). With the perspective of exhaustiveness and exploration, we crushed and ground fragments of heated silico-ferruginous slab with the aim of extracting an abrasive coloring material.

4.5. Gesture and gripping

Particular attention was brought to the gesture, a predominant element for ensuring repeatability, according to the type of action carried out. We did, however, at least triple each experiment for repeatability and used a variety of fine to coarse lithic raw materials for the percussion tests. Where cutting activity was undertaken, we used two retouched and unretouched edges for the same movement.

The cutting experiments took place on the flattest sides of the pebbles in order to work the material well and involve forceful gestures. We imposed retouched and unretouched fine grain raw material edges between 30° and 40°, a regular direction of execution and inclination of the hand and gesture. The pebbles were held and used with bare hand or partially wrapped in leather. According to the different tasks performed, they were held with two or more fingers, a full hand, five fingers around the edges or used as a passive working surface. Various degrees of intensity were practiced, notably for the retouching of one, two, or more lithic edges of similar angulation.

4.6. Cleaning and packaging procedure

Once used, pieces were placed in a plastic bag with an experimentation sheet, summarizing the main characteristics of the piece and were wrapped separately, in order to limit long-term chemical alterations from the paper (Plisson 1985b). Pieces were then cleaned with demineralized water to remove dust and interstitial elements. Residual fatty elements were cleaned with alcohol.

4.7. Description and terminology

On macrolithic tools, wears are linked to particular processus (*e.g.* Hamon 2006; Adams *et al.* 2009). Abrasive wear is due to the movement of a hard material on a smoother one, which could lead to a material displacement as striation, levelling or blunting. Fatigue wear is the result of a contact between two surfaces creating a collapse and/or a crushing of high topographic points and lead to the creation of impressions, fractures or fissures. Adhesive wear is created when there is a rupture of bonds between two surfaces in contact, which leads to a loss of macro and micro elements, affecting both surfaces. Finally, there is tribo-chemical wear caused by a combination between mechanical and chemical wear (Dubreuil and Savage 2014).

The nomenclature used for the pebble descriptions is based on different studies to represent the stigmata's diversity (fig. 3). The gestures and movements are described according to Leroi-Gourhan (1945) percussion work (*posée* or *lancée*) and the use-wear location to Cuartero (2014) and Mallye *et al.* (2012). The terminology and criteria used for linear stigmata categorization (tab. 1) came mainly from Roux (2008) and divers authors (de Beaune 2000; Hamon 2006; Messam 2016). The stigmata documented are:

- **Impressions**: It is the negative of the active emitting part (positive) that has penetrated the receiving material. They are defined by their depth, length (maximum of 3 mm), morphology (linear or sub-circular; fig. 3, a), density, and localization (Mallye *et al.* 2012). Impressions are situated mostly on the distal third of the tool, but also can sometimes be present in the mesial area (Cuartero 2014). They are also defined by their profiles (V or U-shaped), contours, and bottoms (rough or clear; *ibid*). There are several types of impression areas: single, double (two groups on one face), multiple (more than two impression groups on one) and mirror (same location of groups on both faces; de Beaune 1989).

- **Subcircular impact and crushing**: Located preferentially on the edges or tops of the pebbles (fig. 3, b), it is the result of an impact on a low elasticity material. This subcircular stigmata are white, lightly bright and shiny (Cuartero 2014). Their concentration could result from a crushing (fig. 3, b), the collapse of high topographic points giving to the area a rounded and irregular aspect. They are defined by their localization, repartition, morphology, and metric characteristics.
- **Scarring**: The accidental detachment of a small flake from an edge following an impact (fig. 3, c). They are often linked with subcircular impact and crushing. They are characterized by their location, initiation, termination, morphology, repartition, and amount (Chavaillon 1979; Cuartero 2014).
- **Striae**: linear depression formed by a unique or repeated action by a hard element on a smoother one. Their described thanks to their depth, width, size (a striae is long if it represents third of the support) and delineation (linear, lightly curved, curved). But also, by the U or V-shaped profiles with sometimes microstriae (Cuartero 2014), their location and organization (fig. 3, d), different striae patterns can be defined (tab. 1).
- **Groove**: Describe in the same way as the striae it's a deep cut in a material caused by a sharp element, at least twice as deep, long and wide as the striations. It's evidence of a strong gesture which could correspond to several successive passages (fig. 3, e).
- **Polish**: It is defined as « *a visible alteration of the natural surface that increases its reflectivity* » (Grace 1989, 38) and is characterized by its development, pattern or intensity, directly impacted by the worked materials, the time and intensity of the action but also by the raw material (fig. 3, f; Adams 2009).

5. Functional analysis of the experimental corpus

5.1. Blank production

Pebbles used for blank productions can bear various stigmata of impact: scarring, crushing, subcircular impacts, and cracks. The concentrated and superimposed subcircular impacts and crushes, are located in mesial and proximal area of the left edge (fig. 4, a). The impacts are between 3 and 7 mm in diameter and have a U-shaped profile (fig. 4, a). The percussion has led to a crushing of the edge which makes difficult the distinction of each impact. A fissuration is also observed in the mesial zone of its edge with two aligned scars. One is of concave initiation, with a trapezoidal morphology and a step like termination (fig. 4, a). The other is concave in initiation, trapezoidal in morphology and with a hinge termination (Cotterell and Kamminga, 1987).

Striae organisation	Potential linked activities	Depth	Width	Profile	Contours	Delineation	Internal Microstriation	Parasite Microstriation	Localisation	Representation
Isolated striae	Cutting support Undetermined	Superficial Deep	Wide to narrow	V shaped	Symmetric	Rectilinear Slightly curved	No	No	Edges Flat area	
Unidirectional striae without overlap	Cutting support Scratching Scraping	Superficial Deep	Narrow	V or U shaped	Symmetric Asymmetric	Rectilinear Slightly curved	Yes	Yes	Edges Flat area	
Unidirectional striae overlapping	Cutting support Scratching	Superficial Deep	Narrow	V or U shaped	Symmetric Asymmetric	Rectilinear Slightly curved Curved	Yes	Yes	Edges Flat area	
Overlapping "radiant" striae	Cutting support	Deep	Wide to narow	V shaped	Symmetric	Rectilinear	No	No	Flat area Concave area	

Table 1: Striae organization see on archaeological pebbles.

5.2. Retoucher

We experimented different retouch by direct percussion, as for the configuration of a flake into a Quina scraper and the resharpening process after use, or by pression for creating an abrupt retouch useful for prehension.

The configuration retouch creates deep rectilinear and subcircular impressions in the distal part (fig. 4, b). Often covering and center, this v-shaped profile has a blurred bottom and clear or unclear contours (fig. 4, b). Sharpening retouch is distinguished by more superficial and dispersed impressions in the apical area (fig 4, c). Pressure retouching creates superficial and dispersed impressions in mesial or distal areas with clear contours and bottom, as well asa U-shaped profile (fig. 4, d). Unidirectional, short and wide striations with v-shaped profiles can appear due to the tool slip (fig. 4, d).

5.3. Anvil for retouch

This triangular pebble used as an anvil bears an elliptical shaped range of scattered to concentrated impressions in an area near one of its corners (fig. 4, e). Impressions are linear, punctiform or trihedral, and strictly oriented in the same direction. Their contours are sharp and superficial and their bottoms rough with "V" or "U" profiles (fig. 4, e). Deepest impressions are more irregular in shape, due to the protruding points of the back of the retouched piece being pressed into the anvil, creating depressions with a particular morphology (fig. 4, e).

5.4. Use as a mallet

According some authors, mallet stigmata could be similar to those obtained by retouching processes (de Beaune, 1989; Chiotti, 2018). The pebble used on a backed flake has a range of small, subcircular white impressions, concentrated in the center of the mesio-distal area, with a circular shape (fig. 4, f). Their contours, bottoms, and sides are sharp and irregular with "U"-shaped profiles (fig. 4, f). These superimpositions create a very slight depression and irregular, deeper material detachments, with sharp contours, bottoms and sides (fig. 4, f). They appear to be halfway between retouch and impact stigmata. The G50 experiment, used as a mallet in percussion on an intermediate piece of dry bone does not show visible macroscopic marks, as the bone crushes on contact with the pebble.

5.5. Pounding tools

A sub-triangular pebble was used for crushing (unidirectional) and pounding (bidirectional) pieces of heated silico-ferruginous slab on an anvil. The apical part, used for crushing pieces of slab, bears strictly localized subcircular "U" shape crushes and fissurations between 3 and 7 mm (fig. 4, g). The superposition of the crushes creates a slight depression and around this, a levelling.

On its basal part, used for pounding, the pebble shows numerous subcircular impacts and crushes of 1 to 3 mm with "U" or irregular profiles, giving a stained appearance to the surface (fig. 4, h). We also observed small, irregularly shaped and sharply contoured material tears (fig. 4, h). Only one small quadrangular scar was observed with flat to concave initiation and a step-like termination (fig. 4, h). This wear area shows a localized removal of the cortex associated with a subcircular microstriation at the pebble's longest axis, indicating the circular direction of movement. Residues of worked material remain in the depressions for both actions.

5.6. Scratcher

The scratching consisted of uni-, bi-, or multidirectional application of a force in *percussion posée*, using a pebble held in the full hand to prepare the striking platform. On small pebbles with a soft alteration cortex, scratching produces striations located in the mesio-distal area (but could appear in every location), oriented horizontally in relation to the pebble's longest axis (fig. 5, a). These striae, of medium width, are long to short and all present the same linear to slightly curved delineations within the same cluster (fig. 5, a). They have internal microstriations associated parasitic striations on their edges, their profiles are V-shaped and their edges are symmetrical (fig. 5, a). Their organization forms a bundle of sub-parallel striae that intersect. Some striae form a V, which results from a back-and-forth movement (fig. 5, a). On hard pebbles, similar but superficial striations are present and accompanied by characteristic chaotic microstriations.

5.7. Cutting support

For cutting actions, except for hide cutting, which was held in the palm, the pebble was maintained on the ground. We performed different experimentations for which we used unretouched fine edged flint flakes in uni-directional gestures, such as for splitting a vulture (*Cathartes burrovianus)* feather in two, cutting fresh roe deer hides for making buttonholes or cutting a dry deer hide (*Cervus Elaphus*) for making a leather strap; and bi-directional gesture for cutting herbaceous plants and splitting a 2cm diameter branch of green wood (*Betula Pendula*).

The cutting striations are characteristic. They are subparallel, rectilinear to slightly curved, symmetric, short or long, fine and narrow with a V-shaped profile (fig. 5, b-f). The striae's depth depends on the force applied to the gesture and by extension, to the worked material. A stronger movement will be less controlled and so will create an asymmetric, deeper and wider striation with a more curved delineation.

The striae organization is also decisive, like in the case of fresh hide (fig. 5, c). They can appear as few "isolated subparallel striae" (tab. 1) or in several oriented clusters (fig. 5, d), disorganized and superimposed, creating " *clusters of overlapping radiant striae* " (fig. 5, c; tab. 1).

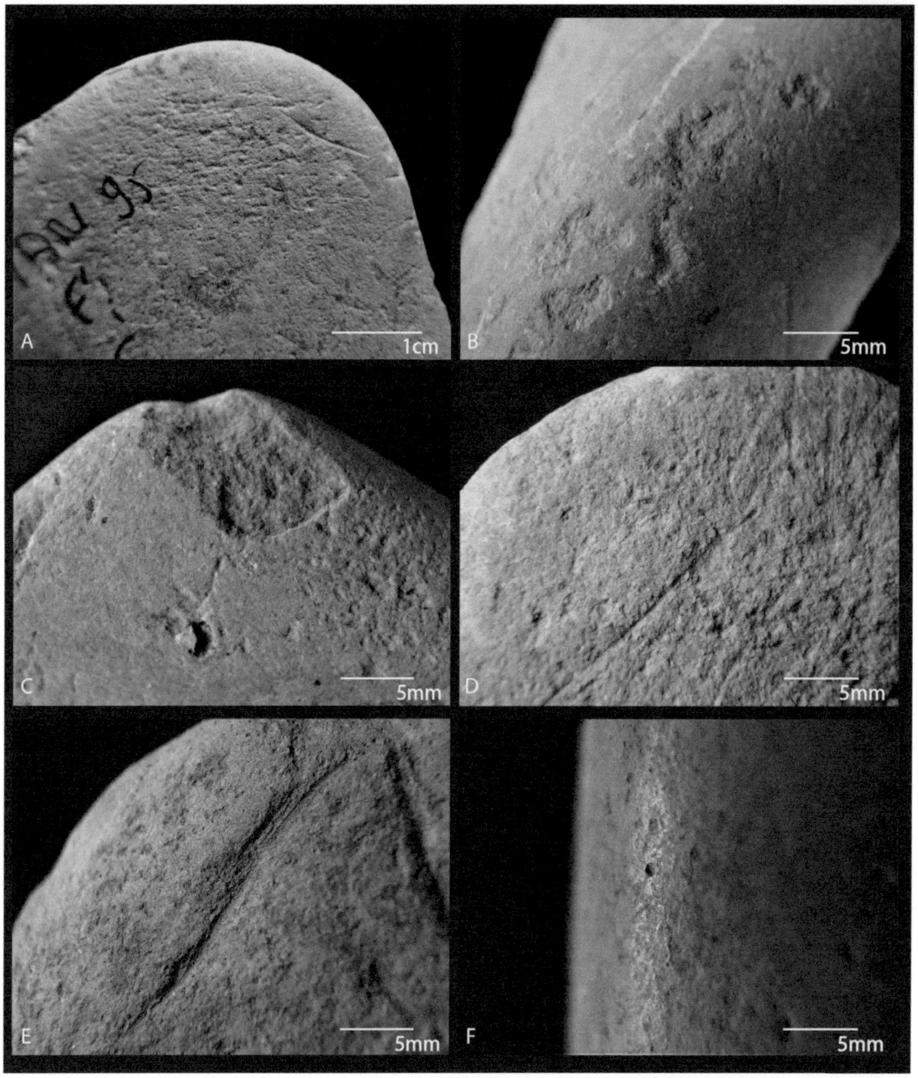

Figure 3: Presentation of the diversity of the stigmata families on archaeological pebbles.

For the feather, clusters are organized in a fan shape along the longest pebble axis and could be described as "clusters of unidirectional striae without overlap" (fig. 5, b; tab. 1), whileplants and wood working create bi-directional action, or "*clusters of unidirectional overlapping striae*" (fig. 5, e-f; tab. 1).

5.8. Currying

Some ethnographic sources describe the softening process of hide using pebbles (*e.g.* Beyries 2008). We tested this hypothesis. After a prolonged contact with roe deer hide in *percussion posée*, the pebble's upper surface shows a large reflective surface. This polish is separate to adjacent in density (Dubreuil and Savage, 2014) and loose to sparse in pattern at the highest topographic points (fig. 5, g; Adams *et al.* 2009). Striation is associated with this wear, developed unidirectionally along the pebble's long axis. The microstriations are fine, short to long and V-shaped (fig. 5, h). Finally, to summarize our results, we created a correlation matrix of the different types of wear in relation to their location and function (tab. 2).

6. Preliminary comparison between archaeological and experimental stigmata

A brief comparison of the figures (fig. 3, 4, 5) allows us to propose that these archaeological pebbles could have been used in active ways for knapping or configuration retouch. Scarring is present on some of the pebbles, with concave initiation and step-like termination (fig. 4, a). They bear single, double or multiple impressions areas, located on the distal part (fig. 2). Like the experimental one, they are deep, have a V-shaped profiles and clear contours and bottoms (fig. 4, b). But they could have also been used in a passive way as scratcher, cutting support or for undetermined activity. CGJ26115 bears clusters of deep and superficial unidirectional overlapping striae with long, symmetric and rectilinear V-shaped striae as scratcher and cutting support

Figure 4: A: Experiment G49, knapping of a Bergerac flint block using a Levallois schema by direct mineral percussion, B: Experiment G20, scratching in *"percussion posée"*, configuration and retouching in thrown percussion of a large flint flake in Quina scraper C: Experiment G07, scratching and sharpening retouch of a Bergerac flint Quina scraper edge using launched percussion, D: Experiment 31, pressure retouching of a Bergerac flint flake using *"percussion posée"*, E: Experiment G10, Anvil used as a passive element for the retouching of lithic supports, F: Experiment G50, used the pebble as a mallet in a direct launched percussion into a flint flake. G: Experimentation 29, apical part used in thrown percussion for crushing on anvil of pieces of heated silico-ferruginous slab, H: Experimentation 29 basal part, used in thrown and laid percussion for crushing and pounding of pieces of silico-ferruginous slab.

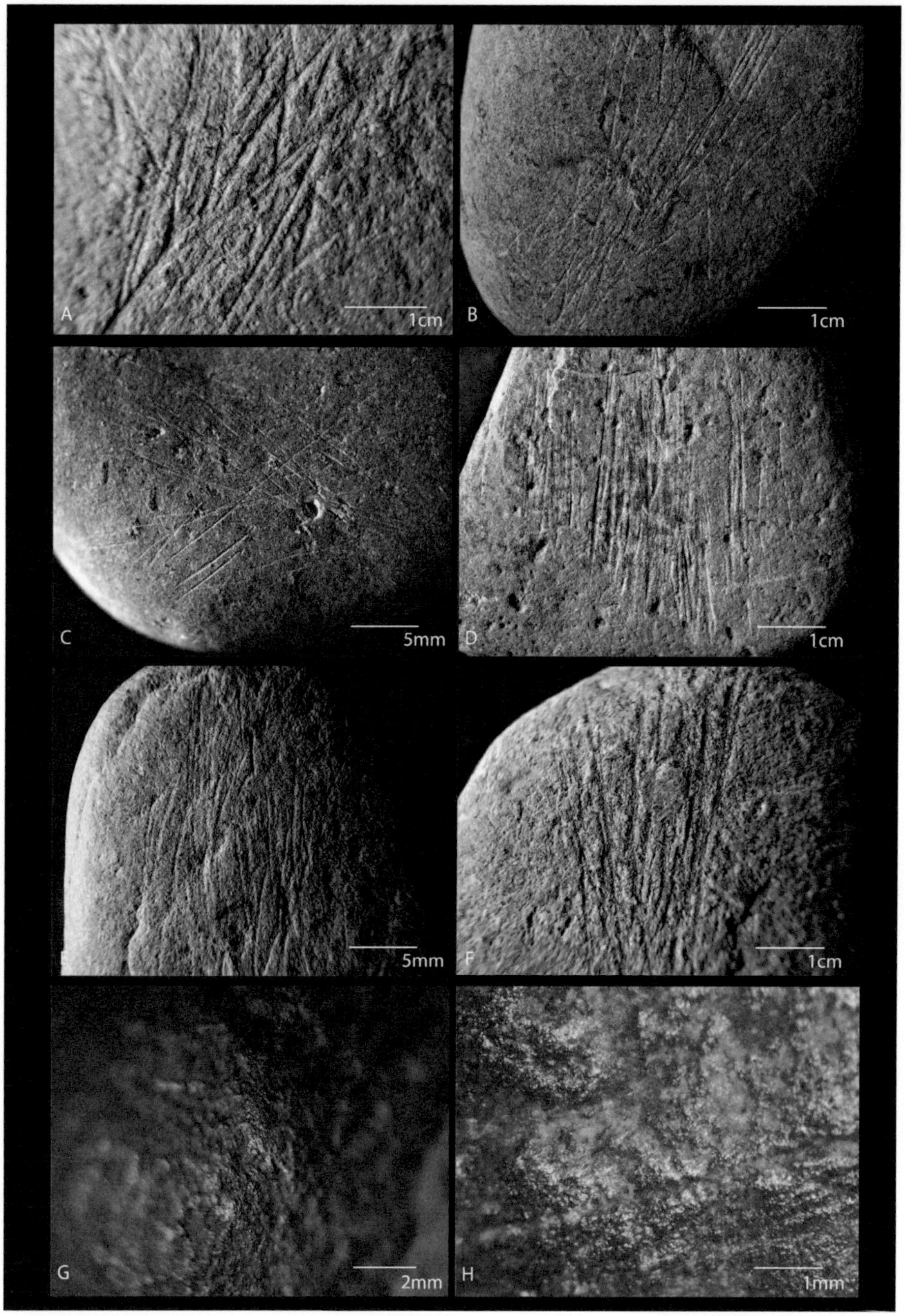

Figure 5: A: Experiment G78, used for scratching the edge of a Bergeracois flint flake in "*percussion posée*", B: Experiment G37, cutting support for making a buttonhole, C: Experiment G60, cutting support for making a leather strap in a dry deer hide, D: Experiment G13, cutting support for splitting a vulture feather in two, E: Experiment G38: cutting support for fresh herbaceous plants, F: Experiment G39, cutting support for splitting a branch of green wood, : G: Experiment G30, used for currying a dry roe deer hide for 40 min.

Table 2: Correlation matrix of the different types of wear in relation to their location and function (right page).

Feature	Knapping	Pounding	Mallet	Anvil	Sharpening Retouch	Configuration Retouch	Pressure Retouch	Cutting	Scratching	Currying
Scarring	X					X				
Microfractures	X									
Crushing	X	X								
Subcircular impacts	X	X								
Residue		X								
Unclear contours			X			X				
Small depression			X							
U profil			X	X			X			
Superficial impressions			X	X	X		X			
Subcircular impressions			X	X	X	X	X			
Rough bottom			X	X	X	X				
Concentrated impressions				X	X	X				
Rectilinear impressions				X	X	X				
V profil				(X)	X	X		X		
Clear contours				X	X	X	X			
Dispersed impressions					X		X			
Clear bottom							X			
Rectilinear striae							X	X		
Curve striae									X	
V shape striae								X	X	
Parasite striae									X	
Small curved striae								X	X	
Deep striae								X	X	
Superficial striae								X	X	
Microstriation									X	X
Reflective surface										X
Polish										X

Feature	Scratching	Knapping	Pounding	Sharpening Retouch	Configuration Retouch	Pressure Retouch	Mallet	Currying	Cutting	Anvil
Apical areas	X	X		X						
Summits	X	X	X							
Edges	X	X	X					X		
Mesial area flat face	X		X	X	X	X	X			X
Distal area flat face	X			X	X	X				
Flat face	X							X	X	
Angles of a flat face	X									X

(fig. 2, fig. 5, a-c). Pebble CGM28341 bears clusters of deep to superficial unidirectional overlapping striae with curved delineation, V-shaped profiles and microstriations (fig. 2; fig. 5, a) which could indicate a potential use as scratcher. The pebble CGM201 bears superficial overlapping multidirectional microstriation due to probable scratching. CGH2859 had isolated striae, deep, rectilinear to slightly curved with and without overlapping. These are deep, rectilinear to slightly curved and have a v-shaped profile, as our experimental cutting support (fig. 2, fig. 5, c-d).

7. Discussion and conclusion

This new experimental corpus has made it possible to firstly diagnose the wear stigmata of actions that have been well (hammerstone, retoucher, anvil) or poorly documented for pebbles (cutting, hide currying) in the experimental register and shows that such types of stigmata could occur in the European Middle Paleolithic. Through the analysis of these experiments and a preliminary comparison with archaeological artefacts, we are therefore able to gain a better understanding of these particular pebbles used for known and unknown activities.

Characteristic stigmata combinations could allow the analyst to propose strong hypotheses. For example, the presence of clusters of overlapping striae, an internal microstriation and a curved delineation indicate its use as a scratcher. Isolated or radiant overlapping, v-shaped and symmetric striae would signal a cutting support. Concentrated and deep impressions on the distal part indicate a configuration retouch when dispersed. Superficial impressions in the apical part are linked to a sharpening action. Despite these actions being unique, they can create similar wear patterns, as is the case for anvils, sharpening retouches or pebbles use as a mallet. Only a few stigmata, such as profile morphology, density or contours, differentiate them. Otherwise, the differentiation is often made possible by the location of the wear; the sharpening retouch will take place in apical area, the anvil will be close to the angle or the center and the mallet will be in a mesial part of a flat face or sides. This differentiation allows us to propose a sub-categorization of these actions and authorize the distinctions. These diverse experimental traces coincide with the archaeological ones, allowing us to propose for these pebbles a utilization as a scratcher, a configuration retoucher or a potential cutting support.

In the future, it will also be essential to develop a taphonomic corpus, for which it will be important to document the diverse geneses of striations and their impact on pebbles. This corpus needs to be expanded and diversified in order to capture a wider range of actions and functions performed on and with pebbles. A confocal microscopy approach is currently being developed and used in order to characterize and quantify the differentiation criteria for similar traces and to strengthen the interpretation. Also, a systematic and detailed study of ethnological literature mentioning pebbles would shed more light onto the role of these manuports, often untransformed, in the domestic areas of these nomadic prehistoric societies. In light of these first results, an application of this corpus to various Middle Paleolithic archaeological assemblages is underway and should soon deliver new results.

Acknowledgements

Many thanks to Malataverne city and the Drôme department for their financial support as the PACEA laboratory for the study environment and access to advanced infrastructure and equipment.

References

Adams, J., Delgado, S., Dubreuil, L., Hamon, C., Plisson, H. and Risch, R. 2009. Functional analysis of macro-lithic artefacts: a focus on working surfaces, in: Sternke, F., Eigeland, L. and Costa, L.-J., (eds.). *Non-Flint Raw Material Use in Prehistory: Old Prejudices and New Directions*. Oxford: *BAR International Series*, 43-66.

Anderson-Gerfaud, P., 1981. Contribution méthodologique à l'analyse des microtraces d'utilisation sur les outils préhistoriques. Bordeaux 1, Bordeaux, 152.

Arroyo, A., Harmand, S., Roche, H. and Taylor, N. 2020. Searching for hidden activities: Percussive tools from the Oldowan and Acheulean of West Turkana, Kenya (2.3-1.76 Ma). *Journal of Archaeological Science* 123, 105238.

Asryan, L., Ollé, A. and Moloney, N. 2014. Reality and confusion in the recognition of post-depositional alterations and use-wear: an experimental approach on basalt tools. *Journal of Lithic Studies* 1/1, 9-32.

Beyries, S. 2008. Modélisation du travail du cuir en ethnologie : proposition d'un système ouvert à l'archéologie. *Anthropozoologica* 43, 9-42.

Bordes, F. 1961. Typologie du Paléolithique ancien et moyen. Bordeaux: Imprimerie Delmas, 85.

Caricola, I., Zupancich, A., Moscone, D., Mutri, G., Falcucci, A., Duches, R., Peresani, M. and Cristiani, E. 2018. An integrated method for understanding the function of macro-lithic tools. Use wear, 3D and spatial analyses of an Early Upper Paleolithic assemblage from North Eastern Italy. *PLoS ONE* 13/12, 1-46.

Chabai, V., Monigal, K. and Marks, A. 2004. *The Middle Paleolithic and Early Upper Paleolithic of Eastern Crimea*. Liège: ERAUL, 104/3.

Chavaillon, J. 1979. Essai pour une typologie du matériel de percussion. *Bulletin de la Société préhistorique française* 76, 230-233

Chiotti, L., Morala, A. and Nespoulet, R. 2018. *Usages domestiques et symboliques du minéral au Gravettien final. Abri Pataud – Laugerie-Haute Est – Les*

Peyrugues. Les Eyzies-de-Tayac: Paléo numéro spécial, 207.

Conard, N.J., Serangeli, J., Bigga, G. and Rots, V. 2020. A 300,000-year-old throwing stick from Schöningen, northern Germany, documents the evolution of human hunting. *Nat Ecology Evolution* 4, 690-693.

Cotterell, B. and Kamminga, J. 1987. The Formation of Flakes. *American antiquity* 52, 675-708.

Cuartero, F. 2014. *Percutores y retocadores: Interpretación de comportamientos técnicos en el Paleolítico medio peninsular desde el análisis del instrumental del tallador.* PhD Thesis, Universidad Autonoma de Madrid, 409.

Cuartero, F. and Bourguignon, L. 2022. Percuteurs et retouchoirs au Paléolithique moyen en Péninsule Ibérique : caractérisation et mode de fonctionnement. *Comptes Rendus Palevol* 21, 273-301.

de Beaune, S. 1997. Les galets utilisés au Paléolithique supérieur. Approche archéologique et expérimentale. *Gallia Préhistoire* 32, 3-298.

de Beaune, S. 1989. Exemple ethnographique de l'usage pluri-fonctionnel d'un galet de quartz. *Bulletin de la Société Préhistorique Française* 86, 61-64.

de Beaune, S. 2000. Pour une archéologie du geste : Broyer, moudre, piler, des premiers chasseurs aux premiers agriculteurs. Paris: CNRS Editions, 231 p.

D'Errico, F. 1994. L'art gravé azilien : de la technique à la signification. Paris, *CNRS Éditions*, 329.

Dubreuil, L. and Savage, D. 2014. Ground stones: a synthesis of the use-wear approach. *Journal of Archaeological Science* 48, 139-153.

Goren-Inbar, N., Sharon, G., Alperson-Afil, N. and Herzlinger, G. 2015. A new type of anvil in the Acheulian of Gesher Benot Ya'aqov, Israel. *Philosophical Transactions of the Royal Society: Biological Sciences* 370, 20140353.

Grace, R. 1989. *Interpreting the function of stone tools*. The quantification and computerisation of microwear analysis, oxford, EXARC Experimental Archaeology Collection Manager, 474, 260 p.

Hamon, C. 2006. Broyage et abrasion au Néolithique ancien : Caractérisation technique et fonctionnelle des outillages en grès du Bassin parisien. Oxford: *BAR International Series*; 342.

Henri-Martin, L.-H. 1906. Maillets ou enclumes en os provenant de la couche moustérienne de la Quina (Charente). *Bulletin de la société préhistorique française* 3, 155-162.

Hinguant, S., Moullé, P.-E., Arellano, A. and Pigeaud, R. 2012. Middle Solutrean engraved bone artefacts from Rochefort Cave (Saint-Pierre-sur-Erve, Mayenne, France). *Paléo* 23, 337-356.

Hrdlicka, A. 1912. *Early man in south america,* Bureau of American Ethnology. Washington: government printing office, 530.

Keeley, L.H., 1980. *Experimental Determination of Stone Tool Uses: A Microwear Analysis*. Chicago: University of Chicago Press, 267.

Lhomme, V. and Normand, E. 1993. Présentation des galets striés de la couche inférieure du gisement moustérien de "Chez Pourré-Chez Comte" (Corrèze). *Paléo* 5, 121-125.

Mallye, J.-B., Thiébaut, C., Mourre, V., Costamagno, S., Claud, É. and Weisbecker, P. 2012. The Mousterian bone retouchers of Noisetier Cave: experimentation and identification of marks. *Journal of Archaeological Science* 39, 1131-1142.

Mathias, C., Viallet, C. and Moigne, A.-M. 2021. Diversité des outils et des activités de percussion à la fin du MIS 9 dans le niveau 6 d'Orgnac 3(Ardèche, France). *Comptes Rendus Palevol,* 175-197.

Messa, M. 2016. *Interaction outillage en silex/macro-outils passifs en dolérite sur le site solutréen de Landry (Dordogne).* Mémoire de Master, Université de Bordeaux. 69 p.

Nicoud, É. 2010. Les chaînes opératoires sur galets en roches volcaniques et quartz dans l'industrie lithique du gisement Moustérien de Champ Grand (Saint-Maurice-sur-Loire, Loire). *Paléo* 107-122.

Pelegrin, J. 1986. *Technologie lithique : une méthode appliquée à l'étude de deux séries du Périgordien ancien (Roc-de-Combe, couche 8, La Côte, niveau III).* PhD. Thesis, Université Paris X Nanterre, Paris, 584.

Peresani, M., Bertola, S., Caricola, I., Nunziante Cesaro, S., Duches, R., Ferretti, P., Margaritora, D., Marrocchino, E., Eftekhari, N., Vaccaro, C., Zupancich, A. and Cristiani, E. 2021. A taste for the unusual. Green, flat pebbles used by late Neanderthals. *Journal of Anthropological Archaeology* 64, 101368.

Peresani, M., Dallatorre, S., Astuti, P., Dal Colle, M., Ziggiotti, S. and Peretto, C. 2014. Symbolic or utilitarian? Juggling interpretations of Neanderthal behavior: new inferences from the study of engraved stone surfaces. *Journal of Anthropological Sciences* 92, 233-255.

Peresani, M., Fiore, I., Gala, M., Romandini, M. and Tagliacozzo, A. 2011. Late Neandertals and the intentional removal of feathers as evidenced from bird bone taphonomy at Fumane Cave 44 ky B.P., Italy. *PNAS* 108, 3888-3893.

Plisson, H., 1985a. Etude fonctionnelle d'outillages lithiques préhistoriques par l'analyse des micro-usures : recherche méthodologique et archéologique. Université de Paris I, Paris, 403.

Plisson, H., 1985b. Quels soins prendre des outillages lithiques pour l'analyse fonctionelle ? *Bulletin de la Société préhistorique française* 82, 98-107.
Roda Gilabert, X., Martínez-Moreno, J. and Mora Torcal, R. 2012. Pitted stone cobbles in the Mesolithic site of Font del Ros (Southeastern Pre-Pyrenees, Spain): some experimental remarks around a controversial tool type. *Journal of Archaeological Science* 39, 1587-1598.
Roux, L. 2008. Galets à impressions, galets striés, galets piquetés. Eléments de réflexion, in: Slimak, L. (ed.). *Artisanats et territoires des chasseurs moustériens de Champ Grand.* Aix-en-Provence : Artisanats et Territoires, 122-134.
Schroeder, B. and Greer, T. 2019. Pebbles in Archaeological Contexts: A Case Study from a West Texas Cave. *Lithic Technology* 44, 90-99.
Seletsky, M.V., Fedorchenko, A.Y., Chistyakov, P.V., Markin, S.V. and Kolobova, K.A. 2021. Percussive-Abrasive Stone Tools from Chagyrskaya Cave: Results of Functional Analysis. *Archaeology, Ethnology & Anthropology of Eurasia* 49, 23-31.
Semenov, S.A. 1964. *Prehistoric Technology; an experimental study of the oldest tools and artefacts from traces of manufacture and wear*. London, Cory, Adams and Mackay. 211.
Semenov, S.A. 1956. Retoucheurs de pierre du Paléolithique récent, in: Okladnikov, A.P. (ed.). *Paléolithique et Néolithique de l'URSS*. Annales Du Centre d'Etudes et de Documentation Paléontologiques, 382-387.
Slimak, L. 1999. Pour une individualisation des Moustériens de type Quina dans le quart Sud-Est de la France ? *Bulletin de la Société préhistorique française* 96, 133-144.
Slimak, L., 2008. *Artisanats et territoires des chasseurs moustériens de Champ Grand*. Aix-en-Provence: MMSH, Arts et Artisanats.
Slimak, L., Zanolli, C., Higham, T., Frouin, M., Schwenninger, J.-L., Arnold, J.L., Demuro, M., Douka, K., Mercier, N., Guérin, G., Valladas, H., Yvorra, P., Giraud, Y., Seguin-Orlando, A., Orlando, L., Lewis, J.L., Muth, X., Camus, H., Vandevelde, S., Buckley, M., Mallol, C., Stringer, C. and Metz, L. 2022. Modern human incursion into Neanderthal territories 54,000 years ago at Mandrin, France. *Science Advances* 8, 17. http://www.doi/10.1126/sciadv.abj9496
Slimak, L. 2022. Néandertal nu : comprendre la créature humaine, Histoire. *Odile Jacob*, Paris, 240.
Stepanchuk, V. 1993. Prolom II, a Middle Paleolithic cave site in the Eastern Crimea with non-utilitarian bone artifacts. *Proceedings of the Prehistoric Society* 17-37.
Stepanchuk, V. 1990. Criteria of selection of tools for retouching and knapping, in: Neprina V. (ed.). *Stone Age on the Territory of Ukraine*. Kiev, 112-117 (in Russian).
Taute, W. 1965. Retoucheure aus Knochen, Zahnbein und Stein von Mittelpalaolithikum bis zum Neolithikum. *Fundberichte aus Schwaben* 26, 76-102.
Thieme, H. 1997. Lower Paleolithic hunting spears from Germany. *Nature* 385, 807-810.

Note on contributors

Tanguy Burcet
Université de Bordeaux, UMR 5199, PACEA.
Bât B2 Allée Geoffroy Saint-Hilaire CS 50023 33615 Pessac, France
burcettanguy@hotmail.fr

Gesture variation and expertise in the use of Palaeolithic bulb-retouchers

Application to the late Acheulean site of Jaljulia (Israel)

Cyrielle Mathias, Sol Sánchez-Dehesa Galán, Cristina Lemorini, Flavia Marinelli, Mayaan Shemer, Ran Barkai

Abstract

The use of bulb retouchers in the Palaeolithic tool-kit have been recognized by Semenov and Praslov around 1950's. Since then, these tools were occasionally identified in various regional contexts, such as Northern Africa, the Levant and Western Europe. Bulb retouchers were identified mainly in Middle Palaeolithic sites.

Several experiments were conducted in the past to document the traces left on the bulb of these tools. In this study, we present an experiment made in order to compare two different retouch motions: perpendicular (reentrant) and tangential. The first motion is traditionally associated with backed flakes or short abrupt retouches, whereas the second is associated with more plane and invasive retouches. 18 bulb retouchers were tested within the experiment, with different stroke numbers by two knappers. Flakes produced are similar to those found in the archaeological context and made from the type of flint used at Jaljulia (Israel – Mishash & Turonian Formations).

A first result of the experiment, related to mass and volume of the bulb-retouchers, is that the retouch is more effective with a tangential motion. Moreover, while the traces formed by the two motions are mostly similar (pits, elongated pits, incipient cones), we can notice some differences. It appears that incipient cones are more developed following the perpendicular motion, and linear pits are more characteristic to the tangential one. Another interesting result is the difference in trace intensity between several retouchers, independently of the number of strokes (the highest strokes number does not always imply more traces), that might be related to the raw material or bulb morphology (convexity).

The comparison with the bulb retouchers of Jaljulia area D and Qesem Cave (late Lower Palaeolithic, Israel; ±500-300 ka) shows that the former were probably used in a tangential motion. One of the archaeological bulb retoucher identified at Jaljulia, which bears numerous pits, seems to be used over a significant period of time.

Keywords: Percussion tools; Lower Palaeolithic; Retouching; Recycling; Bulb

in: Mathias, C., Bourguignon, L., Ivorra, J. and Viallet, C. (eds) 2026. *Living Archaeology. Unveiling the Past through Experimental Archaeology*. Leiden: Sidestone Press, 361-372.

1. Introduction

Bulb retouchers (named « *éclats à bulbes piquetés* » in French) were identified by Semenov and Praslov within Middle Palaeolithic assemblages in the 1950's (Praslov 1968; Semenov 1970; Semenov 1972). These pieces present percussion marks (pits) on the ventral surface of flakes (directly on the bulb but not only), similar to those found on bone retouchers.

Bulb retouchers were since then recognised in numerous contexts, almost only dated to the Middle Palaeolithic in Eastern and Western Europe, the Levant and North Africa (Tixier 2000; Adler 2002; Mathias and Viallet 2018; Centi *et al.* 2019; Massoulié and David 2023; Viallet and Mathias 2023). These percussion tools have also been identified in the Levant in Acheulean and Acheulo-Yabroudian contexts (Mathias *et al.* 2023). During the Middle Palaeolithic, their use seems systematic especially at Nesher Ramla where more than one hundred bulb retouchers were unearthed (Centi *et al.* 2019).

The first hypothesis about how these tools were used was made by A. Semenov (Semenov 1972). Semenov suggested their use as a support for applying pressure with the flake cutting-edge to be retouched (fig. 1, a, from Semenov 1970, fig. 4 and 1972, fig. 2). However, since then, several experiments have shown their use in direct percussion (Adler 2002; Mathias and Viallet 2018; Centi *et al.* 2019).

These percussion tools have one thing in common: they are all, or almost all, retouched. Most of the flakes used for this purpose are side-scrapers, convergent tools or even notches and denticulates (for a detailed review, see Mathias *et al.* 2023).

The link between the type of retouch (or other percussive actions) associated with bulb retouchers is not so clear. They are associated mostly with lithic assemblages where all kinds of scrapers are dominant (side-scrapers, transverse-scrapers etc.). These tools were made using different types of retouches: regular at Nesher Ramla or Brive-Laroche (Centi *et al.* 2019), Quina retouch at Qesem or Vergisson IV (Massoulié and David 2023; Mathias *et al.* 2023) or a combination of both at Jaljulia or Orgnac 3, even if this last tool is a bit different from the other retouchers (Mathias *et al.* 2021; Mathias *et al.* 2023).

Typical traces identified on bulb retouchers correspond to pits (linear, punctiform, amorphous), incipient cones (half or entire) and striations (Centi *et al.* 2020; Cuartero and Bourguignon 2022). Pits are very similar to those identified on organic retouchers, made of bone or wood (Mallye *et al.* 2012; Blasco *et al.* 2013; Daujeard *et al.* 2014; Moigne *et al.* 2016; Mozota 2018; Martellotta *et al.* 2021). Most of the traces on bulb retouchers are visible to the naked eyes and can be analysed through a binocular, except for the striations, which need to be observed at higher magnification. It is possible to identify the bulb retouchers axis of use following linear pits and striations position (Centi *et al.* 2019).

At Jaljulia and Qesem cave, seven retouched flakes were identified with typical traces on their bulb, allowing the formal attribution to bulb retouchers, after a comparison with experimental set of four items (Mathias *et al.* 2023). However, some other flakes with incipient cones located on the bulb area have been excluded from this category in the absence of associated characteristic pits. Nevertheless, we wondered about the impact of using different retouching gestures on the marks produced on the different bulb retouchers. For the experiment at the basis of this study, we therefore decided to begin by testing the two gestures: tangential and perpendicular (reentrant) (fig. 1, b). This paper provides a detailed presentation of the usewear repository formed by these two gestures, and discusses its limitations and future directions for the analysis of lithic retouchers in particular.

2.Method and experiment

For the main experiment, we tested a total of 18 flakes as bulb retouchers all are made of flint. We used flint types similar to those found in the Levantine archaeological record, all corresponding to fine-grained flints. Raw materials were collected at Horashim Forest (or Horshim), an area nearby many Lower and Middle Palaeolithic sites such as Qesem, Jaljulia, Eyal 23 or Horashim East (Ronen and Winter 1997; Agam 2021; Agam *et al.* 2022; Assaf *et al.* 2022).

We knapped fined-grained flints from the Mishash Formation (N=16) and some fine-grained Turonian flints as a test to vary the raw material employed (N=2). These were produced by two knappers (RB and CM) from Discoid methods with direct hard percussion. Flakes were selected based on the characteristics of the bulb area (absence of fracture or large bulbar scar for example). Metric data were recorded for these flakes, as measurements were made following the debitage axis using a digital caliper and angles were measured with a goniometer (tab. 1). Their length is comprised between 31,5 mm and 77,8 mm (mean: 51,6; median: 52,9; standard deviation: 13,4), their width between 28 mm and 59 mm (mean: 40,3; median: 39,7; standard deviation: 8,9), their thickness between 8,1 mm and 19,9 mm (mean: 13,7; median: 13,5; standard deviation: 3,6) and their weigh between 10 g and 74 g (mean: 33,3; median: 28,5; standard deviation: 21).

The retouching experiment was made by two knappers (C.M. and S.S.D.G.), both specialists of lithic technology, with average experience in these types of activities. Sixteen tools were involved in the experiment by using perpendicular and tangential gestures, applying a specific number of strokes. The tangential gesture can be compared to those used for Quina retouching, particularly with bone retouchers. It involves a contact and “friction” phase and aims to produce

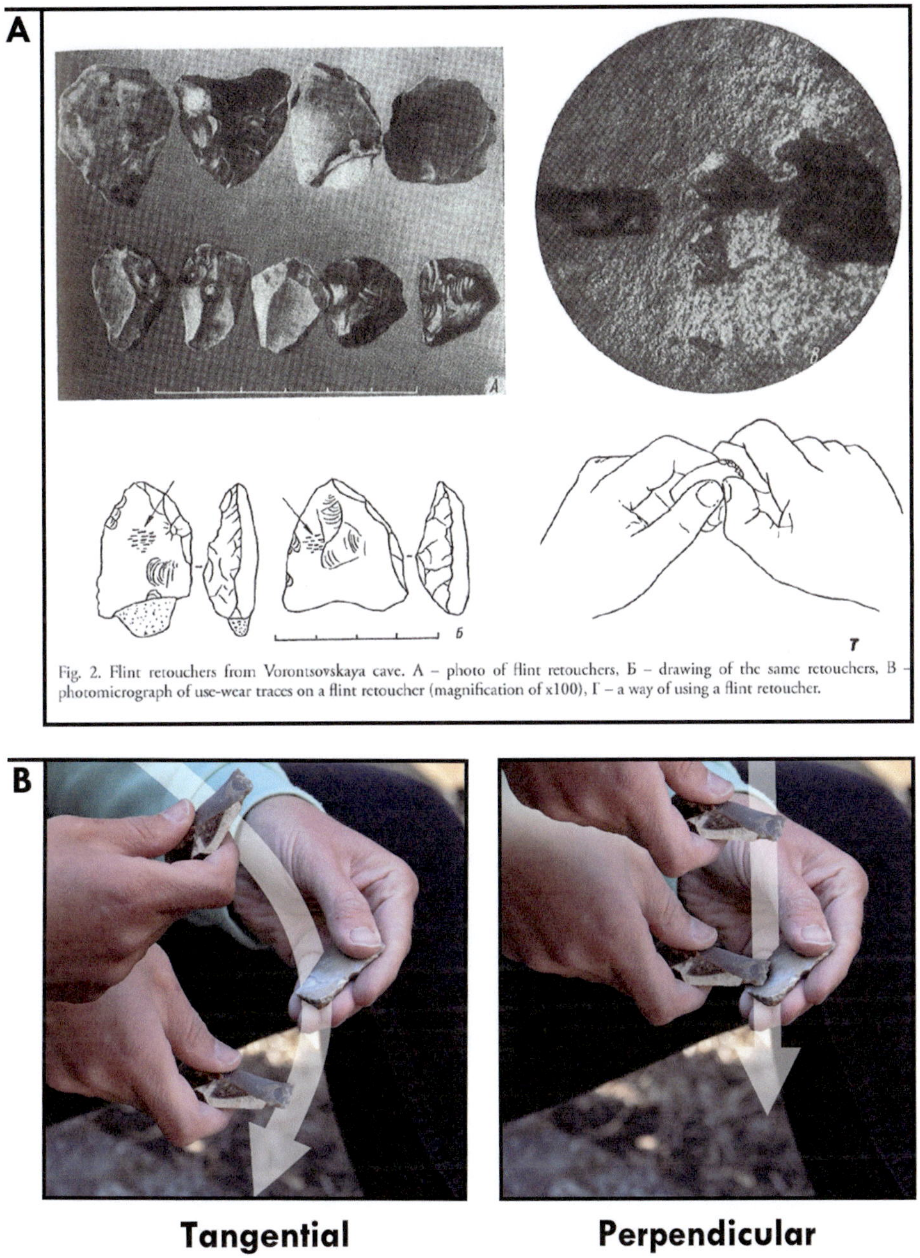

Figure 1: A, Example of bulb retouchers identified by Semenov from Vorontsovskaya cave and hypothesis about how they were used (1970, fig. 2; 1972, fig. 4); B, gestures tested in the experiment.

a fine, fairly invasive retouch. In contrast, a perpendicular (reentrant) gesture will produce an abrupt and shorter retouch. We also used two flakes as control samples: the first one was used to apply "pressure" retouch, as it was suggested by some authors (Siret 1925; Semenov 1972). The second one was used following a tangential gesture with a limitless number of strokes, with the objective of making a scraper (*e.g.* focus on the tools to be produced and not on the action itself).

Observations of the traces obtained on the retouchers were carried out with a stereomicroscope (Zeiss Axio Scope A1, Nikon SMZ-U), and a metallographic microscope (Nikon Eclipse ME 600). Experimental and archaeological traces were compared to other experimental works available or published in the literature (Adler 2002; Thiébaut *et al.* 2010; Cuartero 2014; Mathias and Viallet 2018; Centi *et al.* 2019; Cuartero and Bourguignon 2022).

3. Results

3.1. Traces repository

All the traces for each bulb retoucher used are detailed in table 2, and can be observed in the supplementary data (S1, doi link at the end of the paper). There is not always a clear distinction between the traces obtained using the retouchers with a tangential or perpendicular motion.

Figure 2: A: location of Horashim forest, the main Palaeolithic sites (black dots) and the flint collection area (multicolor dot) (map created using QGIS 3.16.16); B: Wadi Qanah actual river bed, with pebbles and cobbles including flints at Horashim forest; C: primary position flint on the slopes at Horashim forest; D: experimental flakes produced from flint of Mishash (#1-#14) and Turonian (#15-#16) formations.

N	L (mm)	l (mm)	t (mm)	e bulb	Weight (g)	Angle bulb/ butt	Angle ventral surface/butt	Raw material type	Retouch gesture	N strokes	Observation
1	77,8	45	17,7	17,7	62	122	110	Mishash	Tangential	200	-
2	52,4	31	9,5	6,1	18	126	123	Mishash	Perpendicular	100	-
3	54,9	48,3	17,5	15,6	64	126	112	Mishash	Tangential	200	-
4	57,5	48,2	17,2	17,2	43	128	128	Mishash	Perpendicular	600	Bad gripping
5	54	42,9	12,1	12,1	27	124	124	Mishash	Tangential	600	-
6	53,5	36,6	14,9	10	34	114	114	Mishash	Perpendicular	460	Initially for 600 stokes, but fracture
7	46,3	59	18,5	18,5	43	128	130	Mishash	Flexion/pressure	-	For two flakes. Difficult and not efficient
8	54,6	37,4	15,4	15,4	30	120	114	Mishash	Perpendicular	200	-
9	43,7	28,5	12,7	12,7	19	109	92	Mishash	Tangential	100	-
10	34,3	48,9	9,1	9,1	15	113	95	Mishash	Perpendicular	200	-
11	50,8	36,1	9,6	7,8	19	122	117	Mishash	Tangential	400	-
12	60,4	50,2	14,4	14,1	54	122	113	Mishash	Perpendicular	400	Lateral fracture (notch-like) of the bulb-retoucher
13	32,7	36	10,2	9,8	11	110	107	Mishash	Tangential	400	Difficult to handle
14	66	42	19,9	14,3	74	120	120	Mishash	Tangential	> 400	Retouch of several tools during a long period
15	31,5	31,3	12,2	12,2	12	124	124	Turonian	Tangential	100	-
16	35	30	16,8	16,8	11	128	128	Turonian	Perpendicular	400	-
17	76,4	47,2	12,2	11,9	55	122	110	Mishash	Tangential	600	Difficult to handle
18	47,6	28	8,1	8,1	10	131	114	Mishash	Perpendicular	100	-

Table 1: Metric data of the experimental flakes and how they were used.

The main traces identified are elongated pits, incipient cones (half, whole) and striae. However, a number of observations can be made and considered as a general tendency. With a perpendicular gesture, we generally obtained more incipient cones and more circular (full) incipient cones. In contrast, with a tangential gesture we obtain more pits, and more typical linear pits.

The intensity of traces is not always correlated with the number of strokes. Other factors may have an impact, such as the energy transmitted, the convexity of the ventral surface or even the flint characteristics (e.g. inclusions, surface irregularities, density, heterogeneity). These factors concern both the retoucher and the retouched piece.

3.2. Archaeological comparison

Similar elongated pits and incipient cones (mainly semi-circular), and sometimes striae, can be identified on the lithic material from the Levant considered in our study. All the pieces are made of fine-grained flints, similar to those employed in the experiment.

At Jajulia, in the oldest area (area D), 5 pieces with percussive marks on the ventral surface present these kinds of traces, one in particular with an intensive use and typical elongated pits. It constitutes so far, the oldest evidence of such pieces, ca. 500 ka in the Levant (Mathias *et al.* 2023). All Jaljulia bulb retouchers are retouched flakes (side-scrapers) or combined matrices (large notches/denticulates). Combined matrices (also named mixed matrices in the literature) are pieces that can be considered both core and tool (Faivre 2008; Brenet 2013; Mathias 2018; Delpiano *et al.* 2022). Other evidence for recycling at Jaljulia were also identified, such as a biface secondarily flaked, reused for percussive purpose (Mathias *et al.* 2023) or double patinated items (Efrati, *personal communication*).

A first examination of the lithic material from Qesem cave shows the use of bulb retouchers during the Acheulo-Yabrudian, with a much better preservation of lithic material and thus a potential to study the microwears and tool functions in the future (cutting-edges). The two identified pieces at Qesem Cave were made by using previous Quina scrapers (lateral or transversal).

One surprising aspect of our experiment was that it produced a higher number of incipient cones (*"coups d'ongles"*) than those observed in the archaeological material (contrary to previous publications), for both gestures. The incipient cones were circular (whole) and semi-circular (half).

	Gesture	Incipient cones	Pitting	Breakage	Observation
1	Tang.	Semi-circular incipient cones	Elongated pits (++), punctiform pits	1 breakage	-
2	Perp.	Semi-circular, full incipient cones	1 elongated pit	-	-
3	Tang.	Numerous incipient cones (all)	Some pits (amorphous, punctiform and elongated) & small pitting concentrated areas	-	Bulb very convex
4	Perp.	Incipient cones (all)	Some linear pits	-	-
5	Tang.	Few incipient cones	Few pits	-	Flat bulb, less silica in the RM / Crushing marks on the ridge between the ventral surface and the striking platform
6	Perp.	Numerous incipient cones (all)	Few pits (including linear)	1 breakage	Fracture close to the bulb linked to repeated impact / Crushing marks on the ridge between the ventral surface and the striking platform
7	Flexion	-	Few linear pits	-	Almost no traces
8	Perp.	Semi-circular, circular incipient cones	Few pits (including linear)	-	-
9	Tang.	Small incipient cones (very rare)	Pits (mostly linear) 1 area with intense very small pitting	-	-
10	Perp.	Numerous incipient cones (semi-circular, circular)	Few pits (including linear)	-	Crushing marks on the ridge between the ventral surface and the striking platform
11	Tang.	Numerous incipient cones (semi-circular, circular)	Some pits (mostly amorphous, few linear)	-	Crushing marks on the ridge between the ventral surface and the striking platform / Irregular bulb surface, 2 large *"lancettes"*
12	Perp.	Numerous incipient cones (all)	Few pits (amorphous, linear)	1 breakage (notche-like)	Fracture near to the impact area
13	Tang.	Incipient cones (semi-circular)	Numerous pits (mostly linear)	-	-
14	Tang.	Incipient cones (semi-circular)	Numerous pits (mostly linear)	-	-
15	Tang.	-	Small pitting	-	Small crushing marks on the ridge between the ventral surface and the striking platform
16	Perp.	Few incipient cones (semi-circular)	Rare pits (amorphous)	-	Crushing marks on the ridge between the ventral surface and the striking platform
17	Tang.	Numerous incipient cones (semi-circular)	Numerous pits (mostly linear)		Crushing marks on the ridge of the bulbar scar
18	Perp.	Small incipient cones	Rare pits (amorphous)	-	Small crushing marks on the ridge between the ventral surface and the striking platform

Table 2: Main traces identified on the experimental bulb retouchers.

4. Discussion

4.1. The importance of skills level: A Complementary experiment

The experimental feeling of the two involved knappers is that the use of a bulb-retoucher in tangential percussion is much more effective than using a perpendicular gesture. This may be due to the mass and dimensions of the tools involved in the experiment.

One of our hypotheses that could explain the importance of incipient cones in the experimental repository is the expertise or skills of the two knappers involved in the experiment and/or their focus on the movement and stroke numbers (rather than on the performed activity, *e.g.* constrain of counting the strokes number; gesture control but not a real aim in retouching). In fact, the closest result was achieved by item #14, which corresponds to the "uncontrolled" retouching experiment (> 400 strokes, tangential gesture with the aim of producing side-scrapers).

The two knappers involved in the experiment had only average experience of stone knapping (both in debitage production and tool shaping), and although they had already retouched flake-tools, they were far from experts in the use of lithic retouchers. It is, therefore, possible that there will be a number of problems with the precision of the gesture or the active percussion area used.

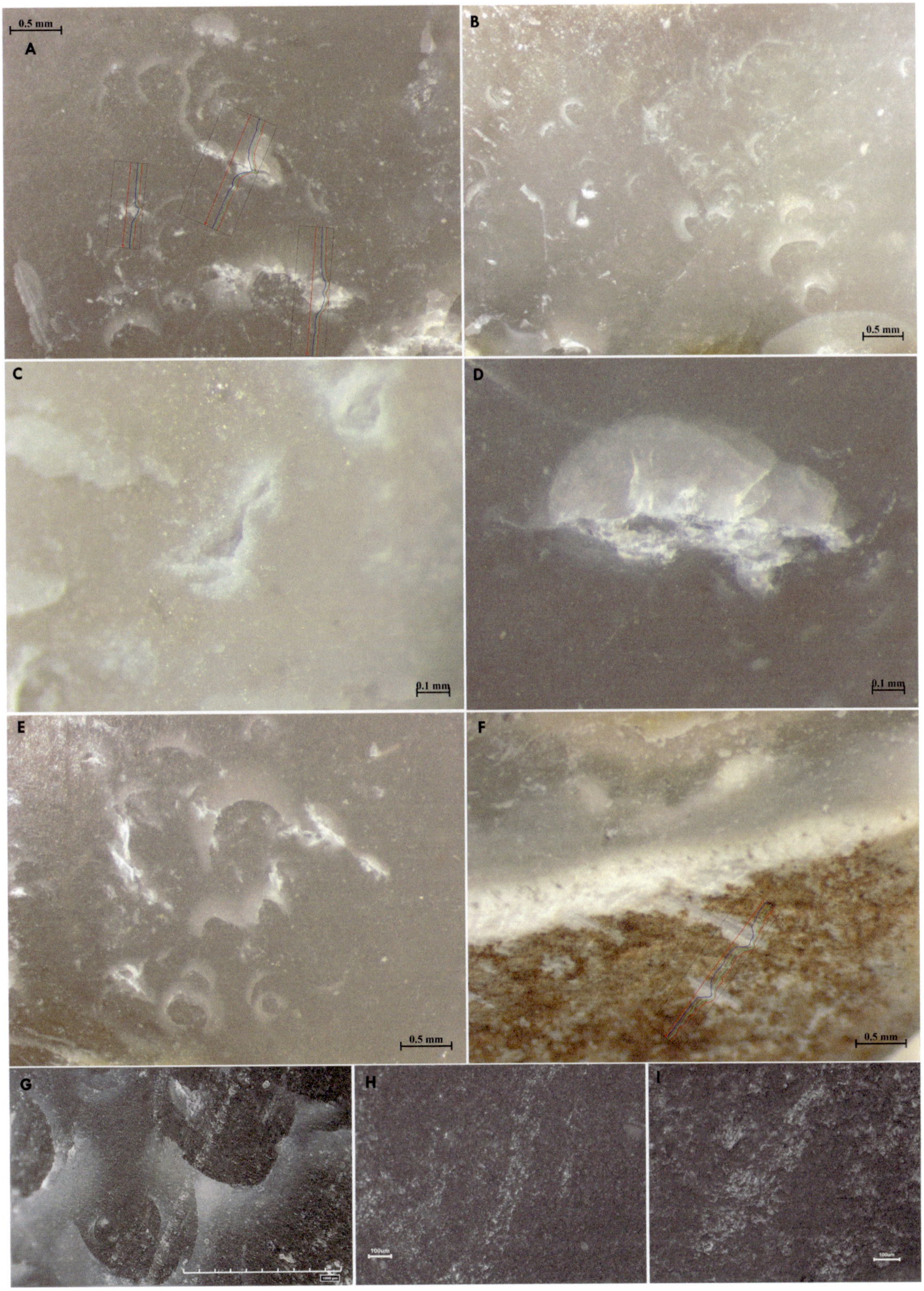

Figure 3: Main traces identified on bulb retouches. A: elongated pits and incipient cones (mostly half); B: incipient cones (mostly half); C: elongated pits; D: elongated pits; E: elongated pits and incipient cones (entire, mostly half); F: striations on the cortex (striking platform); G: striations perpendicular to incipient cones (entire, half); H: striations; I: striations. A to F with stereomicroscope; G to I with metallographic microscope.

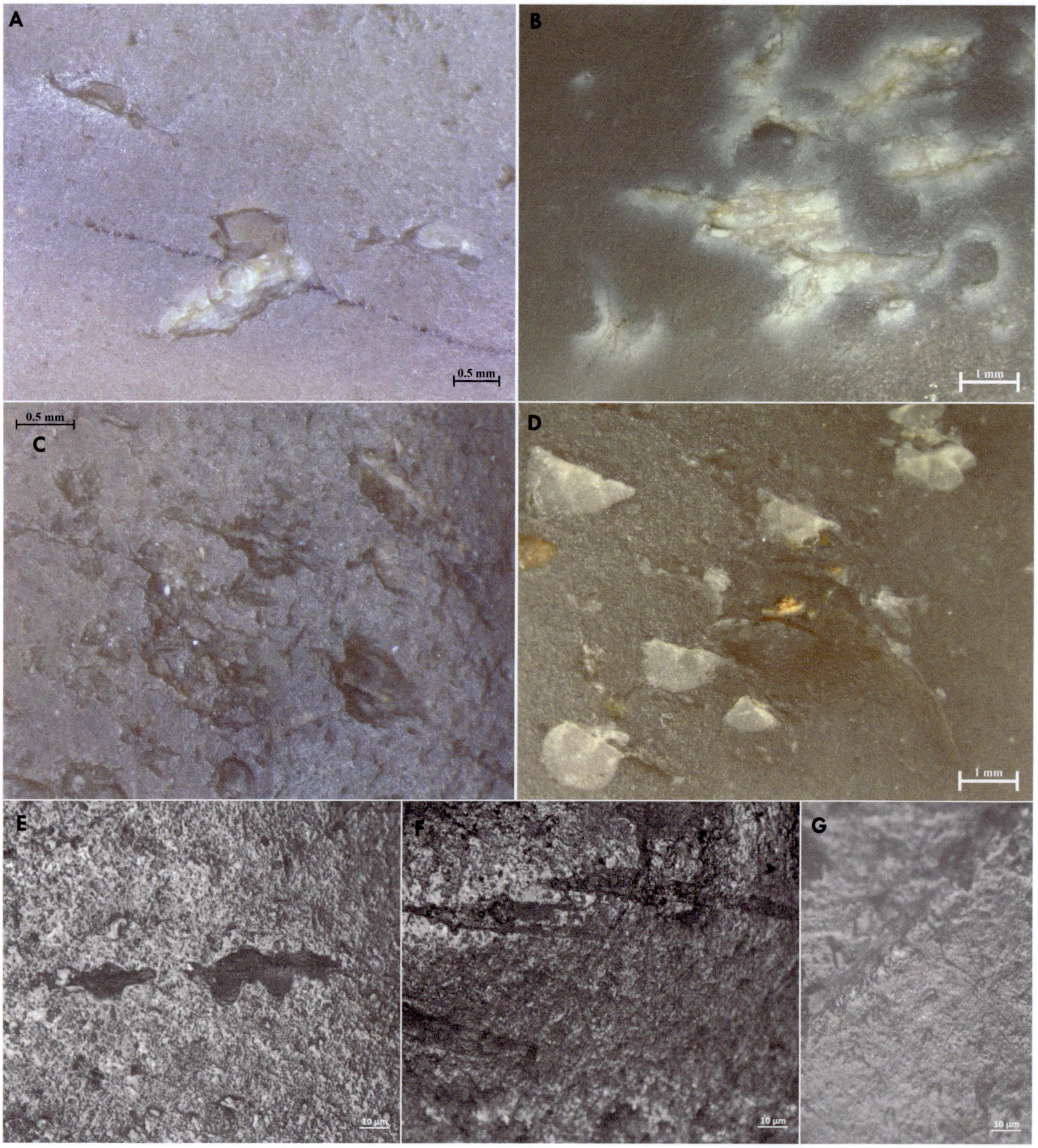

Figure 4: Archaeological traces. A: elongated pits associated with scars (Jaljulia); B: elongated pits and semi-circular incipient cones (Qesem cave); C: numerous elongated pits and scars (Jaljulia); D: elongated pits (Qesem cave); E: elongared pits (Jaljulia); F-G: striations (Jaljulia).

To test the impact of the skills level on the traces produced, we carried out an additional experiment as part of the "*REPERCUT*[1]" working group (IRN 0871 TaphEN).

Although the data is preliminary and needs to be multiplied, it has produced some interesting results. One experienced knapper (Felice Cuatero) used two bulb retouchers with the same two gestures (tangential, perpendicular – re-entrant). The same flint type was used (fine-grained Mishash flints). The number of strokes was also recorded by a second person and the knapper did not have to focus on this aspect while retouching. The aim was, in

1 REPERCUT (REtouchers and PERCUssors Taphonomy): An experimental repository to assess Paleolithic percussive tool-kits in different contexts. Working group of the IRN 0871 – TaphEN.

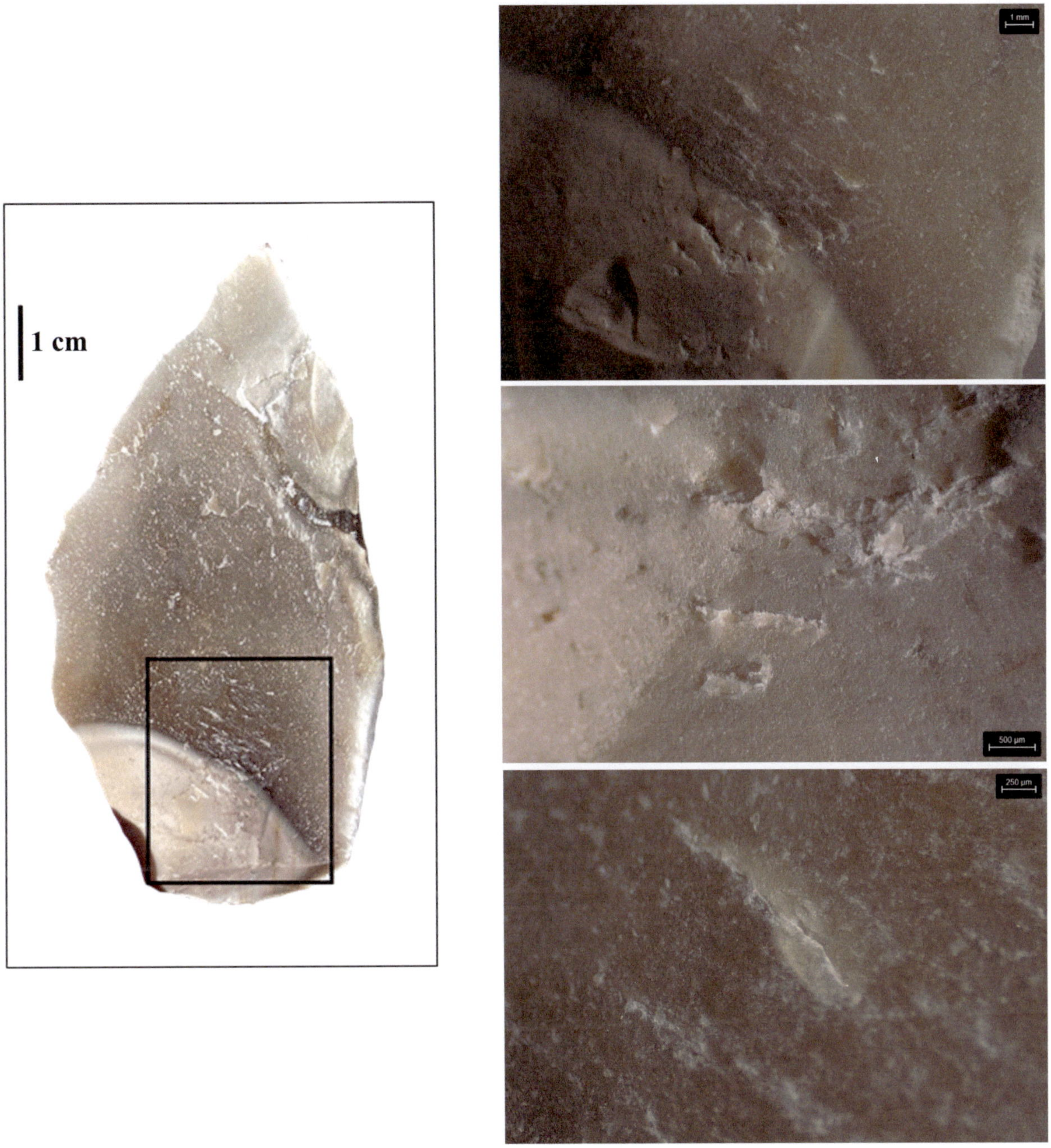

Figure 5: Bulb retouchers used by an expert flint-knapper. Traces correspond to linear pits, following the same direction (perpendicular to the retoucher use). Scale 1 cm.

the first case, to produce side-scrapers with an acute edge-angle, and in the second case, to create an abrupt retouch. The identified marks are much more similar to those on the archaeological material, with almost only elongated pits, especially for the tangential gesture. They are highly characteristic of all kinds of retouchers (both mineral and organic). Moreover, pits appear in more concentrated areas (active percussion zone) due to the precision of the knapper. It would seem, therefore, that the level of expertise here has a significant impact on the marks identified by the retouchers. From an experiential point of view, the knapper found the use of the flake's bulb comfortable and highly effective, enabling precision retouching.

4.2. Bulb retouchers within the retouching tools

Retoucher categories are as diverse as the retouching objectives and the different ways to achieve them. Raw materials vary widely from mineral to organic ones. Most of the time during the Lower and Middle Palaeolithic, where direct percussion is preferentially used, small pebbles and cobbles (soft or hard mineral) are used as retouchers (Cuartero and Bourguignon 2022) as well as bone retouchers (Mallye *et al.* 2012; Moigne *et al.* 2016; Daujeard *et al.* 2018). Within all these possibilities, bulb retouchers present an important advantage: they are easily accessible on-site and do not require extensive preparation. The selection can be made from the debitage waste (for the few archaeological bulb retouchers unretouched) or correspond to recycling of previously used tools. Thus, at Jaljulia, two of the tools present use wear traces.

5. Conclusion

This paper presents the experimental repository of ventral surfaces of flakes used for retouching purposes. It can be used to extend the available references (all flakes used are illustrated in supplementary data) and to confirm certain diagnostic elements, whatever the gesture used (*e.g.* typical elongated pits, incipient cones and striations). There are some differences between tangential and perpendicular (reentrant) movements, mainly in terms of trace frequency. More experiments might help to highlight recurrences or statistical differences.

One of the main conclusions was also the importance of considering the skill level of the knappers, even for activities such as retouching, that seem at first sight "easy" to reproduce. In contrast, retouching a flake properly and designing a cutting-edge requires precision and a specific shape in mind. Thus, the additional experiment, even if preliminary, is crucial in that sense. Traces identified on the flake bulbs used as retouchers by an expert are more similar to those found in the archaeological record. Elongated pits are dominant and are grouped together (precise active percussion zone).

Further experiments are necessary and will be carried out by the working group "*REPERCUT*". For example, it may be possible to identify the level of expertise of certain knappers not only in terms of knapped or shaped lithic material as it is usually done, but also in terms of percussion tools (hammerstones, retouchers). To do this, however, a large and diverse corpus will be needed, not just a few archaeological finds, as is often the case.

Acknowledgements

We would like to thank the Sonia and Marco Nadler Institute of Archaeology at Tel Aviv University for funding this research. We also thank Aviad Agam for his help regarding the location of flint outcrops. Our thanks also go to the IRN 0871 TaphEN for funding the working group *REPERCUT*, in which the additional experimentation took place. Our special thanks go to Felipe Cuartero, whose expertise in flint knapping was indispensable to balance our study.

Supplementary Data

S1: DOI: 10.34847/nkl.3abcf218

References

Adler, D.S. 2002. *Late Middle Palaeolithic Patterns of Lithic Reduction. Mobility and Land-Use in the Southern Caucasus*. Ph.D. Thesis: Cambridge: Harvard University.

Agam, A. 2021. *Flint Procurement and Exploitation Strategies in the Late Lower Paleolithic Levant. A View from Acheulo-Yabrudian Qesem Cave (Israel).* Bicester: Archaeopress, 216 p.

Agam, A., Rosenberg-Yefet, T., Wilson, L., Shemer, M. and Barkai, R. 2022. Flint Type Analysis at Late Acheulian Jaljulia (Israel), and Implications for the Origins of Prepared Core Technologies. *Frontiers in Earth Science*. https://www.frontiersin.org/articles/10.3389/feart.2022.858032/abstract

Assaf, E., Slon, V. and Romagnoli, F. 2022. Horashim East: a newly discovered Middle Palaeolithic site in central Israel. *Journal of Quaternary Science* 37/1, 1-5. http://www.doi.org/10.1002/jqs.3387

Blasco, R., Rosell, J., Cuartero, F., Fernandes-Peris, A., Gopher, A. and Barkai, R. 2013. Using bones to shape stones: MIS 9 bone retouchers at both edges of the Mediterranean Sea. *PLoS ONE* 8/10, e76780. DOI:10.1371/journal.pone.0076780

Brenet, M. 2013. *Variabilité et signification des productions lithiques au Paléolithique moyen ancien : L'exemple de trois gisements de plein-air du Bergeracois (Dordogne, France) (Paperback)*. Oxford: B.A.R. International.

Centi, L., Groman-Yaroslavski, I., Friedman, N., Oron, M., Prévost, M. and Zaidner, Y. 2019. The bulb retouchers in the Levant: New insights into Middle Palaeolithic retouching techniques and mobile tool-kit composition. *PLOS ONE* 14/7, e0218859. http://www.doi.org/10.1371/journal.pone.0218859

Centi, L., Groman-Yaroslavski, I., Friedman, N., Oron, M., Prévost, M. and Zaidner, Y. 2020. The bulb retouchers in the Levant: New insights into Middle Palaeolithic retouching techniques and mobile tool-kit composition. *PLoS ONE* 14/7. DOI: 10.1371/journal.pone.0218859

Cuartero, F. 2014. *Percutores y retocadores: interpretación de comportamientos técnicos en el paleolítico medio peninsular desde el análisis del instrumental del tallador*. Ph.D. Thesis, Madrid: Universidad Autonoma de Madrid. https://repositorio.uam.es/handle/10486/686723

Cuartero, F. and Bourguignon, L. 2022. Percuteurs et retouchoirs au Paléolithique moyen en péninsule Ibérique : caractérisation et mode de fonctionnement. *Comptes Rendus Palevol* 21/14, 273-301. http://www.doi.org/10.5852/cr-palevol2022v21a14

Daujeard, C., Moncel, M.-H., Fiore, I., Tagliacozzo, A., Bindon, P. and Raynal, J.-P. 2014. Middle Paleolithic bone retouchers in Southeastern France: Variability and functionality. *Quaternary International* 326-327, pp. 492-518. http://www.doi.org/10.1016/j.quaint.2013.12.022

Daujeard, C., Moigne, A.-M., Valensi, P., Moncel, M.-H., Santagata, C. and Raynal, J.-P. 2018. A reappraisal of Lower to Middle Paleolithic bone retouchers from southeastern France (MIS 9 to 3). In: *Retouching the Palaeolithic: Becoming Human and the Origins of Bone Tool Technology*. Hanovre, 93-132. https://hal.science/hal-03112570

Delpiano, D., Zupancich, A., Bertola, S., Martellotta, E.F., Livraghi, A., Cristiani, E. and Peresani, M. 2022. Flexibility within Quina lithic production systems and tool-use in Northern Italy: implications on Neanderthal behavior and ecology during early MIS 4. *Archaeological and Anthropological Sciences* 14/12, 219. http://www.doi.org/10.1007/s12520-022-01684-2

Faivre, J.-P. 2008. *Organisation techno-économique des systèmes de production dans le Paléolithique moyen récent du Nord-est Aquitain : Combe-Grenal et les Fieux*. Ph.D. Thesis, Bordeaux: Bordeaux 1.

Mallye, J.-B., Thiébaut, C., Mourre, V., Costamagno, S., Claud, É. and Weisbecker, P. 2012. The Mousterian bone retouchers of Noisetier Cave: experimentation and identification of marks. *Journal of Archaeological Science* 39/4, 1131-1142. http://www.doi.org/10.1016/j.jas.2011.12.018

Martellotta, E.F., Wilkins, J., Brumm, A. and Langley, M.C. 2021. New data from old collections: Retouch-induced marks on Australian hardwood boomerangs. *Journal of Archaeological Science: Reports* 37, 102967. http://www.doi.org/10.1016/j.jasrep.2021.102967

Massoulié, M. and David, É. 2023. Le racloir à bulbe piqueté de Vergisson IV (Saône-et-Loire) : un 'retouchoir' en silex, in: David, E., Forestier, H. and Soriano, S. (eds.). *De la préhistoire à l'anthropologie philosophique. Recueil de textes offert à Éric Boëda*. Cahiers d'anthropologie des techniques. Paris: L'Harmattan, 569-588.

Mathias, C. 2018. *Les phases anciennes du Paléolithique moyen dans le Sud-Est et le Sud-Ouest de la France : étude des systèmes techniques lithiques*. Ph.D. Thesis, Perpignan: Université de Perpignan Via-Domitia.

Mathias, C., Lemorini, C., Marinelli, F., Sánchez-Dehesa Galán, S., Shemer, M. and Barkai, R. 2023. Bulb retouchers half a million years ago: New evidence from late Acheulean Jaljulia, Israel. *Journal of Archaeological Science: Reports* 47, 103821. http://www.doi.org/10.1016/j.jasrep.2022.103821

Mathias, C. and Viallet, C. 2018. On the possible use of flake-bulbs for retouch during the Early Middle Palaeolithic in Southeastern France: First results of an experimental approach. *Butlletí Arqueològic* V/40, 323-328.

Mathias, C., Viallet, C. and Moigne, A.-M. 2021. Diversité des outils et des activités de percussionà la fin du MIS 9 dans le niveau 6 d'Orgnac 3(Ardèche, France). *Comptes Rendus Palevol* 20/11, 175-198. http://www.doi.org/10.5852/cr-palevol2021v20a11

Moigne, A.-M., Valensi, P., Auguste, P., García-Solano, J., Tuffreau, A., Lamotte, A., Barroso, C. and Moncel, M.-H. 2016. Bone retouchers from Lower Palaeolithic sites: Terra Amata, Orgnac 3, Cagny-l'Epinette and Cueva del Angel. *Quaternary International* 409, 195-212. http://www.doi.org/10.1016/j.quaint.2015.06.059

Mozota, M. 2018. Experimental programmes with retouchers: where do we stand and where do we go now, in: Hutson, J. M., Garcia-Moreno, A., Turner, E., Villaluenga, A., and Gaudzinski-Windheuser, S. (eds.). *The Origins of Bone Tool Technologies.* Römisch-Germanisches Zentralmuseum. Mainz, Germany, 15-32.

Praslov, N.D. 1968. *Rannii Paleolit Severo-Vostochnogo Priazov'ya i Nizhnego Dona. (The Early Paleolithic of the North-Eastern Azov Valley and Low Don.* Leningrad: Naouka.

Ronen, A. and Winter, Y. 1997. Eyal 23. A Lower Paleolithic site in the eastern Sharon, Israel. *Quartär*, 177-188.

Semenov, S.A. 1970. Production and functions of stone tools. *Kamennnyi vek na territiri SSSR / Materialy i issledovania po arkheologii* 166, 7-18.

Semenov, S.A. 1972. Concerning the traces of use on mousterian artifacts from Vorontsov cave. *Materialy i issledovania po arkheologii SSSR.* 185, 20-24.

Siret, M. 1925. Emploi de l'os dans la retouche des silex moustériens. *Bulletin de la Société préhistorique française* 22/5, 208-210. http://www.doi.org/10.3406/bspf.1925.5827

Thiébaut, C., Claud, É., Mourre, V., Chacón, M.-G., Asselin, G., Brenet, M. and Paravel, B. 2010. Le recyclage et la réutilisation de nucléus et de bifaces au Paléolithique Moyen en Europe occidentale : quelles fonctions et quelles implications culturelles ? *Palethnologie. Archéologie et sciences humaines*. https://journals.openedition.org/palethnologie/588

Tixier, J. 2000. Outils Moustériens a bulbe "piqueté" (Retaimia, Algérie), in: Otte, M. (ed). *À la recherche de L'Homme préhistorique.* Liège: ERAUL, 125-130.

Viallet, C. and Mathias, C. 2023. Nucléus percutants et percuteurs débités : choix techniques au Paléolithique moyen dans le site de l'ancien aérodrome (Brive-la-Gaillarde/Saint-Pantaléon-de-Larche, Corrèze, France). *Paléo* 33, 1-20.

Note on contributors

Cyrielle Mathias
Sonia and Marco Nadler Institute of Archaeology, Tel-Aviv University, Tel-Aviv, Israel
UMR 7194 – Histoire Naturelle des Humanités Préhistoriques, France
cyrielle.mathias@gmail.com

Sol Sánchez-Dehesa Galán
Sonia and Marco Nadler Institute of Archaeology, Tel-Aviv University, Tel-Aviv, Israel
UMR 8068 – Technologie et Ethnologie des Mondes Préhistoriques, France
solsdgalan@gmail.com

Cristina Lemorini
LTFAPA, Department of Classics, "Sapienza" University of Rome, Rome, Italy
cristina.lemorini@uniroma1.it

Flavia Marinelli
LTFAPA, Department of Classics, "Sapienza" University of Rome, Rome, Italy
flavia.marinelli09@gmail.com

Maayan Shemer
Israel Antiquities Authority, Jerusalem, Israel
Ben-Gurion University of the Negev, Beer-Sheva, Israel
shemerma@hotmail.com

Ran Barkai
Sonia and Marco Nadler Institute of Archaeology, Tel-Aviv University, Tel-Aviv, Israel
barkaran@tauex.tau.ac.il

Searching for the function of the manuports carried by Neanderthals in the Middle Palaeolithic site of Jarama VI (Guadalajara, Spain)

Marcos Terradillos-Bernal, Ignacio Clemente-Conte, J. Carlos Díez Fernández-Lomana, Juana Molina Salido, Jesús-Francisco Jordá Pardo

Abstract

Jarama VI (Guadalajara) is a Middle Palaeolithic site where a remarkable number of unknapped pebbles and lithic plaques have been recovered. Geological and sedimentological data indicate that they were brought to the site by hominins. In order to determine whether these manuports were used by Neanderthals (for technological activities, food preparation or conditioning of the site), a specific experimental programme was carried out to validate the use-wear analysis of archaeological objects.

Pebbles and slabs were collected in the surroundings of the River Jarama and were used in active and passive tasks. Stones similar to those found at the site were used to (1) retouch tools, (2) process bones, (3) work with vegetable fibres, (4) pulverise ochre, (5) break open nuts, and (6) crush soft fruit. The scarcity of use-wear traces supports hypotheses about the manuports and their function, since the actions performed in the experimental programme left very few marks. Traceological analysis of the manuports has identified a small set of hammers and anvils. However, most of them do not display use-wear and their primary purpose must have been related to activities that left no traces.

Keywords: Neanderthals; manuports; experimental archaeology; use-wear analysis; Jarama river; Iberian Peninsula

1. Introduction

The site of Jarama VI (Valdesotos, Guadalajara) is a rock-shelter with a sequence formed by 5 Upper Pleistocene units (fig. 1 and 2), 3 of which contain Middle Palaeolithic archaeological remains dated to over 50 ka BP (Kehl *et al.* 2013; Jorda-Pardo *et al.* 2021).

The lithic assemblage is characterised by a high frequency of raw materials like quartz and quartzite that were acquired in the proximities of the site. Some other tools

in: Mathias, C., Bourguignon, L., Ivorra, J. and Viallet, C. (eds) 2026. *Living Archaeology. Unveiling the Past through Experimental Archaeology*. Leiden: Sidestone Press, 373-386.

were made of flint, an allochthonous material. In this assemblage, manuports and flakes predominate. Debitage is characterised by unipolar and bipolar sequences, and discoidal and orthogonal methods. A small collection of Levallois, trifacial and multifacial cores has been recovered. The tool kit includes denticulates, endscrapers, notches and Quina and semi-Quina sidescrapers. The archaeological remains in the 3 units correspond to Neanderthal occupations (Navazo Ruiz *et al.* 2020).

One of the most significant traits of the lithic assemblage at Jarama VI is the abundance of pebbles and slabs taken to the site and which were not altered in their size or shape. The frequency of these manuports, which make up 30% of the objects found at the site, raises several questions. Which of these pebbles were used in lithic reduction? Which of them were used for other activities, such as processing animal and/or vegetable materials? How can we identify their function?

The presence of manuports has been identified throughout the Pleistocene at sites so chronologically and functionally diverse as Olduvai Bed I and II (Leakey 1967; Potts 1988; de la Torre and Mora 2005; de la Torre *et al.* 2013), Sterkfontein (McNabb and Kuman 2015), Dmanisi (Mgeladze *et al.* 2011), Bois de Riquet (Bourguignon *et al.* 2021), Qesem Cave (Assaf 2018), Nesher Ramla (Paixão *et al.* 2021), San Quirce (Terradillos *et al.* 2023), Fumane (Peresani *et al.* 2021), among many others.

They are stones that were brought and stored by a human agent and whose original volume was not modified (Leakey 1967; Isaac *et al.* 1997, 275; de la Torre and Mora 2005). Interpretations of their functionality are quite diverse (as explained below in the Discussion): from a stock of raw materials to elements for processing food, for defence or for pavements.

In order to identify the function of these manuports, a series of experiments has replicated different activities, such as knapping and retouching, and processing nuts and bones, etc. A subsequent traceological analysis of the objects from Jarama VI has been compared with the experimental results.

2. Background

Jarama VI is a rock-shelter on the left bank of the River Jarama Canyon, 23m above the modern valley floor (fig. 1). It formed in Cretaceous dolomite at the southern end of the Central System Mountain range. The rock-shelter faces north and is partly filled by sediment.

The archaeological deposit consists of 5 litho-stratigraphic units (fig. 2) (Jordá Pardo 2007; 2021). From bottom to top, the sequence overlies the dolomite bedrock and begins with a level of altered dolomite, followed by a level formed mostly by autochthonous dolomite clasts, produced by freeze-thaw action, with little sandy-silt matrix (JVI.3) and abundant archaeological remains. The manuports in Unit Jarama VI.3 are deposited among the autochthonous clasts in this level (fig. 2).

Separated from this level by a clear erosional scar, a fluvial deposit (JVI.2) is divided into several sub-units. The manuports in Unit Jarama VI.2 are in a flood plain deposit formed by the settling out of sediment (JVI.2.2 and JVI.2.3). The human occupations took place in this environment when the water retreated. Unit VI.2 was deposited by diffuse low energy flow (sheet flood) that did not transport bones or lithic remains.

Jarama VI.1 is formed by angular autochthonous dolomite clasts produced by freeze-thaw action in a red silty-clay matrix with archaeological remains, although preserved over a small surface area (fig. 2). The sequence ends with breccia and a calcite layer. The manuports in Unit VI.1 lie directly on the upper part of the bed of clay and silt at the top of the fluvial

In a context of river flooding in Unit Jarama VI.2, the flood water brought sediment in suspension and saltation to the level. Owing to the height reached by the water over the river bottom (about 20m) where the load of pebbles transported by traction would be, unlikely, if not impossible that clasts over 5mm in size would be carried in the load in suspension. Therefore, the manuports must have reached the site by human transport.

Five IRSL dates have been obtained from unit Jarama VI.2. For sub-unit JVI.2.2, the dates are 52.5 ± 4.9 ka and 58.8 ± 6.8 ka. Samples from sub-unit JVI.2.3 provided results of 53 ± 5.2 ka, 58.6 ± 5.1 ka and 57.2 ± 4.9 ka (Kehl *et al.* 2013). In addition, ^{14}C AMS samples prepared by ultrafiltration were dated. Three samples provided results, 2 of which are indefinite ages older than 50.2 and 47 ka BP (Units JVI.1 and JVI.2), and the third (OxA-X-2310-22), for sub-unit JVI.2.2., gave an age of 49 ± 3.7 ka BP (Wood *et al.* 2013).

Unit JVI.2 has also yielded an adult Neanderthal remain, an almost whole first metatarsal, affected by the action of carnivores. Ochre, a hearth and charcoal have also been detected in this level.

Remains of fauna are very abundant although fragmented. Herbivores predominate over carnivores in all the units, with a low minimum number of individuals (Lorenzo *et al.* 2012). Red deer, ibex, large bovids and horses, generally adults, predominate (Romero *et al.* 2019).

These remains became buried rapidly and therefore suffered few alterations. They consist mostly of long bones fractured while fresh, of which the epiphyses have disappeared. They display abundant percussion and cut marks. Wolves and foxes left little evidence of bites and always acted after the Neanderthals. Several bone retouching tools have been identified (Romero *et al.* 2019).

An occupation involving activities of skinning and butchering ungulates in different seasons of the year was documented in Unit 3(JVI.3). In Unit 2 (JVI.2), hunting was

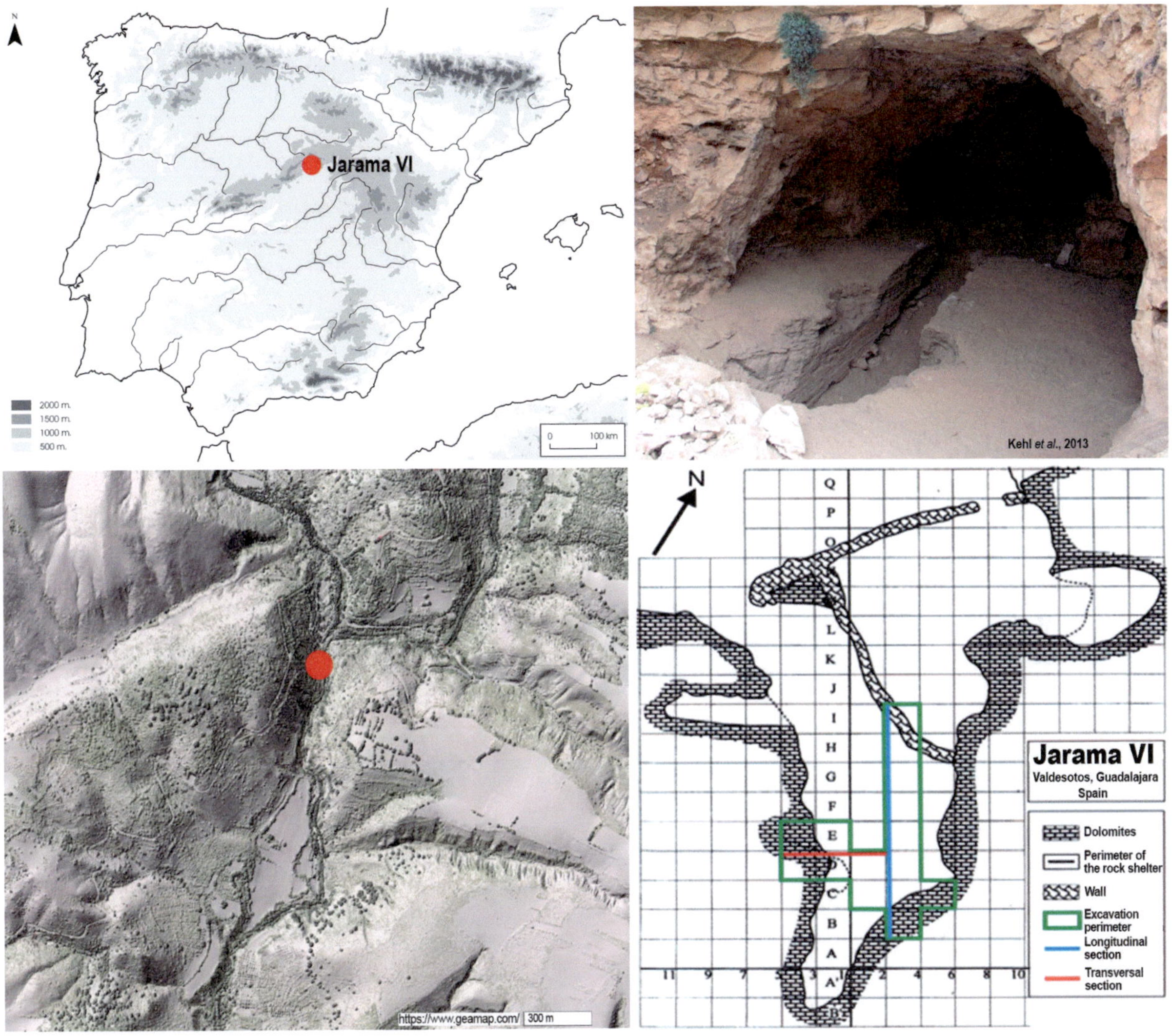

Figure 1: A. Location of Jarama VI in the Iberian Peninsula; B. Photograph of the excavation; C. Location of the site in the Jarama river valley; D. Plan of Jarama VI.

less important and only a few ungulates were occasionally captured. In that level, the Neanderthal occupation concentrated on processing plant and lithic resources in summer and autumn. Finally, in Unit 1 (JVI.1), the rock-shelter was used as a hunting camp, with adult horses as the main prey, in late spring or summer (Romero *et al.* 2019).

The lithic assemblage is large: 2,043 artefacts have been documented (352 in Unit 1, 357 in Unit 2 and 1,334 in Unit 3) (tab. 2). A wide range of raw materials were used, although quartz predominates with a percentage of 56.7% followed by quartzite with 25.8% of the total. Both of these resources were introduced to the site in the form of pebbles, whereas the allochthonous flint was brought as flakes.

Flakes (56,3 %) and manuports (30 %) predominate among the different categories. The discoid method was used to produce flakes, while cores in initial stages of unipolar and bipolar reduction were shaped from quartz and quartzite pebbles. The Levallois method appears but is represented by very few artefacts. Denticulates and notches in quartz and quartzite stand out in the retouched flakes. Endscrapers, becs, burins and points have also been recorded. In this way, the technological assemblage at Jarama VI is characterised by expedient reduction on local materials (93.8% of the total) and by more complex strategies on flint.

Studies have differentiated 7.07% of hammerstones in Unit JVI.1, 12.83% in Unit 2 and 1.87% in Unit 3 (without counting the manuports). However, it has not been determined whether these hammerstones were used for lithic reduction or for other actions (Navazo Ruiz *et al.* 2020).

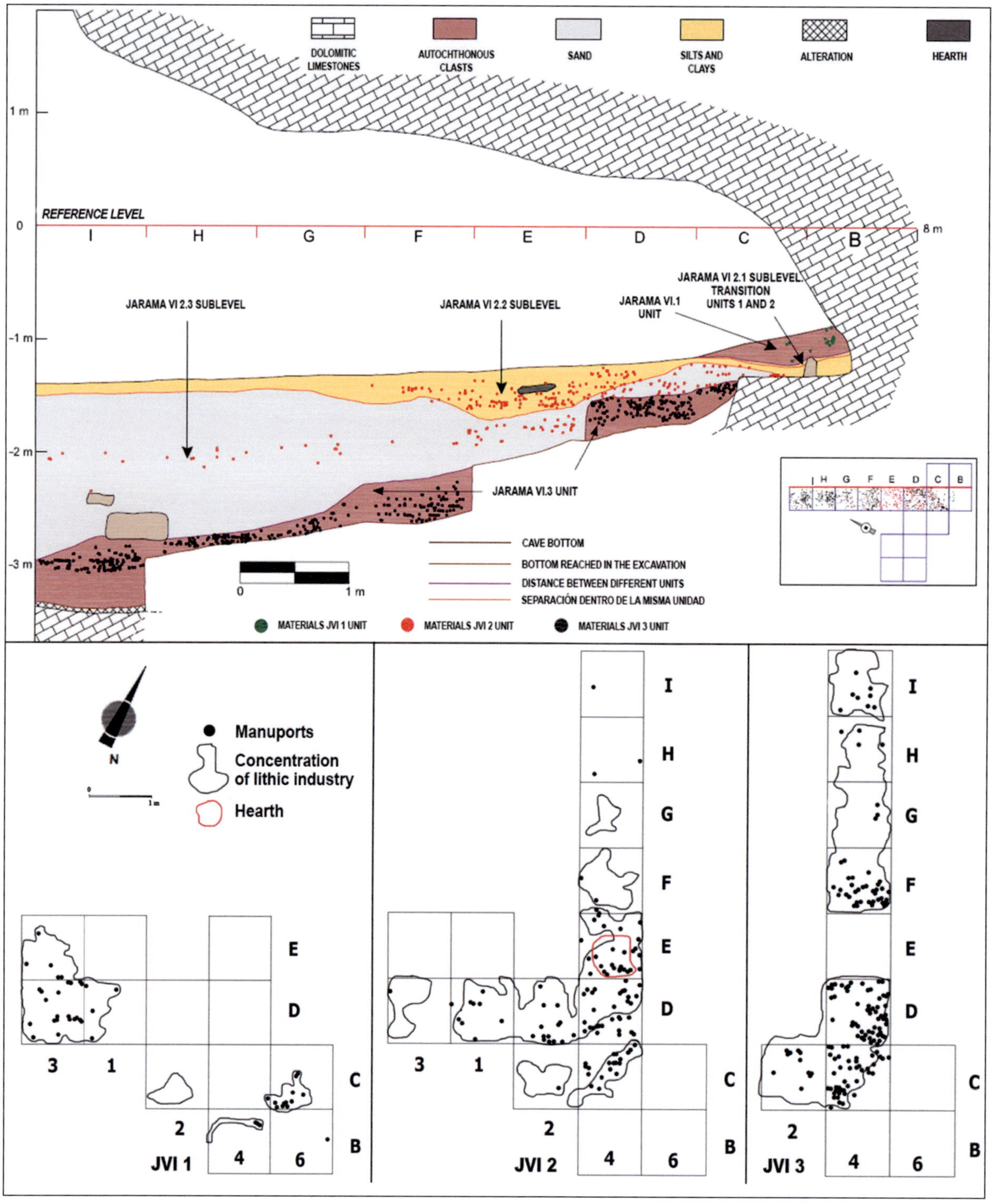

Figure 2: Section of the deposit and spatial distribution of the lithic industry and manuports in the plans of the different units.

3. Methodology

The present study examines 612 unmodified pebbles and stones in order to determine the function of the manuports that Neanderthals took to Jarama VI Rock-shelter. During the excavation other manuports were not collected because of their small size while some could not be analysed due to their deficient state of conservation.

The spatial distribution of the manuports has been analysed in relation to the lithic industry in the different levels (fig. 2). Characteristics such as shape, weight and size have been measured as well as particular traits such as density and quality of the material and, above all, evidence of any marks altering the surface of those objects.

The manuports were differentiated into 5 groups. Two of the groups are established by the morphometry: length/ width and thickness/width relationships and flatness index (length + width/ 2 x thickness) (Merino 1968). The other 3 are more particular and are characterised by the morphometry, weight, raw material and hypothetical function (pebbles that could be thrown, paving stones or stone insulators and hammerstones assemblage). Some objects may belong to 2 or more of those categories:

- Pebbles: width/thickness relationship less than 1.6 and flatness index lower than 2.
- Stone slabs: width/thickness relationship more than 1.5 and flatness index higher than 2.5.
- Pebbles that could be thrown: a range between 300 and 600g has been estimated.
- Paving stones or stone insulators: manuports weighing less than 300g and more or less flat (flatness index lower than 1.5). Small slabs would belong mostly to this group.
- The hammerstone assemblage is composed of quartz and quartzite pebbles weighing over 300 g, characterized by a width-to-thickness ratio below 1.6 and a flatness index below 2

An experimental programme was conducted to identify the actions that might have been carried out with the manuports (fig. 3). It aimed to support or refute the initial hypothesis that Neanderthals might have performed numerous diverse activities with them. For the experiment, pebbles and slabs of similar size and shape to the manuports were collected in the proximities of the site (present-day course of the River Jarama) and 24 actions were performed with them (4 with each typology). They were used in the experiments for lithic production of cores and sidescrapers (the pebbles were used as hammerstones and/or anvils), pulverising pigment (ochre), breaking bones (fracturing roe deer bones), cracking nut shells (hazels) and crushing softer fruits (acorns), and processing plant fibres (bark) (tab. 1). The experiments assessed the types of macroscopic marks, their position, intensity and relationship with the nature of the different raw materials (fig. 3).

These experiments were performed with 13 quartzite hammerstones and 7 quartz hammerstones, 2 schist retouchers and 2 slate retouchers. For the anvils, 8 quartzite, 4 schist and 4 slate slabs were used (tab. 1). Each experiment was carried out for a time of 3 and a half minutes. The experiments have been short because these materials have a reduced tenacity. In previous experiments it was able to document how in processes lasting more than 4 minutes either the hammer or the anvil suffered important fractures that prevented us from carrying out the subsequent traceological analysis.

Marks affecting the surfaces of both the archaeological and experimental objects were examined: stigmas (caused by passive or active actions in which an impact lifted off cortex and made a depression in the surface); lines and scratches (elongated and very narrow marks caused by tangential impact); fractures; abrasion (wear on the surfaces caused by friction between 2 stones or between a stone and organic matter being processed); and other macroscopic evidence (thermal alterations, colouring, etc.). The intensity of the marks was classified as of low, medium or high degree and their total or partial location was recorded.

A first selection was made of the manuports with the most evident marks (high degree). They were compared with the experimental classifications to define the most common traces. Then a second selection chose the marks that were most clearly related to those produced in the experimental programme (degree, location). The traceological analysis of this second group studied the topography, use-wear of individual grains, micro-fractures, edge rounding, etc.

This functional analysis (Semenov 1957; Clemente Conte *et al.* 2014) was performed with a stereoscopic microscope (Leica MZ16 A) and 2 metallographic microscopes (Leica DM 2500M and Olympus BH2 UMA). The latter were equipped with Nomarski prisms for the analysis of the surface of quartz crystals. Photographs were taken with the Leica multifocus system and the Helicon Focus programme from Olympus.

- Through this analysis different groups of objects were discriminated:
- Those that could not be studied microscopically owing to severe physical-chemical alterations caused by the sedimentary conditions.
- Probable identification: the hardness of the substance being worked or the action performed with the tool could not be determined because the traces were not well defined or were altered.
- Definite identification: the microwear traces are sufficiently clear and/or well preserved, enabling the determination of the action and substance being worked.

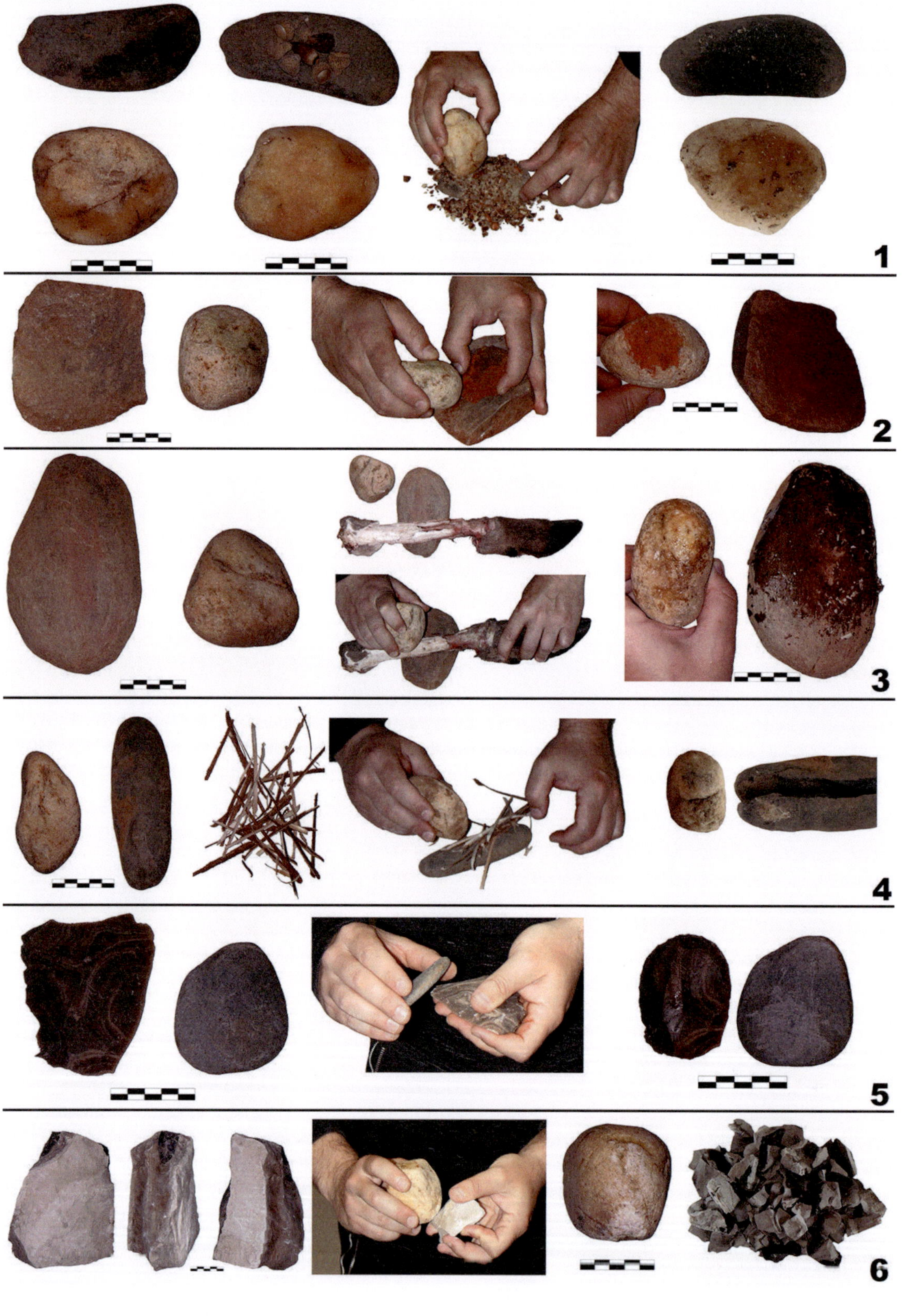

Figure 3: Experiments carried out: fracture of fruits (1), processing of pigments (ochre) (2), intervention on bone remains (open of long bones) (3), processing of plant fibres (bark) (4) and lithic knapping (5 and 6).

Experiments	Hammerstone		Anvil		Materials processed	Impacts
	Raw materials	Size and weight (g)	Raw materials	Size and weight (g)		
1-2	Quartzite	76x68x61 and 443	-	-	Ebro Valley flint blocks for discoid cores (between 300 and 900g)	25
3-4	Quartz	62x59x35 and 176	-	-	Ebro Valley flint blocks for discoid cores (between 300 and 900g)	25
5	Quartzite	74x67x42 and 308	Quartzite	99x95x42 and 587	Ocre from the sierra de Atapuerca (10 cm³ average)	105
6	Quartz	62x47x42 and 155	Quartzite	89x64x20 and 160	Ocre from the sierra de Atapuerca (10 cm³ average)	105
7	Quartzite	79x71x41 and 321	Schist	99x95x42 and 587	Ocre from the sierra de Atapuerca (10 cm³ average)	105
8	Quartzite	67x52x41 and 186	Slate	89x64x20 and 160	Ocre from the sierra de Atapuerca (10 cm³ average)	105
9-10	Quartzite	83x77x48 and 416	Quartzite	147x94x39 and 884	Roe deer limb bones	100
11	Quartz	68x52x40 and 180	Schist	121x70x33 and 336	Roe deer limb bones	100
12	Quartzite	74x61x42 and 215	Slate	116x68x31 and 302	Roe deer limb bones	100
13	Quartzite	77x60x47 and 349	Quartzite	111x69x21 and 228	Hazels shells	110
14	Quartz	74x66x41 and 289	Schist	148x100x23 and 419	Hazels shells	110
15	Quartzite	81x62x37 and 268	Quartzite	108x47x15 and 130	Acorns	110
16	Quartz	88x87x70 and 673	Slate	102x51x16 and 115	Acorns	110
17-18	Schist	84x54x16 and 119	-	-	Ebro valleand flint flakes for sidescrapers (between 50 and 200g)	25
19-20	Slate	72x63x13 and 101	-	-	Ebro valleand flint flakes for sidescrapers (between 50 and 200g)	25
21-22	Quartzite	88x48x38 and 225	Quartzite	126x27x20 and 99	Hazelnut bark for fibres	110
23	Quartz	87x64x44 and 386	Schist	94x52x28 and 192	Hazelnut bark for fibres	110
24	Quartzite	90x66x47 and 399	Slate	99x43x24 and 187	Hazelnut bark for fibres	110

Table 1: Main characteristics of the experimental programme.

4. Results

There are 612 manuports from Jarama VI, 76 come from Unit 1, 195 from Unit 2 and 341 from Unit 3. Quartzite pebbles (38,7 %) are most abundant in the 2 oldest levels and quartz (26,3 %) in Unit 1 (tab. 2). Their size is relatively homogeneous in the 3 levels (tab. 2); the quartzite, quartz and sandstone objects tend to be spherical whereas slate, schist and fibrolite appear in flatter formats. These manuports were distributed at random across the surface area of the different levels without any special association with the position of the knapped lithic remains.

An abundance of slate (21,2 %) and total absence of flint is observed among the manuports. 188 pebbles and 172 slabs were documented (tab. 2). While 36 manuports are suitable for throwing, 395 objects fit in with the paving stone group, and 40 to the hammerstone stockpile group.

4.1. Results of the experimental programme

The marks made to hammerstones and anvils in the experimental programme are scarce and faint. They are more noticeable on the schist and slate anvils because of their lesser resistance to impacts and abrasion.

In the experiments involving knapping discoid cores, the quartzite and quartz hammerstones display clear deep stigmas that lifted off the cortex at the end being struck, in a very limited area. When retouching flint sidescrapers with schist and slate slabs, the percussion stigmas are clear and well-marked, concentrated at the end. The concentration of stigmas creates a slight depression.

Processing hazel nuts has not produced any traces different from those that were already present naturally, caused by the fluvial transport of the pebbles. The cortex of the anvils remained smooth and no abrasion could be detected. However, the schist anvil broke owing to the existence of a large fissure at the front. This anvil displays faint disperse marks on both faces and the cortex was removed in some places. It is the piece with the most apparent marks and erosion, mainly on the lower face.

In the ochre processing experiment, the hammerstones display some deep stigmas in the area of impact which are

Levels	Raw materials	Number	Length	Width	Thickness	Weight
1	Quartz	28	66.8	56.7	41.7	317.7
	Quartzite	21	73.2	53.8	34.7	231.2
	Fibrolite	19	61.4	37.8	19.8	86.8
	Schist	2	120	61.5	27.3	218
	Sandstone	2	60.1	49.6	20.3	83.5
	Slate	1	56.6	24.4	8.9	18
	Others	3	167	74	34	696
	Total /Average	**76**	**69.4**	**50.7**	**32.5**	**228.7**
2	Quartzite	87	65.4	49.2	30.7	188.3
	Slate	52	61.3	39.1	12.1	147.5
	Quartz	24	56.9	42	32.3	215
	Schist	13	67.5	40	14.9	68.1
	Limestone	7	66	49	27.4	128.8
	Sandstone	6	77.4	54.1	32.4	231.2
	Fibrolite	4	56.5	42.7	19.5	115
	Others	2	68	54	48	234
	Total /Average	**195**	**63.9**	**45.2**	**24.2**	**171.5**
3	Quartzite	129	74.6	52	32.4	223
	Quartz	107	61	45	31.1	153.3
	Slate	79	58.5	38.5	10.7	51.3
	Sandstone	10	83	56.5	24.9	472.7
	Fibrolite	7	92.3	66.9	24.7	241.5
	Schist	4	64.7	31.5	16	70.7
	Limestone	3	69	50	25.7	93
	Others	2	144.2	86.7	50.1	1226.7
	Total /Average	**341**	**67.8**	**47.3**	**26.6**	**176.2**
Total /Average		**612**	**67.2**	**47.4**	**26.7**	**183.6**

Table 2: Manuports classified by their raw material, size, weight and provenance.

superimposed on natural marks. After the stones had been washed, no remains of ochre or stains were visible to the naked eye. No percussion marks were observed on the anvils by macroscopic observation. They were lightly stained red. However, in the most active areas, no impacts, ochre marks or remains of colour can be identified.

When processing roe deer limb bones, the quartzite hammerstones display clear stigmas (a large part of the cortex was removed) although these are shallow and concentrated at one end. The quartz hammerstone exhibits very faint marks along a light edge around its upper face. No marks are seen on the quartzite anvil but severe abrasion was generated in the area of impact on the slate and schist anvils.

In the experiments to produce fibres from hazel bark, the only impact produced in the process was the fracture of the schist anvil. After washing the hammerstones and other anvils, no traces were visible.

Finally, processing acorns produced no stigmas or marks on the hammerstones. Some stigmas on the anvils caused part of the cortex to break off, mostly near the lateral edge. The absence of tracks in the processing of hazelnuts and acorns is probably due to the fact that several were processed at the same time and, in most cases, the hammerstone did not impact directly on the anvil. On the lower face some crescent-shaped marks were caused by impacts against the ground which did not result in any breakages.

4.2. Macroscopic observation of use-wear on the manuports from Jarama VI

Possible use-wear has been identified by macroscopic observation (visible without magnification and documented by comparison with the objects in the experimental programme) on 133 manuports (21.7% of the total). The proportion of these in Unit 1 is 39.5%, compared with 11.3%

in Unit 2 and 23.8% in Unit 3. In terms of the raw materials, 42.9% are of quartz, 28.6% of quartzite and 23.3% of slate.

These objects are considerably larger than the manuports with no macroscopic marks (tab. 2): 38% longer, 36% wider, 58% thicker and 152% heavier.

The marks observed by the naked eye are mostly stigmas associated with violent impacts (on 83.5% of the objects) and lines (12,8%). Other stigmas and scratches are seen on 5.3% of them. The raw materials exhibit clear differences as 76.4% of the manuports with stigmas are of quartz and quartzite whereas 100% of the manuports with scratches are of slate.

Out of those 133 objects, a second group was selected formed by 73 manuports with marks similar to those documented on the experimental objects. These stand out because of the size and depth of the marks; mainly stigmas, lines, fractures and abrasion. They are larger than the average manuport size. Slate objects are slightly over-represented because of its poorer resistance to alterations.

Through the study of the macroscopic marks, shape of the objects and their comparison with the marks produced in the experimental programme, it was possible to differentiate hypothetically 19 hammerstones for lithic reduction, 15 anvils and 4 objects with colour changes.

4.3. Results of the traceological analysis

The traceological analysis of the 73 manuports selected from the Jarama VI assemblage has shown that only 9 of them were definitely used (12.3% of the analysed manuports): 1 from Unit 1 and 3 each in Units 2 and 3 (fig. 4). One object with a possible use could not be analysed because of conservation issues (level JVI3) and no traces of use were observed on the other 63 manuports.

The stones that were definitely used were only employed as hammerstones in activities related to lithic reduction, apart from a pebble that was used for crushing. There are no slabs among the manuports that were definitely used. Six are of quartzite, 2 of quartz and 1 of hornfels. They display clear marks of percussion (stigmas and fractures) and probably broke during their use. They are of different sizes, between 49 and 167mm long, 31 to 77m wide and 22 to 65mm thick. They vary from 40 to 993g in weight.

The hornfels manuport (fig. 4, n°1) is the largest that was definitely used; it exhibits large fractures at both ends as a result of being struck against a hard surface. At microscopic level, alterations to the microtopography of the rock are observed in the used zones. It may have been used to break up an indeterminate substance deposited on another rock. One of its sides also displays signs of percussion. A hammerstone also displays 2 active zones at its ends (Fig. 4, n°6) and another one has 3 percussion zones (fig. 4, n°7). Two of these were involved in percussion on a hard material and the third, of greater use and reddish in colour, displays percussion stigmas and an area of abrasion. A quartzite pebble that was used less has evidence of percussion and probable reddish residue (fig. 4, n°9). A quartzite flake also displays percussion stigmas (fig. 4, n°5).

The object with a possible use is a quartzite pebble. However, its use could not be confirmed because of the state of its conservation.

5. Discussion

Pebbles with marks of use (or without them) do not tend to be studied very much even though they are often the only clear evidence of activities that do not require specialised tools (Isaac 1987; Potts 1988; De Beaune 1997; Cannel 2018; Adams 2014; Cristiani *et al.* 2012; Dubreuil and Savage 2014). Although, in recent years, specific studies of stone percussion tools have become increasingly common in a wide range of chronological contexts (Assaf *et al.* 2020; Bourguignon *et al.* 2021, 2022; Mathias *et al.* 2021; Paixão *et al.* 2021). At some sites, particularly in the earliest Palaeolithic, percussion tasks in which these manuports were used may be the most significant technological activities, even more than lithic reduction (de la Torre and Mora 2010).

However, how can their presence be interpreted? Despite their simplicity and numerous studies at a large number of sites, they have been interpreted in different ways. Potts (1988) and Mgeladze *et al.* (2011), propose that they are stocks of raw material within an organised strategy that was repeated systematically (cultural tradition). Isaac and Crader (1981) interpret manuports as objects used to process foodstuff, such as nuts, to break bones, and to work with meat and plants (de la Torre *et al.* 2013). Although many manuports are geofacts, it should be stressed that diverse activities could have been carried out with them (Mora and de la Torre 2005).

Authors like Leakey (1967), Isaac (1987) or Cannel (2018) affirm that they were defensive objects, weapons to be thrown (which they define as 'missiles'). Cannel (2018) estimated that for that function their ideal weight would be about 500g. Another possibility is that they formed part of a pavement, as documented at Pont-de-Lavaud (de Lombera-Hermida *et al.* 2016), Biache-Saint-Vaast (Marcy and Tuffreau 1988), Menez-Dregan I (SU 4ab) (Ravon *et al.* 2021) or La Folie (Bourguignon *et al.* 2002), among many other sites. However, the present study has not been able to confirm that possibility.

These manuports may also have had a symbolic function. At such sites as Fumane and Qesem, hominins accumulated smooth green serpentine pebbles and small flint pebbles (Assaf 2018; Peresani *et al.* 2021; Geis *et al.* 2023; *interalia*). In those cases, they may have thought that their colour was attractive. The colour, texture or gloss, and tactile qualities of stone objects have always attracted humans (Regan *et al.* 2001; Berleant 2007; Munar *et al.* 2015, among others).

Figure 4: Manuports with a certain use. 1. Hornfels crusher. 2-4 and 6-9. Quartzite hammerstones. 5. Quartzite flake with percussion stigmas.

However, it was not possible to identify manuports with a symbolic function at Jarama VI.

The abundance of stones and the absence of marks on them suggests hypotheses about 4 functions that would not alter their shape or surface of the stones: creation of insulating pavements; stockpiles of hammerstones and rocks for future needs (lithic reduction and processing of meat and/or plant resources); and a collection of missiles.

First hypothesis is that these pebbles would have been used to process soft materials for a short period of time. In this short time, no detectable marks would be produced. This has also been documented in the materials used in the experimental programme. To test this hypothesis, further experiments will be carried out.

For the pavement function, 395 flat slabs less than 300g in weight may have been used, of which 38% are quartzite, 31.6% slate/schist, 19.7% quartz and 10.7% other lithologies. Flat objects would have been used because they sink less into silt and clay and improve the general insulation from the ground. However, owing to the location and dispersion of the manuports, the existence of pavements cannot be affirmed (fig. 2).

A group of 57 (9,3 %) quartzite and quartz objects over 300g in weight may have been gathered to be used as hammerstones. Finally, 36 manuports (6%) are suitable for a use as missiles, for defence against predators and/or other Neanderthal groups. It is very difficult to support the last hypothesis because of the scarce evidence of use of these pebbles. Another point is that these objects were easily available in the surroundings of the site and therefore there was no need to stockpile them.

A special group of objects with traces at a macroscopic level is formed by slate slabs scored by deep scratches. They may have been used as retouching tools or small anvils. However, visually, these marks do not coincide with those on the experimental objects and the traceological analysis was not able to identify either their function or the time when the marks were made.

The plans of the archaeological units in which the manuports were found together with the lithic assemblage and hearth (fig. 2) do not display a special distribution or any clear association with the different objects. Bioturbation by roots and leporids, as well as water transport phenomena, might have masked the spatial distribution (Jordá Pardo *et al.* 2021).

Numerous activities have been identified at Jarama VI: acquisition of pebbles and slabs from the surroundings of the site (of quartzite, quartz, slate, schist, etc.) and flakes and flint tools from more distant locations; lithic reduction with hard hammerstones and bone retouchers; use of stone implements for processing animals (evisceration, filleting, etc.); breakage of bones with heavy objects; processing plant resources; lighting fires; and the introduction of colouring matter. We also know of other activities that leave no traces in the record and which may have been carried out at the site (accumulation of a stockpile of lithic resources, of missiles or of stones to make a pavement to insulate the floor from damp). The objects with which these activities could be performed are equally known (flakes, flake tools and manuports). However, while flakes and flake tools have been associated with defleshing and filleting, the manuports cannot be linked to any particular tasks, except in 9 cases, as those potential tasks did not leave any recognisable traces.

6. Conclusions

The site of Jarama VI is one the few late Middle Palaeolithic sites with remains of Neanderthals in the central Iberian Peninsula. Manuports make up 30.3% of the lithic objects that have been found there. They were accumulated in the 3 units at the site by Neanderthal occupants. These stones are not related morphometrically with the materials in the immediate surroundings of the hillside, with the lithic industry or with the needs involved in processing red deer, ibex, large bovids or horses. Experimental and techno-functional analyses have been conducted to explore their functionality. However, the traceological study was only able to identify 9 manuports that were definitely used and a single activity, percussion, probably lithic reduction and freehand, as no anvils with marks of use have been found. For those percussion tasks, several bone retouching tools have also been identified.

In this context, with a large number of different manuports with no use-wear, it has been proposed that they may have been used in activities that did not alter their volume or their surface: to process soft materials for a short period of time or to form pavements to insulate the floor of the rock-shelter from the humid and plastic clay and silt or as a stock of approximately spherical hammerstones and rocks. Most of these spherical stones could have been used in defence against predators and/or other Neanderthal groups. However, these activities were impossible to confirm empirically. At Jarama VI, some ochre, a hearth and some charcoals have also been detected, but we have not found any relationship between these elements and the manuports.

The present study has only succeeded in identifying the presence of 9 manuports that were certainly used, all of them in percussion. In this way, it may be affirmed that many quotidian activities of the Neanderthals barely left any recognisable traces.

Acknowledgements

The present study was carried out in the frame of the project "New research in the Palaeolithic deposit in Jarama VI Rock-shelter (Valdesotos, Guadalajara): exploitation of digital information, revision of the lithic industry and study of the manuports" authorised and funded by the Junta de Comunidades de Castilla-La Mancha in 2019. We would like to thank two reviewers for their helpful comments.

References

Adams, J.L. 2014. Ground stone use-wear analysis: a review of terminology and experimental methods. *Journal of Archaeological Science* 48, 129-138.

Assaf, E. 2018. Paleolithic aesthetics: Collecting colorful flint pebbles at Middle Pleistocene Qesem Cave, Israel. *Journal of Lithic Studies* 5.

Assaf, E., Caricola, I., Gopher, A., Rosell, J., Blasco, R., Bar, O., Zilberman, E., Lemorini, C., Baena, J., Barkai, R. and Cristiani, E. 2020. Shaped stone balls were used for bone marrow extraction at Lower Paleolithic Qesem Cave, Israel. *PLOS ONE* 15, e0230972.

Berleant, R. 2007. Paleolithic Flints: Is an aesthetics of stone tools possible? *Contemporary Aesthetics* 5.

Bourguignon, L., Ivorra, J., De Weyer, L., Cuartero, F., Barsky, D., Capdevila, R. and Ivorra, M.-H. 2021. Les nodules sphériques de basalte de l'unité archéologique US2 du site de « Bois-de-Riquet », France : origine et caractérisation d'une sélection. *L'Anthropologie* 125, 102847.

Bourguignon, L., Sellami, F., Deloze, V., Sellier-Segard, N., Beyries, S. and Emery-Barbier, A. 2002. L'habitat moustérien de « la Folie » (Poitiers, Vienne) : Synthèse des premiers résultats. *Paleo* 14, 29-48.

Bourguignon, L., Ortega, I. and Cuartero, F. 2022. L'outillage en quartz spécialisé utilisé en percussion lancée en contexte discoïde à Pointe pseudo-Levallois : l'exemple de Champs de Bossuet, in Viallet, C., Bourguignon, L., Lemorini, C. and Ortega, I. (eds.), *La percussion lancée au Paléolithique : identification de son usage, types d'outils associés et étendue chronologique,* Comptes Rendus Palevol 21/24, 489-509.

Cannell, A. 2018. Mass Distribution Analysis of Spheroid Manuports, Spheroid Artifacts, and the Lithics of Play Learning. *Lithic Technology* 43, 141-150.

Clemente Conte, I., Lazuén Fernández, T., Astruc, L. and Rodríguez Rodríguez, A. 2014. Use-wear analysis of non flint raw materials: The cases of quartz/quartzite and obsidian, in: Marreiros, J.M., Gibaja Bao, J. and Bicho, N. (eds.). *International Conference on Use-Wear Analysis: Use-Wear 2012*. Cambridge: Cambridge Scolars Publishing, 59-82.

Cristiani, E., Lemorini, C. And Dalmeri, G. 2012. Ground stone tool production and use in the Late Upper Palaeolithic: the evidence from Riparo Dalmeri (Venetian Prealps, Italy). *Journal of Field Archaeology* 37, 34-50.

De Beaune, S.A. 1997. *Les galets utilisés au Paléolithique supérieur. Approche archéologique et expérimentale.* CNRS Éditions.

De la Torre, I., Benito-Calvo, A., Arroyo, A., Zupancich, A. and Proffitt, T. 2013. Experimental protocols for the study of battered stone anvils from Olduvai Gorge (Tanzania). *Journal of Archaeological Science* 40, 313-332.

De la Torre, I. and Mora, R. 2005. Unmodified lithic material at Olduvai Bed I: manuports or ecofacts?. *Journal of Archaeological Science* 32, 273-285.

De la Torre, I. and Mora, R. 2010. A technological analysis of non-flaked stone tools in Olduvai Beds I & II. Stressing the relevance of percussion activities in the African Lower Pleistocene. *Paleo*, 13-34.

De Lombera-Hermida, A., Rodríguez-Álvarez, X.P., Peña, L., Sala-Ramos, R., Despriée, J., Moncel, M.H., Gourcimault, G., Voinchet, P. and Falguères, C. 2016. The lithic assemblage from Pont-de-Lavaud (Indre, France) and the role of the bipolar-on-anvil technique in the Lower and Early Middle Pleistocene technology. *Journal of Anthropological Archaeology* 41, 159-184.

Dubreuil, L. and Savage, D. 2014. Ground stones: a synthesis of the use-wear approach. *Journal of Archaeological Science* 48, 139-153.

Geis, L., d'Errico, F., Jordan, F. M., Brenet, M. and Queffelec, A. 2023. Multiproxy analysis of Upper Palaeolithic lustrous gravels supports their anthropogenic use. *Plos One* 18/11, e0291552.

Isaac, G.L. 1987. Throwing and human evolution. *The African Archaeological Review* 5, 3-17.

Isaac, G.L. and Crader, D.C. 1981. To what extent were early hominids carnivorous? An archaeological perspective, in: Harding, R.S.O., Teleki, G. (eds.). *Omnivorous Primates: Gathering and Hunting in Human Evolution.* New York: Columbia University Press, 37-103.

Isaac, G.L., Harris, J.W.K. and Kroll, E.M. 1997. The stone artefact assemblages: a comparative study, in: Isaac, G.L. (ed.). *Koobi Fora Research Project, Plio-Pleistocene Archaeology*. Oxford: Oxford University Press, 262-362.

Jordá Pardo, J.F. 2007. The wild river and the last Neanderthals: A palaeoflood in the geoarchaelogical record of the Jarama Canyon (Central Range, Guadalajara province, Spain). *Geodinamica Acta* 20, 209-217.

Jordá Pardo, J.F., Molina Salido, J., Maximiano Castillejo, A.M., Barcia, C., Acevedo Pardo, C., Alonso, M., Álvarez-Alonso, D., Díez Fernández-Lomana, C., Díez-Herrero, A., Farjas, M., Garrote, J., Hernández Orgaz, A., Hernández Ruiz, M., Kelh, M., Romero, A., Sánchez Moya, Y., Schramm, T. and Sopeña Ortega, A. 2021. Visibilizando lo oculto. Reconstrucción digital y análisis espacial del registro geoarqueológico del Pleistoceno superior del LIG del abrigo rocoso de Jarama VI en el cañón del Jarama (Valdesotos, Guadalajara, España). *Cuaternario y Geomorfología* 35, 15-48.

Kehl, M., Burow, C., Hilgers, A., Navazo, M., Pastoors, A., Weniger, G.-C., Wood, R. and Jordá Pardo, J.F. 2013. Late Neanderthals at Jarama VI (central Iberia)? *Quaternary Research* 80, 218-234.

Leakey, M.D. 1967. Preliminary survey of the cultural material from Beds I and II, Olduvai Gorge, Tanzania, in: Bishop, W.W. and Clark, J.D. (eds.). *Background to Evolution in Africa*. Chicago: University of Chicago Press, 417-446.

Lorenzo, C., Navazo, M., Díez, J.C., Sesé, C., Arceredillo, D. and Jordá Pardo, J.F. 2012. New human fossil to the last Neanderthals in central Spain (Jarama VI, Valdesotos, Guadalajara, Spain). *Journal of Human Evolution* 62, 720-725.

Marcy, J.-L. and Tuffreau, A. 1988. Le niveau D, in: Sommé, J. and Tuffreau, A. (eds.). *Le gisement Paléolithique Moyen de Biache-Saint-Vaast (Pas-de-Calais)*. Chalons-sur-Marne: Paquez et fils, 291-299.

Mathias, C., Viallet, C. and Moigne, A.-M. 2021. Diversité des outils et des activités de percussion à la fin du MIS 9 dans le niveau 6 d'Orgnac 3 (Ardèche, France), in: Viallet, C., Bourguignon, L., Lemorini, C. and Ortega I. (eds.). *The thrusting percussion during Palaeolithic: indentifying its use, related tools, timespan.* Comptes Rendus Palevol 20/11, 175-198.

McNabb, J. and Kuman, K. 2015. Experimental stone tool replication at the Early Stone Age site of Sterkfontein, Gauteng, South Africa. *Journal of Archaeological Science: Reports* 4, 44-53.

Merino, J.M. 1968. *Tipología lítica*. San Sebastian: Munibe.

Mgeladze, A., Lordkipanidze, D., Moncel, M.H., Despriee, J., Chagelishvili, R., Nioradze, M. and Nioradze, G. 2011. Hominin occupations at the Dmanisi site, Georgia, Southern Caucasus: Raw materials and technical behaviours of Europe's first hominins. *Journal of Human Evolution* 60, 571-596.

Mora, R. and de la Torre, I. 2005. Percussion tools in Olduvai Beds I and II (Tanzania): Implications for early human activities. *Journal of Anthropological Archaeology* 24, 179-192.

Munar, E., Gómez-Puerto, G., Call, J. and Nadal, M. 2015. Common Visual Preference for Curved Contours in Humans and Great Apes. *PLOS ONE* 10, e0141106.

Navazo Ruiz, M., Jordá Pardo, J.F., Burow, C., Kehl, M., Pastoors, A., Weniger, G.-C. and Wood, R. 2020. Last Neanderthal occupations at Central Iberia: the lithic industry of Jarama VI rock shelter (Valdesotos, Guadalajara, Spain). *Archaeological and Anthropological Sciences* 12, 45.

Paixão, E., Marreiros, J., Dubreuil, L., Gneisinger, W., Carver, G., Prévost, M. and Zaidner, Y. 2021. The Middle Paleolithic ground stones tools of Nesher Ramla unit V (Southern Levant): A multi-scale use-wear approach for assessing the assemblage functional variability. *Quaternary International* 624, 94-106.

Peresani, M., Bertola, S., Caricola, I., Nunziante Cesaro, S., Duches, R., Ferretti, P., Margaritora, D., Marrocchino, E., Eftekhari, N., Vaccaro, C., Zupancich, A. and Cristiani, E. 2021. A taste for the unusual. Green, flat pebbles used by late Neanderthals. *Journal of Anthropological Archaeology* 64, 101368.

Potts, R. 1988. *Early Hominid Activities at Olduvai.* New-York: Aldine and Gruyter.

Ravon, A.-L., García-Medrano, P., Moncel, M.-H. and Ashton, N. 2021. Acheulean variability in Western Europe: The case of Menez-Dregan I (Plouhinec, Finistère, France). *Journal of Human Evolution* 162, 103103.

Romero, A.J., Díez, J.C., Arceredillo, D., García-Solano, J. and Jordá-Pardo, J.F. 2019. Neanderthal communities in the heart of the Iberian Peninsula: taphonomic and zooarchaeological study of the Mousterian site of Jarama VI (Guadalajara, Spain). *Archaeological and Anthropological Sciences* 11, 1713-1725.

Semenov, S. 1957. *Tecnología prehistórica. Estudio de las herramientas y objetos antiguos a través de las huellas de uso*. Madrid: First published in Russian in the USSR in 1957.

Terradillos-Bernal, M., Demuro, M., Arnold, L. J., Jordá-Pardo, J., Clemente-Conte, I., Benito-Calvo, A., and Díez-Fernández Lomana, J. C. 2023. San Quirce (Palencia, Spain): new chronologies for the Lower to Middle Palaeolithic transition of south-west Europe. Journal of Quaternary Science 38(1), 21-37.

Wood, R.E., Barroso-Ruíz, C., Caparrós, M., Jordá Pardo, J.F., Galván Santos, B. and Higham, T.F.G. 2013. Radiocarbon dating casts doubt on the late chronology of the Middle to Upper Palaeolithic transition in southern Iberia. *Proceedings of the national Academy of Sciences* 110, 2781-2786.

Note on contributors

Marcos Terradillos-Bernal
Universidad Internacional Isabel I de Castilla (UI1), Spain.
marcos.terradillos@ui1.es

Ignacio Clemente-Conte
Archaeology of Social Dynamics (ASD), CSIC-Institució Milà i Fontanals (IMF), Spain.
ignacio@imf.csic.es

J. Carlos Díez Fernández-Lomana
Área de Prehistoria, Universidad de Burgos (UBU), Spain.

Juana Molina Salido
Departamento de Prehistoria y Arqueología, Universidad Nacional de Educación a Distancia (UNED), Spain.

Jesús-Francisco Jordá Pardo
Departamento de Prehistoria y Arqueología, Universidad Nacional de Educación a Distancia (UNED), Spain.

Des expérimentations à la croisée de l'ethnohistoire, de l'ethnographie et de l'iconographie

L'analyse fonctionnelle des outils lithiques du site maya de Cancuén (Guatemala, 652-800 d.n.è.)

Naya Cadalen, Svetlana Vassilieff,
Chloé Andrieu, Sylvie Beyries

Résumé

La mise en évidence des aires d'activité des cités mayas de l'époque Classique (250-900 d.n.è.) est difficile ; les sols d'occupation étaient systématiquement nettoyés, et les déchets de production recyclés. En l'absence de métallurgie, les outils lithiques, abondants dans les sites archéologiques, étaient au cœur de la vie quotidienne. Identifier la fonction de ces outils est une approche indispensable, car elle nous aide à cerner ces aires d'activité. Toutefois, les études fonctionnelles, tout comme les référentiels expérimentaux, sont rares dans cette aire culturelle. Nous avons donc mis en place un large éventail de programmes expérimentaux, inédits dans cette région, et utilisés dans l'étude du site de Cancuén (Guatemala).

Trois sources d'information nous ont permis d'orienter nos expérimentations : l'ethnohistoire, l'iconographie et l'ethnographie. Les récits des conquistadores et des Dominicains mentionnent l'usage de certains objets lithiques au moment de la Conquête. Les représentations iconographiques sur des céramiques ou sur des stèles illustrent quant à elles le contexte social d'utilisation d'outils. Enfin, les observations ethnographiques attestent d'une certaine continuité technique dans le travail de plusieurs matériaux chez les Mayas actuels, bien que les instruments soient différents.

Sur la base de ces sources, et malgré leurs limites, nous avons construit un référentiel inédit, essentiel à la compréhension des sociétés précolombiennes d'Amérique centrale. Nos expérimentations, impliquant des outils en obsidienne et en silex, ont porté sur le travail de matériaux courants : peau, os et bois, boucherie, rasage de barbe ; ainsi que sur des matériaux plus spécifiques à la Mésoamérique tels que les coquillages, la calebasse, le jade, ou les dents humaines. Grâce à ce travail novateur, nous avons identifié le mode de fonctionnement des outils de la cité maya classique de Cancuén (Guatemala), apportant ainsi des éléments nouveaux pour la compréhension de l'organisation spatiale des activités, et sur l'organisation socio-économique de la cité.

Mots-clés : Mésoamérique ; Tracéologie ; Silex ; Obsidienne ; Référentiel ; Artisanat

in: Mathias, C., Bourguignon, L., Ivorra, J. and Viallet, C. (eds) 2026. *Living Archaeology. Unveiling the Past through Experimental Archaeology*. Leiden: Sidestone Press, 387-404.

1. Introduction

À l'époque Classique (250-900 d.n.è.), les cités mayas étaient le lieu de nombreuses activités artisanales, religieuses, et du quotidien (Becker 1973 ; Abrams 1987 ; Clark 1989 ; Chase 1992; Demarest 2013; McAnany 2013 ; Demarest *et al.* 2020 ; Masson *et al.* 2020). Pourtant, il nous est encore difficile de percevoir comment elles s'organisaient au sein des cités ; des interrogations persistent sur le statut des artisans, la valeur accordée à leurs travaux, et l'organisation du travail (Lewenstein 1987 ; Inomata *et al.* 2001 ; Emery et Aoyama 2007 ; Andrieu *et al.* 2014). En l'absence de métallurgie, les outils lithiques étaient au cœur de la vie quotidienne des populations mésoaméricaines (Kidder 1947). L'analyse fonctionnelle des outils, encore rarement mise en œuvre en aire maya, est une approche essentielle pour apporter de nouveaux éléments de réponse à ces débats.

La rareté des études fonctionnelles implique une carence de référentiels expérimentaux ; seuls quatre chercheurs en ont publié (Lewenstein 1987 ; Sievert 1992 ; Aoyama 2009 ; Stemp 2016b). Avant d'effectuer l'analyse des collections archéologiques, il était donc essentiel de construire un référentiel adapté à l'étude des outillages envisagés. La construction de nos protocoles expérimentaux a été réfléchie sur la base de données iconographiques, ethno-historiques et ethnographiques ; il nous a été ainsi possible de bâtir un référentiel complémentaire aux recherches réalisées précédemment.

Pour illustrer la pertinence de cette approche, nous avons réalisé l'étude fonctionnelle de lames en obsidienne et perçoirs en silex du site de Cancuén (Guatemala). Malgré son occupation courte (652-800 d.n.è.), cette cité était le lieu de plusieurs productions : outils lithiques (Andrieu et Quiñónez 2011), préformes de perles et pendentifs en jade (Andrieu *et al.* 2014), miroirs en pyrite (Andrieu et Cadalen 2023), etc. Ainsi, le site de Cancuén offre un cadre d'étude idéal pour percevoir l'implication des outils dans les activités réalisées par les habitants d'une cité maya.

2. Matériels et méthodes

2.1. Méthodologie et corpus archéologique

2.1.1. L'étude fonctionnelle

L'analyse fonctionnelle des outils expérimentaux et archéologiques a été réalisée à l'échelle macroscopique et microscopique. Nous avons utilisé un stéréomicroscope Leica Z16 (grossissements de x11.4 à x186) pour documenter les macrotraces. Pour l'analyse microscopique, nous avons utilisé un microscope Leica DMRM (avec des oculaires à x10 et des objectifs x10 et x20, faisant une étude à des grossissements de x100 et x200), avec une caméra Olympus UC30.

Cette méthode d'analyse a déjà été utilisée par des chercheurs travaillant dans l'aire maya, le plus souvent sous la forme d'études ponctuelles (*e.g.* Stavrakis Puleston 1969 ; Wilk 1976 ; 1978 ; Hutson *et al.* 2007). Ceux-ci ont développé des référentiels expérimentaux en utilisant des outils en silex et en obsidienne, et ont travaillé des matériaux tels que des bois tropicaux, des calebasses, des fibres, de l'os, de la viande, de la peau, et des coquillages marins (Lewenstein 1981 ; 1987 ; Aoyama 1989 ; Sievert 1992 ; Stemp 2016b). Plus rarement, des expériences de travail de corne animale, de minéraux (*e.g.* stéatite, céramique, calcaire), tubercules, et autres végétaux (*e.g.* lianes, légumes, bambou) ont été réalisées. Ces référentiels ont servi à l'étude fonctionnelle des outils de sites mayas tels que Chichén Itzá, Aguateca, Copán, Cerros, et San Pedro (Lewenstein 1987 ; Aoyama 1989 ; Sievert 1992 ; Stemp 2000 ; Aoyama 2009).

Pour confronter les programmes expérimentaux déjà mis en place dans l'étude des outils mayas, nous avons réalisé 11 protocoles expérimentaux. Ces derniers ont porté sur le travail des matières animales (boucherie, peau, os, poisson, dent et barbe humaines), végétales (bois et calebasse) et minérale (jade, pyrite et coquillage) avec des outils en obsidienne et en silex. Nos résultats ont été comparés aux référentiels précédemment cités (*e.g.* Lewenstein 1987 ; Aoyama 1989 ; Sievert 1992) et d'autres cultures (*e.g.* Hurcombe 1992 ; Kononenko 2011 ; Huidobro Marín 2018).

2.1.2. La cité de Cancuén

Le site est situé dans le département du Péten, au Guatemala. Cancuén a été fondée en 652 d.n.è. par la cité de Calakmul, grande rivale de Tikal (Demarest 2013), probablement dans le cadre d'une compétition entre les deux pour le contrôle des échanges avec les Hautes Terres. Localisée sur les abords de la rivière Pasión, la position stratégique du site lui permettait donc de contrôler ces échanges qui se faisaient entre les Hautes Terres – d'où proviennent beaucoup des matières premières valorisées à l'époque (*e.g.* jade, obsidienne) – et les Basses Terres (Andrieu *et al.* 2014 ; Demarest *et al.* 2014 ; Forné *et al.* 2014). L'occupation a été courte : le site a été abandonné vers 800 d.n.è., après le massacre des élites de Cancuén (Forné *et al.* 2009).

La fouille de ce site a révélé des dépotoirs associés à chaque structure, permettant une analyse spatiale du mobilier contenu particulièrement fine pour l'aire maya. Ainsi, il a été possible d'identifier un atelier de production de préformes de perles et de bijoux d'oreille, unique en aire maya (Andrieu *et al.* 2014). D'autres espaces de production ont été mis au jour, en lien avec la fabrication de miroirs en pyrite par exemple (Andrieu et Cadalen 2023). Malgré sa brève occupation, la cité de Cancuén hébergeait donc un certain nombre de productions qui renforçaient sa puissance économique (Demarest *et al.* 2020).

2.1.3. Corpus archéologique

L'étude fonctionnelle a porté sur deux types d'outils : les lames en obsidienne et les perçoirs en silex. Ces outils ont été retrouvés en grandes concentrations dans certains dépotoirs de la cité. L'analyse technologique des objets lithiques a permis d'identifier les zones de production (Andrieu et Quiñónez 2011) ; nous avons sélectionné les contextes qui étaient indépendants de la fabrication des outils, en nous interrogeant sur l'éventuel lien entre la quantité des artefacts découverts et leur utilisation.

Les lames prismatiques en obsidienne constituent le type d'outil le plus répandu en Mésoamérique (Clark 1989). À Cancuén, il prédomine largement dans la collection lithique : 12000 artefacts en obsidienne ont été mis au jour dans tous les contextes de la cité, et cela quelle que soit la strate sociale (Andrieu et Quiñónez 2011). Notre échantillonnage s'est basé sur 1452 lames, parmi lesquelles 1023 ont été retenues pour une étude fonctionnelle, le reste ayant été écarté en raison d'un degré d'altération trop élevé.

Contrairement aux lames en obsidienne, les perçoirs en silex sont souvent minoritaires dans les corpus archéologiques mayas (Andrieu 2009). Pourtant, on en dénombre plus de 2000 à Cancuén, avec des concentrations très marquées dans certaines zones de la cité (Forné *et al.* 2013). En plus des dépotoirs, on retrouve également ces outils en contexte rituel : 276 perçoirs composent l'offrande d'une sépulture, localisée à 50m de l'atelier de production d'objets en jade (Andrieu et Quiñónez 2011). Sur les 577 objets observés, 135 ont été retenus pour l'analyse fonctionnelle.

Les 1158 lames et perçoirs proviennent de 29 structures ou groupes de structures, couvrant ainsi l'intégralité de l'épicentre de la cité. On y trouve des édifices publics (e.g. palais, port, terrain de jeu de balle), des contextes cérémoniels (e.g. réservoir d'eau[1], sépulture et dépôt rituel), et des structures et des complexes résidentiels.

2.2. L'iconographie, l'ethnohistoire et l'ethnographie au service de l'expérimentation

2.2.1. Représentations iconographiques et glyphes

Les représentations iconographiques, parfois accompagnées de glyphes, localisées sur des monuments tels que les stèles, des linteaux et des récipients céramiques, constituent une source riche en informations.

Ces illustrations regorgent d'informations sur les souverains, et les différents codes afférents à leur charge politique et religieuse (Proskouriakoff 1950) : elles montrent les liens entre les souverains et les divinités, représentent des scènes de cours ou des discours de propagande politique, et permettent ainsi d'accéder aux codes des élites de l'époque (Dunning et Kowalski 1994 ; Houston et Stuart 1998 ; Estrada-Belli et Tokovinine 2016).

Les informations transmises étaient toutefois produites et contrôlées par les élites gouvernantes (Marcus 1974) ; elles sont le témoin direct des processus politiques qui ont marqué une période, dans un espace précis (Estrada-Belli et Tokovinine 2016). Enfin, la lecture des glyphes nous renseigne sur l'histoire politique de certains sites, tels que la date d'intronisation d'un roi, leurs noms, ou encore le récit des victoires militaires (Marcus 1974), etc.

Cette source d'information comporte donc certaines limites, dans la mesure où le reste de la population et les activités du quotidien étaient invisibilisées (Dunning et Kowalski 1994). Ces illustrations, ainsi que le texte qui les accompagne parfois, servent un discours politique qui présente une part de subjectivité (Proskouriakoff 1950 ; Estrada-Belli et Tokovinine 2016). Enfin, les codes de figuration, toujours spécifique à chaque culture, peuvent facilement être mal interprétés (Sullivan 2014).

Pour constituer notre référentiel expérimental, la représentation de scènes de chasse (fig. 1, a.) ou de mobiliers couverts de peau de félin (fig. 1, b.) a permis de montrer la pertinence de réaliser des expérimentations de boucherie et de travail de la peau. D'autres illustrations, issues d'autres régions de la Mésoamérique, ont également orienté notre approche. En particulier la représentation dans une portion de la fresque murale du palais de Tepantitla de Teotihuacán montre un homme introduisant un outil dans la bouche d'un autre (fig. 1, c.), sûrement pour réaliser des modifications dentaires (Romero 1958), à des fins esthétiques. Nous avons donc travaillé des dents humaines[2] avec des outils en silex et en obsidienne pour documenter les traces produites sur les outils selon sa matière première et le mouvement effectué.

2.2.2. Récits ethno-historiques

Les récits ethno-historiques sont constitués des témoignages des missionnaires venus pour christianiser les populations précolombiennes. Ces informations ont été obtenues lors d'une période de grande rupture, marquée par des guerres, des épidémies et des processus d'acculturation (Reina et Hill 1980). À cette époque, la religion, la tradition et l'espace ont été remodelés, provoquant ainsi un fractionnement de la culture encore visible aujourd'hui (Sullivan 2014). Pour notre étude, nous nous somme appuyées sur l'étude des moines franciscains Diego de Landa sur les Mayas du Yucatán (Landa 1941) et Bernardino de Sahagún sur les populations précolombiennes de l'Occident du Mexique (Sahagún 1975), et du dominicain Tomás de Torquemada qui s'est intéressé à plusieurs populations d'Amérique centrale (Torquemada 1943).

Relación de las cosas de Yucatán, écrit par Diego de Landa aux alentours de 1566, avait pour vocation d'être

1 Les réservoirs d'eau étaient un lieu d'offrande privilégié dans la culture maya.

2 Les dents travaillées ont été sélectionnées et extraites par un docteur en chirurgie dentaire (Dr Jean-Claude Tavernier, Université René Descartes – Paris 5) pour ce programme expérimental.

Figure 1 : Représentations iconographiques d'activités de l'époque précolombienne. a. : scène de chasse (mayavase.com [K8177], ©Justin Kerr) ; b. : souverain assis sur un coussin orné d'une peau de félin (mayavase.com [K700], ©Justin Kerr) ; c. : acte de modification dentaire (fresque murale du palais de Tepantitla de Teotihuacán, source : Labajo González *et al.* 2007).

un registre de la culture maya yucatèque au moment de la Conquête, dans le but d'aider les missionnaires à réaliser plus efficacement leur travail d'évangélisation. Ce texte, rédigé sans l'aide des populations indigènes, témoigne du mode de vie des populations, leurs croyances, l'organisation de leurs institutions avant qu'elles ne soient modifiées ou supprimées par les Espagnols, et contient une description des glyphes mayas qui servira de base à leur déchiffrement. Pourtant, ce témoignage souffre de problèmes de partialité car ses observations sont empreintes de son jugement (Gruzinski 1976), De plus, en raison de sa mission religieuse, le sens de certains mots a été modifié pour les rapprocher des concepts catholiques[3] (Sullivan 2014).

Pourtant, ce texte reste essentiel pour mieux percevoir la place de certaines activités artisanales dans les cités mayas d'après la Conquête. Par exemple, on y trouve la mention de la production ritualisée d'idoles en bois qui s'achevait par l'offrande des outils lithiques (Landa 1941) ; en plus de la description des actions réalisées sur le bois, ce témoignage apporte de nouvelles pistes de réflexion sur les outils qui composent les offrandes dans les sites mayas.

Le travail de Bernardino de Sahagún, réalisé entre 1540 et 1585, a été retranscrit dans un ouvrage dont le titre condensé est *Historia General de las Cosas de Nueva España*, aussi appelé *Codice Florentino*. Il s'agit d'un texte écrit en nahuatl, avec des portions en espagnol et en latin, et des illustrations réalisées par des indigènes avec des techniques européennes. On y trouve de nombreuses informations sur les croyances, les concepts religieux, moraux et sociaux et d'autres aspects de la société comme

3 Par exemple, les mots mayas proches de la notion de trahison ont été rattachés au champ lexical du péché.

la médecine, le commerce et les ressources exploitées (Sahagún 1975). Les informations transmises dans son témoignage présentent parfois quelques erreurs de traduction, notamment en raison de la censure et du travail de réécriture (López Luján 1991), nous obligeant à faire preuve de prudence quant à l'utilisation des données retranscrites.

Mais ce témoigne reste incontournable dans l'étude des civilisations précolombiennes, notamment lorsque l'on s'intéresse à la production de certains objets. Par exemple, certaines illustrations apportent de précieuses données sur certains processus techniques (Melgar Tísoc *et al.* 2018) comme l'artisanat lapidaire (fig. 2) ; la présence d'un marteau permet de renseigner le geste effectué, et non pas l'outil employé car aucun marteau n'est attesté à l'époque précolombienne (Melgar Tísoc 2022). Ainsi, nous percevons mieux les gestes à reproduire dans le travail expérimental de certains matériaux, comme le jade.

Les récits de Tomás de Torquemada sont publiés pour la première fois en 1615 sous la forme de six volumes qui composent la collection appelée *Monarquía Indiana*. Ce travail rassemble des informations issues des *codices*, des peintures, de la tradition orale mais aussi du travail d'autres missionnaires, dans le but de retranscrire de l'histoire du centre du Mexique, de son origine à sa colonisation. Pour justifier la christianisation, l'auteur présente l'évolution religieuse et culturelle de populations tels que les Mexicas, tout en décrivant plusieurs aspects de la société comme l'art, la religion, les systèmes de gouvernance, la guerre, la géographie, la faune et la flore (Torquemada 1943). Son témoignage nous a particulièrement intéressé pour la mention de l'utilisation d'outils lithiques lors d'activités pour lesquelles nous n'avons pas de vestige archéologique, comme le rasage de barbe :

> «[las lascas] salen de la misma forma, que son las que usan nuestros Barberos, para sangrar, salvo, que tienen un lomillo por medio, y ácia las puntas salen algo combadas, con mucha graciosidad; cortan, el rapas el cabello de la primera vez, y con el primer tajo poco menos, que una Navajas acerada, pero al segundo corte pierden los filos, y luego es menester otra, y otra para acabar de raspar la barba, ó el cabello, aunque á la verdad son baratas, y así no se siente gastarlas[4]." (Torquemada 1943, p.489-490).

4 « [Les lames] sortent similaires à celles utilisées par nos barbiers pour raser, sauf qu'elles ont une crête au milieu, et les extrémités sortent légèrement courbées, avec beaucoup de grâce ; ils coupent, rasent le poil à la première coupe, et elles coupent presque autant qu'un rasoir en acier, mais après la deuxième coupe elles perdent leurs tranchants, et alors une autre et une autre sont nécessaires pour finir de raser la barbe ou les poils, bien qu'elles soient peu coûteuses, il n'est donc pas difficile de les gâcher » (traduction N. Cadalen).

Nous avons donc reproduit le rasage de barbe avec des lames en obsidienne.

2.2.3. Enquêtes ethnographiques

Bien que l'organisation, la religion, ou encore l'économie des sociétés mayas actuelles aient considérablement changé depuis la Conquête, certaines pratiques traditionnelles ont perduré (Clark 1989) et les données ethnographiques constituent une source riche d'informations pour la documentation de certains gestes techniques et leur signification. Elles apportent également des pistes de réflexion autour des faits difficilement perceptibles avec les seuls vestiges archéologiques, tel que l'usage rituel et thérapeutique de certaines espèces végétales (Soustelle 1937).

L'étude de villages, situés à proximité de Malacatancito dans les Hautes Terres guatémaltèques, nous a ainsi permis de supposer que les outils tranchants occupaient une place secondaire dans les préparations alimentaires, contrairement aux objets de mouture (Hayden 1987). Nous avons donc expérimenté les activités de boucherie avec des lames en obsidienne, pour documenter les traces produites et ainsi identifier la part de ces outils impliqués dans la préparation alimentaire.

L'enquête réalisée par Jacques Soustelle (Soustelle 1937) sur les Lacandons, localisés dans le sud de l'état mexicain du Chiapas, a permis de sélectionner les espèces végétales sur lesquelles mener nos expérimentations, dont l'utilisation date de l'époque précolombienne et perdure jusqu'à aujourd'hui (Cadalen *et al.* 2023) ; nous avons travaillé les bois appelés *cedro* (*Cedrela odorata*), *caoba* (*Swietenia macrophylla*), *chicozapote* (*Manilkara zapota*), et une calebasse (*Lagenaria* sp.).

L'utilisation des sources iconographiques, ethno-historiques et ethnographiques a été essentielle dans la réalisation de nos expérimentations. La mention de l'implication des outils lithiques pour des activités telles que le rasage ou la modification dentaire nous a conduit à mettre en place des protocoles incluant ces matériaux rarement expérimentés. Des paramètres ont pu être précisés, notamment en ce qui concerne le choix des espèces végétales travaillées. Enfin, ces sources offrent également des pistes de réflexion quant à l'élaboration de certains processus techniques, ou la multiplicité des statuts qu'avaient une même activité, comme le travail du bois, dans les sociétés précolombiennes.

3. Résultats

3.1. Référentiel expérimental

En nous appuyant sur les données épigraphiques, ethno-historiques, ethnographiques et archéologiques, nous avons réalisé 11 programmes expérimentaux (fig. 3), impliquant un total de 61 outils en obsidienne et 21 outils en silex (tab. 1). Ces expérimentations sont divisées en trois groupes :

Figure 2 : Étapes de la production lapidaire (illustration tirée du *Códice Florentino*).

- Travail des matières animales : boucherie, os, peau, poisson, barbe et dent ;
- Travail des matières végétales : bois, calebasse ;
- Travail des matières minérales : jade, pyrite, coquillage[5].

3.1.1. Les matières animales

Les lames en obsidienne utilisées pour des activités de boucherie, le travail de l'os, de la peau fraîche et sèche, et du poisson (tab. 1) présentent des stigmates qui apparaissent similaires. Nos observations rejoignent celles d'autres chercheurs (*i.e.* Lewenstein 1987 ; Rodríguez Rodríguez 1998 ; Huidobro Marín 2018). Le contact avec l'os crée des enlèvements en cône, et des stries en pointillés, aux marges nettes irrégulières, à la section en U et au fond mat (fig. 4, a.). Ces stigmates sont présents par intermittence lorsque le contact osseux est occasionnel, dans le cas de la boucherie et la découpe de poisson. Certaines espèces de poisson sont particulièrement grasses, ce qui ralentit le processus de développement des stigmates (Hurcombe 1992). Le contact avec la peau crée peu de stigmates : les esquillements sont rares, et les stries apparaissent comme fines, aux marges nettes et rectilignes, à la section en V et au fond poli. Ces stries restent à proximité du fil du tranchant, et leur direction est un bon indicateur du geste appliqué.

Malgré les durées d'utilisation importantes (allant jusqu'à 55 minutes), l'analyse des lames utilisées pour le rasage de barbe n'a pas permis d'observer des stigmates fonctionnels caractéristiques de cette activité. Il est possible d'observer un micro-émoussé et quelques résidus (*i.e.* des gouttes de sang) lorsque l'expérimentateur se coupe à répétition (Kononenko 2011). La découpe de cheveux créé un esquillement plus important, identique à celui résultant du travail de matériaux souples comme la viande (Carter 1997). En l'état de nos connaissances, il reste difficile d'identifier cette utilisation des lames, pourtant attestée par Sahagún. Enfin, le travail des dents – une activité non-représentée dans les référentiels de comparaison – provoque l'apparition de traces fonctionnelles très caractéristiques sur les outils en obsidienne. Les stries sont très nombreuses sur le tranchant des lames, elles sont rectilignes, aux marges nettes et au fond rugueux (fig. 4, b.) ; les stries sont souvent accompagnées d'abrasion, d'émoussé et de poli, bien que les esquillements les emportent régulièrement.

L'emploi d'outils en silex dans le travail de dents entraine également des stigmates fonctionnels très caractéristiques. Pour le sciage, on observe l'apparition d'un lustré qui est composé d'un poli brillant, lisse et à la texture irrégulière, accompagné des stries rectilignes et au fond rugueux (fig. 5, a.). Lorsque l'outil a servi à perforer, le poli apparait avec une texture plus régulière, toujours lisse

5 Chez certaines populations précolombiennes, le travail du coquillage est considéré comme une activité artisanale du lapidaire, au même titre que le jade. Nous avons donc traité le coquillage, plus précisément le *Spondylus princep* ici, comme une matière minérale, pour des raisons culturelles.

Figure 3 : Photographies de la réalisation des expérimentations. a. : décharnement d'un membre inférieur de veau (*Bos taurus*) avec une lame d'obsidienne ; b. : préparation des filets de maquereau (*Scomber scombrus*) avec une lame d'obsidienne ; c. : sciage de bois (*Manilkara zapota*) avec une lame en silex ; d. : sciage d'une dent humaine avec une lame en silex ; e. : sciage de jade avec une lame en obsidienne ; f. : sciage de coquillage (*Spondylus princeps*) avec une lame en obsidienne.

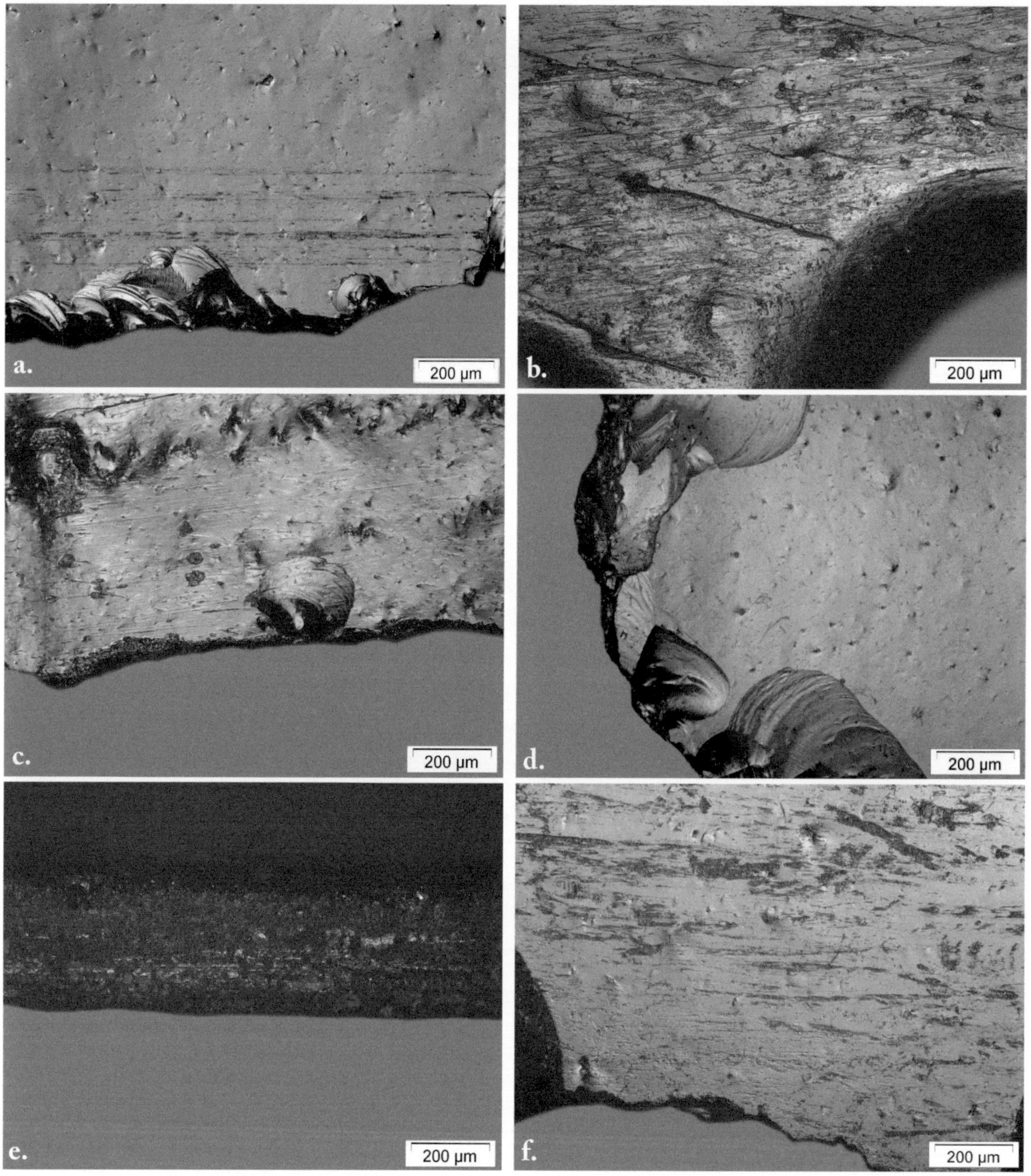

Figure 4 : Traces fonctionnelles observées sur les outils expérimentaux en obsidienne (grossissement x100). a. : boucherie (désarticulation pendant 16 minutes) ; b. : dent (sciage pendant 9 minutes) ; c. : bois (sciage du *caoba* pendant 16 minutes) ; d. : calebasse (incision pendant 8 heures) ; e. : jade (sciage pendant 5 minutes) ; f. : coquillage (sciage de *Spondylus princeps* pendant 7 minutes).

et brillant. Les limites sont nettes et la présence de petites fissures donne un aspect craquelé à cette modification de la microtopographie de la pièce (fig. 5, b.).

3.1.2. Les matières végétales

Malgré des temps d'utilisation particulièrement longs – allant jusqu'à huit heures de travail (tab. 1) – les stigmates fonctionnels observés sur les outils en obsidienne utilisés pour travailler une calebasse consistent essentiellement en un esquillement des tranchants (fig. 4, d.), parfois accompagné d'un léger émoussé et d'une abrasion peu intense (Lewenstein 1987). Quelques stries se déposent entre les esquillements ; elles sont courtes, fines, aux marges nettes et rectilignes et à la section en V. On note également la présence de quelques zones polies, qui restent marginales et la modification de la microtopographie y est légère. K. Aoyama rapproche les stigmates produits par le travail de la calebasse à ceux caractéristiques du travail de végétaux tels que le manioc ou l'avocat, et de la corne animale (Aoyama 1989).

Les lames en obsidienne utilisées pour le travail de différents bois présentent des stigmates fonctionnels assez homogènes : les bords sont esquillés, et le fil des tranchants est émoussé et abrasé. L'esquillement des tranchants est plus important lorsque le bois travaillé est dur, un aspect déjà mis en évidence par plusieurs programmes expérimentaux (Lewenstein 1987 ; Hurcombe 1992 ; Kononenko 2011). À l'échelle microscopique, on observe la présence d'un grand nombre de stries qui se déposent bien au-delà des esquillements (fig. 4, c.). On observe deux types de stries, le premier réunit les stries fines, rectilignes, à la section en V et au fond poli. Le second type regroupe les stries plus larges, aux marges nettes et irrégulières, à la section en U et au fond rugueux. On observe également un poli – détecté pour la première fois par L. Hurcombe (1992) – qui adoucit le bord des esquillements. Selon l'extension transversale des stries et l'aspect des esquillements, il est possible de percevoir la dureté du bois travaillé. Les précédentes expérimentations réalisées sur le travail du bois mettent en évidence le développement de traces similaires avec celles résultant du travail des végétaux siliceux non-ligneux (Rodríguez Rodríguez 1998 ; Kononenko 2011), voire à la faible teneur en silice comme le maïs ou l'avocat (Aoyama 1989).

Les outils en silex impliqués dans le travail des trois bois présentent eux aussi des stigmates fonctionnels similaires. À l'échelle macroscopique, on observe un esquillement du bord accompagné d'un léger lustré. À l'échelle microscopique, on observe un poli ondulé et brillant qui est dégressif depuis le fil du tranchant (fig. 5, c). Ce poli apparait similaire quelle que soit la dureté du bois travaillé (Lewenstein 1987), et est parfois rapproché du poli créé lors de la découpe de plantes siliceuses, bien que plus marginal (Aoyama 1989). Le tranchant des outils est légèrement émoussé, et on note la présence de quelques stries fines, courtes et à la section en V, qui renseignent le geste effectué.

3.1.3. Les matières minérales

L'usage de lames en obsidienne pour le sciage du jade et de la pyrite – pour des durées allant de 2 à 10 minutes (tab. 1) – provoque l'apparition de macro-traces plutôt similaires : le bord utilisé est rapidement rendu inutilisable en raison du développement d'un émoussé intense, plat et accompagné d'abrasion. Cet émoussé a été également observé dans d'autres expérimentations sur l'obsidienne, le silex, le tuf et le granite (Aoyama 1989 ; Huidobro Marín 2018). Le développement de ces stigmates rend le travail de certains minéraux particulièrement reconnaissable dans les corpus archéologiques (Aoyama 1989 ; Kononenko 2011). À l'échelle microscopique, les lames utilisées pour travailler le jade présentent quelques traînées de poli et de stries brillants (fig. 4, e). Le travail de la pyrite est caractérisé par des trainées d'aspect métallique.

Le travail du coquillage pendant 10 minutes au maximum provoque un esquillement important du tranchant des lames en obsidienne utilisées. Dans certaines expérimentations, ce stigmate prédomine très largement, emportant souvent les autres traces (Lewenstein 1987 ; Rodríguez Rodríguez 1998). Dès l'échelle macroscopique, on note la présence de nombreuses stries qui se développent bien au-delà des esquillements. À l'instar de N. Kononenko (2011), on observe à l'échelle microscopique que les stries sont de largeur variable, aux marges nettes et irrégulières, au fond mat et à la section en U (fig. 4, f). Certains esquillements sont également fortement affectés par de l'abrasion, conséquence de l'ajout d'abrasif (*i.e.* poudre d'obsidienne) utilisé lors de l'expérimentation ; d'autres ont les bords adoucis par un léger poli ponctuel. Contrairement au travail du jade et de la pyrite, nous n'observons pas le développement d'un émoussé aussi intense. Cependant, certaines recherches expérimentales ont permis de rapprocher les traces caractéristiques du travail du coquillage à celles résultant du travail du granite ou de l'argile (Kononenko 2011 ; Huidobro Marín 2018) ; cette constatation interroge sur l'impact du choix de l'espèce du coquillage travaillé sur le développement des stigmates fonctionnels sur les outils.

Malgré des durées d'utilisation allant jusqu'à 27 minutes, les outils en silex utilisés pour travailler le *Spondylus princeps* présentent très peu de stigmates fonctionnels; nous expliquons cela par le mélange d'eau et de poudre de coquillage qui a créé une pâte qui a protégé la surface des outils, ralentissant l'apparition des stigmates fonctionnels. Une pièce, utilisée pour gratter le coquillage, présente un poli aux limites diffuses et à la brillance modérée, accompagné de stries rectilignes, aux marges floues et aux fonds rugueux (fig. 5, d). D'autres expérimentations,

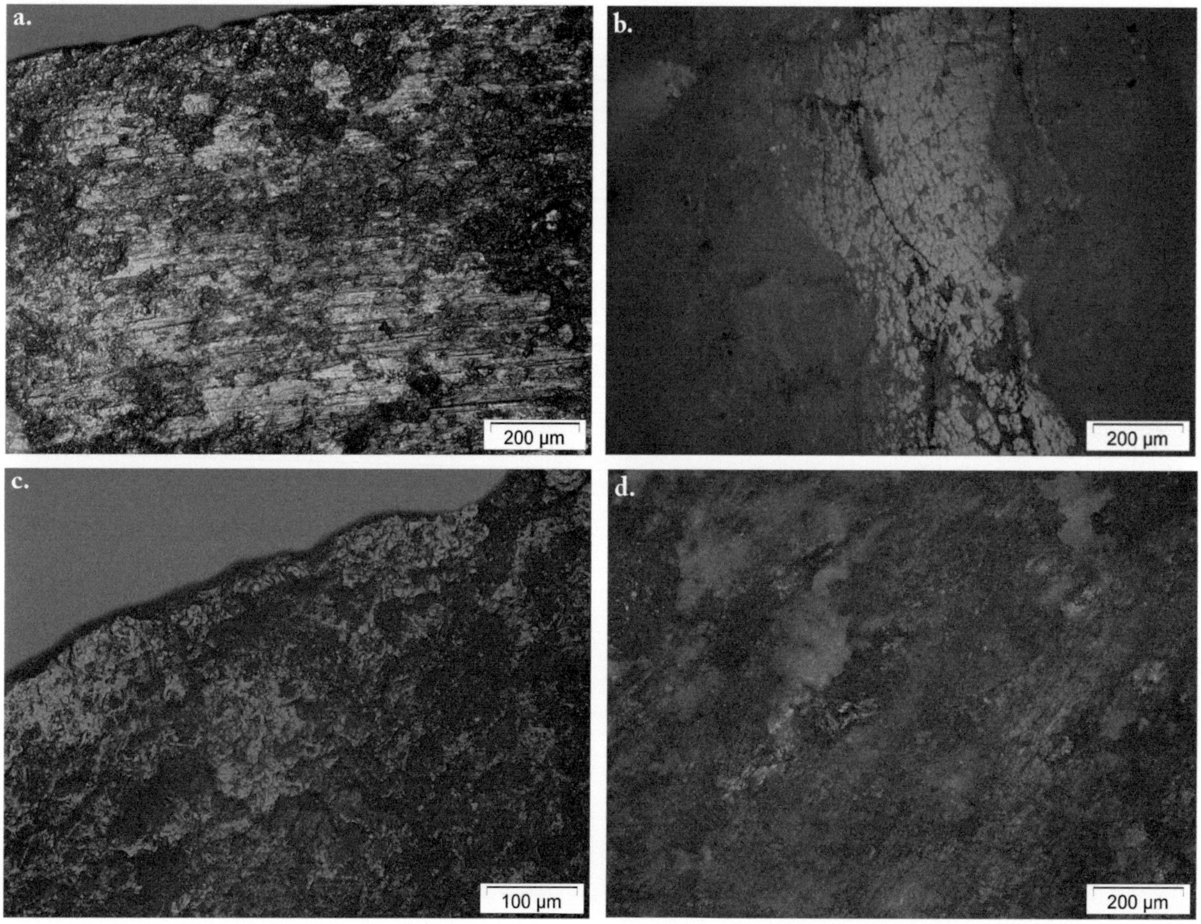

Figure 5 : Traces fonctionnelles observées sur les outils expérimentaux en silex (grossissement x100 et x200). a. : dent (sciage pendant 6 minutes) ; b. : dent (perçage pendant 45 minutes) ; c. : bois (sciage du *cedro* pendant une heure) ; d. : coquillage (grattage pendant 19 minutes).

réalisées sur des mollusques d'eau douce et des conques, ont provoqué l'apparition de traces beaucoup plus marquées sur les outils en silex. En plus des esquillements, un poli brillant, rugueux et aux limites diffuses affecte parfois les points hauts de l'outil (Lewenstein 1987). Lorsqu'il est particulièrement intense, ce poli a un aspect lisse et craquelé (Yerkes 1983), qui rappelle le poli caractéristique du travail de la dent. La variabilité des stigmates interroge une nouvelle fois sur l'impact du choix de l'espèce de coquillage travaillé sur le processus de développement des traces.

3.1.4. Bilan

À l'exception du travail de la dent, les outils en obsidienne impliqués dans le travail de matières animales sont caractérisés par l'absence de poli, la présence d'un léger émoussé et de l'abrasion peu à pas développé (tab. 1). Le travail de dents, pour les lames en obsidienne comme pour les outils en silex, provoque l'apparition de stigmates extrêmement spécifiques. Les stigmates liés au rasage paraissent difficilement identifiables dans les corpus archéologiques, tant ils sont peu développés.

L'utilisation des outils en obsidienne pour le travail des matières ligneuses est caractérisée par la présence de deux types de stries (tab. 1), et un poli affecte plus fréquemment le bord des esquillements et des stries. Le travail de la calebasse est, quant à lui, plus difficilement caractérisable.

Le travail des matières minérales est identifiable sur les outils en obsidienne par la présence d'un esquillement important, et d'un émoussé plat, développé et accompagné d'abrasion. Les stries sont le plus souvent rectilignes et à la section en W, à l'exception du travail du coquillage qui produit des stries plus larges, à la section en U (tab. 1). Ces différents matériaux produisent l'apparition d'un poli, qui reste cependant moins développé que pour le travail du bois.

Expérimentations	Analyse fonctionnelle									
Origine	**Matériau**	**Outils**	**Nbr. outils**	**Geste**	**Durée**	**Esquillements**	**Émousse**	**Poli**	**Stries**	**Abrasion**
Animales	Boucherie	obsidienne	8	dépouiller, décharner, désarticuler	12 à 57 min	rares	-	-	marges irrégulières, fond rugueux, section en U	-
	Os	obsidienne	2	racler, scier	8 à 31 min	importants	faible et arrondi	-	marges irrégulières, fond rugueux, section en U	-
	Peau	obsidienne	14	raser, racler, perçer, découper	13 min à 4h	moyens	faible et arrondi	-	marges rectilignes, fond poli, section en V	légère
	Poisson	obsidienne	2	découper, écailler	17 à 38 min	moyens	faible et arrondi	-	marges irrégulières, fond rugueux, section en U	légère
	Barbe	obsidienne	2	raser	32 à 55 min	rares	-	-	-	-
	Dent	obsidienne	6	percer, scier	9 min à 1h	importants	intense et plat	continu et intense	marges rectilignes, fond rugueux, section en W	intense
		silex	3	percer, scier	6 à 45 min	importants	moyen et plat	continu, plat, aspect craquelé	marges irrégulières, fond rugueux, section en V et U	-
Végétales	Bois	obsidienne	14	percer, scier	53 min à 1h	moyens	moyen et arrondi	continu et intense	marges irrégulières, fond rugueux, section en U	moyenne
									marges rectilignes, fond lisse, section en W	
		silex	9	percer, scier	1h	moyens	faible et arrondi	continu et ondulé	marges irrégulières, fond rugueux, section en U	-
	Calebasse	obsidienne	3	inciser	54 min à 8h	importants	moyen et arrondi	ponctuel et léger	marges rectilignes, fond lisse, section en W	légère
Minérales	Jade	obsidienne	6	scier	5 à 10 min	importants	intense et plat	discontinu et plat	marges rectilignes, fond rugueux, section en W	Intense
	Pyrite	obsidienne	2	scier	2 à 5 min	importants	intense et plat	discontinu et plat, aspect métallique	marges rectilignes, fond rugueux, section en W	Intense
	Coquillage	obsidienne	9	percer, scier	1 à 10 min	importants	moyen et arrondi	ponctuel et diffus	marges irrégulières, fond rugueux, section en U	moyenne
		silex	9	scier, gratter, percer	4 à 27 min	rares	moyen et arrondi	ponctuel et léger	marges rectilignes, fond rugueux, section en W	-

Tableau 1 : Bilan des expérimentations réalisées selon le matériau travaillé et l'outil employé.

3.2. Les outils de Cancuén

3.2.1. Les lames en obsidienne

Sur les 1023 lames en obsidienne analysées – provenant de 19 structures ou groupes de structure de Cancuén (tab. 2) – 404 (39.5%) ne présentaient pas de signe d'utilisation et 227 (22.2%) étaient trop altérées pour réaliser une étude fonctionnelle correcte ; les 392 lames restantes (38.3%) comportaient des stigmates d'utilisation, réunissant 658 ZU[6]. Les matériaux travaillés étaient d'origine animale, végétale, minérale et indéterminée :

- Matières animales : 31 lames (7.9% des outils utilisés), réparties dans 5 structures. Trente lames (42 ZU) ont servi à réaliser des actes de boucherie, et une lame (2 ZU) a travaillé une matière animale indéterminée ;
- Matières végétales : 259 lames (66.1%), réparties dans 18 structures. Le travail du bois regroupe 169 lames (276 ZU), les 89 autres ont travaillé des végétaux indéterminés (146 ZU) ;
- Matières minérales : 7 lames (1.8%), réparties dans 5 structures. Toutes ces lames (14 ZU) ont servi à des activités lapidaires ;
- Matières indéterminées : 105 lames (26.8%), regroupant 172 ZU, et réparties dans 15 structures.

Sept lames (17 ZU) ont travaillé plusieurs matériaux de nature différente[7]. On note que les lames en obsidienne sont utilisées préférentiellement pour travailler des végétaux. Les activités de boucherie, que l'on peut rapprocher des préparations alimentaires, occupent la seconde place. On note une utilisation ponctuelle des lames lors des activités lapidaires ; la part importante des indéterminés montre cependant qu'il convient de faire preuve de prudence avec ces résultats.

3.2.2. Les perçoirs en silex

Les 135 perçoirs en silex analysés proviennent de 21 structures ou groupes de structures de l'épicentre de Cancuén (tab. 2). Quatre artefacts (3.0%) étaient trop altérés pour l'étude fonctionnelle, 33 (24.4%) ne présentaient aucun signe d'utilisation, et 98 perçoirs (72.6%) comportaient des stigmates d'utilisation, réunissant 124 ZU. Les matériaux travaillés étaient d'origine animale, végétale, minérale et indéterminée, soit :

- Matières animales : 3 perçoirs (3.1% des perçoirs utilisés, 3 ZU), retrouvés dans 3 structures, et associés au travail de dents ;
- Matières végétales : 14 perçoirs (14.3%), répartis dans 5 structures. Treize perçoirs (16 ZU) ont été utilisés pour travailler du bois, le perçoir (1 ZU) restant a été en contact avec un végétal indéterminé ;
- Matières minérales : 68 perçoirs (69.4%), associés à 10 structures de la cité. Le travail des minéraux tendres a été identifié sur 5 perçoirs (5 ZU), le travail des minéraux semi-durs regroupe 3 perçoirs (3 ZU), les 60 perçoirs restants (77 ZU) sont associés aux activités lapidaires ;
- Matières indéterminées : 18 perçoirs (18.4%), réunissant 24 ZU, associés à 11 structures.

Cinq perçoirs (11 ZU) ont travaillé plusieurs matériaux de nature différente[7]. On observe que les perçoirs en silex étaient des outils privilégiés dans les activités lapidaires. On note également que ces outils servaient à une multiplicité d'activité : travail de dent, de bois, de minéraux à la dureté variable, etc. La part des indéterminés reste non négligeable.

4. Discussion

4.1. Cancuén, cité aux activités diversifiées

Bien que nous ayons limité notre analyse à deux types d'outil – les lames et les perçoirs – nous avons pu identifier un certain nombre d'activités réalisées avec ceux-ci : en plus des indéterminés, nous dénombrons huit groupes de matériaux (tab. 2). Ces outils étaient donc impliqués dans de multiples activités.

Le travail des végétaux prédomine largement : cette activité a été identifiée dans 21 structures ou groupes de structures (fig. 6), qu'il s'agisse d'édifices publics, de résidences ou de contextes rituels. En raison de l'importance des ressources végétales dans les environs des cités mayas, le travail de ces matériaux, notamment du bois, occupai une place centrale dans les activités quotidiennes des habitants de Cancuén (Cadalen *et al.* 2023). Ces activités engageaient une grande partie des outils en obsidienne, avec 66.1% des lames de Cancuén impliquées. Le travail des végétaux domine largement le spectre fonctionnel des lames en obsidienne d'autres cités mayas : il regroupe 40.9% (n = 895) des ZU[8] identifiées sur les outils du site d'Aguateca (Aoyama 2009), 74.0% (n = 822) pour Cerros (Lewenstein 1987), et 23.4% (n = 114) pour San Pedro (Stemp 2016a). Il semble donc que l'outil

6 ZU : Zone d'Utilisation.

7 Raison pour laquelle la somme des outils en fonction de la nature des matériaux travaillés n'est pas égale au total des outils avec des stigmates d'utilisation exploitables. C'est également pour cela que la somme des pourcentages des outils impliqués dans le travail des différents matériaux dépasse les 100.0%.

8 Les précédentes études fonctionnelles réalisées sur l'outillage maya présentent les résultats en fonction des Zones d'Utilisation (ZU) et non des outils. Nous ne savons donc pas systématiquement le nombre d'outils correspondant à la quantité de ZU mentionnée.

Localisation	Lames en obsidienne		Perçoirs en silex		Matériaux travaillés								
	étudiée	*utilisée (ZU)*	*étudié*	*utilisé (ZU)*	*Boucherie*	*Dent*	*Animal ind.*	*Bois*	*Végétaux ind.*	*Min. tendre*	*Min. semi-dur*	*Lapidaire*	*Ind.*
Palais	9	8(16)	0	-	0	0	0	7(14)	1(2)	0	0	0	0
Port	10	6(9)	1	1(2)	0	0	0	3(4)	0	0	0	1(2)	4(5)
Terrain de jeu de balle nord	14	10(18)	1	1(1)	1(1)	0	0	2(2)	0	0	0	0	8(16)
Réservoir royal	6	5(6)	5	4(4)	0	0	0	5(7)	0	0	0	1(1)	2(2)
Réservoir nord	11	8(13)	0	-	0	0	0	1(1)	1(1)	0	0	0	6(11)
Str. K6-34	392	109(181)	21	12(13)	14(21)	1(1)	1(2)	70(114)	1(1)	2(2)	1(1)	3(3)	29(52)
Str. K7-24	1	1(2)	1	1(1)	0	0	0	0	1(2)	0	0	0	1(1)
Str. K8-11	0	-	2	1(1)	0	1(1)	0	0	0	0	0	0	0
Str. L7-27	120	0	0	-	-	-	-	-	-	-	-	-	-
Str. L9-2	9	5(9)	1	0	0	0	0	2(4)	0	0	0	0	3(5)
Str. M6-12	0	-	13	11(13)	0	1(1)	0	4(5)	1(1)	1(1)	0	3(3)	2(2)
Str. M6-17	0	-	1	0	-	-	-	-	-	-	-	-	-
Str. M9-2	0	-	1	1(1)	0	0	0	0	0	0	0	0	1(1)
Str. M9-15	0	-	5	1(3)	0	0	0	0	0	0	0	1(2)	1(1)
Str. M9-17	8	7(13)	1	0	0	0	0	4(8)	0	0	0	1(1)	2(4)
Str. M9-18	0	-	1	1(2)	0	0	0	1(2)	0	0	0	0	0
Str. M9-24	16	15(25)	4	3(4)	0	0	0	9(15)	1(1)	0	1(1)	2(3)	6(9)
Str. M10-1	121	84(139)	0	-	1(1)	0	0	2(3)	80(133)	0	0	0	1(2)
Str. M10-3	0	-	2	2(2)	0	0	0	0	0	0	0	1(1)	1(1)
Str. M10-4	8	6(10)	0	-	0	0	0	4(6)	0	0	0	0	2(4)
Str. M10-6	0	-	1	0	-	-	-	-	-	-	-	-	-
Str. M10-7	255	101(160)	2	2(2)	13(19)	0	0	49(81)	3(5)	1(1)	0	2(2)	36(54)
Str. N9-1	0	-	1	0	-	-	-	-	-	-	-	-	-
Str. N10-2	1	1(2)	0	-	0	0	0	1(2)	0	0	0	0	0
Groupe F	10	7(13)	0	-	0	0	0	5(8)	1(1)	0	0	0	2(4)
Groupe N9	13	8(12)	60	49(65)	0	0	0	6(8)	0	0	1(1)	47(62)	5(6)
Groupe Nord	7	6(13)	2	2(3)	1(1)	0	0	3(4)	0	0	0	3(6)	3(5)
Groupe Los Patos	0	-	9	6(7)	0	0	0	2(2)	0	1(1)	0	1(1)	2(3)
Groupe El Guarani	12	9(17)	0	-	0	0	0	3(4)	0	0	0	1(4)	6(9)
Total	**1023**	**396(658)**	**135**	**98(124)**	**30(42)**	**3(3)**	**1(2)**	**182(292)**	**90(147)**	**5(5)**	**3(3)**	**67(91)**	**123(197)**

Tableau 2 : Résultats de l'analyse fonctionnelle des lames en obsidienne et perçoirs en silex de Cancuén, en fonction des structures étudiées. ZU : Zone d'Utilisation.

le plus répandu en aire maya – la lame en obsidienne – était un outil privilégié pour travailler les ressources végétales, abondantes dans l'environnement des cités.

On observe également la part importante des outils impliqués dans les activités lapidaires : notre analyse fonctionnelle souligne le lien entre 13 structures ou groupes de structures et ces activités (fig. 6). La majorité de ces outils est concentrée dans la partie nord de l'épicentre, à proximité de l'atelier de production de préformes en jade. On note également que certains instruments du lapidaire ont été retrouvés aux alentours du complexe palatial : l'économie de la cité reposait, entre autres, sur ces productions lapidaires (Andrieu *et al.* 2014 ; Demarest *et al.* 2014). Les perçoirs sont privilégiés pour ces activités : la quantité exceptionnelle de ces outils mis au jour sur le site de Cancuén est à

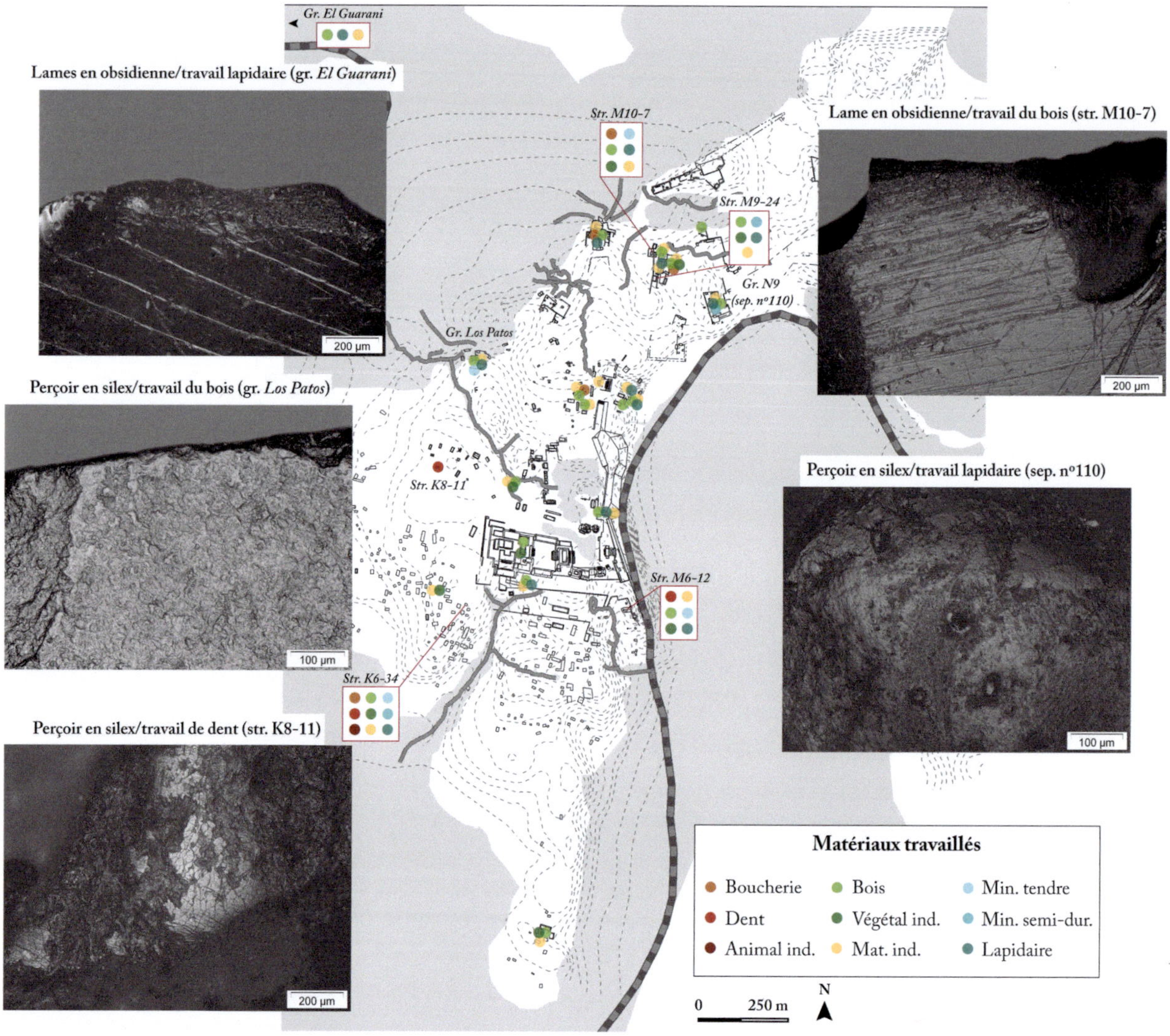

Figure 6 : Répartition spatiale des résultats de l'analyse fonctionnelle des lames en obsidienne et des perçoirs en silex sur le site de Cancuén.

mettre en lien avec la production lapidaire qui prenait place dans cette même cité (Cadalen 2023). Cette idée est renforcée par l'étude de 13 perçoirs en silex du site d'Aguateca[9] (Aoyama 2009) : 11 d'entre eux ont été utilisés, réunissant 11 ZU associées au travail de la viande ou de la peau (n = 5 ZU), de l'os ou du coquillage (n = 4) et des matériaux indéterminés (n = 2). L'économie de Cancuén reposait en partie sur les productions lapidaires qui nécessitaient une grande quantité de perçoirs en silex. Cependant, ces outils étaient eux-aussi occasionnellement utilisés pour d'autres activités, parfois extrêmement spécialisées comme la modification dentaire. Cette fonction des perçoirs renvoie aux individus inhumés à Cancuén qui présentaient des incrustations dentaires, faites de jade ou de pyrite, en plus de dents limées, taillées et incisées (Quintanilla *et al.* 2017).

4.2. Des expérimentations ciblées

L'utilisation des sources iconographiques, ethno-historiques et ethnographiques a permis de cibler nos expérimentations pour répondre à des problématiques spécifiques à l'étude des civilisations mésoaméricaines. En plus des activités incontournables des référentiels expérimentaux (*e.g.* boucherie), nous avons reproduit des activités rarement représentées dans ces mêmes référentiels, comme le travail de dents humaines, le rasage ou le travail du jade.

Ainsi, il nous a été possible d'interpréter la plupart des stigmates fonctionnels observés sur les outils lithiques analysés. Nous avons mis en évidence l'implication ponctuelle des lames en obsidienne dans les activités lapidaires, et une utilisation extrêmement spécialisée

9 Le corpus lithique d'Aguateca comprend un total de 26 perçoirs en silex.

des perçoirs en silex, pour réaliser les modifications dentaires si spécifiques aux populations précolombiennes (Tiesler 2001). L'importance de croiser les différentes sources d'information pour orienter nos protocoles expérimentaux enrichit considérablement notre réflexion : les activités de décoration dentaire n'étaient jusque-là identifiées qu'avec les dents modifiées des individus inhumés, et par de rares mentions ethnographiques de la pratique de la modification dentaire (Landa 1941 ; Sahagún 1975). Avec l'identification de plusieurs outils liés à ces activités, nous ouvrons de nouvelles perspectives sur la réalisation de ces activités essentielles à l'expression de l'identité des élites mayas.

Les perspectives de recherche dans l'analyse fonctionnelle des outillages mayas se trouvent ainsi enrichies ; certaines activités, comme le rasage de barbe, restent encore aujourd'hui indétectables dans les corpus archéologiques. Il est donc essentiel de documenter au mieux toutes ces activités, pour s'interroger sur la place qu'elles occupaient dans le quotidien des Mayas, et réfléchir à de nouvelles méthodes pour les identifier.

5. Conclusion

Lorsqu'elles sont accompagnées d'une réflexion contextuelle, les données issues des sources iconographiques, ethnohistoriques et ethnographiques permettent d'orienter efficacement les expérimentations. Ainsi, nous avons construit un référentiel expérimental inédit, réunissant des outils en silex et en obsidienne qui ont travaillé des matériaux tels que de la peau, du bois, mais aussi du jade, de la pyrite et des dents humaines. Grâce à la réalisation de protocoles expérimentaux ciblés, nous avons identifié une variabilité d'utilisation des perçoirs en silex et des lames en obsidienne du site de Cancuén. En plus de l'artisanat des matières végétales, qui était omniprésent dans la cité, les outils étaient impliqués dans des travaux lapidaires, mais aussi dans des activités telles que la modification dentaire, cette dernière étant difficilement identifiable en dehors des vestiges anthropologiques. Cela démontre l'importance d'utiliser toutes les sources d'information à notre disposition pour réaliser nos expérimentations, pour conduire une analyse fonctionnelle efficace des outils lithiques.

Remerciements

Nous remercions la Maison des Sciences Humaines et Sociales Sud-Est et l'Institut des Amériques pour leur soutien financier. Nos remerciements vont aux membres du Projet Régional Archéologique de Cancuén, et aux laboratoires Cultures et Environnements, Préhistoire, Antiquité et Moyen-Âge (CEPAM, UMR 7264) et Archéologie des Amériques (ArchAm, UMR 8096). Enfin, notre gratitude va à l'ensemble des personnes impliquées, de près ou de loin, dans la réalisation des expérimentations.

Références

Abrams, E.M. 1987. Economic Specialization and Construction Personnel in Classic Period Copan, Honduras. *American Antiquity* 52/3, 485-499. DOI:10.2307/281595

Andrieu, C. 2009. *Outils mayas : Distribution et production du silex et de l'obsidienne dans les Basses Terres*. Ph.D. Thesis, Nanterre: Université Paris Ouest-Nanterre La Défense.

Andrieu, C. and Cadalen, N. 2023. The other side of the mirror. Maya Late Classic iron-ore artifact production: an insight from Cancuen. *Ancient Mesoamerica*, 1-18. DOI:10.1017/S0956536121000602

Andrieu, C. and Quiñónez, D. 2011. Análisis Lítico, in: Demarest, A.A. and Martinez Paiz, H. (eds.). *Proyecto Arqueológico Cancuén. Informe Final No. 10, Temporada 2010*. Guatemala: Instituto Nacional de Antropología e Historia, p. 259-314.

Andrieu, C., Rodas, E. and Luin, L. 2014. The values of Classic Maya Jade: a Reanalysis of Cancuen's Jade Workshop. *Ancient Mesoamerica* 25/1, 141-164. DOI:10.1017/S0956536114000108

Aoyama, K. 1989. Estudio Experimental de las Huellas de Uso sobre Material Litico de Obsidiana y Silex. *Mesoamerica* 17, 185-214.

Aoyama, K. 2009. *Elite craft producers, artists, and warriors at Aguateca: lithic analysis*. Salt Lake City: University of Utah Press.

Becker, M.J. 1973. Archaeological Evidence for Occupational Specialization Among the Classic Period Maya at Tikal, Guatemala. *American Antiquity* 38/4, 396-406. DOI:10.2307/279144

Cadalen, N. 2023. *Activités artisanales et division des tâches dans une société maya classique. Approche systémique et fonctionnelle de l'outillage lithique de Cancuén (Guatemala)*. Ph.D. Thesis, Nice: Université Côte d'Azur.

Cadalen, N., Beyries, S., Trabanino, F. and Andrieu, C. 2023. When Che' (wood) meets tun (stone): Experimental programs and functional analysis of stone tools. The case of the Classic Maya site of Cancuén (Guatemala). *Journal of Archaeological Science: Reports* 49, 1-13. DOI:10.1016/j.jasrep.2023.103991

Carter, T. 1997. Blood and Tears: a Cycladic Case Study in Microwear Analysis. The Use of Obsidian Blades from Graves as Razors?, in: Ramos-Millán, A. and Bustillo, M.A (eds.). *Siliceous Rocks and Culture*. Granada: Universidad de Granada, Monográfica y Arqueología, 537-551.

Chase, A.F. 1992. Elites and the Changing Organization of Classic Maya Society, in: Chase, A. and Chase, D. (eds). *Mesoamerican Elites*. Norman: University of Oklahoma Press, 30-49.

Clark, J.E. 1989. Obsidian: The Primary Mesoamerican Sources, in: Gaxiola, M. and Clark, J. (eds.). *La Obsidiana en Mesoamerica.* México: Instituto Nacional de Antropología e Historia, 299-330.

Demarest, A.A. 2013. Ideological Pathways to Economic Exchange: Religion, Economy, and Legitimation at the Classic Maya Royal Capital of Cancuen. *Latin American Antiquity* 24/4, 371-402.

Demarest, A.A., Andrieu, C., Torres, P., Forné, M., Barrientos, T. and Wolf, M. 2014. Economy, Exchange and Power: New Evidence from the Late Classic Maya Port City of Cancuén. *Ancient Mesoamerica* 25/1, 187-219. DOI:10.1017/S0956536114000121

Demarest, A.A., Victor, B., Andrieu, C. and Torres, P. 2020. A New Direction in the Study of Ancient Maya Economics Language, Logic, and Models from Strategic Management Studies, in: Masson M., Freidel, D. and Demarest, A. (eds.). *The real business of ancient Maya economies: From farmers' fields to ruler's realm.* Gainesville: University Press of Florida, 28-54.

Dunning, N.P. and Kowalski, J.K. 1994. Lords of the Hills: Classic Maya settlement patterns and political iconography in the Puuc region, Mexico. *Ancient Mesoamerica* 5/1, 63-95. DOI:10.1017/S095653610000105X

Emery, K.F. and Aoyama, K. 2007. Bone, Shell, and Lithic Evidence for Crafting in Elite Maya Households at Aguateca, Guatemala. *Ancient Mesoamerica* 18/1, 69-89. DOI:10.1017/S0956536107000089

Estrada-Belli, F. and Tokovinine, A. 2016. A King's Apotheosis: Iconography, Text, and Politics from a Classic Maya Temple at Holmul. *Latin American Antiquity* 27/2, 149-168. DOI:10.7183/1045-6635.27.2.149

Forné, M., Alvarado, S., Torres, P. et Belches, D. 2009. Capitulo X: Análisis Cerámico en Cancuén y su Región: Perspectiva Cronológica y Cultural, in: Demarest A., Martinez H., Forné M., Quintanilla C. and Luin L. (eds.). *Proyecto Arqueológico Cancuén: Informe Final No. 9, Temporada 2008.* Guatemala City: Vanderbilt University and Universidad del Valle de Guatemala, Dirección General del Patrimonio Cultural y Natural, 139-185

Forné, M., Andrieu, C. and Demarest, A.A. 2014. Estrategias económicas, estrategias políticas en el antiguo reinado de Cancuen, Guatemala, in: Vazquez Lopez, V., Valencia Rivera, R. and Gutierrez, E. (eds.). *Socio-political Strategies among the Maya from the Classic Period to the Present.* Oxford: British Archaeological Report, International Series, 33-50.

Forné, M., Andrieu, C., Demarest, A.A., Torres, P., Quintanilla, C., Bishop, R.L. and Jaime-Riveron, O. 2013. Crisis y cambios en el Clásico Tardío: los retos económicos de una ciudad entre las Tierras Altas y las Tierras Bajas mayas, in: Arnauld, M.C. and Breton, A. (eds.). *Millenary Maya Societies: Past Crises and Resilience.* Mesoweb, 49-61.

Gruzinski, S. 1976. Le Passeur susceptible : approches ethnohistoriques de la conquête spirituelle du Mexique. *Mélanges de la Casa de Velazquez* 12, 195-217.

Hayden, B. 1987. Traditional Metate Manufacturing in Guatemala Using Chipped Stone Tools, in: B. Hayden (ed.). *Lithic Studies Among the Contemporary Highland Maya.* Tucson: University of Arizona Press, 8-119.

Houston, S.D. and Stuart, D. 1998. The Ancient Maya Self: Personhood and Portraiture in the Classic Period. *Res: Anthropology and aesthetics* 33, 73-101. DOI:10.1086/RESv33n1ms20167002

Huidobro Marín, C. 2018. *L'équipement lithique des chasseurs-cueilleurs maritimes de Patagonie australe pendant l'Holocène moyen. Fabrication et utilisation des armes et des outils.* Ph.D. Thesis, Paris : Université Paris 1 Panthéon-Sorbonne.

Hurcombe, L.M. 1992. *Use wear analysis and obsidian: theory, experiments and results.* Sheffield: J. R. Collis publ. Department of archaeology and prehistory, University of Sheffield.

Hutson, S.R., Stanton, T.W., Magnoni, A., Terry, R. and Craner, J. 2007. Beyond the buildings: Formation processes of ancient Maya houselots and methods for the study of non-architectural space. *Journal of Anthropological Archaeology* 26/3, 442-473. DOI:10.1016/j.jaa.2006.12.001

Inomata, T., Triadan, D., Ponciano, E., Terry, R. and Beaubien, H.F. 2001. In the Palace of the Fallen King: The Royal Residential Complex at Aguateca, Guatemala. *Journal of Field Archaeology* 28, 287-306.

Kidder, A.V. 1947. *The artifacts of Uaxactun, Guatemala.* Washington, D.C: Carnegie Institution of Washington.

Kononenko, N. 2011. Experimental and archaeological studies of use-wear and residues on obsidian artefacts from Papua New Guinea. *Technical Reports of the Australian Museum online* 21, 1-244. DOI:10.3853/j.1835-4211.21.2011.1559

Labajo González, E., Perea Pérez, B., Sánchez Sánchez, J.A., Carrión Bolaños, J., Gómez Sánchez, M. and Robledo Acinas, M. del M. 2007. Mutilación dental: la cosmovisión en la estética de la sonrisa. *Revista de la Escuela de Medicina Legal* 6, 4-14.

Landa, D. de. 1941. *Landa's Relacion de las cosas de Yucatan.* Cambridge: Harvard University Press.

Lewenstein, S.M. 1981. Mesoamerican Obsidian Blades: An Experimental Approach to Function. *Journal of Field Archaeology* 8/2, 175-188.

Lewenstein, S.M. 1987. *Stone Tool Use at Cerros: The Ethnoarchaeological and Use-Wear Evidence.* Austin: University of Texas Press.

López Luján, L. 1991. Peces y moluscos en el libro undécimo del Códice Florentino, in: Polaco, O.J. (ed.). *La fauna en el Templo Mayor*. Mexico: INAH/GV Editores/Asociación de Amigos del Templo Mayor, 213-263.

Marcus, J. 1974. The Iconography of Power among the Classic Maya. *World Archaeology* 6/1, 83-94. DOI:10.1080/00438243.1974.9979590

Masson, M.A., Freidel, D.A. and Demarest, A.A. 2020. *The Real Business of Ancient Maya Economies: From Farmers' Fields to Rulers' Realms*. 1re éd. University Press of Florida.

McAnany, P.A. 2013. Artisans, Ikatz, and Statecraft: Provisioning Classic Maya Royal Court, in: Hirth, K. and Pillsbury, J. (eds.). *Merchants, Trade, and Exchange in the Pre-Columbian World*. Washington: Dumbarton Oaks Research Library and Collection, 229-254.

Melgar Tísoc, E.R. 2022. *Tlateccáyotl: los artistas de las piedras preciosas: exposición temporal, mayo-septiembre de 2022*. Primera edición. Ciudad de México: Secretaría de Cultura, Instituto Nacional de Antropología e Historia.

Melgar Tísoc, E.R., Monterrosa Desruelles, H.V. and Solís Ciriaco, R.B. 2018. *Piedras de fuego y agua: turquesas y jades entre los nahuas*. Primera edición. Ciudad de México: Instituto Nacional de Antropología e Historia.

Proskouriakoff, T. 1950. *A study of Classic Maya sculpture*. Washington: Carnegie Institution of Washington.

Reina, R.E. and Hill, R.M. 1980. Lowland Maya Subsistence: Notes from Ethnohistory and Ethnography. *American Antiquity* 45/1, 74-79. DOI:10.2307/279660

Rodríguez Rodríguez, A. del C. 1998. Traceología de las Obsidianas Canarias. Resultados Experimentales. *El Museo Canario* (LIII), 21-58.

Romero, J. 1958. *Mutilaciones dentarias prehispánicas de México y América en general*. Mexico: Instituto Nacional de Antropología e Historia.

Sahagún, F.B.D. 1975. *Historia General de Las Cosas de Nueva España*. México: Editorial Porrúa.

Sievert, A.K. 1992. *Maya Ceremonial Specialization: Lithic Tools from the Sacred Cenote at Chichén Itzá, Yucatán*. Madison, Wis: Prehistory Press.

Soustelle, J. 1937. La culture matérielle des Indiens Lacandons. *Journal de la Société des Américanistes* 29/1, 1-96.

Stavrakis Puleston, O. 1969. *Functional Analysis of a Workshop Tool Kit from Tikal*. Thèse de Master, Philadelphia: University of Pennsylvania.

Stemp, J.W. 2000. *An Analysis of Stone Tool Use in the Maya Coatal Economies of Marco Gonzalez and San Pedro, Ambergris Caye, Belize*. Ph.D. Thesis, Montréal: McGill University.

Stemp, J.W. 2016a. Coastal Maya Obsidian Tool Use and Socio-Economy in the Late Postclassic-Early Spanish Colonial Period at San Pedro, Ambergris Caye, Belize. *Journal of Field Archaeology* 41/2, 162-176. DOI:10.1080/00934690.2016.1156921

Stemp, J.W. 2016b. Twist and Shout: Experiments in Ancient Maya Blood-Letting by Piercing with Obsidian Blades and Splinters. *Journal of Archaeological Science: Reports* 9, 134-142.

Sullivan, P. 2014. Anthropology and Ethnohistory of the Maya. *Reviews in Anthropology* 43/4, 260-281. DOI:10.1080/00938157.2014.964061

Tiesler, V. 2001. *Decoraciones Dentales entre los Antiguos Mayas*. Mexico: Ediciones Euroamericanas.

Torquemada, F.J. de. 1943. *Monarquía Indiana*. Mexico: Editorial Salvador Chavez Hayhie.

Wilk, R.R. 1976. Microscopic Analysis of Chipped Stone Tools from Barton Ramie, British Honduras. *Estudios de Cultura Maya* X/7, 53-68.

Wilk, R.R. 1978. Microscopic Analysis of Chipped Flint and Obsidian. In: *Excavations at Seibal*. Peabody Museum of Archaeology and Ethnology. Cambridge: Harvard University Press, 139-145.

Yerkes, R.W. 1983. Microwear, Microdrills, and Mississippian Craft Specialization. *American Antiquity* 48/3, 499-518. DOI:10.2307/280558

Note sur les contributeurs

Naya Cadalen
Université Côte d'Azur, Cultures et Environnements, Préhistoire, Antiquité, Moyen-Âge (CEPAM, UMR 7264), CNRS, France.
nayacadalen@hotmail.fr

Svetlana Vassilieff
Université Paris 1 Panthéon-Sorbonne, Archéologie des Amériques (ArchAm, UMR 8096), CNRS, France.

Chloé Andrieu
Université Paris 1 Panthéon-Sorbonne, Archéologie des Amériques (ArchAm, UMR 8096), CNRS, France.

Sylvie Beyries
Université Côte d'Azur, Cultures et Environnements, Préhistoire, Antiquité, Moyen-Âge (CEPAM, UMR 7264), CNRS, France.

An experimental protocol to trace woodworking activities by aboriginal populations of the Canary Islands

(2nd – 15th century CE)

Paloma Vidal-Matutano, Antoni Palomo, Dorota Wojtczak, Amelia Rodríguez, Salvador Pardo-Gordó, Jared Carballo-Pérez, Idaira Brito-Abrante, Kiara Ortega

Abstract

The Canarian Archipelago's environment supported preserving ancient wooden artifacts made by North African settlers who, lacking metal resources, adapted by developing volcanic lithic technology and woodworking skills. This study introduces the first experimental program focusing on indigenous woodworking activities in the Canary Islands preceding European colonisation. Conducted in 2022 in Tenerife, 41 experiments explored technological traces of specific woodworking actions and techniques, using replicas of tools made from obsidian, coarse-grained volcanic and pumice rocks, as well as transformed ovicaprid bones serving as bone chisels, alongside wooden wedges and hammers. The experimentation addressed some of the woodworking *chaîne opératoire* stages, generating a reference collection for ongoing statistical analysis, thereby expanding our understanding of wooden artefact production by the aboriginal populations of the Canary Islands.

Keywords: Experimental archaeology; Woodworking; Canary Islands; Prehispanic; Tool mark

1. Introduction

The Canary Islands (northwest Africa, ~100 km off the Saharan coast) is one of the places on the planet that offers exceptional conservation of organic matter due to its environmental conditions. This preservation by desiccation, due to arid conditions, has made possible the recovery of numerous mummified human remains on different islands (Arnay de la Rosa *et al.* 2017; Velasco-Vázquez *et al.* 2017; Delgado-Darias *et al.* 2021) but also plant remains from funerary (Vidal-Matutano *et al.* 2021a; Marrero-Rodríguez *et al.* 2023), domestic

(Morales *et al.* 2023) or even communal granary contexts (Morales *et al.* 2014; Vidal-Matutano *et al.* 2020; 2021b).

Human colonisation of the Canarian archipelago occurred between the 2nd and 5th centuries (c.) CE by Amazigh communities from northern Africa (Fregel *et al.* 2020; Serrano *et al.* 2023). These first settlers imported and developed their agropastoral economy with an important reliance on the gathering of wild plants and shellfish. Since the arrival of these communities to the archipelago, a cultural evolution took place on each island while sharing a common cultural substratum (Navarro-Mederos 1983; Mora Aguiar 2017). Based on archaeological evidence, it is thought that there was no contact between islands or with the mainland until the arrival of European explorers in the 14th-15th c. CE. Isolation, the different environmental conditions of each territory, time, as well as other cultural or demographic particularities, determined the progressive diversification of both, the habitats and the material culture. One of the most remarkable examples can be seen in ceramic production, which has different typologies and decorative patterns specific to each island. The same can be said of the knapped lithic industries and grinding artefacts. Manufacturing strategies varied according to the availability of raw material and its characteristics (e.g., obsidian is only documented on three of the seven inhabited islands). Regarding wood, the architectural traditions of each territory led to a greater development of timber elements on islands such as Gran Canaria.

The exceptional desiccated wooden assemblage from the Prehispanic period includes a variety of objects such as a coffin, funerary boards, timber elements, doors, wooden sticks, and containers, among others. Many have been deposited in Canarian archaeological museums after being recovered during several expeditions at the beginning of the 20thC. The absence of methodology during these archaeological expeditions meant the loss of any contextualisation for most. However, the recent inclusion of technological and functional approaches into the analysis of these objects, as well as the efforts to obtain radiocarbon dating for some, are contributing to a better understanding of woodworking activities among the aboriginal groups of the Canary Islands (Vidal-Matutano *et al.* 2021b; 2024). In addition, the Canarian archipelago offers a unique archaeological context with the absence of metal ores due to the volcanic origin of the islands. Even if the first settlers knew metallurgy in their area of origin, artefacts in the archipelago were fashioned with tools made of stone, wood, bone and other plant or animal materials. This peculiar phenomenon evidences a noteworthy case of how the technological knowledge of stone working still possessed by the early settlers developed and evolved to meet the challenge of not having metals availability.

2. Woodworking activities among the aboriginal populations of the Canary Islands

Wood was one of the most exploited raw materials in the past. Its versatility and availability have made it a widely used resource since Paleolithic times (Nadel *et al.* 2006; Aranguren *et al.* 2018; Rios-Garaizar *et al.* 2018; Milks *et al.* 2023). However, past woodworking activities are poorly represented in the archaeological record due to the perishable nature of wooden artefacts. Thus, from the moment of abandonment and sedimentation of the artefact, a process of biodegradation by the action of bacteria, fungi, and insects begins (Blanchette 1991; 2000; Moskal del Hoyo *et al.* 2010; Abdel-Azeem *et al.* 2019), which may eventually end in the disappearance of the object (Hurcombe 2008; 2014). For this reason, analyses focused on direct woodworking evidence (tool-mark and wear analyses on wooden objects) are scarce (Sands 1997; Pillonel 2007; Piqué *et al.* 2015; López-Bultó *et al.* 2020; Vidal-Matutano *et al.* 2021b).

Although wooden objects are an essential element of the Canarian archaeological record, until recently their study has been exclusively approached from a botanical identification (del Arco 1993; Machado 2001) rather than a technological perspective. Traceological analyses have offered indirect evidence of woodworking activities, indicating the utilization of obsidian flakes, occasionally retouched, for scraping or splitting wood (Rodríguez-Rodríguez 1998b). Larger unifacial/bifacial basalt flakes, both retouched and non-retouched, were employed for chopping, sawing, and scraping wood (Rodríguez-Rodríguez 1993; 1998a). Historical written sources produced by the European explorers since the beginning of the Conquest process contribute interesting data on the wood used for funerary or domestic purposes by the aboriginal populations (Torriani, 1978, [1592]: 99; Abreu Galindo, 1977, [1632]: 159), although the taxa mentioned are not always those most reflected in the archaeological record (Vidal-Matutano *et al.* 2021a). A possible explanation for these could be that these documents describe the indigenous populations at the moment of contact and cannot be extrapolated to previous stages of the Prehispanic period. Unfortunately, woodworking processes or techniques are not described in these documents since they probably were not of interest to the European settlers and the conquest's objectives.

The plant-based technological approach through tool-mark and wear analyses on wooden objects has been applied in other archaeological contexts such as the Paleolithic (Milks *et al.* 2023; Rios-Garaizar *et al.* 2018), the Neolithic (López-Bultó *et al.* 2020a, 2020b) or the Bronze Age (Bamforth *et al.* 2024). However, the aboriginal archaeological context of the Canary Islands

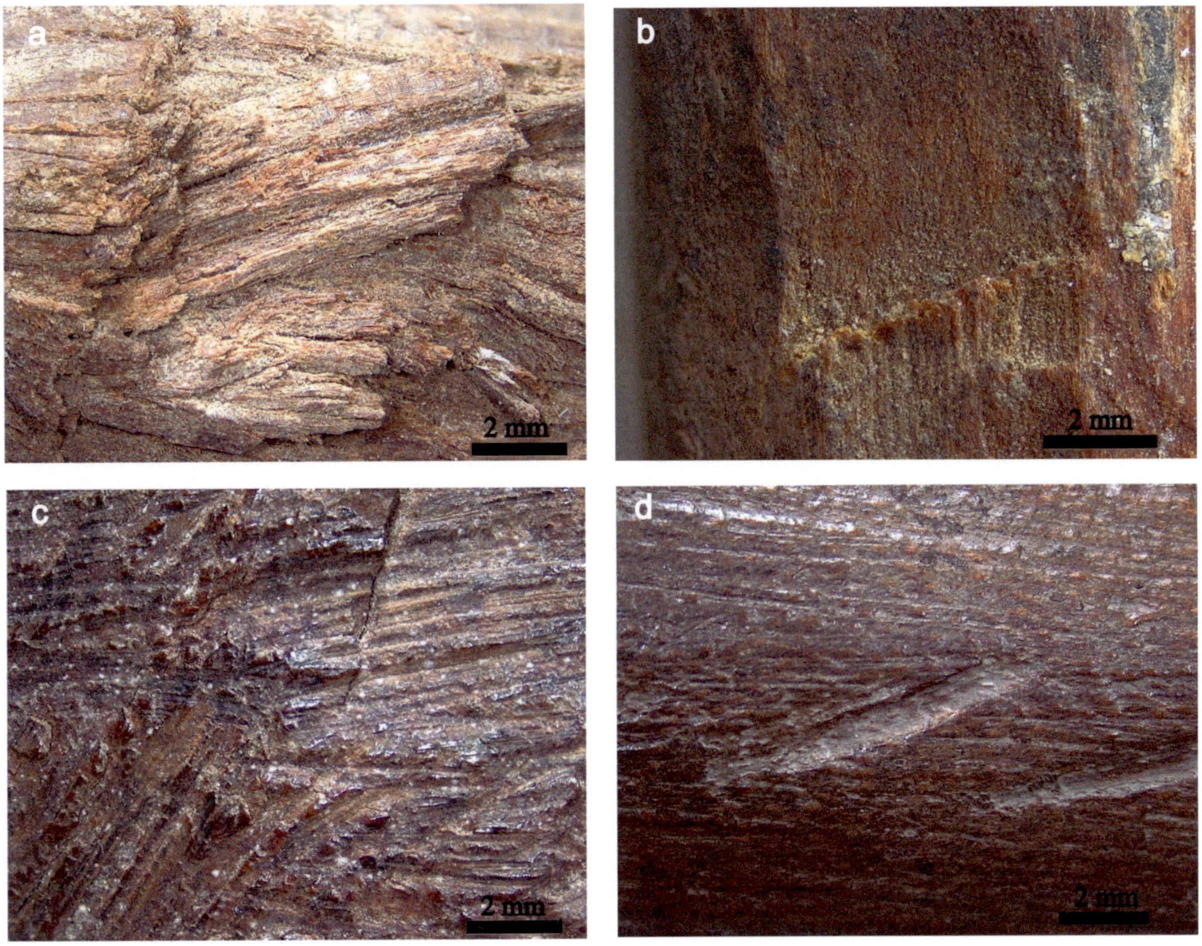

Figure 1: Examples of tool marks observed in archaeological wooden artefacts. a: step and straight-front termination with fibres modification (La Gomera); b: step and straight-front termination (Gran Canaria); c: transverse and oblique striations (Tenerife); d: perpendicular marks of oblique orientation (Tenerife).

requires specific experimental programs due to the development of woodworking activities using mostly volcanic stone tools. Tool-mark and use-wear analyses on wooden artefacts from the Canarian archipelago have recently been applied, taking advantage of the exceptional preservation of these objects. Pioneering research was undertaken on a limited set of wood fragments from Prehispanic communal granaries on Gran Canaria. This investigation yielded hypotheses concerning the technical actions and the characteristics of the functional edges of the lithic tools employed (Vidal-Matutano *et al.* 2020; 2021b). This research was the starting point in developing an experimental program focused on the tool marks of wooden objects. In parallel, a systematic analysis of Prehispanic wooden artefacts from different islands of the archipelago has been carried out since 2022. Technological analyses of these objects unveiled diverse work marks in terms of size, depth, shape, distribution, orientation, and more. These marks have allowed us to hypothesise about the actions, techniques and instruments that could produce them (fig. 1). These previous archaeological data have motivated the development of the first experimental program focused on woodworking processes among the aboriginal groups of the Canary Islands (fig. 2).

3. The experimental program

In April 2022, the experimental program was developed in collaboration with eight contributors on Tenerife. This investigation was part of the EU-funded WoodTRACES project (https://cordis.europa.eu/project/id/101018095). A total of 41 experiments were performed, all of which were documented by photography/video and filling out recording sheets with all the variables considered (fig. 3).

3.1. Objectives

The experimental program aimed to test the reproduction of archaeological tool marks across different variables.

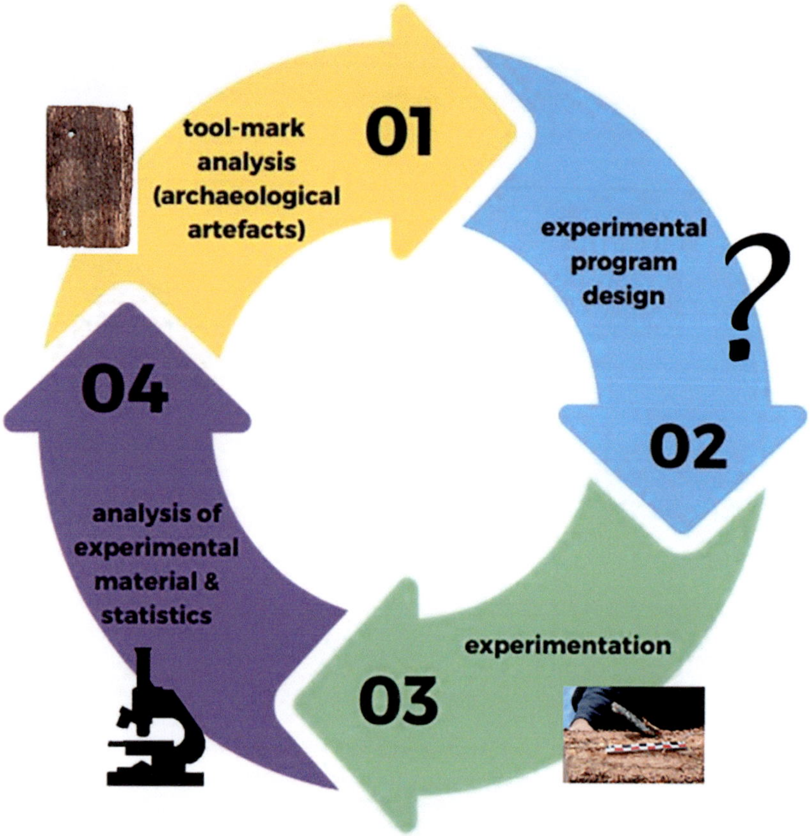

Figure 2: Phases of the technological analysis of wooden artefacts.

Our main goal was to relate stop marks, striations and facets with specific woodworking actions and techniques. The identification of woodworking actions producing specific tool marks is an essential step as it can provide significant information regarding the woodworking *chaîne opératoire*. This work was based on the deductions made during the observation of the traces documented on wooden artefacts. Previous knowledge of archaeological lithic and bone artefacts from the islands, as well as preliminary experimental work aimed at obtaining reference material for functional analyses of lithic industries, were fundamental in the design of the experimental program.

Although the results of this experimental program have an impact, above all, on our understanding of these manufacturing processes by the aboriginal populations of the Canary Islands, data obtained may also be of interest for other island contexts where the inhabitants had to develop woodworking activities with lithic tools (Ayers and Mauricio 1987; Collerson and Weisler 2007). Additionally, these findings may interest researchers investigating the Paleolithic-Mesolithic-Neolithic periods where woodworking activities were carried out with lithic/bone tools (Palomo *et al.* 2013; Aranguren *et al.* 2018; López-Bultó *et al.* 2020; Milks *et al.* 2023).

3.2. Wood raw material and replicas

Some of the most common species documented during the analysis of aboriginal wooden objects including *Pinus canariensis* (Canary Island pine), *Salix canariensis* (Canary Island willow), *Myrica faya* (Firetree), *Erica arborea* (Tree heath) and *Erica platycodon* (Canarian Heather) were collected for raw material. This raw material was green wood collected 3 months prior to the start of the experimental program from Tenerife (Anaga Rural Park) and Gran Canaria (Finca Osorio) with the assistance of the Environmental Services of both Island Councils. A Canary Island pine trunk with fire-damaged bark was intentionally selected to test working burned and unburned wood surfaces.

Obsidian, coarse-grained volcanic rocks and pumice rocks from different locations (Tenerife: Pico Cabras, Charco del Viento, La Mostaza, El Cerillar, La Fuente de Ucanca, Bajamar, Anaga and El Escobonal; La Gomera: Majona) were also collected to make tool replicas for the experiments (fig. 4). Lithic replicas were made considering previous traceological work and lithic studies from aboriginal contexts (Rodríguez-Rodríguez 1993; Galván and Hernández 1996; Rodríguez-Rodríguez 1998a; 1998b). Some lithic tools were made with basaltic fragments of columnar disjunctions, taking advantage of the straight edges produced by the fragmentation of this material.

Action	Nb. experiments	Wood raw material	Tools	Techniques
Debarking	17	*Pinus canariensis* *Morella faya* *Erica arborea* *Erica platycodon*	Coarse-grained rock flakes Coarse-grained rock picks Obsidian flakes Wooden hammer	Direct and indirect percussion
Longitudinal splitting	2	*Pinus canariensis* *Salix canariensis*	Coarse-grained rock flakes Wooden wedges Wooden hammer	indirect percussion
Roughing	10	*Pinus canariensis* *Salix canariensis*	Coarse-grained rock flakes Coarse-grained rock picks Bone chisels Columnar disjunction flakes Wooden hammer	Direct and indirect percussion
Regularisation/Planing	8	*Pinus canariensis* *Salix canariensis* *Erica arborea* *Erica platycodon*	Bone chisels Hafted obsidian flakes Wooden hammer	indirect percussion
Abrasion/Polish	1	*Erica arborea*	Pumice rocks	Direct percussion

Figure 3: Summary of the experimental program developed.

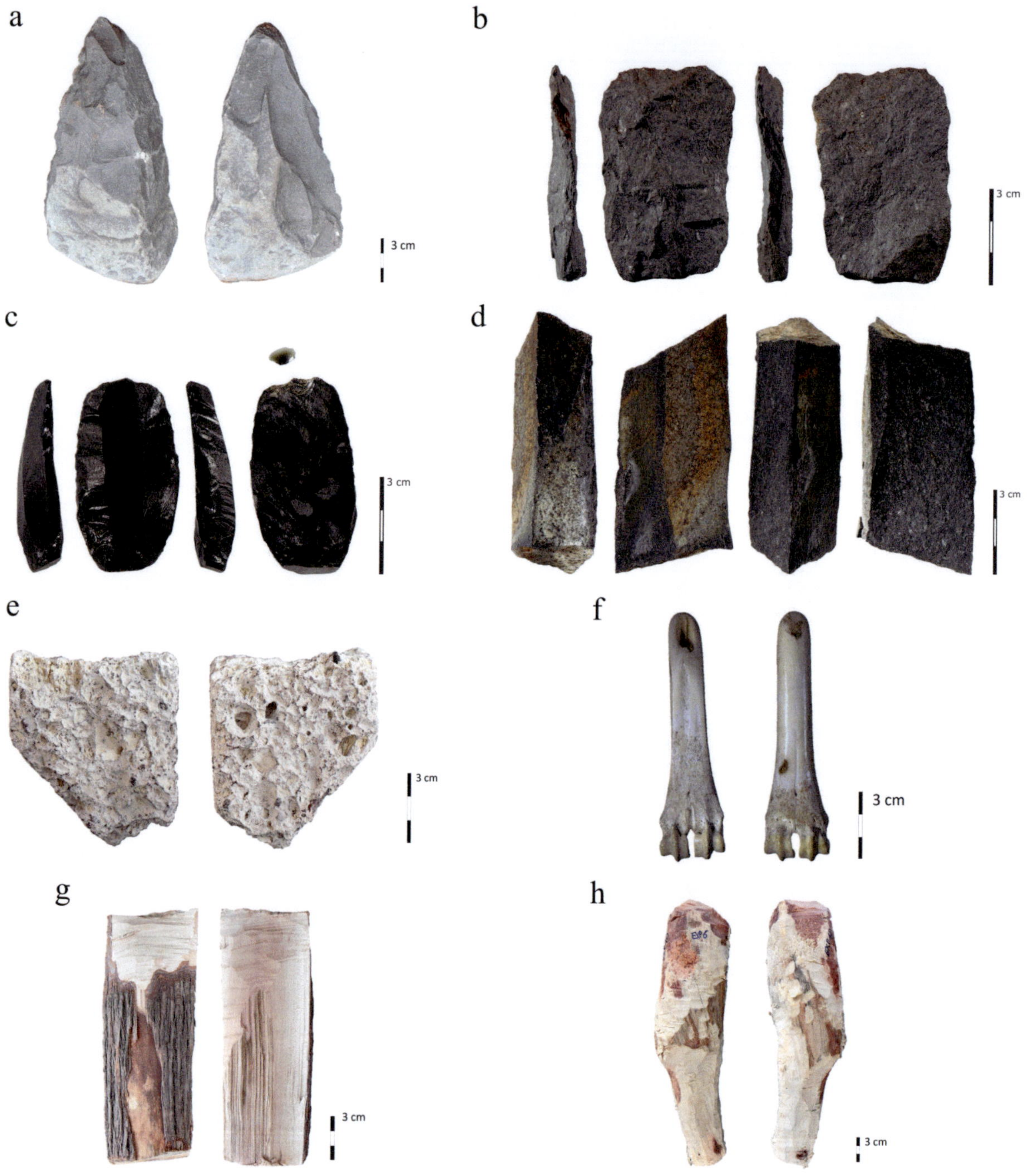

Figure 4: Tool replicas made for the experimental program. a: coarse-grained volcanic rock pick; b: coarse-grained volcanic rock flake; c: obsidian flake; d: columnar disjunction fragment; e. pumice rock; f: bone chisel; g: wooden wedge; h: wooden hammer.

Analyses of the Prehispanic bone industry from the Canary Islands are still scarce after Galván's typological classification (Galván 1979). Since traceological analyses on bone have not been developed in depth in the archipelago so far, it is not known whether bone tools could have been involved in woodworking activities. However, in the specific case of Gran Canaria, bone chisels with use-wear traces indicating plant work have been documented. In the same way, replicas of wooden wedges and hammers were also produced although archaeologically they have so far yet to be identified (fig. 4).

3.3. Woodworking actions

The primary goal of the experimental program, on which the majority of the experiments focused, was to identify specific woodwork actions through the marks created. However, three experiments concentrated on obtaining specific marks left by specific lithic tools.

The experimentation revolved around some actions/phases of the woodworking *chaîne opératoire*, which were as follows:

- Debarking: an action aimed at removing the bark from the surface of the wood. It was the most reproduced woodworking action during the experimental program, with a total of 17 experiments. Three experiments utilised a pine trunk with charred bark from a natural fire to assess the ease of performing the action. Direct and indirect percussion were variables considered in each experiment using coarse-grained volcanic rock flakes/obsidian flakes, coarse-grained picks, and a hafted columnar disjunction fragment.
- Longitudinal splitting: the fragmentation of the trunk radially or tangentially (Milks *et al.* 2021). Two experiments were devoted to this action by indirect percussion using coarse-grained volcanic rock flakes, wooden wedges, and a wooden hammer.
- Roughing: an action aimed at eliminating wood matter to produce a crude approximation of the shape and dimensions of the desired object. This action was developed in 10 experiments using both direct (picks) and indirect (coarse-grained volcanic rock flakes, bone chisels and columnar disjunction fragments) percussion. Across three experiments, our aim was to test the controlled use of fire to shape the base of a container on the tangential section of the wood.
- Regularisation/Planing: the final shaping of the wooden surface produced facet marks which are separated from each other by an edge (Milks *et al.* 2021). The ultimate goal is to regularise the final surface of the object. Eight planing experiments were performed by indirect percussion using bone chisels and a hafted obsidian flake. Variation of the working angle (90°/30-40° tool angle), working direction (front-to-back or back-to-front) and orientation (oblique or longitudinal) were the considered variables.
- Abrasion/Polish: the deliberate action of regularising and smoothing a wooden surface by removing previous tool marks. Abrasion marks are produced by a tool surface, not a tool edge (Milks *et al.* 2021). Only a single abrasion experiment was undertaken since no evidence of abrasion marks had been observed up to the experimental design phase. The later extension of the archaeological analysis to more wooden artefacts from the archipelago did allow us to identify polished surfaces in the final configuration of some Prehispanic objects. Pumice rock in direct contact with the wood surface was used in this experiment.

The experimental program also performed individual experiments in combination, where one action was superimposed on another (e.g., longitudinal splitting over roughing, roughing over debarking, regularisation over debarking, abrasion over regularisation). The objective was to obtain a set of work marks closer to the archaeological record with the overlapping of technological traces produced in different phases of the *chaîne opératoire*.

4. A reference collection for the analysis of tool marks on Prehispanic wooden artefacts

The exceptional preservation of desiccated wooden objects produced by the aboriginal populations of the Canarian archipelago before the arrival of European settlers offers a unique opportunity to analyse the tool marks preserved on the surface of these artefacts. This first experimental program in the Canary Islands aimed to broaden our understanding of Prehispanic woodworking activities, initiating the construction of a reference collection cataloging experimental tool marks within controlled conditions and variables. The study of these experimental work marks followed the same analytical protocol as those of the archaeological wooden artefacts (see fig. 2). Thus, experimental samples were analysed with a Leica EZ4 W stereoscopic microscope with an integrated camera (8-35x magnification) and treated with *Helicon Focus* software. Each trace observed on the surface was analysed by recording in a specific database; its dimensions, depth, stop mark, orientation, distribution, concentration, section and so on. After the exhaustive recording of each trace, the resulting wood replicas from each experiment were processed at the Digital Lab (UAB Open Labs, Universitat Autònoma de Barcelona) through the Creaform Go!SCAN 50 3D scanner. 3D models were obtained for two purposes: firstly, to take measurements and make calculations comparing the archaeological and experimental samples; secondly, to create an enduring digital reference collection of the highly fragile organic materials that without proper conservation would degrade and eventually be lost.

Qualitative and quantitative data derived from the analysis of the archaeological and experimental material are still in process. However, a few preliminary observations may be indicated:

The aboriginal populations of the Canary Islands must have used fire as a facilitator of woodworking activities. Several wooden artefacts from different islands (Gran Canaria, Tenerife, La Gomera, and El Hierro) show evidence of controlled thermoalteration on the surface of the objects. Fire evidence was used to work or cut the cross-section of the wood, which is the anatomical section offering the greatest resistance to being cut (fig. 5, a), shape the object radially or tangentially (fig. 5, b), remove

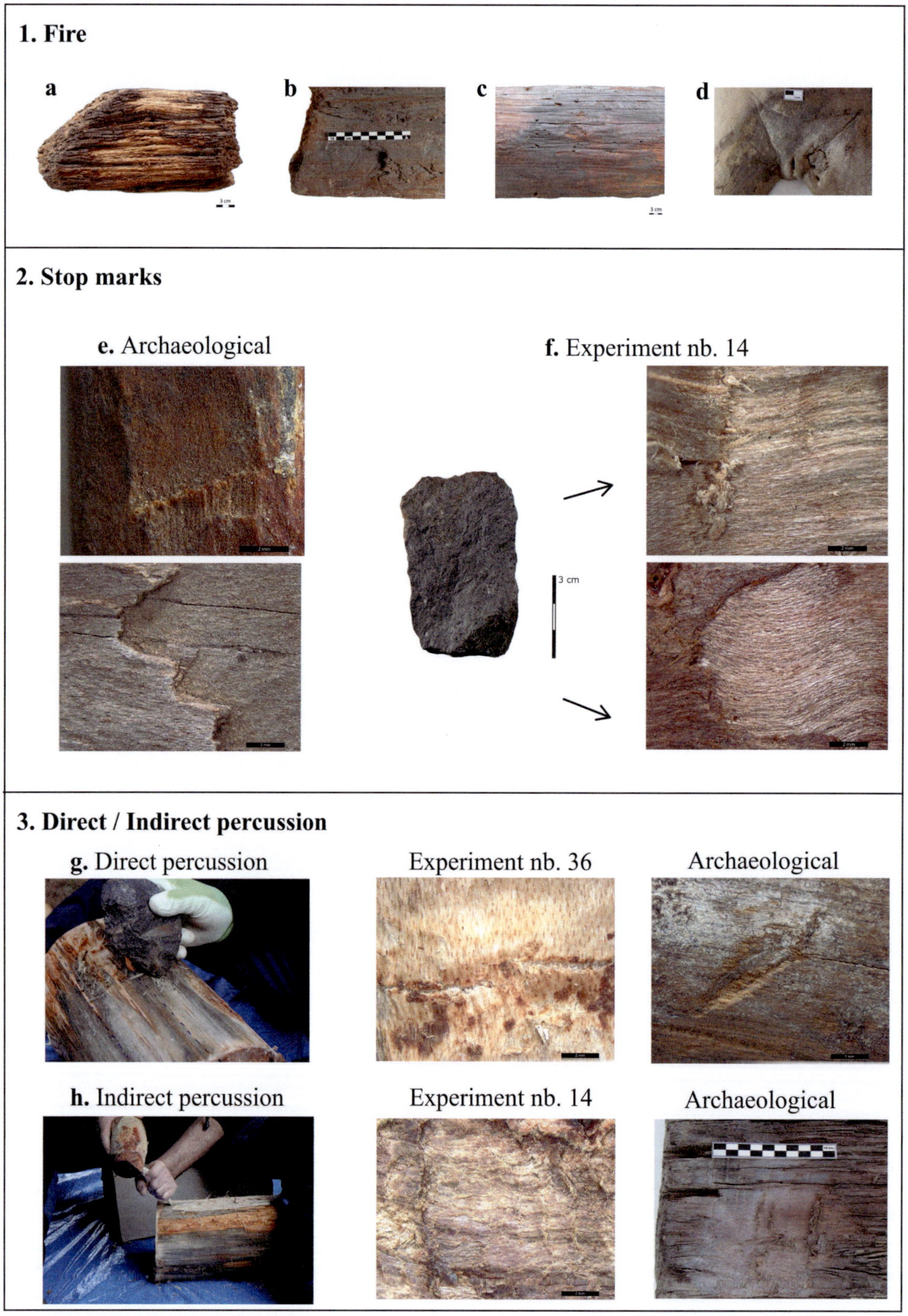

Figure 5: Preliminary observations during the technological analysis of Prehispanic wooden artefacts. a-d: evidence of thermoaltered areas; e-f: experimental and archaeological stop marks; g-h: experimental tool-marks produced by direct and indirect percussion and similar archaeological work marks.

bark (fig. 5, c) or make incisions in worked areas (fig. 5, d). During the experiments, where the tangential section of wood was exposed to controlled fire to shape the concave base of a container, it was noted that fire removed matter more easily and so increased efficiency. Therefore, the use of controlled fire was probably an integral practice in Prehispanic woodworking, considering that the indigenous populations of the Canary Islands had to carry out this activity with lithic tools. The use of fire as a facilitator to woodcraft has been observed in other pre-metallurgical contexts (Caruso *et al.* 2015; Solé *et al.* 2015; Aranguren *et al.* 2018) and it has also been used traditionally to prevent wood-damaging pests (González-Navarro 2005).

During the analysis of tool marks on archaeological wooden objects, straight and curved stop marks were predominantly recorded which were initially interpreted as the involvement of lithic tools with different configurations (fig. 5, e). However, experimentation has shown that the same tool can produce different stop marks with a variation of the work angle (>90°, 90°, 45°-90°, 45°, <45°) and the orientation (transversal, longitudinal or oblique) (fig. 5, f). This observation leads us to think that there were no specific tools for woodworking, and tools with a highly variable configuration could have been used. Even so, some tools have shown great effectiveness for certain actions: coarse-grained volcanic rock picks to remove bark using direct percussion, coarse-grained volcanic rock flakes to shape the artefact using indirect percussion and bone chisels to regularise the final surface. Obsidian flakes did not turn out to be very effective in the woodworking process, although they could have conceivably been used as hafted tools in the creation of small wooden objects.

Direct and indirect percussion were considered in debarking and roughing experiments to distinguish the technical processes used. Direct percussion with a pick or large coarse-grained volcanic rock flakes must have been used for debarking processes, leaving perpendicular marks (90°) very similar to those recorded on archaeological objects (fig. 5, g). Indirect percussion was probably a technique widely used in the roughing phase to easily eliminate matter in the process of configuring the object. When this action was performed experimentally by indirect percussion, some parallel linear traces were normally documented due to the dragging of the tool during the action (fig. 5, h). The observation of these tool marks on archaeological artefacts even allows us to identify the orientation and direction of the movement.

5. Final remarks

The experimental program developed was a response to the need to carry out a technological approach on the wooden objects produced by the aboriginal societies of the Canary Islands. The conservation of a large number of artefacts from several islands and their botanical identification contribute significant data on the exploitation of wood for purposes other than fuel (tools, burial elements, structural elements, timber, etc.). This information is typically scarce in other archaeological contexts where organic matter is not usually preserved. Furthermore, due to the absence of metal ores in the Canary archipelago, this research is also of interest to researchers working in other archaeological contexts where woodworking activities were carried out with lithic and bone tools (Paleolithic-Mesolithic-Neolithic periods).

After the statistical analyses of the data obtained during the development of this first experimental program the distinction of tool marks produced in specific woodworking actions is expected, deepening the knowledge of the *chaîne opératoire*. This issue is especially important since we have no archaeological evidence of contact between aboriginal populations until the arrival of European settlers. Considering this phenomenon, one would expect similarities and divergences in the woodworking techniques developed on each island.

Further experimentation focused on the wooden containers, which are one of the most abundant sets of indigenous wooden artefacts, will provide significant data about raw material selection and its transformation for manufacturing. New experiments should also be designed to reproduce the regularisation facets and the abrasion/ polishing. Concerning the latter, a greater number of variables must be considered using both abiotic (abrasive rocks) and organic (hide, plants) materials.

Acknowledgments

This research was funded by the Marie Skłodowska Curie Actions (H2020-MSCAIF-2020) under grant agreement No. 101018095 and the research project PID2021-125055NA-I00 funded by MCIN/ AEI/10.13039/501100011033 and by FEDER A way to make Europe. PVM is beneficiary of a IJC2020-043481-I grant funded by MCIN/AEI/10.13039/501100011033 and by European Union NextGenerationEU/PRTR. SPG is beneficiary of a RYC2021-033700-I grant funded by MCIN/ AEI/10.13039/501100011033 and by European Union Next Generation EU/PRTR. IBA is beneficiary of a PhD grant from the Agencia Canaria de Investigación, Innovación y Sociedad de la Información (ACIISI, Consejería de Economía, Conocimiento y Empleo) and the Fondo Social Europeo (FSE). The authors are very grateful to Igor Bogdanovic and Raquel Piqué for their help during a research stay of PVM at the Universitat Autònoma de Barcelona and to Victor Herrera de León, Carlos Velázquez, Matilde Arnay, Emilio González and Efraín Marrero for their collaboration in the collection of part of the raw material. The authors are very grateful to Richard Frosdick for reviewing the text.

References

Abdel-Azeem, A.M., Held, B.W., Richards, J.E., Davis, S.L. and Blanchette, R.A. 2019. Assessment of biodegradation in ancient archaeological wood from the Middle Cemetery at Abydos, Egypt. *PloS one* 14/3, e0213753. DOI:10.1371/journal.pone.0213753

Abreu Galindo, J. de, 1977. *Historia de la conquista de las siete Islas de Canarias*. Santa Cruz de Tenerife: Goya Editions [reprinted of the 1955 Edition].

Aranguren, B., Revedin, A., Amico, N., Cavulli, F., Giachi, G., Grimaldi, S., Macchioni, N. and Santaniello, F. 2018. Wooden tools and fire technology in the early Neanderthal site of Poggetti Vecchi (Italy). *Proceedings of the National Academy of Sciences* 115/9, 2054-2059.

del Arco, M. del C. 1993. *Recursos vegetales en la prehistoria de Canarias*. La Laguna: Serie Museo Arqueológico.

Arnay de la Rosa, M., González-Reimers, E., Pou, S., Marrero, E. and García, J.C. 2017. Prehispanic (Guanches) mummies and natrium salts in burial caves of Las Cañadas del Teide (Tenerife). *Anthropologischer Anzeiger; Bericht uber die biologisch-anthropologische Literatur* 74/2, 143-153.

Ayers, W.S. and Mauricio, R. 1987. Stone Adzes from Pohnpeian, Micronesia. *Archaeology in Oceania* 22/1, 27-31.

Bamforth, M. 2024. Wooden artefacts, in: Ballantyne, R. Cooper, A. Gibson, D. Knight, M. and Robinson Zeki, I. (eds.). *Must Farm pile-dwellling settlement. Volume 2: Specialists reports*. McDonal Institute Monographs. Cambridge. 535 – 720.

Blanchette, R.A. 1991. Delignification by wood-decay fungi. *Annual review of phytopathology* 29/1, 381-403.

Blanchette, R.A. 2000. A review of microbial deterioration found in archaeological wood from different environments. *International Biodeterioration & Biodegradation* 46/3, 189-204.

Caruso, L., Clemente, I. and Civalero, M. 2015. A use-wear analysis of wood technology of patagonian hunter – gatherers. The case of Cerro Casa de Piedra 7, Argentina. *Journal of Archaeological Science* 57, 315-321.

Castellano-Alonso, P., Moreno-García, M., Rodríguez-Rodríguez, A., Sáenz-Sagasti, J.I. and Onrubia-Pintado, J. 2018. Gestión de la ganadería y patrones de consumo de una comunidad indígena expuesta al fenómeno colonial: el caso de la Estructura 12 de la Cueva Pintada (Gran Canaria, España). *Archaeofauna* 27, 37-56.

Collerson, K.D. and Weisler, M.I. 2007. Stone Adze Compositions and the Extent of Ancient Polynesian Voyaging and Trade. *Science* 317/5846, 1907-1911. DOI:10.1126/science.1147013

Delgado-Darias, T., Alberto-Barroso, V. y Velasco-Vázquez, J. 2021. Oral conditions of the pre-Hispanic mummies of Gran Canaria (Canary Islands, Spain). *International Journal of Paleopathology* 34, 155-162. DOI:10.1016/j.ijpp.2021.06.010

Fregel, R., Calderón-Ordóñez, A. y García-Serrano, J. 2020. The demography of the Canary Islands from a genetic perspective. *Human Molecular Genetics*. DOI:10.1093/hmg/ddaa262

Galván, B. 1979. Breve ensayo de sistematización tipológica de la industria ósea de los aborígenes canarios. *XV Congreso Nacional de Arqueología*, 337-346.

Galván, B. y Hernández, C.M. 1996. Aproximación a los sistemas de aprovisionamiento y transformación de las industrias líticas canarias. *Tabona: Revista de Prehistoria y de Arqueología* 9, 45-74.

González-Navarro, J.A. 2005. *Los Oficios del Bosque. Una visión antropológica del aprovechamiento forestal en Gran Canaria en la primera mitad del siglo XX*. FEDAC.

Hurcombe, L. 2008. Organics from inorganics: using experimental archaeology as a research tool for studying perishable material culture. *World Archaeology* 40/1, 83-115.

Hurcombe, L. 2014. *Perishable material culture in Prehistory. Investigating the missing majority.* New York: Routlegde.

López-Bultó, O., Palomo, A. and Clemente, I. 2020a. Tool mark analysis of Neolithic wooden digging sticks from La Draga (Banyoles, Spain). *Quaternary International* 569-570, 39-50. DOI:10.1016/j.quaint.2020.06.045

López-Bultó, O., Piqué, R., Antolín, F., Barceló, J.A., Palomo, A. and Clemente, I., 2020b. Digging sticks and agriculture development at the ancient Neolithic site of la Draga (Banyoles, Spain). *Journal of Archaeological Science: Reports* 30, 102193. DOI:10.1016/j.jasrep.2020.102193

Machado, M. del C. 2001. Identificación y utilización de la madera en el mundo aborigen. *El Pajar: Cuaderno de Etnografía Canaria* 8, 120-124.

Marrero-Rodríguez, Á., Vidal-Matutano, P., Delgado-Darias, T., Jaén-Molina, R., Morales-Mateos, J., Alberto-Barroso, V. and Velasco-Vázquez, J. 2023. Can material of a putatively extinct new species of Ruta (Rutaceae), preserved with mummies, provide new knowledge about evolution in the Canary Islands flora? *Willdenowia* 53/1-2, 5-23. DOI:10.3372/wi.53.53101

Milks, A., Lehmann, J., Böhner, U., Leder, D., Koddenberg, T., Sietz, M., Vogel, M. and Tercheger, T. 2021. Wood technology: a Glossary and Code for analysis of archaeological wood from stone tool cultures. https://osf.io/x8m4j

Milks, A., Lehmann, J., Leder, D., Sietz, M., Koddenberg, T., Böhner, U., Wachtendord, V. and Terberger, T. 2023. A double-pointed wooden throwing stick from Schöningen, Germany: Results and new insights from a multianalytical study. *PLOS ONE* 18/7, e0287719. DOI:10.1371/journal.pone.0287719

Mora Aguiar, I. 2017. El origen de la escritura líbico-bereber: dataciones e hipótesis. *Doctoral Thesis.*

Morales, J., Speciale, C., Rodríguez-Rodríguez, A., Henríquez-Valido, P., Marrero-Salas, E., Hernández-Marrero, J.C., López, R., Delgado-Darias, T., Hagenblad, J., Fregel, R. and Santana J. 2023. Agriculture and crop dispersal in the western periphery of the Old World: the Amazigh/Berber settling of the Canary Islands (ca. 2nd-15th centuries ce). *Vegetation History and Archaeobotany.* http://www.doi.org/10.1007/s00334-023-00920-6

Morales, J., Rodríguez-Rodríguez, A., González-Marrero, M. del C., Martín-Rodríguez, E., Henríquez-Valido, P. and del Pino-Curbelo, M. 2014. The archaeobotany of long-term crop storage in northwest African communal granaries: a case study from pre-Hispanic Gran Canaria (cal. ad 1000-1500). *Vegetation History and Archaeobotany* 23/6, 789-804.

Moskal del Hoyo, M., Wachowiak, M. and Blanchette, R. 2010. Preservation of fungi in archaeological charcoal. *Journal of Archaeological Science* 37/9, 2106-2116.

Nadel, D., Grinberg, U., Boaretto, E. and Werker, E. 2006. Wooden objects from Ohalo II (23,000 cal BP), Jordan Valley, Israel. *Journal of Human Evolution* 50/6, 644-662. DOI:10.1016/j.jhevol.2005.12.010

Navarro-Mederos, J.F. 1983. El poblamiento humano de Canarias, in: Báez, M., Bravo, T. and Navarro-Mederos, J. F. (eds). *Canarias, origen y poblamiento.* Madrid: Círculo de Estudios Sociales de Canarias, 85-96.

Palomo, A., Piqué, R., Terradas, X., Lopez, O., Clemente, I. and Gibaja, J.F. 2013. Woodworking technology in the Early Neolithic site of La Draga (Banyoles, Spain), in: Anderson, P., Cheval, C. and Durand, A. (eds.). Regards croisés sur les outils liés au travail des végétaux / An interdisciplinary focuson plant-working tools. Antibes: APDCAA, CPAM-CNRS, 383-396. 978-2-904110-53-5

Pillonel, D. 2007. *Hauterive-Champréveyres, 14. Technologie et usage du bois au Bronze final.* Neuchâtel: Office et musée cantonal d'archéologie, Archéologie neuchâteloise, 37.

Piqué, R., Palomo, A., Terradas, X., Tarrús, J., Buxó, R., Bosch, A., Chinchilla, J., Bodganovic, I., López, O. and Saña, M. 2015. Characterizing prehistoric archery: technical and functional analyses of the Neolithic bows from La Draga (NE Iberian Peninsula). *Journal of Archaeological Science* 55, 166-173. DOI:10.1016/j.jas.2015.01.005

Rios-Garaizar, J., López-Bultó, O., Iriarte, E., Pérez-Garrido, C., Piqué, R., Aranburu, A., Iriarte-Chiapusso, M.J., Ortega-Cordellat, I., Bourguignon, L., Garate, D. and Libano, I. 2018. A Middle Palaeolithic wooden digging stick from Aranbaltza III, Spain. *PloS one* 13/3, p. e0195044. DOI:10.1371/journal.pone.0195044

Rodríguez-Rodríguez, A. 1993. Analyse fonctionnelle des outillages lithiques en basalte de l'île de La Palma (Iles Canaries). Prémiers résultats. *Actes du Colloque Le Geste Retrouvé á Liege 1990. ERAUL* 50/50, 295-301.

Rodríguez-Rodríguez, A. 1998a. Primeras experiencias de análisis funcional en los instrumentos de basalto tallado de Canarias. El ejemplo del material prehistórico de la isla de La Palma. *Vegueta. Anuario de la Facultad de Geografía e Historia* 3, 29-46.

Rodríguez-Rodríguez, A. 1998b. Traceología de las obsidianas canarias. Resultados experimentales. *El Museo Canario* LIII, 21-58.

Sands, R. 1997. Prehistoric Woodworking: The Analysis and Interpretation of Bronze and Iron Age Toolmarks. Wood in Archaeology. *Institute of Archaeology, University College London.*

Serrano, J.G., Ordóñez, A.C., Santana, J., Sánchez-Cañadillas, E., Arnay, M., Rodríguez-Rodríguez, A., Morales, J., Velasco-Vásquez, J., Alberto-Barroso, V., Delgado-Darias, T., Cruz de Mercadal, M.C., Hernández, J.C., Moreno-Benítez, M.A., Pais, J., Ringbauer, H., Sikora, M., McColl, H., Pinos-Yanes, M., Hernández Ferrer, M., Bustamante, C.D. and Fregel, R. 2023. The genomic history of the indigenous people of the Canary Islands. *Nature Communications* 14/1, 4641. DOI:10.1038/s41467-023-40198-w

Solé, A., Picornell, L., Allué, E. and Fullola, J.M. 2015. How did the dead turn up to the burial? A technological and experimental approach to the late Bronze Age wooden biers from Cova des Pas (Minorca, Balearic Islands). *Archaeological and Anthropological Sciences* 8/4, 849-865.

Torriani, L. 1978. Descripción e Historia del Reino de las Islas Canarias antes Afortunadas, con el parecer de sus fortificaciones. Traducción del italiano, con introducción y notas por Alejandro Cioranescu. Goya Ediciones [reprinted of the 1597 Edition], Santa Cruz de Tenerife.

Velasco-Vázquez, J., Alberto-Barroso, V., Delgado-Darias, T. and Santana-Cabrera, J. 2017. Fatal Injuries in a pre-Hispanic Canary Mummy: Violence, Accident or Ritual Suicide? *International Journal of Osteoarchaeology* 27/3, 441-452.

Vidal-Matutano, P., Morales, J., Henríquez-Valido, P., Marchante, Á., Moreno-Benítez, M.A. and Rodríguez-Rodríguez, A. 2020. El uso de la madera en espacios de almacenamiento colectivos: análisis xilológico y antracológico de los silos prehispánicos (ca. 500 –

1500 d.C.) de La Fortaleza (Santa Lucía de Tirajana, Gran Canaria). *Vegueta: Anuario de la Facultad de Geografía e Historia* 20, 469-489.

Vidal-Matutano, P., Delgado-Darias, T., López-Dos Santos, N., Henríquez-Valido, P., Velasco-Vázquez, J. and Alberto-Barroso, V. 2021a. Use of decayed wood for funerary practices: Archaeobotanical analysis of funerary wooden artefacts from Prehispanic (ca. 400-1500 CE) Gran Canaria (Canary Islands, Spain). *Quaternary International* 593-594, 384-398. DOI: 10.1016/j.quaint.2020.10.003

Vidal-Matutano, P., Rodríguez-Rodríguez, A., González-Marrero, M. del C., Morales, J., Henríquez-Valido, P. and Moreno-Benítez, M.A. 2021b. Woodworking in the cliffs? Xylological and morpho-technological analyses of wood remains in the Prehispanic granaries of Gran Canaria (Canary Islands, Spain). *Quaternary International* 593-594, 407-423. http://www.doi.org/10.1016/j.quaint.2020.09.055

Vidal-Matutano, P., Palomo, A., Pardo-Gordó, S., Wojtczak, D., Rodríguez-Rodríguez, A., Carballo-Pérez, J., Brito-Abrante, I., and Melián, K. 2024. Shaping wood in the Canary Islands: First experimental dataset focused on tool marks of Prehispanic wooden artifacts. *Journal of Archaeological Science: Reports* 57: 104661. DOI: 10.1016/j.jasrep.2024.104661

Notes on contributors

Paloma Vidal-Matutano
SIIM Research Group, Departamento de Geografía e Historia, Universidad de La Laguna, Campus de Guajara, Apartado 456, 38200, San Cristóbal de La Laguna, Spain.
pvidalma@ull.edu.es

Antoni Palomo
TEDAS Research Group, Departament de Prehistòria, Universitat Autònoma de Barcelona, Edifici B Facultat de Filosofia i Lletres, 08193, Bellaterra, Barcelona, Spain.

Dorota Wojtczak
Department of Environmental Sciences, Integrative Prehistory and Archaeological Science (IPNA/IPAS), Basel University, Spalenring 145, 4055, Basel, Switzerland.

Amelia Rodríguez
TARHA Research Group, Departamento de Ciencias Históricas, Universidad de Las Palmas de Gran Canaria, Pérez del Toro 1, 35003, Las Palmas de Gran Canaria, Spain.

Salvador Pardo-Gordó
ARQHISPA Research Group / GISPRAYA Research Group, Departamento de Geografía e Historia, Universidad de La Laguna, Campus de Guajara, Apartado 456, 38200, San Cristóbal de La Laguna, Spain.

Jared Carballo-Pérez
SIIM Research Group, Departamento de Geografía e Historia, Universidad de La Laguna, Campus de Guajara, Apartado 456, 38200, San Cristóbal de La Laguna, Spain.

Idaira Brito-Abrante
TARHA Research Group, Departamento de Ciencias Históricas, Universidad de Las Palmas de Gran Canaria, Pérez del Toro 1, 35003, Las Palmas de Gran Canaria, Spain.

Kiara Ortega
Arqueocanaria, S.L.

PART 5: SCIENTIFIC DISSEMINATION

Birchbark tar in the Paleolithic: how to do it? Or how archaeology questions our society?

Jocelyn Robbe

Résumé :

Dans le cadre du 6e congrès international d'archéologie expérimentale qui s'est déroulé à Pézenas du 25 au 28 octobre 2022 nous avons été amenés à présenter, lors de la session dévolue à la médiation scientifique auprès du grand public, un test visant à obtenir du brai de bouleau sans récipient en céramique. En effet, la question de la colle revient souvent lors d'ateliers réalisés auprès des enfants et des adultes et comme souvent, ils posent des questions pertinentes. À partir de différentes études scientifiques (Koch et Schmidt, 2022 ; Kozowyk *et al.* 2017 ; Schmidt *et al.* 2021.) nous avons expérimenté, pour la mise en place de cet atelier pédagogique, des moyens pour d'obtenir de la colle en procédant par tâtonnements comme l'aurait fait Neandertal. Le but est de sensibiliser le public : aux capacités cognitives des humains préhistoriques, même si cela concerne des humanités différentes de la nôtre ; à l'environnement qui pourvoit aux besoins ; à la façon dont peut se mettre en place un savoir-faire basé sur l'observation de cet environnement.

Dans le cadre de cet atelier pédagogique, l'archéologie expérimentale s'éloigne de ses ambitions scientifiques, pour transmettre nos connaissances sur les humains de la préhistoire et *in fine* réfléchir tous ensemble sur notre propre condition.

Mots-clés : médiation ; grand public ; Neandertal ; braie de bouleau ; environnement

Abstract:

During the 6th International Congress of Experimental Archaeology, held from October 25th to 28th, 2022, in Pézenas (Hérault, France), we presented, as part of the session of the scientific mediation towards the general public, a test aimed at obtaining birchbark tar without the use of ceramic containers. Indeed, the topic of the glue often comes back in workshops with children and adults, and, as frequently, they ask relevant questions. Based on several scientific studies (Koch and Schmidt 2022; Kozowyk *et al.* 2017; Schmidt *et al.* 2021), we experimented in preparation for the educational workshop, using diverse techniques to obtain glue, using the method of trial-and-error, as Neanderthal would have done. The goal is to raise public awareness to prehistoric humans' cognitive

in: Mathias, C., Bourguignon, L., Ivorra, J. and Viallet, C. (eds) 2026. *Living Archaeology. Unveiling the Past through Experimental Archaeology*. Leiden: Sidestone Press, 419-424.

capacities, the environment providing the necessary elements, and how observing this environment leads to establishing a savoir-faire.

Within the framework of this pedagogic workshop, experimental archaeology digresses from its scientific ambitions to hand over our knowledge of prehistoric humans and, in the end, think all together about our human condition.

Keywords: mediation; general public; Neanderthal; birchbark tar; environment

During the 6th International Congress of Experimental Archaeology, held from October 25th to 28th, 2022, in Pézenas (Hérault, France), we presented a test to obtain birchbark tar without using ceramic containers. This took part in the session of the scientific mediation towards the general public. Indeed, the topic of the glue often comes back in workshops with children, and, as often, they ask relevant questions. For example, how were they making the glue and with what materials? Research has revealed the use of different adhesives from different materials during a consequent part of the Middle Paleolithic period in Italy and South Africa (Niekus 2019, tab. 1).

For instance, in Syria, on the Umm el Tlel site (Boëda *et al.* 2008), bitumen has been used as an adhesive for around 70,000 years. The important utilisation of this material, present on two-thirds of the site's lithic material, shows that bitumen and its use entirely belong to the Neanderthal population's technical knowledge. Meanwhile, in Fosselone and Sant' Agostino caves in Italy (Degano *et al.* 2019), Neanderthals used resin and beeswax for between 250,000 and 55,000 years. In Italy, birch bark's adhesive traces were also dated from at least 200,000 years (Mazza *et al.* 2006), and birch bark tar from 80,000 years was discovered in Germany in the Hartz massif (Koller *et al.* 2001).

Collecting and utilising bitumen and composite adhesives is relatively easy, even without ceramic containers. However, concerning ancient prehistory, such as the Middle Palaeolithic, the birch bark tar production question remains open. Indeed, obtaining birch bark tar with containers was relatively well-known during the Neolithic (Rageot 2015). However, the research on this topic for the Middle Palaeolithic emphasises the challenge of obtaining enough tar without using ceramic containers (Koch and Schmidt 2022; Kozowyk *et al.* 2017; Shmidt *et al.* 2021).

Based on those studies, especially the one about birch bark tar, we organised an educational workshop to experiment with various glue-making techniques using the trial-and-error method, similar to how Neanderthals might have done. The goal is to raise awareness among both children and adults about the following questions:

- Prehistoric humans' cognitive capacities
- The environment which provides the necessary elements
- How observing this environment leads to the establishment of a savoir-faire.

In the first place, we made several tests going as follows:

A semi-buried combustion chamber (fig. 1, a) is formed with a *dozen* pebbles. The birch is then rolled and vertically positioned in the hole (fig. 1, b). The bark rolls are then lightened up, and pebbles are placed on the chamber, making it relatively airtight with the help of dry weeds or soil (fig. 1, c-f). Once the smoke cleared up, the weeds are taken off (fig. 1, g). The pebbles, covered with dirt from the smoke and combustible's discharges, are scratched with the help of a flint fragment (fig. 1, h). We concluded that the bark's quality is primordial, indeed, with 100g of bark from a dead tree, we had nothing. Whereas, with only 40g of fresh bark, we have made approximately 2g of tar (fig. 1, i). With this small amount, we managed to glue a 3 cm flint tip on a shaft (fig. 1, j). We used the same protocol with the public during the third day of the congress. Even if we do not know yet how prehistorian humans were doing, we can make the hypothesis that it was while burning birch that they sometimes noticed sticky patches on the ground or on the fireplace, which could have led them to try different methods to make more glue, as we attempted earlier.

As mentioned, this workshop aims to raise the public awareness to another way of life and interactions with the environment and others. It also aims to speak of the depth of time. The idea, maybe presumptuous, is to offer the general public a simple way to decentralise themselves, to have this outside vision dear to ethnologists (Dufy and Weber 2007), and allow them to think about their human condition. Following this approach, vibrant and pertinent discussions arise, which can lead to putting our lifestyle in perspective, as was the case here.

Thus, we quickly notice that prehistorian humans have the required intelligence to live and not only survive in their environment. Indeed, we observe that they compose with what surrounds them to innovate, facing the problems they encounter to solve them. That is what we do in our living environment, yet we do not consider it survival.

The public then glimpses that the prehistoric humanities were, in all likelihood, not as lost as we think facing this hostile nature (Descola 2005) and that living with conditions that appear extreme to us asks for a vital type of cooperation. Of course, it is difficult to definitively determine the types of interactions that prehistoric humans had between each other and their environment. However, ethnology offers some exciting paths of thought. Thus, the familiarity of indigenous people with their environment, notably botanical, is considered to be taken for granted (Levi-Strauss 1962). This in-depth knowledge of the environment is probably the origin of the first humans'

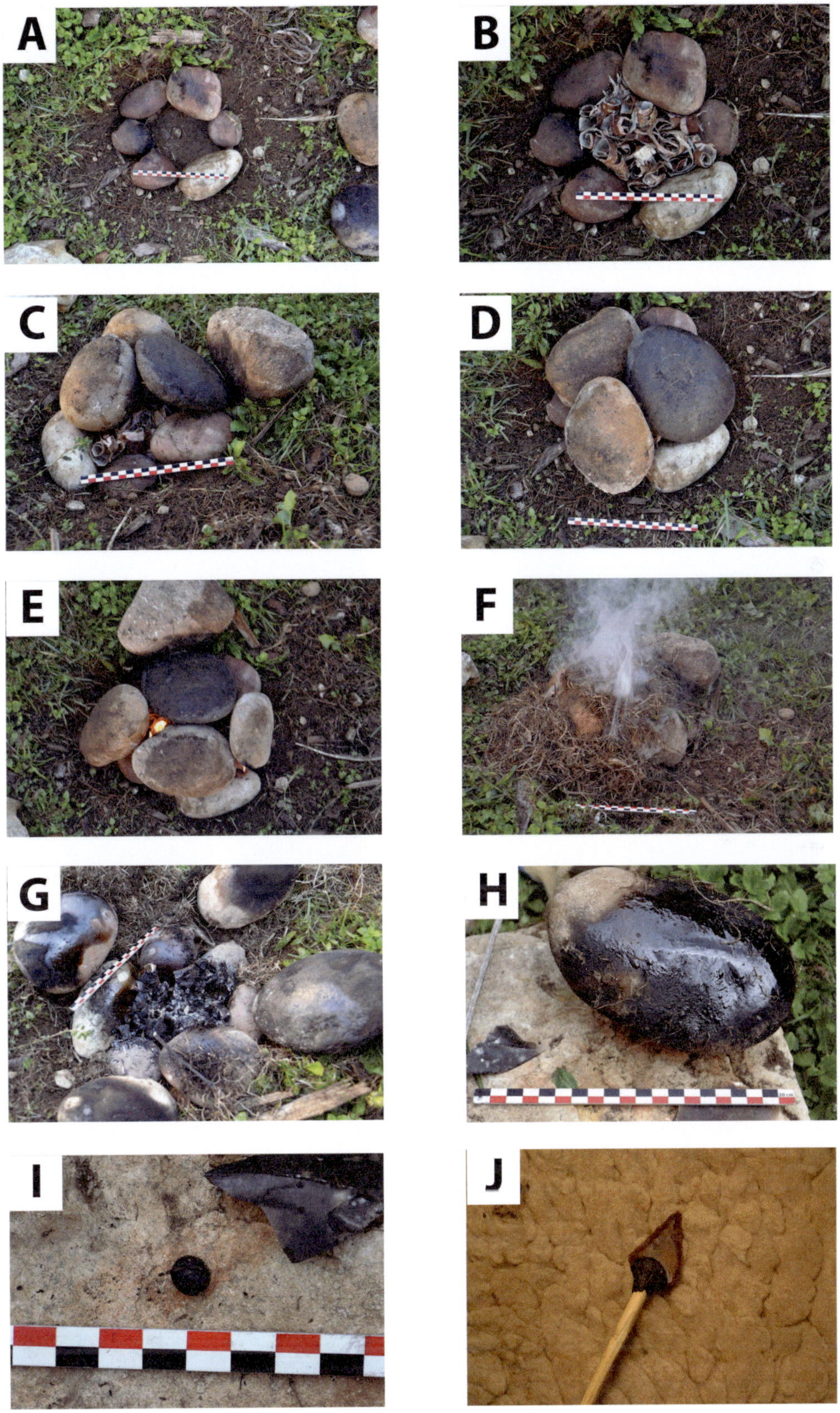

Figure 1: The different steps to obtain birchbark tar without recipient, test 1 (pictures and CAD J. Robbe).

survival as physically weaker equipped than animals; they still managed to take a growing part in their ecosystem. This is only possible with other human beings' cooperation and exchanges of artefacts and savoir-faire. For instance, the fire savoir-faire (Lahire 2023 chap 14), or adhesives such as for hafting arrangement, i.e. glueing objects to different handles. This intimate knowledge of the environment may have given prehistoric societies a wide range of adaptability to ecological conditions, therefore giving them the capacity to settle in every region of the globe from deserts to poles (Morin, 1973)

Thus, far from being limited to adult discussions, these reflections can also gain depth among children.

In addition, the general public, which is not conditioned to archaeological studies, often has a new offbeat vision that allows them to ask questions that we, archaeologists, would not have thought about or dared to ask. Thus, conversing with the people during this day, where the envisaged protocol did not procure the expected results, we obtained a small amount of tar by improving the process thanks to diverse comments and suggestions from the public. Those ideas mainly concerned the combustion chamber. They proposed making it less deep and narrower, with pebbles recovering most of the space, thus making it more convenient to collect smoke deposits.

Thus, within the framework of this pedagogical workshop, experimental archaeology deviated from its scientific ambitions and became a beautiful way to share our knowledge of prehistoric humans and, ultimately, think together about our human condition.

Those few lines lay the foundations for reflections that need to be discussed and enriched so that archaeology meets ethnology and shows that, besides the intellectual interest of knowing the life of prehistoric humans, it is a beautiful tool to engage in a reflection on our societies.

Acknowledgements:

A. Robbe for the translation.

References:

Boëda, E., Bonilauri, S., Connan, J., Jarvie, D., Mercier, N., Tobey, M., Valladas, H. and al Sakhel, H. 2008. New Evidence for Significant Use of Bitumen in Middle Palaeolithic Technical Systems at Umm el Tlel (Syria) around 70,000 BP. https://www.persee.fr/doc/paleo_0153-9345_2008_num_34_2_5257

Degano, I., Soriano, S., Villa, P., Pollarolo, L., Lucejko, J.J., Jacobs, Z., Douka, K., Vitagliano, S. and Tozzi, C. 2019. Hafting of Middle Paleolithic tools in Latium (central Italy): New data from Fossellone and Sant'Agostino caves. *PLOS ONE* 14/6, e0213473. http://www.doi.org/10.1371/journal.pone.0213473

Descolas, P. 2005. *Par delà nature et culture*. Paris: Gallimard.

Dufy, C. and Weber, F. 2007. I. Un regard éloigné, in: Dufy, C. and Weber, F. (dir.) *L'ethnographie économique*. Paris: La Découverte, Repères, 9-25.

Koch, T. and Schmidt, P. 2022. A new method for birch tar making with materials available in the Stone Age. *Scientific Reports* 12. http://www.doi.org/10.1038/s41598-021-04161-3

Koller, J., Baumer, U. and Mania, D. 2001. High-tech in the middle Palaeolithic: Neandertal-manufactured pitch identified. *European Journal of Archaeology* 4/3, 385-397. http://www.doi.org/10.1179/eja.2001.4.3.385

Kozowyk, P.R.B., Soressi, M., Pomstra, D. and Langejans, G.H.J. 2017. Experimental methods for the Palaeolithic dry distillation of birch bark: implications for the origin and development of Neandertal adhesive technology. *Scientific Reports* 7/1, 8033. http://www.doi.org/10.1038/s41598-017-08106-7

Lahire, B. 2023. *Les structures fondamentales des sociétés humaines*. La Découverte. Paris.

Lévi-Strauss, C. 1962. *La pensée sauvage*. Paris : Plon.

Mazza, P.P.A., Martini, F., Sala, B., Magi, M., Colombini, M.P., Giachi, G., Landucci, F., Lemorini, C., Modugno, F. and Ribechini, E. 2006. A new Palaeolithic discovery: tar-hafted stone tools in a European Mid-Pleistocene bone-bearing bed. *Journal of Archaeological Science* 33/9, 1310-1318. http://www.doi.org/10.1016/j.jas.2006.01.006

Morin, E. 1973. *Le paradigme perdu, la nature humaine*. Paris: Le Seuil.

Niekus, M.J.L.Th., Kozowyk, P.R.B., Langejans, G.H.J., Ngan-Tillard, D., van Keulen, H., van der Plicht, J., Cohen, K.M., van Wingerden, W., van Os, B., Smit, B.I., Amkreutz, L.W.S.W., Johansen, L., Verbaas, A. and Dusseldorp, G.L. 2019. Middle Paleolithic complex technology and a Neandertal tar-backed tool from the Dutch North Sea. *Proceedings of the National Academy of Sciences* 116/44, 22081-22087. http://www.doi.org/10.1073/pnas.1907828116

Rageot, M. 2015. *Les substances naturelles en Méditerranée nord-occidentale (VIe-Ier millénaire BCE) : chimie et archéologie des matériaux exploités leurs propriétés adhésives et hydrophobes*. Phd. Thesis, Université Nice Sophia Antipolis.

Schmidt, P., Blessing, M.A., Koch, T.J. and Nickel, K.G. 2021. On the performance of birch tar made with different techniques. *Heritage Science* 9/1, 140. http://www.doi.org/10.1186/s40494-021-00621-1

Note on contributor

Jocelyn Robbe
Paléotime
UMR 5608 – TRACES, France
jocelyn.robbe@paleotime.fr